Project + VBA für Manager

Harald Nahrstedt

Project + VBA für Manager

Erweiterung der Project-Nutzung durch VBA-Prozeduren

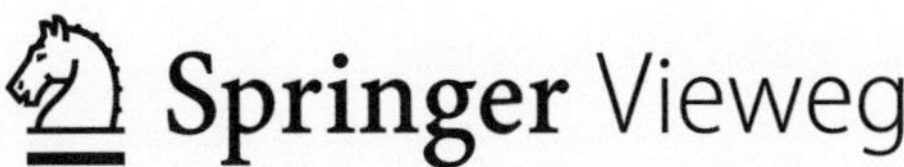

Harald Nahrstedt
Freiberuflich
Möhnesee, Deutschland

ISBN 978-3-658-43836-4 ISBN 978-3-658-43837-1 (eBook)
https://doi.org/10.1007/978-3-658-43837-1

Die Deutsche Nationalbibliothek verzeichnet diese Publikation in der Deutschen Nationalbibliografie; detaillierte bibliografische Daten sind im Internet über http://dnb.d-nb.de abrufbar.

Planung/Lektorat: Eric Blaschke
Springer Vieweg ist ein Imprint der eingetragenen Gesellschaft Springer Fachmedien Wiesbaden GmbH und ist ein Teil von Springer Nature.
Die Anschrift der Gesellschaft ist: Abraham-Lincoln-Str. 46, 65189 Wiesbaden, Germany

Das Papier dieses Produkts ist recyclebar.

Project + VBA

Warum dieses Buch

Als Dozent und Autor habe ich vielen Office-Anwendern die VBA-Entwicklungsumgebung, die in allen Anwendungen vorhanden ist, nähergebracht. Die meisten meiner Bücher befassen sich mit *Excel + VBA*. So gibt es auch eine Ausgabe für *Controller*, in der ich auch die Themen strategisches und operatives Projektcontrolling behandelt habe. Dann gibt es noch mein Buch *Die Welt der VBA-Objekt*e, in dem ich die speziellen Objekte der verschiedenen Office-Anwendungen mit ihren Methoden und Eigenschaften beschreibe. Dazu gehören auch Objekte in Project.

In diesem Buch versuche ich nun, dem Leser bzw. der Leserin das Rüstzeug mitzugeben, damit die Anwendung Project so gestaltet werden kann, wie es die Praxis erfordert. Zum besseren Verständnis habe ich einfache Projekte mit ihren Daten verwendet. Nur der Einstieg in VBA wird etwas ausführlicher beschrieben und ist somit auch zum Selbststudium bestens geeignet. Es werden Methoden der Objektorientierten Programmierung (OOP) behandelt und an kleinen Anwendungsbeispielen demonstriert. Mein besonderer Appell an den Leser und die Leserin gilt einem sauberen strukturierten Programmierstil. Übersichtlichkeit und geringe Fehlerquoten sind das Ergebnis. Auf Kommentare in den Prozeduren habe ich aus Platzgründen verzichtet, um sie klein und übersichtlich zu halten. Außerdem sollte sich der Leser bzw. die Leserin die Zeit nehmen, alle Anweisungen zu verstehen und dann ihre Wirkungen durch sinnvolle Kommentare zu beschreiben.

Leider ist dieses Buchformat nicht geeignet, Project-Ansichten in notwendiger Größe wiederzugeben. Doch mithilfe der angebotenen Downloads werden auch die Ansichten deutlicher. Nach wie vor weigere ich mich auch, die Prozeduren in VBA als Makros zu bezeichnen. In der Welt der Informatik werden logisch zusammenhängende und abgeschlossene Anweisungen als Prozeduren oder Funktionen bezeichnet. Die Programmierung unter VBA hat daran einen verschwindend geringen Anteil.

Versionen

Alle Anwendungen sind mit den Office-Versionen 2019, 2021 und 365 getestet. Da dieses Buch die Methodik der Objektnutzung lehrt, sollten die Änderungen in den Objektstrukturen auch vom Leser erkennbar und umsetzbar sein. Dies gilt sowohl für vergangene wie auch für zukünftige Versionen. Die Beispiele sind für eine Client-Anwendung ausgelegt und lassen sich nur bedingt für den Project-Server verwenden.

Zum Inhalt

Das erste Kapitel befasst sich mit den Grundlagen der VBA-Programmierung, wie Datentypen und Programmanweisungen. Im zweiten Kapitel werden die grundlegenden Objekte der Anwendung beschrieben. Das dritte Kapitel behandelt die Grundlagen der Projektinitialisierung. Das vierte Kapitel startet mit der Grobplanung, die damit die Basis für die Feinplanung von Kapitel vier bis neun bildet, in denen die Objekte Vorgang, Ressourcen, Zuordnungen und Basispläne behandelt werden. In diesen Kapiteln werden auch die Anfänge der Projektdurchführung beschrieben, die das Thema dann mit Filtern und Feldern im zehnten Kapitel, Berichten im elften Kapitel und Methoden der Projektdurchführung im zwölften Kapitel vertieft. Das dreizehnte Kapitel beschreibt Methoden der Projektkontrolle und das vierzehnte Kapitel zeigt Methoden der Projektverwaltung. Alle Abbildungen wurden als PrintScreen oder mit PowerPoint erstellt.

Danksagung

Ich danke all denen im Hause Springer-Vieweg, die stets im Hintergrund wirkend, zum Gelingen dieses Buches beigetragen haben. Insbesondere gilt mein Dank Eric Blaschke, der mich redaktionell begleitet hat.

An den Leser

Auf meiner Homepage www.harald-nahrstedt.de befinden sich die Downloads, die im Buch mit dem Symbol 🗁 angegeben sind. Es handelt sich dabei um keine fertigen Lösungen. Vielmehr sollen die Beispiele den Einstieg in die Thematik erleichtern und die Freude am eigenen kreativen Schaffen fördern. Der Leser ist aufgefordert, je nach Arbeits- und Interessensgebiet, eigene Anwendungen zu erarbeiten.

Wenn aus Gründen der leichteren Lesbarkeit im Buch das generische Maskulinum verwendet wird, so sind doch alle Geschlechter angesprochen.

Möhnesee, November 2023 Harald Nahrstedt

Project + VBA

1 Einführung in VBA

2 Programmstrukturen

3 Projektinitialisierung

4 Projektplanung

5 Vorgänge

6 Ressourcen

7 Kalender

8 Basispläne

9 Zuordnungen

10 Filter und Felder

11 Berichte

12 Projektdurchführung

13 Projektkontrolle

14 Projektverwaltung

Anhang

Kapitel 1

Einführung in VBA

VBA wurde ursprünglich entwickelt, um Anwendungen (Applications) unter Office anzupassen. Solche Anwendungen sind Word, Excel, Access, Outlook, PowerPoint, Visio, Project u. a. Und darin liegt die Einschränkung. Im Gegensatz zu Visual Basic lässt sich *Visual Basic for Application* nur in einer solchen Anwendung nutzen.

1.1 Die VBA-Entwicklungsumgebung

Doch VBA ist noch viel mehr als nur eine einfache Programmiersprache. VBA besitzt nicht nur eine integrierte Entwicklungsumgebung (IDE = Integrated Development Environment), sondern ermöglicht auch eine objektorientierte Programmierung (Bild 1-1). Zusätzliche Werkzeuge erlauben das Testen und Optimieren von Prozeduren.

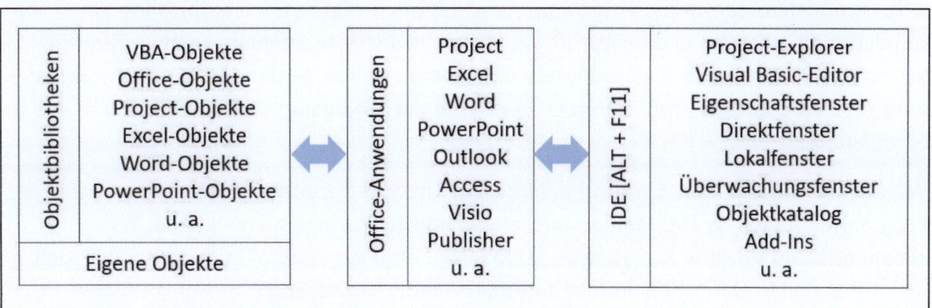

Bild 1-1. Office-Anwendungen und IDE

Der Zugang zur IDE erfolgt über die Registerkarte *Entwicklertools*, die nach der Installation von Project noch nicht freigeschaltet ist.

H. Nahrstedt, *Project + VBA für Manager*,
https://doi.org/10.1007/978-3-658-43837-1_1

Die Freischaltung der Entwicklertools wird wie folgt erreicht:

- Die Registerkarte *Datei* mit einem Mausklick wählen (alternativ Tasten ALT + D)
- In der linken Spalte die Auswahl *Optionen* wählen (ALT + O)
- Im Dialogfenster Project-Optionen in der linken Spalte *Menüband anpassen* wählen
- Im rechten Feld Hauptregisterkarten die Option *Entwicklertools* mit einem Mausklick setzen (im Optionsfeld erscheint ein Haken)
- Danach mit der Schaltfläche OK das Dialogfenster schließen
- Nun existiert in der Project-Anwendung die Registerkarte *Entwicklertools*.

Geöffnet wird die integrierte Entwicklungsumgebung (IDE) aus einer Office-Anwendung heraus wie folgt:

- Registerkarte *Entwicklertools* wählen (ALT + W)
- In der Menügruppe *Code* die Auswahl *Visual Basic* anklicken (ALT + V)
- Es öffnet sich das Fenster der IDE
- Die IDE kann, außer über die Registerkarte *Entwicklertools*, auch mit den Tasten ALT + F11 aufgerufen werden.

1.1.1 Der Visual Basic-Editor

Die IDE wirkt auf den ersten Blick erdrückend. Nicht zuletzt, weil sie aus mehreren Fenstern besteht, die unterschiedliche Aufgaben erfüllen. Es folgen nun die üblichen Grundeinstellungen. Die IDE besitzt die Registerkarte *Extras* und darunter die Auswahl *Optionen*. Diese öffnet ein Dialogfenster mit vier Registerkarten. Die nun folgenden Einstellungen werden sich uns erst im Laufe dieses Buches erschließen.

Unter *Editor* (Bild 1-2) werden die Entwicklungsparameter des VBA-Editors eingestellt.

Alle Optionsfenster werden ausgewählt. Die automatische Syntaxüberprüfung ist standardmäßig gesetzt und überprüft jede Eingabe auf Syntaxfehler - auch auf falsch geschriebene Schlüsselwörter oder fehlende Trennzeichen. Sofern der Code korrekt ist, wird er in eine interne Form übersetzt, wodurch der Übergang zur Laufzeit sich beschleunigt.

Wichtig ist vor allem die Option *Variablendeklaration erforderlich*. Dadurch wird in der Programmierung eine Deklaration aller verwendeten Variablen erzwungen. Ein absolutes Muss für gute Programme. Danach steht in der ersten Zeile eines jeden sich neu öffnenden Codefensters immer automatisch die Anweisung:

```
Option Explicit
```

Diese Anweisung ist in den folgenden Codelisten aus Platzgründen nicht mit aufgeführt. Weitere Option-Anweisungen, soweit sie erforderlich sind, stehen unter dieser Anweisung und werden in den Codelisten genannt.

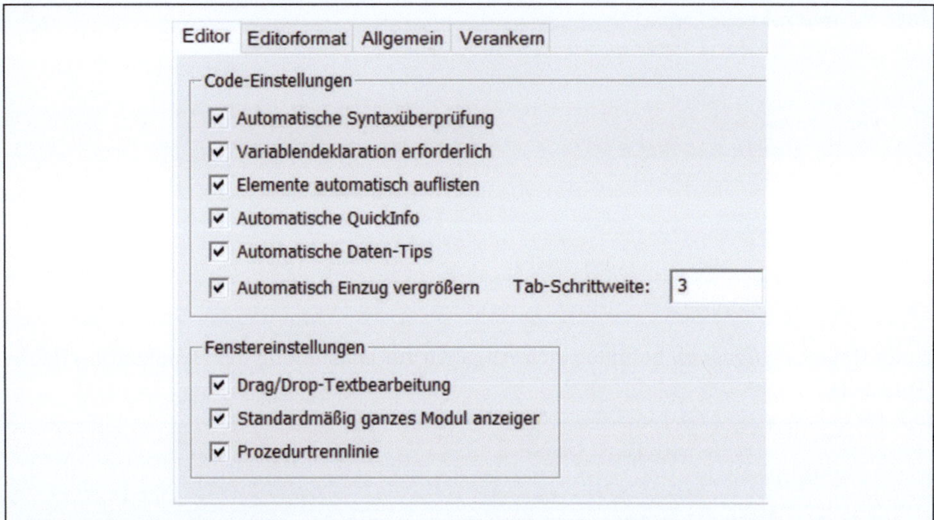

Bild 1-2. Optionen zum Editor

Die Tab-Schrittweite erhält den Wert 3. Dadurch kann der Code mit der Tab-Taste strukturiert werden. Wie Code in VBA sinnvoll strukturiert wird, ist an den Codelisten erkennbar. Dabei wird von einer Umklammerung ausgegangen. Eine Prozedur mit *Sub* und *End Sub* umklammert den dazwischenliegenden Code. Die Anweisung *If-Then-Else-End If* umklammern zwei alternative Anweisungsblöcke usw.

Unter *Editorformat* (Bild 1-3) wird die Schriftart für die Codedarstellung gewählt.

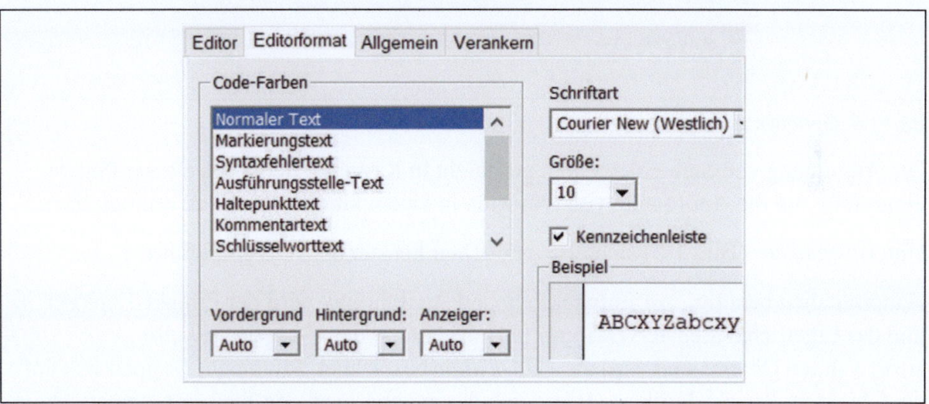

Bild 1-3. Optionen zum Editorformat

Hier ist *Courier New* mit der Schriftgröße 10 eingestellt, weil bei dieser Schriftart alle Zeichen die gleiche Breite besitzen und somit direkt untereinanderstehen. Diese Schriftart und die Strukturierung fördern deutlich die Lesbarkeit des Programmcodes, zusammen mit ausreichender Kommentierung.

```
Sub LesbarkeitsBeispiel()
   Dim iIndex As Integer

'Prozedur-Anweisungen
   For iIndex = 1 To 10
      If iIndex > 5 Then
         'Anweisungsblock 1
      Else
         'Anweisungsblock2
      End If
   Next iIndex
End Sub
```

Unter Register *Allgemein* befinden sich Angaben zur Darstellung der Benutzeroberfläche (Bild 1-4).

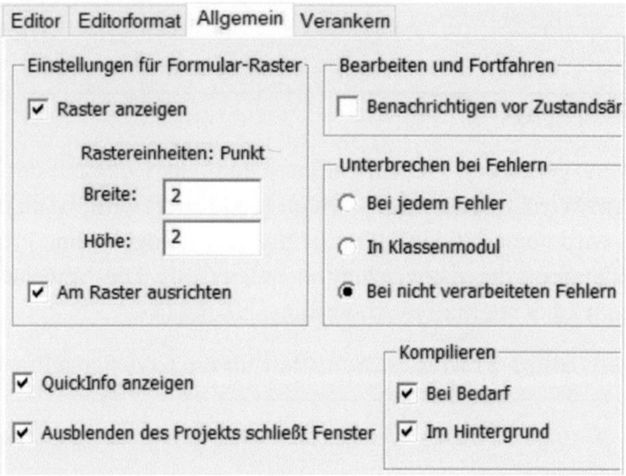

Bild 1-4. Optionen zu Allgemein

Die Anordnung von Steuerelementen geschieht in Rastern. Hier werden zwei Punkte eingestellt, um die Anordnung von Objekten in einem kleinen Raster zu ermöglichen.

Unter *Verankern* (Bild 1-5) sind alle möglichen Fenster der IDE aufgeführt.

Hauptsächlich benötigt, zur Entwicklung und Ausführung, wird der Projekt-Explorer und das Eigenschaftsfenster. Das größte Fenster zeigt den Code des jeweils ausgewählten Objekts und wird als *VBA-Editor* bezeichnet. Mit einem Doppelklick auf ein Objekt im Projekt-Explorer öffnet sich das zugehörige Code-Fenster automatisch.

Lediglich die *Formulare* (*UserForms*) machen da eine Ausnahme. Sie besitzen eine eigene Oberfläche und es kann zwischen Code-Ansicht und Objekt-Ansicht umgeschaltet werden.

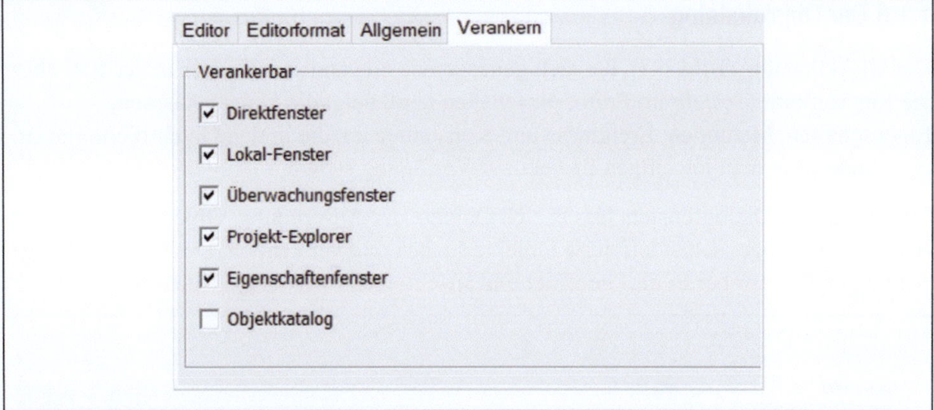

Bild 1-5. Optionen zur Darstellung der Fenster

Alle Einstellungen in den Optionen bleiben bis zu ihrer Änderung bestehen, auch über eine Projektdatei hinaus.

1.1.2 Projekt und Projekt-Explorer

Eine Project-Anwendung, zu der neben Ansichten, Programmmodule, Objekte und Prozeduren gehören, wird in der Entwicklungsumgebung als Projekt verwaltet. Das ist die Aufgabe des Projekt-Explorers (Bild 1-6). Jedes Projekt besitzt einen Namen, der beim Neustart einer Project-Anwendung immer *VBAProjekt* lautet. Jedes Projekt sollte aber einen eigenen aussagekräftigen Namen bekommen, in dem keine Sonderzeichen und Leerzeichen vorkommen. Ziffern sind nur innerhalb des Namens erlaubt.

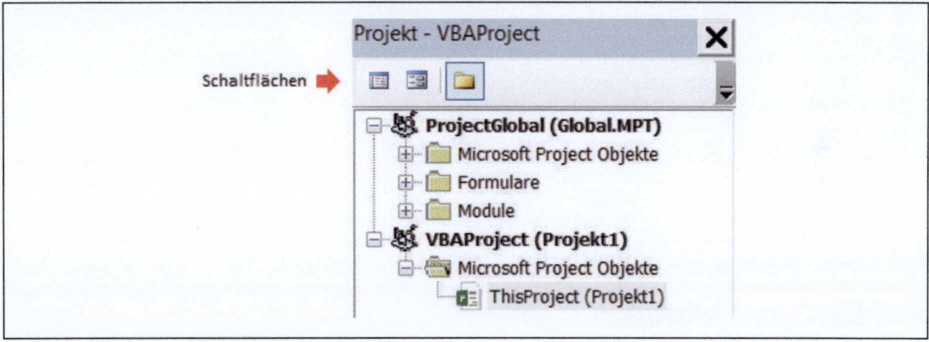

Bild 1-6. Der Projekt-Explorer im VBA-Editor

Wichtig ist, dass in der Menüleiste des Projekt-Explorers zwei Schaltflächen von großer Bedeutung liegen (Bild 1-6). Mit diesen Schaltflächen wird die Darstellung des aktiven Objekts bestimmt. Also ob im VBA-Editor ein Objekt (z. B. eine Benutzerfläche) als Ansicht oder die zugehörigen Prozeduren als Programmcode dargestellt werden.

Ein im Projekt-Explorer ausgewähltes Objekt ist auch immer im VBA-Editor sichtbar, soweit dies von der Art des Objekts möglich ist.

1.1.3 Der Objektkatalog

Der Objektkatalog (Bild 1-7), der sich genauso wie alle anderen Fenster in der IDE über die Registerkarte *Ansicht* im Editor einschalten lässt, zeigt die Objekt-Klassen, Eigenschaften, Methoden, Ereignisse und Konstanten an, die in den Objektbibliotheken und Prozeduren dem jeweiligen Projekt zur Verfügung stehen.

Mithilfe dieses Dialogfensters lassen sich Objekte der Anwendung, Objekte aus anderen Anwendungen oder selbstdefinierte Objekte suchen und verwenden. Der Objektkatalog wird eigentlich nur bei Bedarf geöffnet und anschließend wieder geschlossen.

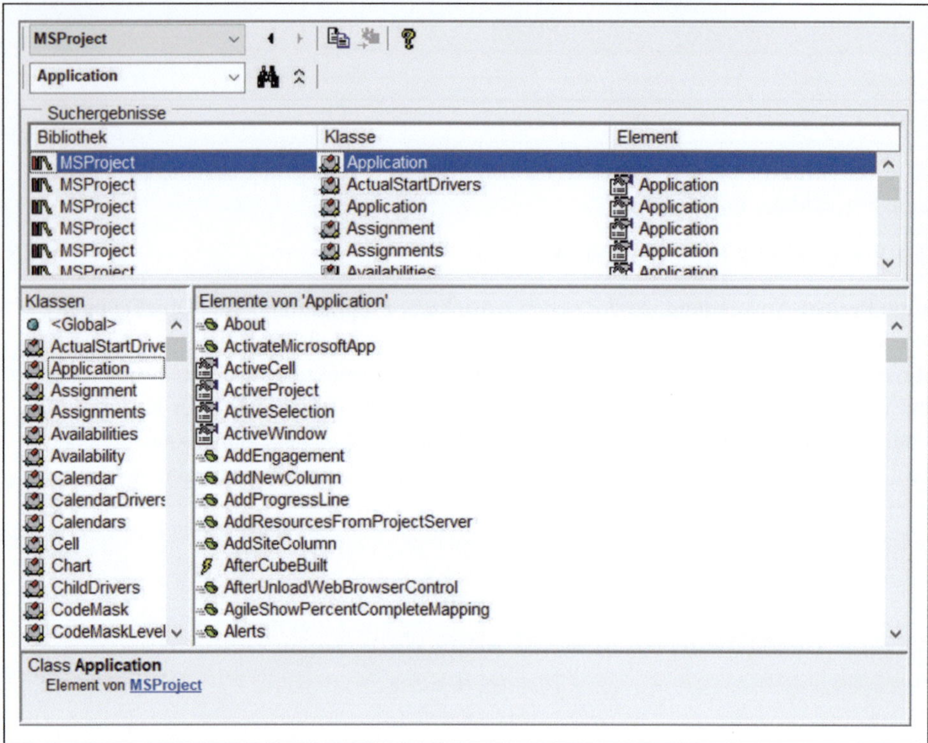

Bild 1-7. Der Objektkatalog im VBA-Editor

1.1.4 Das Eigenschaftsfenster

Das Eigenschaftsfenster ist für die Entwicklung sehr wichtig. Es listet für das ausgewählte Objekt die Eigenschaften zur Entwurfszeit und deren aktuelle Einstellungen auf (Bild 1-8).

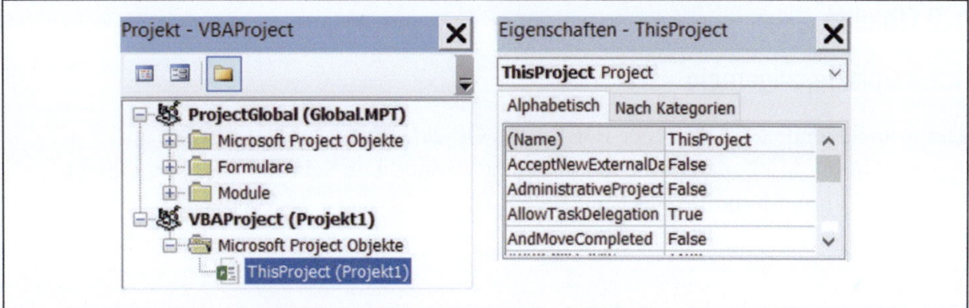

Bild 1-8. Das Projekt- und Eigenschaftsfenster im VBA-Editor

Das Eigenschaftsfenster wird unter dem Projekt-Explorer angeordnet. Beim Start des ersten Projekts kann es durch Ziehen der Kopfzeile mit der Maus an den linken Rand des VBA-Editors geheftet werden. Im oberen Auswahlfeld des Eigenschaftsfensters steht in fetter Schrift das ausgewählte Objekt (*ThisProject*) und dahinter in einfacher Schrift der Objekttyp (Project). Im Auswahlfeld kann ein anderes Objekt aus einer Liste aller vorhanden Objekte ausgewählt werden. Einfacher ist die Auswahl aber durch Anklicken eines Objekts im Projekt-Explorer oder VBA-Editor.

Unter dem Auswahlfeld stehen die Eigenschaften des Objekts. Sie lassen sich zur Entwurfszeit durch Anklicken bzw. durch Doppelklick ändern. Werden mehrere Objekte gleichzeitig ausgewählt, dann enthält das Eigenschaftsfenster eine Liste nur der Eigenschaften, die die ausgewählten Objekte gemeinsam besitzen. So müssen mehrere Objekte nicht einzeln geändert werden.

1.1.5 Weitere Hilfsfenster

Die Direkt-, Lokal- und Überwachungsfenster dienen zum Testen der Programme. Das Direktfenster dient zum Eingeben und zum Ausführen von Programmcode zur Fehlersuche. Das Lokalfenster zeigt alle deklarierten Variablen in der aktuellen Prozedur und deren Werte. Das Überwachungsfenster überwacht Ausdrücke und alarmiert beim Eintreten von Randbedingungen. Für die Programmierung in diesem Buch sind sie zunächst von untergeordneter Bedeutung.

Übung 1.1 Neues Projekt anlegen

- Im ersten Schritt wird eine neue leere Project-Anwendung geöffnet und die Einstellungen, wie unter Kapitel 1.1 beschrieben, werden vorgenommen.
- Der Visual Basic-Editor wird geöffnet (ALT + F11).
- Den Projektnamen, im Eigenschaftsfenster ändern, z. B. ErstesProjekt oder Projekt1.
- Die Änderung ist anschließend im Projektfenster zu sehen.
- Eine Namensänderung kann beliebig oft durchgeführt werden.

1.2 Objekte

1.2.1 Objekte, allgemein

Der grundlegende Begriff in der IDE ist das Objekt. Einem Objekt werden Eigenschaften, Methoden und Ereignisse zugeordnet. Die Schreibweise von Objekt, Unterobjekt und Methode oder Eigenschaft ist:

```
Objekt[.Unterobjekt ... ][.Methode]
```

oder

```
Objekt[.Unterobjekt ... ][.Eigenschaft]
```

Soll z. B. ein Textfeld *TextBox1* auf dem Formular *UserForm1* den Text „Dies ist ein Test!“ zugewiesen bekommen (Erläuterung kommt später), dann lautet die Anweisung:

```
UserForm1.TextBox1.Text = "Dies ist ein Test!"
```

Ein fester Text wird durch Anführungszeichen gekennzeichnet. Soll der Text nicht angezeigt werden, dann kann die Eigenschaft *Visible* des Textfeldes auf den Wert *False* (Falsch) gesetzt werden. Standardmäßig (default) steht der Wert auf *True* (Wahr).

```
UserForm1.TextBox1.Visible = False
```

Ereignisse von Objekten sind in der Regel Ereignis-Prozeduren zugeordnet. Zum Beispiel ein Klick mit der linken Maustaste auf die Befehlsschaltfläche mit dem Namen *cmdStart* eines Formulars im Entwurfsmodus zeigt im Codefenster des Formulars die Prozedur:

```
Private Sub cmdStart_Click()

End Sub
```

Der Name einer Ereignis-Prozedur besteht immer aus den Namen von Objekt und Ereignis, verbunden durch einen Tiefstrich. Diese Prozedur bekommt dann alle Anweisungen, die ausgeführt werden sollen, wenn die Schaltfläche im Ausführungsmodus angeklickt wird.

Geschieht die obere Textzuweisung im Formular *UserForm1*, auf dem sich auch das Textfeld *TextBox1* befindet, dann genügt es zu schreiben:

```
TextBox1.Text = "Dies ist ein Test!"
```

Es muss also nicht immer die gesamte Objekthierarchie genannt werden, wenn das Objekt eindeutig bestimmt ist. Ebenso gibt es gewisse Grundeinstellungen (Default-Werte), die in der Aufzählung von Objekten und Eigenschaft nicht genannt werden müssen. Bei einem Textfeld ist der Default-Wert *Text* und so genügt es zu schreiben

```
TextBox1 = "Dies ist ein Test!"
```

damit der Eigenschaft *Text* des Objekts *TextBox1* der konstante Text zugewiesen wird. Objekte in VBA sind Tabellen, Masken, Berichte, Tasks, Ressourcen etc. Aber auch Fenster, Module, Steuerelemente, Statusleisten, Menüelemente usw.

Den Objekten können im Eigenschaftsfenster unter der Eigenschaft *Name* andere Namen zugeordnet werden. Objektnamen erhalten ein Präfix, um die Objektart zu kennzeichnen. Dies ist nicht zwingend einzuhalten, dient aber der Übersichtlichkeit im Programmcode. Ein einmal festgelegtes Präfix sollte dann nicht mehr geändert werden. Beispiele:

- pro – Projekt (Project)
- res – Ressource (Resource)
- tsk – Task (Task)
- mod – Modul (module)
- com – Befehlsschaltfläche (command).

Ein schneller Zugang zu Eigenschaften und Methoden eines Objekts ist durch das *Kontextmenü* möglich. Dabei wird das Objekt mit einem Klick der linken Maustaste im Entwurfsmodus markiert. Mit einem Klick auf die rechte Maustaste öffnet sich ein Dialogfenster, das sogenannte *Kontextmenü*. Darin werden die wichtigsten Methoden und Eigenschaften des markierten Objekts zur Auswahl angezeigt. Das Kontextmenü existiert auch in der Anwendung.

1.2.2 Objektlisten

Grundsätzlich ist zwischen Objektlisten und den Objekten selbst zu unterscheiden. Objekte (Task, Resource etc.) in Objektlisten (Tasks, Resources etc.) werden über ihren Namen oder einen Index angesprochen. Entspricht der angegebene Index keinem vorhandenen Listenelement, so erfolgt eine Fehlermeldung.

Die *Count*-Eigenschaft einer Objektliste liefert die Anzahl Objekte in der Objektliste.

```
ActiveProject.Tasks.Count
```

Um ein Objekt in einer Objektliste anzusprechen, wird die *Item*-Methode verwendet. So liefert

```
ActiveProject.Tasks(2).Name
ActiveProject.Tasks.Item(2).Name
```

den Namen des zweiten Vorgangs (eine Eigenschaft des Objekts Task) in der aktuellen Project-Anwendung. Beide Codezeilen sind gleichwertig.

Zu Objektlisten lassen sich mit der *Add*-Methode neue Objekte hinzufügen.

```
ActiveProject.Tasks.Add Name:="Task9"
```

Während die *Remove-* bzw. *Delete*-Methode, je nach Objektliste, ein Objekt löscht.

```
ActiveProject.Tasks("Task9").Delete
```

Alle Objekte in einer Objektliste lassen sich über eine *For-Each-Next*-Anweisungsstruktur aufrufen. Sie wird später erklärt.

```
For Each objTmp In ActiveProject.Tasks
   MsgBox objTmp.Name
Next
```

1.2.3 Objektvariable

Objektvariable sind Variable, die auf ein Objekt verweisen. Sie werden genauso wie normale Variable mit der *Dim-*, *Private-* oder *Public-*Anweisung deklariert unter Zuweisung des Objekttyps.

```
Dim Objektvariable As Objekttyp
```

Mit Objektvariablen wird der Zugriff auf Objekte einfacher und schneller. Es müssen nicht immer alle Objektstrukturen genannt werden. Lediglich die Instanziierung unterscheidet sich von normalen Variablen und muss mittels der Anweisung *Set* erfolgen:

```
Set Objektvariable = Objektausdruck
```

Der Einsatz von Objektvariablen erspart vor allen Dingen viel Schreibarbeit, da sie bedeutend kürzer gehalten werden können als die Objekte unter Project, mit denen sie referieren. Bekommen sie noch Namen, die auf ihre Eigenschaft oder Anwendung hinweisen, dann wird man schnell den Nutzen dieses Variablentyps schätzen lernen.

Zur Deklaration bietet die jeweilige Office-Anwendung Objekttypen, die in Klassen definiert sind. Wie zum Beispiel in Project die Klasse Task, die zur Bibliothek *MSProject* gehört und bereits mit der Installation von Project existiert (Bild 1-9).

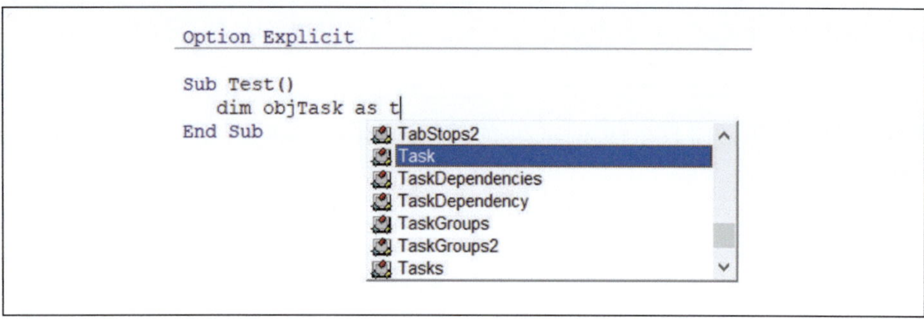

Bild 1-9. Auswahl aus vorhandenen Klassen

Bereits bei der Deklaration einer Variablen werden durch die *Intellisense*-Funktion mit den ersten Buchstaben des Objekttyps die Auswahlmöglichkeiten angezeigt und mit jedem weiteren Zeichen eingeschränkt. Mit der späteren Nutzung der Objektvariablen werden, wiederum durch die *Intellisense*-Funktion, nach Eingabe eines Punktes hinter der Objektvariablen die Auswahlmöglichkeiten eingeblendet (Bild 1-10). Die Auswahl besteht aus Unterobjektlisten, Unterobjekten, Eigenschaften, Methoden und Ereignissen, die diese Klasse besitzt.

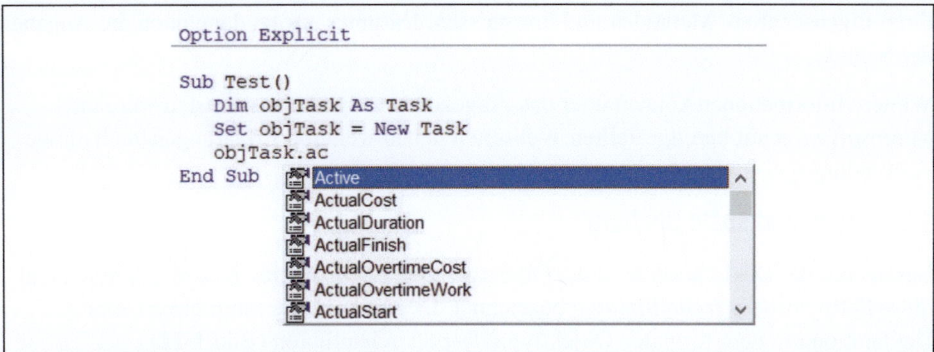

Bild 1-10. Auswahl der Elemente eines Objekts

Je nach Objektmodell können weitere Unterelemente folgen. Die Symbole vor der Auswahl kennzeichnen den Objekttyp. Der Objektkatalog zeigt eine Auswahl an Bibliotheken, Klassen und Elementen (Bild 1-11).

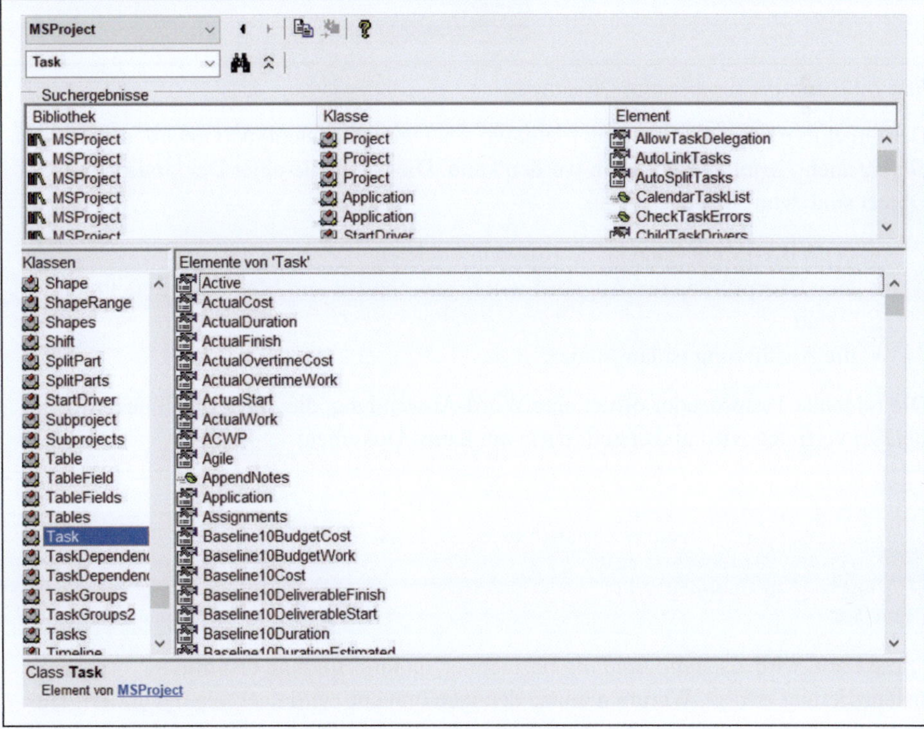

Bild 1-11. Bibliothek, Klasse und Elemente im Objektkatalog

Dazu werden in den Eingabefeldern oben links die Klasse und das Objekt zur Auswahl eingegeben oder aus der Vorgabeliste ausgewählt. Das Ergebnis der Suche wird in einer Liste dargestellt, in der wiederum durch Mausklick das entsprechende Element ausgewählt wird. Im Feld darunter erscheint noch einmal die Auswahl der Klasse mit ihren Eigenschaften, Methoden und Ereignissen. Darunter erfolgt dann noch die Angabe der Syntax.

Weitere Informationen können über das Fragezeichen-Symbol aufgerufen werden. Microsoft zeigt auf bereitgestellten Webseiten neben weiteren Erklärungen auch einige Anwendungsbeispiele.

1.2.4 Frühe und späte Bindung

Bereits mit der Deklaration wird die Objektvariable direkt an eine Klasse gebunden und diese Form wird als *frühe Bindung* bezeichnet. Es gibt noch die Möglichkeit, eine Deklaration mit dem formalen Objekttyp *Object* durchzuführen (Bild 1-12).

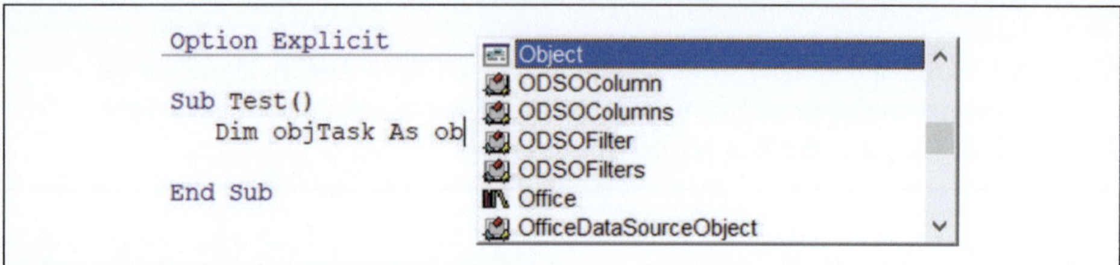

Bild 1-12. Auswahl des formalen Objekttyps

Der Objekttyp *Object* ist ein Unterdatentyp des Universaldatentyps *Variant*, sodass statt *Object* auch *Variant* geschrieben werden kann. Die Nachteile einer Deklaration mit Object sind dann

- der VBA-Editor kann keine Auswahl anbieten
- eine Überprüfung der Angaben von Eigenschaften und Methoden findet nicht statt
- die Ausführung ist langsamer.

Die folgende Testprozedur öffnet eine Word-Anwendung, die durch die Objektvariable *objTest* vertreten wird und erstellt darin ein leeres Dokument.

```
Sub Test()
   Dim objTest As Object
   Set objTest = CreateObject("Word.Application")
   objTest.Visible = True
   objTest.Documents.Add
End Sub
```

Diese Form wird als *späte Bindung* bezeichnet, da ihre Bindung erst mit der Instanziierung erfolgt. Warum man sie dennoch braucht, wird nachfolgend erklärt. Die Objektbibliothek von Word hat Project standardmäßig nicht mit eingebunden. In der *IDE* unter *Extras / Verweise* kann sie aber nachträglich eingebunden werden (Bild 1-13).

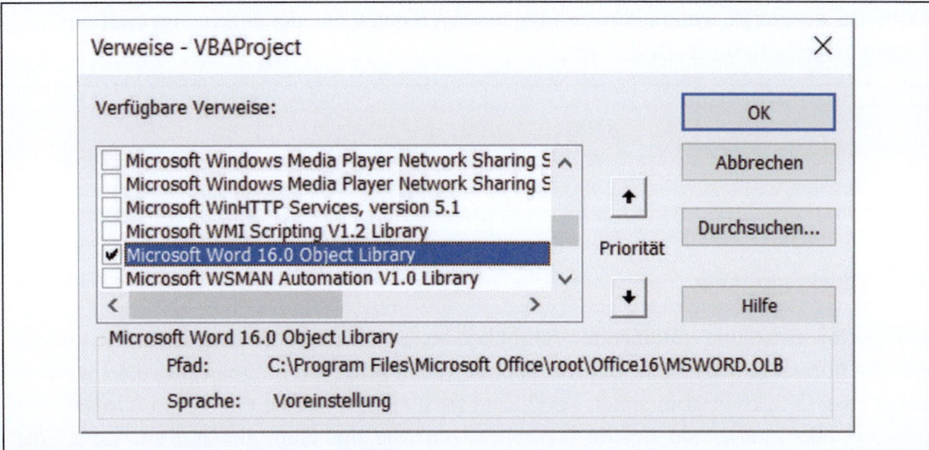

Bild 1-13. Word-Objektbibliothek einbinden

Danach lassen sich die Word-Objekte jetzt auch mit der frühen Bindung nutzen (Bild 1-14).

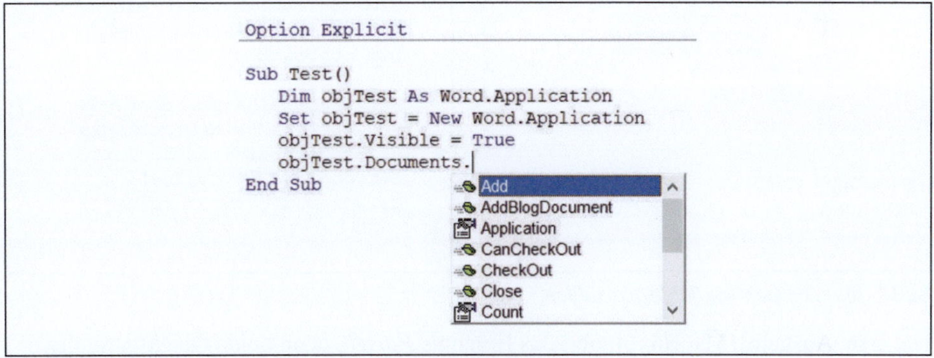

Bild 1-14. Anbindung von Word-Objekten durch frühe Bindung

Doch was passiert, wenn die Projektdatei mit dieser Prozedur an einen anderen Nutzer mit einem anderen PC weitergegeben wird, der die Word-Bibliothek nicht eingebunden hat? Er erhält folgerichtig eine Fehlermeldung. Bei einer Prozedur mit später Bindung passiert das nicht, da hier keine Bibliotheksanbindung verlangt wird.

Die Entwicklung einer Prozedur sollte daher möglichst mit früher Bindung durchgeführt werden, die dann vor der Weitergabe in eine späte Bindung umgestellt wird. Dabei müssen auch VBA- und System-Konstante durch ihren Wert ersetzt werden.

Der wird angezeigt, wenn beim Debuggen[1] durch den Code der Mauszeiger auf die Konstante gestellt wird (Bild 1-15).

```
ActiveCell.CellColor = pjGreen
                        pjGreen = 9
```

Bild 1-15. Anzeige des Wertes 9 der Systemkonstanten vbGreen beim Debuggen

1.2.5 Objektvergleich

Sollen Objektvariable miteinander verglichen werden, dann ist es längst nicht so einfach wie mit normalen Variablen. Denn zunächst einmal muss die Frage beantwortet werden, wann zwei Objektvariable gleich sind? Sind sie gleich, wenn sie zur selben Klasse gehören, oder müssen sie gleiche Werte besitzen? Sie sind dann gleich, wenn sie auf die gleiche Instanz eines Objektes verweisen. Ein Vergleich wird mit dem *Is*-Operator wie im nachfolgenden Beispiel (Bild 1-16) durchgeführt.

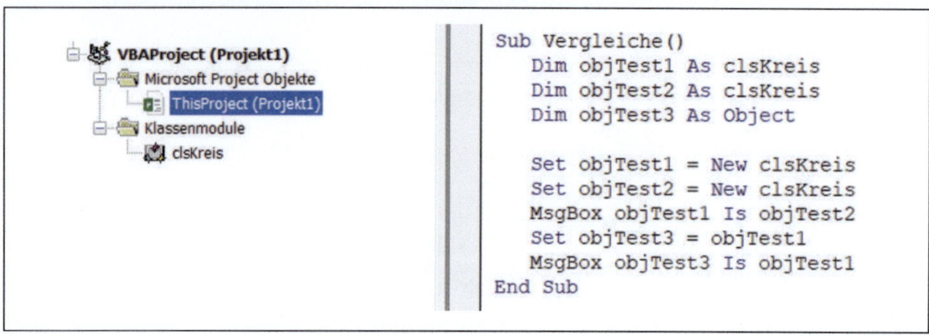

Bild 1-16. Vergleich von Objektvariablen

Die erste Ausgabe (MsgBox) liefert das Ergebnis *Falsch*, denn beide Objektvariablen gehören zwar zur selben Klasse, verweisen aber nicht auf die gleiche Instanz. Die zweite Ausgabe liefert das Ergebnis *Wahr*, denn durch die *Set*-Zuweisung verweisen beide Objektvariablen auf die gleiche Instanz.

Diese Form der Gleichheit von Objektvariablen beruht auf der Tatsache, dass eine Objektvariable nichts anderes als die Adresse einer Instanz im Arbeitsspeicher enthält. Der *Is*-Operator vergleicht nur, ob die beiden Adressen übereinstimmen. Alternativ kann man die beiden Objektvariablen auch über die (undokumentierte) *ObjPtr*-Funktion vergleichen.

```
   MsgBox ObjPtr(objTest1) = ObjPtr(objTest2)
```

[1] Bezeichnet das Testen von Anweisungen im VBA-Editor durch einen Klick auf die Prozedur und die schrittweise Ausführung mit der F8-Taste.

Die *ObjPtr*-Funktion mit der Syntax

```
ObjPtr(Objektname) As LongPtr
```

liefert einen Zeiger auf ein Objekt (die Programmiersprache C++ lässt grüßen), dessen Adresse dann zum Vergleich steht.

```
MsgBox ObjPtr(objTest1)
```

1.2.6 Anwendungen und Makros

Unter Anwendungen sind die Office Programme Word, Excel, Outlook, PowerPoint, Project etc. zu verstehen. In diesen Anwendungen lassen sich Prozeduren und Funktionen programmieren oder mit der Makro-Funktion erzeugen.

Die Makro-Funktion wird mit der Registerkarte *Entwicklertools* und der Auswahl *Makro aufzeichnen* in der Menügruppe *Code* gestartet. Eine zweite Startmöglichkeit besteht darin, über die Registerkarte *Ansicht* unter *Makros* die Auswahl *Makro aufzeichnen* zu wählen. Alle Tätigkeiten in der Project-Anwendung werden von da an, wie bei einem Recorder, aufgezeichnet. Gestoppt wird die Aufzeichnung wieder mit der Auswahl *Aufzeichnung beenden* an gleicher Stelle.

🗁 1-17-01-01_Makros.mpp

Übung 1.2 Mit der Makro-Funktion Vorgänge erstellen

Mit dem unter Übung 1.1 erstellten neuen Projekt werden folgende Schritte ausgeführt:

- Unter Register *Ansicht* wird unter Vorgangsansichten das *Gantt-Diagramm* gewählt.
- Es liegt eine leere Vorgangstabelle vor.
- Ebenfalls unter Register *Ansicht / Makros* wird die Auswahlliste von Makros geöffnet.
- In der Auswahlliste wird die Methode *Makro aufzeichnen* gewählt.
- Es öffnet sich die Eingabemaske *Makro aufzeichnen.*
- Im Eingabefeld *Makroname* wird Projekt01 eingetragen.
- Im Auswahlfeld *Speichern in* wird die Vorgabe *Diesem Projekt* gewählt.
- Alle anderen Vorgaben bleiben unverändert.
- Mit der Schaltfläche OK wird die Aufzeichnung gestartet.
- Danach wird in der ersten Zeile der Tabelle das Feld unter Vorgangsname markiert.
- Es erhält den Eintrag *Task1*. Project ergänzt weitere Standardeinstellungen.
- Mit Bestätigung der Eingabe wechselt Project in die zweite Zeile.
- Diese erhält den Eintrag *Task2* und wird bestätigt.
- Nacheinander werden so die weiteren Vorgänge *Task3, Task4* und *Task5* eingetragen.
- Die Vorgänge *Task1* bis *Task5* erhalten unter Dauer die Werte 3, 5, 3, 2 und 4.

- Die Aufzeichnung beenden unter Register *Ansicht / Makros* mit der Methode *Aufzeichnung beenden*.

Nun existiert ein sogenanntes Makro mit dem Namen *Projekt01*. Unter Register *Ansicht / Makros / Makros anzeigen* findet sich der Eintrag *Projekt01* (Bild 1-17). Mit dem Start werden die Einträge wiederholt. Dabei ergibt sich ein Problem. In den oben genannten Anweisungen wird eine leere Vorgangstabelle vorausgesetzt. Ist das nicht der Fall, werden die Einträge angehängt.

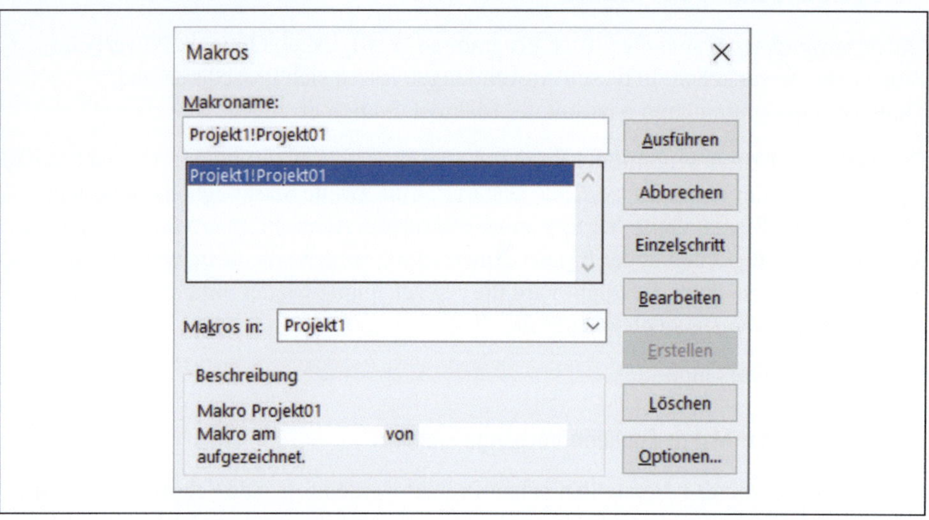

Bild 1-17. Auswahl vorhandener Makros

Eine Tabelle zu löschen ist relativ einfach. Mit einem Klick auf die Referenzzelle der Tabelle (rot im Bild 1-18) wird die gesamte Vorgangstabelle markiert und mit der ENTF-Taste wird deren Inhalt gelöscht. Danach liefert das Makro die gewünschten Einträge.

GANTT-DIAGRAMM

	ⓘ	Vorgan	Vorgangsname	Dauer	Anfang
1			Task1	3 Tage	Mit 14.06.23
2			Task2	5 Tage	Mit 14.06.23
3			Task3	3 Tage	Mit 14.06.23
4			Task4	2 Tage	Mit 14.06.23
5			Task5	4 Tage	Mit 14.06.23

Jun '23 19 Jun '23
D M D F S S M D M

Bild 1-18. Vorgänge in Projekt

Wird jetzt die IDE geöffnet, so befindet sich im Projekt-Explorer ein neuer Ordner *Module* und darin ein neues Objekt *Modul1*. Dieses wurde durch den Makro-Recorder erzeugt. Ein Doppelklick auf *Modul1* im Projekt-Explorer zeigt den Inhalt des Moduls im VBA-Editor.

```
Sub Projekt01()
' Makro Projekt01
' Makro am Don xx.xx.xx von xxx xxx aufgezeichnet.
    SelectTaskField Row:=0, Column:="Name"
    SetTaskField Field:="Name", Value:="Task1"
    SelectTaskField Row:=1, Column:="Name"
    SetTaskField Field:="Name", Value:="Task2"
    SelectTaskField Row:=1, Column:="Name"
    SetTaskField Field:="Name", Value:="Task3"
    SelectTaskField Row:=1, Column:="Name"
    SetTaskField Field:="Name", Value:="Task4"
    SelectTaskField Row:=1, Column:="Name"
    SetTaskField Field:="Name", Value:="Task5"
    SelectTaskField Row:=1, Column:="Name"
    SelectTaskField Row:=-5, Column:="Dauer"
    SetTaskField Field:="Dauer", Value:="3"
    SelectTaskField Row:=1, Column:="Dauer"
    SetTaskField Field:="Dauer", Value:="5"
    SelectTaskField Row:=1, Column:="Dauer"
    SetTaskField Field:="Dauer", Value:="3"
    SelectTaskField Row:=1, Column:="Dauer"
    SetTaskField Field:="Dauer", Value:="2"
    SelectTaskField Row:=1, Column:="Dauer"
    SetTaskField Field:="Dauer", Value:="4"
    SelectTaskField Row:=1, Column:="Dauer"
End Sub
```

Zeilen, die mit einem Hochkomma beginnen, sind als reine Kommentarzeilen zu betrachten und grün dargestellt. Sie haben keinen Einfluss auf den Ablauf. Die Prozedur selbst beinhaltet zwei Anweisungen.

Die erste Anweisung *SelectTaskField* wählt die jeweilige Zeile (Row) in der Tabelle und die Spalte (Column) Name bzw. Dauer relativ zur aktuellen Position. Die zweite Anweisung *SetTaskField* schreibt den angegebenen Inhalt (Value) in das ausgewählte Feld (Field).

Für das Makro *Projekt01* wird nicht grundsätzlich das *Modul1* benötigt. Es kann auch direkt in das Codefenster des Projekts *ThisProject* kopiert werden:

- Die gesamte Prozedur in Modul1 (ohne *Option Explicit*) markieren.
- Mit der rechten Maustaste das Kontextmenü aufrufen.
- Darin die Methode *Ausschneiden* wählen.
- Ein Doppelklick im Projekt-Explorer auf *ThisProject* unter VBAProject.
- Dadurch öffnet sich das Codefenster von *ThisProject* im VBA-Editor.
- Im Codefenster das Kontextmenü aufrufen und die Methode *Einfügen* wählen.
- Die Prozedur gehört nun zum Objekt *ThisProject* und wird im Modul1 gelöscht.

Das Makro kann weiterhin über Register *Ansicht* aufgerufen werden.

Nun ist dies eine Übung und das *Modul1* wird nicht wirklich benötigt. Mit einem Klick der rechten Maustaste auf *Modul1* im Projekt-Explorer öffnet sich das Kontextmenü und es kann *Entfernen von Modul1* gewählt werden, ohne es vorher zu exportiren. Wer mag, kann ähnliche Projekte mit einem Makro als Vorlage erstellen.

1.2.7 Ein Makro im Menüband aufrufen

Es ist sehr mühsam, für den Start einer Prozedur immer den Makro-Befehl aufzurufen. Unter Register *Datei / Optionen* gibt es die Auswahl *Menüband anpassen*. Damit öffnet sich ein Dialogfenster zur Anpassung (Bild 1-19).

Die linke Seite des Dialogfensters dient der Auswahl weiterer Elemente, während die rechte Seite die vorhandenen Elemente im Menüband verwaltet. Dort ist auch das Element *Entwicklertools* zu sehen, das wir schon ausgewählt haben.

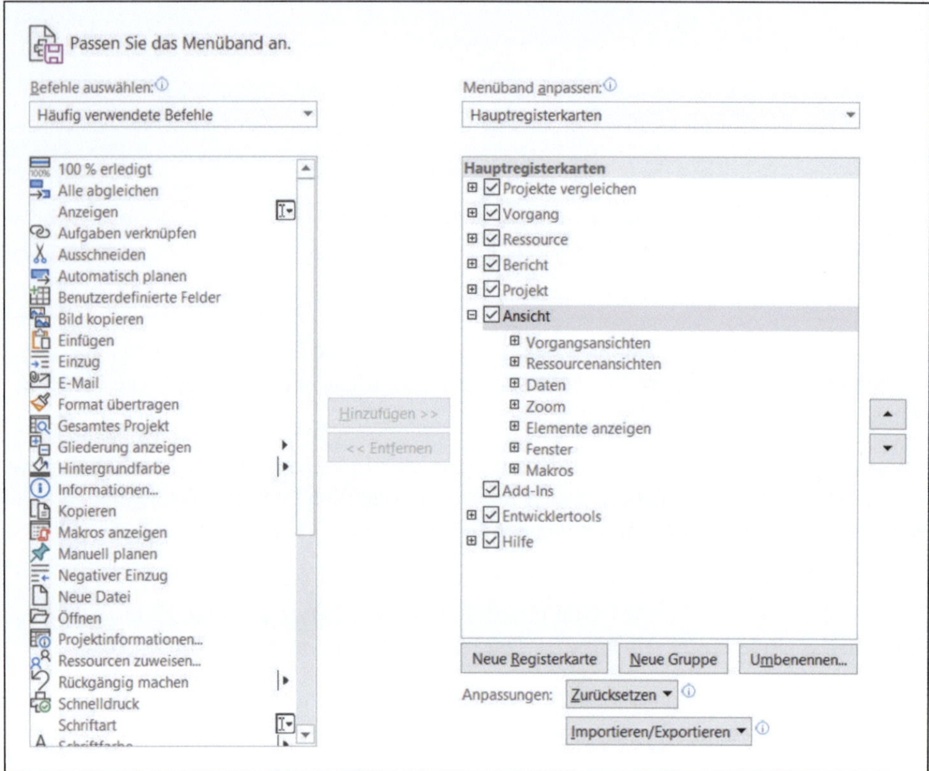

Bild 1-19. Menüband anpassen

Mit der Schaltfläche *Neue Registerkarte* wird diese im Menüband eingetragen und mit der Schaltfläche *Umbenennen* in *Makros* umbenannt (Bild 1-20).

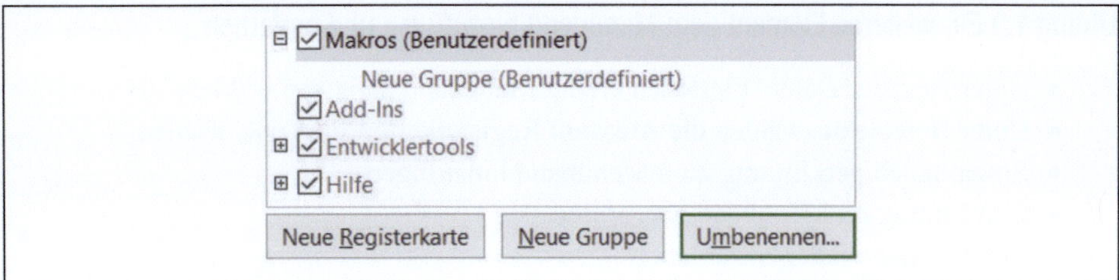

Bild 1-20. Neue Registerkarte Makros

Mit der neuen Registerkarte wird auch eine neue Gruppe eingefügt. Sie bekommt den Namen *Einführung* ebenfalls unter *Umbenennen*.

Im nächsten Schritt wird im linken Bereich des Dialogfensters unter *Befehle auswählen* in der Auswahlliste *Makros* gewählt. In der Auswahlliste darunter sind nun alle vorhandenen Makros zu sehen. Nachdem das Makro *Projekt01* und die Gruppe *Einführung* ausgewählt sind, kann mit der Schaltfläche *Hinzufügen* >> der Eintrag in die Menügruppe erfolgen (Bild 1-21). Der Eintrag bekommt den Namen *Projektstart* und evtl. ein Symbol. Danach befindet sich das Register *Makros* im Menüband mit der Gruppe *Einführung* und dem Aufruf *Projektstart* (Bild 1-22).

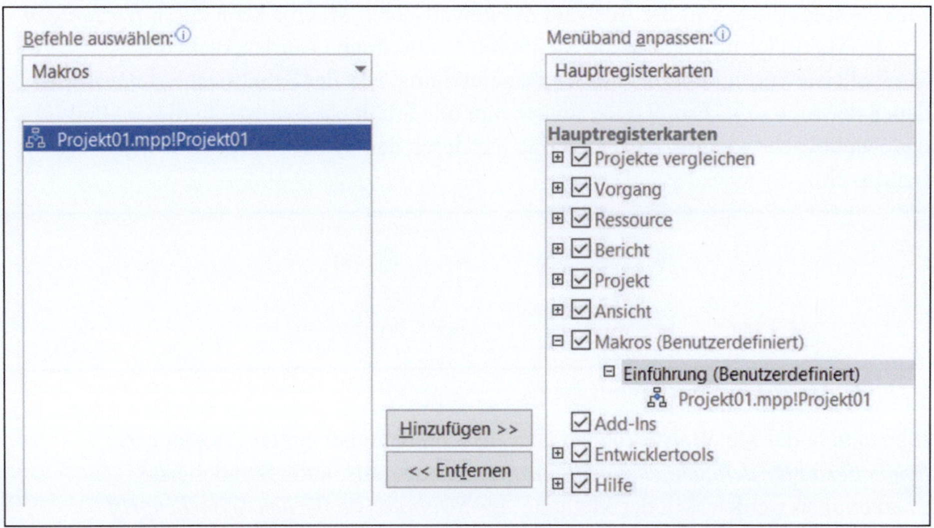

Bild 1-21. Hinzufügen des Makroaufrufs zur Gruppe Einführung unter Register Makros

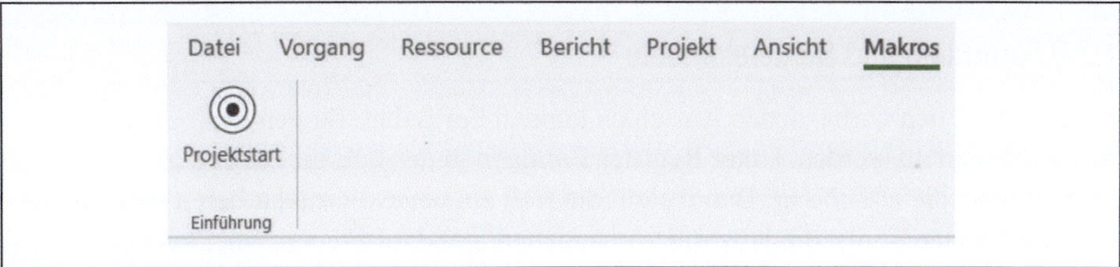

Bild 1-22. Register Makros im Menüband

Übung 1.3 Ein weiteres Element dem Menüband hinzufügen und entfernen

- Unter Register Datei / Optionen erneut Menüband anpassen wählen.
- Unter Befehle auswählen die Auswahl Registerkarten für Tools wählen.
- Einen beliebigen Eintrag zum Menüband hinzufügen.
- Den Eintrag im Menüband überprüfen.
- Den Eintrag wieder entfernen.

1.2.8 Ein Makro aus der Symbolleiste aufrufen

Neben dem Menüband verfügt eine Office-Anwendung auch über eine Symbolleiste für den Schnellzugriff. Sie besitzt eine Auswahlliste, in der schon verschiedene Elemente aufgeführt sind, die durch Auswahl in der Symbolleiste erscheinen. Dort kann auch die Position der Symbolleiste bestimmt werden. Sie sollte möglichst immer unter dem Menüband stehen. Mit der Auswahl *Weitere Befehle* wird ebenso wie unter Register *Datei / Optionen / Symbolleiste für den Schnellzugriff* das Dialogfenster zur Anpassung geöffnet. Es ähnelt dem Dialogfenster zur Anpassung des Menübandes und wird auch so behandelt.

Auch hier wird unter *Befehle auswählen / Makros* die Übersicht der vorhandenen Makros aufgerufen. Mit der Auswahl des gewünschten Makros kann durch *Hinzufügen* >> der Makroaufruf direkt in die Symbolleiste übertragen werden, denn die Symbolleiste verfügt über keine Gruppeneinteilung. Mit der Schaltfläche *Ändern* wird danch der Eintrag in *Projektstart* umbenannt und erhält ein Symbol. In diesem Fall ist das Symbol sehr wichtig, da der Eintrag nur durch das Symbol dargestellt wird (Bild 1-23).

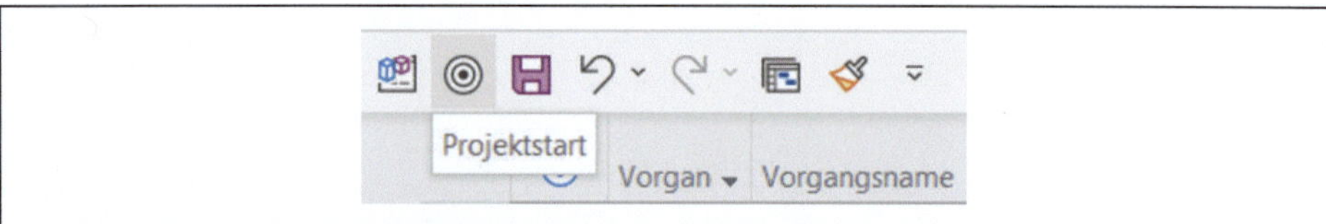

Bild 1-23. Makroaufruf in der Symbolleiste

Elemente in der Menüleiste können über ihr Kontextmenü mit der Methode *Zu Symbolleiste für den Schnellzugriff hinzufügen* ebenfalls in die Symbolleiste übernommen werden. Mit der Methode *Aus Symbolleiste für den Schnellzugriff entfernen* im Kontextmenü des Symboleintrags kann der Eintrag wieder gelöscht werden.

1.2.9 Formulare und Steuerelemente

Zusätzlich zu den vorhandenen Ansichten können Formulare für den Dialog mit dem Anwender erstellt werden. Unter Register *Einfügen* in der IDE gibt es in der Auswahlliste die *UserForm*. Damit stellt die IDE ein neues Formular bereit und blendet gleichzeitig eine Toolsammlung mit vorhandenen Standard-Steuerelementen ein (Bild 1-24). Damit befindet sich das Formular im Entwurfsmodus.

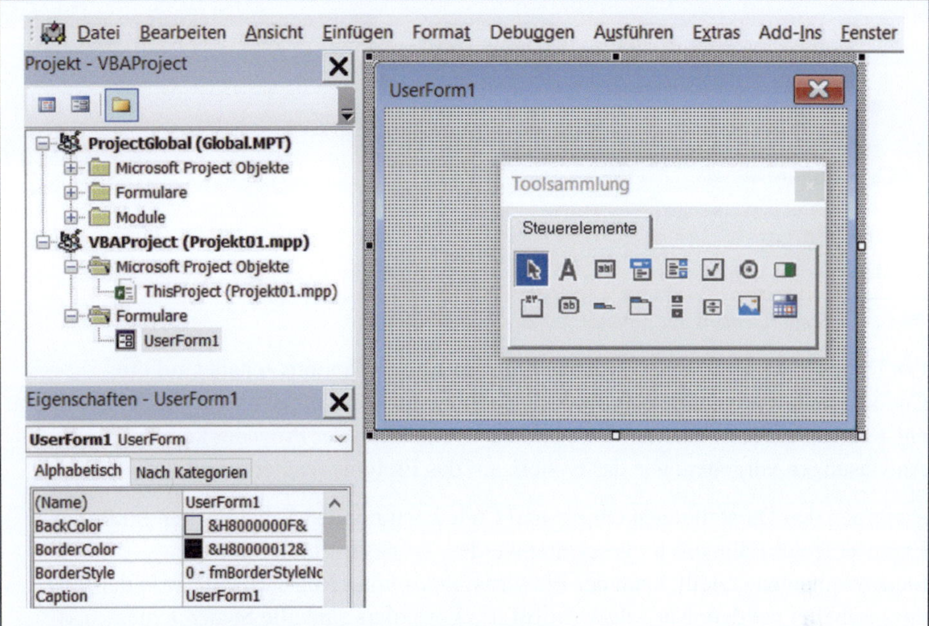

Bild 1-24. Formular zur Verwendung von Steuerelementen

Im Kontextmenü eines Steuerelements mit der Methode *Zusätzliche Steuerelemente* lassen sich weitere Steuerelemente anzeigen und auswählen. Sie befinden sich in zusätzlichen Dateien, die mit der Installation von Project bereitgestellt werden. Nach ihrer Auswahl werden sie ebenfalls mit einem Symbol in der Toolsammlung angezeigt. In dem Eigenschaftsfenster zum Formular (UserForm1) befinden sich viele Eigenschaften, die mit der nötigen Vorsicht verändert werden können.

Steuerelemente (eine Klasse von Objekten mit einer grafischen Oberfläche) sind das A und O der Formulare. Mit ihnen lässt sich ein Programmablauf steuern. Sie lassen sich nach ihrer Auswahl auf dem Formular aufziehen. Durch Anfassen und Ziehen ist ihre Position frei bestimmbar. Da sie im Entwurfsmodus Ziehpunkte besitzen, kann ihre Form nachträglich verändert werden.

Jedes Steuerelement hat bestimmte Eigenschaften, die im Eigenschaftsfenster angezeigt werden, sobald sie aktiv (mit der Maus angeklickt) sind. Die dort angegebenen Werte lassen sich im Entwurfsmodus verändern oder beim späteren Ablauf durch Wertzuweisung. Steuerelemente besitzen außerdem verschiedene Methoden (z. B. *Activate*, *Refresh*, *Clear*, *Load*, ...). Eine besondere Art von Methoden sind die Ereignisse, die von einem Steuerelement erkannt werden (z. B. Mausklick, Tastendruck, ...). Ist ein Steuerelement in der Lage, ein bestimmtes Ereignis zu erkennen, dann besitzt es eine entsprechende Ereignis-Prozedur, die mit dem Auftreten des Ereignisses ausgeführt wird. Als Beispiel wird eine Schaltfläche (CommandButton) mit dem Namen *Start* auf dem Formular platziert (Bild 1-25).

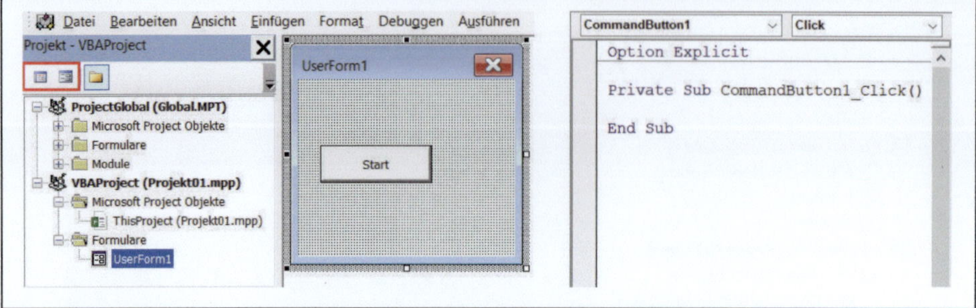

Bild 1-25. Steuerelement mit zugehöriger Ereignis-Prozedur

Ein Doppelklick auf die Schaltfläche *Start* im Entwurfsmodus schaltet auf die Codedarstellung um und zeigt die Ereignisprozedur *CommandButton1_Click*. Der Name entsteht aus der Kombination *Objektname_Ereignis*. In der Prozedur können Anweisungen vorgeben, wie das System auf das Ereignis reagieren soll.

Zwischen den Darstellungen Objekt und Code kann mit den Schaltflächen im Projekt-Explorer (roter Rahmen) umgeschaltet werden. Ist das Formular mit allen Steuerelementen erstellt, kann der Entwurfsmodus unter Register *Ansicht* in der IDE ausgeschaltet werden. Nach dem Aufruf des Formulars sind alle Steuerelemente aktiv.

Übung 1.4 Formular zur Analyse von Objekten erstellen

- Es wird das Projekt *Makros* aus den vorherigen Übungen verwendet.
- Den VBA-Editor (ALT + F11) öffnen.
- Unter der Registerkarte *Einfügen* die UserForm wählen.
- Wird die Toolsammlung nicht angezeigt, so lässt sie sich unter Register *Ansicht / Werkzeugsammlung* aufrufen.
- Im Eigenschaftsfenster den Formularnamen auf *frmAnalyse* ändern.
- Unter der Eigenschaft *Caption* wird *Analyse* eingetragen.
- Um die Eigenschaften des jeweiligen Objekts im Eigenschaftsfenster zu sehen, muss das Objekt mit einem Mausklick markiert werden.
- Durch Anklicken und Aufziehen mit der Maus werden nacheinander folgende Steuerelemente auf dem Formular angeordnet (Bild 1-26).
- Alle nachfolgenden Objekte erhalten die Schriftgröße 10.
- Ein CommandButton-Objekt mit dem Namen *cmdEnde*, besitzt den Caption-Text *Beenden*.
- Ein MultiPage-Objekt mit dem Namen *mpaRahmen* besitzt zwei Page-Objekte.
- Das Page-Objekt *pagListe* erhält auf seiner Oberfläche ein ListBox-Objekt *lbxListe*.
- Das Page-Objekt *pagDia* erhält auf seiner Oberfläche ein Image-Objekt *imaBild*.
- Unter dem Seitenrahmen wird ein Label-Objekt mit dem Namen *labAnzahl* und dem Caption-Text *Anzahl* eingefügt.
- Daneben eine TextBox *tbxAnzahl* für die Ausgabe eines Analysewertes.

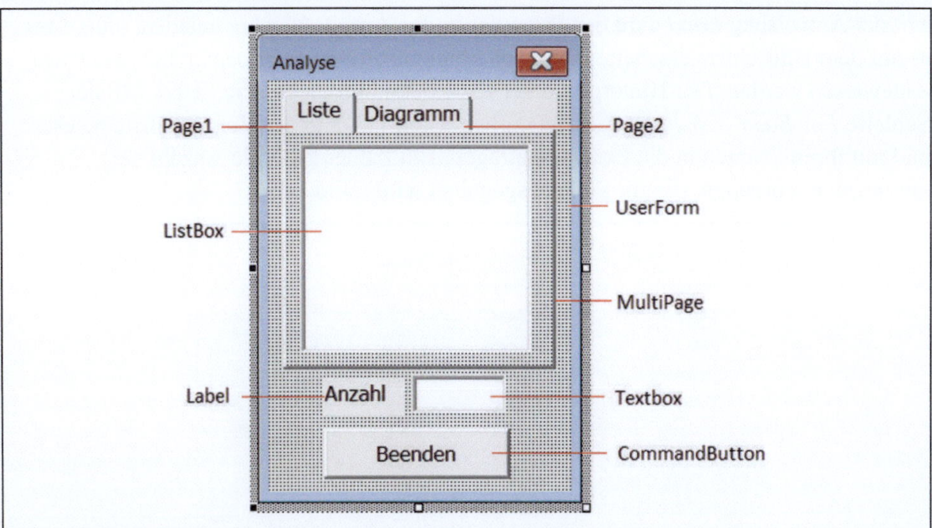

Bild 1-26. Steuerelemente auf dem Formular zum Beispiel

🗁 1-17-01-02_Formulare.mpp

Ein Klick auf die Schaltfläche *Beenden* soll später das gestartete Formular auch wieder entfernen. Dazu wird dieses Ereignis in einer Ereignis-Prozedur behandelt.

Codeliste 1-1. Ereignisprozedur cmdEnde_Click im Formular frmAnalyse

```
Private Sub cmdEnde_Click()
   Unload Me
End Sub
```

Gestartet wird das Formular *Analyse* mit der Prozedur *StartAnalyse*. Eine genaue Definition der Anweisungen erfolgt zu einem späteren Zeitpunkt.

Codeliste 1-2. Startprozedur für das Formular in ThisProject

```
Sub StartAnalyse()
   Dim tskTemp As Task
   Dim iCount  As Integer
   Load frmAnalyse
   With frmAnalyse
      .lbxListe.BackColor = vbYellow
      iCount = 0
      For Each tskTemp In ActiveProject.Tasks
         .lbxListe.AddItem tskTemp.Name & " / " & _
            tskTemp.Duration & " Min."
         iCount = iCount + 1
      Next
      .tbxAnzahl = Str(iCount)
   End With
   frmAnalyse.Show
End Sub
```

Mit der Anweisung *Load* wird das Formular in den Arbeitsspeicher geladen, ohne dass es auf dem Bildschirm erscheint. Dennoch können den Steuerelementen bereits Daten zugewiesen werden. Der Hintergrund der Liste bekommt eine gelbe Farbe. Mit der Schleife *For Each – Next* werden alle vorhandenen Tasks in der Vorgangsliste gelesen und mit ihrem Namen in die Liste eingetragen. Ein Zähler zählt die Anzahl der gefundenen Vorgänge, die am Ende ausgegeben wird (Bild 1-27).

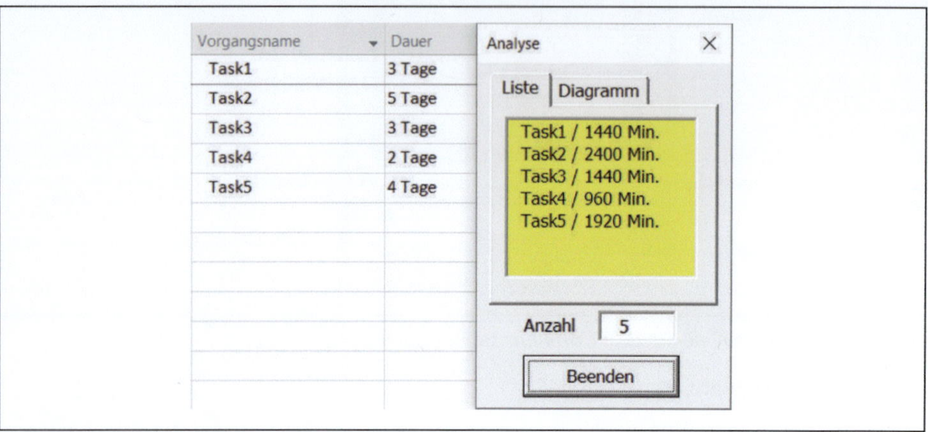

Bild 1-27. Anzeige des Formulars

Längere Anweisungen im Code können auf mehrere Zeilen verteilt werden. Dazu wird ein Unterstrich gesetzt.

Achtung! Vor dem Unterstrich muss sich unbedingt ein Leerzeichen befinden.

1.2.10 Der Fokus von Steuerelementen

Befinden sich mehrere Steuerelemente auf einem Formular, so bekommt beim Start das Steuerelement mit dem niedrigsten *TabIndex* den Fokus, der dann je nach Ereignis an andere Steuerelemente weitergegeben wird. Im Kontextmenü eines Formulars gibt es die Auswahl *Aktivierungsreihenfolge*. Darunter kann die Reihenfolge für die Fokus-Vergabe manuell festgelegt werden (Bild 1-28).

Zum Abschluss der Übung wird die Startprozedur ebenfalls im Register Makros installiert. Unter Register *Datei* der IDE lassen sich mit *Datei exportieren* bzw. *Datei importieren* die Formulare autonom speichern und einlesen, auch in anderen Anwendungen.

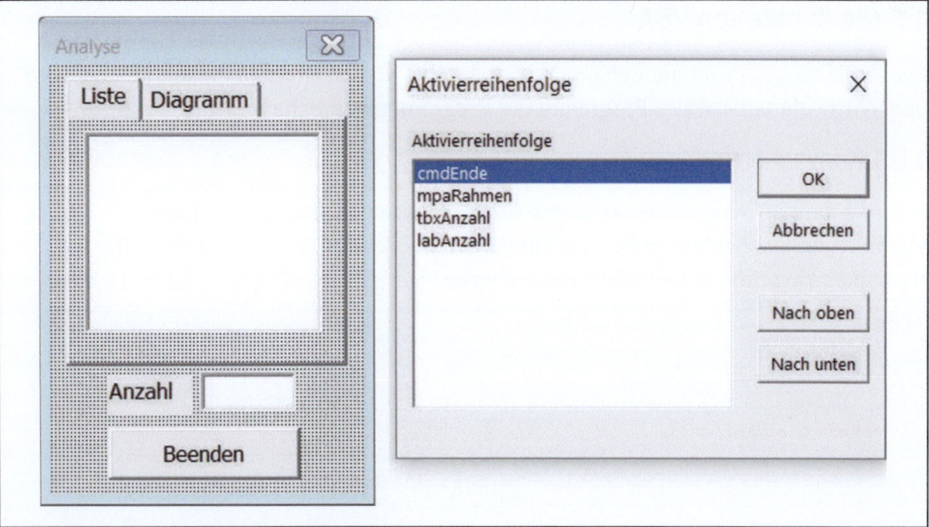

Bild 1-28. Aktivierungsreihenfolge bestimmen

1.2.11 Die ShowModal Eigenschaft

Ein Formular *UserForm* besitzt die binäre Eigenschaft *ShowModal*, die die Zustände *True* und *False* annehmen kann. Mit dem Standardwert *True* wird festgelegt, dass das Formular erst geschlossen werden muss, bevor ein anderer Teil der Anwendung aktiviert werden kann. Mit dem Wert *False* besitzt ein Formular keinen Modus, sodass Ansichten weiter nutzbar sind, während das Formular geöffnet ist. Die Show-Anweisung erhält dazu eine Ergänzung.

```
    frmAnalyse.Show = False
```

1.2.12 Module

Module dienen wie die Formulare zur Aufnahme von Prozeduren, die auch bei anderen Projekten eingesetzt werden können. Allerdings besitzen Module keine Oberfläche und damit auch keine Möglichkeit, Steuerelemente aufzunehmen. Ihre einzige Aufgabe ist es, ein Container für Programmcode zu sein und zur Darstellungsmöglichkeit ein Codefenster zu besitzen. Module kommen bei den Makros zum Einsatz, denn die Makro-Funktion erstellt Prozeduren ausschließlich in Modulen. Beliebig viele Module können in einem VBA-Projekt eingebunden sein und es lassen sich auch dieselben Module in verschiedenen VBA-Projekten einbinden. Dazu können sie genau wie Formulare autonom exportiert und importiert werden.

Übung 1.5 Module nutzen

Die bisher aus den Übungen im Objekt *ThisProject* abgelegten Prozeduren, können auch in Modulen abgelegt werden. Dadurch sind sie flexibler zu handhaben. Allerdings müssen dann die im Menüband installierten Aufrufe neu definiert werden.

1.3 Die Syntax von VBA

Die Syntax einer Programmiersprache beschreibt, welche Kombinationen von Zeichen und Worte ein fehlerfreies Programm der Programmiersprache bilden

1.3.1 Konventionen

Kommentare im Programmcode werden zeilenweise gekennzeichnet. Eine Kommentarzeile beginnt mit einem Hochkomma oder der Anweisung *Rem* (für Remark), wie schon in den Makro-Prozeduren.

```
'Dies ist eine Kommentarzeile
  Rem Dies ist auch eine Kommentarzeile

'Die folgende Ausgabe-Anweisung ist auf zwei Zeilen
'verteilt angeordnet
  MsgBox "Dies ist eine Testausgabe! Bitte bestätigen Sie mit ok!" _
     vbInformation + vbOKOnly, "Wichtiger Hinweis"

'In den nachfolgenden Anweisungen werden die Inhalte
'zweier Variabler x und y über den Umweg der Variablen z vertauscht
   z = x: x = y: y = z
```

Eine Zeile kann auch mehrere Anweisungen enthalten. Sie werden dann durch einen Doppelpunkt voneinander getrennt und von links nach rechts abgearbeitet.

Das Einrücken von Programmanweisungen innerhalb bedingter Anweisungen oder Programmschleifen dient nur der Übersichtlichkeit und hat keine Auswirkungen auf die Prozedur. Es ist jedoch sehr zu empfehlen, denn so werden auch ältere Programme besser lesbar.

1.3.2 Prozeduren und Funktionen

Prozeduren haben den grundsätzlichen Aufbau:

```
[Private|Public] [Static] Sub Name [(Parameterliste)]
   [Anweisungen]
   [Exit Sub]
   [Anweisungen]
End Sub
```

Der Aufruf der Prozedur erfolgt durch den Prozedurnamen und eventuelle Parameter. Bei den übergebenen Parametern kann es sich um Variable verschiedener Datentypen handeln. Sie sind nur in der Prozedur gültig. Werden Variable am Anfang eines Codecontainers mit *Global* definiert, so gelten sie in allen Prozeduren und Funktionen des gesamten VBA-Projekts. Aber Achtung, es muss immer zwischen lokalen und globalen Variablen unterschieden werden. Mehr dazu unter 1.3.4 Parameterlisten. Eine Prozedur kann jederzeit mit der Anweisung *Exit Sub* beendet werden. Sinnvollerweise in Abhängigkeit von einer Bedingung.

Funktionen sind eine besondere Form von Prozeduren. Ihr Aufbau entspricht dem von Prozeduren mit dem Unterschied, dass der Funktionsname selbst als Variable agiert und einem Datentyp zugeordnet ist.

```
[Public|Private|Friend][Static] Function Name [(Parameter)] [As Typ]
    [Anweisungen]
    [Name = Ausdruck]
    [Exit Function]
    [Anweisungen]
    [Name = Ausdruck]
End Function
```

Der Aufruf einer Funktion erfolgt durch den Funktionsnamen und eventuelle Parameter. Eine Funktion kann jederzeit mit der Anweisung *Exit Function* beendet werden.

Im VBA-Editor lassen sich unter Register *Einfügen / Prozedur* im Dialogfenster *Prozedur hinzufügen* neue Prozedur- und Funktionsrümpfe erzeugen (Bild 1-29).

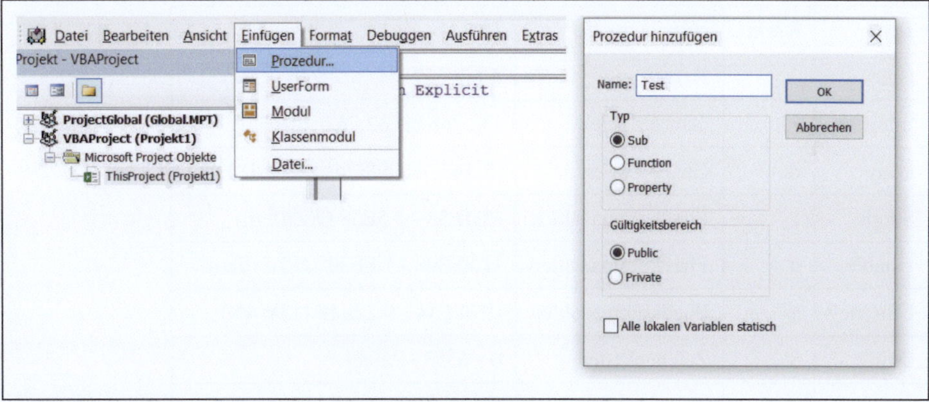

Bild 1-29. Einfügen von Prozedur- und Funktionsrümpfen

1.3.3 Datentypen für Konstante und Variable

Jedes Programm benötigt die Möglichkeit, Daten zu speichern. VBA bietet zwei Formen, Konstante und Variable. Beide Formen werden durch einen Namen bezeichnet.

Für die Namensvergabe gibt es folgende Regeln:

- erstes Zeichen muss ein Buchstabe sein
- weitere Zeichen können Ziffern, Buchstaben oder Sonderzeichen (keine mathematischen Zeichen und kein Leerzeichen) sein
- maximal 255 Zeichen
- kein VBA Schlüsselwort.

Feststehende Daten werden als Konstante definiert in der Form:

```
Const Name = Wert [ As Datentyp ]
```

VBA und Office stellen eine große Anzahl von Konstanten zur Verfügung, dabei weisen die ersten beiden Buchstaben auf die Anwendung hin. Nachfolgend einige wichtige Konstante:

- vb – VBA-Kontante (vbYes…)
- wd – Word-Konstante (wdAlign…)
- xl – Excel-Konstante (xlFixed…)
- ac – Access-Konstante (acCmd…)
- pj – Project-Konstante (pjField…).

Variable werden mit der Anweisung *Dim* (für Dimension) deklariert und dimensioniert.

```
Dim Name [ As Datentyp ]
```

Die wichtigsten Datentypen stehen in Tabelle 1-1.

Tabelle 1-1. Die wichtigsten Datentypen in VBA

Typ	Kürzel	Bezeichnung	Datenbereich
Byte		Byte	0 bis 255
Integer	%	Ganze Zahlen	-32.768 bis 32.767
Long	&	Ganze Zahlen	-2.147.483.648 bis 2.147.483.647
Single	!	Fließkommazahlen	-3.4E38 - 3.5E38 (7 Ziffern)
Double	#	Fließkommazahlen	-1.8E308 - 1.8E308 (15 Ziffern)
Currency	@	Fließkommazahlen	-9.22E14 - 9.22E14 (15V 4N)
String	$	Zeichenketten	0 - 65535 Zeichen
Date		Datum und Zeit	01.Jan.100 - 31.Dez.9999
Boolean		Logische Werte	*True* (Wahr) oder *False* (Falsch)
Variant		Beliebige Daten	
Object			4 Byte für Adresse (Referenz)

Um den Datentyp einer Variablen eindeutig zu kennzeichnen, kann dem Namen der Variablen ein datentypspezifisches Kürzel angefügt werden. So ist z. B. die Variable *Zahl%* vom Typ Integer oder die Variable *Text$* vom Typ String. Allerdings ist von dieser Verwendung abzuraten.

Die meisten Programmierer verwenden für Namen von Variablen ein Präfix (ungarische Notation), ähnlich dem der Systemkonstanten.

- bol – Boolean (Beispiel: bolSichern)
- dtm – Datum oder Zeit (dtmStartZeitraum)
- err – Fehlercode (errDateifehler)
- int – Integer (intZähler)

- ftp – Fließkomma (ftpErgebnis)
- obj – Objektverweis (objDokument)

In diesem Buch wird immer nur ein Kleinbuchstabe vor dem eigentlichen Namen verwendet. So unterscheide ich zwischen Datenvariable (1 Buchstabe), Systemvariable (2 Buchstaben) und Objektvariable (3 Buchstaben).

Datenlisten (eine Dimension, auch Vektoren genannt) oder Datenfelder (mehrere Dimensionen, auch Arrays oder Matrizen genannt) definieren sich:

```
    Dim Name (Dimension 1[, Dimension 2[, …]]) As Datentyp
```

Oft werden die Dimensionen auch als Index bezeichnet und man spricht von einer *indizierten Variablen*. Die Indizes beginnen standardmäßig bei *Null*. Ist ein Beginn bei *Eins* gewünscht, so erlaubt die Anweisung

```
Option Base {0 | 1}
```

am Anfang eines Codecontainers direkt unter *Option Explicit* eine Festlegung. Die oberen Werte der Indizes lassen sich während des Programmablaufs neu dimensionieren durch die Anweisung:

```
    Redim [Preserv] Name (Dimension 1[, Dimension 2[, …]])
```

Die Anweisung *Preserv* rettet, soweit möglich, vorhandene Daten, während die Anweisung *Erase* eine Neuinitialisierung des Arrays vornimmt.

```
    Erase Arrayname
```

1.3.4 Parameterlisten

Parameter dienen zur Übergabe von Daten zwischen Prozeduren. Der Datentyp eines Parameters wird entweder durch Typkennzeichen oder durch die Anweisung *As* bestimmt. Die Syntax ist nachfolgend dargestellt.

```
[Optional] [ByVal | ByRef] Variable[( )] [As Typ] [= StandardWert]
```

Auch eine gemischte Form ist möglich.

```
Sub Parameterbeispiel
   Dim RefWert As Byte
   Dim ValWert As Byte
   RefWert=4: ValWert=8
   MsgBox "RefWert vor dem Aufruf : " & RefWert
   MsgBox "ValWert vor dem Aufruf : " & ValWert
   Aufruf (RefWert, ValWert)
   MsgBox "RefWert nach dem Aufruf : " & RefWert
   MsgBox "ValWert nach dem Aufruf : " & ValWert
End Sub

Sub Aufruf (ByRef X As Byte, ByVal Y As Byte)
   X = X + 2
   Y = Y + 2
End Sub
```

Bei der Übergabe gibt es zwei Formen, *by Value* und *by Reference*. Jede Variable besitzt eine Adresse im Hauptspeicher. Mit *by Reference*, der Standardübergabe, wird diese Adresse übergeben und mit *by Value* nur der Wert. So lässt sich verhindern, dass alte Werte überschrieben werden.

Sehr anschaulich ist das vorstehende *Parameterbeispiel* mit *Aufruf*. Zum besseren Verständnis nachfolgend der zeitliche Ablauf:

	RefWert (in Beispiel)	ValWert (in Beispiel)	ValWert (in Aufruf)
1. Initialisierung	4	8	
2. Aufruf	4		8
3. Addition von 2	6		10
4. Beispiel	6	8	

Die Variablenwerte in der Prozedur Parameterbeispiel sind:

- Vor dem Aufruf: RefWert = 4, ValWert = 8
- Nach dem Aufruf: RefWert = 6, ValWert = 8.

1.3.5 Optionale Parameter

Laut Syntax können Parameter ganz oder teilweise mit dem Argument *Optional* belegt werden. Damit wird bestimmt, dass dieser Parameter zur Ausführung der Prozedur nicht unbedingt erforderlich ist. Ist jedoch ein Parameter in der Liste als optional gekennzeichnet, müssen auch alle nachfolgenden Parameter ebenfalls optional deklariert werden. Optionale Parameter stehen also immer am Ende einer Parameterliste.

In dem nachfolgenden Beispiel wird das Volumen eines Würfels (alle Seiten gleich), eines Quaders (Quadrat x Höhe) und eines Blocks (alle Seiten ungleich) nach der Anzahl Parameter berechnet. Zu beachten ist, dass die Auswertungsfunktion *IsMissing* nicht bei einfachen Variablen wie *Integer* und *Double* funktioniert. Daher der Trick mit dem Datentyp *Variant* in der Parameterliste der Funktion.

```
Sub Beispiel()
   Dim Text As String
   Text = "Würfel mit (a=5,5) = " & Str(Vol(5.5)) & vbCrLf
   Text = Text & "Quader mit (a=6,7, b=7,2) = " & _
      Str(Vol(6.7, 7.2)) & vbCrLf
   Text = Text & "Block  mit (a=4,8, b=6.2, c=5.3) = " & _
      Str(Vol(4.8, 6.2, 5.3))
   MsgBox Text
End Sub

Function Vol(a As Variant, Optional b As Variant, _
   Optional c As Variant) As Double
   If IsMissing(b) Then
      Vol = a * a * a
   ElseIf IsMissing(c) Then
      Vol = a * a * b
```

```
   Else
      Vol = a * b * c
   End If
End Function
```

1.3.6 Benutzerdefinierte Aufzähl-Variablen

Aufzähl-Variable, auch als *Enumeration* bezeichnet, werden als *Enum-Typ* deklariert. Sie können nur im Deklarationsteil und nicht in einer Prozedur definiert werden. Die Elemente des Typs werden mit konstanten Werten initialisiert und können zur Laufzeit nicht verändert werden. Numerische Werte können sowohl positiv als auch negativ sein, wie im nachfolgenden Beispiel.

```
Enum Bauteilform
   unbekannt = -1
   Rechteckquader = 0
   Dreieckquader = 1
   Zylinder = 2
   Kugel = 3
End Enum
```

Die Aufzähl-Variablen werden wie normale Konstante genutzt. Sie haben ihre Gültigkeit nur auf Modulebene.

1.3.7 Benutzerdefinierte Datentypen

Benutzerdefinierte Datentypen sind ein leistungsfähiges Hilfsmittel zur Definition und Nutzung komplexer Datengruppen. Die Definition eines eigenen Datentyps gehört immer in den Deklarationsteil eines Moduls, also am Anfang noch vor den Prozeduren und Funktionen, denn nur dort lässt VBA eine Definition zu. Als Beispiel wird nachfolgend der benutzerdefinierte Typ *Material* deklariert:

```
Type Material
   Name As String 'Materialname
   EMod As Double 'E-Modul
   QKon As Double 'Querkontraktion
   ZugF As Double 'Zugfestigkeit
   DruF As Double 'Druckfestigkeit
   BieF As Double 'Biegefestigkeit
End Type
```

Danach kann eine Variable des Typs Material deklariert werden, in der Form:

```
Dim Träger As Material
```

Angesprochen wird eine Variable unter ihrem vollen Namen, ganz im Sinne der Objektschreibweise, z. B.:

```
With Träger
   .Name = "ST 37-2"
   .EMod = 210000
   .QKon = 0.92
   .ZugF = 350.6
   .DruF = 180
```

```
    .BieF = 176
End With
```

Benutzerdefinierte Datentypen können nach ihrer Definition wiederum in nachfolgende Definitionen von benutzerdefinierten Datentypen eingebunden werden.

```
Type Bauteil
   Material As Material
   Name     As String
End Type
```

So leistungsfähig benutzerdefinierte Typen einerseits sind, so viel Kopfzerbrechen können sie dem Programmierer andererseits bereiten. Es gilt immer zu bedenken, dass der komplette Datentyp seine Anwendung findet.

1.3.8 Operatoren und Standardfunktionen

Nachfolgend sind nur die wichtigsten Operatoren und Funktionen aufgeführt.

Tabelle 1-2. Operatoren und Standardfunktionen in VBA

Operatorart	Zeichen	Bezeichnung
Numerische Operatoren	=	Wertzuweisung
	+	Addition
	-	Subtraktion
	*	Multiplikation
	/	Division
	^	Potenzieren
	\	ganzzahlige Division
	Mod	Modulo (Restwert nach Division)
Alphanumerische Operatoren	&	Verkettung alphanumerischer Variabler
	+	Wie &, sollte aber nicht verwendet werden
Vergleichsoperatoren	=	gleich
	>	größer als
	<	kleiner als
	>=	größer gleich
	<=	kleiner gleich
	<>	ungleich
	Like	gleich (Zeichenketten)
	Is	vergleicht Objekt-Variable

Operatorart	Zeichen	Bezeichnung
Logische Operatoren (Funktionen)	Not	Nicht
	And	Und
	Or	Oder
	Xor	Exklusiv Oder
	Eqv	logische Äquivalenz zwischen Ausdrücken
	Imp	logische Implikation zwischen Ausdrücken
Alphanumerische Funktionen	Left	linker Teil einer Zeichenkette
	Right	rechter Teil einer Zeichenkette
	Len	Länge einer Zeichenkette
	Mid	Teil einer Zeichenkette
	Str	Umformung numerisch -> alphanumerisch
	Trim	löscht führende und endende Leerzeichen
Datumsfunktionen	Date	aktuelles Systemdatum
	Now	aktuelles Datum und aktuelle Zeit
	Month	aktueller Monat als Zahl (1-12)
Numerische Funktionen:	Val	Umformung alphanumerisch -> numerisch
	Int	Ganzzahl
	Exp	Exponent
Logische Funktionen (*True*/*False*)	IsNumeric	prüft auf Zahl
	IsArray	prüft auf Datenfeld
	IsEmpty	Variable initialisiert?
	IsObject	Objekt-Variable?
	IsDate	prüft auf Datum
	IsNull	prüft auf keine gültigen Daten (null)
	Is Nothing	prüft Existenz einer Objekt-Variablen
Dialog Funktionen	InputBox	Eingabe mit Kommentar
	MsgBox	Ausgabe mit Aktionen

Wer sich ausführlicher informieren will, findet in der Literatur neben weiteren Definitionen auch anschauliche Beispiele. Eine weitere Quelle für Informationen ist die Hilfe in der IDE. In der Menüzeile ist sie mit einem Fragezeichen installiert und ein

Mausklick öffnet ein Dialogfenster. Durch Eingabe eines Stichwortes liefert eine Suche alle verwandten Themen. Auch hier findet man neben Definitionen anschauliche Beispiele.

1.3.9 Strukturen für Prozedurabläufe

Bedingte Verzweigungen

Bedingte Verzweigungen bieten die Ausführung unterschiedlicher Anweisungsblöcke in Abhängigkeit von Bedingungen an.

```
'Version 1
   If Bedingung Then
      Anweisungsblock 1
   Else

       Anweisungsblock 2
   End If

'Version 2
   If Bedingung1 Then
       Anweisungsblock 1
   ElseIf Bedingung2 Then
       Anweisungsblock 2
   Else
       Anweisungsblock 3
   End If
```

Bedingte Auswahl

Die Bedingte Auswahl wird auch oft als *Softwareschalter* bezeichnet, da je nach Inhalt des *Selectors* Anweisungsblöcke ausgeführt werden. Trifft kein Auswahlwert zu, wird der Anweisungsblock unter *Case Else* ausgeführt.

```
   Select Case Selector
   Case Auswahlwert 1
      Anweisungsblock 1
   Case Auswahlwert 2
       Anweisungsblock 2
   ...
   Case Else
       Anweisungsblock x
   End Select
```

Softwareschalter

Die Funktion *Switch* ist vergleichbar mit der *Select Case*-Anweisung. Sie wertet eine Liste von Bedingungen aus und führt die betreffende Anweisung durch.

```
   Switch (Bedingung1, Anweisung1[, Bedingung2, Anweisung2 …])
```

Zählschleife

Ein Zähler wird ausgehend von einem Startwert bei jedem *Next* um den Wert 1 oder wenn *Step* angegeben ist, um die Schrittweite erhöht, bis der Endwert überschritten wird. Der Anweisungsblock wird für jeden Zählerzustand einmal durchgeführt.

```
For Zähler = Startwert To Endwert [Step Schrittweite]
   Anweisungsblock
Next [Zähler]
```

Bedingte Schleifen

In bedingten Schleifen werden Anweisungsblöcke in Abhängigkeit von einer Bedingung mehrfach ausgeführt. Wir unterscheiden verschiedene Arten. Die Auslegung einer Bedingung wird durch die folgenden Begriffe gesteuert:
While: Schleife wird so lange durchlaufen, wie die Bedingung richtig (*True*) ist.
Until: Schleife wird so lange durchlaufen, wie die Bedingung falsch (*False*) ist.

Abweisend bedingte Schleife

Anweisungsblock wird möglicherweise erst nach Prüfung der Bedingung ausgeführt.

```
Do While/Until Bedingung
   Anweisungsblock
Loop
```

Ausführend bedingte Schleife

Der Anweisungsblock wird bereits ausgeführt, bevor die erste Prüfung der Bedingung erfolgt.

```
Do
   Anweisungsblock
Loop While/Until Bedingung
```

Schleifen über Datenlisten und Objektlisten

Mit dieser Anweisung werden alle Elemente einer Liste angesprochen.

```
For Each Variable in Liste
   Anweisungsblock
Next Variable
```

Schleifenabbruch

Eine Schleife kann jederzeit mit der Anweisung *Exit* beendet werden.

```
For …
   Exit For
Next
```

```
   Do ...
      Exit Do
   Loop
```

1.3.10 Geltungsbereiche

Durch die Anweisung *Public* wird der Geltungsbereich von Konstanten, Variablen, Funktionen und Prozeduren auf alle Module des Projekts ausgeweitet.

```
'Beispiel: Setzen Sie den Cursor in die Prozedur Test1
'          und rufen Sie Ausführen/UserForm auf
Public Textname

Sub Test1()
   Dim Textname As String
   Textname = "TEST"
   MsgBox Textname, vbOKOnly, "TEST1"
   Call Test2
End Sub

Sub Test2()
   Dim Textname As String
   MsgBox Textname, vbOKOnly, "TEST2"
End Sub
```

Durch die Anweisung *Private* wird der Geltungsbereich von Konstanten, Variablen, Funktionen und Prozeduren grundsätzlich auf ein Modul beschränkt.

Die Anweisung *Static* und das Schlüsselwort *Static* wirken sich unterschiedlich auf die Lebensdauer von Variablen aus. Mit dem Schlüsselwort *Static* für Prozeduren, wird der Speicherplatz aller lokalen Variablen einmal angelegt und bleibt während der gesamten Laufzeit existent. Mit der Anweisung *Static* werden Variablen in nichtstatischen Prozeduren als statisch deklariert und behalten ihren Wert während der gesamten Laufzeit.

Prozeduren in Klassen (und nur hier) können mit dem Attribut *Friend* versehen werden. Dadurch sind sie auch aus anderen Klassen aufrufbar. Siehe befreundete Klassen.

1.3.11 Fehlerbehandlung in Prozeduren

Laufzeitfehler, die bei Ausführung einer Prozedur auftreten, führen zum Abbruch der Verarbeitung. Weil sich diese Fehler normalerweise nicht unter der Kontrolle des Programmierers befinden und auch die angezeigten Fehlertexte oft wenig Aufschluss über den Sachverhalt wiedergeben, geschweige denn Anweisungen zur Fehlerbehandlung, ist es besser, die Möglichkeiten zur Fehlerbehandlung zu nutzen. Dazu gibt es die Fehleranweisung *On Error* und ein *Err*-Objekt. Mit den Anweisungen

```
   On Error GoTo Marke
   Anweisungen

Marke:
   Anweisungen
```

wird nach dem Auftreten eines Fehlers zur angegebenen Programmmarke (*Errorhandler*) verzweigt. Mit der Anweisung

```
On Error Resume Next
```

wird der Programmablauf mit der nächsten Anweisung oder der nächsten Anweisung nach einer Marke fortgeführt. Eine Übersicht der Möglichkeiten zur Fehlerbehandlung zeigt das nachfolgende Flussdiagramm (Bild 1-30).

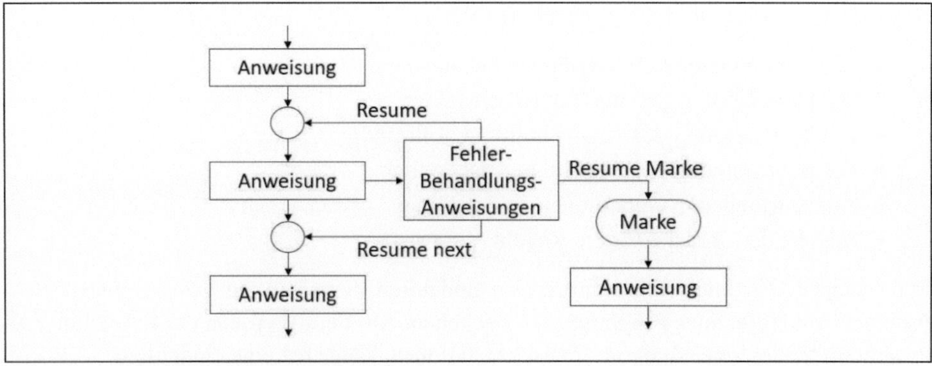

Bild 1-30. Fehlerbehandlung in Prozeduren

Die Anweisung *GoTo* hat schon von älteren Basic-Dialekten einen schlechten Ruf und sollte möglichst vermieden werden. Sie erzeugt sogenannten Spaghetti Code, der kaum nachvollziehbar ist. Daher wurde *GoTo* im Kapitel *Strukturen für Prozedurabläufe* auch bewusst ausgelassen. Außerdem ist ein Programmsprung in der Regel vermeidbar. Lediglich bei Fehlerroutinen hat sich die Variante mit *GoTo* durchgesetzt und es spricht hier im Grunde auch nichts dagegen. Mit dem Auftreten eines ungewollten Fehlers muss ohnehin vom üblichen Prozedurablauf abgewichen werden.

Das *Err*-Objekt verfügt neben den Eigenschaften *Number* (Fehlernummer) und *Description* (Beschreibung) noch über die Methoden *Raise* und *Clear* zum Auslösen und Löschen von Laufzeitfehlern:

```
Err[.{Eigenschaft, Methode}]
```

1.4 Algorithmen und ihre Darstellung

Der Begriff Algorithmus ist auf den Perser *Abu Ja' far Mohammed ibn Musa al Khowarizmi* zurückzuführen, der um 825 n. Chr. ein Lehrbuch der Mathematik verfasste.

1.4.1 Der Algorithmus

Allgemein ist ein Algorithmus eine Methode zur Lösung eines bestimmten Problems. Grafisch als sogenannte Black Box darstellbar (Bild 1-31), die Eingaben (Input) zu Ausgaben (Output) umformt.

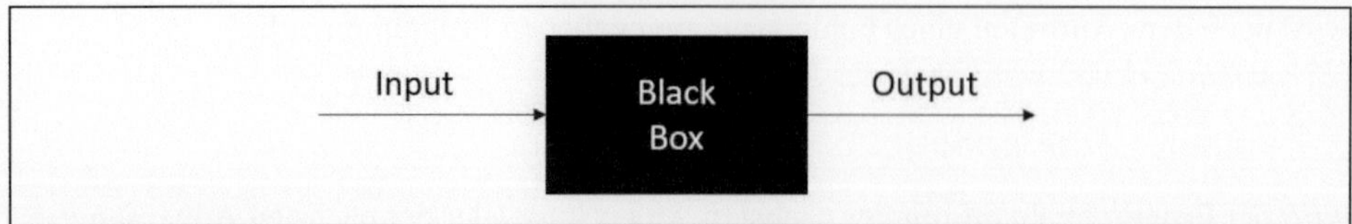

Bild 1-31. Black Box

Wenn man sich auch immer noch an einer exakten Definition schwertut, an einen Algorithmus sind sechs Bedingungen geknüpft.

- Alle verwendeten Größen müssen bekannt sein.
- Die Umarbeitung geschieht in Arbeitstakten.
- Die Beschreibung des Algorithmus ist vollständig.
- Die Beschreibung des Algorithmus ist endlich.
- Alle angegebenen Operationen sind zulässig.
- Angabe der Sprache für die Regeln.

In diesem Buch ist unter Algorithmus eine eindeutige Vorschrift zur Lösung eines Problems mit Hilfe eines Programms zu verstehen. Auf dem Weg von der Idee zum Programm gibt es zwei sinnvolle Zwischenstationen. Zunächst eine eindeutige Beschreibung des Problems. Diese wird oft mittels Top-Down-Design erstellt und dann folgt eine grafische Darstellung als Flussdiagramm, Struktogramm oder Aktivitätsdiagramm.

Rekursion

Eine besondere Form des Algorithmus soll noch erwähnt werden. Sie wird als *Rekursion* bezeichnet. Eine *Rekursion* ist dann gegeben, wenn ein Teil des Algorithmus der Algorithmus selbst ist. So lässt sich z. B. n-Fakultät rekursiv bestimmen aus n-1-Fakultät durch

$$n! = n(n-1)! \tag{1.1}$$

Hier spielt die Endlichkeit des Algorithmus eine sehr wichtige Rolle, denn die rekursiven Aufrufe müssen ja irgendwann enden.

Beispiel 1.1 Satz des Heron

Die Fläche eines beliebigen ebenen Dreiecks (Bild 1-32) bestimmt sich nach dem Satz des Heron.

$$\begin{aligned} A &= \sqrt{s(s-a)(s-b)(s-c)} \\ s &= \frac{a+b+c}{2} \end{aligned} \tag{1.2}$$

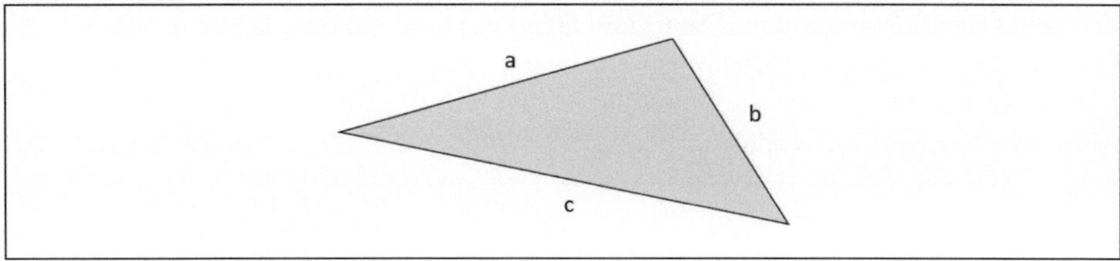

Bild 1-32. Beliebiges ebenes Dreieck

Ein Algorithmus zur Bestimmung der Fläche setzt zunächst die Angabe der drei Seiten voraus. Nach Überprüfung der Werte kann mit den angegebenen Formeln der Flächeninhalt berechnet werden. Dieser wird in einem letzten Schritt dann ausgegeben.

1.4.2 Top-Down-Design

Zur Verdeutlichung eines Problems und auch zur Suche nach der Lösung bedient man sich auch gerne der Methode des Top-Down-Designs.

Dabei wird ein Problem in kleinere Teilprobleme zerlegt, wenn nötig, einige Teilprobleme wieder in kleinere Teilprobleme und so weiter. Letztlich erhält man kleine überschaubare Teilprobleme und die dazugehörigen Lösungen, die dann meist aus einfachen Anweisungen bestehen. Werden diese wieder zu einer Gesamtlösung zusammengesetzt, ist auch das Gesamtproblem gelöst, jedenfalls in der Theorie.

Tabelle 1-3. Top-Down-Design zur Flächenberechnung eines Dreiecks nach dem Satz des Heron

<table>
<tr><td colspan="4">Problem: Flächenberechnung eines beliebigen Dreiecks</td></tr>
<tr><td>Teilproblem 1:
Eingabe der Seiten a, b, c</td><td colspan="2">Teilproblem 2:
Berechnung des Flächeninhalts</td><td>Teilproblem 3:
Ausgabe des Inhalts A</td></tr>
<tr><td rowspan="2">Teillösung 1:
Eingabe der drei Werte in Zellen einer Tabelle</td><td>Teilproblem 2.1:
Bilden die drei Seiten ein Dreieck?</td><td>Teilproblem 2.2:
Bestimmung der Zwischengröße s und des Flächeninhalts A</td><td rowspan="2">Teillösung 3:
Ausgabe des Flächeninhalts in eine Zelle der Tabelle</td></tr>
<tr><td>Teillösung 2.1:
$a < b + c$
$b < a + c$
$c < a + b$</td><td>Teillösung 2.2:
$s = \frac{a+b+c}{2}$
$A = \sqrt{s(s-a)(s-b)(s-c)}$</td></tr>
</table>

Oft werden auch Teillösungen definiert, die sich in anderen Problemlösungen ebenfalls verwenden lassen. Ein Top-Down-Design wird grafisch aufwendig gestaltet. Eine einfache Tabellenstruktur erfüllt den gleichen Zweck.

1.4.3 Datenflussdiagramm

Flussdiagrammelemente wurden bereits in Bild 1-30 verwendet. Bild 1-33 zeigt einige grundlegende Flussdiagrammelemente.

In einem Datenflussdiagramm (Data-Flow-Diagram) wird die Bereitstellung und Verwendung von Daten innerhalb von Prozeduren dargestellt. Es existieren verschiedene Notationen zur Darstellung von Datenflüssen. In UML wird dazu ein Aktivitätsdiagramm verwendet.

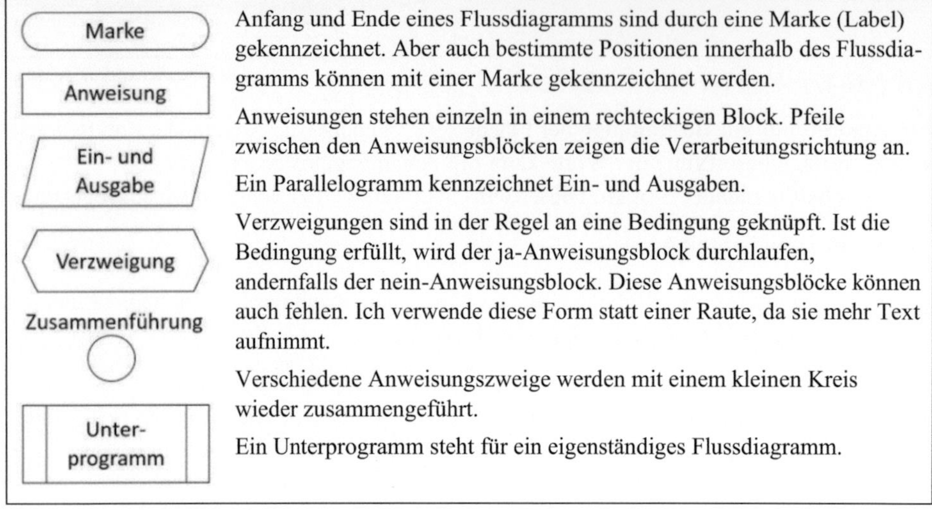

Bild 1-33. Flussdiagrammelemente

Das Datenflussdiagramm ist ein Modellierungsinstrument der strukturierten Analyse. Eine Sonderform des Datenflussdiagramms zeigt einen stellenorientierten Datenfluss, dabei werden die Elemente in Swimlanes den Stellen zugeordnet. Sie haben den Namen durch ihre Form, die wie Schwimmbahnen aussieht. In Kapitel Aktivitätsdiagramm wird ein Beispiel dargestellt.

Ausführliche Symbole und Erstellungsregeln für einen Programmablaufplan (PAP) sind in DIN 66001 und ISO 5807 definiert. Darin wird die Verwendung von Sinnbildern beschrieben, die symbolisch den Ablauf oder die Reihenfolge logischer Operationen wiedergeben, die zur Lösung von Problemen notwendig sind. Ebenfalls werden in der DIN 66001 Symbole für Datenflusspläne definiert.

Ein ähnlicher Abstraktionsgrad wird durch den *Pseudocode* erreicht, der einfacher zu erstellen und auch einfacher zu verändern ist. Er ähnelt einer höheren Programmiersprache, gemischt mit natürlichen Sprachelementen im Rahmen einer mathematischen Notation. Er ist unabhängig von Technologien und oft kompakter und leichter verständlich als ein Programmcode. Flussdiagramme werden oft, unabhängig von Programmabläufen, zur Darstellung von Tätigkeiten und Prozessen benutzt. Mit ihnen lassen sich zum Beispiel Arbeitsabläufe oder Bedienungsabläufe anschaulich darstellen. Die Elemente werden entsprechend ihrer zeitlichen Abarbeitung durch Pfeile aneinandergereiht (Bild 1-34).

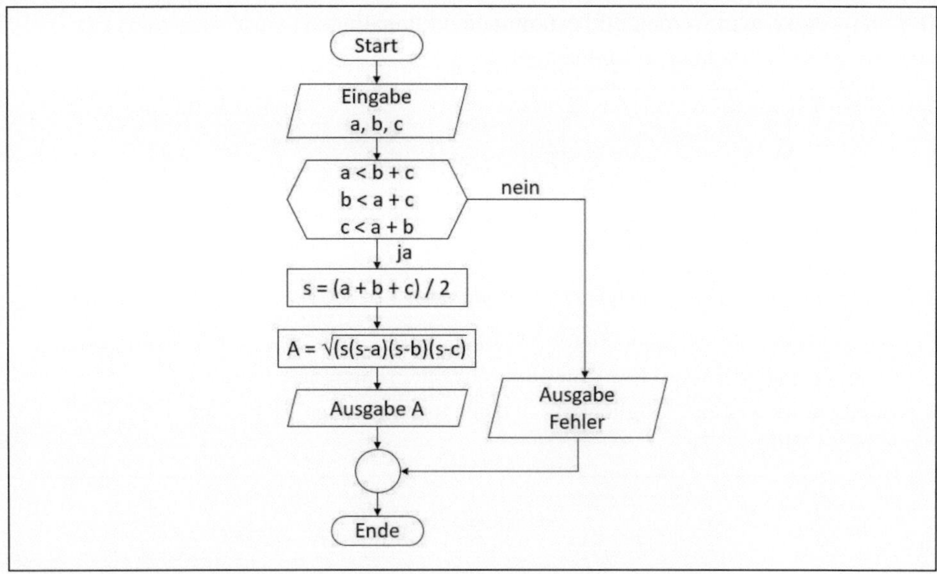

Bild 1-34. Flussdiagramm zur Flächenberechnung eines ebenen Dreiecks

1.4.4 Struktogramm

Weniger grafisch, aber mindestens genauso aussagekräftig ist ein Struktogramm (Nassi-Shneiderman-Diagramm). Bild 1-35 zeigt die grundlegenden Elemente.
Unterprogramme lassen sich durch formale Beschreibungen definieren, die dann in einer weiteren Stufe detaillierter dargestellt werden (Bild 1-36).

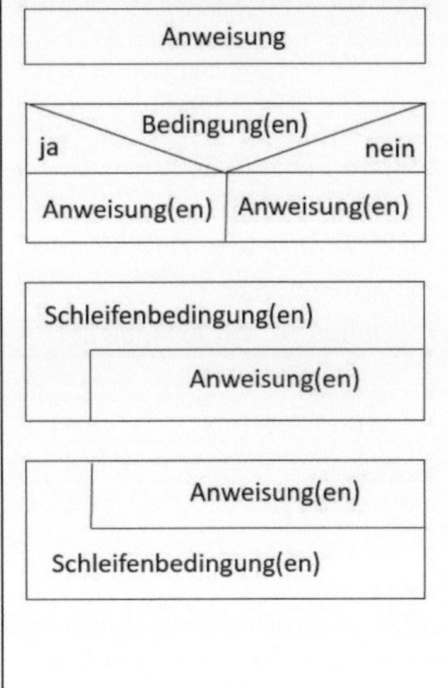

Anweisungen stehen einzeln in einem rechteckigen Block.

Verzweigungen in einem Struktogramm sind in der Regel an eine Bedingung geknüpft. Ist die Bedingung erfüllt, werden die Anweisungen unter ja ausgeführt, andernfalls die Anweisungen unter nein.

Abweisend bedingte Schleife.

Die Anweisungsblöcke werden erst ausgeführt, wenn die Bedingung erfüllt ist und dann so lange wie die Bedingung erfüllt bleibt.

Ausführend bedingte Schleife.

Die Anweisungsblöcke werden zuerst ausgeführt. Danach wird die Bedingung geprüft und dann werden die Anweisungsblöcke ebenfalls so lange ausgeführt, wie die Bedingung erfüllt wird.

Bild 1-35. Struktogramm-Elemente

In Unterprogrammen werden oft bestimmte Funktionalitäten eines Programms zur besseren Übersichtlichkeit zusammengefasst.

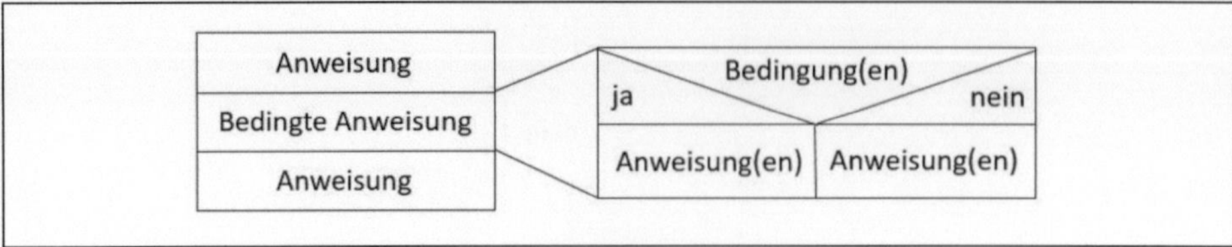

Bild 1-36. Unterprogrammdarstellung im Struktogramm

Die stufige Darstellung kann beliebig oft wiederholt werden. Dadurch verliert sie dann etwas an Übersichtlichkeit. Ein Vorteil der Struktogramme gegenüber den Flussdiagrammen ist die Möglichkeit, in den entsprechenden Elementen mehr Text einzutragen (Bild 1-37).

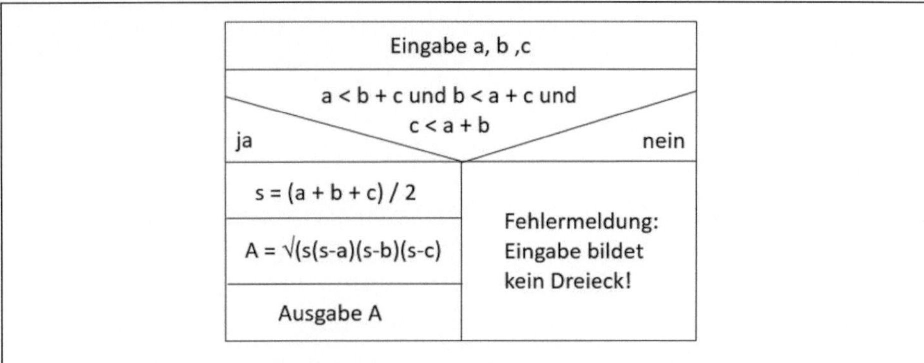

Bild 1-37. Struktogramm zur Flächenberechnung eines ebenen Dreiecks nach dem Satz des Heron

1.4.5 Aktivitätsdiagramm

Das Aktivitätsdiagramm (Activity Diagram) gehört zu mehreren Diagrammarten, die unter dem Begriff *Unified Modeling Language* (UML), zu einer Modellierungssprache für Software zusammengefasst sind. Sie unterteilen sich in zwei Gruppen. Das Aktivitätsdiagramm gehört zu den Verhaltensdiagrammen, während das Klassendiagramm, das in diesem Buch unter Objekte beschrieben ist, zur Gruppe der Strukturdiagramme gehört (Bild 1-38).

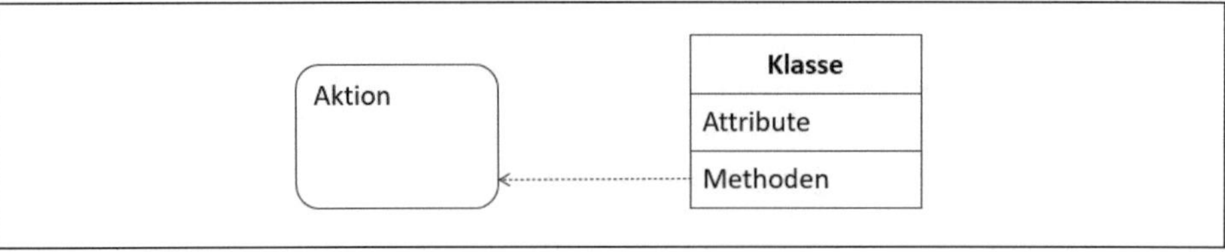

Bild 1-38. Verbindung zwischen Klassendiagramm und Aktivität

Das Aktivitätsdiagramm ist eine objektorientierte Adaption des Flussdiagramms (Bild 1-39).

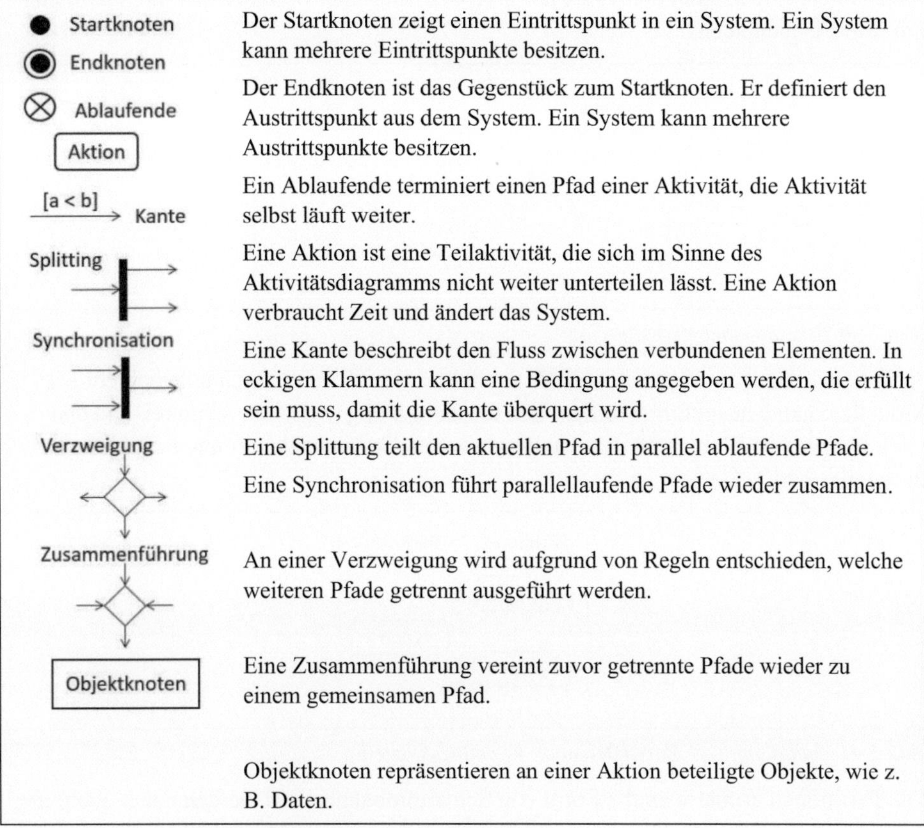

Bild 1-39. Die wichtigsten Aktivitätsdiagramm-Elemente

Es beschreibt die Realisierung eines bestimmten Verhaltens durch ein System, indem es dafür den Rahmen und die geltenden Regeln vorgibt. Aktivitätsdiagramme dienen der Modellierung von dynamischen Abläufen und beschreiben Aktivitäten mit nicht-trivialem Charakter und den Fluss durch die Aktivitäten. Es kann sowohl ein Kontrollfluss als auch ein Datenfluss modelliert werden. Die wichtigsten Elemente zeigt Bild 1-39. Die Elemente eines Aktivitätsdiagramms können in ihrer Kombination mehr als es die Elemente von Flussdiagramm und Struktogramm können. So sind durch Verzweigungen des Kontrollflusses gleichzeitig parallellaufende Aktionen möglich. Außerdem können im Aktivitätsdiagramm zusätzlich Verantwortlichkeiten dargestellt werden.

Da Aktivitäten die Darstellung von Aktionen und deren zeitliche Verknüpfung zeigen, können sie auch zur Modellierung von interner Logik komplexer Operationen verwendet werden und damit auch Algorithmen visualisieren. Letztlich lassen sich in Aktivitätsdiagrammen auch Ereignisse behandeln.

Eine Aktivität besteht aus Knoten (Aktionen, Kontrollknoten und Objektknoten) und Kanten (Pfeile), die den Kontrollfluss durch die Aktivität darstellen (Bild 1-40). In der linken oberen Ecke steht der Name der Aktivität. Darunter befinden sich die Parameter mit ihren Typangaben.

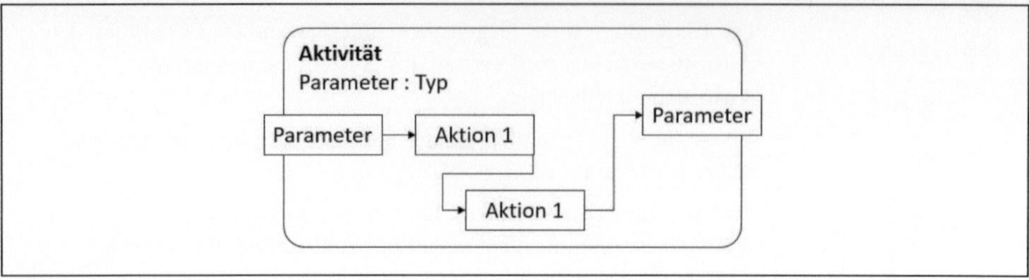

Bild 1-40. Schema einer Aktivität

Aktivitäten können komplexe Abläufe darstellen, die oft auch durch unterschiedliche Modellelemente ausgeführt werden. Um die Zuordnung zwischen Aktionen und den verantwortlichen Elementen darzustellen, werden Aktivitätsdiagramme in Partitionen unterteilt (Bild 1-41).

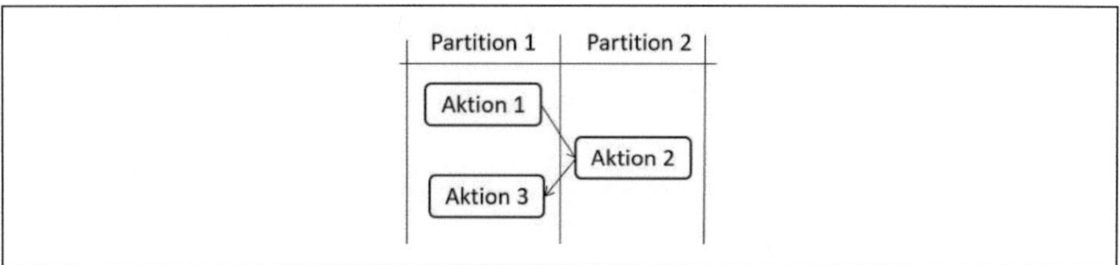

Bild 1-41. Aufteilung von Aktivitäten nach Verantwortlichen

Die Partitionen erinnern an die Form von Schwimmbahnen und werden daher auch oft mit dem englischen Wort *Swimlanes* bezeichnet. Sie lassen sich senkrecht, aber auch waagerecht darstellen.

Die Semantik der Modellierung von Aktivitäten ist dem Konzept der Petri-Netze stark angelehnt. So wird daraus das Prinzip der Marken (engl. Token) übernommen, deren Gesamtheit den Zustand einer Aktivität beschreibt. Um verfolgen zu können, welche Aktionen ausgeführt werden, sind die Pfade mit Token belegt (Bild 1-42).

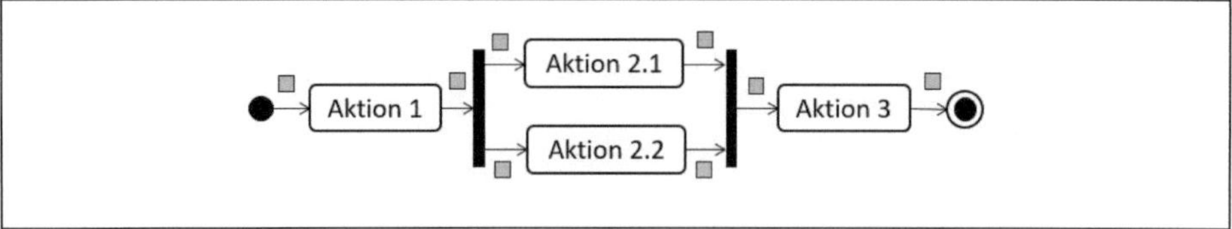

Bild 1-42. Prinzip des Token-Modells

Token haben in UML kein Symbol (hier als graues Quadrat dargestellt). Sie sind virtuelle Elemente, die den Kontrollfluss markieren. Token fließen entlang der Kanten vom Vorgänger- zum Nachfolgerknoten. Es werden Kontroll- und Datentoken unterschieden. Kontrolltoken liefern die Ausführungserlaubnis für den Nachfolgeknoten. Datentoken begleiten den Transport von Datenwerten oder Referenzen auf Objekte. Überwachungsbedingungen können die Weitergabe von Token verhindern.

Aktionen lassen sich in weiteren Aktivitätsdiagrammen verfeinern (Bild 1-43). Die zu verfeinernde Aktion wird mit einem Gabelungssymbol (unten rechts) gekennzeichnet. So lassen sich modulare Hierarchien in Aktivitätsdiagrammen verwirklichen.

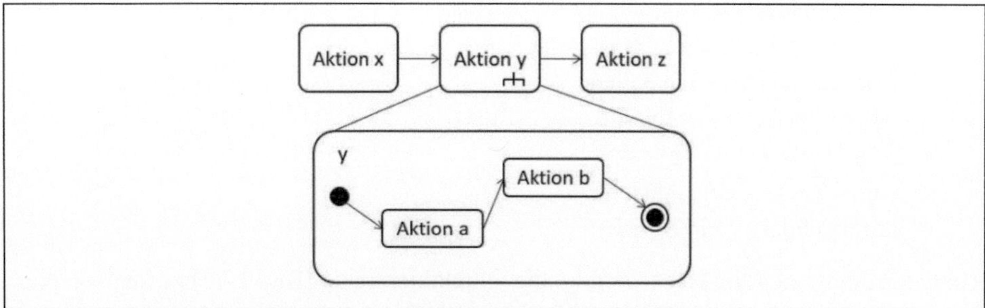

Bild 1-43. Verfeinern von Aktionen im Aktivitätsdiagramm

Aktivitätsdiagramme sind sehr vielfältig einsetzbar (Bild 1-44).

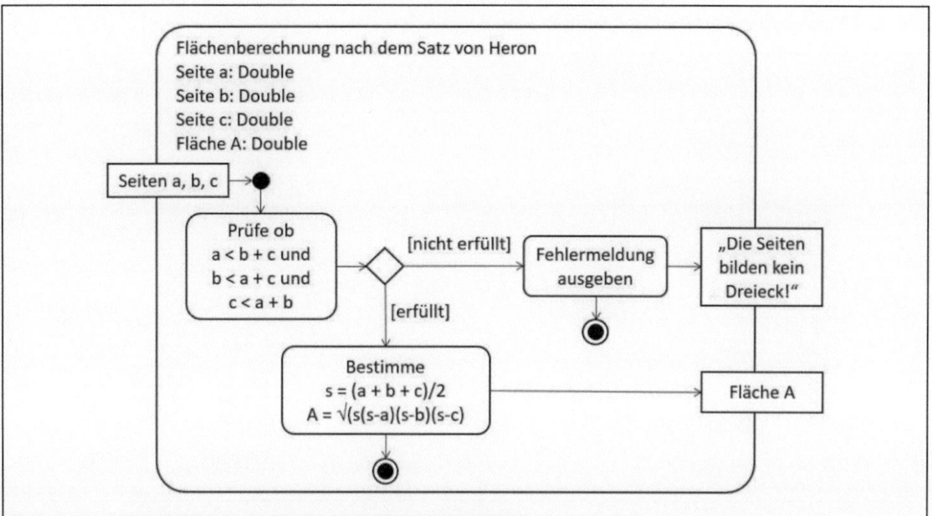

Bild 1-44. Aktivitätsdiagramm zur Flächenberechnung

Das Anwendungsbeispiel zeigt die Darstellung der Flächenberechnung nach dem Satz des Heron im Aktivitätsdiagramm. Es können auch Beziehungen zwischen Aktivitätsdiagrammen und anderen Diagrammen der UML bestehen.

1.5 Objekte in Project

Project besteht aus sehr vielen Objektarten. Nach der Hierarchie unterscheidet man das

- Application-Objekt – die gesamte Projekt-Anwendung
- Project-Objekt – ein Projekt
- Window-Objekt – ein Fenster
- Task-Objekt – ein Vorgang, eine Aufgabe
- Resource-Objekt – eine Ressource
- Calendar-Objekt – ein Kalender
- Table-Objekt – eine Tabelle
- Cell-Objekt – eine Zelle
- View-Objekt – eine Ansicht
- Report-Objekt – ein Bericht.

Für die Programmierung ist es wichtig, die Objekthierarchie (Bild 1-45) zu kennen. Nur so lässt sich gezielt auf ein Objekt zugreifen.

Die Application- und Projects-Objektzuordnung für Project zeigt die wichtigsten untergeordneten Objekte des Application-Objekts und des Projects-Auflistungsobjekts. Die gelb gekennzeichneten Elemente sind Objektlisten.

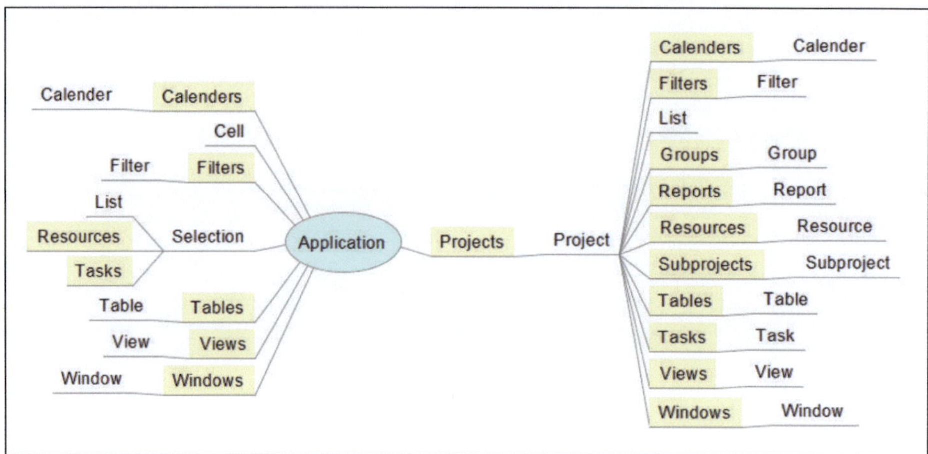

Bild 1-45. Objekt-Hierarchie in Project

1.5.1 Das Application-Objekt

Das *Application*-Objekt ist das oberste Objekt der Hierarchie in der MSProject-Bibliothek. Viele Eigenschaften und Methoden des Application-Objekts sind global, sodass das Application-Objekt nicht mit angegeben werden muss.

Tabelle 1-4. Wichtige Eigenschaften des Application-Objekts

Eigenschaft	Beschreibung
ActiveCell	aktuelles Range-Objekt
ActiveProject	aktuelles Projekt-Objekt
ActiveSelection	aktuelle Auswahl
ActiveWindow	aktuelles Windows-Objekt
AutoClearLeveling	Abgleichswerte for dem Abgleich löschen (*True*/*False*)
Calculation	Setzt den Kalkulationsmodus
Caption	Kopfzeilen-Objekt
DisplayAlerts	Systemmeldungen
Path	Pfad zum Speicherort
Username	Benutzername
Version	Version
Visible	Sichtbarkeit steuern

Tabelle 1-5. Wichtige Methoden des Application-Objekts

Methode	Beschreibung
About	Informationen
AddNewColumn	Fügt eine neue Spalte ein
AppExecute	Startet andere Anwendungen
ApplyReport	Zeigt den angegebenen Bericht
Auto_Close	Ereignisprozedur vor dem Schließen einer Projektanwendung
Auto_Open	Ereignisprozedur zum Start einer Projektanwendung
CalculateAll	Berechnet alle Vorgänge
ColumnDelete	Löscht eine Spalte
FileCloseEx	Schließt das aktuelle Projekt
FileCloseExAll	Schließt alle geöffneten Projekte
FileExit	Beendet die Projekt-Anwendung
SelectCell	Markiert eine Zelle in der Tabelle
SelectColumn	Markiert eine oder mehrere Spalten
SelectRow	Markiert eine oder mehrere Zeilen
StatusBar	Schreibt Text in die aktuelle Statuszeile

Tabelle 1-6. Wichtige Ereignisse des Application-Objekts

Ereignis	Beschreibung
About	Informationen
AppExecute	Startet andere Anwendungen
Auto_Close	Ereignisprozedur vor dem Schließen einer Projektanwendung
Auto_Open	Ereignisprozedur zum Start einer Projektanwendung
CalculateAll	Berechnet alle Vorgänge
CalculateProject	Berechnet das aktive Projekt

Viele Eigenschaften und Methoden, die gängige Objekte der Benutzeroberfläche zurückgeben, wie z. B. die aktive Zelle, können ohne den Objektkennzeichner *Application* verwendet werden. Anstelle von

```
Application.ActiveCell.Task.Name = "Task1"
```

kann auch gesetzt werden:

```
ActiveCell.Task.Name = "Task1"
```

🗁 1-17-01-03_Application.mpp

Codeliste 1-3. Die Prozedur gibt einige Eigenschaften der aktuellen Anwendung aus

```
Sub ReadApplicationInfos()
   Dim sText As String
   With Application
      sText = "Obere Pos: " & .Top & vbCr
      sText = sText & "Linke Pos: " & .Left & vbCr
      sText = sText & "Breite: " & .Width & vbCr
      sText = sText & "Höhe: " & .Height & vbCr
      sText = sText & "Version: " & .Version & vbCr
      sText = sText & "Pfad: " & .Path & vbCr
      sText = sText & "Startansicht: " & .DefaultView & vbCr
      sText = sText & "Kopfzeile: " & .Caption
      MsgBox sText
   End With
End Sub
```

Eigenschaften sind erst mit dem Objekt *Project* interessant. Zum *Anwendungs*-Objekt gibt es ein paar Informationen, die Prozedur *ReadApplicationInfos* ausliest (Bild 1-46).

Mit der folgenden Prozedur werden die Namen der Ressourcen angezeigt, die dem ausgewählten Vorgang zugeordnet sind. Dabei wird die Eigenschaft *ActiveCell* verwendet.

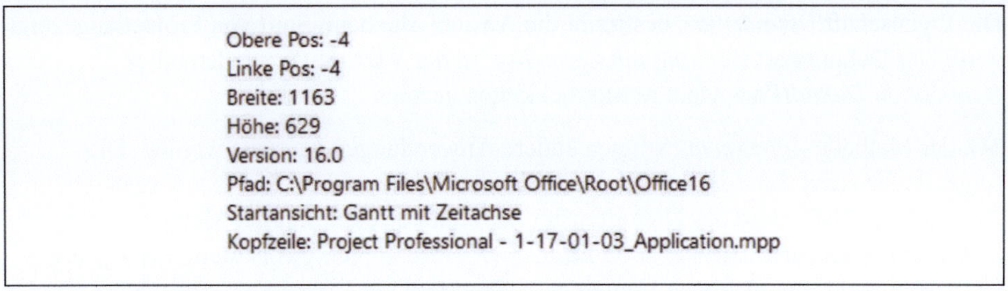

Obere Pos: -4
Linke Pos: -4
Breite: 1163
Höhe: 629
Version: 16.0
Pfad: C:\Program Files\Microsoft Office\Root\Office16
Startansicht: Gantt mit Zeitachse
Kopfzeile: Project Professional - 1-17-01-03_Application.mpp

Bild 1-46. Ausgabe von Eigenschaften der aktiven Anwendung

Codeliste 1-4. Die Prozedur zeigt die Ressourcen eines ausgewählten Vorgangs

```
Sub ShowResourcesNames()
   Dim objAss  As Assignment
   Dim sText   As String
   sText = "Zugeordnete Ressourcen:" & vbCr
   For Each objAss In ActiveCell.Task.Assignments
      sText = sText & objAss.Resource.Name & vbCr
   Next
   MsgBox sText
End Sub
```

Als Voraussetzung für dieses Beispiel muss sich die aktive Zelle in einer Vorgangszeile befinden, und die aktive Ansicht muss eine Vorgangsansicht sein (Bild 1-47).

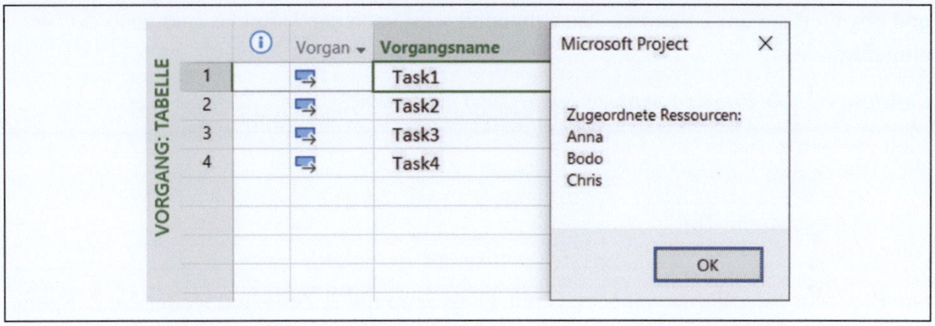

VORGANG: TABELLE

	Vorgan	Vorgangsname
1		Task1
2		Task2
3		Task3
4		Task4

Microsoft Project
Zugeordnete Ressourcen:
Anna
Bodo
Chris
OK

Bild 1-47. Anzeige der zugeordneten Ressourcen

In der folgenden Prozedur werden zu den Kommentaren im Projekt Datum und Uhrzeit hinzugefügt. Die Kommentare befinden sich unter Register *Datei / Informationen / Projektinformationen / Erweiterte Eigenschaften / Zusammenfassung*.

Codeliste 1-5. Die Prozedur fügt den Notizen Datum und Uhrzeit hinzu

```
Sub SaveAndNoteTime()
   ActiveProject.ProjectNotes = _
      ActiveProject.ProjectNotes & vbCr & _
      "Dieses Projekt wurde zuletzt bearbeitet am " & _
      Date$ & " um " & Time$ & "."
End Sub
```

Die Eigenschaft *DefaultView* bestimmt die Ansicht, die beim Start von Project angezeigt wird. Der Defaultwert ist *Gantt mit Zeitachse*. In der VBA-Hilfe werden unter *Application.DefaultView* weitere Möglichkeiten gezeigt.

Mit der Methode *AppExecute* können andere Anwendungen gestartet werden. Die folgende Prozedur *StartApp* startet nacheinander den Texteditor und eine Excel-Anwendung. Dann wird das Dialogfenster zur Autokorrektur mit der Methode *AutoCorrect* geöffnet. Die Methode *EditCopyPicture* kopiert das aktuelle Fenster als GIF-Datei in das vorgegebene Verzeichnis. Die Methode *CalculateAll* führt alle Berechnungen erneut durch.

Codeliste 1-6. Die Prozedur startet verschiedene andere Anwendungen

```
Sub StartApp()
   With Application
      .AppExecute Command:="Notepad.exe"
      .AppExecute Command:="Excel.exe"
      .AutoCorrect
      .EditCopyPicture forprinter:=pjGIF, FileName:="C:\Temp\gif"
      .CalculateAll
   End With
End Sub
```

Zu den Methoden gehören auch viele *Select*-Anweisungen. Die Prozedur *SelectColumn* wählt die Ansicht Gantt-Diagramm, markiert die 4. Spalte (die Zählung beginnt bei 2) und erweitert sie um 2 Spalten. Anschließend wird nach der 3. Spalte eine neue eingefügt.

Codeliste 1-7. Die Prozedur markiert Spalten und fügt eine neue Spalte nach der 3. Spalte ein

```
Sub SelectColumns()
   ViewApply Name:="Gantt-Diagramm"
   SelectColumn Column:=4, Extend:=False, Additional:=2
   AddNewColumn (3)
End Sub
```

Die Prozedur *SelectRows* wählt im Gantt-Diagramm die 2. Zeile und weiter die 2. Spalte relativ zur vorherigen (2. Spalte).

Codeliste 1-8. Die Prozedur markiert Spalten im Gantt-Diagramm

```
Sub SelectRows()
   ViewApply Name:="Gantt-Diagramm"
   SelectRow Row:=2, RowRelative:=False
   SelectRow Row:=2, Add:=True
End Sub
```

Die Prozedur *SelectCell* wählt im Gantt-Diagramm die Zelle in der 3. Zeile und der 5. Spalte. Hier muss allerdings auch das Eltern-Objekt genannt werden.

Codeliste 1-9. Die Prozedur wählt eine Zelle im Gantt-Diagramm

```
Sub SelectCell()
   ViewApply Name:="Gantt-Diagramm"
   Application.SelectCell Row:=3, Column:=5, RowRelative:=False
End Sub
```

Das Anwendungs-Objekt bringt auch eine Vielzahl von Ereignisprozeduren mit. Aber auch hier sind die meisten erst in einem Projekt sinnvoll anwendbar. Mit der Definition eines Application-Objekts im Klassenmodul *ThisProject* werden die Ereignisprozeduren sichtbar (Bild 1-48).

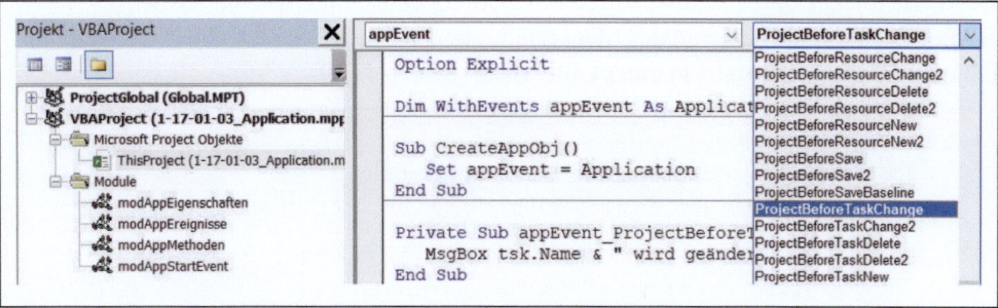

Bild 1-48. Auswahl der Ereignisprozeduren des Application-Objekts

Mit dem Aufruf der Prozedur *CreateAppObj* wird ein Application-Objekt instanziert, das auch die Ereignisprozeduren von Application erbt. Die Ereignisprozedur *appEvent_ProjectBeforeTaskChange* reagiert auf Änderungen eines Vorgangs (Task) und liefert als Parameter *Name* und den neuen Wert *NewVal*.

Codeliste 1-10. Definition eines Application-Objekts in ThisProject

```
Dim WithEvents appEvent As Application

Sub CreateAppObj()
   Set appEvent = Application
End Sub

Private Sub appEvent_ProjectBeforeTaskChange _
   (ByVal tsk As Task, ByVal Field As PjField, _
   ByVal NewVal As Variant, Cancel As Boolean)
   MsgBox tsk.Name & " wird auf " & NewVal & " geändert!"
End Sub
```

Damit das Application-Objekt bereits beim Anwendungsstart existiert, und nicht erst durch Aufruf, gibt es in Project zwei ältere Ereignisprozeduren *Auto_Open* und *Auto_Close*. Mit dem Start einer Anwendung wird die Ereignisprozedur *Auto_Open* direkt aufgerufen. Die Ereignisprozedur *Auto_Close* wird aktiviert, bevor die Anwendung geschlossen wird. Das *ThisProject*-Objekt bekommt noch die folgenden Prozeduren. Mit jedem Neustart der Anwendung sind dann auch die anderen Ereignisprozeduren der Application-Objektvariablen aktiv.

Codeliste 1-11. Die Ereignisprozeduren Auto_Open und Auto_Close in ThisProject

```
Sub Auto_Open()
   Call CreateAppObj
End Sub

Sub Auto_Close()
   Set appEvent = Nothing
End Sub
```

1.5.2 Menüband-Objekte

Bei dem Objekt *CommandBars* handelt es sich um eine Objektliste der Office-Bibliothek. Es sind Elemente des Menübandes und sie befinden sich als Steuerelement-Objekte *Controls* ebenfalls in einer Objektliste (Bild 1-49).

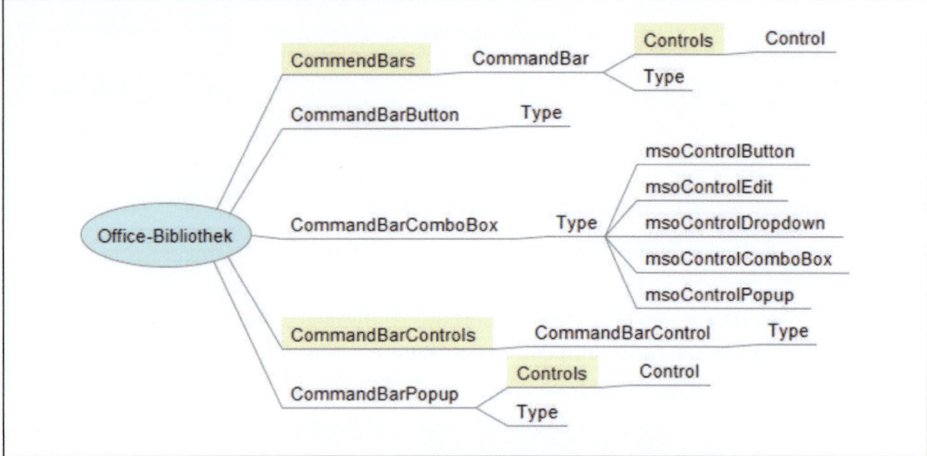

Bild 1-49. Die Hierarchie der CommandBars-Objekte mit der Eigenschaft Type

Tabelle 1-7. Wichtige Eigenschaften des CommandBar-Objekts

Eigenschaft	Beschreibung
Controls	CommandBarControls-Objekt, das alle Steuerelemente auf einer Befehlsleiste darstellt
Enable	Boolescher Wert, der angibt, ob der angegebene CommandBar aktiviert ist
Height	Abrufen oder Festlegen der Höhe (in Pixel) eines CommandBar
Width	Abrufen oder Festlegen der Breite (in Pixel) der angegebenen Befehlsleiste
Visible	Anzeige des CommandBar-Objekts (boolescher Wert)

Tabelle 1-8. Wichtige Methoden des CommandBar-Objekts

Methode	Beschreibung
Delete	Löscht das CommandBar-Objekt

Methode	Beschreibung
ShowPopup	Zeigt Befehlsleiste als Kontextmenü an den angegebenen Koordinaten oder an der aktuellen Position

Wie alle Objekte einer Objektliste sind auch sie über die *For-Each-Next*-Schleife zu erreichen. Die nachfolgende Prozedur ermittelt alle vorhandenen Befehlsleisten-Objekte und deren Steuerelemente.

🗁 1-17-01-04_CommandBars.mpp

Codeliste 1-12. Die Prozedur gibt alle vorhandenen Controls im Direktfenster aus

```
Sub ReadCommandBars()
   Dim objMenuBars    As CommandBars
   Dim objMenuBar     As CommandBar
   Dim objMenu        As CommandBarControl

   Set objMenuBars = Application.CommandBars
   For Each objMenuBar In objMenuBars
      Debug.Print "--- BAR: " & objMenuBar.Name
      For Each objMenu In objMenuBar.Controls
         Debug.Print "CONTROL: " & objMenu.Caption
      Next
   Next
   Set objMenuBars = Nothing
End Sub
```

Ihre Bezeichnungen werden im Direktfenster ausgegeben (Bild 1-50).

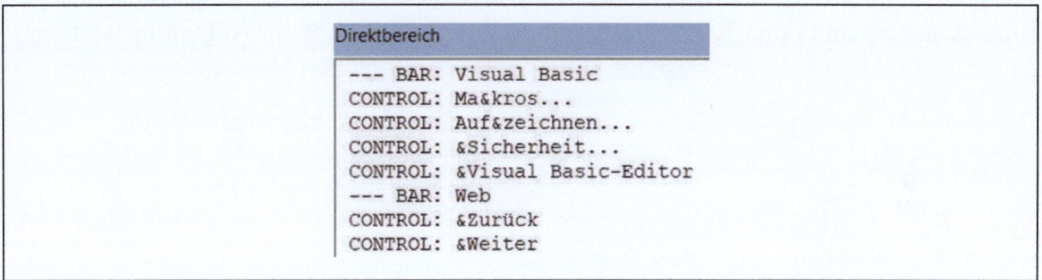

Bild 1-50. Auszug aus dem Protokoll der gefundenen Controls

Zuerst wird in der Prozedur die Objektliste mit einer Objektvariablen *TempMenuBar* belegt. Es ist sinnvoll hier auch das Eltern-Objekt *Application* anzugeben. Dann werden in einer Schleife alle im Menüband vorhandenen *CommandBar*-Objekte der Objektliste *CommandBars* gelesen. Zu jedem *CommandBar*-Objekt werden in einer weiteren Schleife alle vorhandenen *CommandBarControl*-Objekte aus der Objektliste der *CommandBarControls* gelesen.

Im Direktfenster wird bei den Control-Bezeichnungen das Zeichen &, das als Steuerelement dient und im Menü den Buchstaben hinter dem Zeichen unterstreicht, um so auf seine zusätzliche Funktionalität hinzuweisen. Einträge mit einem unterstrichenen

Buchstaben können mit der Tastenkombination *ALT* + *Buchstabe/Ziffer* aufgerufen werden, als Alternative zum Mausklick.

Die folgende Prozedur bestimmt alle ausgeblendeten Elemente des Menübandes über die Eigenschaft *Visible*.

Codeliste 1-13. Die Prozedur liest alle ausgeblendeten Elemente

```
Sub ReadUnvisibleCommandBars()
    Dim Bar As CommandBar

    For Each Bar In ActiveProject.CommandBars
        If Not Bar.Visible Then Debug.Print Bar.Name
    Next
End Sub
```

Wie alle Objektlisten verfügt auch die der *CommandBars* über die *Add*-Methode, sodass eigene Einträge dem Menüband hinzugefügt werden können. Alle eigenen Einträge sollten eine Kennung bei der Instanziierung erhalten, sodass die Controls mit dem Beenden auch wieder entfernt werden können. Dazu erhält eine konstante Variable einen entsprechenden Menütitel.

Der Menütitel sollte auf die Verwendung der eigenen Menüeinträge hinweisen, denn er erscheint auch im Menüband in der Eigenschaft *Caption* des *CommandBar*-Objekts. Ähnlich wie im Menüband zusammengehörige Funktionen in einer Gruppe zusammengefasst sind, sollten auch die eigenen Einträge als Gruppe zusammengefasst werden. Es passiert oft, dass auch noch andere Einträge hinzukommen und dann alles etwas unübersichtlich wird. Die Prozedur *MenuTemplate* erzeugt einen Rahmen mit Eintrag und einem Popup-Kontrollelement als Gruppenelement zur Aufnahme weiterer *Controls* für Aktionen. Die Prozedur *RemoveMenu* entfernt den Menüeintrag wieder.

Codeliste 1-14. Die Prozedur zeigt eine Grundstruktur für einen Eintrag im Menüband

```
Const sMenuTemp As String = "MenuTemplate"

Private Sub CreateMenuTemplate()
   Dim objMenuBar        As CommandBar
   Dim objMenuGroup      As CommandBarControl

   RemoveMenuTemplate

'Fügt einen Eintrag ins Menüband unter Add-Ins
   Set objMenuBar = Application.CommandBars.Add _
      (sMenuTemp, msoBarTop)
   objMenuBar.Visible = True

'Erstellt eine Gruppe für Controls
   Set objMenuGroup = objMenuBar.Controls.Add _
      (Type:=msoControlPopup, Temporary:=False)
   With objMenuGroup
      .Caption = sMenuTemp
      .Tag = sMenuTemp
      .TooltipText = "Aktion wählen ..."
```

```
    End With

    Set objMenuBar = Nothing
    Set objMenuGroup = Nothing
End Sub

Private Sub RemoveMenuTemplate()
    Dim objMenuBar       As CommandBar
    Dim objMenuControl   As CommandBarControl

'Sucht alle Menüelemente mit dem Menütitel
'und entfernt sie aus dem Menüband
    For Each objMenuBar In Application.CommandBars
        For Each objMenuControl In objMenuBar.Controls
            If objMenuControl.Tag = sMenuTemp Then
                objMenuControl.Delete
            End If
        Next
        If objMenuBar.Name = sMenuTemp Then
            objMenuBar.Delete
        End If
    Next
End Sub
```

Die Gruppe *Benutzerdefinierte Symbolleiste* wird automatisch im Register Add-Ins eingestellt (Bild 1-51).

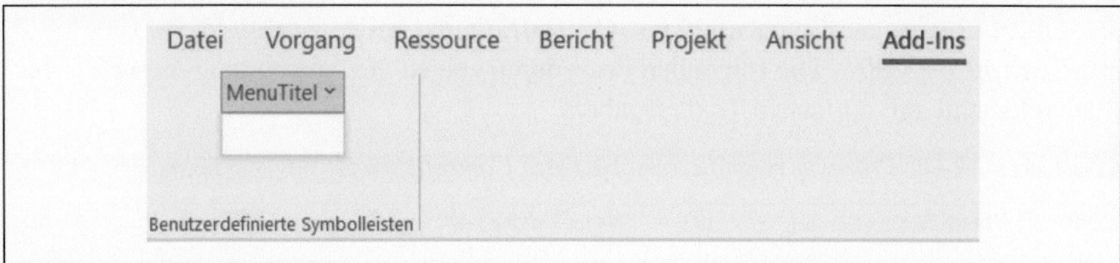

Bild 1-51. Neuer Menüeintrag als Popup-Control unter dem Register Add-In in der Gruppe Benutzerdefinierte Symbolleiste

Eine interessante Methode ist *ShowPopup*, sie zeigt das CommandBar-Objekt in einem Kontextmenü.

Codeliste 1-15. Die Prozedur zeigt ein Kontextmenü

```
Const sMenuName As String = "KontextMenü"

Private Sub CreateKontextMenu()
    Dim objBar  As CommandBar
    Dim objCtl  As CommandBarControl

'Erstellt ein Kontextmenü
    On Error GoTo ErrHandler
    Set objBar = Application.CommandBars.Add _
        (Name:=sMenuName, _
        Position:=msoBarPopup, _
        Temporary:=False)
```

```
'Erstellt eine Gruppe für Controls
   With objBar
      Set objCtl = .Controls.Add(Type:=msoControlEdit, Temporary:=True)
      With objCtl
         .BeginGroup = True
         .Text = "Eingabe"
      End With
      Set objCtl = Nothing
      Set objCtl = .Controls.Add(Type:=msoControlComboBox,
Temporary:=True)
      With objCtl
         .BeginGroup = True
         .Text = "Auswahl"
         .AddItem "Auswahl 1"
         .AddItem "Auswahl 2"
         .AddItem "Auswahl 3"
      End With
      Set objCtl = Nothing
      .ShowPopup
   End With
ErrHandler:
   objBar.Delete
   Set objCtl = Nothing
   Set objBar = Nothing
End Sub
```

Die drei wichtigsten Steuerelemente für ein Anwendungsmenü sind eine Schaltfläche *msoControlButton*, ein Eingabefeld *msoControlEdit* und ein Auswahlfeld *msoControlComboBox*. Die folgenden Prozeduren zeigen die Anwendung dieser Steuerelemente mit einfachen Textausgaben.

Codeliste 1-16. Die Prozedur zeigt die verschiedenen Controltypen für das Menüband

```
Const sMenuExample As String = "MenuExample"

'Ausgabe durch Button-Control
Private Sub Meldung()
   MsgBox sMenuExample & " ausgeführt!"
End Sub

'Eingabefeld
Private Sub Übergabe()
   Dim objControl As CommandBarComboBox
   On Error Resume Next
   Set objControl = _
      Application.CommandBars(sMenuExample).Controls("Eingabe")
   MsgBox objControl.Caption & " / " & objControl.Text
   On Error GoTo 0
   Set objControl = Nothing
End Sub

'Auswahlfeld
Private Sub Auswahl()
   Dim objControl As CommandBarComboBox
   On Error Resume Next
```

```
   For Each objControl In _
      Application.CommandBars(sMenuExample).Controls
      If objControl.Caption = "EingabeWahl" Then
         MsgBox objControl.Caption & " / " & objControl.Text
      End If
   Next
   On Error GoTo 0
   Set objControl = Nothing
End Sub

'Erzeuge Menü
Private Sub CreateMenuExample()
   Dim objMenuBar        As CommandBar
   Dim objMenuGroup      As CommandBarControl
   Dim objMenuButton     As CommandBarControl
   Dim objMenuBox        As CommandBarControl
   Dim objMenuCombo      As CommandBarComboBox

   RemoveMenuExample

'Menükopf
   Set objMenuBar = Application.CommandBars.Add _
      (sMenuExample, msoBarTop)
   objMenuBar.Visible = True

'ControlPopup
   Set objMenuGroup = objMenuBar.Controls.Add _
      (Type:=msoControlPopup, Temporary:=False)
   With objMenuGroup
      .Caption = sMenuExample
      .Tag = sMenuExample
      .TooltipText = "Aktion wählen ..."
   End With

'ControlButton
   Set objMenuButton = objMenuGroup.Controls.Add _
      (Type:=msoControlButton, Temporary:=True)
   With objMenuButton
      .BeginGroup = False
      .Caption = "Meldung ausgeben"
      .FaceId = 59
      .OnAction = "Meldung"
      .Style = msoButtonIconAndCaption
      .TooltipText = "Schaltfläche betätigen"
      .Tag = "Aktion"
   End With

'ControlEdit
   Set objMenuBox = objMenuBar.Controls.Add _
      (Type:=msoControlEdit, Temporary:=True)
   With objMenuBox
      .BeginGroup = False
      .Text = "Eingabe"
      .Caption = "Eingabe"
      .OnAction = "Übergabe"
      .TooltipText = "Text eingeben und bestätigen"
```

```
        .Tag = "Eingabe"
    End With

'ControlComboBox
    Set objMenuCombo = objMenuBar.Controls.Add _
        (Type:=msoControlComboBox, Temporary:=True)
    With objMenuCombo
        .BeginGroup = True
        .Text = "Auswahl"
        .Caption = "EingabeWahl"
        .OnAction = "Auswahl"
        .TooltipText = "Auswahl treffen"
        .Tag = "Auswahl"
        .AddItem "Test1"
        .AddItem "Test2"
        .AddItem "Test3"
    End With

    Set objMenuBar = Nothing
    Set objMenuGroup = Nothing
    Set objMenuBar = Nothing
    Set objMenuBox = Nothing
    Set objMenuCombo = Nothing
End Sub

Private Sub RemoveMenuExample()
    Dim objMenuBar       As CommandBar
    Dim objMenuControl   As CommandBarControl

'Sucht alle Menüelemente mit dem Menütitel
'und entfernt sie aus dem Menüband
    For Each objMenuBar In Application.CommandBars
        For Each objMenuControl In objMenuBar.Controls
            If objMenuControl.Tag = sMenuExample Then
                objMenuControl.Delete
            End If
        Next
        If objMenuBar.Name = sMenuExample Then
            objMenuBar.Delete
        End If
    Next
End Sub
```

Übung 1.6 Projektstart und Analyse im Menüband

Die in der Übung 1.3 erstellten Menüeinträge unter Register *Makros* haben den Nachteil, dass sie konstant in allen Projekt-Anwendungen existieren. Die Kombination von den Ereignisprozeduren *Auto_Open* und *Auto_Close* zusammen mit den Controls macht es möglich, dass mit dem Start einer Projekt-Anwendung das zugehörige Menü installiert und mit dem Schließen auch wieder entfernt wird.

Codeliste 1-17. Die Prozedur erzeugt einen Menüeintrag für Projektstart und Analyse

```
Const sMenuProject As String = "MenuProject"

'Erzeuge Menü
Sub CreateMenuProject()
   Dim objMenuBar       As CommandBar
   Dim objMenuGroup     As CommandBarControl
   Dim objMenuButton    As CommandBarControl
   Dim objMenuBox       As CommandBarControl
   Dim objMenuCombo     As CommandBarComboBox

   RemoveMenuProject

'Menükopf
   Set objMenuBar = Application.CommandBars.Add _
      (sMenuProject, msoBarTop)
   objMenuBar.Visible = True
   Set objMenuGroup = objMenuBar.Controls.Add _
      (Type:=msoControlPopup, Temporary:=False)
   With objMenuGroup
      .Caption = sMenuProject
      .Tag = sMenuProject
      .TooltipText = "Aktion wählen ..."
   End With

'Projektstart
   Set objMenuButton = objMenuGroup.Controls.Add _
      (Type:=msoControlButton, Temporary:=True)
   With objMenuButton
      .BeginGroup = False
      .Caption = "Projektstart"
      .FaceId = 39
      .OnAction = "ProjektStart"
      .Style = msoButtonIconAndCaption
      .TooltipText = "Schaltfläche betätigen"
      .Tag = "Aktion"
   End With

'Analyse
   Set objMenuButton = objMenuGroup.Controls.Add _
      (Type:=msoControlButton, Temporary:=True)
   With objMenuButton
      .BeginGroup = False
      .Caption = "Analyse"
      .FaceId = 120
      .OnAction = "StartAnalyse"
      .Style = msoButtonIconAndCaption
      .TooltipText = "Schaltfläche betätigen"
      .Tag = "Aktion"
   End With

   Set objMenuBar = Nothing
   Set objMenuGroup = Nothing
   Set objMenuBar = Nothing
   Set objMenuBox = Nothing
```

```
   Set objMenuCombo = Nothing
End Sub

Sub RemoveMenuProject()
   Dim objMenuBar        As CommandBar
   Dim objMenuControl    As CommandBarControl

'Sucht alle Menüelemente mit dem Menütitel
'und entfernt sie aus dem Menüband
   For Each objMenuBar In Application.CommandBars
      For Each objMenuControl In objMenuBar.Controls
         If objMenuControl.Tag = sMenuProject Then
            objMenuControl.Delete
         End If
      Next
      If objMenuBar.Name = sMenuProject Then
         objMenuBar.Delete
      End If
   Next
End Sub
```

Installiert wird der Menüeintrag mit den folgenden Ereignisprozeduren.

Codeliste 1-18. Erstellung und Entfernung der Menüeinträge

```
Sub Auto_Open()
   Call CreateMenuProject
End Sub

Sub Auto_Close()
   Call RemoveMenuProject
End Sub
```

1.5.3 Das Window-Objekt

Das *Window*-Objekt ist ein Fenster der Anwendung oder des Projekts und ein Element der *Windows*-Objektliste.

Tabelle 1-9. Wichtige Eigenschaften des Window-Objekts

Eigenschaft	Beschreibung
ActivePane	Aktionsbereich des Fensters
Application	Zugehöriges Application-Objekt
BottomPane	Unterer Aktionsbereich des Fensters
Caption	Text in der Titelleiste
Height	Höhe des Projektfensters
Index	Index in der Windows-Objektliste
Left	Abstand des Fensters vom linken Rand
Parent	Übergeordnetes Objekt

Eigenschaft	Beschreibung
Top	Abstand des Fensters von oben
TopPane	Oberer Aktionsbereich des Fensters
Visible	Fenster sichtbar (*True*/*False*)
Width	Breite des Fensters
WindowState	Status des Fensters (maximiert, minimiert, normal)

Tabelle 1-10. Wichtige Methoden des Window-Objekts

Methode	Beschreibung
Activate	Aktiviert das Fenster und bringt es in den Vordergrund
Close	Schließt einen Bereich oder Fenster
Refresh	Aktualisiert das Fenster

Mit der folgenden Prozedur werden alle geöffneten Fenster mit ihren Namen und ihrem *WindowState*-Wert angegeben.

🗁 1-17-01-05_Windows.mpp

Codeliste 1-19. Die Prozedur nennt alle geöffneten Fenster

```
Sub ReadWindows()
   Dim objWin  As Window
   Dim sText   As String
   sText = "" & vbCr
   For Each objWin In ThisProject.Windows
      sText = sText & objWin.Caption & " / " & _
      objWin.WindowState & vbCr
   Next
   MsgBox sText
End Sub
```

Mit der folgenden Prozedur wird das erste Window-Objekt maximiert.

Codeliste 1-20. Die Prozedur ändert die Darstellung des angegebenen Fensters

```
Sub SetWindowState()
   Windows(1).WindowState = pjMaximized
End Sub
```

Mit der folgenden Prozedur wird die Sichtbarkeit des 1. Fensters aus- und wieder eingeschaltet.

Codeliste 1-21. Die Prozedur schaltet die Sichtbarkeit des Fensters aus und ein

```
Sub ToggleVisibleWindow()
   Windows(1).Visible = False
   Stop
   Windows(1).Visible = True
End Sub
```

Das Objekt *ActiveWindow* wird an dieser Stelle erwähnt, weil es das Fenster unter allen geöffneten ist, auf dem der Fokus liegt.

Tabelle 1-11. Wichtige Eigenschaften des ActiveWindow-Objekts

Eigenschaft	Beschreibung
Caption	Text in der Titelzeile
DisplayAlerts	Anzeige von Fehlermeldungen
DisplayStatusBar	Anzeige der Statusleiste

Tabelle 1-12. Wichtige Methoden des ActiveWindow-Objekts

Methode	Beschreibung
DetailsPaneToggle	Blendet Bereich zum Objekt ein/aus

Die Prozedur *ChangeWindowCaption* erlaubt die Veränderung der Eigenschaft *Caption* (Text in der Kopfzeile) über einen Dialog mit dem Anwender. Dabei bleibt der Dateiname unverändert.

Codeliste 1-22. Die Prozedur ändert den Kopftext des aktiven Fensters

```
Sub ChangeWindowCaption()
   Dim sText As String

   sText = InputBox("Eingabe eines neuen Fenstertextes" & _
      vbCrLf & "für das aktuelle Projekt-Fenster." & vbCrLf & _
      "Nur OK oder Abbrechen " & vbCrLf & _
      "lässt den alten Text bestehen")
   If sText = Empty Then
      Exit Sub
   Else
      ActiveWindow.Caption = sText
   End If
End Sub
```

Die Statuszeile wird mit der Eigenschaft *DisplayStatusBar* durch Aufruf ein-/ausgeblendet.

Codeliste 1-23. Die Prozedur schaltet die Zeitachse aus und ein

```
Sub ShowStatusBar()
   DisplayStatusBar = False
   DisplayStatusBar = True
End Sub
```

Die folgende Prozedur schaltet die Darstellung der Zeitachse bei den entsprechenden Ansichten um,

Codeliste 1-24. Die Prozedur schaltet die Zeitachse ein/aus

```
Sub ShowDetails()
   DetailsPaneToggle Timeline:=True
End Sub
```

1.5.4 Das Project-Objekt

Das *Project*-Objekt ist das Arbeitsobjekt der Project-Anwendung, wie sich auch unschwer aus dem Objektmodell ablesen lässt.

Tabelle 1-13. Wichtige Eigenschaften des Project-Objekts

Eigenschaft	Beschreibung
AutoCalcCosts	Aktuelle Kosten immer berechnen (*True/False*)
Autofilter	Autofilter-Funktion aktiv (*True/False*)
AutoSplitTasks	Vorgänge sind abgeschlossen oder aufgeteilt (*True/False*)
BaselineSavedDate	Liefert Datum des zuletzt gespeicherten Basisplans
Calendar	Ruft Calendar-Objekt zum Projekt
CreationDate	Erstellungsdatum
CurrencyCode	ISO standard Währungscode
CurrentFilter	Name des aktiven Filters
CurrentGroup	Name der aktiven Gruppe
CurrentTable	Name der aktiven Tabelle
CurrentView	Name der aktiven Ansicht
DayLabelDisplay	Abkürzung für Tag bei Dauer, Arbeit, Pufferzeit etc.
DaysPerMonth	Anzahl der Tage pro Monat für Vorgänge
DefaultDurationUnits	Einheiten für Dauer
DefaultEarnedValueMethod	Standardmethode zur Berechnung des Ertragswerts
DefaultEffortDriven	Sind Vorgänge standardmäßig leistungsgesteuert (*True/False*)
DefaultFinishTime	Standard-Endtermin des Projekts
DefaultFixedCostAccrual	Standard-Methode zur Verwendung fester Vorgangskosten
DefaultResourceOvertimeRate	Standardmäßiger Überstundensatz für Ressourcen
DefaultResourceStandardRate	Standardkostensatz für Ressourcen
DefaultStartTime	Standardanfangszeit für das Projekt
DefaultTaskType	Standardmäßiger Vorgangsyp
DefaultWorkUnits	Standardwert der Arbeitseinheiten für das Projekt
DisplayProjectSummaryTask	Sammelvorgang anzeigen (*True/False*)
FullName	Pfad und Dateiname eines Projekts
HourLabelDisplay	Abkürzung für Stunde bei Dauer, Arbeit etc.

Eigenschaft	Beschreibung
HoursPerDay	Stunden pro Tag für Vorgänge
HoursPerWeek	Stunden pro Woche für Vorgänge
LastSaveDate	Letztes Speicherdatum eines Projekts
MonthLabelDisplay	Abkürzung für Monat bei Dauer, Arbeit etc.
MultipleCriticalPath	Liegen mehrere kritische Pfade vor (*True*/*False*)
Name	Name des Project-Objekts
NumberOfTasks	Anzahl der Vorgänge in einem Projekt
OutlineChildren	Task-Auflistung der untergeordneten Elemente eines Vorgangs
Parent	Übergeordnetes Objekt des Project-Objekts
Path	Pfad der geöffneten-Projektdatei
ProjectNotes	Projekt-Notizen
ProjectStart	Anfangstermin des Projekts
ProjectSummaryTask	Projektsammelvorgang
Reports	Auflistung benutzerdefinierter Berichte
ResourceGroupList	List-Objekt der Ressourcengruppen
ResourceGroups	Auflistung einer Ressourcengruppe
Resources	Ressourcen-Auflistung
ResourceViewList	List-Objekt aller Ressourcenansichten
TaskGroupList	List-Objekt der Vorgangsgruppen
TaskGroups	Auflistung einer Vorgangsgruppe
Tasks	Vorgangs-Auflistung
TaskTableList	List-Objekt aller Vorgangstabellen
TaskTables	Tables-Auflistung
TaskViewList	List-Objekt aller Vorgangsansichten
Timeline	Stammobjekt für alle Timeline-Eigenschaften
Windows	Windows-Auflistung
YearLabelDisplay	Beschriftung für Jahre

Tabelle 1-14. Wichtige Methoden des Project-Objekts

Methode	Beschreibung
Activate	Aktiviert das Projekt
AppendNotes	Fügt Text zu den Notizen
ResourceCount	Gesamtzahl der Ressourcen im Projekt
SaveAs	Speichert ein nichtaktives Projekt

Tabelle 1-15. Wichtige Ereignisse des Project-Objekts

Ereignis	Beschreibung
Activate	Beim Öffnen oder Wechsel
BeforeClose	Vor dem Schließen
BeforePrint	Vor dem Druck
BeforeSave	Vor dem Speichern
Calculate	Bei neuer Berechnung
Change	Daten wurden geändert
Deactivate	Wechsel zu anderem Projekt
Open	Beim Öffnen

Mit *Projects* handelt es sich um eine Objektliste, sodass die einzelnen Objekte mit der *For-Each-Next*-Schleife oder durch ihren *Index* ansprechbar sind. Eine Besonderheit stellt das Objekt *ActiveProject* dar, es ist das aktuelle Projekt in der aktuellen Anwendung.

🗁 1-17-01-06_Projects.mpp

In der VBA-Hilfe unter *Elemente des Project-Objekts* werden alle Eigenschaften, Methoden und Ereignisse aufgeführt. Aus der Vielzahl von Eigenschaften nutzt die Prozedur *ActiveProjectInfo* einige Projekt-Informationen des aktiven Projekts.

Codeliste 1-25. Die Prozedur zeigt einige Projekt-Informationen im Direktfenster

```
Sub ActiveProjectInfo()
   Dim sText As String

   sText = ""
   With ActiveProject
      sText = sText & "Name: " & .Name & vbCr
      sText = sText & "Projekttyp: " & .Type & vbCr
      sText = sText & "Pfad: " & .Path & vbCr
      sText = sText & "CodeName: " & .CodeName & vbCr
      sText = sText & "Erstelldatum: " & .CreationDate & vbCr
      sText = sText & "Startdatum: " & .ProjectStart & vbCr
      sText = sText & "Startzeit: " & .DefaultStartTime & vbCr
```

```
        sText = sText & "Endedatum: " & .ProjectFinish & vbCr
        sText = sText & "Endezeit: " & .DefaultFinishTime & vbCr
        sText = sText & "h/Tag: " & .HoursPerDay & vbCr
        sText = sText & "h/Woche: " & .HoursPerWeek & vbCr
        sText = sText & "Tage/Monat: " & .DaysPerMonth & vbCr
        sText = sText & "Akt.Datum: " & .CurrentDate & vbCr
        sText = sText & "Akt.Tabelle: " & .CurrentTable & vbCr
        sText = sText & "Akt.Ansicht: " & .CurrentView & vbCr
        sText = sText & "Anz.Aufgaben: " & .NumberOfTasks & vbCr
        sText = sText & "Vorlage: " & .Template & vbCr
        sText = sText & "Notizen: " & .ProjectNotes
        MsgBox sText
    End With
End Sub
```

Mit der Methode *Activate* wird ein geöffnetes Projekt zum Objekt *ActiveProject.* Die Methode *Add* der Auflistung *Projects* des Anwendungs-Objekts erzeugt ein weiteres leeres Projekt, wenn nicht mit dem Parameter *Template* eine Vorlage vorgegeben wird.

Codeliste 1-26. Die Prozedur nutzt die Methode Activate

```
Sub CreateNewProject()
   Dim proDemo1 As Project
   Dim proDemo2 As Project

   Set proDemo1 = ActiveProject
   Set proDemo2 = Application.Projects.Add
   ActiveProject.SaveAs Name:="C:\Temp\Demo2.mpp"
   proDemo1.Activate
   Debug.Print "Demo1: "; proDemo1.Name
   Debug.Print "Demo2: "; proDemo2.Name
   Set proDemo2 = Nothing
   Set proDemo1 = Nothing
End Sub
```

Die Prozedur *UsedActiveProjects* öffnet ein weiteres Projekt.

Codeliste 1-27. Die Prozedur öffnet zusätzlich ein vorhandenes Projekt

```
Sub UsedActiveProjects()
   Dim proDemo1 As Project
   Dim proDemo2 As Project

   Set proDemo1 = ActiveProject
   Application.FileOpenEx "C:\Temp\Test.mpp"
   Set proDemo2 = ActiveProject
   Debug.Print "Demo1: "; proDemo1.Name
   Debug.Print "Demo2: "; proDemo2.Name
   Application.FileCloseEx (pjDoNotSave)
   proDemo1.Activate
   Set proDemo2 = Nothing
   Set proDemo1 = Nothing
End Sub
```

Im Objekt *ThisProject* (Bild 1-52) gibt es zum *Project*-Objekt einige Ereignisse. Darunter auch *Open* und *BeforeClose*. Sie können statt der älteren Ereignisse *Auto_Open* und *Auto_Close* verwendet werden.

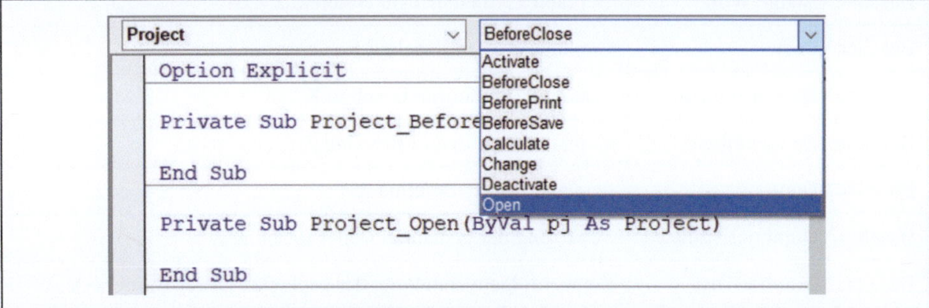

Bild 1-52. Auswahlmöglichkeit der Project-Ereignisse

Ein sehr wichtiges Ereignis des Projekt-Objekts ist *Change*. Die Ereignisprozedur erlaubt die Reaktion auf Veränderungen im Projekt.

Codeliste 1-28. Die Ereignisprozedur registriert lokale Veränderungen

```
Private Sub Project_Change(ByVal pj As Project)
   MsgBox "Change_local by " & pj.Name
End Sub
```

1.5.5 Das Task-Objekt

Das *Task*-Objekt beschreibt einen Vorgang im Projektplan. Eigentlich heißt *Task* wörtlich übersetzt Aufgabe, doch in der deutschen Version von Project wird der Begriff *Vorgang* verwendet. Das Objekt weist, ähnlich wie das *Project*-Objekt, eine Fülle von Eigenschaften und Methoden auf.

Tabelle 1-16. Wichtige Eigenschaften des Task-Objekts

Eigenschaft	Beschreibung/Werte beziehen sich auf einen Vorgang
Active	Aktiviert ein Task-Objekt
ActualCost	Kosten
ActualDuration	Dauer (in Minuten)
ActualFinish	Aktueller Endtermin
ActualOvertimeCost	Aktuelle Überstundenkosten
ActualOvertimeWork	Aktuelle Überstundenarbeit
ActualStart	Aktueller Anfangstermin
ActualWork	Aktuelle Arbeit (Minuten)
Assignments	Auflistung der Zuordnungen

Eigenschaft	Beschreibung/Werte beziehen sich auf einen Vorgang
BaselineXBudgetCost	Geplantes Kostenbudget (X = entfällt oder 1…10)
BaselineXBudgetWork	Geplantes Arbeitsbudget Baseline X
BaselineXCost	Geplante Kosten Baseline X
BaselineXDeliveryFinish	Geplanter Endtermin Baseline X
BaselineXDeliverableStart	Geplanter Startdatum Baseline X
BaselineXDuration	Geplante Dauer Baseline X
BaselineXDurationEstimated	Schätzung der geplanten Dauer Baseline X
BaselineXDurationText	Zeichenfolgendarstellung der geplanten Dauer Baseline X
BaselineXFinish	Geplanter Endtermin Baseline X
BaaselineXFinishText	Zeichenfolgendarstellung des geplanten Endtermins Baseline X
BaselineXFixedCost	Geplante Fixkosten Baseline X
BaselineXFixedCostAccrual	Fälligkeitszeitpunkt der pelanten Fixkosten Baseline X
BaselineXStart	Geplanter Anfangstermin Baseline X
BaselineXStartText	Zeichenfolgendarstellung des geplanten Anfangstermins Baseline X
BaselineXWork	Geplante Arbeits Baseline X
Calendar	Namen des Kalenders
ConstraintDate	Termineinschränkung
Contact	Verantwortliche Person
CostX	Gesamtkosten
CostVariance	Abweichung zwischen geplanten und aktuellen Kosten
CPI	Kostenleistungsindex (KLI)
Created	Erstellungsdatum
Critical	Vorgang gehört zum kritischen Pfad (*True*/*False*)
CV	Kostenabweichung
CVPercent	Kostenabweichung in Prozent
Deadline	Stichtag
DeliverableFinish	Lieferumfang-Enddatum
DeliverableStart	Lieferumfang-Anfangstermin
DurationX	Anzeige-Dauer (in Minuten)

Eigenschaft	Beschreibung/Werte beziehen sich auf einen Vorgang
DurationXEstimated	Dauer ist eine Schätzung
DurationVariance	Varianz zwischen geplanter und aktueller Dauer
EarlyFinish	Frühestmöglicher Endtermin
EarlyStart	Frühestmöglicher Anfangstermin
EarnedValueMethod	Methode zur Berechnung des Ertragswerts
EffortDriven	Vorgang leistungsgesteuert (*True*/*False*)
Estimated	Vorgangsdauer ist eine Schätzung (*True*/*False*)
ExternalTask	Vorgang ist Platzhalter für den Vorgang eines anderen Projekts
FinishX	Endtermin
FinishSlack	Pufferzeit (in Minuten) für das Ende eines Vorgangs
FinishVariance	Abweichung (in Minuten) zwischen geplantem und aktuellem Endtermin
FixedCost	Fixe Kosten
FreeSlack	Freie Pufferzeit (in Minuten)
LateFinish	Spätester Endtermin
LateStart	Spätester Anfangstermin
Manual	Neuberechnung manuell geplant (*True*/*False*)
Marked	Vorgang markiert (*True*/*False*)
Milestone	Vorgang ist ein Meilenstein (*True*/*False*)
Name	Name eines Vorgangs
Notes	Notizen zu einem Vorgang
OutlineNumber	Position des Vorgangs in der Gliederungshierarchie
PercentComplete	Prozent-Arbeit eines Vorgangs in Prozent
PersentWorkComplete	Abgeschlosse Arbeit eines Vorgangs in Prozent
Placeholder	Vorgang ist Platzhalter für einen anderen Vorgang (*True*/*False*)
PredecessorsTasks	Task-Auflistung der Vorgänger
Priority	Priorität eines Vorgangs
RemainingCost	Verbleibende Kosten
RemainingDuration	Verbleibend Dauer

Eigenschaft	Beschreibung/Werte beziehen sich auf einen Vorgang
RemainingOvertimeCost	Verbleibende Überstundenkosten
RemainingOvertimeWork	Verbleibende Überstundenarbeit (in Minuten)
RemainingWork	Verbleibende Arbeit (in Minuten)
ResourceNames	Namen der zu einem Vorgang zugeordneten Ressourcen
Resources	Auflistung der Ressourcen
SPI	Zeitplan Leistung Index (SPI)
SplitParts	SplitParts-Auflistung enthält Teile eines unterbrochenen Vorgangs
StartX	Anfangstermin
StartSlack	Anfangspufferzeit (in Minuten)
StartVariance	Varienz zwischen geplantem und aktuellem Anfangstermin (in Minuten)
Status	Status
Stop	Enddatum
SuccessorTasks	Task-Auflistung der Nachfolger
Summary	Vorgang ist ein Sammelvorgang (*True*/*False*)
SV	Ertragswert eingeplanter Varianz (Pa)
SVPercent	Ertragswert eingeplanter Varianz (Pa) in Prozent
TaskDependencies	Auflistung aller abhängigen Vorgänger- und Nachfolger-Vorgänge
TCPI	Vollständiger Leistungsindex (ALI)
TotalSlack	Gesamte Pufferzeit
Type	Art und Weise wie der Vorgang berechnet wird
VAC	Kostenabweichung nach Abschluss (ANA)
WBS	Aufruf des Projektstrukturplans (PSP)
Work	Arbeit (in Minuten)
WorkVariance	Abweichung zwischen geplanter und aktueller Arbeit

Tabelle 1-17. Wichtige Methoden des Task-Objekts

Methode	Beschreibung
AppendNotes	Hinzufügen von Text zu Notizen
Delete	Löscht einen Vorgang

Methode	Beschreibung
GetField	Wert des benutzerdefinierten Vorgangsfeldes
LinkPredecessors	Fügt mindestens einen Vorgänger hinzu
LinkSuccessors	Fügt mindestens einenNachfolger hinzu
OutlineHideSubTasks	Blendet Teilvorgänge aus
OutlineIndent	Stuft Vorgang in der Gliederung tiefer ein
OutlineOutdent	Stuft Vorgang in der Gliederung höher ein
OutlineShowAllTasks	Erweitert alle Sammelvorgänge
OutlineShowSubTasks	Zeigt Teilvorgänge
SetField	Legt Wert des benutzerdefinierten Feldes fest
Split	Unterbricht Vorgang und teilt ihn in zwei Abschnitte
TimeScaleData	Optionen zur Anzeige von Zeitphasendaten
UnlinkPredecessors	Entfernt einen oder mehrere Vorgänger
UnlinkSuccessors	Entfernt einen oder mehrere Nachfolger

🗁 1-17-01-07_Tasks.mpp

Die Prozedur *ReadActualWorks* zeigt die aktuelle Arbeit der vorhandenen Vorgänge.

Codeliste 1-29. Ausgabe der aktuellen Arbeit aller Vorgänge

```
Sub ReadActualWorks()
   Dim objTask    As Task
   Dim objAss     As Assignment
   Dim sText      As String

   sText = "Aktuelle Arbeit:" & vbCr
   For Each objTask In ActiveProject.Tasks
      For Each objAss In objTask.Assignments
         sText = sText & objTask.Name & " / " & _
            Str(objAss.ActualWork) & " Min. " & vbCr
      Next objAss
   Next objTask
   MsgBox sText
End Sub
```

Die Ausgabe erfolgt mit der MsgBox-Anweisung (Bild 1-53).

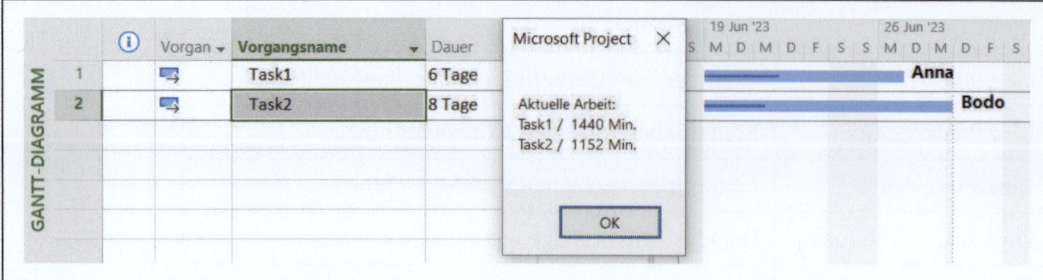

Bild 1-53. Ausgabe der aktuellen Arbeit

Die folgende Prozedur markiert farblich die Vorgänge, die zum kritischen Pfad gehören.

Codeliste 1-30. Markierung des kritischen Pfads

```
Sub ShowCriticalPath()
   GanttBarStyleCritical Show:=True
End Sub
```

Unter Register *Gantt-Diagramm Format / Balkenarten* lassen sich kritische Vorgänge anzeigen (Bild 1-54).

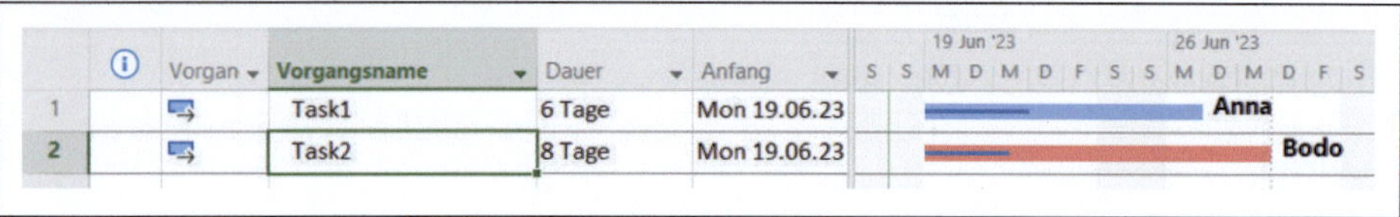

Bild 1-54. Markierung der Vorgänge im kritischen Pfad

Die folgende Prozedur erhöht die Priorität der Vorgänge im kritischen Pfad auf höchste Priorität.

Codeliste 1-31. Setzt die Priorität der Vorgänge im kritischen Pfad auf Highest Priority

```
Sub MakeCriticalTasksHighestPriority()
   Dim objTask    As Task
   For Each objTask In ActiveProject.Tasks
      If objTask.Critical Then _
         objTask.Priority = pjPriorityHighest
   Next objTask
End Sub
```

1.5.6 Das Resource-Objekt

Project unterscheidet drei Arten des Ressourcen-Objekts *Resources*, Arbeit, Material und Kosten.

Tabelle 1-18. Wichtige Eigenschaften des Resource-Objekts

Eigenschaft	Beschreibung/Werte beziehen sich auf eine Ressource
Application	Ruft das Application-Objekt auf
Count	Anzahl der Elemente in der Resource-Auflistung

Eigenschaft	Beschreibung/Werte beziehen sich auf eine Ressource
Item	Ruft ein Ressource-Objekt aus der Resources-Auflistung auf
Parent	Ruft das übergeordnete Objekt der Resources-Auflistung auf
UniqueID	Ruft ein Resource-Objekt aus der Auflistung auf

Tabelle 1-19. Wichtige Methoden des Resource-Objekts

Methode	Beschreibung / Werte beziehen sich auf eine Ressource
Add	Hinzufügen eines Resource-Objekts zur Resources-Auflistung

🗁 1-17-01-08_Resources.mpp

Die folgende Prozedur listet alle Ressourcen des aktiven Projekts aus der Ressourcen-Auflistung.

Codeliste 1-32. Ausgabe aller aktiven Ressourcen aus der Ressourcen-Auflistung

```
Sub ReadActivResources()
   Dim iCount As Integer
   Dim sNames As String

   For iCount = 1 To ActiveProject.Resources.Count
      sNames = ActiveProject.Resources(iCount).Name & ", " & sNames
   Next iCount
   sNames = Left$(sNames, Len(sNames) - Len(ListSeparator & " "))
   MsgBox sNames
End Sub
```

Eine andere Möglichkeit ist die Nutzung einer Objektvariablen und die Auswahl über den Index.

Codeliste 1-33. Ausgabe aller aktiven Ressourcen aus einer Objektvariablen

```
Sub ReadActivResources2()
   Dim objRes  As Resources
   Dim sNames  As String
   Dim iCount  As Integer

   Set objRes = ActiveProject.Resources
   For iCount = 1 To objRes.Count
      sNames = objRes(iCount).Name & ", " & sNames
   Next iCount
   Set objRes = Nothing
   sNames = Left$(sNames, Len(sNames) - Len(ListSeparator & " "))
   MsgBox sNames
End Sub
```

Mit der *Add* -Methode der *Resources*-Auflistung kann ein *Resource*-Objekt hinzugefügt werden. Das folgende Beispiel fügt eine neue Ressource mit dem Namen Chris zum aktiven Projekt hinzu.

Codeliste 1-34. Hinzufügen einer Resource

```
Sub AddNewResource()
    Dim objRes As Resource

    Set objRes = ActiveProject.Resources.Add("Chris")
    With objRes
        .MaxUnits = "80%"
        .StandardRate = 60
        .OvertimeRate = 120
        .CostPerUse = 200
    End With
    Set objRes = Nothing
End Sub
```

1.5.7 Das Calendar-Objekt

Project unterscheidet mehrere Arten von Kalender-Objekten:

- Basiskalender als Vorlage für alle Projekte mit den Formen Standard, 24-Stunden-Kalender und Nachtschicht
- Projektkalender der aus dem Basiskalender hervorgeht
- Kalender für einzelne Vorgänge
- Kalender für Ressourcen.

Als Grundeinstellung sind drei Kalender vorhanden, *Standard* (Projektkalender), *Nachtschicht* und *24 Stunden*.

Tabelle 1-20. Wichtige Eigenschaften des Calendar-Objekts

Eigenschaft	Beschreibung/Werte beziehen sich auf einen Kalender
Application	Zugehöriges Application-Objekt
BaseCalendar	Zugehöriger Basiskalender
Enterprise	Enterprise-Kalender = *True*, lokaler Kalender = *False*
Exceptions	Ausnahmen-Auflistung
Guid	GUID des Kalenders
Index	Kennzeichnet ein Calendar-Objekt in der Calendars-Auflistung
Name	Name des Calendar-Objekts
Parent	Übergeordnetes Calendar-Objekt
ResourceGuid	GUID des Resource-Objekts
WeekDays	Auflistung der Wochentage im Kalender
WorkWeeks	Auflistung der Arbeitswochen im Kalender
Years	Auflistung der Jahre im Kalender

Tabelle 1-21. Wichtige Methoden des Calendar-Objekts

Methode	Beschreibung/Werte beziehen sich auf eine Ressource
Delete	Löscht das Calendar-Objekt
Period	Zeitraum in einem Kalender
Reset	Stellt im Basiskalender Standardwerte wieder her

🗁 1-17-01-09_Calendars.mpp

Die folgende Prozedur legt im Kalender des aktiven Projekts den Freitag als arbeitsfreien Tag fest.

Codeliste 1-35. Einen arbeitsfreien Tag festlegen

```
Sub MakeFridaysNonWorking()
   ActiveProject.Calendar.WeekDays(pjFriday). _
      Working = False
End Sub
```

Die folgende Prozedur definiert einen Winterurlaub im aktiven Projekt.

Codeliste 1-36. Definition eines Kalenderbereichs als Ausfallzeit

```
Sub SetWinterHoliday()
   ActiveProject.Calendar.Period( _
      "20.12.2023", "31.12.2023").Working = False
End Sub
```

Die Prozedur *CreateNewCalendar* erzeugt einen neuen Kalender mit dem Namen *NeuerStandard* als Kopie des Kalenders *Standard*, den die Prozedur *DeteleCalendar* wieder löscht.

Codeliste 1-37. Die Prozedur erzeugt einen neuen Kalender

```
Sub CreateNewCalendar()
   Application.BaseCalendarCreate _
      Name:="NeuerStandard", _
      FromName:="Standard"
End Sub
```

Codeliste 1-38. Die Prozedur löscht einen vorgegebenen Kalender

```
Sub DeteleCalendar()
   Application.BaseCalendarDelete Name:="NeuerStandard"
End Sub
```

1.5.8 Das Table-Objekt

Das *Table*-Objekt stellt eine Tabelle im Projekt dar und ist ein Element der *Tables*-Auflistung.

Tabelle 1-22. Wichtige Eigenschaften des Table-Objekts

Eigenschaft	Beschreibung/Werte beziehen sich auf eine Tabelle
AdjustHeaderRowHeight	Höhe der Tabellenkopfzeile
Application	Zugehöriges Application-Objekt
DateFormat	Datumsformat der Tabelle
Index	Index der Tabelle
LockFirstColumn	Erste Spalte einer Tabelle gesperrt (*True/False*)
Name	Name des Table-Objekts
Parent	Übergeordnetes Element des Table-Objekts
RowHeight	Zeilenhöhe einer Tabelle
ShowInMenu	Anzeige der Tabelle in der Dropdownliste
TableFields	Auflistung der Felder in der Tabelle

Tabelle 1-23. Wichtige Methoden des Table-Objekts

Methode	Beschreibung/Werte beziehen sich auf eine Tabelle
Apply	Tabelle der aktuellen Ansicht
Delete	Löscht ein Table-Objekt aus der Tables-Auflistung

🗁 1-17-01-10_Tables.mpp

Codeliste 1-39. Die Prozedur liest alle aktiven Tabellen

```
Sub ReadAllTaskTables()
   Dim objTable As Table

   For Each objTable In ActiveProject.TaskTables
      MsgBox objTable.Name
   Next
End Sub
```

Mit der folgenden Prozedur wird die Ausrichtung einer gewählten Spalte geändert, hier zentriert.

Codeliste 1-40. Die Prozedur löscht einen vorgegebenen Kalender

```
Sub AutoWrap()
   Dim iNum As Integer

   iNum = InputBox("Eingabe der Spaltennummer " _
      & "zur Zentrierung." & vbCr & _
      "Als Beispiel, Spalte 1 ist die Indikator-Spalte.")
   ActiveProject.TaskTables("Entry"). _
      TableFields(iNum + 1).AlignData = pjCenter
   TableApply Name:="Entry"
End Sub
```

1.5.9 Das Cell-Objekt

Das *Cell*-Objekt kann nur über die *ActiveCell*-Eigenschaft des Application-Objekts zugegriffen werden, denn es gibt keine *Cells*-Objektliste. Das Objekt verfügt über keine Methoden.

Tabelle 1-24. Wichtige Eigenschaften des Cell-Objekts

Eigenschaft	Beschreibung
Application	Zugehöriges Application-Objekt
Assignment	Zuordnung
CellColor	Hintergrundfarbe der Zelle (pjKonstante)
CellColorEx	Hintergrundfarbe der Zelle (Hex.Wert)
FieldsID	Kennummer des Felds
FieldName	Spaltentitel des Felds
FontColor	Farbe der Schrift (pjKonstante)
FontColorEx	Farbe der Schrift (Hex.Wert)
Parent	Übergeordnetes Objekt
Pattern	Muster der Zelle
Resource	Zugehöriges Resource-Objekt
Task	Zugehöriges Task-Objekt
Text	Textinhalt der Zelle
Engagement	Zugehörige Einsatzressource

🗁 1-17-01-11_Cells.mpp

Den *CellColor*- und *FontColor*-Eigenschaften kann eine *pjColor*-Konstante zugewiesen werden.

Codeliste 1-41. Die Prozedur setzt die Hintergrundfarbe einer Zelle

```
Sub CellColorBack()
   ActiveCell.CellColor = pjAqua
   ActiveProject.Activate
End Sub
```

Codeliste 1-42. Die Prozedur setzt die Schriftfarbe einer Zelle

```
Sub CellColorBack()
   ActiveCell.CellColor = pjAqua
   ActiveProject.Activate
End Sub
```

Tabelle 1-25. pjColor-Konstante

pjWhite	pjAqua	pjBlack	pjBlue	pjFuchsia	pjGray	pjGreen	pjLime
pjMaroon	pjNavy	pjOlive	pjPurple	pjRed	pjSilver	piTeal	pjYellow

Vor dem Aufruf der Prozeduren muss die entsprechende Zelle in der Ansicht markiert werden (Bild 1-55).

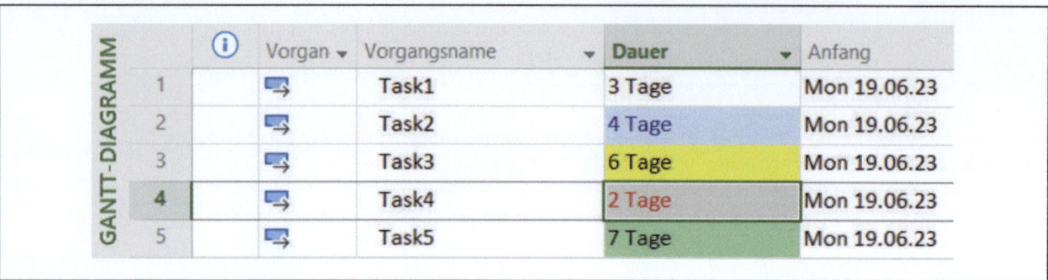

Bild 1-55. Manuelle Vergabe der Hintergrund- und Schriftfarben

1.5.10 Das View-Objekt

Das *View*-Objekt ist eine Ansicht in Project und ein Element der *Views*-Auflistung.

Tabelle 1-26. Wichtige Eigenschaften des View-Objekts

Eigenschaft	Beschreibung
Application	Zugehöriges Application-Objekt
Index	Index der Views-Auflistung
Name	Name des View-Objekts
Parent	Übergeordnetes View-Objekt
Screen	Bildschirmtyp
ShowInMenu	Ansichtname in der Dropdownliste
Single	Einzelansicht (*True*/*False*)
Typ	Elementtyp in der Ansicht (Vorgänge oder Ressourcen)

Tabelle 1-27. Wichtige Methoden des View-Objekts

Methode	Beschreibung
Apply	Aktuelle Ansicht
Delete	Löscht View-Objekt aus der Views-Auflistung

🗁 1-17-01-12_Views.mpp

Die folgende Prozedur zeigt alle aktiven Ansichten mit den Eigenschaften *Name* und *Typ*.

Codeliste 1-43. Die Prozedur zeigt alle aktiven Ansichten

```
Sub ReadViewNames()
   Dim objView As View
   Dim sText   As String

   sText = "Aktuelle Ansichten:" & vbCr
   For Each objView In ActiveProject.Views
      sText = sText & "- " & objView.Name & " / "
      If objView.Single Then
         sText = sText & "Einzelansicht" & vbCr
      Else
         sText = sText & "Kombiansicht" & vbCr
      End If
   Next
   MsgBox sText
End Sub
```

Die Auswertung der aktuellen Ansicht macht deutlich, dass diese sowohl eine Einzelansicht von Gantt-Diagramm und Zeitachse ist als auch eine Kombination aus beiden (Bild 1-56).

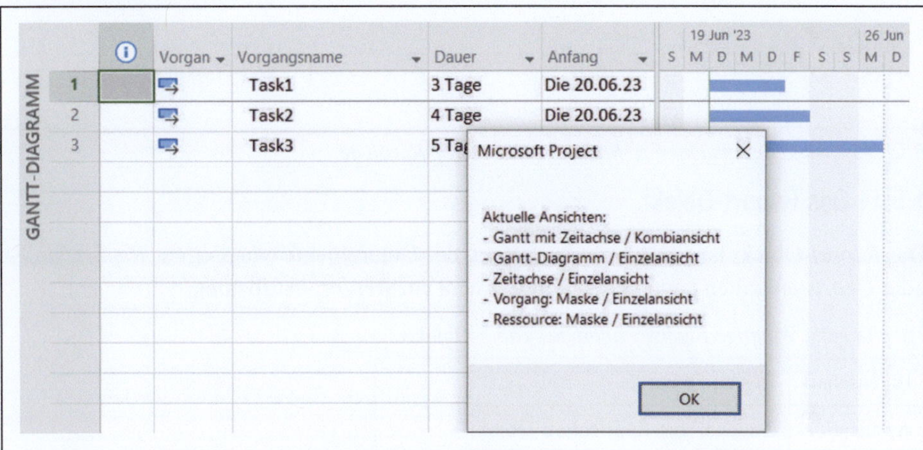

Bild 1-56. Aktuelle Ansichten als Einzel- oder Kombiansicht

Codeliste 1-44. Die Prozedur zeigt alle aktiven Ansichten

```
Sub ViewInMenu()
   Dim objView As View
   Dim sText   As String

   sText = "Name in der Auswahlliste:" & vbCr
   For Each objView In ActiveProject.Views
      sText = sText & "- " & objView.Name
      If objView.ShowInMenu Then
         sText = sText & " / in der Auswahlliste"
      End If
      sText = sText & vbCr
   Next
```

```
    MsgBox sText
End Sub
```

Mit der Eigenschaft *ShowInMenu* wird angezeigt, welche der Ansichten in der Auswahlliste für Ansichten zu finden ist (Bild 1-57).

Auch die Ansichten, die zuvor benutzt wurden, aber dann ausgeblendet wurden, werden in der Auswahl angezeigt.

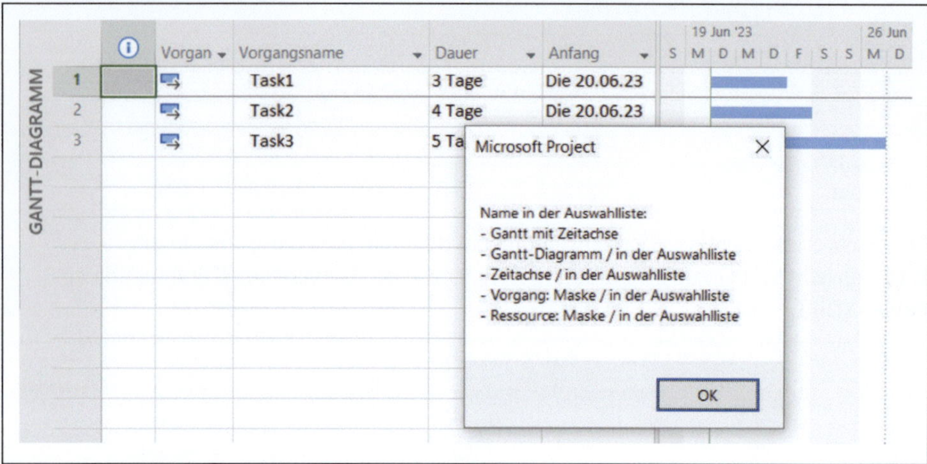

Bild 1-57. Aktuelle Ansichten zu finden in einer Dropdownliste

1.5.11 Das Report-Objekt

Das *Report*-Objekt ist ein Bericht in Project, der Unterobjekte wie *Shapes*, *ReportTables* oder *Charts* enthalten kann und ist ein Element der *Reports*-Auflistung.

Tabelle 1-28. Wichtige Eigenschaften des Table-Objekts

Eigenschaft	Beschreibung
Application	Zugehöriges Application-Objekt
Index	Index der Reports-Auflistung
Name	Name des Report-Objekts
Parent	Übergeordnetes Report-Objekt
Shapes	Auflistung der Shape-Objekte im Bericht

Tabelle 1-29. Wichtige Methoden des Table-Objekts

Methode	Beschreibung
Apply	Aktuelle Report
Delete	Löscht Report-Objekt aus der Reports-Auflistung

🗁 1-17-01-13_Reports.mpp

Die Prozedur *ListActiveReports* liefert alle Berichte im aktiven Projekt mit Namen.

Codeliste 1-45. Die Prozedur zeigt alle vorhandenen Berichte

```
Sub ListActiveReports()
   Dim objRep  As Report
   Dim sText   As String
   Dim sTitle  As String

   sText = ""
   sTitle = "Bericht(e) in '" & ActiveProject.Name & "'"
'Lesen
   For Each objRep In ActiveProject.Reports
      sText = sText & objRep.Index & " " & objRep.Name & vbCr
   Next objRep
'Ausgabe
   If ActiveProject.Reports.Count > 0 Then
      MsgBox Prompt:=sText, Title:=sTitle
   Else
      MsgBox Prompt:="Dieses Projekt enthält keine Berichte.", _
         Title:=sTitle
   End If
End Sub
```

Auch hier werden bereits verwendete Berichte angezeigt (Bild 1-58).

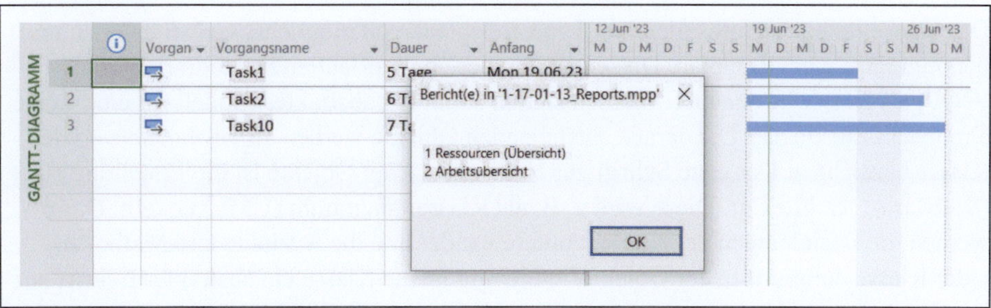

Bild 1-58. Übersicht benutzter Berichte

Die Prozedur *CreateNewReport* erstellt mit der *Add*-Methode einen neuen Bericht, den die Prozedur *DeleteReport* wieder löscht.

Codeliste 1-46. Die Prozedur erstellt einen neuen Bericht

```
Sub CreateNewReport()
   Dim objRep  As Reports
   Dim objTmp  As Report
   Dim sName   As String

   sName = "Neuer Report"
   Set objRep = ActiveProject.Reports
   Set objTmp = objRep.Add(sName)
   With objTmp
      .Shapes.AddShape Type:=msoShapeFlowchartTerminator, _
         Left:=10, Top:=10, Width:=50, Height:=50
   End With
```

```
    Set objTmp = Nothing
    Set objRep = Nothing
End Sub

Sub DeleteReport()
    Dim sName As String

    sName = "Neuer Report"
'Zum Löschen eine andere Ansicht wählen
    ViewApplyEx Name:="Gantt-Diagramm"
'Löschen
    ActiveProject.Reports(sName).Delete
End Sub
```

1.6 Eigene Klassen und Objekte

Im vorangegangenen Abschnitt wurden Project-Objekte mit ihren Eigenschaften, Methoden und Ereignissen beschrieben. Aber Objekte finden sich überall im realen Leben. Ein Auto ist so ein Objekt. Es hat Eigenschaften, man spricht hier von Attributen, wie Farbe, Länge, Radabstand, Anzahl Türen, Fensterform etc. Und es hat Methoden wie Starten, Beschleunigen, Bremsen etc.

1.6.1 Klassendiagramm

Der Hersteller eines Autos gleichen Typs, möchte davon möglichst viele herstellen und benötigt dazu einen Bauplan. Dieser wird in der objektorientierten Programmierung (OOP) als Klasse bezeichnet. Klassen stellen somit ein abstraktes Modell für eine Reihe ähnlicher Objekte dar. Die daraus entstehenden Objekte werden als *Instanziierung* der Klasse bezeichnet. Der erste Schritt zur Nutzung eigener Objekte ist die Erstellung einer (Software-) Architektur. Diese wird z. B. als Klassendiagramm (UML) erstellt. Darin werden die Beziehungen der Klassen untereinander und die Attribute und Methoden jeder Klasse definiert. In der Objektorientierung ist die Klasse ein abstrakter Begriff zur Beschreibung gemeinsamer Strukturen und Verhalten von Objekten.

Als Beispiel zur grafischen Darstellung einer Klasse werden ebene Dreiecke betrachtet (Bild 1-59).

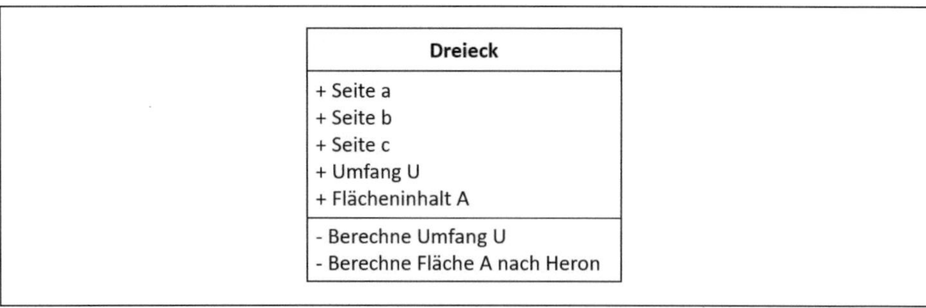

Bild 1-59. Die Klasse Dreieck mit den Eigenschaften und Methoden

Klassen werden durch Rechtecke dargestellt, die entweder nur den Namen der Klasse oder zusätzlich auch Eigenschaften, Methoden und Ereignisse darstellen. Vor den Eigenschaften und Methoden werden sogenannte Modifizierer gesetzt (Tabelle 1-27).

Tabelle 1-30. Modifizierer für Eigenschaften und Methoden

Zeichen	Bedeutung	Beschreibung
–	private	nur innerhalb der Klasse selbst
+	public	"von außen" sichtbar, gehört also zur öffentlichen Schnittstelle
#	protected	nur innerhalb der Klasse selbst oder innerhalb davon abgeleiteter Klassen

Sie beschreiben die Zugriffsmöglichkeiten auf die Elemente der Klasse. Rubriken werden durch eine horizontale Linie getrennt.

In Klassendiagrammen wird zwischen dem *Analyse-* und dem *Design*-Modell unterschieden. Das Analyse-Modell stellt dar, was das System aus Anwendersicht leisten soll. Ausgehend von den Objekten, die sich in der realen Welt befinden. Im Design-Modell wird der Aufbau des Systems unter Berücksichtigung der geforderten technischen Bedingungen bestimmt, damit die im Analyse-Modell festgelegten Eigenschaften realisiert werden. Zur Modellierung von Klassendiagrammen sind bestimmte Elemente vorgesehen (Bild 1-60).

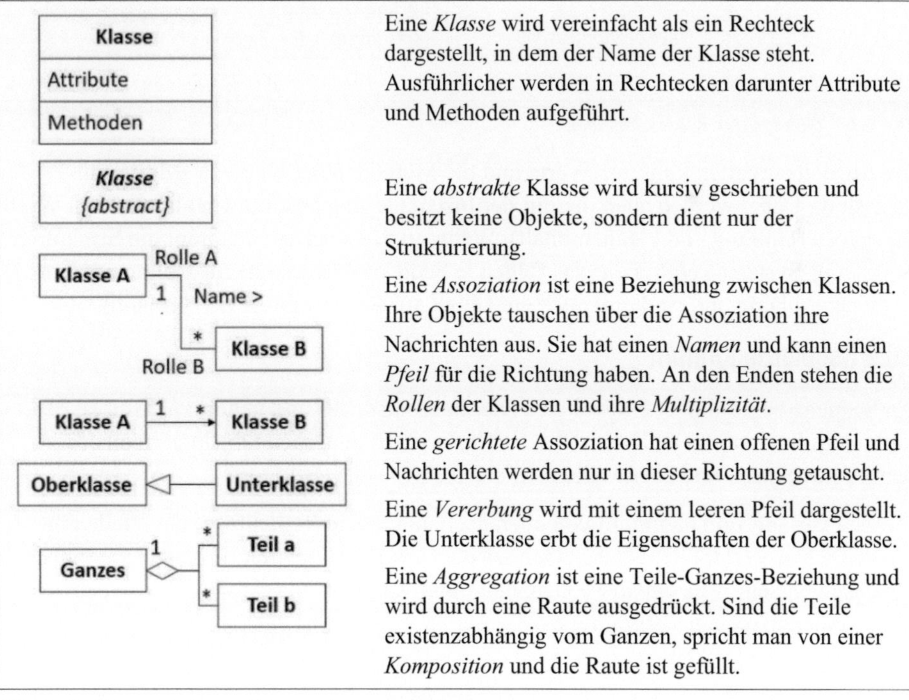

Bild 1-60. Die wichtigsten Klassendiagramm-Elemente

Im ersten Schritt hin zur Modellbildung sollten zuerst die relevanten Use-Cases bestimmt werden, aus denen sich dann die notwendigen Klassen ableiten lassen. Beginnend mit der Erstellung des Analyse-Modells sollte dann baldmöglichst auch das Design-Modell parallel dazu erstellt werden, damit die Wechselwirkung zwischen beiden auch ihre Berücksichtigung findet. Dieser Prozess ist in der Regel evolutionär und führt von einem funktionsfähigen Kern durch iterative Erweiterungen zu einer umfassenden Lösung.

Eine Abwandlung des Klassendiagramms wird zur Darstellung einzelner Objekte genutzt. Diese Darstellung wird als *Objektdiagramm* bezeichnet. Dabei wird der Name des Objekts durch einen Doppelpunkt vom Typ (Klasse) getrennt geschrieben und unterstrichen. Ein Objektdiagramm zeigt den Zustand eines Objekts zu einem fixen Zeitpunkt.

Bild 1-61 zeigt zwei Dreieck-Objekte zum Zeitpunkt ihrer Instanziierung.

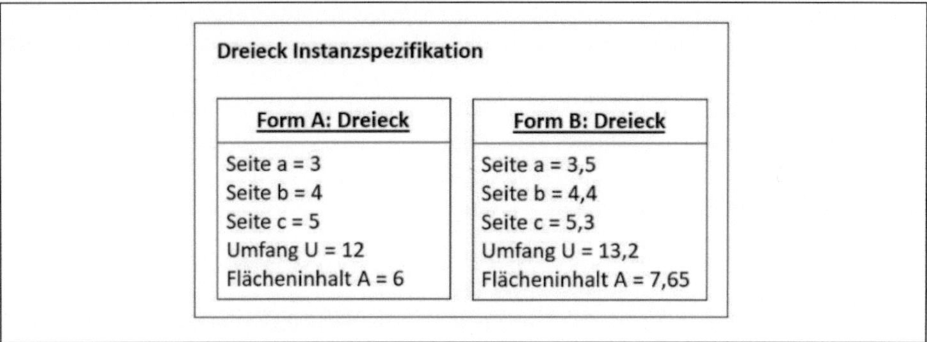

Bild 1-61. Objekte der Klasse Dreieck

Die Attribute erhalten konkrete Werte und die Methoden der Klasse werden nicht dargestellt. Dabei werden auch die mit der Instanziierung bestimmten abgeleiteten Werte angegeben (Umfang und Flächeninhalt). Während das Klassendiagramm die Strukturen eines OOP-Systems zeigt, dient das folgende Sequenz-Diagramm zur Dokumentation zeitlicher Abläufe und ist damit auch ein Mittel zur Beschreibung der Semantik.

1.6.2 Sequenzdiagramm

Ein Sequenzdiagramm ist ein weiteres Diagramm in UML und gehört zur Gruppe der Verhaltensdiagramme. Es beschreibt die Nachrichten zwischen Objekten in einer bestimmten Szene, und ebenso die zeitliche Reihenfolge (Bild 1-62).

Die Zeit verläuft im Diagramm von oben nach unten. Die Reihenfolge der Pfeile gibt den zeitlichen Verlauf der Nachrichten wieder. Sequenzdiagramme können ebenfalls verschachtelt sein. Aus einem Sequenzdiagramm kann ein Verweis auf Teilsequenzen in einem anderen Sequenzdiagramm existieren.

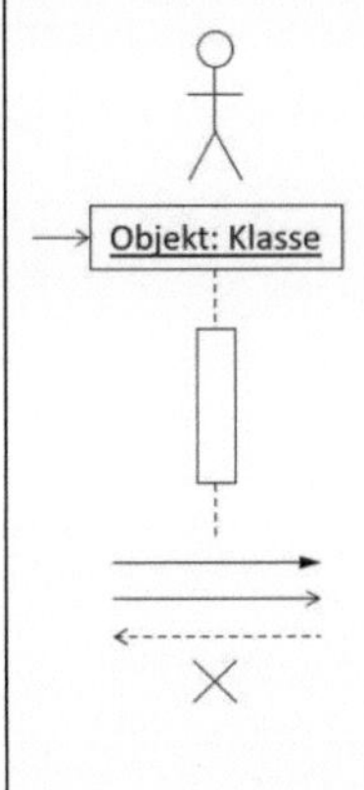

Eine Strichfigur stellt den Nutzer der Szene dar. Eine Szene kann aber auch durch das System angestoßen werden.

In einem Rechteck wird Objektname und Klasse genannt, so wie in der Instanzspezifikation. Ein Pfeil an das Objekt kennzeichnet die Instanziierung.

Eine senkrechte gestrichelte Linie stellt die Lebenslinie (Lifeline) des Objekts dar. Die Lebenslinie endet mit gekreuzten Linien.

Nachrichten werden als Pfeile eingezeichnet. Die Bezeichnung der Nachricht steht am Pfeil. Ein geschlossener Pfeil kennzeichnet eine synchrone, ein geöffneter eine asynchrone Nachricht. Eine gestrichelte Linie kennzeichnet die Rückmeldung (Return).

Bild 1-62. Die wichtigsten Sequenzdiagramm-Elemente

Ebenso kann eine alternative Teilsequenz existieren, die in Abhängigkeit von einer Beziehung ausgeführt wird. Bild 1-63 beschreibt Teilszenen aus einem Sequenzdiagramm.

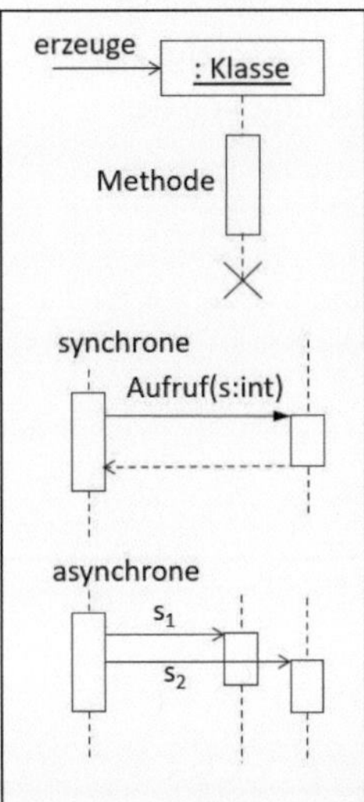

Die *Instanziierung* eines Objekts wird durch eine Nachricht an den Rahmen des Objekts dargestellt. Damit beginnt die Lebenslinie unterhalb des Objekts als gestrichelte Linie.

Ein X am Ende der Lebenslinie kennzeichnet ihr *Ende*.

Ein geschlossener Pfeil kennzeichnet *synchrone Nachrichten*. Das Sender-Objekt wartet, bis das Empfänger-Objekt ein Return sendet und setzt dann die Verarbeitung fort. Der Aufruf hat einen Namen und in Klammern können Parameter (Name und Typ) angegeben werden.

Ein geöffneter Pfeil kennzeichnet *asynchrone Nachrichten*. Das Sender-Objekt wartet nicht auf eine Rückmeldung, sondern setzt nach dem Senden die Verarbeitung fort.

Bild 1-63. Wichtige Teilszenen aus einem Sequenzdiagramm

1.6.3 Definition einer Klasse

Zur Definition einer Klasse stellt VBA ein besonderes Modul zur Verfügung, das *Klassenmodul* (Bild 1-64). Es ist der Container für die Definition der Attribute und Methoden einer Klasse.

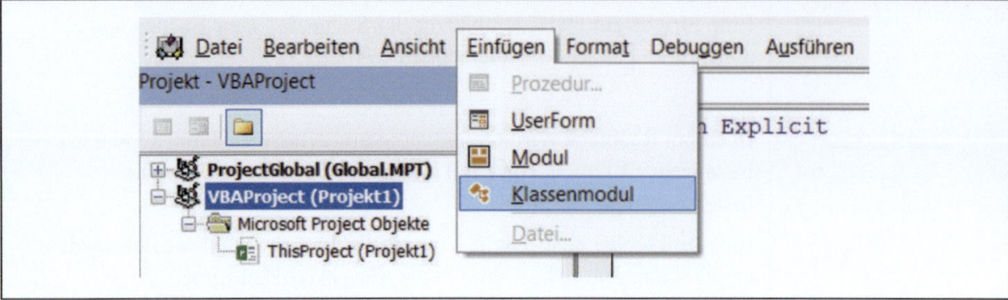

Bild 1-64. Ein Klassenmodul einfügen

Das Klassenmodul besitzt einen Namen, der sich im Eigenschaftsfenster ändern lässt. Natürlich benutzt man Namen, die die Objekte der Klasse eindeutig beschreiben. Das Klassenmodul hat außerdem noch das Attribut *Instancing* und dies ist auf Private gesetzt. Das bedeutet, dass alle Definitionen in dieser Klasse „nach außen" nicht zugänglich sind.

🗁 1-17-01-14_KlasseKreis.mpp

Als einfaches Beispiel wird die Berechnung von Fläche und Umfang eines Kreises bei gegebenem Durchmesser betrachtet und es sollen gleich mehrere Kreise berechnet werden. Immer wenn mehrere Objekte des gleichen Typs vorliegen, dann bietet sich eine Klasse zur Nutzung an. Das Klassendiagramm gibt eine erste Vorstellung von der Anwendung (Bild 1-65).

Bild 1-65. Klasse Kreis mit Eigenschaften und Methoden

Im ersten Schritt wird die Klasse *clsKreis* definiert (Bild 1-66).

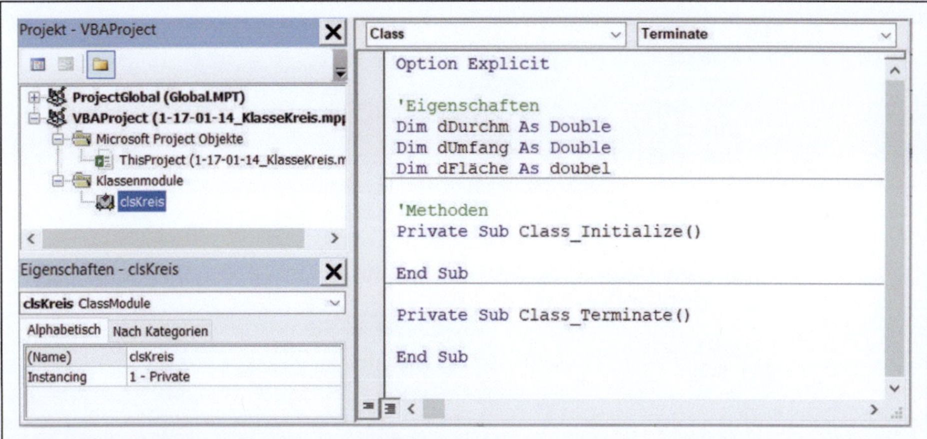

Bild 1-66. Struktur der Klasse Kreis

1.6.4 Konstruktor und Destruktor

Wenn in der Kopfzeile des Codefensters das Objekt *Class* angewählt wird, lassen sich im danebenstehenden Kombifeld zwei Ereignis-Methoden anwählen, die sich nach der Anwahl als private Prozeduren darstellen. Die Methode *Class_Initialize()* wird in OOP-Sprachen als *Konstruktor* bezeichnet. Entsprechend die Methode *Class_Terminate()* als *Destruktor*. Sie werden später bei jeder Instanziierung eines Objektes (*Initialize*) bzw. vor der Löschung (*Terminate*) aufgerufen. Als private Prozeduren können sie nicht von außen aufgerufen werden, erscheinen also auch nicht als Makros.

Konstruktoren und Destruktoren stammen zwar aus der OOP, sind aber ein von der objektorientierten Programmierung unabhängiges Konzept und daher nicht darauf beschränkt. Man findet sie auch in prozeduralen Programmiersprachen. Konstruktoren können mit Parametern versehen werden, die zur Erstellung und Auflösung der betreffenden Variablen beitragen. Destruktoren verfügen in der Regel über keine Parameter.

1.6.5 Instanziierung von Objekten

Das Arbeiten mit der Klasse soll in einem eigenen Modul durchgeführt werden. Dazu wird ein Modul unter dem Namen *modKreise* eingefügt. Es erhält die Prozedur *Kreise*, die als Makro aufgerufen werden kann. In der Prozedur werden Durchmesser dD von dDMin bis dDMax um die Schrittweite ddD zur Berechnung verwendet. Für jeden Kreis wird in der *For-Next*-Schleife ein Objekt *Kreis* der Klasse *clsKreis* instanziiert. Bei der Codeeingabe wird bereits die installierte Klasse vorgeschlagen (Bild 1-67).

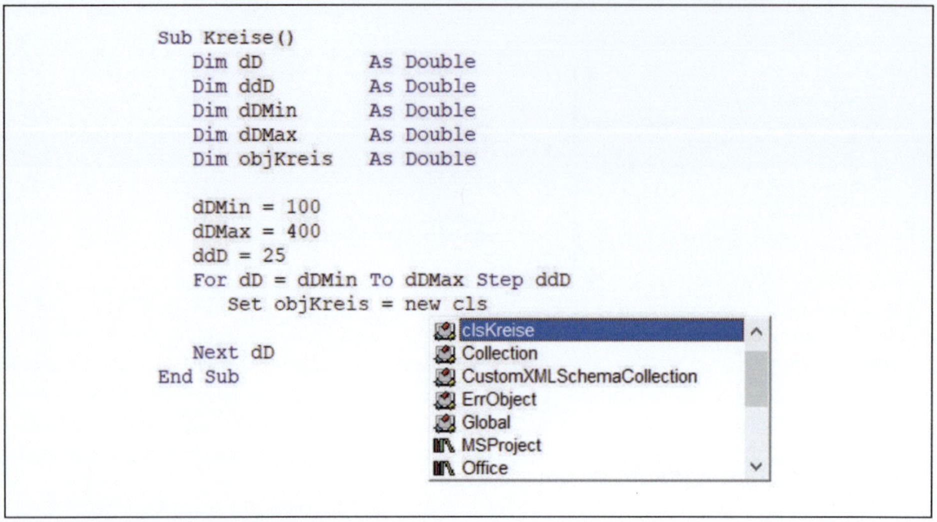

```
Sub Kreise()
   Dim dD          As Double
   Dim ddD         As Double
   Dim dDMin       As Double
   Dim dDMax       As Double
   Dim objKreis    As Double

   dDMin = 100
   dDMax = 400
   ddD = 25
   For dD = dDMin To dDMax Step ddD
      Set objKreis = new cls
                        clsKreise
   Next dD              Collection
End Sub                 CustomXMLSchemaCollection
                        ErrObject
                        Global
                        MSProject
                        Office
```

Bild 1-67. Vorgabe der Klasse durch die Intellisense-Funktion

1.6.6 Das Arbeiten mit Objekten

Doch wie bekommen nun die Eigenschaften eines Objekts Kreis ihre Werte, da sie ja von außerhalb des Klassenmoduls durch dessen Private-Eigenschaft nicht zugänglich sind. Eine Möglichkeit ist die Public-Definition der Variablen außerhalb der Prozedur *Kreise*. Zum Beweis bekommt der Konstruktor die *debug.print*-Ausgabe im Direktfenster. Der Code im Modul *modKreise* lautet:

Codeliste 1-47. Die Prozedur liefert die Schleife unterschiedlicher Durchmesser

```
Public dD As Double

Sub Kreise()
   Dim ddD         As Double
   Dim dDMin       As Double
   Dim dDMax       As Double
   Dim objKreis    As Object

   dDMin = 100
   dDMax = 400
   ddD = 25
   For dD = dDMin To dDMax Step ddD
      Set objKreis = New clsKreise
   Next dD
End Sub
```

Der Code im Klassenmodul *clsKreis* lautet:

Codeliste 1-48. Inhalt der Klasse Kreise

```
'Eigenschaften
Dim dDurchm As Double
Dim dUmfang As Double
```

```
Dim dFläche As Double

'Methoden
Private Sub Class_Initialize()
   dDurchm = dD
'Auswertung
   Debug.Print dDurchm
End Sub
```

Die Ausgabe ins Direktfenster bestätigt die Funktionalität. Nun kann im Konstruktor die Berechnung der anderen Eigenschaften erfolgen. Man spricht auch von abgeleiteten Eigenschaften.

Codeliste 1-49. Anweisungen im Konstruktor

```
'Eigenschaften
Dim dDurchm As Double
Dim dUmfang As Double
Dim dFläche As Double

'Methoden
Private Sub Class_Initialize()
   dDurchm = dD
   dUmfang = 4 * Atn(1) * dDurchm
   dFläche = Atn(1) * dDurchm ^ 2
'Auswertung
   Debug.Print dDurchm, dUmfang, dFläche
End Sub
```

Die Funktion Atn(1) liefert als Wert π/4 und kann auch in den Formeln gut angewendet werden. Eine Funktion, die man sich merken sollte, da π immer wieder Bestandteil von Formeln ist. Eine erneute Ausgabe ins Direktfenster bestätigt die erfolgte Berechnung (Bild 1-68).

Direktbereich

```
100     314,159265358979     7853,98163397448
125     392,699081698724     12271,8463030851
150     471,238898038469     17671,4586764426
175     549,778714378214     24052,8187540469
200     628,318530717959     31415,9265358979
225     706,858347057703     39760,7820219958
250     785,398163397448     49087,3852123405
275     863,937979737193     59395,736106932
300     942,477796076938     70685,8347057704
325     1021,01761241668     82957,6810088555
350     1099,55742875643     96211,2750161874
```

Bild 1-68. Ausgabe der berechneten Werte

Die Definition einer globalen Variablen ist allerdings nicht der übliche Weg zur Nutzung der Eigenschaften einer Klasse. Die Zuweisung von Werten an eine Objekt-Eigenschaft und das Auslesen des Wertes werden durch die Verwendung sogenannter

Property-Funktionen vorgenommen. Property bedeutet übersetzt nichts anderes als Eigenschaft. Für eine Zuweisung wird die *Property Let*-Funktion verwendet.

```
[Public|Private][Static] Property Let Name ([Parameter], WERT)
   [Anweisungen]
   [Exit Property]
   [Anweisungen]
End Property
```

Das Auslesen aus einer Objekt-Eigenschaft übernimmt die *Property Get*-Funktion.

```
[Public|Private][Static] Property Get Name ([Parameter])[As Typ]
   [Anweisungen]
   [Name = Ausdruck]
   [Exit Property]
   [Anweisungen]
   [Name = Ausdruck]
End Property
```

Es bleibt noch festzustellen, dass es sich bei der *Property Let*-Funktion um eine Prozedur handelt, während die *Property Get*-Funktion eine echte Funktion darstellt. Für eine Klasseneigenschaft wird also immer ein *Property*-Paar *Let* und *Get* benötigt. Am einfachsten lassen sich die Prozedurrümpfe in der Klasse über Register *Einfügen* unter *Prozedur* im Dialogfenster *Prozedur hinzufügen* (Bild 1-69).

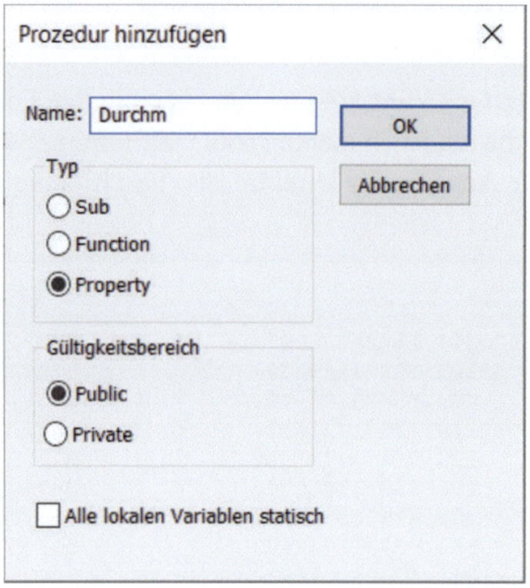

Bild 1-69. Erstellung eines Property-Paares für die Eigenschaft Durchm

Im Dialogfenster wird ein noch nicht benutzter Name der Eigenschaft (hier d*Durchm*) eingegeben und als Prozedur-Typ *Property* gewählt. Mit *Public* haben die Prozeduren im gesamten Projekt ihre Gültigkeit.

```
Public Property Get Durchm() As Variant

End Property

Public Property Let Durchm(ByVal vNewValue As Variant)

End Property
```

Die Property-Funktionen dürfen sogar namensgleich sein, da der Compiler den lesenden und schreibenden Zugriff auseinanderhalten kann. Die Property-Funktionen müssen natürlich noch mit Leben gefüllt werden. Auch ihr Datentyp wird angepasst. Für das Beispiel wird noch ein Lesezugriff auf Umfang und Fläche benötigt, sodass die Klasse nur noch die Eigenschaft *Durchm* benötigt.

Codeliste 1-50. Property-Funktionen in der Klasse Kreise

```
'Eigenschaften
Dim dDurchm As Double

'Methoden
Public Property Let Durchm(ByVal vNewValue As Variant)
   dDurchm = vNewValue
End Property

Public Property Get Durchm() As Variant
   Durchm = dDurchm
End Property
Public Property Get Umfang() As Variant
   Umfang = 4 * Atn(1) * dDurchm
End Property
Public Property Get Fläche() As Variant
   Fläche = Atn(1) * dDurchm ^ 2
End Property
```

Entsprechend wird der Code der Prozedur *Kreise* angepasst.

Codeliste 1-51. Neue Prozedur Kreise

```
Public dD As Double

Sub Kreise()
   Dim ddD        As Double
   Dim dDMin      As Double
   Dim dDMax      As Double
   Dim objKreis   As Object

   dDMin = 100
   dDMax = 400
   ddD = 25
   For dD = dDMin To dDMax Step ddD
      Set objKreis = New clsKreise
      With objKreis
         .Durchm = dD
         Debug.Print .Durchm, .Umfang, .Fläche
      End With
```

```
   Next dD
End Sub
```

Oft kommt es in Prozeduren vor, dass mehrere Attribute und Methoden eines Objekts hintereinanderstehen. Dafür gibt es die verkürzte Schreibweise:

```
With Object
   .Attribut1 = Wert
   .Attribut2 = Wert
   …
   .Methode1 ([Parameterliste1])
   .Methode2 ([Parameterliste2])
   …
End With
```

Attribute und Methoden eines Objektes werden durch *With* und *End With* geklammert. So kann die vor den Punkt gehörende Objektbezeichnung entfallen.

Soll nach der Instanziierung auf einzelne Objekte zugegriffen werden, so gibt es immer noch das Problem, dass dies nicht möglich ist. Alle erzeugten Objekte haben den gleichen Namen, obwohl mit jedem *New* ein neuer Speicherbereich für das Objekt angelegt wird.

1.6.7 Indizierte Objektvariable

Eine Lösung ist die Einführung einer indizierten Objektvariablen. Dadurch ist jedes Objekt über seinen Index eindeutig adressierbar.

Codeliste 1-52. Neue Prozedur Kreise mit einer indizierten Variablen

```
Option Base 1

Public dD As Double

Sub Kreise()
   Dim ddD        As Double
   Dim dDMin      As Double
   Dim dDMax      As Double
   Dim objKreis() As Object
   Dim iIndex     As Integer

'Instanziierung
   dDMin = 100
   dDMax = 400
   ddD = 25
   iIndex = 0
   For dD = dDMin To dDMax Step ddD
      iIndex = iIndex + 1
      ReDim Preserve objKreis(iIndex)
      Set objKreis(iIndex) = New clsKreise
      With objKreis(iIndex)
         .Durchm = dD
         objKreis(iIndex).Durchm = dD
      End With
   Next dD
```

```
'Ausgabe
   For iIndex = 1 To UBound(objKreis)
      With objKreis(iIndex)
         Debug.Print .Durchm, .Umfang, .Fläche
      End With
      Set objKreis(iIndex) = Nothing
   Next iIndex
End Sub
```

Eleganter als eine indizierte Variable ist die Nutzung einer eigenen Objektliste. Bereits unter Objekte haben wir Objektlisten kennengelernt, die zu vorgegebenen VBA-Objektbibliotheken gehören. Objektlisten lassen sich aber auch für eigene Objekte erstellen. Dazu bedient man sich der einfachen Klasse *Collection* (Auflistung).

1.6.8 Collection-Objektliste

Ein *Collection*-Objekt bietet die Möglichkeit, eine Sammlung von Datenelementen anzulegen, die nicht zwangsläufig denselben Datentyp haben. Die Klasse Collection bietet die in Tabelle 1-31 aufgelisteten Methoden.

Tabelle 1-31. Die Methoden und Attribute der Klasse Collection

Add (Item, Key, Before, After)	Hinzufügen eines Elements Item: Element beliebigen Datentyps Key: Textschlüssel für den Zugriff Before, After: Relative Positionierung der Zufügung
Remove (Index)	Entfernt ein Element Index: Key oder Zahl in der Liste
Item	1<=n<=Collection-Object.Count oder Key der Liste
Count	Anzahl Elemente in der Liste

Mit einem Collection-Objekt ist nun auch nicht mehr eine indizierte Objektvariable erforderlich. Auch diese Liste lässt sich mit der *For-Each-Next*-Schleife lesen. Zu beachten ist, dass der Schlüssel für ein Element des Collection-Objekts vom Datentyp *String* sein muss, sodass für die Nutzung der Zeilennummer als Key noch eine Umformung mittels der Funktion S*tr()* zum Text erfolgt. Die Umformung erzeugt an der Stelle des Vorzeichens ein Leerzeichen (bei positiven Werten), sodass dieses noch mit der Funktion *Trim()* entfernt werden muss. Die nachfolgende Prozedur liefert dann das gleiche Ergebnis.

Codeliste 1-53. Die Kreisberechnung mit einer Collection-Objektliste

```
Public dD As Double

Sub KreiseCollection()
   Dim ddD          As Double
```

```
   Dim dDMin       As Double
   Dim dDMax       As Double
   Dim objKreis    As Object
   Dim iIndex      As Integer
   Dim objListe    As Collection
   Dim sKey        As String

'Instanziierung
   Set objListe = New Collection
   dDMin = 100
   dDMax = 400
   ddD = 25
   iIndex = 0
   For dD = dDMin To dDMax Step ddD
      iIndex = iIndex + 1
      Set objKreis = New clsKreise
      With objKreis
         .Durchm = dD
'Objekte der Objektliste hinzufügen
         sKey = Trim(Str(iIndex))
         objListe.Add Item:=objKreis, Key:=sKey
      End With
   Next dD

'Ausgabe
   For Each objKreis In objListe
      With objKreis
         Debug.Print .Durchm, .Umfang, .Fläche
      End With
   Next
   Set objListe = Nothing
End Sub
```

Mit der nächsten Objektsammlung, dem *Dictionary*, wird es etwas einfacher.

1.6.9 Dictionary-Objektliste

Ein *Dictionary*-Objekt ist dem *Collection*-Objekt sehr ähnlich. Auch diese Objektliste kann Elemente mit unterschiedlichen Datentypen sammeln. Die Klasse steht jedoch erst zur Verfügung, wenn die Bibliothek *Microsoft Scripting Runtime* in der Entwicklungsumgebung unter *Extras / Verweise* eingebunden wurde (Bild 1-70).

Die Klasse *Dictionary* bietet mehr Methoden als die Klasse *Collection*. Insbesondere erlaubt sie das gezielte Ansprechen eines Elements. Der Schlüssel in einem *Dictionary* kann jeden Datentyp annehmen. Beim *Collection*-Objekt ist es nur ein *String-Typ*. Bei einer *Dictionary*-Sammlung gibt es außerdem die Methode *Exists*, um die Existenz eines bestimmten Schlüssels (und damit die Existenz eines bestimmten Elements, das diesem Schlüssel zugeordnet ist) zu testen.

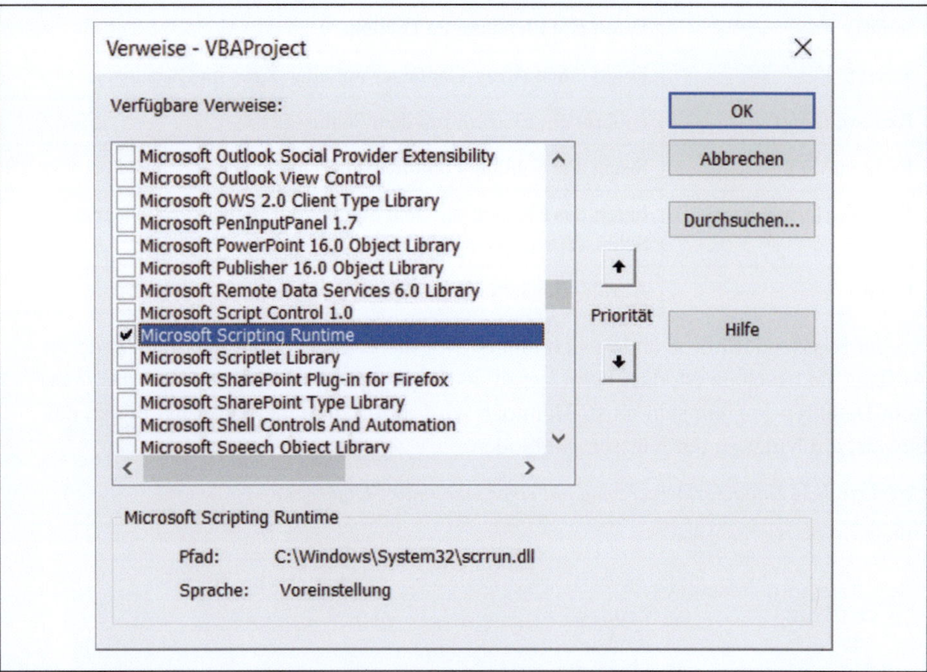

Bild 1-70. Objektbibliothek Microsoft Scripting Runtime einbinden

Die Schlüssel und Elemente einer *Dictionary*-Sammlung sind immer frei zugänglich. Die Elemente einer *Collection*-Sammlung sind zugänglich und abrufbar, ihre Schlüssel sind es nicht. Ein *Dictionary*-Element besitzt Schreib-/Lesezugriff und so lässt sich die Zuordnung zwischen Element und Schlüssel ändern. Die Eigenschaft *Item* einer *Collection*-Sammlung ist aber schreibgeschützt, sodass ein Element, das einen bestimmten Schlüssel besitzt, nicht neu zugewiesen werden kann. Es muss also zunächst entfernt und dann mit einem neuen Schlüssel hinzugefügt werden.

Bei einer *Dictionary*-Sammlung besteht die Möglichkeit, alle Elemente mit einer Anweisung *RemoveAll* zu entfernen, ohne dass das *Dictionary*-Objekt selbst zerstört wird. Beide Objektsammlungen unterstützen die *For-Each-Next*-Anweisung, die bei einer *Collection*-Sammlung die Schlüssel auflistet und bei einer *Dictionary*-Sammlung die Elemente.

Tabelle 1-32. Die Methoden und Attribute der Klasse Dictionary

Add (Key, Item)	Hinzufügen eines Elements Key: Beliebiger Schlüssel für den Zugriff Item: Element beliebigen Datentyps Achtung! Andere Folge wie bei Collection.
Exists(Key)	erlaubt die Abfrage eines Schlüssels. Wichtig! Liefert *True* oder *False*.

Items()	liefert alle Elemente im Dictionary.
Keys()	liefert einen Array-Container mit allen Keys im Dictionary.
Remove (Key)	entfernt ein Element mit dem Schlüssel.
RemoveAll()	löscht alle Schlüssel und Items im Dictionary.
Item(Key)[=newitem]	liefert das Element mit dem Schlüssel. Ein nicht vorhandener Schlüssel wird neu angelegt.
Count	Anzahl Elemente in der Liste

An der Klassendefinition ändert sich nichts. Nur das Arbeitsmodul hat einen anderen Aufbau. Zu beachten ist, dass beim Lesen der Elemente mit *For-Each-Next* das *Item* vom Datentyp *Variant* sein muss. Dennoch wird es mit der Übergabe ein Objekt, das beweist die Nutzung der Klassen-Methoden.

Codeliste 1-54. Die Kreisberechnung mit einer Dictionary-Objektliste

```
Public dD As Double

Sub KreiseDictionary()
   Dim ddD        As Double
   Dim dDMin      As Double
   Dim dDMax      As Double
   Dim objKreis   As Object
   Dim iIndex     As Integer
   Dim vKreis     As Variant
   Dim objListe   As Dictionary
   Dim sKey       As String

'Instanziierung
   Set objListe = New Dictionary
   dDMin = 100
   dDMax = 400
   ddD = 25
   iIndex = 0
   For dD = dDMin To dDMax Step ddD
      iIndex = iIndex + 1
      Set objKreis = New clsKreise
      With objKreis
         .Durchm = dD
'Objekte der Objektliste hinzufügen
         objListe.Add Key:=iIndex, Item:=objKreis
      End With
   Next dD

'Ausgabe
   iIndex = 0
   For Each vKreis In objListe.Items
      iIndex = iIndex + 1
      With vKreis
         Debug.Print .Durchm, .Umfang, .Fläche
      End With
```

```
    Next
    Set objListe = Nothing
End Sub
```

1.6.10 Schnittstellen

Zur Modellierung einer Anwendung wurden bisher immer Klassen als Konstruktionsvorschrift zur Instanziierung gleicher Objekte genutzt, die dann gleiche Attribute mit unterschiedlichen Werten besaßen, aber immer auch die gleichen Methoden hatten.

Doch es gibt auch die Situation, dass ähnliche Objekte ähnliche Methoden besitzen. Für diesen Fall verwendet man Schnittstellen (*Interfaces*). Eine Schnittstelle ist damit die Konstruktionsvorschrift für unterschiedliche Klassen, mit der Auflage, dass die im Interface deklarierten Eigenschaften und Methoden auch in den jeweiligen Klassen vorkommen, ob sie nun benötigt werden oder nicht. Auch eine Collection kann jede beliebige Instanz jeder beliebigen Klasse aufnehmen, vorausgesetzt die Klassen verwenden das gleiche Interface.

Schnittstellen sind abstrakte Klassen. Das bedeutet, sie enthalten zwar alle notwendigen Eigenschaften und Methoden, es wird aber nie eine Instanz der Interface-Klasse gebildet. Auch ist es nicht notwendig, die Methoden bereits mit Anweisungen zu füllen, da diese selten zu Anwendungen kommen. Zur Unterscheidung vom Interface zur normalen Klasse wird als Präfix dem Namen ein *int* vorangestellt.

Dazu ein sehr einfaches Beispiel zum Einstieg. Es liegen Kreise als Objekte vor, deren Flächeninhalte berechnet werden sollen. Außerdem gibt es noch beliebige Dreiecke, deren jeweiliger Umfang gesucht ist. Natürlich lassen sich dazu zwei Klassen erstellen und für mehrere Objekte würden dann zwei Sammlungen existieren. Die Objekte sollen aber in einer Objektliste verwaltet werden. Die Betrachtung der Gemeinsamkeiten beider Klassen zeigt, es muss die Form des Objekts festgehalten werden und außerdem ist eine Berechnung erforderlich.

🗁 1-17-01-15_DemoInterface.mpp

Damit sind die Bedingungen für ein Interface gegeben. Eine Klasse *intForm* bekommt folgendem Inhalt:

Codeliste 1-55. Interface

```
Public Sub Info()
End Sub

Public Function Calculate(ByVal d1 As Double, _
   ByVal d2 As Double, ByVal d3 As Double) As Double
End Function
```

Wie schon gesagt, sind Prozedur und Funktion leer. Im Gegensatz dazu besitzen die beiden Klassen *clsKreis*

Codeliste 1-56. Die Klasse Kreis

```
Implements intForm

Private Sub intForm_Info()
   Debug.Print "Kreisfläche = ";
End Sub

Private Function intForm_Calculate(ByVal d1 As Double, _
   ByVal d2 As Double, ByVal d3 As Double) As Double
   intForm_Calculate = d1 ^ 2 * Atn(1)
End Function
```

und clsDreieck

Codeliste 1-57. Die Klasse Dreieck

```
Implements intForm

Private Sub intForm_Info()
   Debug.Print "Dreiecksumfang = ";
End Sub

Private Function intForm_Calculate(ByVal da As Double, _
   ByVal db As Double, ByVal dc As Double) As Double
   intForm_Calculate = da + db + dc
End Function
```

die gleichen Prozeduren, diesmal aber mit Inhalt. Am Anfang jeder Klasse steht die Anweisung

```
Implements intForm
```

die als Schnittstelle die Klasse *intFom* ausweist. Während die Methoden in der Schnittstelle als *Public* modifiziert und somit öffentlich zugänglich sind, besitzen die Methoden in den konkreten Klassen den Modifizierer *Private* und sind damit nur über ihre Schnittstelle zugänglich. Dort wird den Prozeduren auch ein *intForm_* vorangestellt, allgemein muss immer *Schnittstelle_Prozedurname* in den konkreten Klassen angegeben werden.

Diese Konstruktion wird in der Praxis oft genutzt, wenn der Entwickler einer Klasse das Innenleben nicht preisgeben möchte. Er liefert dann die öffentliche Schnittstelle und die Klasse im nicht lesbaren Maschinencode, den der Linker ins Projekt mit einbindet.

Nachdem die Klassen und die Schnittstelle definiert sind, wird noch ein einfaches Testprogramm benötigt. Als Objektliste wird eine indizierte Objektvariable *intListe* verwendet. Dann werden vier Objekte instanziiert, um danach mit ihren Methoden zu arbeiten.

Codeliste 1-58. Berechnungsprozedur mit Interface

```
Sub Test()
   Dim intListe(1 To 4) As intForm

   Set intListe(1) = New clsKreis
   Set intListe(2) = New clsDreieck
   Set intListe(3) = New clsKreis
   Set intListe(4) = New clsDreieck

   With intListe(1)
      Call .Info
      Debug.Print .Calculate(50, 0, 0)
   End With
   With intListe(2)
      Call .Info
      Debug.Print .Calculate(30, 40, 50)
   End With
   With intListe(3)
      Call .Info
      Debug.Print .Calculate(80, 0, 0)
   End With
   With intListe(4)
      Call .Info
      Debug.Print .Calculate(25, 36, 47)
   End With
End Sub
```

Auch wenn bei den Kreisen zur Berechnung nur ein Wert benötigt wird, müssen entsprechend der Schnittstellen-Vorgabe immer drei Werte übergeben werden. Nach dem Start von *Test* steht das Ergebnis im Direktfenster (Bild 1-71).

```
Direktbereich
Kreisfläche =  1963,49540849362
Dreiecksumfang =  120
Kreisfläche =  5026,54824574367
Dreiecksumfang =  108
```

Bild 1-71. Ergebnis des einfachen Testbeispiels

🗁 1-17-01-16_DemoInterface.mpp

Die andere Möglichkeit, um zum gleichen Ergebnis zu kommen, ist die Einführung von Eigenschaften in den Klassen. Dazu sind neben der Deklaration auch die *Property-Let*-Funktionen erforderlich, sowohl für die Klasse *clsKreis*

Codeliste 1-59. Die Klasse Kreis mit Property-Funktionen

```
Implements intForm

Private dWert1 As Double
Private dWert2 As Double
Private dWert3 As Double
```

```
Private Sub intForm_Info()
   Debug.Print "Kreisfläche = ";
End Sub

Private Function intForm_Calculate() As Double
   intForm_Calculate = dWert1 ^ 2 * Atn(1)
End Function

Private Property Let intForm_Wert1(ByVal dNeuWert1 As Double)
   dWert1 = dNeuWert1
End Property

Private Property Let intForm_Wert2(ByVal dNeuWert2 As Double)
   dWert2 = dNeuWert2
End Property

Private Property Let intForm_Wert3(ByVal dNeuWert3 As Double)
   dWert3 = dNeuWert3
End Property
```

wie auch für die Klasse *clsDreieck.*

Codeliste 1-60. Die Klasse Dreieck mit Property-Funktionen

```
Implements intForm

Private dWert1 As Double
Private dWert2 As Double
Private dWert3 As Double

Private Sub intForm_Info()
   Debug.Print "Dreiecksumfang = ";
End Sub

Private Function intForm_Calculate() As Double
   intForm_Calculate = dWert1 + dWert2 + dWert3
End Function

Private Property Let intForm_Wert1(ByVal dNeuWert1 As Double)
   dWert1 = dNeuWert1
End Property

Private Property Let intForm_Wert2(ByVal dNeuWert2 As Double)
   dWert2 = dNeuWert2
End Property

Private Property Let intForm_Wert3(ByVal dNeuWert3 As Double)
   dWert3 = dNeuWert3
End Property
```

Und auch hier müssen alle drei Werte für die Klasse der Kreise deklariert werden. Damit das Ganze wieder funktioniert, muss auch die Schnittstelle *intForm* angepasst werden, natürlich wieder ohne Inhalt.

Codeliste 1-61. Neues Interface

```
Public Sub Info()
End Sub

Public Function Calculate() As Double
End Function

Public Property Let Wert1(ByVal dNeuWert1 As Double)
End Property

Public Property Let Wert2(ByVal dNeuWert2 As Double)
End Property

Public Property Let Wert3(ByVal dNeuWert3 As Double)
End Property
```

Das entsprechende Testprogramm liefert das gleiche Ergebnis (Bild 1-71). Hier ist die Übergabe nutzloser Parameter nicht erforderlich.

Codeliste 1-62. Testprozedur

```
Sub Test()
   Dim intListe(1 To 4) As intForm
   Set intListe(1) = New clsKreis
   Set intListe(2) = New clsDreieck
   Set intListe(3) = New clsKreis
   Set intListe(4) = New clsDreieck
   With intListe(1)
      Call .Info
      .Wert1 = 50
      Debug.Print .Calculate
   End With
   With intListe(2)
      Call .Info
      .Wert1 = 30
      .Wert2 = 40
      .Wert3 = 50
      Debug.Print .Calculate
   End With
   With intListe(3)
      Call .Info
      .Wert1 = 80
      Debug.Print .Calculate
   End With
   With intListe(4)
      Call .Info
      .Wert1 = 25
      .Wert2 = 36
      .Wert3 = 47
      Debug.Print .Calculate
   End With
End Sub
```

1.6.11 Events und Objekte

Bisher wurden *Events* (Ereignisse) nur am Rande beschrieben. Sie stellen eine besondere Art von Methoden der Objekte dar, denn sie werden, je nach ihrer Spezifikation des Ereignisses, automatisch aufgerufen. Doch viele Ereignis-Prozeduren sind leer, d. h., sie verfügen nur über den Prozedurrumpf. So gibt es z. B. für ein Project-Objekt die Events *Activate*, *Change*, *Calculate* usw. (Bild 1-72).

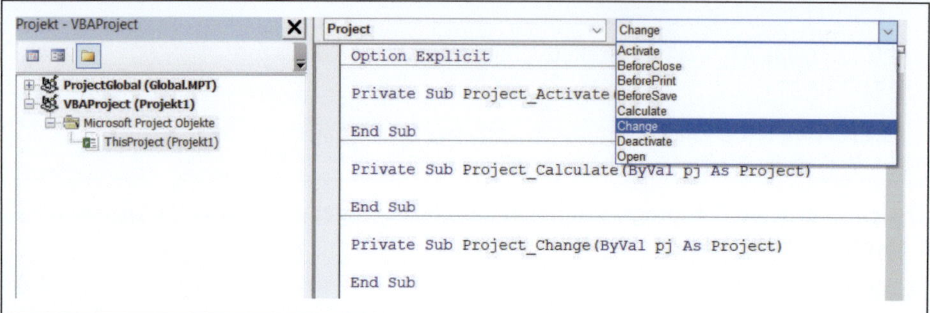

Bild 1-72. Events des Project-Objekts

🗁 1-17-01-17_ProjectObjektEvents.mpp

Durch Klicken auf ein Ereignis in der Kopfzeile des Codefensters, wird die Methode, wenn nicht schon vorhanden, im Codefenster installiert. Wie Bild 1-72 zeigt, ist die Methode dann eine leere Prozedur. Zum Testen wird die Ausgabe des Parameter-Attributs über die MsgBox-Anweisung eingefügt.

```
Private Sub Project_Change(ByVal pj As Project)
   MsgBox pj.Name
End Sub
```

Mit dem Ereignis wird der Name des Objekts angezeigt. Entsprechend der Objekthierarchie gibt es aber auch mehrere Events in den verschiedenen Objekten für das gleiche Ereignis. Dann dürfen sich die Methoden nicht gegenseitig beeinflussen.

Das übergeordnete Application-Objekt besitzt ebenfalls Events, die auf Änderungen reagieren. Mit den Events *ProjectBeforeTaskChange* und *ProjectBeforeResourceChange* reagiert es auf Änderungen in der Vorgangs- bzw. Resourcen-Tabelle. Mit Textausgaben lässt sich die Wirkungsweise kontrollieren.

Codeliste 1-63. Change-Ereignisse in unterschiedlichen Objekten

```
Dim WithEvents appEvent As Application

Sub CreateAppObj()
   Set appEvent = Application
End Sub

Private Sub appEvent_ProjectBeforeResourceChange(ByVal res As Resource,
ByVal Field As PjField, ByVal NewVal As Variant, Cancel As Boolean)
   MsgBox "Änderung in Ressource: " & res.Name
```

```
End Sub

Private Sub appEvent_ProjectBeforeTaskChange(ByVal tsk As Task, ByVal
Field As PjField, ByVal NewVal As Variant, Cancel As Boolean)
   MsgBox "Änderung im Vorgang: " & tsk.Name
End Sub

Private Sub Project_Change(ByVal pj As Project)
   MsgBox "Änderung in Projekt: " & pj.Name
End Sub
```

Nach dem einmaligen Aufruf von *CreateAppObj* sind die Events der Application-Objektvariablen aktiv und eine Änderung in einer Vorgangs- oder Resourcen-Tabelle löst eine Event-Kette aus (Bild 1-73).

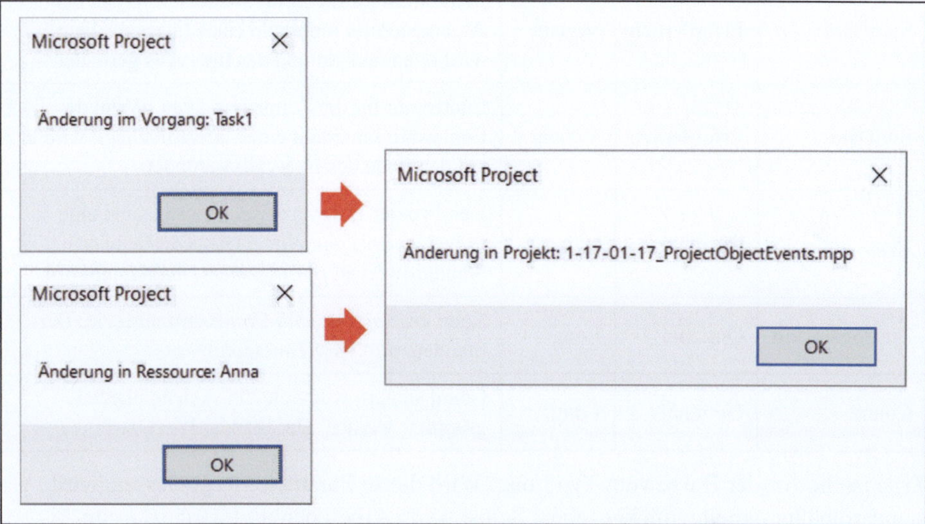

Bild 1-73. Event-Folge bei Änderungen in der Vorgangs- oder Resourcen-Tabelle

1.7 Zeitskalierte Daten

Project unterscheidet sich von anderen Anwendungen wie Excel dadurch, dass es eine Zeitdimension hat. Aufgaben haben Werte für Arbeit und Kosten, enthalten aber auch die Zeitdimension in Form der Dauer. Bei einer bestimmten Aufgabe kann der Arbeitsaufwand oder die Kosten während der Aufgabe variieren, anstatt gleichmäßig über die Aufgabe verteilt zu sein. Aus diesem Grund müssen Anwender diese Informationen manchmal nach Tag, Woche oder Stunde anzeigen. Innerhalb des Projekts tun sie dies mithilfe der Ansichten *Vorgang: Einsatz* oder *Ressourcen: Einsatz* und legen die Zeitskala so fest, wie sie sie sehen möchten. Aber manchmal möchten sie diese Daten außerhalb des Projekts haben, und wenn sie versuchen, sie auszuschneiden und einzufügen, stellen sie fest, dass das keine einfache Sache ist. Die Ansicht kann nicht einfach kopiert und eingefügt werden. Dazu wird die Hilfe von VBA benötigt.

1.7.1 TimeScaleData und TimeScaleValues

Project stellt die *TimeScaleData*-Methode und die *TimeScaleValues*-Objektsammlung für den Zugriff zu Verfügung. Die *TimeScaleData*-Methode wird verwendet, um eine Sammlung zeitskalierter Werte von Vorgängen, Ressourcen oder Zuordnungen abzurufen. Ihre Syntax ist etwas komplex und bedarf daher einer Erklärung, bevor ein Anwendungsbeispiel gezeigt wird. Die Syntax lautet

```
TimeScaleData (StartDate, EndDate, Type, TimeScaleUnit, Count)
```

Tabelle 1-33. Die Parameter der TimeScaleData-Methode

Parameter	Anwendung	Datentyp	Beschreibung
StartDate	Erforderlich	Variant	Startdatum für die Zeitphasendaten. Wenn der Anfangstermin innerhalb eines Intervalls liegt, wird er an den Anfang des Intervalls gerundet.
EndDate	Erforderlich	Variant	Endtermin für die Zeitphasendaten. Wenn der Endtermin innerhalb eines Intervalls liegt, wird er auf das Ende des Intervalls gerundet.
Type	Optional	Long	Der Typ der Daten mit Zeitphasen. Kann eine *pjAssignmentTimescaledData*-Konstante sein. Der Standardwert ist *pjAssignmentTimescaledWork.*
TimeScaleUnit	Optional	Long	Kann eine *pjTimescaleUnit*-Konstante sein. Der Standardwert ist *pjTimescaleWeeks.*
Count	Optional	Long	Count steuert, wie viele Zeitskaleneinheiten gruppiert werden. Der Standardwert ist 1.

Type ist die Art der Daten vom Typ Long. Wird dieser Parameter weggelassen, wird standardmäßig Arbeit zurückgegeben. Selbst wenn Arbeit benötigt wird, ist es im Allgemeinen am besten, den Typ anzugeben, anstatt ihn leer zu lassen.

Tabelle 1-34. Einige wichtige pjAssignmentTimescaleData-Konstanten (Objektbibliothek)

Konstante	Wert	Beschreibung
pjAssignmentTimescaledCost	26	Kosten (Zuordnung)
AssignmentTimescaledCumulativeCost	33	Kumulative Kosten (Zuordnung)
AssignmentTimescaledCumulativeWork	15	Kumulative Arbeit (Zuordnung)
AssignmentTimescaledRegularWork	11	Reguläre Arbeit (Vorgang)

TimeScaleUnit wird genutzt, um die Größe der Zeitscheibe festzulegen. Standardmäßig werden Wochen verwendet, es empfiehlt sich jedoch immer, diese explizit festzulegen.

Tabelle 1-35. Die pjTimescaleUnit-Konstanten

Konstante	Wert	Beschreibung
pjTimescaleDays	4	Tage
pjTimescaleHalfYears	8	Halbjahre
pjTimescaleHours	5	Stunden
pjTimescaleMinutes	6	Minuten
pjTimescaleMonths	2	Monate
pjTimescaleNone	255	Keine. Die Leiste der Zeitskala verwendet Standardeinheit
pjTimescaleQuarters	1	Quartale
pjTimescaleThirdsOfMonths	7	Monatsdrittel
pjTimescaleWeeks	3	Wochen

Wenn die Daten beispielsweise gruppiert nach halben Jahren gewünscht werden, kann *TimeScaleUnit* auf *pjTimescaleMonths* gesetzt und ein *Count* von 6 verwendet werden.

1.7.2 Exportformular

Da die *TimeScaleData*-Methode verschiedene Parameter benötigt, bietet sich ein Formular an. Es ist auch ein Codecontainer mit Klassencharakter (Konstruktor und Destruktor) und enthält die erforderlichen Eingabefelder mit ihren Beschriftungen und zwei Schaltflächen für Abbruch und Export (Bild 1-74).

Bild 1-74. Formular für den Export von zeitskalierten Daten nach Excel

Tabelle 1-36. Objekte im Formular frmExport

Objekt	Objekttyp	Beschreibung
tbxStart	TextBox	Startdatum
tbxEnde	TextBox	Enddatum

Objekt	Objekttyp	Beschreibung
cbxUnit	ComboBox	Einheiten
cbxFTE	ComboBox	Full Time Equivalent (FTE)
cmdExit	CommandButton	Schaltfläche Abbruch
cmdExport	CommandButton	Schaltfläche Exportstart

🗁 1-17-01-18_TimeScaleData.mpp

Aufgerufen wird das Formular über eine Prozedur in ThisProject. Dabei werden die Datumsfelder mit den Werten aus dem Projekt gefüllt.

Codeliste 1-64. Aufruf des Formulars in ThisProject

```
Sub ExportStart()
   Load frmExport
   With frmExport
      .tbxStart = ActiveProject.ProjectStart
      .tbxEnde = ActiveProject.ProjectFinish
      .Show vbModal
   End With
End Sub
```

Der Konstruktor im Formular füllt die beiden ComboBoxen mit entsprechenden Vorgabewerten.

Codeliste 1-65. Konstruktor im Formular frmExport

```
Private Sub UserForm_Initialize()
   Call FillUnitBox
   Call FillFTEBox
End Sub

Sub FillUnitBox()
   Dim sUnits(5) As String

   sUnits(0) = "Tage"
   sUnits(1) = "Wochen"
   sUnits(2) = "Monate"
   sUnits(3) = "Quartale"
   sUnits(4) = "Jahre"

   cbxUnit.Clear
   cbxUnit.List = sUnits
   cbxUnit.Value = cbxUnit.List(3)
End Sub

Sub FillFTEBox()
   cbxFTE.Clear
   cbxFTE.AddItem "Std"
   cbxFTE.AddItem "FTE"
   cbxFTE.Value = "Std"
End Sub
```

Außerdem verfügt das Formular über zwei Ereignisprozeduren, die durch ein Klicken auf die Schaltflächen ausgelöst werden.

Codeliste 1-66. Ereignisprozeduren in frmExport

```
Private Sub cmdExit_Click()
   Unload Me
End Sub

Private Sub cmdExport_Click()
   Call ExportStart
End Sub
```

Das Ereignis *cmdExport_Click* startet die eigentliche Export-Prozedur. Damit die Excel-Objekte im Code akzeptiert werden, muss unter Register *Extras / Verweise* die *Microsoft Excel Object Library* eingebunden sein (frühe Bindung).

Codeliste 1-67. Exportprozedur in frmExport

```
Sub ExportStart()
   Dim objRes      As Resource
   Dim objRess     As Resources
   Dim objTSV      As TimeScaleValues
   Dim iCount      As Integer
   Dim vStart      As Variant
   Dim vEnde       As Variant
   Dim lUnit       As Long
   Dim iCol        As Integer
   Dim iRow        As Integer

'Excel-Objekte
   Dim objApp      As Excel.Application
   Dim objBook     As Excel.Workbook
   Dim objSheet    As Excel.Worksheet

'Öffnet Excel-Anwendung
   Set objApp = New Excel.Application
   objApp.Visible = True
   Set objBook = objApp.Workbooks.Add
   Set objSheet = objBook.Worksheets.Add
   objSheet.Name = ActiveProject.Name

'Daten aus dem Formular
   vStart = tbxStart
   vEnde = tbxEnde
   lUnit = cbxUnit.ListIndex

'Schreibt Spaltenkopf
   objSheet.Cells(1, 1) = "Name"
   objSheet.Cells(1, 2) = "Generic"

'Verwenden Sie die Daten aus der Projektsammelaufgabe TSV,
'um Spaltenüberschriften festzulegen
   Set objTSV = ActiveProject.ProjectSummaryTask. _
      TimeScaleData(vStart, vEnde, TimeScaleUnit:=lUnit)
```

```
   iRow = 1: iCol = 2
   For iCount = 1 To objTSV.Count
      iCol = iCol + 1
      objSheet.Cells(iRow, iCol) = objTSV.Item(iCount).StartDate
   Next iCount

'Startposition
   iRow = 2: iCol = 1

'Alle Ressourcen durchlaufen und Werte ausschreiben
   Set objRess = ActiveProject.Resources
   For Each objRes In objRess
      If Not objRes Is Nothing Then
         objSheet.Cells(iRow, iCol) = objRes.Name
         iCol = iCol + 1
         If objRes.EnterpriseGeneric Then
            objSheet.Cells(iRow, iCol) = objRes.EnterpriseGeneric
         End If
         iCol = iCol + 1
         Set objTSV = objRes.TimeScaleData(vStart, vEnde, _
            TimeScaleUnit:=lUnit)
'Alle Zeitskalendaten durchlaufen und in Zellen schreiben
         For iCount = 1 To objTSV.Count
            If Not objTSV(iCount).Value = "" Then
'in FTE umwandeln, wenn FTE festgelegt ist
               If cbxFTE.Value = "FTE" Then
                  Select Case cbxUnit.Value
                  Case 0 'Jahre
                     objSheet.Cells(iRow, iCol) = _
                        objTSV(iCount).Value / (60 * _
                        ActiveProject.HoursPerDay * _
                        ActiveProject.DaysPerMonth * 12)
                  Case 1 'Quartale
                     objSheet.Cells(iRow, iCol) = _
                        objTSV(iCount).Value / (60 * _
                        ActiveProject.HoursPerDay * _
                        ActiveProject.DaysPerMonth * 3)
                  Case 2 'Monate
                     objSheet.Cells(iRow, iCol) = _
                        objTSV(iCount).Value / (60 * _
                        ActiveProject.HoursPerDay * _
                        ActiveProject.DaysPerMonth)
                  Case 3 'Wochen
                     objSheet.Cells(iRow, iCol) = _
                        objTSV(iCount).Value / (60 * _
                        ActiveProject.HoursPerWeek)
                  Case 4 'Tage
                     objSheet.Cells(iRow, iCol) = _
                        objTSV(iCount).Value / (60 * _
                        ActiveProject.HoursPerDay)
                  End Select
               Else
'wenn nicht FTE, werden die Arbeitsstunden geschrieben
               objSheet.Cells(iRow, iCol) = objTSV(iCount).Value / (60)
               End If
            End If
```

```
            iCol = iCol + 1
         Next iCount
      End If
      iRow = iRow + 1: iCol = 1
   Next objRes
'Datumsformat
   objApp.Rows("1:1").Select
   objApp.Selection.NumberFormat = "d/m/yy;@"
   objApp.Cells.Select
   objApp.Cells.EntireColumn.AutoFit

'Objekte löschen
   Set objBook = Nothing
   Set objSheet = Nothing
   Set objTSV = Nothing
   Set objRess = Nothing
   Set objApp = Nothing
End Sub
```

1.7.3 Anwendung

Gegeben ist ein einfaches Projekt mit Vorgägen, Ressourcen und Zuordnungen (Bild 1-75).

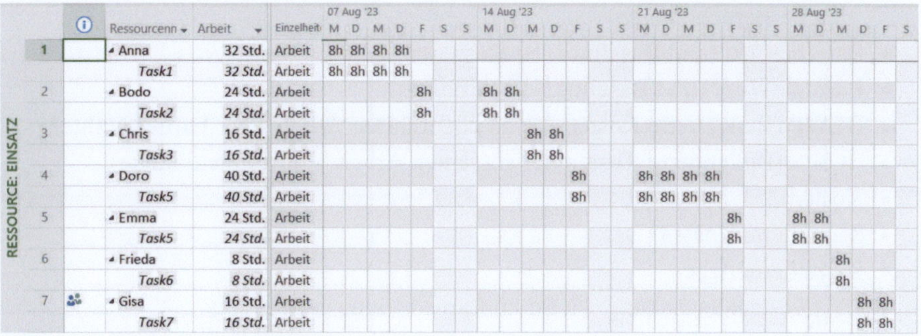

	ⓘ	Ressourcenn	Arbeit	Einzelheit	07 Aug '23							14 Aug '23							21 Aug '23							28 Aug '23					
					M	D	M	D	F	S	S	M	D	M	D	F	S	S	M	D	M	D	F	S	S	M	D	M	D	F	S
1		Anna	32 Std.	Arbeit	8h	8h	8h	8h																							
		Task1	*32 Std.*	Arbeit	8h	8h	8h	8h																							
2		Bodo	24 Std.	Arbeit					8h			8h	8h																		
		Task2	*24 Std.*	Arbeit					8h			8h	8h																		
3		Chris	16 Std.	Arbeit										8h	8h																
		Task3	*16 Std.*	Arbeit										8h	8h																
4		Doro	40 Std.	Arbeit												8h			8h	8h	8h	8h									
		Task5	*40 Std.*	Arbeit												8h			8h	8h	8h	8h									
5		Emma	24 Std.	Arbeit																			8h			8h	8h				
		Task5	*24 Std.*	Arbeit																			8h			8h	8h				
6		Frieda	8 Std.	Arbeit																								8h			
		Task6	*8 Std.*	Arbeit																								8h			
7		Gisa	16 Std.	Arbeit																									8h	8h	
		Task7	*16 Std.*	Arbeit																									8h	8h	

Bild 1-75. Beispiel zeitskalierter Daten

Die Anwendung des Exporttools liefert eine geöffnete Excel-Arbeitsmappe (Bild 1-76).

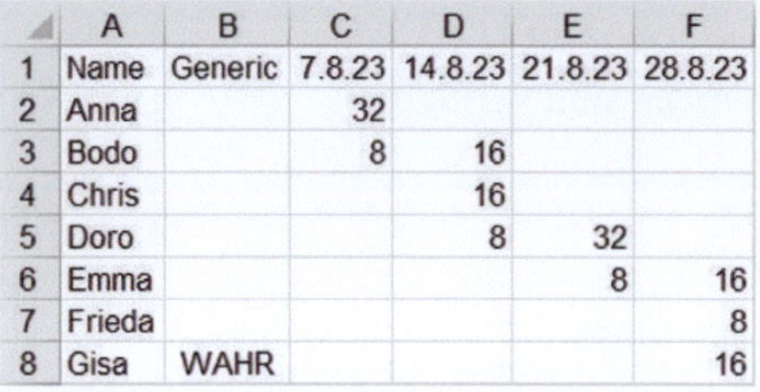

	A	B	C	D	E	F
1	Name	Generic	7.8.23	14.8.23	21.8.23	28.8.23
2	Anna		32			
3	Bodo		8	16		
4	Chris			16		
5	Doro			8	32	
6	Emma				8	16
7	Frieda					8
8	Gisa	WAHR				16

Bild 1-76. In ein Excel-Arbeitsblatt exportierte TimeScaleData

1.7.4 TimeScaleData-Typreferenzen

Es steht eine große Auswahl an *TimeScaleData-Typen* zur Verfügung, mit denen sich alles erstellen lässt, von einem *Earned-Value-Chart* bis hin zu *Cashflows* oder einer Ressourcenverfügbarkeit. Die möglichen Typen hängen davon ab, ob Zuordnungs-, Ressourcen- oder Aufgabendaten betrachtet werden. Beispielsweise ist *Prozent abgeschlossen* nur verfügbar, wenn ein Vorgang oder eine Vorgangssammlung betrachtet wird. *WorkAvailability* ist nur für Ressourcen relevant.

Die Konstanten zur Angabe des Typs folgen immer dem gleichen Format, beginnend mit pj für eine Systemvariable, dann dem *Typ* des Objekts, auf das verwiesen wird (Aufgabe, Ressource oder Zuordnung), dann *Zeitskaliert* und schließlich die Daten, nach denen gesucht wird. Beispielsweise steht *pjTaskTimescaledDataActualCost* für die tatsächlichen Kosten eines Vorgangs, *pjResourceTimescaledDataActualCost* für die Kosten einer bestimmten Ressource.

Für Vorgänge, Zuordnungen und Ressourcen stehen zur Verfügung:

- Tatsächliche Kosten
- TatsächlicheÜberstundenarbeit
- ACWP (tatsächliche Kosten der geleisteten Arbeit – Verwendung in Earned-Value-Berechnungen)
- BaselineCost (und Baseline1-10-Kosten)
- BaselineWork (und Baseline1-10-Arbeit)
- BCWP (Budgetierte Kosten der durchgeführten Arbeit – für Earned Value)
- BCWS (Budgetierte Kosten der geplanten Arbeit – für Earned-Value)
- Kosten
- Kumulierte Kosten
- Kumulierte Arbeit
- CV (Kostenabweichung – wird im Earned Value verwendet)
- Überbelegung
- Überstunden
- Normale Arbeit
- SV (Planabweichung – wird im Earned Value verwendet)
- Arbeiten.

Für Aufgaben und Ressourcen sind verfügbar:

- PeakUnits
- Prozentzuteilung

Nur für Ressourcen sind verfügbar:

- VerbleibendeZuteilung
- Einheitenverfügbarkeit
- Arbeitsverfügbarkeit

Nur für Vorgänge sind verfügbar:

- Tatsächliche Fixkosten
- CPI (Kosten-Leistungs-Index)
- CumulativePercentComplete
- CVP
- Fixkosten
- Prozent abgeschlossen
- SPI (Schedule Performance-Index)
- SVP

1.8 Arbeiten mit dem VBA-Editor

1.8.1 Prozeduren mit Haltepunkten testen

Eine Testprozedur befindet sich in einem Codefenster (Bild 1-77).

```
Sub Test()
   Dim iCount  As Integer
   Dim dWert   As Double

   For iCount = 1 To 100
      dWert = iCount * iCount
   Next iCount
End Sub
```

Bild 1-77. Testprozedur

Mit einem Klick auf den linken grauen Rand neben dem Programmcode, erscheint ein brauner Punkt und die entsprechende Programmzeile wird ebenfalls mit braunem Hintergrund dargestellt. Ein nochmaliger Klick an die gleiche Stelle entfernt diesen Punkt wieder. Eine so gekennzeichnete Stelle ist ein *Haltepunkt*. Wird nun diese Prozedur gestartet, z. B. durch einen Mausklick auf die Prozedur und dann mit der *F5-Taste*, dann wird an dieser Stelle der Prozedurablauf gestoppt. Mit dem Mauszeiger auf eine der Variablen *iCount* oder *dWert* wird deren Inhalt angezeigt. Mit der *F8-Taste* lassen sich schrittweise weitere Anweisungen ausführen, entsprechend dem Prozedurablauf. Die aktuelle Zeile wird dann gelb dargestellt.

Aber auch mit der *F5-Taste* kann die Prozedur weiterlaufen, bis zum nächsten Haltepunkt oder bis zum Prozedurende, wenn der Haltepunkt entfernt wurde. Es lassen sich auch mehrere Haltepunkte setzen. Haltepunkte können beim Testlauf auch gelöscht oder neu gesetzt werden. Weitere Informationen zu den Eigenschaften der Objekte zeigt das Lokal-Fenster im VBA-Editor unter Register *Ansicht / Lokal-Fenster*.

1.8.2 Das Codefenster teilen

Bei umfangreichen Programmcodes kommt es vor, dass man eine andere Stelle im Code betrachten möchte, ohne die aktuelle Stelle verlassen zu müssen. Dazu lässt sich das Codefenster teilen und es ergeben sich zwei Fensterbereiche, in denen unterschiedliche

Stellen der Prozedur(en) dargestellt werden können. Dazu wird in der oberen rechten Ecke des Codefensters auf eine kleine Schaltfläche geklickt (Bild 1-78). Mit gedrückter linker Maustaste wird eine Trennlinie an die Mitte des Codefensters gezogen.

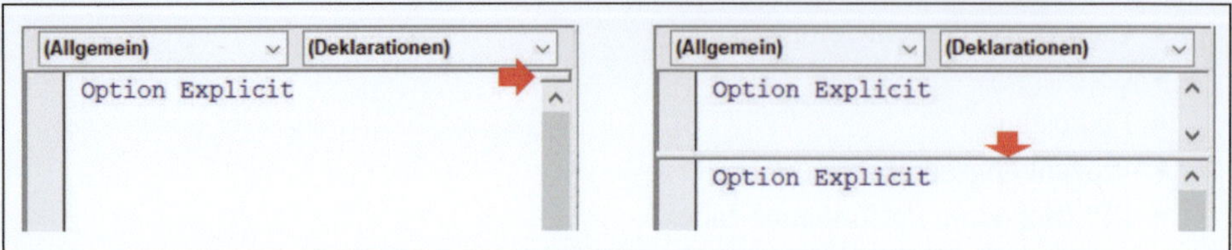

Bild 1-78. Schaltfläche zur Teilung des Codefensters

Durch Ziehen der Trennlinie wird die Aufteilung verändert. Durch Ziehen der Trennlinie, z. B. an den oberen Rand, wird die Teilung wieder aufgehoben. Ebenso durch einen Doppelklick auf die Trennlinie.

1.8.3 Informationen zum Datentyp

VBA stellt die Funktionen *TypeName* und *VarType* zur Verfügung, um den Datentyp einer Variablen oder eines Objekts zu bestimmen.

🗁 1-17-01-19_Datentypen.mpp

Das nachfolgende kleine Testprogramm zeigt die Arbeitsweise der Funktion *TypeName*. Die Funktion *VarType* lässt sich ähnlich anwenden, gibt aber als Rückgabewert einen Schlüssel zurück. Weitere Informationen darüber befinden sich im Objektkatalog. Die Anwendung der Funktionen auf eigene Datentypen ist nicht möglich und liefert eine Fehlermeldung.

```
Sub FindDataType()
   Dim vVar1 As Variant
   Dim vVar2 As Variant
   Dim vVar3 As Variant

   vVar1 = 23
   vVar2 = "45"
   Set vVar3 = ActiveProject
   Debug.Print "Var1: " & TypeName(vVar1 + vVar2)
   Debug.Print "Var2: " & TypeName(vVar1 & vVar2)
   Debug.Print "Var3: " & TypeName(vVar3)
End Sub
```

Die Ausgabe im Direktfenster zeigt neben dem Typschlüssel auch die Typbezeichnung (Bild 1-79). Im Testbeispiel sind die Datentypen vorgegeben und erhalten natürlich auch die erwarteten Ergebnisse.

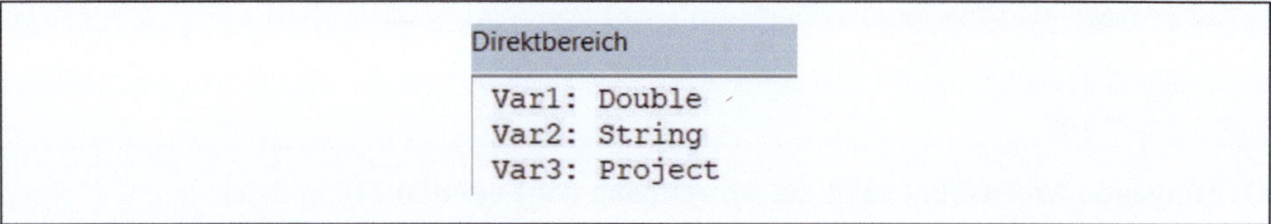

Bild 1-79. Ergebnis der Datentyp-Abfragen

Ein typisches Anwendungsbeispiel ist die Abfrage nach dem Objekttyp bei der späten Bindung. Dabei wird ein Objekt als Typ Object deklariert und nach der Instanziierung kann der wirkliche Objekttyp abgefragt werden (Bild 1-80).

```
Sub LateBinding()
   Dim objTmp As Object

   Set objTmp = ActiveProject.BaseCalendars
   MsgBox TypeName(objTmp)
End Sub
```

Microsoft Project
Calendars
OK

Bild 1-80. Abfrage eines Objekttyps beim Late Binding

Ebenso häufig möchte man den Rückgabetyp einer Funktion wissen. Natürlich hilft dabei die Objektbibliothek, aber es geht auch mit der *TypeName*-Funktion.

```
Sub TestFunction()
   Dim vTest As Variant

   vTest = Application.DisplayAlerts
   MsgBox TypeName(vTest)
End Sub
```

Die Eigenschaft *DisplayAlerts* des Application-Objects kann auf *True* oder *False* gesetzt werden, folglich liefert die Frage nach dem Datentyp das Ergebnis *Boolean. DisplayAlerts* steuert die Ausgabe von Warnungen und Meldungen.

1.8.4 Datentyp eines Zellinhalts

Mitunter ist auch der Datentyp eines Wertes in der Zelle eines Arbeitsblattes gefragt, wie Leerzeichen, Text, Datum, Fehler etc. Die Funktion *Typ* liefert nur vier Datentypen.

Mithilfe einer eigenen Funktion und den IS-Abfragen kann eine benutzerdefinierte Funktion weiterhelfen.

```
Function CellType(rngTemp As Range)
   Application.Volatile
   Set rngTemp = rngTemp.Range("A1")
   Select Case True
      Case VBA.IsEmpty(rngTemp): CellType = "Blank"
      Case Application.IsText(rngTemp): CellType = "Text"
      Case Application.IsLogical(rngTemp): CellType = "Logical"
      Case Application.IsErr(rngTemp): CellType = "Error"
      Case VBA.IsDate(rngTemp): CellType = "Date"
      Case VBA.InStr(1, rngTemp.Text, ":") <> 0: CellType = "Time"
```

```
        Case VBA.IsNumeric(rngTemp): CellType = "Value"
        Case Else: CellType = "?"
    End Select
End Function
```

Das folgende Arbeitsblatt zeigt die Anwendung der Funktion *Typ* und der benutzerdefinierten Funktion *CellType* (Bild 1-81).

	A	B	C	D
1	Inhalt	Funktion Typ	CellType	Bemerkung
2	Dies ist ein Test	2	Text	mehrere Wörter
3	Buchtitel	2	Text	ein Wort
4	222	2	Text	mit Hochkomma eingegebene Zahl
5	99	1	Value	Ganzzahl
6	22,3	1	Value	Dezimalzahl
7	23.07.2023	1	Date	Datum
8	13:23	1	Time	Zeit
9		1	Blank	kein Inhalt
10	WAHR	4	Logical	Logischer Ausdruck
11	#DIV/0!	16	Error	Division durch Null

Bild 1-81. Testanwendung der Type-Funktionen

Tabelle 1-37. Formeln und Eingaben zum Test

Bereich	Formel	Bereich	Formel	Bereich	Formel
A2	="Dies ist ein Test"	A5	=99	A8	13:23
A3	="Buchtitel"	A6	=22,3	A10	=1=1
A4	'222	A7	23.07.2023	A11	=1/0

Kapitel 2

Programmstrukturen

Wie alle Office-Anwendungen ist auch die *Project*-Anwendung objektorientiert aufgebaut. Die Objekte und ihre Programmierung wurden bereits im ersten Kapitel besprochen. In diesem Kapitel wird ihre Handhabung beschrieben.

2.1 Bildschirmobjekte

2.1.1 Das Anwendungsfenster

Schon mit dem Start des Programms besitzt die Oberfläche viele Objekte, die nachfolgend näher betrachtet werden. Jede *Project*-Anwendung verfügt über ein Fenster mit einer Kopfzeile (Bild 2-1).

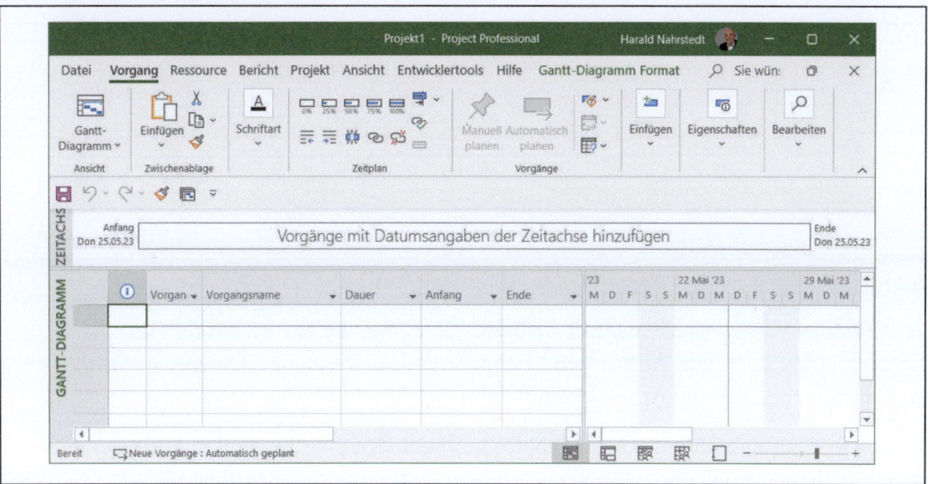

Bild 2-1. Fenster einer MS Project-Anwendung

H. Nahrstedt, *Project + VBA für Manager*,
https://doi.org/10.1007/978-3-658-43837-1_2

Jedes Fenster besitzt eine obere Titelleiste, in der bei einem neuen Fenster der Name *Projekt* mit einer laufenden Nummer steht und nach der ersten Speicherung der vergebene Dateiname und der gewählte Dateityp. Im rechten Bereich der Titelleiste befinden sich Schaltflächen zur Darstellung des Fensters. Schon die Titelleiste ist ein Objekt und wie alle anderen Objekte im Fenster kann mit dem Kontextmenü eine Auswahlliste aller wichtigen Eigenschaften und Methoden des Objekts aufgerufen werden (Bild 2-2).

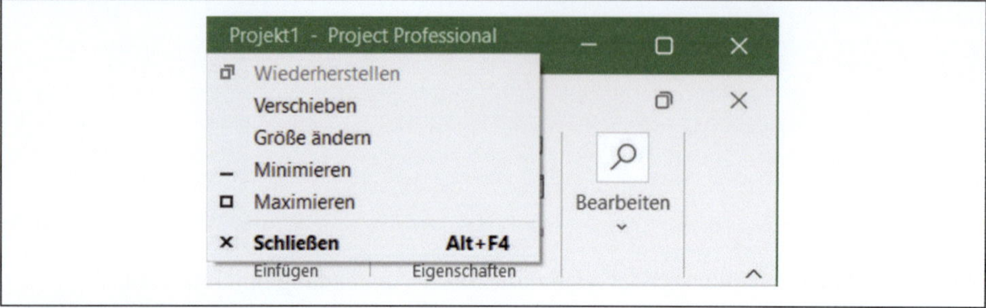

Bild 2-2. Kontextmenü und Schaltflächen zur Titelleiste

Das Menüband verfügt über verschiedene Register, die das Menüband nach Themen ordnen. Im Kontextmenü eines Registers kann das Menüband auf die Darstellung der Register reduziert werden. Eine weitere Methode im Kontextmenü lautet *Menüband anpassen* und öffnet ein Dialogfenster in den *Project*-Optionen (Kapitel 1). Das Menüband unter einem Register ist in verschiedene Gruppen eingeteilt, die je nach Größe unterschiedlich dargestellt werden. Bei kleinem Fenster ist oft nur ein Begriff und eine Schaltfläche zur größeren Darstellung zu sehen. Manche dieser Gruppenfenster verfügen rechts unten über eine ↘ Schaltfläche (Bild 2-3).

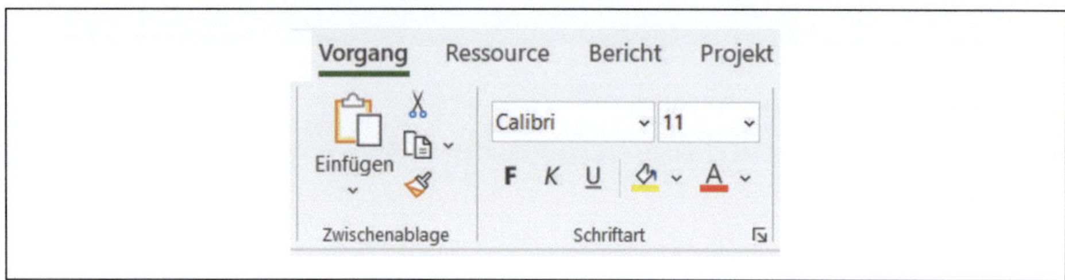

Bild 2-3. Die Menügruppen Zwischenablage und Schriftart

Jede Gruppe verfügt meistens über mehrere Elemente, die zur Änderung von Eigenschaften oder zum Aufruf von Methoden dienen. Manche Elemente besitzen eine ▾ Schaltfläche, die eine Auswahl einblendet.

Oberhalb oder unterhalb des Menübandes befindet sich eine Symbolleiste, in der sich neben vorhandenen Schaltsymbolen noch benutzerdefinierte hinzufügen lassen (Bild 2-4), wie bereits in Kapitel 1 beschrieben.

Bild 2-4. Die Symbolleiste sollte unterhalb des Menübandes stehen

Auch die Symbolleiste verfügt am rechten Rand über eine ▾Schaltfläche, unter der sich die Methode *Unter dem Menüband darstellen* befindet. In der Liste sind noch weitere Methoden zur Auswahl aufgeführt, die bei Auswahl in der Symbolleiste erscheinen. Elemente im Menüband können über ihr Kontextmenü ebenfalls zur Symbolleiste hinzugefügt werden.

Unterhalb von Menüband und Symbolleiste befindet sich die Zeitachse, falls sie eingeblendet ist (Bild 2-5).

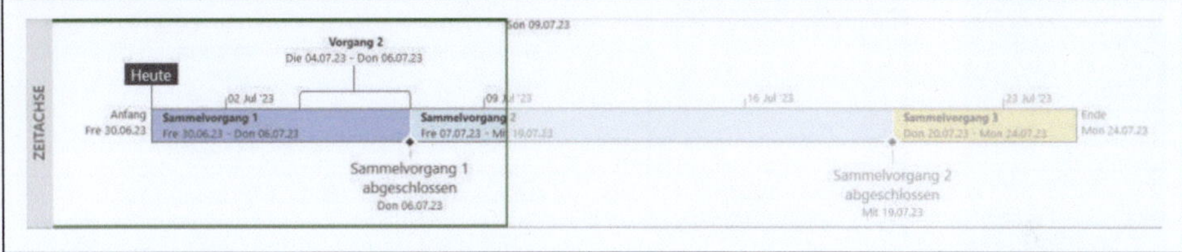

Bild 2-5. Zeitachse im oberen Arbeitsbereich

Sie zeigt die zeitliche Position eines Vorgangs und seine Ausdehnung. Die Zeitachse kann aus- und eingeblendet werden. Unterhalb der Zeitachse befindet sich der eigentliche Arbeitsbereich, der in einen linken und rechten Bereich aufgeteilt ist. Der linke Bereich zeigt Vorgänge oder Ressourcen in den unterschiedlichsten Listen. Der rechte Bereich, der auch ausgeblendet werden kann, dient zur Darstellung von Eingabemasken und Grafiken (Bild 2-6).

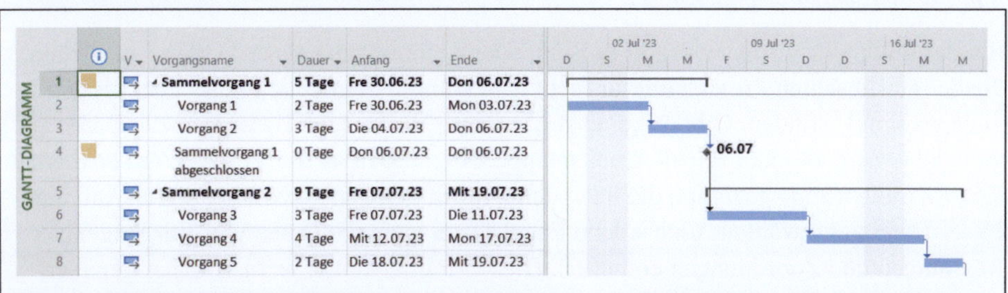

	Vorgangsname	Dauer	Anfang	Ende
1	**Sammelvorgang 1**	**5 Tage**	**Fre 30.06.23**	**Don 06.07.23**
2	Vorgang 1	2 Tage	Fre 30.06.23	Mon 03.07.23
3	Vorgang 2	3 Tage	Die 04.07.23	Don 06.07.23
4	Sammelvorgang 1 abgeschlossen	0 Tage	Don 06.07.23	Don 06.07.23
5	**Sammelvorgang 2**	**9 Tage**	**Fre 07.07.23**	**Mit 19.07.23**
6	Vorgang 3	3 Tage	Fre 07.07.23	Die 11.07.23
7	Vorgang 4	4 Tage	Mit 12.07.23	Mon 17.07.23
8	Vorgang 5	2 Tage	Die 18.07.23	Mit 19.07.23

Bild 2-6. Aufgeteilter Arbeitsbereich

Die letzte Zeile des Anwendungsfensters ist die Statuszeile (Bild 2-7).

Bild 2-7. Statuszeile

Sie zeigt im linken Bereich aktuelle Einstellungen wie die – für das gesamte Projekt eingestellte – Planungsart und im rechten Bereich Schaltflächen, die eine schnelle

Auswahl bestimmter Darstellungen ermöglichen. Auch ein Zoomregler ist dargestellt, der sich über das Kontextmenü der Statuszeile ausblenden lässt. Das Kontextmenü verfügt noch über weitere Auswahlelemente.

2.1.2 Neues Projekt öffnen

Mit dem Start eines neuen Projekts werden neben einem leeren Projekt auch eine Auswahl von Projektvorlagen je nach Anwendungsfall angezeigt (Bild 2-8).

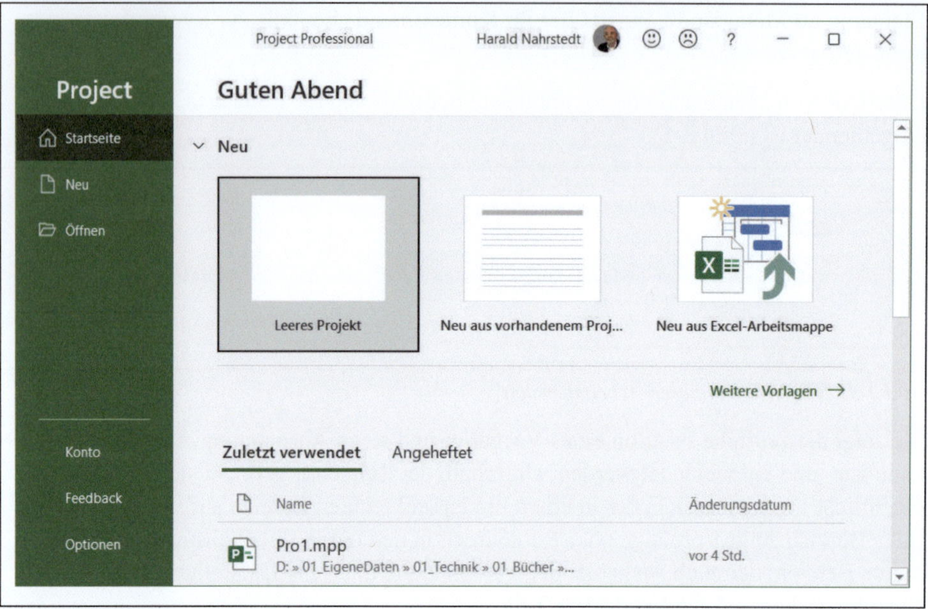

Bild 2-8. Startfenster von MS Project

Bei der Fülle von Vorlagen ergibt es Sinn, zuerst einmal nach einer Vorlage zu suchen, die der gewünschten Projektstruktur recht nahekommt. Schließlich muss man die Welt nicht zweimal erfinden. Gibt es keine strukturierte Vorlage, so lassen sich die Daten vielleicht aus z. B. einer Excel-Arbeitsmappe laden. Dazu ist die Vorlage *Neu aus Excel Excel-Arbeitsmappe* geeignet, die nach dem Aufruf den Datei-Explorer startet, um eine Excel-Datei auszuwählen. Eine solche Excel-Datei kann die Daten von Vorgängen, Ressourcen und Zuordnungen enthalten. Diese Möglichkeiten werden später genauer betrachtet.

2.1.3 Projektvorlage nutzen

Eine der Vorlagen trägt die Bezeichnung *Einfacher Projektplan* und wird von Microsoft zur Verfügung gestellt (Bild 2-9).

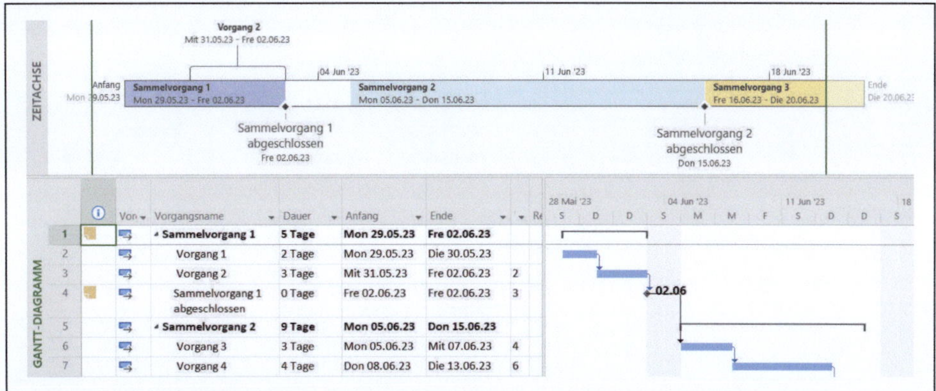

	Vorgangsname	Dauer	Anfang	Ende	Vorgänger
1	Sammelvorgang 1	5 Tage	Mon 29.05.23	Fre 02.06.23	
2	Vorgang 1	2 Tage	Mon 29.05.23	Die 30.05.23	
3	Vorgang 2	3 Tage	Mit 31.05.23	Fre 02.06.23	2
4	Sammelvorgang 1 abgeschlossen	0 Tage	Fre 02.06.23	Fre 02.06.23	3
5	Sammelvorgang 2	9 Tage	Mon 05.06.23	Don 15.06.23	
6	Vorgang 3	3 Tage	Mon 05.06.23	Mit 07.06.23	4
7	Vorgang 4	4 Tage	Don 08.06.23	Die 13.06.23	6

Bild 2-9. Einfacher Projektplan

Nach dem Laden ist eine klassische Aufteilung des Fensters mit Zeitachse und geteiltem Arbeitsbereich zu sehen. In den Tabellen des Arbeitsbereichs enthält jede Zeile Informationen zu einem Vorgang oder einer Ressource (Bild 2-10).

GANTT-DIAGRAMM

	Vorgangsname	Dauer	Anfang	Ende	Vorgänger
1	Sammelvorgang 1	5 Tage	Mon 29.05.23	Fre 02.06.23	
2	Vorgang 1	2 Tage	Mon 29.05.23	Die 30.05.23	
3	Vorgang 2	3 Tage	Mit 31.05.23	Fre 02.06.23	2
4	Sammelvorgang 1 abgeschlossen	0 Tage	Fre 02.06.23	Fre 02.06.23	3

RESSOURCE: TA

	Ressou	Art	Mate	Kürzel	Gr	Max Einh	Standardsa	Überstd.-Sa	Kosten/E	Fällig am	Basiskalender	Code
1	Anna	Arbeit		A		100%	60,00 €/Std.	70,00 €/Std.	120,00 €	Anteilig	Standard	
2	Bodo	Arbeit		B		100%	60,00 €/Std.	70,00 €/Std.	120,00 €	Anteilig	Standard	
3	Cloe	Arbeit		C		100%	50,00 €/Std.	60,00 €/Std.	100,00 €	Anteilig	Standard	

Bild 2-10. Beispieltabellen mit Vorgängen und Ressourcen

Die verfügbaren Tabellen werden entweder über das Kontextmenü oder über Register *Ansicht / Daten / Tabellen* mit der Methode *Weitere Tabellen* aufgerufen. Diese Methode befindet sich noch an anderen Stellen im Menüband. Die Auswahl lässt sich auch mit dem Kontextmenü in die Symbolleiste übertragen und steht damit jederzeit zur Verfügung (Bild 2-11).

Bild 2-11. Auswahl möglicher Ansichten in der Symbolleiste

Der Arbeitsbereich lässt sich auch vertikal aufteilen (Bild 2-12).

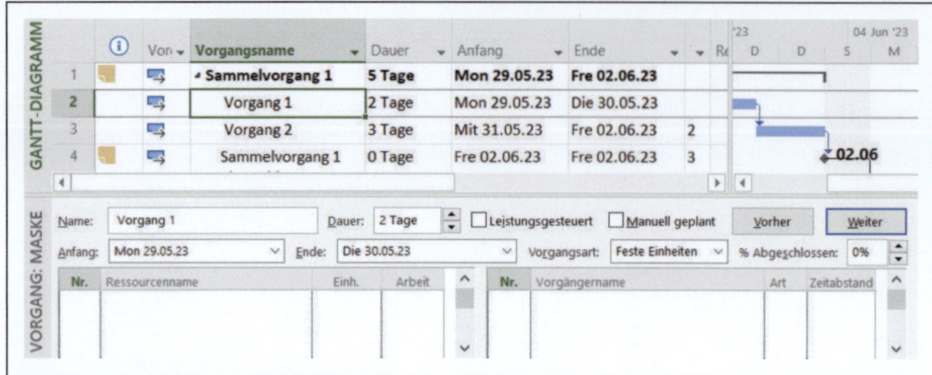

Bild 2-12. *Aufteilung des Arbeitsbereichs in Tabelle und Maske*

Unter Register *Ansicht / Elemente anzeigen* wird mit der Option *Details* eine Maske zur dargestellten Tabelle eingeblendet, in der die Eigenschaften eines Tabelleneintrags, Vorgang oder Ressource, dargestellt werden. Welcher Tabelleneintrag dies ist, kann durch Anklicken mit der linken Maustaste ausgewählt werden. Zur Option *Details* gibt es eine Auswahlliste möglicher Masken.

2.1.4 Fensterverwaltung

Unter Register *Ansicht / Fenster* gibt es eine Gruppe zur Fensterverwaltung (Bild 2-13).

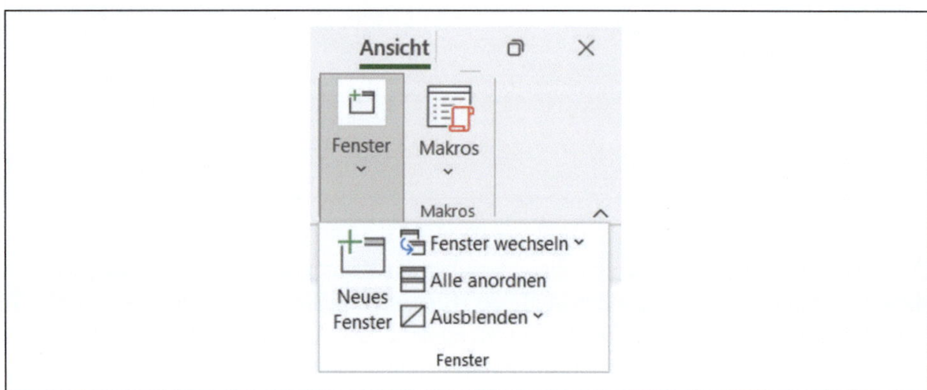

Bild 2-13. *Menügruppe Fenster*

Mit der Methode *Neues Fenster*, wird ein zweites Fenster derselben Project-Anwendung geöffnet. Zunächst ist dies nur in der Titelleiste zu erkennen, denn der Titel ändert sich in Projekt1:1. Es gibt aber noch ein zweites Fenster mit dem Titel Projekt1:2, das durch die Methode *Alle anordnen* ebenfalls in der Anwendung eingeblendet wird (Bild 2-14).

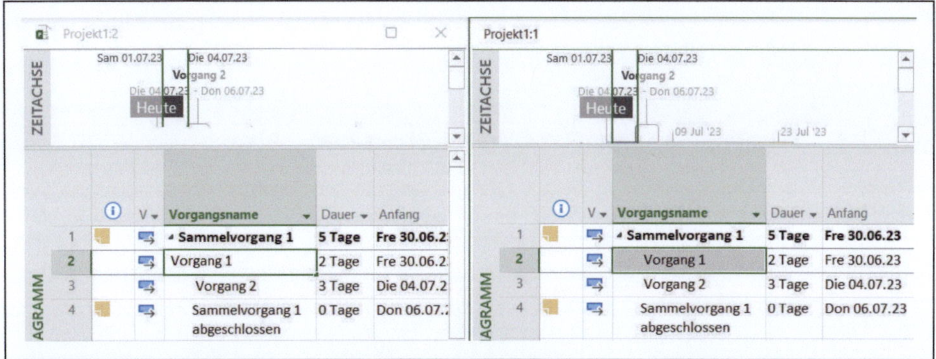

Bild 2-14. *Zwei geöffnete Fenster der gleichen Anwendung*

Besonders hilfreich ist die Darstellung, wenn beide Fenster unterschiedliche Tabellen mit unterschiedlichen Masken zeigen, so wie in der folgenden Darstellung, bei der das linke Fenster eine Vorgangstabelle mit Vorgangsmaske zeigt und das rechte Fenster die Ressourcentabelle mit Ressourcenmaske (Bild 2-15).

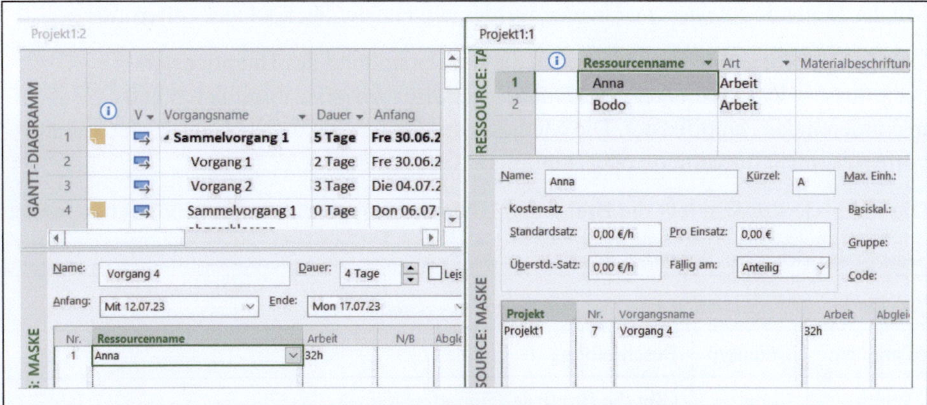

Bild 2-15. *Multifunktionale Darstellung eines Projekts durch zwei Fenster*

Mit dem Aufruf eines zweiten Fensters, kann auch das eines anderen Projekts gewählt werden (Bild 2-16). Mit einem erneuten Klick auf die Methode *Alle anordnen* kann zwischen einer vertikalen oder einer horizontalen Aufteilung umgeschaltet werden.

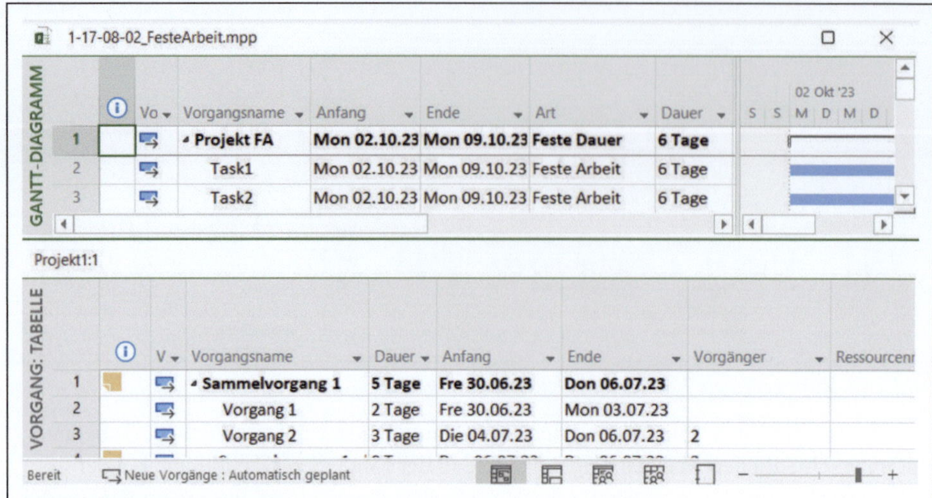

Bild 2-16. Vertikale Anordnung zweier Projektfenster in einer Anwendung

Mit der Methode *Fenster ausblenden* werden die Fenster auch wieder entfernt.

Unter VBA gibt es mehrere Methoden die die Darstellung des Hauptfensters beeinflussen. Die Methoden *AppMinimize* und *AppMaximize* minimieren und maximieren das Hauptfenster. Die Methode *AppRestore* setzt das Hauptfenster auf die vorherige, nicht maximierte oder minimierte Größe zurück.

Die Methode *AppSize* legt die Breite und Höhe des Hauptfensters fest. Ihre Syntax lautet

```
AppSize (Width, Height, Points)
```

Tabelle 2-1. Die optionalen Parameter der AppSize-Methode

Parameter	Datentyp	Beschreibung
Width	Long	Gibt die Breite des Hauptfensters an.
Height	Long	Gibt die neue Höhe des Hauptfensters an.
Points	Boolean	*True*, wenn die Höhe und Breite in Punkt gemessen werden. *False*, wenn sie in Pixel gemessen werden. Der Standardwert ist *False*.

Die folgende Prozedur ruft zuerst die Ansicht Gantt-Diagramm auf und legt die Größe des Hauptfensters fest. Danach wird die Größe verändert.

Codeliste 2-1. Die Prozedur verändert die Größe des Hauptfensters

```
Sub ChangeWindowSize()
   ViewApply Name:="Gantt-Diagramm"
   AppSize Width:=1000, Height:=600
Stop
   AppMinimize
Stop
   AppRestore
```

```
Stop
   AppMaximize
Stop
   AppRestore
End Sub
```

Die Methode *AppMove* verschiebt die Position des Hauptfensters. Ihre Syntax lautet

```
AppMove (XPosition, YPosition, Points)
```

Tabelle 2-2. Die optionalen Parameter der AppMove-Methode

Parameter	Datentyp	Beschreibung
XPosition	Long	Gibt den Abstand des Hauptfensters vom linken Rand der Bildschirmanzeige an.
YPosition	Long	Gibt den Abstand des Hauptfensters vom oberen Rand der Bildschirmanzeige an.
Points	Boolean	*True*, wenn *XPosition* und *YPosition* in Punkt gemessen werden. *False*, wenn sie in Pixel gemessen werden. Der Standardwert ist *False*

Die Eigenschaften *Left* und *Top* des Application-Objekts liefern die aktuelle Position der linken oberen Ecke des Hauptfensters und werden in der folgenden Prozedur verwendet.

Codeliste 2-2. Die Prozedur verschiebt das Hauptfenster aus der Position um 10 Punkte

```
Sub MoveWindowSteps()
   AppMove XPosition:=Application.Left - 10, _
      YPosition:=Application.Top - 10, Points:=True
End Sub
```

2.1.5 Standardansicht

Häufig genutzte Darstellungen in Project bestehen aus einer Tabelle und einer Grafikansicht. Dazu gehört auch das Balkendiagramm nach Gantt, das beim Start einer neuen Anwendung eingestellt ist (Bild 2-17).

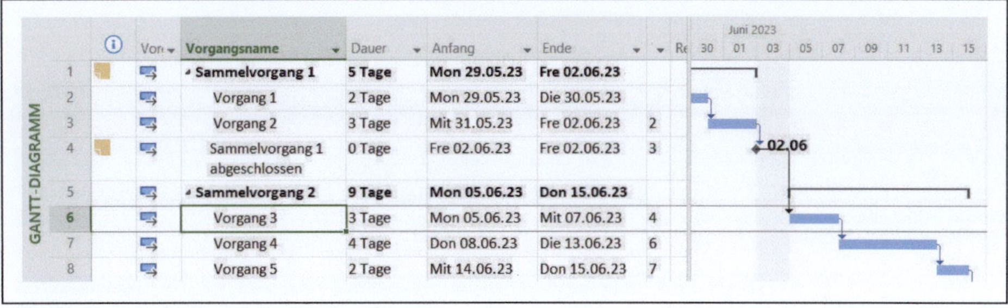

Bild 2-17. Beispiel eines Gantt-Diagramms

Mit der Auswahl eines Vorgangs in der Tabelle kann unter Register *Vorgang / Bearbeiten* mit der Methode *Zum Vorgang scrollen* die Grafik so eingestellt werden, dass der zugehörige Balken in der Grafik sichtbar ist. Durch zusätzliches Einblenden einer Maske ist die Standardansicht zur Bearbeitung komplett.

Tabellen besitzen bei ihrem Aufruf bereits einige wichtige Spalten. Im Kontextmenü der Spaltenbezeichnung gibt es die Methoden *Spalte einfügen* und *Spalte ausblenden*. Damit kann eine Standardtabelle eine benutzerdefinierte Ansicht erhalten. Die so erstellte Ansicht kann unter Register *Ansicht / Vorgangsansichten* bzw. *Ansicht / Ressourcenansichten* unter *Andere Ansichten* mit der Methode *Ansicht speichern* unter einem benutzerdefinierten Namen gespeichert werden.

2.1.6 Kalender

Für die Terminplanung und den Ressourceneinsatz lassen sich unter Register *Projekt / Eigenschaften / Arbeitszeit ändern* verschiedene Kalender definieren (Bild 2-18).

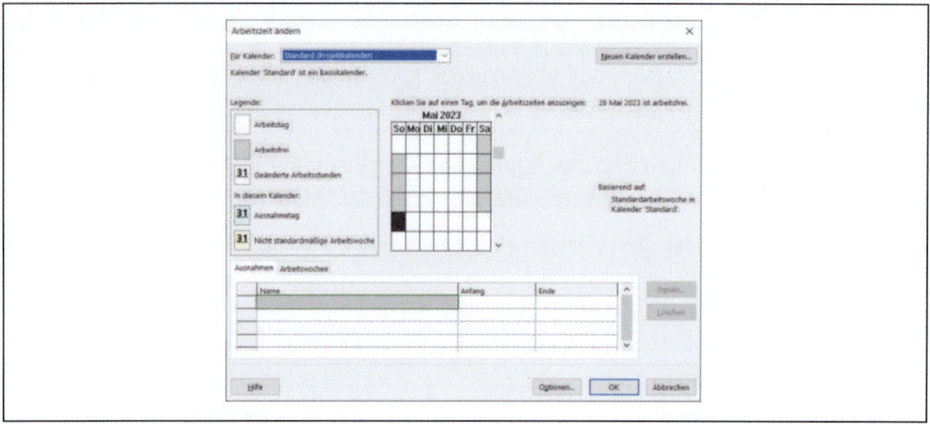

Bild 2-18. Standardkalender

Zu den Ansichten im Arbeitsbereich gehört auch die Ansicht Kalender, in der die Vorgänge eingetragen werden (Bild 2-19).

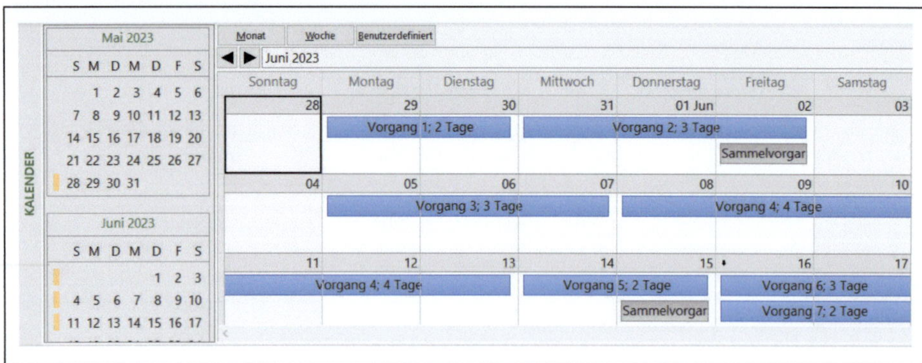

Bild 2-19. Kalenderansicht

2.2 Programmansichten

2.2.1 Ansichtsarten

In Project gibt es drei unterschiedliche Ansichtsarten, Vorgangsansichten, Ressourcenansichten und Zuordnungsansichten (Bild 2-20).

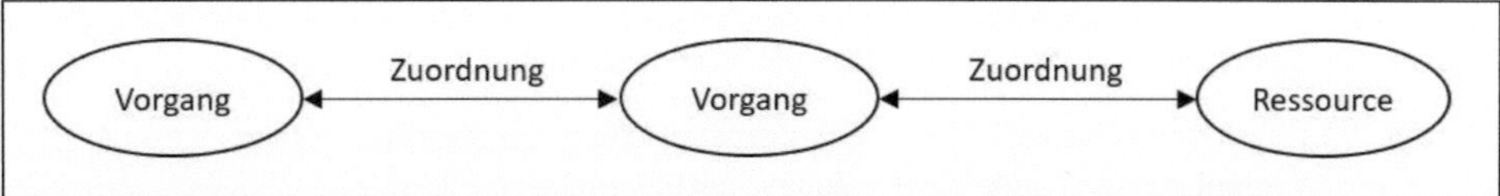

Bild 2-20. Zuordnung der Planungsobjekte

Während Vorgänge und Ressourcen die grundlegenden Objekte der Planung sind, werden ihre Verbindungen untereinander durch Zuordnungen definiert. Die Zuordnung von Vorgängen untereinander bestimmen die zeitliche Reihenfolge und die Zuordnung von Vorgängen und Ressourcen den Aufwand. Die Ansichten besitzen verschiedene Formate.

Tabelle 2-3. Ansichtsformate

Ansicht	Anwendung	Bereiche
Gantt-Diagramm	Zeitliche Ablaufplanung und Projektverlaufskontrolle	Aufteilung der Ansicht in Tabelle (links) mit Liste der Vorgangsdaten und Balkendiagramm (rechts) zeigt die Vorgänge als zeitbasierte Balken
Netzplandiagramm	Zeitliche Feinabstimmung	Die Ansicht zeigt die Grafik des Netzplans
Blattansichten	Verwaltung der Daten von Vorgängen und Ressourcen	In Zeilen werden die Daten zu einem Vorgang oder einer Ressource dargestellt, während in den Spalten (Felder) die unterschiedlichen Merkkmale stehen
Verwendungsansichten	Zeitliche Verteilung von Einheiten	Aufteilung der Ansicht in Tabelle (links) der Daten von Vorgängen und/oder Ressourcen und eine Darstellung der zugehörigen zeitbasierten Daten (rechts)
Detailansichten	Verwaltung von Daten eines Vorgangs oder einer Ressource	Aufteilung der Ansicht in einen oberen und unteren Bereich. Im unteren Bereich stehen Detailinformationen zu einem Vorgang oder einer Ressource

In den Ansichten selbst werden verschiedene Elemente verwendet.

Tabelle 2-4. Elemente in den Ansichten

Element	Beschreibung
Tabelle	In Zeilen und Spalten gruppierte Felder
Filter	Kriterien bestimmen die Anzeige bestimmter Vorgänge, Ressourcen oder Zuordnungen
Gruppe	Einteilung von Projektinformationen nach bestimmten Kategorien
Details	Zusammengehörige Felder eines Vorgangs oder einer Ressource in einer Formularansicht oder Verwendungsansicht

2.2.2 Integrierte Ansichten

Bereits mit der Installation verfügt Project über viele Ansichten, die sich unter Register *Ansicht* in den Menügruppen *Vorgangsansichten* und *Ressourcenansichten* finden (Bild 2-21).

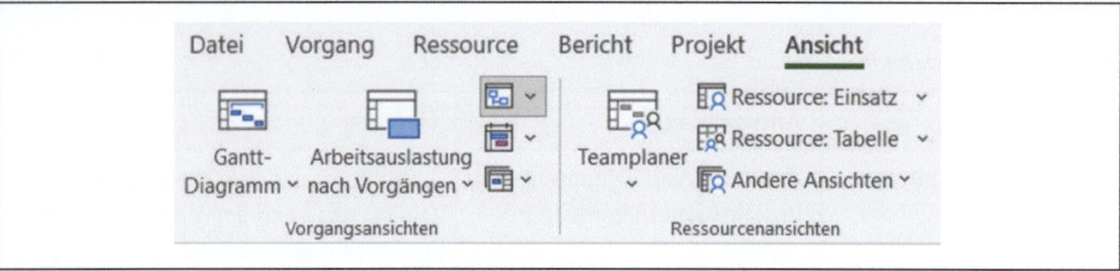

Bild 2-21. Menügruppen im Menüband zu Ansichten

Neben den Auswahlsymbolen gibt es die Auswahl *Andere Ansichten* (Bild 2-22).

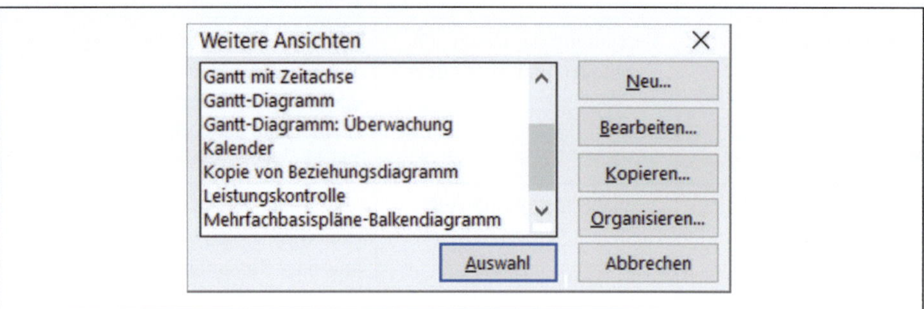

Bild 2-22. Auswahlfenster für weitere Ansichten (verkürzt dargestellt)

Die Methode *ViewApply* in VBA wendet die Ansicht auf das aktive Fenster an. Ihre Syntax lautet:

```
ViewApply (Name, SinglePane, Toggle)
```

Tabelle 2-5. Die optionalen Parameter der ViewApply-Methode

Parameter	Datentyp	Beschreibung
Name	String	Name der im aktiven Fenster anzuzeigenden Ansicht.
SinglePane	Boolean	*True*, wenn das aktive Fenster eine Einzelansicht zeigt und eine vorhandene Teilung entfernt wird. Der Standardwert ist *False*.
Toggle	Boolean	*True*, wenn das aktive Fenster von einem Bereich zu zwei Bereichen oder von zwei Bereichen zu einem Bereich wechselt. *Toggle* wird ignoriert, wenn *SinglePane* auf *True* festgelegt ist. Der Standardwert ist *False*.

Die folgende Prozedur bestimmt als Ansicht ein Einzelfenster mit einer Ressourcentabelle. Es wird davon ausgegangen, dass die aktive Ansicht eine Ansichtskombination aus Gantt-Diagramm und Detailansicht des Vorgangsformulars ist.

Codeliste 2-3. Die Prozedur erstellt eine Einzelansicht

```
Sub ChangeToResourceSheet()
   ViewApply Name:="Resource Sheet", SinglePane:=True
End Sub
```

Die Methode *ViewApplyEx* ermöglicht die Darstellung integrierter aber auch benutzerdefinierter Ansichten im aktiven Fenster. Ihre Syntax lautet

```
ViewApplyEx (Name, SinglePane, Toggle, ApplyTo, BuiltInView)
```

Tabelle 2-6. Die optionalen Parameter zur ViewApplyEx-Methode

Parameter	Datentyp	Beschreibung
Name	String	Name der Ansicht, die im aktiven Fenster dargestellt wird.
SinglePane	Boolean	Besitzt den Wert *True*, wenn es sich im eine Einzelansicht handelt, Standardwert ist *False*.
Toggle	Boolean	Besitzt den Wert *True*, wenn die Aufteilung der Bereiche wechselt
ApplyTo	Integer	Einer der *ApplyTo*-Konstanten
BuiltInView	pjViewTpe	Einer der *pjViewType*-Konstanten, Standardwert ist *pjViewUndefined*

Tabelle 2-7. ApplyTo-Konstante

Wert	Beschreibung
0	Primärer Bereich einer geteilten Ansicht (in der Regel der obere Bereich)
1	Sekundärer Bereich einer geteilten Ansicht (in der Regel der untere Bereich)
4	Aktiver Bereich
5	Primärer Bereich oder Zeitachse (wenn sie aktiv ist)

Tabelle 2-8. pjViewType-Konstante

Konstante	Wert	Ansicht
pjViewUndefined	-1	undefiniert
pjViewBarRollup	0	Balken-Rollup
pjViewCalendar	1	Kalender
pjViewDescriptiveNetworkDiagram	2	beschreibendes Netzplandiagramm
pjViewDetailGantt	3	Balkendiagramm: Einzelheiten
pjViewGantt	4	Balkendiagramm (Gantt)
pjViewGanttWithTimeline	5	Gantt mit Zeitvorgaben
pjViewLevelingGantt	6	Balkendiagramm: Abgleich
pjViewMilestoneDateRollup	7	Meilensteindatums-Rollup
pjViewMilestoneRollup	8	Meilenstein-Rollup
pjViewMultipleBaselinesGantt	9	Mehrfachbasispläne-Balkendiagramm
pjViewNetworkDiagram	10	Netzplandiagramm
pjViewRelationshipDiagram	11	Beziehungsdiagramm
pjViewResourceAllocation	12	Ressource: Zuteilung
pjViewResourceForm	13	Ressource: Maske
pjViewResourceGraph	14	Ressource: Grafik
pjViewResourceNameForm	15	Ressource: Name
pjViewResourceSchedulingView	16	Teamplaner
pjViewResourceSheet	17	Ressource: Tabelle
pjViewResourceUsage	18	Ressource: Einsatz
pjViewTaskDetailsForm	20	Vorgang: Einzelheiten
pjViewTaskEntry	21	Vorgang: Eingabe
pjViewTaskForm	19	Vorgang: Maske
pjViewTaskNameForm	22	Vorgang: Name
pjViewTaskSheet	23	Vorgang: Tabelle
pjViewTaskUsage	24	Vorgang Einsatz
pjViewTimeline	25	Zeitachsenansicht
pjViewTrackingGantt	26	Balkendiagramm: Überwachung

2.2.3 Kombinierte Ansichten

Die Methode *ViewsCombination.Add* des *ActiveProject*-Objekts ermöglicht die Erstellung und Verwaltung von Ansichten mit Ansichtselementen. Ihre Syntax lautet

```
ViewsCombination (Name, TopView, BottomView, ShowInMenu)
```

Tabelle 2-9. Die Parameter der ViewsCombination-Methode

Parameter	Anwendung	Datentyp	Beschreibung
Name	Erforderlich	String	Name der Ansichtskombination
TopView	Erforderlich	Variant	Ansicht, die im oberen Bereich einer Ansichtskombination angezeigt wird
BottomView	Erforderlich	Variant	Ansicht, die im unteren Bereich einer Ansichtskombination angezeigt wird
ShowInMenu	Optional	Boolean	*True*, wenn die Ansicht im Menü Ansicht gezeigt wird. Der Standardwert ist *False.*

Die folgende Prozedur erstellt zuerst die Kombinationsansicht (*Combi View)*, die in der oberen Ansicht (*TopView)* die Ansicht *Gantt-Diagramm* und in der unteren Ansicht (*BottomView)* die Ansicht *Resource: Tabell*e besitzt. Dann wird der untere Bereich (*BottomPane)* geschlossen. Dadurch zeigt der obere Bereich (*TopPane)*, und nur der ist sichtbar, wieder die Ansicht *Gantt-Diagramm.* Da aber die Kombinationsansicht *Combi View* weiter existiert, kann sie erneut aufgerufen werden.

Codeliste 2-4. Die Prozedur erstellt eine Kombinationsansicht

```
Sub CreateCombiView()
   ActiveProject.ViewsCombination.Add _
      (Name:="Combi View", TopView:="Gantt-Diagramm", _
      BottomView:="Ressource: Tabelle").Apply
Stop
   ActiveWindow.BottomPane.Close
Stop
   ActiveProject.ViewsCombination("Combi View").Apply
End Sub
```

Existiert eine Kombinationsansicht, dann kann das untere Bereichsobjekt (*BottomPane)* mit der Methode *Close* geschlossen und mit der Methode *Activate* geöffnet werden. Für das obere Bereichsobjekt (*TopPane*) sind die Methode nicht wirksam.

Codeliste 2-5. Die Prozedur wendet die Methoden Activate und Close auf die Panes an

```
Sub ViewTopPane()
   ActiveWindow.BottomPane.Activate
Stop
   ActiveWindow.BottomPane.Close
Stop
   ActiveWindow.TopPane.Activate
Stop
   ActiveWindow.TopPane.Close
```

```
End Sub
```

2.2.4 Tabellen

Ein wichtiges Element in den Ansichten ist die Tabelle. Auch davon gibt es vorinstallierte Versionen. Unter Register *Ansicht / Daten / Tabellen* lassen sich viele bereits integrierte Tabellen aufrufen. Es gibt dazu noch die Auswahl *Weitere Tabellen*, die Tabellen zu Vorgängen und Ressourcen anbietet (Bild 2-23).

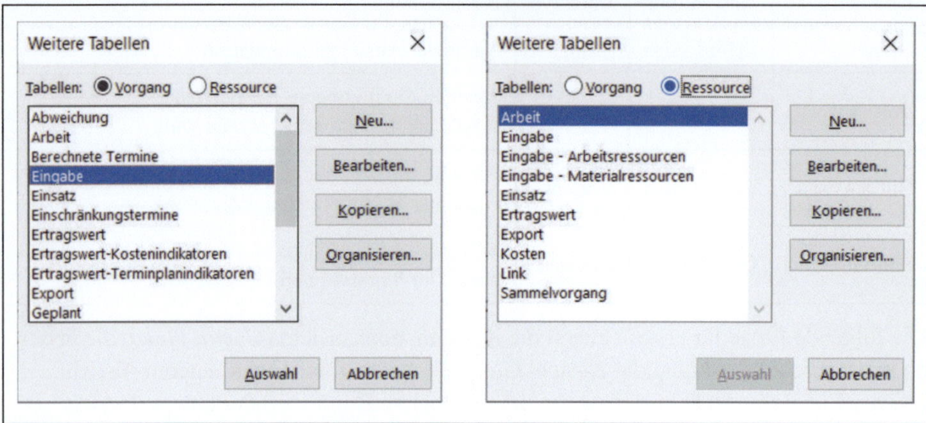

Bild 2-23. Auswahlfenster für Vorgangs- und Ressourcentabellen

Mit der Methode *TableApply* wird eine integrierte Tabelle in der aktiven Ansicht dargestellt. Die Syntax lautet

```
TableApply (Name)
```

Der optionale Parameter *Name* ist der integrierte Tabellenname, Beispiele folgen.

Die Methode *TableEditEx* erstellt, bearbeitet, kopiert oder konvertiert eine Tabelle. Ihre Syntax lautet

```
TableEditEx (Name, TaskTable, Create, OverwriteExisting, NewName,
FieldName, NewFieldName, Title, Width, Align, ShowInMenu,
LockFirstColumn, DateFormat, RowHeight, ColumnPosition, AlignTitle,
HeaderAutoRowHeightAdjustment, HeaderTextWrap, WrapText,
ShowAddNewColumn)
```

Tabelle 2-10. Die Parameter der TableEditEx-Methode

Parameter	Anwendung	Datentyp	Beschreibung
Name	Erforderlich	String	Name der Tabelle
TaskTable	Erforderlich	Boolean	*True*, wenn die aktive Tabelle Informationen zu Vorgängen oder Ressourcen enthält.

Parameter	Anwendung	Datentyp	Beschreibung
Create	Optional	Boolean	*True*, wenn Project neu erstellt wird. Ist *NewName* nicht definiert, dann ist der neue Tabellenname der von *Name.*
OverwriteExisting	Optional	Boolean	*True*, wenn eine vorhandene Tabelle mit einer neuen Tabelle überschrieben wird. Standardwert ist *False*
Newname	Optional	String	Der neue Name für die vorhandene Tabelle. Wenn NewName nicht definiert ist und Create *False* ist, behält die durch Name angegeben Tabelle den derzeitigen Namen. Der Standardwert ist eine leere Zeichenfolge ("").
FieldName	Optional	String	Der Name eines zu ändernden Feldes
NewFieldName	Optional	String	Der Name des neuen Feldes. Das durch NewFieldName angegebene Feld ersetzt das durch FieldName angegebene Feld.
Title	Optional	String	Der Titel für das durch FieldName angegebene Feld
Width	Optional	Integer	Eine Zahl, die die Breite des durch FieldName angegebenen Felds angibt. Der Default-Wert ist 10 für ein neues Feld.
Align	Optional	Integer	Gibt mit einer *pjAlignment*-Konstanten an, wie der Text in dem durch FieldName angegebenen Feld ausgerichtet ist
ShowInMenu	Optional	Boolean	*True*, wenn der Tabellenname im Dropdownmenü *Tabellen* angezeigt wird. *False,* wenn keine Anzeige erfolgt.
LockFirstColumn	Optional	Boolean	*True*, wenn Project die erste Spalte der Tabelle sperrt oder Änderungen daran verhindert. Der Standardwert ist *False.*
DateFormat	Optional	Integer	Eine *pjDateFormat*-Konstante, die das Format für die Datumsfelder in der Tabelle angibt.
RowHeight	Optional	Integer	Die Höhe der Zeilen in der Tabelle. Der Standardwert ist 1.
ColumnPosition	Optional	Long	Die Anzahl der zu bearbeitenden Spalte. (Spalten werden von links nach rechts nummeriert, beginnend mit 0.) Wenn

Parameter	Anwendung	Datentyp	Beschreibung
			NewFieldName angegeben ist, wird eine neue Spalte in die Tabelle eingefügt.
AlignTitle	Optional	Long	Gibt mit einer *pjAlignment*-Konstanten an, wie der Spaltentitel in dem durch FieldName angegebenen Feld ausgerichtet ist.
HeaderAutoRow HeightAdjustment	Optional	Boolean	*True*, wenn Project die Zeilenhöhe der Tabelle automatisch anpasst. Standardwert ist *True*.
HeaderTextWrap	Optional	Boolean	*True*, wenn Project den Text in der Kopfzeile der Tabelle umbricht. Standardwert ist *True*.
WrapText	Optional	Boolean	*True*, wenn Text in der Tabelle einen Umbruch erhalten soll.
ShowAddNewColumn	Optional	Boolean	*True* , wenn in der Tabelle das Feature *Neue Spalte hinzufügen* in der Spalte ganz rechts angezeigt wird.

Tabelle 2-11. pjAlignment-Konstante

Konstante	Wert	Ausrichtung
pjCenter	1	Zentriert
pjLeft	0	Links
pjRight	2	Rechts

Tabelle 2-12. Einige wichtige pjDateFormat-Konstanten

Konstante	Wert	**Darstellung** zum Datum 21.09.2023 14:10
pjDate_dd	13	21
pjDate_ddd_dd	17	Do 21.
pjDate_ddd_mm_dd_yy_hh_mmAM	8	Do 21.09.23 14:10
pjDate_ddd_mmm_dd	15	Do 21. Sep
pjDate_mm_dd	12	21.09.
pjDate_mmmm_dd_yyyy_hh_mmAM	2	21. September 2023 14:10
pjDate_Www_dd	18	21.KW38

Die Methode *TableCopy* erstellt eine Kopie der aktiven Tabelle, fügt sie in die Tabellenauswahl ein und verwendet in der Ansicht die neue Tabelle. Ihre Syntax lautet

```
TableCopy(Name)
```

Der Parameter *Name* enthält den Namen der kopierten Datei.

2.2.5 Tabellen in Vorgangsansichten

Tabelle 2-13. Tabellen in Vorgangsansichten

Tabelle	Beschreibung
Abweichung	Vergleich geplanter und berechneter Termine; Anzeige der Terminplanabweichung (sinnvoll für die Projektverfolgung)
Arbeit	Vergleich geplanter, aktueller und verbleibender Arbeit (sinnvoll für die Projektverfolgung)
Berechnete Termine	Anzeige von Terminplaninformationen, späteste Anfangs- und Endtermine und Pufferzeiten (sinnvoll für Projektplanung und –Verfolgung)
Eingabe	Zur Eingabe von Vorgängen inklusive der Namen, Dauer, Anfangs- und Endtermine, Vorgänger, Ressourcen
Einsatz	Darstellung der Vorgänge mit Arbeit, Dauer, Anfangs- und Endterminen
Einschränkungstermine	Zeigt Vorgangseinschränkungen bezüglich der Termine
Ertragswert-Kostenindikatoren	Zeigt spezielle Kosteninformationen im Hinblick auf den Ertragswert, u. a. die jeweiligen Kostenabweichungen
Ertragswert-Terminplanindikatoren	Zeigt Terminplanungsinformationen, die Einfluss auf den Ertragswert haben, z. B. die jeweilige Planabweichung
Export	Zum Exportieren einer Datei, beispielsweise als Excel- oder Textdatei, zeigt zahlreiche Informationen in Tabellenspalten an
Geplant	Anzeige geplanter Dauern, Termine, Arbeiten und Kosten
Hyperlink	Gegebenenfalls Anzeige der Hyperlinks und deren Adressen, mit denen Vorgänge verknüpft sind
Kosten	Zeigt Kosteninformationen an: geplante und verbleibende Koste, die Abweichung und Fälligkeit etc. (sinnvoll für die Kostenauswertung)
Link	Zeigt Verlinkungen
Rollup-Tabelle	Unterstützende Anzeige für sogenannte Rollup-Ansichten
Sammelvorgang	Zeigt grundlegende Informationen zu den Sammelvorgängen
Überwachung	Zeigt aktuelle Informationen für die Projektüberwachung
Verzögerung	Zur Unterstützung beim Kapazitätsabgleich; zeigt unter anderem Informationen zur Ressourcenüberlastung an

🗁 1-17-02-01_AnsichtenVorgang.mpp

Ein Beispiel zur Kostenüberwachung (Bild 2-24), wird durch folgende Registerelemente aufgerufen:

Ansicht / Vorgangsansicht / Gantt-Diagramm / Gantt-Diagramm: Überwachung

Ansicht / Daten / Tabellen / Weitere Tabellen / Vorgang / Kosten

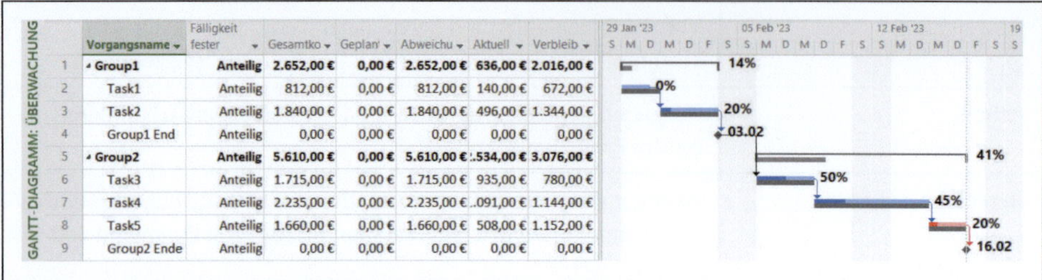

	Vorgangsname	Fälligkeit fester	Gesamtko	Geplan	Abweichu	Aktuell	Verbleib
1	**Group1**	**Anteilig**	**2.652,00 €**	**0,00 €**	**2.652,00 €**	**636,00 €**	**2.016,00 €**
2	Task1	Anteilig	812,00 €	0,00 €	812,00 €	140,00 €	672,00 €
3	Task2	Anteilig	1.840,00 €	0,00 €	1.840,00 €	496,00 €	1.344,00 €
4	Group1 End	Anteilig	0,00 €	0,00 €	0,00 €	0,00 €	0,00 €
5	**Group2**	**Anteilig**	**5.610,00 €**	**0,00 €**	**5.610,00 €**	**.534,00 €**	**3.076,00 €**
6	Task3	Anteilig	1.715,00 €	0,00 €	1.715,00 €	935,00 €	780,00 €
7	Task4	Anteilig	2.235,00 €	0,00 €	2.235,00 €	.091,00 €	1.144,00 €
8	Task5	Anteilig	1.660,00 €	0,00 €	1.660,00 €	508,00 €	1.152,00 €
9	Group2 Ende	Anteilig	0,00 €	0,00 €	0,00 €	0,00 €	0,00 €

Bild 2-24. Ansicht Kosten-Überwachung

Die folgende Prozedur erstellt ebenfalls die Ansicht *Kosten-Überwachung.*

Codeliste 2-6. Die Prozedur erstellt die Ansicht Kostenüberwachung

```
Sub KostenÜberwachung()
   ViewApplyEx Name:="Gantt-&Diagramm: Überwachung", ApplyTo:=0
   TableApply Name:="Kosten"
End Sub
```

Ein Beispiel zur Ertragswertbestimmung (Bild 2-25), wird durch folgende Registerelemente aufgerufen:

Ansicht / Vorgangsansichten / Gantt-Diagramm / Gantt-Diagramm

Ansicht / Daten / Tabellen / Weitere Tabellen / Vorgang / Ertragswert

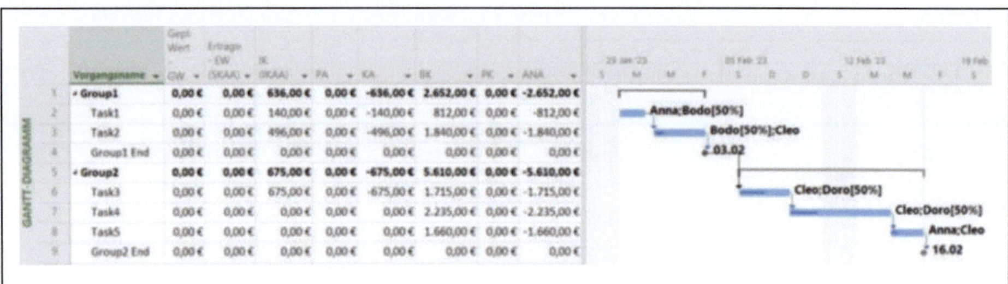

	Vorgangsname	GW	EW (SKAA)	IK (IKAA)	PA	KA	BK	PK	ANA
1	**Group1**	**0,00 €**	**0,00 €**	**636,00 €**	**0,00 €**	**-636,00 €**	**2.652,00 €**	**0,00 €**	**-2.652,00 €**
2	Task1	0,00 €	0,00 €	140,00 €	0,00 €	-140,00 €	812,00 €	0,00 €	-812,00 €
3	Task2	0,00 €	0,00 €	496,00 €	0,00 €	-496,00 €	1.840,00 €	0,00 €	-1.840,00 €
4	Group1 End	0,00 €	0,00 €	0,00 €	0,00 €	0,00 €	0,00 €	0,00 €	0,00 €
5	**Group2**	**0,00 €**	**0,00 €**	**675,00 €**	**0,00 €**	**-675,00 €**	**5.610,00 €**	**0,00 €**	**-5.610,00 €**
6	Task3	0,00 €	0,00 €	675,00 €	0,00 €	-675,00 €	1.715,00 €	0,00 €	-1.715,00 €
7	Task4	0,00 €	0,00 €	0,00 €	0,00 €	0,00 €	2.235,00 €	0,00 €	-2.235,00 €
8	Task5	0,00 €	0,00 €	0,00 €	0,00 €	0,00 €	1.660,00 €	0,00 €	-1.660,00 €
9	Group2 End	0,00 €	0,00 €	0,00 €	0,00 €	0,00 €	0,00 €	0,00 €	0,00 €

Bild 2-25. Ansicht Ertragswert

Die folgende Prozedur erstellt ebenfalls die Ansicht *Ertragswert.*

Codeliste 2-7. Die Prozedur erstellt die Ansicht Ertragswert

```
Sub Ertragswert()
   ViewApplyEx Name:="&Gantt-Diagramm", ApplyTo:=0
   TableApply Name:="Ertragswert"
End Sub
```

2.2.6 Tabellen in Ressourcenansichten

Tabelle 2-14. Tabellen in Ressourcenansichten

Tabellen	Beschreibung
Arbeit	Zum Vergleich geplanter und aktueller Arbeit, z. B. Anzeige der Überstunden
Eingabe	Eingabe und Anzeige von Ressourceninformationen
Eingabe-Arbeitsressourcen	Zeigt spezielle Informationen zur Ressource Arbeit
Eingabe-Materialressourcen	Zeigt spezielle Informationen zur Ressource Material
Einsatz	Zeigt die Ressourcen mit Zeitplanung sowie eine Auflistung des Arbeitsumfangs
Export	Zum Exportieren einer Datei, beispielsweise als Excel- oder Textdatei; zeigt zahlreiche für Ressourcen verfügbare Tabellenspalten an
Kosten	Zeigt Kosteninformationen an: geplante und verbleibende Kosten, Abweichung und Fälligkeit
Link	Gegebenenfalls Anzeige der Hyperlinks und deren Adressen, mit denen Ressourcen verknüpft sind
Sammelvorgang	Zeigt Informationen zu Ressourcen an, wie z. B. Höchstwerte und Standardsätze

Ein Beispiel zu den Ressourcenkosten (Bild 2-26) wird durch folgende Registerelemente aufgerufen:

Ansicht / Ressourcenansichten / Ressource: Tabelle

Ansicht / Daten / Tabellen / Weitere Tabellen / Ressource / Kosten

RESSOURCE: TA

	Ressourcenname	Kosten	Geplante	Abweichung	Ist-Kosten	Verbleibend
1	Anna	1.288,00 €	0,00 €	1.288,00 €	328,00 €	960,00 €
2	Bodo	784,00 €	0,00 €	784,00 €	176,00 €	608,00 €
3	Cleo	5.280,00 €	0,00 €	5.280,00 €	2.200,00 €	3.080,00 €
4	Doro	910,00 €	0,00 €	910,00 €	466,00 €	444,00 €

Bild 2-26. Ansicht Ressourcenkosten

Codeliste 2-8. Die Prozedur erstellt die Ansicht Ressourcenkosten

```
Sub Ressourcenkosten()
   ViewApplyEx Name:="Ressource: &Tabelle", ApplyTo:=0
   TableApply Name:="Kosten"
End Sub
```

Ein Beispiel zur Ressourcenarbeit (Bild 2-27) wird durch folgende Registerelemente aufgerufen.

Ansicht / Ressourcenansichten / Ressource: Tabelle

Ansicht / Daten / Tabellen / Weitere Tabellen / Ressource / Arbeit

	Ressourcenname	%	Arbeit	Überstunden	Geplan	Abweichung	Aktuell	Verbleibend
1	Anna	12%	27,2 Std.	0 Std.	0 Std.	27,2 Std.	3,2 Std.	24 Std.
2	Bodo	14%	17,6 Std.	0 Std.	0 Std.	17,6 Std.	2,4 Std.	15,2 Std.
3	Cleo	36%	96 Std.	0 Std.	0 Std.	96 Std.	34,4 Std.	61,6 Std.
4	Doro	47%	28 Std.	0 Std.	0 Std.	28 Std.	13,2 Std.	14,8 Std.

Bild 2-27. Ansicht Ressourcenarbeit

Codeliste 2-9. Die Prozedur erstellt die Ansicht Ressourcenarbeit

```
Sub Ressourcenarbeit()
    ViewApplyEx Name:="Ressource: &Tabelle", ApplyTo:=0
    TableApply Name:="Arbeit"
End Sub
```

2.2.7 Schneller Tabellenwechsel

Zeigt das Anwendungsfenster bereits eine Tabelle, so existiert eine Referenzzelle (linkes oberes Feld, grün dargestellt) als Bezugsobjekt, das folglich auch ein Kontextmenü besitzt (Bild 2-28). Darin ist ebenfalls über *Weitere Tabellen* eine Auswahl möglich.

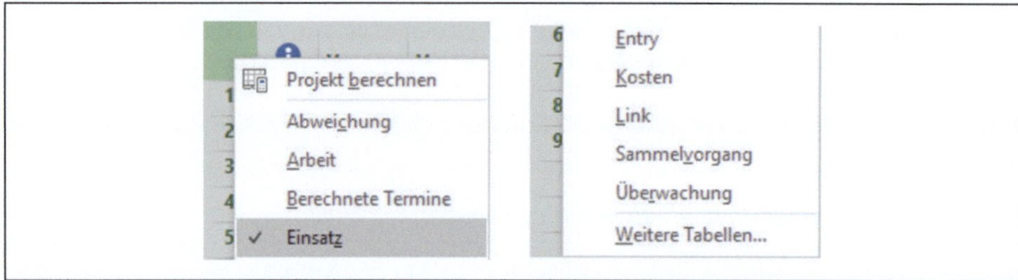

Bild 2-28. Kontextmenü (geteilt) der linken oberen Zelle (grün) einer Tabelle

2.2.8 Neue Tabelle erstellen

Unter Register *Ansicht / Daten / Tabellen / Weitere Tabellen* öffnet sich die Maske mit den Auswahllisten für Vorgang oder Ressource. Mit der Schaltfläche *Neu* öffnet sich das Dialogfenster zur Tabellendefinition (Bild 2-29).

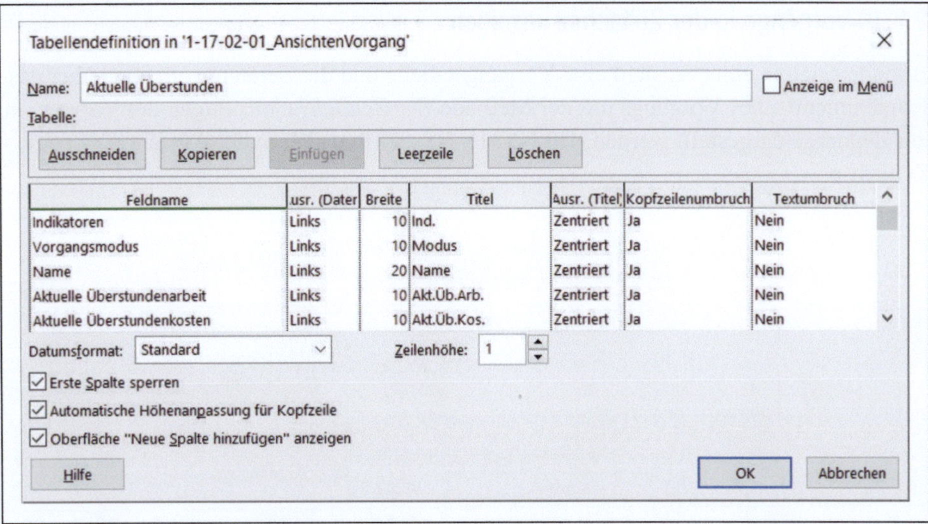

Bild 2-29. Dialogfenster zur Tabellendefinition Aktuelle Überstunden

In der Spalte *Feldname* öffnet sich eine Auswahlliste aller vorhandenen Feldnamen. Ihre Zusammenstellung macht die Ansicht der neuen Tabelle aus, die zum Abschluss mit OK unter dem neuen Namen gespeichert wird.

2.2.9 Tabelle als Vorlage verwenden

Eine neue Tabelle kann auch unter Vorlage einer vorhandenen Tabelle erstellt werden. Unter Register *Ansicht / Daten / Tabellen / Weitere Tabellen* die Vorlagetabelle auswählen, hier *Vorgang: Eingabe*. Mit der Schaltfläche *Kopieren* öffnet sich das Dialogfenster zur Tabellendefinition, diesmal bereits mit den Feldelementen der Vorlagetabelle (Bild 2-30).

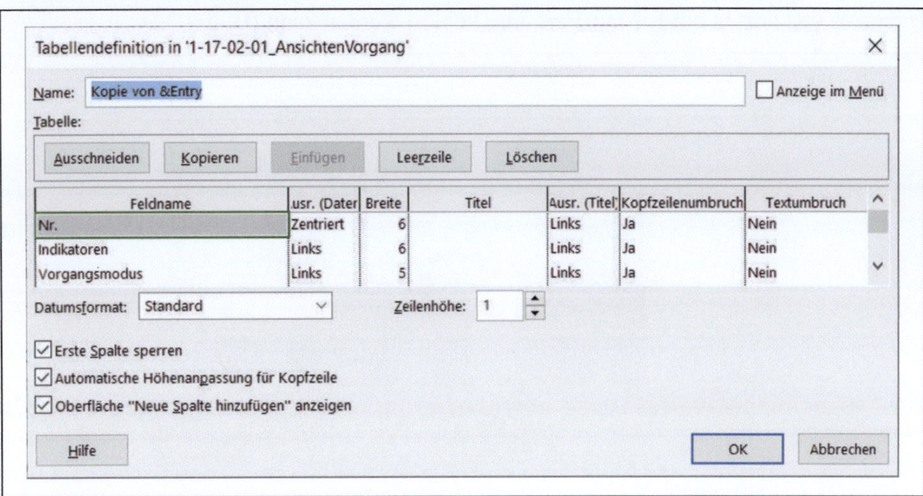

Bild 2-30. Neue Tabelle aus einer Vorlage

2.2.10 Vorgänge in der Zeitachse anzeigen

Befinden sich in einer Ansicht eine Vorgangstabelle und die Zeitachse, so kann über das Kontextmenü eines Vorgangs mit der Methode *Zur Zeitachse hinzufügen* der Vorgang in der Zeitachse dargestellt werden (Bild 2-31). Dazu öffnet sich in der Ansicht eine neue Zeitachse.

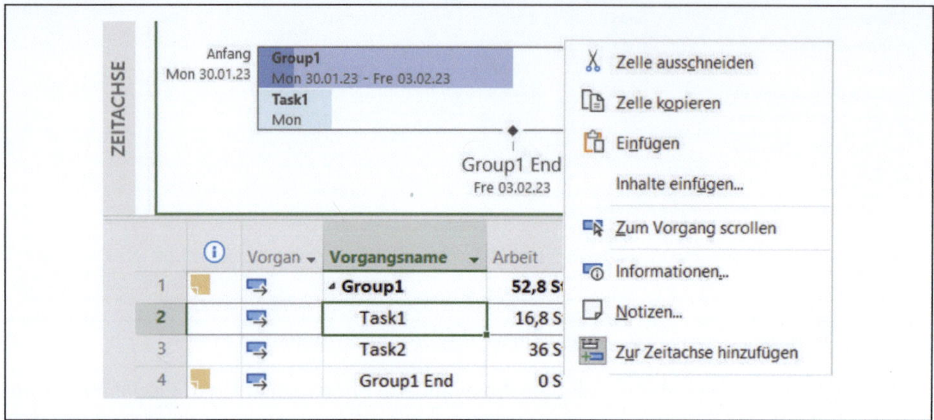

Bild 2-31. Einblenden eines Vorgangs in der Zeitachse

Mit dem Kontextmenü des Vorgangs in der Zeitachse kann der Vorgang wieder entfernt werden. Wird die Zeitachse nicht angezeigt, so lässt sie sich über Register *Ansicht / Elemente anzeigen* mit der Option *Zeitachse anzeigen* einblenden. Die Zeitachse kann in eine E-Mail eingefügt und so allen Beteiligten zugesandt werden. Um die Zeitachse in eine andere Anwendung zu übertragen, kann im Kontextmenü der Zeitachse die Methode *Zeitachse kopieren* gewählt werden. Darin gibt es drei Kopiermethoden.

Die erste Methode *Für E-Mail* stellt ein entsprechendes Format in die Zwischenablage, sodass es von dort in ein E-Mail-Formular kopiert werden kann (Bild 2-32).

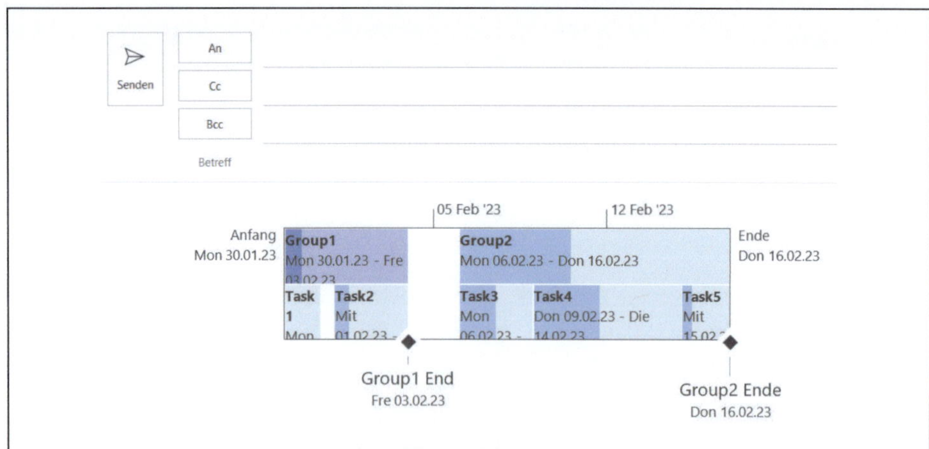

Bild 2-32. Die Zeitachse im E.Mail-Formular

Die zweite Methode *Für Präsentation* stellt ebenfalls ein entsprechendes Format in die Zwischenablage, sodass es von dort in eine PowerPoint-Folie kopiert werden kann (Bild 2-33).

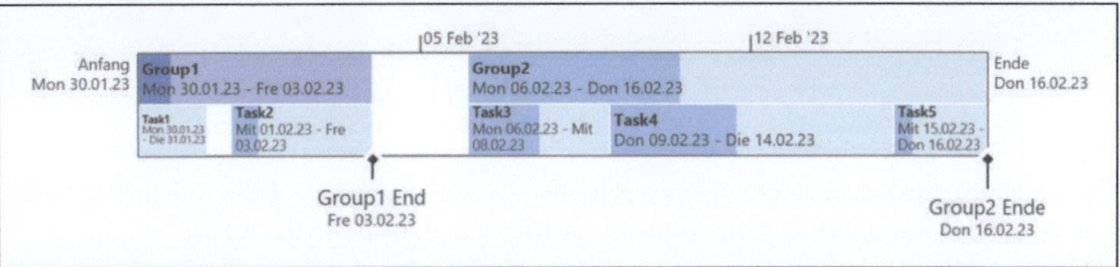

Bild 2-33. Zeitskala in einer PowerPoint-Folie

Die dritte Methode *Volle Größe* stellt ein Format in die Zwischenablage, dass als Bildformat eingefügt werden kann, z. B. in Word, in Paint, in Publisher, in Visio etc. (Bild 2-34).

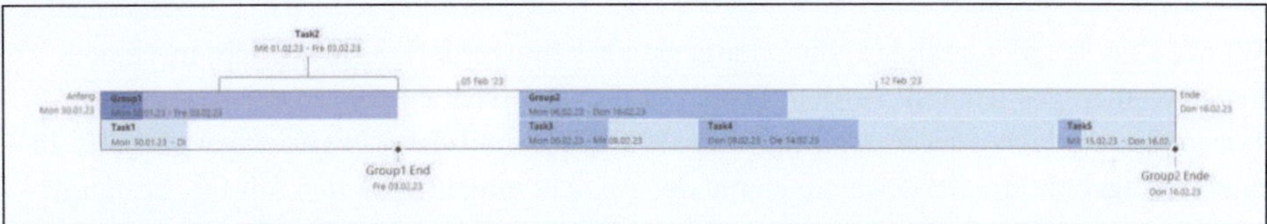

Bild 2-34. Zeitskala in Paint

Codeliste 2-10. Die Prozedur kopiert die Zeitachse in die Zwischenablage

```
Sub Export()
'Export für E-Mail
    TimelineExport ExportWidth:=600
'Export für Präsentation
    TimelineExport ExportWidth:=940
'Export volle Größe
    TimelineExport
End Sub
```

Durch dem Parameter *ExportWidth* wird die Größe bestimmt, mit der die Zeitachse in die Zwischenablage kopiert wird. Natürlich können auch andere Werte für die Größe verwendet werden. Die folgende Prozedur kopiert die Zeitachse für eine E-Mail in die Zwischenablage und erzeugt ein neues E-Mail-Formular unter Outlook. Danach kann mit den Tasten STRG + V die Zeitachse in das Formular kopiert werden. Nachdem das Formular ergänzt wurde, kann es manuell versendet werden.

Codeliste 2-11. Die Prozedur erzeugt ein neues E-Mail-Formular

```
Sub EmailManuellAbsenden()
    Dim objOutlook As Object
    Dim objMail As Object

    Set objOutlook = CreateObject("Outlook.Application")
    Set objMail = objOutlook.CreateItem(0)
    TimelineExport ExportWidth:=600
```

```
    With objMail
        .To = "E-Mail-Adresse"
        .Subject = "Zeitachse"
        .Body = "Mit den Tasten STRG + V Zwischenablage einfügen"
'Mit Display wird das E-Mail-Formular angezeigt
'Der Versand erfolgt anschließend manuell
        .Display
    End With
End Sub
```

Die Zeitachse besitzt auch ein eigenes Register *Zeitachse Format*. Neben Schriftformate gibt es auch Datumsformate zur Anpassung. Hier kann ein Zeitbalken eine *Balkenbezeichnung* bekommen. Außerdem werden die Anzahl *Textzeilen* bestimmt, die ein Zeitbalken besitzen soll. Mit einem Klick auf die Methode *Zeitachsenbalken* wird ein weiterer Zeitbalken eingeblendet, der über das Kontextmenü wieder entfernt werden kann.

2.2.11 Neue Ansicht erstellen und entfernen

Wurde eine Ansicht geändert, dann kann sie als benutzerdefinierte Ansicht mit einem neuen Namen gespeichert werden. Dazu wird im Register *Ansicht* in der Gruppe *Vorgangsansichten* oder *Ressourcenansicht* die Auswahl *Ansicht speichern* gewählt. In einem Eingabefeld wird der neue Name der Ansicht eingetragen und mit OK bestätigt.

Codeliste 2-12. Die Prozedur erstellt eine neue Ansicht

```
Sub NewView()
    Dim sName As String
    sName = InputBox("Neuer Ansichtsname =", _
        "Neue Ansicht erstellen")
    ViewApplyEx Name:=sName, ApplyTo:=0
    ViewCopy
End Sub
```

Die erstellte Ansicht ist dann unter *Weitere Ansichten* wählbar (Bild 2-35).

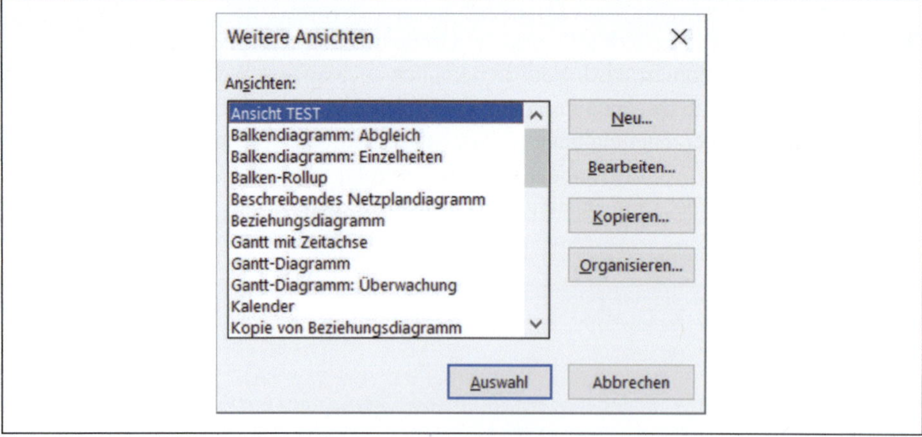

Bild 2-35. Neue Ansicht in der Auswahl

In dem Dialogfenster *Weitere Ansichten* existiert eine Schaltfläche *Organisieren*, dadurch wird das Dialogfenster *Organisieren* geöffnet. Darin lassen sich die Ansichten in der globalen Datei und der aktuellen wieder löschen. Vorausgesetzt sie werden nicht genutzt. Es genügt in der Regel, die neue Ansicht in der globalen Datei zu löschen.

Codeliste 2-13. Die Prozedur entfernt die Ansicht TEST aus der globalen Datei

```
Sub DeleteView()
   OrganizerDeleteItem _
      Type:=0, _
      FileName:="Global.MPT", _
      Name:="Ansicht TEST"
End Sub
```

2.2.12 Ansichten auf Standard zurücksetzen

Wurden Standardansichten geändert, können sie unter Register *Ansicht* zum Beispiel in *Vorgangsansichten / Gantt-Diagramm* mit der Methode *Auf Standard zurücksetzen* zurückgesetzt werden (Bild 2-36).

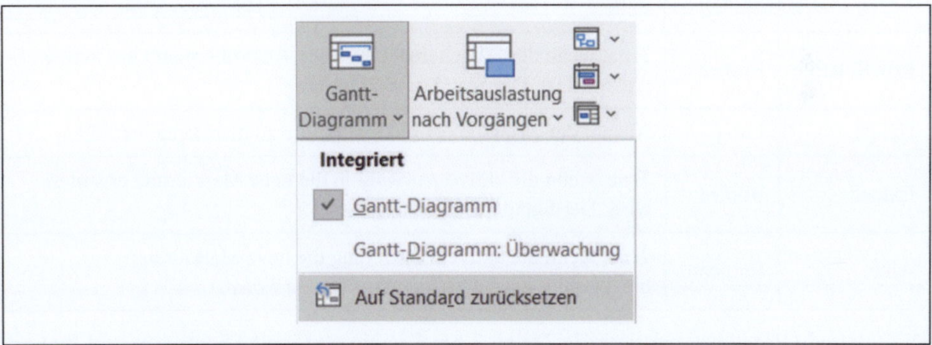

Bild 2-36. Ansichten auf Standard zurücksetzen

In VBA wird mit der Methode *ViewReset* der Standard wiederhergestellt.

2.2.13 Zugriff auf Tabellenelemente

1-17-02-02_Tabellenelemente.mpp

Die Methode *SelectSheet* markiert alle Zellen der aktiven Tabelle. Ihre Syntax lautet

```
SelectSheet
```

Die *SelectSheet*-Methode ist nur in den Ansichten *Gantt-Diagramm* (Tabellenbereich), *Vorgang: Tabelle*, *Vorgang: Einsatz*, *Ressource: Tabelle* und *Ressource: Einsatz* verfügbar.

Codeliste 2-14. Die Prozedur markiert alle Zellen der Tabelle

```
Sub SelectActiveSheet()
   SelectSheet
End Sub
```

Die Methode *SelectAll* markiert alle benutzten Zeilen der aktuellen Ansicht. Ihre Syntax lautet

```
SelectAll
```

Codeliste 2-15. Die Prozedur markiert alle genutzten Zeilen

```
Sub SelectAllCells()
   SelectAll
End Sub
```

Die *SelectRow*-Methode markiert eine oder mehrere Zeilen der aktiven Tabelle. Ihre Syntax lautet

```
SelectRow (Row, RowRelative, Height, Extend, Add)
```

Tabelle 2-15. Die optionalen Parameter der SelectRow-Methode

Parameter	Datentyp	Beschreibung
Row	Long	Nummer der zu markierenden Zeile. Standardeinstellung aktive Zeile.
RowRelative	Boolean	*True*, wenn der Speicherort der neuen Auswahl relativ zur aktiven Auswahl ist. Der Standardwert ist *True*.
Height	Long	Anzahl der zusätzlich zur aktiven Zelle zu markierenden Zeilen.
Extend	Boolean	*True*, wenn die aktive Auswahl in die neue Markierung erweitert wird. Der Standardwert ist *False*.
Add	Boolean	*True*, wenn die aktive Markierung die neue Markierung hinzugefügt wird. Der Standardwert ist *False*.

Die folgende Prozedur markiert die Zeilen 3 bis 5 in einem Gantt-Diagramm und fügt sie einer vorhandenen Markierung hinzu.

Coddeliste 2-1. Die Prozedur markiert Zeilen in der aktiven Tabelle

```
Sub SelectTableRows()
   ViewApply Name:="Gantt-Diagramm"
   SelectRow Row:=3, RowRelative:=False, Height:=2, Add:=True
End Sub
```

Die *SelectRowEnd*-Methode markiert die letzte Zelle der Zeile, die die aktive Zelle enthält. Ihre Syntax lautet

```
SelectRowEnd (Extended)
```

Tabelle 2-16. Der optionale Parameter der SelectRowEnd-Methode

Parameter	Datentyp	Beschreibung
Extend	Boolean	*True*, wenn die aktuelle Auswahl auf die letzte Zelle erweitert wird. Der Standardwert ist *False*.

Codeliste 2-16. Die Prozedur markiert die letzte Zelle in der aktiven Zeile

```
Sub SelectRowEndCell()
   ViewApply Name:="Gantt-Diagramm"
   SelectRowEnd
End Sub
```

Alternativ markiert die *SelectRowStart*-Methode die erste Zelle der Zeile, in der sich die aktive Zelle befindet. Ihre Syntax lautet

```
SelectRowStart (Extend)
```

Tabelle 2-17. Der optionale Parameter der SelectRowStart-Methode

Parameter	Datentyp	Beschreibung
Extend	Boolean	*True*, wenn die aktuelle Auswahl auf die erste Zelle erweitert wird. Der Standardwert ist *False*.

Codeliste 2-17. Die Prozedur markiert die erste Zelle in der aktiven Zeile

```
Sub SelectRowStartCell()
   ViewApply Name:="Gantt-Diagramm"
   SelectRowStart
End Sub
```

Die *SelectColumn*-Methode markiert eine oder mehrere Spalten in der aktiven Ansicht. Ihre Syntax lautet

```
SelectColumn (Column, Additional, Extend, Add)
```

Tabelle 2-18. Die optionalen Parameter der SelectColumn-Methode

Parameter	Datentyp	Beschreibung
Spalte	Integer	Nummer der zu markierenden Spalte. (Spalten werden von links nach rechts nummeriert, beginnend mit zwei.) In der Standardeinstellung ist dies die aktive Spalte.
Additional	Integer	Anzahl der zusätzlich zur aktiven Spalte zu markierenden Spalten.
Extend	Boolean	*True*, wenn die aktive Auswahl in die neue Markierung erweitert wird. Der Standardwert ist *False*.
Add	Boolean	*True*, wenn die aktive Markierung die neue Markierung hinzugefügt wird. Der Standardwert ist *False*.

Codeliste 2-18. Die Prozedur markiert in der Ansicht Gantt-Diagramm die fünfte Spalte

```
Sub SelectColumns()
   ViewApply Name:="Gantt-Diagramm"
   SelectColumn Column:=5, Extend:=False
End Sub
```

Die *AddNewColumn*-Methode fügt eine neue Spalte an der angegebenen Position in Ansichten hinzu, die das Hinzufügen von Spalten erlauben.

```
AddNewColumn (Column)
```

Tabelle 2-19. Der optionale Parameter der AddNewColumn-Methode

Parameter	Datentyp	Beschreibung
Column	Variant	Aktuelle Spaltenposition. Der Wert 0 fügt eine Spalte ganz links ein.

Die folgende Prozedur fügt an der dritten Position eine Spalte ein und übergibt den Fokus an das Auswahlfeld.

Codeliste 2-19. Die Prozedur fügt eine neue Spalte ein

```
Sub NewColumn()
   ViewApply Name:="Gantt-Diagramm"
   AddNewColumn (3)
End Sub
```

Die *ColumnEdit*-Methode zeigt das Dialogfeld *Definition Spalte* für die angegebene Spalte. Ihre Syntax lautet

```
ColumnEdit (Column)
```

Tabelle 2-20. Der optionale Parameter der ColumnEdit-Methode

Parameter	Datentyp	Beschreibung
Column	Integer	Nummer der zu ändernden Spalte. Der Standardwert ist die Nummer der aktiven Spalte.

Codeliste 2-20. Die Prozedur ruft zur Spalte das Dialogfenster Definition auf

```
Sub CallColumnEdit()
   ColumnEdit (5)
End Sub
```

Die *ColumnInsert*-Methode fügt links von der aktiven Spalte eine Spalte ein und ruft das Dialogfenster *Feldeinstellungen* zur Auswahl auf. Ihre Syntax lautet

```
ColumnInsert
```

Codeliste 2-21. Die Prozedur fügt eine Spalte ein

```
Sub InsertColumnWithDialog()
   ColumnInsert
End Sub
```

Die *EditInsert*-Methode ruft zur markierten Spalte die Auswahlliste *Definition Spalte* auf. Ihre Syntax lautet

```
EditInsert
```

Codeliste 2-22. Die Prozedur fügt eine Spalte über Auswahlliste ein

```
Sub NewColumnInsert()
   EditInsert
End Sub
```

2.3 Dokumentation in Project

Die Projektdokumentation ist das Fundament eines Projekts und entsteht in allen Phasen bis zum Abschlussbericht. Leider verfügt Project über wenige grafische Möglichkeiten außerhalb der Planung. Dafür sind andere Office-Anwendungen spezialisiert, für Berechnungen und Diagramme ist es Excel, für Grafiken und SmartArts ist es PowerPoint und für Formulare und Mitteilungen ist es Word.

2.3.1 Notizen im Projektvorgang

In Project lassen sich diese Anwendungen in die Notizen einbinden. Dadurch besteht die Möglichkeit, Vorlagen für die Dokumentation zu erstellen. Es entsteht ein Projekt Dokumentation zum Projekt.

🗁 1-17-02-03_Dokumentation.mpp

Als Ansicht wird *Vorgang: Tabelle* genutzt, in der die Schritte bis hin zur Planung strukturiert eingetragen werden (Bild 2-37).

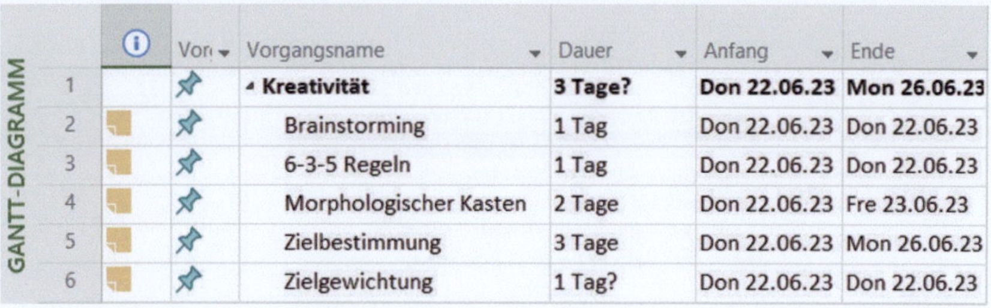

	ⓘ	Vor	Vorgangsname	Dauer	Anfang	Ende
1			**Kreativität**	**3 Tage?**	**Don 22.06.23**	**Mon 26.06.23**
2			Brainstorming	1 Tag	Don 22.06.23	Don 22.06.23
3			6-3-5 Regeln	1 Tag	Don 22.06.23	Don 22.06.23
4			Morphologischer Kasten	2 Tage	Don 22.06.23	Fre 23.06.23
5			Zielbestimmung	3 Tage	Don 22.06.23	Mon 26.06.23
6			Zielgewichtung	1 Tag?	Don 22.06.23	Don 22.06.23

GANTT-DIAGRAMM

Bild 2-37. Dokumentverwaltung mit der Vorgangstabelle

In der Tabelle lassen sich auch Dauer und Termine eintragen, die dann manuell vorgegeben werden, je nach Beginn des eigentlichen Projekts.

Codeliste 2-23. Die Prozedur zeigt alle Texte in den Vorgangsnotizen

```
Sub ReadActualWorks()
   Dim objTask     As Task
   Dim sText       As String
   sText = ""
   For Each objTask In ActiveProject.Tasks
      sText = sText & objTask.Name & ": " & vbCr & _
         objTask.Notes & vbCr
   Next objTask
   MsgBox sText, vbOKOnly, "Vorgangsnotizen"
End Sub
```

Mit einem Doppelklick auf den jeweiligen Vorgang öffnet sich das Dialogfenster *Informationen zum Vorgang*. Es verfügt über mehrere Register (Bild 2-38).

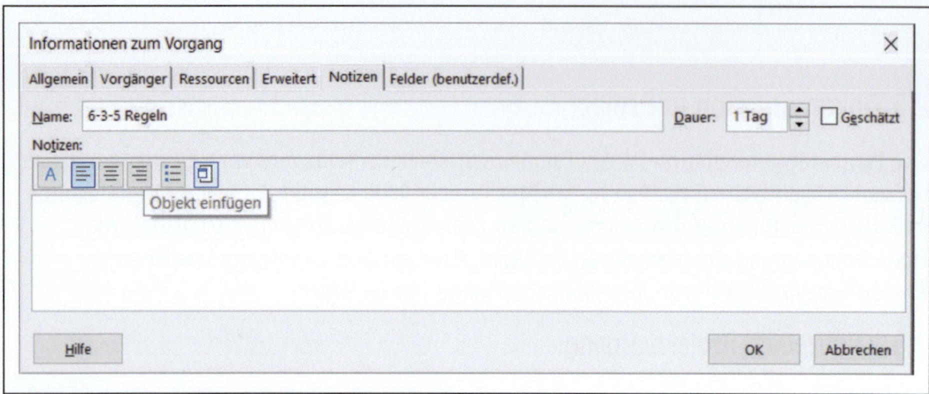

Bild 2-38. Notizen in Informationen zum Vorgang

Über dem Notizfenster befinden sich mehrere Schaltflächen. Neben Formatierungsmöglichkeiten zum Text gibt es die Schaltfläche *Objekt einfügen*. Sie öffnet das entsprechende Dialogfenster zur Auswahl (Bild 2-39).

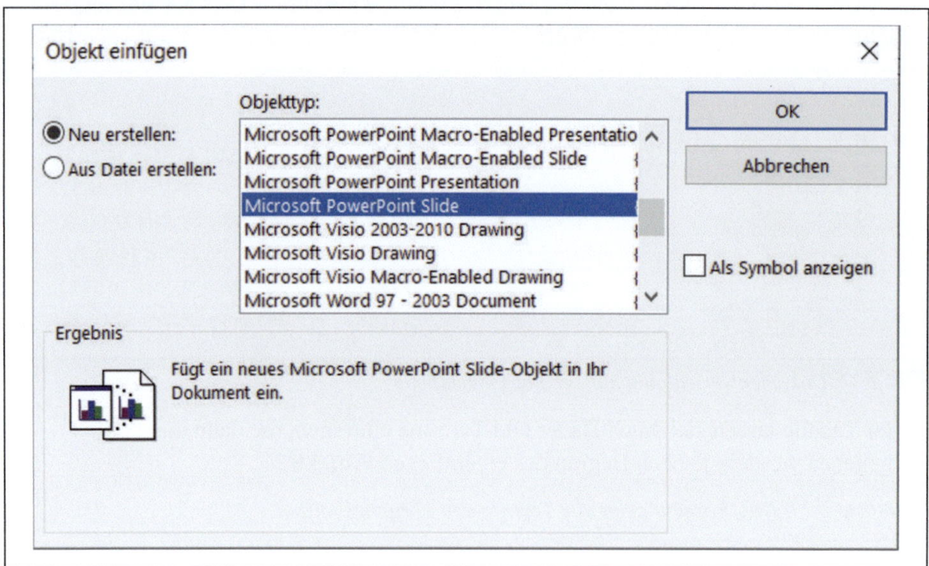

Bild 2-39. Auswahl von Objekten

Besonders wichtig sind Excel-Arbeitsblatt, Excel-Diagramm, PowerPoint-Folie und Word Dokument. Mit etwas größerem Aufwand können sogar Präsentationen und VideoClips eingebunden werden. Die angebotene Auswahlliste bietet interessante Möglichkeiten.

Wird zusätzlich zur Ansicht *Vorgang: Tabelle* noch die Detailansicht *Vorgang: Maske* eingeblendet, dann lässt sich die Detailansicht mit der folgenden Prozedur auf die Darstellung der Notizen umschalten.

Codeliste 2-24. Umschaltung der Detailansicht auf die Notizendarstellung

```
Sub ShowNotes()
   On Error Resume Next
   Application.ViewShowNotes
End Sub
```

Damit sind durch Bewegen in der Vorgangstabelle mit den Pfeiltasten alle Notizen direkt sichtbar und können ausgewählt werden. Durch Ziehen der Trennlinie lässt sich der Darstellungsbereich vergrößern.

2.3.2 Notizen im Projektsammelvorgang

In der Ansicht *Vorgang: Tabelle* lässt sich der Projektsammelvorgang über Register *Format / Einblenden/Ausblenden* anzeigen. Auch in der Ansicht *Gantt-Diagramm* gibt es unter Register *Gantt-Diagramm Format* diese Möglichkeit.

Ähnlich wie beim einzelnen Vorgang öffnet sich mit einem Doppelklick auf den Projektsammelvorgang ein Dialogfenster *Informationen zum Sammelvorgang*. Es verfügt über ein Register *Notizen*, das genau wie das Notizfenster zum Vorgang gehandhabt wird, also besteht auch die Möglichkeit, ein Objekt einzufügen (Bild 2-40).

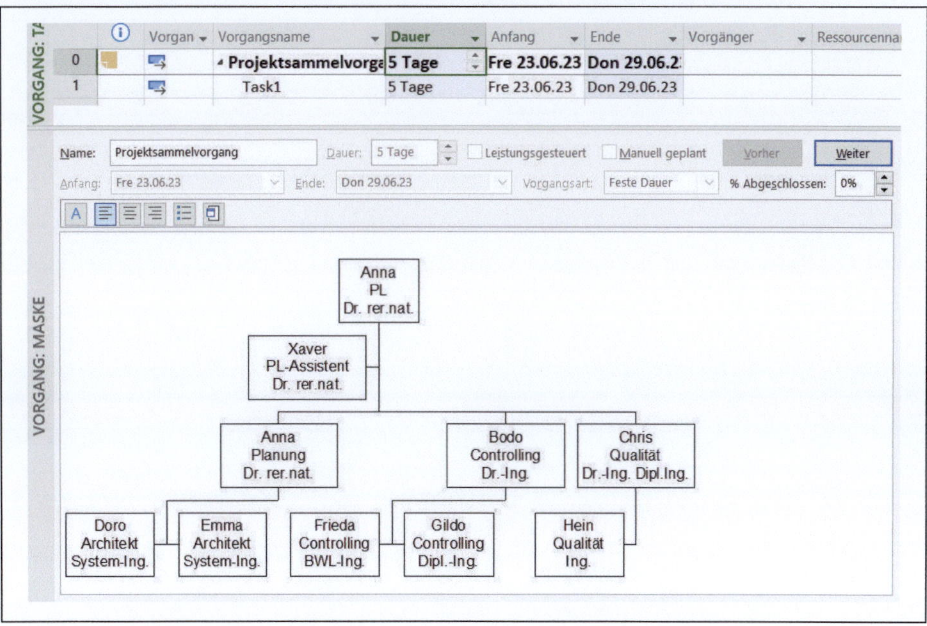

Bild 2-40. Beispiel eines Organigramms im Projektsammelvorgang

Hier eignet sich besonders die Darstellung der Projektstruktur als Organigramm mit dem Objekttyp *Organization Chart Add-In for Microsoft Office programs*. Es fügt ein Organigramm ein und besitzt einen Editor zur Handhabung.

🗁 1-17-02-04_SammelNotiz.mpp

Allerdings lässt die Formatierung Wünsche offen. Die Darstellung im Notizfenster lässt sich mit gedrückter STRG-Taste und Mausraddrehung in der Größe verändern.

Kapitel 3

Projektinitialisierung

Project ist ein wichtiges Hilfsmittel des Projektmanagements auf der Grundlage der Netzplantechnik. Es hilft bei der Planung, Verwaltung und dem Controlling von Projekten. Die wichtigsten Parameter eines Projekts sind Kosten, Ressourcen und Zeit. Betrachtet werden Vorgänge, die Einzelaufgaben, Arbeitspakete oder gar Unterprojekte sein können.

Den Beginn eines Projekts zu definieren ist relativ. Im engeren Sinne beginnt der Projektstart mit der Bestimmung aller Aktivitäten und Maßnahmen zur Projektvorbereitung, auch als Projektinitialisierung bezeichnet. Im weiteren Sinne beginnt ein Projekt jedoch viel früher mit der ersten Idee zum Projekt (Bild 3-1). Hier beginnen auch die ersten Aufzeichnungen, meistens in Form einer Mindmap.

Bild 3-1. Projektmodell

H. Nahrstedt, *Project + VBA für Manager*,
https://doi.org/10.1007/978-3-658-43837-1_3

3.1 Die Projektidee

Kreativität ist schöpferisches Denken in ungewohnter Art und die Kombination bekannter Dinge in neuer Weise. Ein Ziel ist eine absichtlich spezifische strukturelle Veränderung, bzgl. Produkt, Markt, Organisation etc., die eine Verbesserung bewirkt, auch als *Innovation* bezeichnet.

Der Innovationsablauf verwendet etwa 70 % der Zeit mit der Konkretisierung einer Idee. Dann folgen etwa 25 % für die planmäßige Verwirklichung einer Neuerung und es werden nur 5 % der Zeit zur Ideenauswertung benötigt (Bild 3-2).

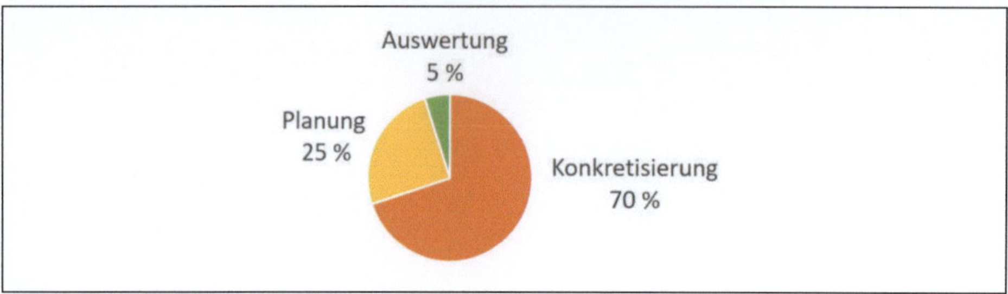

Bild 3-2. Innovationsablauf zu einer Idee

Die Innovationszyklen lassen sich grob in drei Gruppen einteilen. Der erste Anteil von 50 % liegt unter 10 Jahren. Der zweite Anteil von 40 % liegt zwischen 10 und 50 Jahren. Ein geringer Anteil von 10 % hat einen Zyklus von 50 Jahren und mehr (Bild 3-3).

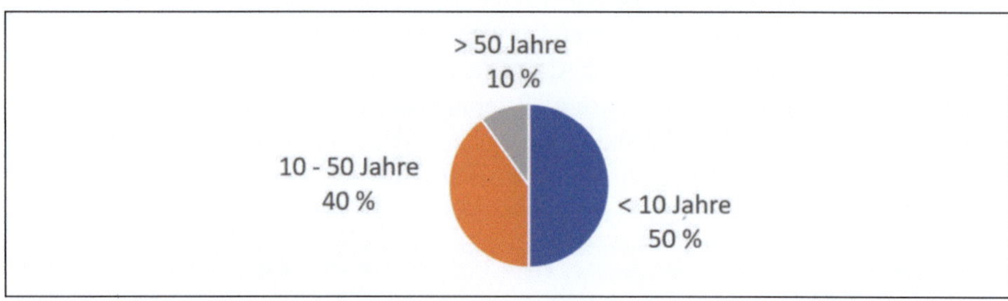

Bild 3-3. Innovationszyklen

Ein Teilprozess des Aufgabenlösungszyklus ist das Finden von Lösungsalternativen. Dies ist im Allgemeinen ein hochgradig kreativer Prozess, denn nicht alle Lösungsalternativen sind naheliegend. Mit formalen Techniken kann dieser kreative Prozess angegangen werden, wie etwa das Brainstorming, die Methode 6-3-5 oder der morphologische Kasten. Diese Methoden werden stellvertretend für viele andere Methoden hier aufgeführt.

🗁 1-17-03-01_Ideen.mpp

3.1.1 Brainstorming

Beim *Brainstorming* (übersetzt mit Gehirnsturm) handelt es sich um eine Kreativtechnik zur Ideengenerierung, die aus dem Trainer- und Berater-Alltag nicht mehr wegzudenken ist. Es ist eine der ältesten und auch am häufigsten verwendeten Kreativtechniken.

Als Erfinder gilt Alex Osborn[2]. Das Brainstorming hat viele Stärken, aber auch einige Schwächen. Wenn man nicht aufpasst, kommen nur diejenigen zu Wort, die am schnellsten auf Ideen kommen und sie am lautesten mitteilen. Introvertierte Personen (und ihre Ideen) werden dabei leicht übergangen. Diesen Effekt verhindert das *Brainwriting*, so wie es nachfolgend beschrieben wird. Eine weitere Begleiterscheinung ist der sogenannte Ankereffekt, bei dem Teilnehmende mitten in der Sitzung das Brainstormen beenden, um sich mit den bereits zusammengetragenen Ideen zu befassen.

Auch wenn Brainstorming bzw. Brainwriting immer das gleiche Ziel hat, so gibt es doch unterschiedliche Methoden, um zu Ergebnissen zu gelangen.

Tabelle 3-1. Einteilung der Brainstorming-Methoden

Methodengruppe	Methoden
Stilles Brainstorming	Personen oder Gruppen erarbeiten schriftlich Ideen durch blindes Schreiben, Starbursting-Methode, Trigger-Anweisungen, Crawford-Slip-Writing-Technik, kollaboratives Brainwriting etc.
Analytisches Brainstorming	Visuelle Methoden, wie Treiberanalyse, Lücken ausfüllen, Parallelen erkennen etc.
Assoziatives Brainstorming	Assoziative Beziehungen sammeln mit Mindmapping, Flussdiagramme, SWOT-Analyse etc.
Hypothetisches Brainstorming	Ansätze durch kreatives Denken, was wäre, wenn, Rollenspiele, Vorgänge umkehren, Zeitreisen, Fünf-Warum-Methode etc.
Kollaboratives Brainstorming	Zusammenarbeit von Teams mit Medici-Effet, Brain-Netting, Schnelle Ideenfindung, Gruppenidee, Round-Robin, Trittleitertechnik, Charette-Technik etc.

Wie auch immer Merkmale zum Meeting gewonnen werden, sollte es doch eine Übersicht mit Stichpunkten geben. Dazu wird als Objekt *Microsoft PowerPoint Slide* in die Notizen eingebunden. Mit der Auswahl öffnet sich die PowerPoint-Anwendung und auf der leeren Folie wird das SmartArt-Element *Bildakzentliste* eingefügt (Bild 3-4).

[2] Alex Osborn, 1888 – 1966, war US-amerikanischer Autor und Werbefachmann.

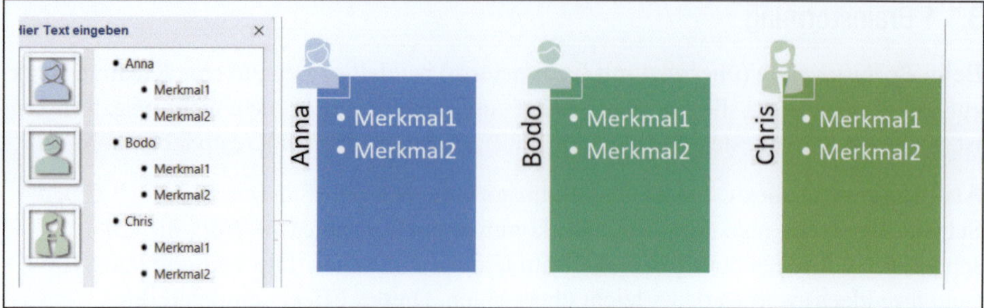

Bild 3-4. Merkmale zum Brainstorming

Zu den Namen der Teammitglieder (oder Stakeholder) können auch ihre Passbilder eingebunden werden. Die Auflistung der unterschiedlichen Merkmale liefert eine gute Übersicht zum Brainstorming. Zusätzlich wird noch ein Word-Dokument als Symbol eingebunden. Es enthält den Brainstorming-Report (Bild 3-5).

Brainstorming-Report

Datum	Uhrzeit	Ort

Anna

Merkmale	Erläuterung

Bodo

Merkmale	Erläuterung

Chris

Merkmale	Erläuterung

Bild 3-5. Einfache Struktur eines Brainstorming-Reports

Danach können die Anwendungen geschlossen werden und das Notizfeld besitzt jetzt Hyperlinks zu den eingebetteten Dokumenten (Bild 3-6).

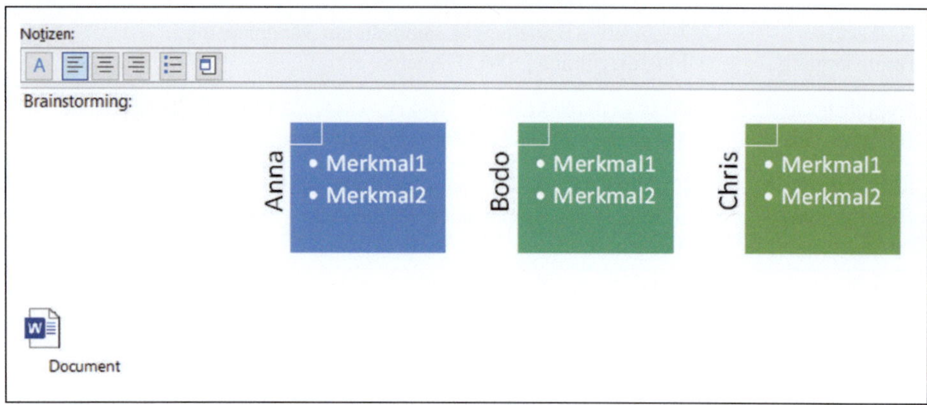

Bild 3-6. Inhalt des Notizfeldes

Mit einem Doppelklick auf das jeweilige Objekt im Notizfeld öffnet sich die Anwendung mit dem eingebetteten Dokument und es kann bearbeitet werden. Nach dem Schließen des Dialogfeldes *Informationen zum Vorgang*, weist ein Symbol in der Indikatorspalte auf den vorhandenen Kommentar hin. Mit der Position des Mauszeigers auf das Symbol wird eine vereinfachte Vorschau zu den Notizen eingeblendet (Bild 3-7). Ein Doppelklick auf das Notizsymbol öffnet das Dialogfenster mit dem Notizfeld.

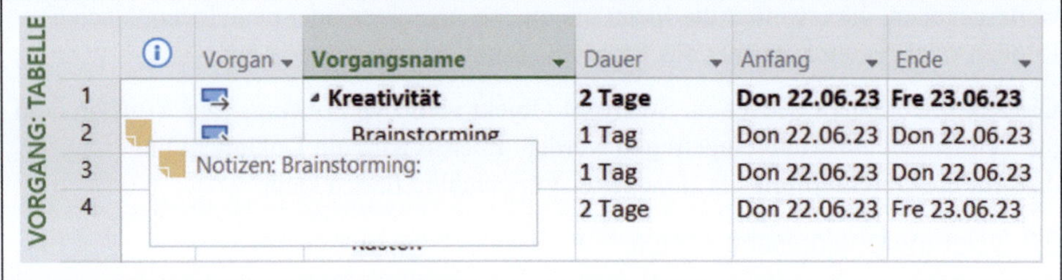

Bild 3-7. Hinweis auf vorhandene Notizen

Das Ziel des Brainstormings ist es, möglichst viele neue Ideen zur Lösung eines Problems zu finden. Verschiedene Ansichten der Teilnehmer fördern die Findung, daher sind sowohl Fachleute wie auch Laien hilfreich. Die Teilnehmerzahl sollte sich auf 3 bis 12 Personen beschränken.

Die Regeln des Brainstormings sind einfach. Jede Art von Kritik ist verboten und der Fantasie werden keine Grenzen gesetzt. Quantität kommt vor Qualität und bedeutet, je größer die Anzahl an Ideen ist, umso wahrscheinlicher sind auch brauchbare darunter. Ein Urheberrecht bleibt unbeachtet, denn je mehr Ideen von anderen aufgegriffen und verbessert werden, umso mehr lassen sie sich zu neuen Ideen verbinden.

3.1.2 Die 6-3-5 Methode

Die 6-3-5 Methode ist die bekannteste Variante eines Brainwriting. Sie wurde 1986 von Bernd Rohrbach[3]entwickelt, einem deutschen Unternehmensberater. Der Begriff steht für die Abkürzung 6 Personen – 3 Ideen – 5 Minuten (Bild 3-8).

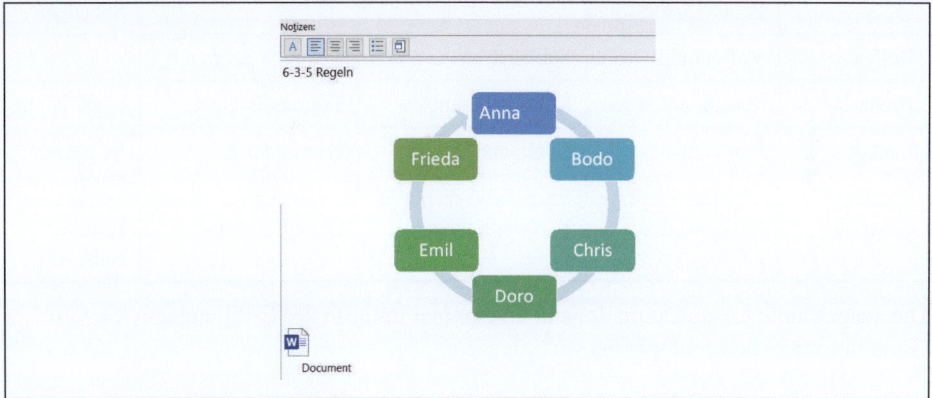

Bild 3-8. Schema zur 6-3-5-Methode

Die Teilnehmerzahl ist auf 6 Personen begrenzt, die in einem Kreis sitzen und auf einem Zettel in 5 Minuten 3 Ideen notieren sollen. Danach werden sie an die nächste Person

[3] Bernd Rohrbach, Marketing- und Unternehmensberater, veröffentlichte seine Methode 6-3-5 erstmalig 1969.

weitergegeben, die erweitert die Ideen um eigene Ansichten oder neue Ideen. Nach 6 Runden wird gemeinsam über das Ergebnis diskutiert und ausgewertet.

Die Notizen erhalten wieder ein SmartArt-Objekt vom Typ *Fortlaufender Kreis*, in dem die Teilnehmer am Audit eingetragen werden. Ebenso wird ein Dokument hinterlegt, dass für die Durchführung als Handzettel Verwendung finden kann.

3.1.3 Der morphologische Kasten

Als dritte Methode wird der morphologische Kasten beschrieben. Er wird auch nach ihrem Erfinder als Zwicky[4]-Box bezeichnet. Seine Matrix verhindert Vorfixierungen und Denkblockaden. Die Parameter des Problems werden in der ersten Spalte einer Tabelle eingetragen. Sie müssen voneinander unabhängig sein. Für die einzelnen Parameter werden ihre Ausprägungen (mögliche Lösungen) zeilenweise aufgelistet. Die Ausprägungen sollen sich dabei nicht am Parameter, sondern am Gesamtproblem orientieren. Durch Kombination der Ausprägungen werden dann Lösungsmöglichkeiten für das Gesamtproblem gebildet.

Als Beispiel folgt der morphologische Kasten für die Produktion von Fahrrädern.

Tabelle 3-2. Beispiel eines morphologischen Kastens (Lösung farblich gekennzeichnet)

Parameter	Ausprägungen			
Rahmenform	Gebogene Form	Standard	Doppelrahmen	Liegeform
Material	Alu	Carbon	Stahl	Kunststoff
Felgen	Alu-Felgen/Speichen	Stahlfelgen/Speichen	Kunststoff/Speichen	Felgen ohne Speichen
Reifen	Vollgummi	Schlauchlos	Mantel + Schlauch	
Bremsen	Scheibenbremsen	Mittelzugbremse	Trommelbremse	Reifenbremse
Lenker	Rennlenker	Gebogener Lenker	Gerade Form	Bequeme Form
Schaltung	Nabenschaltung	Kettenschaltung	Ohne Schaltung	Kombi Nabe/Kette

Die ausgewählte Lösung kann dann noch einnmal mithilfe des Erfüllungsgrades zum Gesamtproblem beurteilt werden.

[4] Fritz Zwicky, 1898-1974, war ein Schweizer Physiker und Astronom, der vorwiegend am kalifornischen Institute of Technology wirkte.

Tabelle 3-3. Erfüllungsgrad der gewählten Lösung

Parameter	Ausprägung	Erfüllungsgrad
Rahmenform	Gebogene Form	60%
Material	Alu	90%
Felgen	Alu-Felgen/Speichen	85%
Reifen	Mantel + Schlauch	50%
Bremsen	Reifenbremse	45%
Lenker	Bequeme Form	68%
Schaltung	Nabenschaltung	92%

Da die Tabelle keine Berechnungen erfordert, kann eine Tabelle in Word angewendet werden. Das entsprechende Dokument wird in den Notizen eingebunden (Bild 3-9).

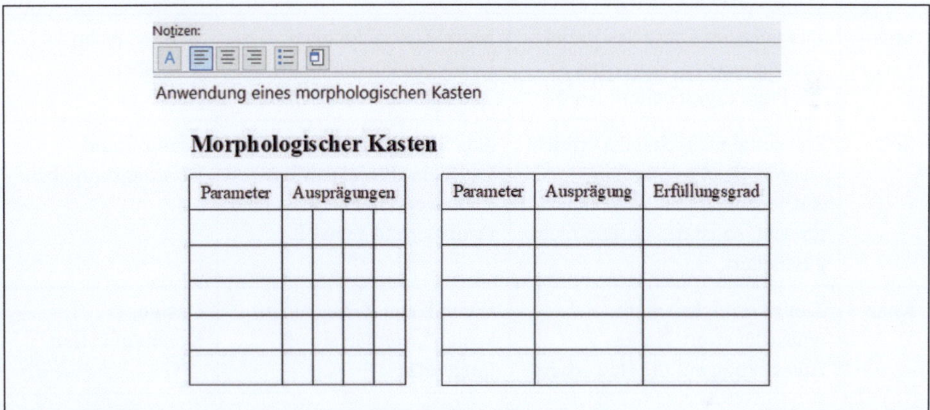

Bild 3-9. Einfaches Schema für einen morphologischen Kasten

3.1.4 Zielbestimmung

Projekte scheitern oft, weil es unklare Definitionen von Projektzielen gibt. Projektziele müssen messbar sein. Es existieren einige Methoden, wie etwa die SMART-Methode. Der Begriff SMART ist ein Akronym für fünf Kriterien zur Bestimmung der Ziele.

Tabelle 3-4. Kriterien der SMART-Methode

S	Spezifisch	einfach und verständlich, nicht vage, sondern präzise
M	Messbar	Überprüfbar mit einem Ergebnis
A	Attraktiv/erzielbar	Erreichbar und sozial verträglich
R	Realistisch	Sachlich erreichbar mit den Ressourcen
T	Terminiert	Zeitlich planbar mit Endziel

Projektziele sind nicht immer direkt zu benennen. Mitunter ist es hilfreich, auch Nicht-Ziele zu nennen, die eben nicht erreicht werden sollen. Der Einsatz der SMART-Methode führt oft dazu, dass für ein Problem mehrere spezifische Ziele gesetzt werden, anstatt ein einzelnes, übergreifendes.

Vor dem Einsatz der Methode sollten die folgenden fünf Fragen gestellt werden:

- Was soll erreicht werden?
- Warum soll es erreicht werden?
- Wer ist beteiligt?
- Wo soll es erreicht werden?
- Welche Anforderungen und Einschränkungen gibt es?

Bei der Definition unterscheidet man außerdem drei Zielarten.

Tabelle 3-5. Zielarten

Zielart	Erläuterung	Anmerkungen	Beispiele
Muss	Ziel muss im Laufe des Projekts erreicht werden, ansonsten ist das Projekt gescheitert	Muss-Ziele schränken Lösungen ein und sollten sparsam verwendet werden	Budget, techn. Vorgaben
Soll	Ziel sollte weitgehendst erreicht werden, denn es trägt zur Zufriedenheit bei. Wird es nicht erreicht, so ist das Projekt nicht gescheitert.	Aus Soll-Zielen können im Laufe des Projekts Muss-Ziele werden. Daher ist eine Priorisierung sinnvoll.	Features und Leistungsvorgaben
Kann	Ziel zu erreichen wäre wünschenswert. Keine Auswirkung auf die Bewertung	Wenn Kann-Ziele „nichts kosten“, werden sie oft umgesetzt.	Design, Kommunikation

In diesem Fall wird ein Word-Dokument verwendet (Bild 3-10).

Zieldefinition nach der SMART-Methode

Kriterium	Ziel 1 (Muss)	Ziel 2 (Soll)	Ziel 3 (Kann)
S(pezifisch)			
M(essbar)			

Bild 3-10. Formblatt zur SMART-Methode (Auszug)

3.1.5 Zielgewichtung

Gibt es mehrere Ziele, oder lässt sich ein Ziel in Teilziele aufteilen, so ist deren Wichtigkeit eine Größe zur Ausrichtung des Lösungsweges.

Eine Methode zur Beurteilung der Wichtigkeit von Zielen ist das Zielgewichtungsverfahren. Ein großer Vorteil ist der einfache Aufbau und die Nachvollziehbarkeit der Gewichtung. Bei vielen Zielen geht die Übersichtlichkeit jedoch verloren.

Zur Betrachtung ein einfaches Beispiel. In einer Tabelle sind die Ziele untereinander aufgeführt. Von den beiden Zielen, die jeweils untereinanderstehen, wird das als wichtiger eingestufte mit seiner Zielnummer in die erste Spalte hinter den Zielen eingetragen. In der nächsten Spalte werden die Ziele mit den Zielnummern in der vorherigen Spalte verglichen. Dies wird so lange wiederholt, bis nur noch eine Zielnummer übrigbleibt (Bild 3-11).

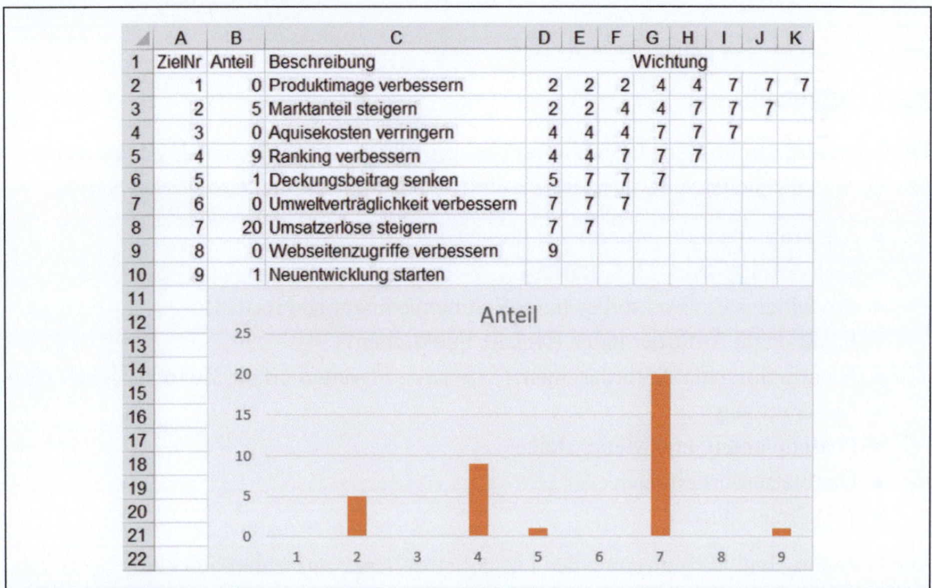

	A	B	C	D	E	F	G	H	I	J	K
1	ZielNr	Anteil	Beschreibung	Wichtung							
2	1	0	Produktimage verbessern	2	2	2	4	4	7	7	7
3	2	5	Marktanteil steigern	2	2	4	4	7	7	7	
4	3	0	Aquisekosten verringern	4	4	4	7	7	7		
5	4	9	Ranking verbessern	4	4	7	7	7			
6	5	1	Deckungsbeitrag senken	5	7	7	7				
7	6	0	Umweltverträglichkeit verbessern	7	7	7					
8	7	20	Umsatzerlöse steigern	7	7						
9	8	0	Webseitenzugriffe verbessern	9							
10	9	1	Neuentwicklung starten								

Bild 3-11. Beispiel zur Methode der Zielgewichtung

Die Wichtungsmatrix (D2:K9) bekommt den Bereichsnamen *Wichtung* und die Zielnummern (A2:A10) den Bereichsnamen *ZielNr*. Der Anteil in Spalte B bestimmt sich mit der Formel =ZÄHLENWENN(Wichtung; ZielNr).

Ein Säulendiagramm visualisiert das Ergebnis.

3.2 Erste Dokumente

Ist aus der Idee ein definierbares Ziel entstanden, dann beschreibt der Auftraggeber seine Forderungen möglichst umfassend und umgangssprachlich in Form eines Lastenheftes.

Es ist das erste Dokument zum Projekthandbuch und dient dem Auftragnehmer als Grundlage für Analysen (Bild 3-12).

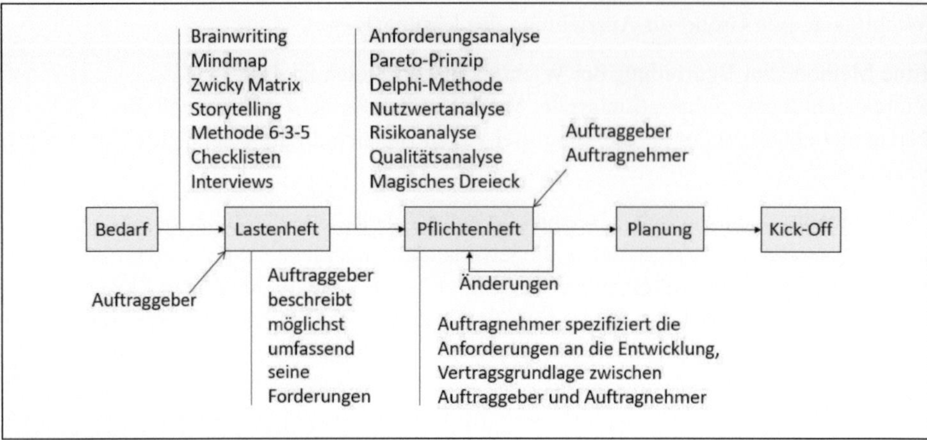

Bild 3-12. Lasten- und Pflichtenheft zu einem Projekt

3.2.1 Lastenheft

Die Form und Struktur des Lastenheftes sind projektspezifisch. Dennoch gibt es eine Gliederung, die sicherstellt, dass die wesentlichen Merkmale nicht vergessen werden.

- Ausgangssituation (warum das Projekt)
- Zielsetzung (SMART-Kriterien)
- Produkteinsatz (was soll es unter Rahmenbedingungen leisten)
- Funktionale Anforderungen (welche Funktionen)
- Nichtfunktionale Anforderungen (Effizienz, Erweiterbarkeit, Zuverlässigkeit etc.)
- Lieferumfang
- Phasenplanung und Meilensteine
- Qualitätsanforderungen
- Abnahmekriterien.

Die Erstellung und Formulierung des Lastenheftes liegen ausschließlich beim Auftraggeber. In der Praxis sind viele Auftraggeber nicht in der Lage, die genauen Anforderungen, die sie an das Projekt haben, genauer zu spezifizieren. Daher wird oft die Projektleitung mit einbezogen. Zum lösungsorientierten Arbeiten ist dies sicher sinnvoll, andererseits besteht die Gefahr, dass das Lastenheft dann nur Dinge enthält, die mit dem bestehenden Team ohne Schwierigkeiten umgesetzt werden können. Das ist nicht immer das Optimum für die gesamte Organisation.

🗁 1-17-03-02_LastenheftVorlage.xlsm

Eine Lastenheft-Dokumentvorlage gehört in einem Unternehmen zu den allgemeinen Projekt-Dokumentvorlagen im Stil des Corporate-Designs und der Corporate-Identity. Ebenso wie eine Pflichtenheft-Dokumentvorlage.

3.2.2 Pflichtenheft

Mit dem Pflichtenheft beschreibt der Auftragnehmer, wie er die Anforderungen des Auftraggebers im Lastenheft erfüllen will. Zur Absicherung unterzieht der Auftragsnehmer die Vorgaben aus dem Lastenheft verschiedenen Analysen, von denen einige im nachfolgenden Kapitel 3.3 beschrieben werden. In der Praxis wird gerne das Ein- und Ausschlussprinzip verwendet, bei denen konkret beschriebene Fälle ein- oder ausgeschlossen werden. Die VDI-Richtlinie 2519 Blatt 1 beschreibt die Vorgehensweise zur Erstellung von Lasten- und Pflichtenheft. Allerdings gibt es keine rechtlich vorgeschriebene Gliederung. Entscheidend ist, dass Lasten- und Pflichtenheft zueinander passen und sich ergänzen.

🗁 1-17-03-03_PflichtenheftVorlage.xlsm

Der Inhalt des Pflichtenheftes ist für beide Seiten rechtlich bindend, sowohl für den Auftraggeber wie auch für den Auftragnehmer. Vorherige Vereinbarungen verlieren ihre Gültigkeit.

3.3 Analysen

Bevor ein Projekt startet, sollten auch die Chancen und der zu erwartende Nutzen genau definiert werden. So kann die Projektplanung genau auf die Zielerreichung ausgerichtet werden. Zu den Bewertungsanalysen gehört u. a. die Anforderungsanalyse, die Machbarkeitsstudie, das Pareto-Prinzip und die Durchführbarkeitsanalyse.

Ein anderer Bereich sind die Wirtschaftlichkeitsanalysen, die sich in die Bereiche statische und dynamische Verfahren aufteilen. Die statischen Verfahren berücksichtigen eine Entscheidungsperiode und bewerten Kosten, Gewinn und Rentabilität. Die dynamischen Verfahren berücksichtigen unterschiedliche Werte monetärer Größen zu unterschiedlichen Zeitpunkten. Ein sehr beliebtes Verfahren zur Bestimmung der Wirtschaftlichkeit ist die Kosten-Nutzen-Analyse.

Weitere Analysen betrachten spezielle Kriterien wie etwa die Risikoanalyse.

🗁 1-17-03-04_Analysen.mpp

3.3.1 Anforderungsanalyse

Es gibt keinen „Königsweg“ für eine Anforderungsanalyse, vielmehr muss sie dem Unternehmen, dem Projekt etc. angepasst werden. Mit der Beschreibung der Zielsetzung und der Vorhaben ergibt sich schon ein sehr gutes Bild.

Ganz allgemein lassen sich folgende Merkmale nennen,

- die Zielsetzung (Voraussetzung für die Anforderungsanalyse)
- die Beschreibung der verwendeten Fachbegriffe und Abkürzungen
- die Beschreibung der funktionalen und nichtfunktionalen Anforderungen
- die Beschreibung des Ist-Zustandes

- die Beschreibung des Soll-Zustandes.

Zur Vorgabe wird ein Word-Dokument verwendet, in dem lediglich die Merkmale für funktionale und nicht-funktionale Anforderungen aufgeführt werden.

Funktionale Anforderungen:

- Was soll das System leisten?
- Welche Dienste soll es anbieten?
- Eingaben, Verarbeitung, Ausgaben? (messbar)
- Welches Verhalten in welcher Situation?

Nichtfunktionale Anforderungen:

- Wie soll das System arbeiten?
- Wie sollen einzelne Funktionen arbeiten?
- Wie lauten die Qualitätsanforderungen?
- Welche Anforderungen werden an die Nutzbarkeit gestellt?

3.3.2 Pareto-Prinzip

Das Pareto-Prinzip wird auch oft als 80/20-Regel bezeichnet, da oft etwa 20 % der Merkmale entfallen (Bild 3-13). Die Durchführung erfolgt in folgenden Schritten:

- Teilanforderungen definieren
- Bewertung getrennt mit x % von 100 %.
- Auswahl nach dem Pareto-Prinzip. Die Teilanforderungen, die wenig Nutzen aber große Kosten verursachen. werden entfernt.

Anforderungen	Kosten [%]	Nutzen [%]	Priorität
A	4	2	Niedrig
B	8	22	Hoch
C	25	4	Entfällt
D	2	6	Niedrig
E	22	27	Mittel
F	1	12	Hoch
G	11	2	Entfällt
...			

Bild 3-13. Beispiel zum Pareto-Prinzip

3.3.3 Delphi-Methode

Die Delphi-Methode wurde in den 1960er Jahren entwickelt und ist eine mehrstufige Befragung von Experten mit dem Ziel einen Konsens über ihre Zeit- und Aufwands-Abschätzungen zu finden. Benannt wurde sie nach dem Orakel von Delphi. Das folgende Flussdiagramm zeigt den Ablauf der Methode (Bild 3-14).

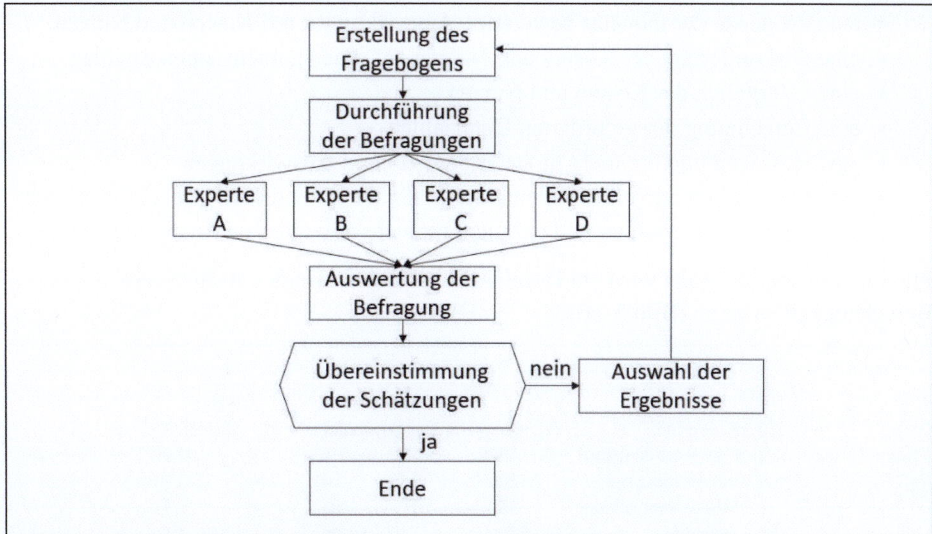

Bild 3-14. Ablauf der Delphi-Methode

Bei der Breitband-Delphi-Methode werden zwischen den Interaktionen noch gemeinsame Sitzungen abgehalten. Durch die anonyme Befragung der Experten werden Einflüsse untereinander ausgeschlossen. Sie wissen in der Regel auch nicht, welche anderen Personen befragt werden. Die Methode erspart Ressourcen und ist günstiger als Meetings oder Konferenzen. Sie erfordert aber einen großen Zeitaufwand und besonders bei der Breitband-Methode bleibt die Anonymität nicht immer gewahrt.

Als Vorlage eines Formulars bietet sich das Word-Dokument an (Bild 3-15), da der Austausch mit den Experten meist auf der Basis von E-Mails erfolgt und diese direkt aus dem Formular erfolgen kann.

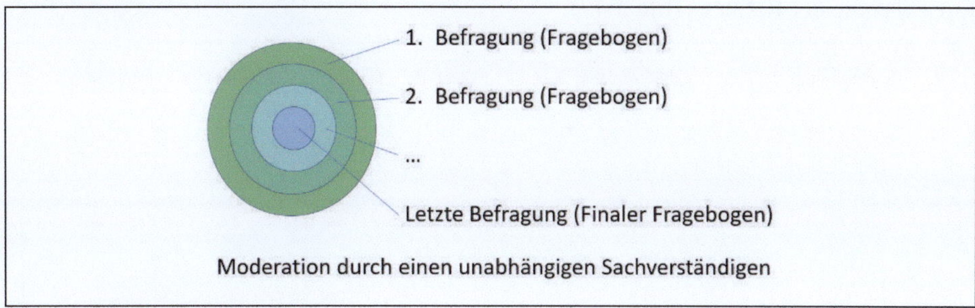

Bild 3-15. Zielführende Befragung

3.3.4 Nutzwertanalyse

Die eigentliche Analyse besteht aus einer Zusammenstellung aller für Kosten und Nutzen relevanten Eigenschaften und Auswirkungen der zu untersuchenden Maßnahmen. Sie enthält

- eine Prognose der monetär bewerteten Auswirkungen auf Kosten und Nutzen
- eine Diskontierung der Kosten und Nutzen auf einen gemeinsamen Stichtag
- einen Vergleich der Kosten und Nutzen
- eine Berechnung der geforderten Kennzahlen
- eine Beschreibung der nicht monetär bewertbaren Auswirkungen
- eine Beurteilung und ein Vergleich der Maßnahmen unter Berücksichtigung der monetären Kennzahlen und der nicht monetär bewertbaren Auswirkungen.

Für ein einfaches Beispiel wird ein Excel-Arbeitsblatt verwendet, da hier bereits Berechnungen anfallen (Bild 3-16).

	A	B	C	D	E	F
1			1. Lösung		2. Lösung	
2	Kriterien	Wichtung	Punkte	gewichtet	Punkte	gewichtet
3	Produktionskosten	45%	4	1,8	2	0,9
4	Innovationsgrad	20%	2	0,4	4	0,8
5	Massentauglichkeit	35%	3	1,05	4	1,4
6	Summe	100%		3,25		3,1

Bild 3-16. Beispiel für eine Nutzwertanalyse

3.3.5 Risikoanalyse

Je später in einem Projekt ein Fehler identifiziert wird, umso höher fallen die Kosten für dessen Beseitigung aus. Zunächst werden Risiken gesammelt. Hierbei geht es darum, mögliche Gefährdungen und Bedrohungen im Projekt zu identifizieren. Wurde eine Sammlung von Risiken erstellt, kommt der zweite wichtige Schritt: Die Bewertung der Risiken. Sinn und Zweck dieser Bewertung ist die Identifikation der wirklich wichtigen Risiken. Nicht alle Risiken gefährden das Projekt gleichermaßen. In der Folge kommt es darauf an, sich auf die bedrohlichsten Risiken zu konzentrieren. Eine Tabelle erfasst die Einschätzung der Risiken (Bild 3-17).

Nr.	Beschreibung	Beeinflussbar	Wahrsch. H M N	Einfluss H M N	Maßnahmen zur Vermeidung / Minderung

Bild 3-17. Erfassungsformular für Risiko-Einschätzungen

Eine weitere Folie (als Symbol eingebettet) zeigt die Analyse der Einschätzungen (Bild 3-18).

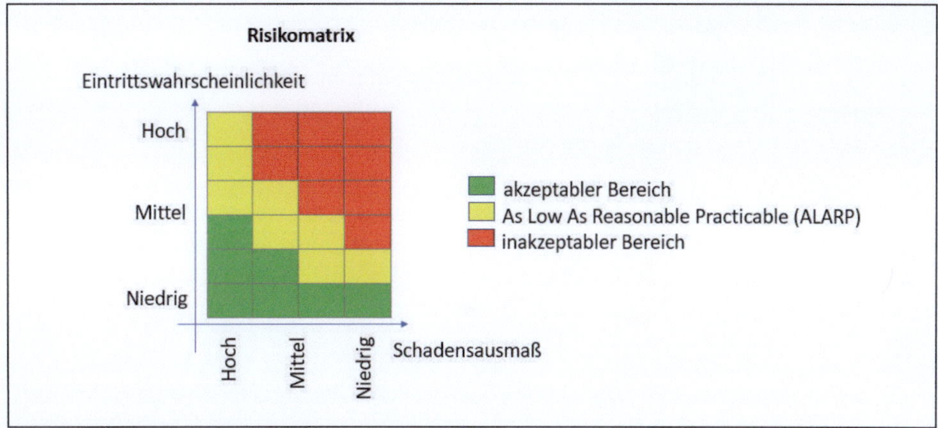

Bild 3-18. Einschätzungen zur Risikoanalyse

3.3.6 Das magische Dreieck

Projekte befinden sich im Spannungsfeld zwischen Kosten, Zeit und Leistung (Bild 3-19).

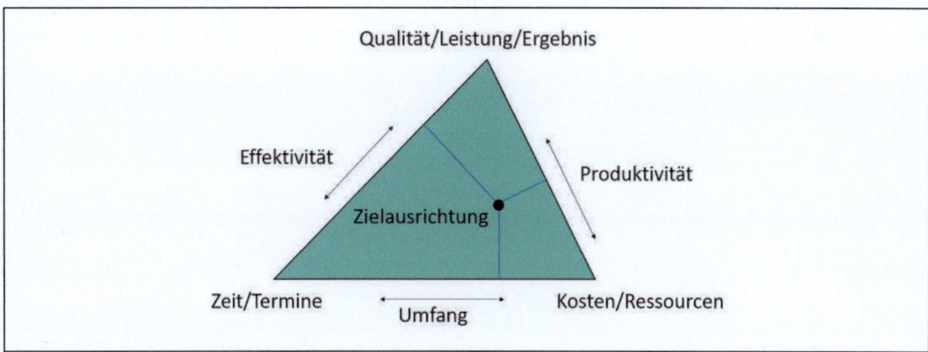

Bild 3-19. Das magische Dreieck der Projektparameter

Es ist die Aufgabe des Projektmanagements, diese auszubalancieren. Tatsächlich wirken sich fast alle Entscheidungen auf diese Dimensionen aus.

Tabelle 3-6. Die Dimensionen eines Projekts

Kosten	Welches Budget steht zur Verfügung und was kostet die Durchführung des Projekts?
Zeit	Wieviel Zeit steht für die Durchführung zur Verfügung?
Leistung	Was ist das Ergebnis des Projekts und in welcher Qualität?

Daher macht es auch Sinn, schon zum Anfang das Spannungsfeld des Projekts zu definieren. Eine visuelle Möglichkeit ist das Netz-Diagramm, das in Excel zur Verfügung steht (Bild 3-20).

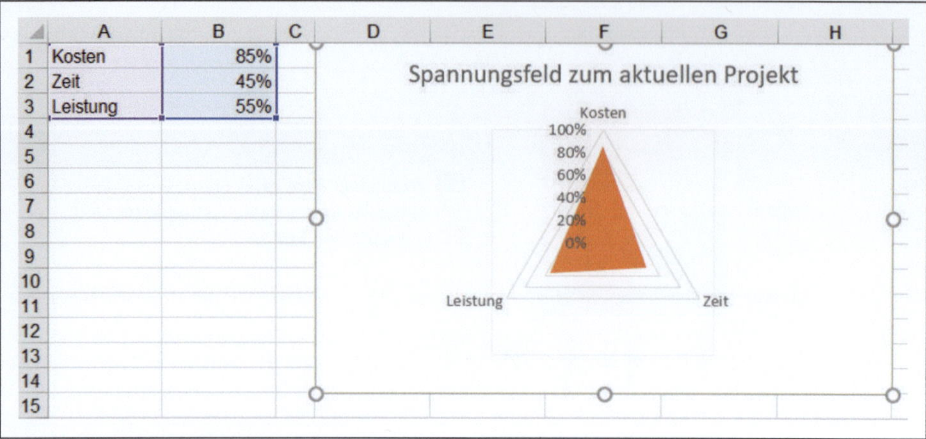

Bild 3-20. Spannungsfeld des Projekts

Eingetragen werden die Wahrscheinlichkeiten in Prozent, dass die Grenzwerte erreicht werden. Während im Beispiel Zeit und Leistung ausreichen, benötigen die Kosten erhöhte Aufmerksamkeit. Eingebunden wird das Netz-Diagramm auf dem Excel-Worksheet in die Vorgangsnotiz (Bild 3-21).

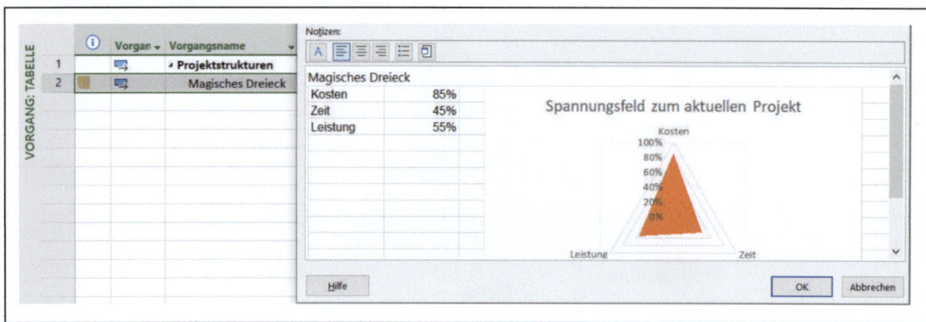

Bild 3-21. Excel-Worksheet im Notizenfeld

Der Faktor Leistung hängt stark von der Team-Organisation ab. Hier unterscheidet man die Staborganisation, bei der die Teammitglieder in einer Unternehmensstruktur eingebunden sind, die Matrixorganisation, bei der dem Projekt Anteile zugeordnet werden und der autonomen Organisation, in der die Teammitglieder ausschließlich im Projekt tätig sind.

Kapitel 4

Projektplanung

In der Projektplanung werden Aufgaben, Ressourcen, Termine etc. definiert, um einen Plan zu einer realistischen Vorgehensweise zu erhalten, der das gesetzte Ziel mit möglichst geringem Aufwand auf direktem Wege erreichen lässt. Eine frühzeitige umfassende Planung bedeutet zwar einen Mehraufwand, der sich aber positiv auf die Durchführung auswirkt (Bild 4-1).

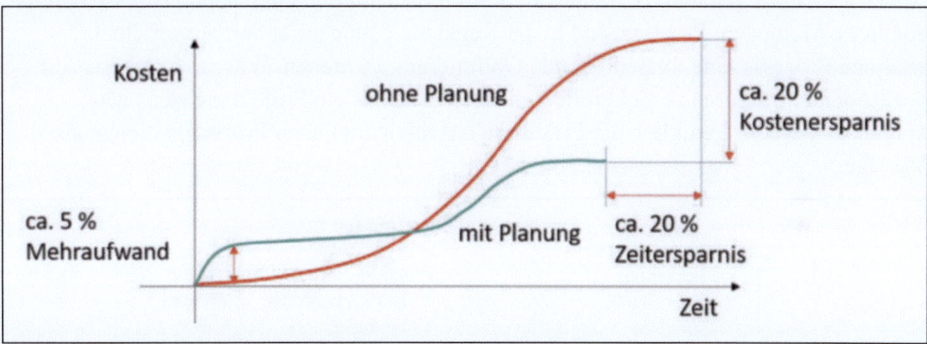

Bild 4-1. Nutzen der Projektplanung mit Schätzwerten

Die Planung ist ein iterativer Prozess, der vom Anfang bis zum Ende einer ständigen Überprüfung und Anpassung unterliegt. Dabei soll so detailliert wie nötig geplant werden, da die Planung die Komplexität reduziert, Transparenz schafft, Chancen und Risiken aufdeckt und Unsicherheiten verringert. Sie soll aber auch so einfach wie möglich gehalten werden, denn sie kostet Zeit, ist aufwendig und wird zunehmend komplizierter, denn letztlich müssen alle Elemente der Planung kontrolliert werden.

H. Nahrstedt, *Project + VBA für Manager*,
https://doi.org/10.1007/978-3-658-43837-1_4

Die Planung unterteilt sich in die Bereiche Grob- und Feinplanung (Bild 4-2). In der Grobplanung werden zuerst die grundlegenden Projektstrukturen erstellt, auf denen dann die umfangreichere Feinplanung basiert. Während die Grobplanung in diesem Kapitel behandelt wird, benötigt die Feinplanung mehrere Kapitel.

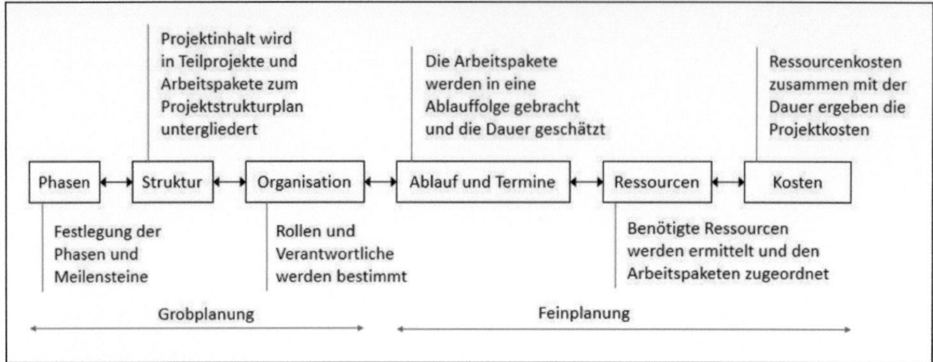

Bild 4-2. Planungsschritte

4.1 Grobplanung

Prozesse und Projekte unterscheiden sich klar von ihren Methoden und Zielen (Bild 4-3). Projekt (lat. Procetum) bezeichnet ein zielgerichtetes, einmaliges Vorhaben. Die Einzigartigkeit des Vorhabens unterscheidet das Projekt vom Prozess. Während Projekte Neues hervorbringen und dazu innovative Methoden etablieren, nutzen Prozesse bereits etablierte Methoden. Projekte sind in der Regel zu lösungsorientiert ausgerichtet, während Prozesse eine fortschreitende Optimierung anstreben. Während Prozesse auf vorhandene Strukturen zurückgreifen, müssen diese für ein Projekt meistens neu aufgebaut werden. Lediglich die Erfahrung aus alten ähnlichen Prozessen dienen als Vorlage.

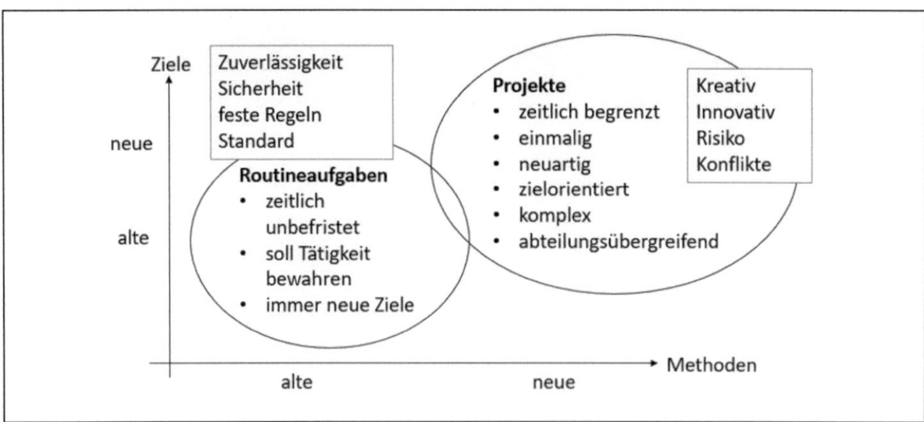

Bild 4-3. Prozesse vs. Projekte

4.1.1 Einfacher Phasenplan

Die Definition der Projektphasen erfolgt oft intuitiv und wird in den meisten Projekten in Form eines Phasenplans erstellt (Bild 4-4). Darin werden die Phasenabschnitte im Projektverlauf mit einer geschätzten Dauer angegeben, in der bestimmte Vorgänge durchgeführt und Ergebnisse erreicht werden sollen.

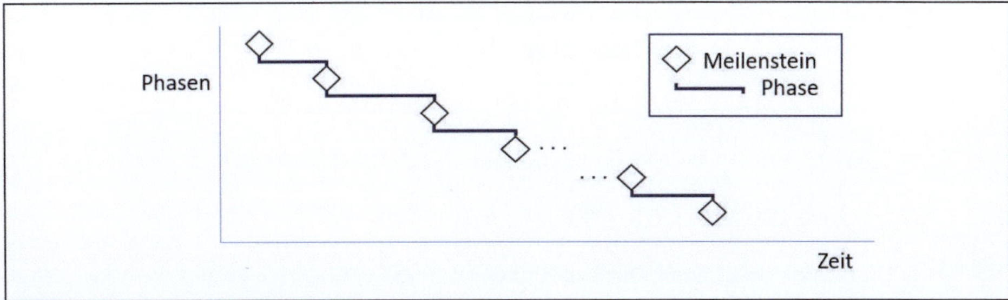

Bild 4-4. Einfacher Phasenplan mit Meilensteinen

Die Meilensteine kennzeichnen ein Datum, an dem die messbaren Ereignisse oder prüfbaren Zustände nach der Phase vorliegen sollen. In agilen Projekten werden je nach Vorgehensmodell iterative Zyklen durchlaufen, statt der zum Start festgelegten Phasen.

Der Phasenplan ist der erste Schritt in der Grobplanung und verschafft eine Orientierung im Projekt ohne weitere konkrete Angaben. Er enthält grob abgrenzbare Phasen des Projekts mit den wichtigsten Meilensteinen und ist eine gute Grundlage für den folgenden Projektstrukturplan.

Die folgende Prozedur erstellt einen einfachen Phasenplan mit einer wählbaren Anzahl von Sammelvorgängen (Bild 4-5).

🗁 1-17-04-01_PhasenPlan.mpp

GANTT-DIAGRAMM

	ⓘ	Vorgan	Vorgangsname	Dauer	Anfang	Ende
1			<Neuer Meilenstein>			
2			◂ **<Neuer Sammelvorgang>**			
3			<Neuer Meilenstein>			
4			◂ **<Neuer Sammelvorgang>**			
5			<Neuer Meilenstein>			
6			◂ **<Neuer Sammelvorgang>**			
7			<Neuer Meilenstein>			

Bild 4-5. Phasenplan Vorlage

Codeliste 4-1. Erstellt eine Phasenplan Vorlage

```
Sub Phasenplan()
   Dim iRow As Integer
   Dim iMax As Integer
```

```
    Application.DisplayAlerts = False
    iMax = InputBox("Anzahl=", "Sammelvorlage")
    If iMax > 1 Then
       iRow = 1
       SelectTaskField Row:=iRow, Column:="Name", RowRelative:=False
       InsertMilestoneTask
       SetTaskField Field:="Vorgangsmodus", Value:="Ja"
       SetTaskField Field:="Anfang", Value:=""
       SetTaskField Field:="Ende", Value:=""
       For iRow = 2 To 2 * iMax Step 2
          SelectTaskField _
             Row:=iRow, Column:="Name", RowRelative:=False
          InsertSummaryTask
          SetTaskField Field:="Vorgangsmodus", Value:="Ja"
          SetTaskField Field:="Anfang", Value:=""
          SetTaskField Field:="Ende", Value:=""

          If iRow > 1 Then OutlineOutdent
          SelectTaskField _
             Row:=iRow + 1, Column:="Name", RowRelative:=False
          InsertMilestoneTask
          SetTaskField Field:="Vorgangsmodus", Value:="Ja"
          SetTaskField Field:="Anfang", Value:=""
          SetTaskField Field:="Ende", Value:=""
       Next iRow
       SelectRow Row:=iRow, RowRelative:=False
       EditDelete
    End If
    Application.DisplayAlerts = True
End Sub
```

4.1.2 Projektstrukturplan (PSP)

Das Strukturierungskonzept beginnt mit einem Top-Down-Design, in dem die Gesamtaufgabe auf Teilaufgaben aufgeteilt wird, die sich wiederum in Unterteilaufgaben aufteilen, bis letztlich einzelne Arbeitspakete (APs) entstehen (Bild 4-6). Der PSP ist die Mutter aller Projektpläne.

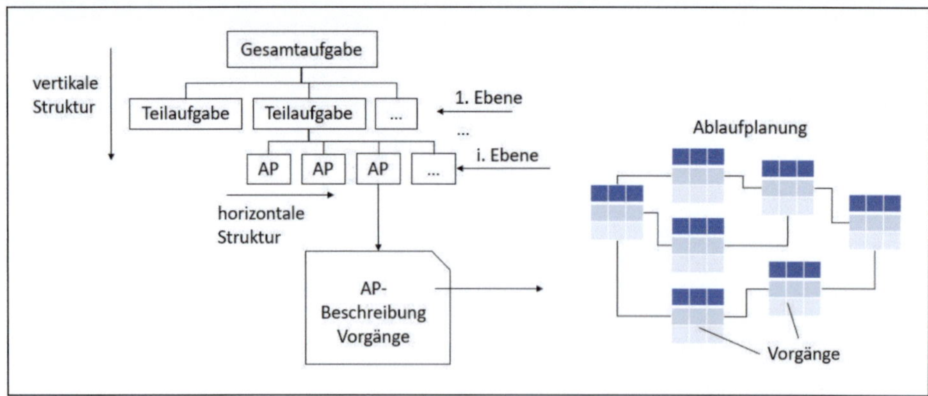

Bild 4-6. Strukturierungskonzept

Statt der *Top-Down-Methode*, die vom Projektziel zu den Arbeitspaketen führt, wird weniger häufig die *Bottom-Up-Methode*, die von den Arbeitspaketen zum Projektziel führt, verwendet. Die Arbeitspakete enthalten Vorgänge mit ihren Beziehungen, die einen Ablaufplan ergeben, der dann zu einem detaillierten Netzplan wird und einen Überblick über alle zu erbringenden Leistungen und Aktivitäten bietet.

Man unterscheidet nach Funktionsbreite und Komplexität verschiedene Konzepte (Bild 4-7).

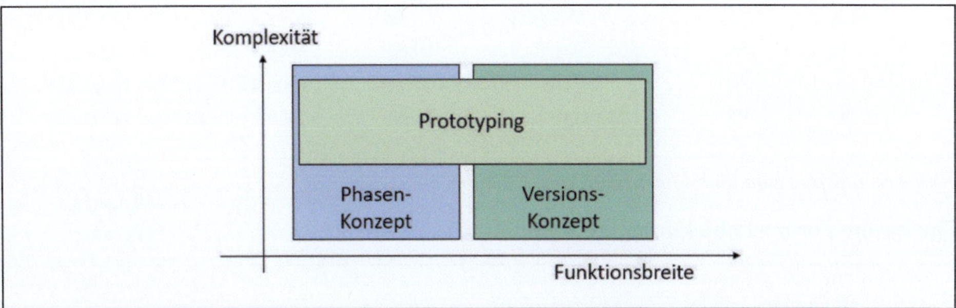

Bild 4-7. Strukturplan-Konzepte

Das Phasenkonzept sieht eine Einteilung nach diversen Modellen, wie Wasserfallmodell, Spiralmodell usw. vor. Das Versionskonzept sieht die gleiche Einteilung wie das Phasenkonzept vor, nur mit funktional eigenständigen Versionen als Zwischenziele. Beim Prototyping werden kleinere Funktionseinheiten zeitlich vorgezogen.

🗁 1-17-04-02_PSPFormen.mpp

Entsprechend der Orientierung gibt es drei verschiedene PSP-Formen. Die erste Form ist funktionsorientiert (Bild 4-8).

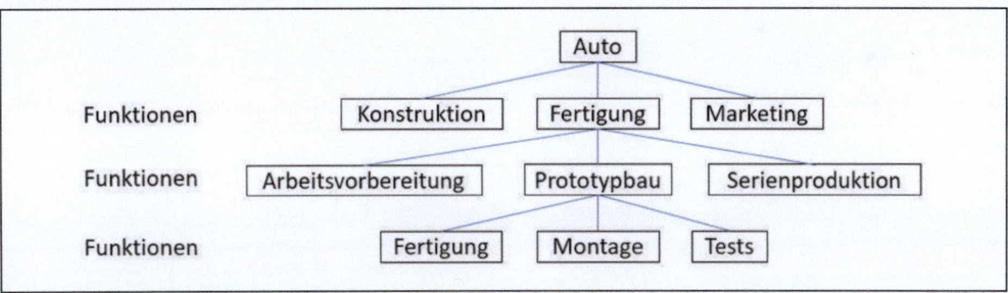

Bild 4-8. Funktionsorientierter PSP

🗁 1-17-04-03_PSPFunktionen.mpp

Im Gantt-Diagramm wird die Form durch Ebenen dargestellt (Bild 4-9).

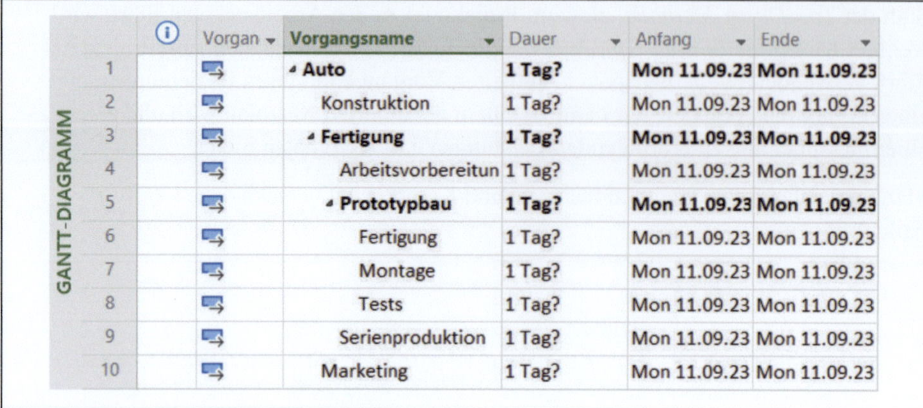

GANTT-DIAGRAMM

	ⓘ	Vorgan	Vorgangsname	Dauer	Anfang	Ende
1			**Auto**	**1 Tag?**	**Mon 11.09.23**	**Mon 11.09.23**
2			Konstruktion	1 Tag?	Mon 11.09.23	Mon 11.09.23
3			**Fertigung**	**1 Tag?**	**Mon 11.09.23**	**Mon 11.09.23**
4			Arbeitsvorbereitun	1 Tag?	Mon 11.09.23	Mon 11.09.23
5			**Prototypbau**	**1 Tag?**	**Mon 11.09.23**	**Mon 11.09.23**
6			Fertigung	1 Tag?	Mon 11.09.23	Mon 11.09.23
7			Montage	1 Tag?	Mon 11.09.23	Mon 11.09.23
8			Tests	1 Tag?	Mon 11.09.23	Mon 11.09.23
9			Serienproduktion	1 Tag?	Mon 11.09.23	Mon 11.09.23
10			Marketing	1 Tag?	Mon 11.09.23	Mon 11.09.23

Bild 4-9. Beispiel zum funktionsorientierten PSP

Die zweite Form ist objektorientiert (Bild 4-10).

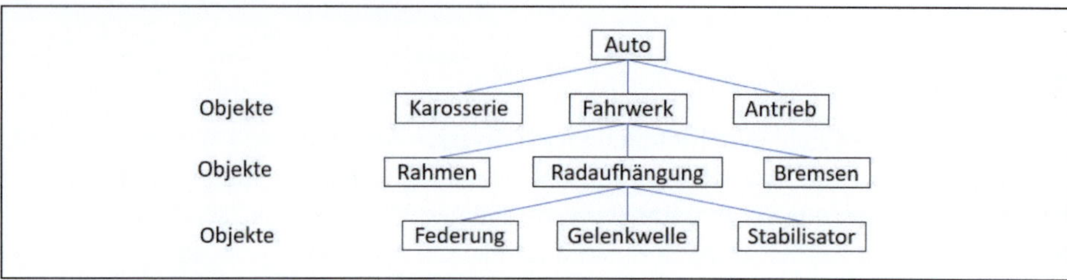

Bild 4-10. Objektorientiertes PSP

Es bleibt eine gemischtorientierte Form (Bild 4-11).

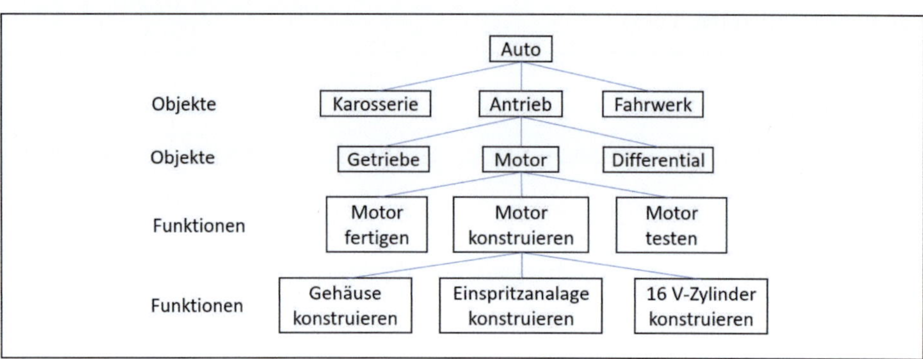

Bild 4-11. Gemischtorientierter PSP

Ein PSP unterliegt wichtigen Prinzipien, wie

- die Unterteilung der Aufgaben bis zu atomaren Arbeitspaketen
- ein Element mit gleichen Intentionen darf nur einmal vorkommen
- die Struktur muss vollständig sein
- die Ablaufplanung ist nicht Bestandteil des PSP.

Die Erstellung eines PSP kann in folgenden Schritten erfolgen:

1. Projektstart festlegen
2. Vorgangsmodus bestimmen
3. Vorgänge eingeben
4. Vorgänge strukturieren
5. Vorgangsdauer und Meilensteine eingeben
6. Vorgänge zuordnen
7. Ressourcen eingeben
8. Ressourcen zuordnen
9. Stichtage statt Vorgangseinschränkungen bestimmen
10. Basisplan speichern
11. Projektsammelvorgang einblenden

Neben dem PSP weist ein Projekt noch weitere Organisationsstrukturen auf.

🗁 1-17-04-04_ProjektStrukturen.mpp

4.1.3 Staborganisation

Bei der Staborganisation versucht der Projektleiter (PL) ohne Befugnisse die Projektabwicklung zu koordinieren (Bild 4-12). Bei dieser Organisationsform hat die Leistung einen hohen Spannungsfaktor im magischen Dreieck.

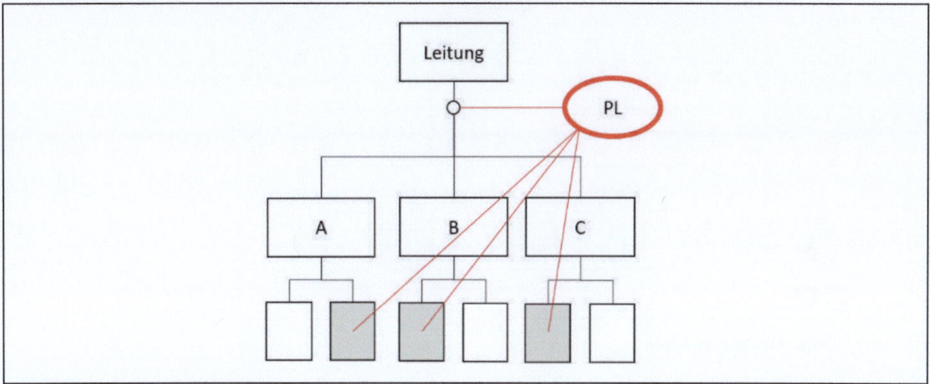

Bild 4-12. Staborganisation

In der vorhandenen Unternehmensstruktur werden in den Abteilungen A, B, C … die Stab-Mitarbeiter mit Arbeitspaketen (AP) vom PL betraut. Die Vorteile liegen in der geringen Umstellung der Organisation, den vorhandenen fachspezifischen Kenntnissen und deren großer Einsatzflexibilität.

Doch es gibt auch erhebliche Nachteile durch Interessenkonflikte zwischen Unternehmens- und Projektzielen, einer langwierigen Entscheidungsfindung (zeitanteilig im Projekt) und einem damit bedingten vergrößertem Gesamtrisiko. Bei dieser Organisation ist eine starke Kontrollinstanz nötig. Zur Dokumentation eignet sich besonders das SmartArt-Element *Hierarchie* in PowerPoint (Bild 4-13).

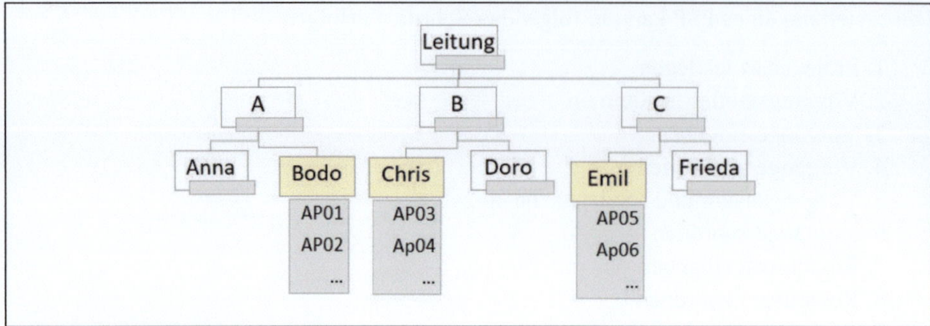

Bild 4-13. Beispiel Staborganisation

4.1.4 Matrixorganisation

Bei der Matrixorganisation hat der Projektleiter (PL) Ressourcen-Anteile in seiner disziplinarischen Verantwortung (Bild 4-14). Die Vorteile sind eine optimale Kapazitätsauslastung, keine Loslösung der Mitarbeiter im Unternehmen und die geringen Umstellkosten. Die Nachteile ergeben sich auch hier durch eine erhöhte Konfliktanfälligkeit, durch mögliche Doppelaufgaben und letztlich sehr wichtig, eine hohe Anforderung an Teamgeist und Fairness.

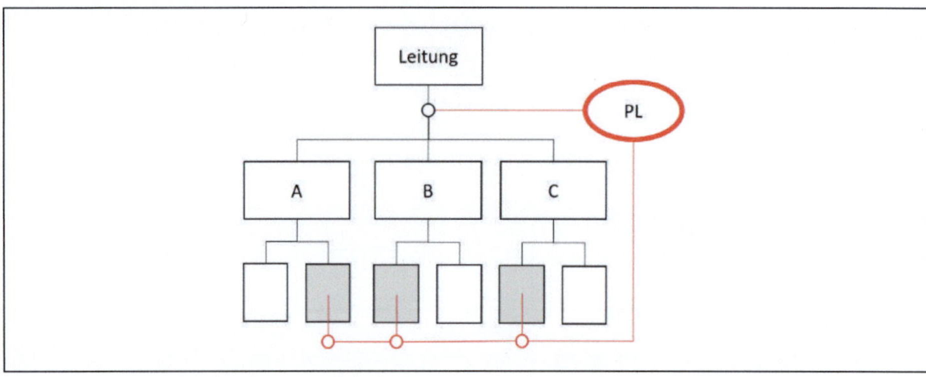

Bild 4-14. Matrixorganisation

Der Notizinhalt ähnelt dem der Staborganisation, nur dass hier Anteile angegeben werden (Bild 4-15).

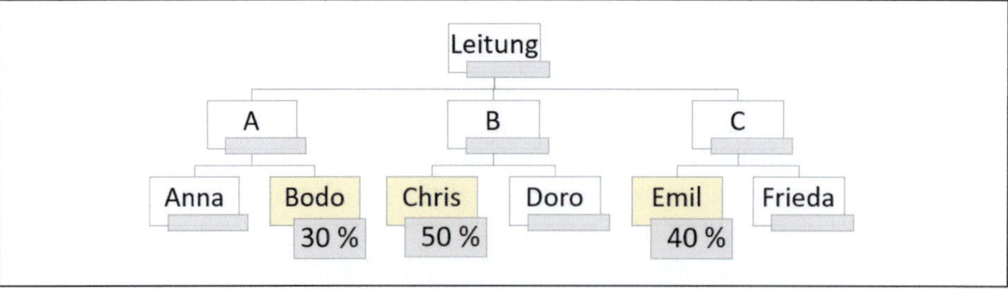

Bild 4-15. Beispiel Matrixorganisation

4.1.5 Autonome Organisation

Bei dieser Organisation besitzt der PL die disziplinarische Verantwortung für alle Ressourcen (Bild 4-16).

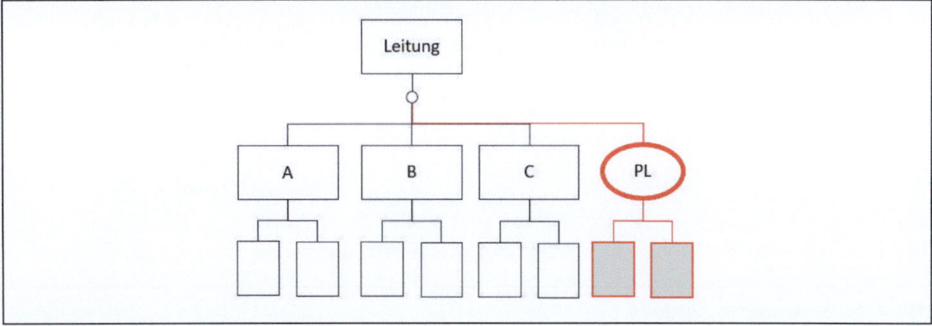

Bild 4-16. Autonome Organisation

Die Vorteile sind die Konzentration des Teams auf das Projekt, eine klare Kompetenzzuteilung und eine sofortige Reaktion auf Veränderungen. Diese Punkte tragen dazu bei, dass sich die Teammitglieder mit dem Projekt stärker identifizieren. Die Nachteile sind zeitweilige Überkapazitäten, hohe Umstellungskosten und mögliche Umstellungsprobleme der Teammitglieder. Die Bewältigung dieser Nachteile fördert dann ebenfalls den Teamgeist.

Die Vorlage ist in diesem Fall das SmartArt *Organigramm* zur freien Gestaltung (Bild 4-17).

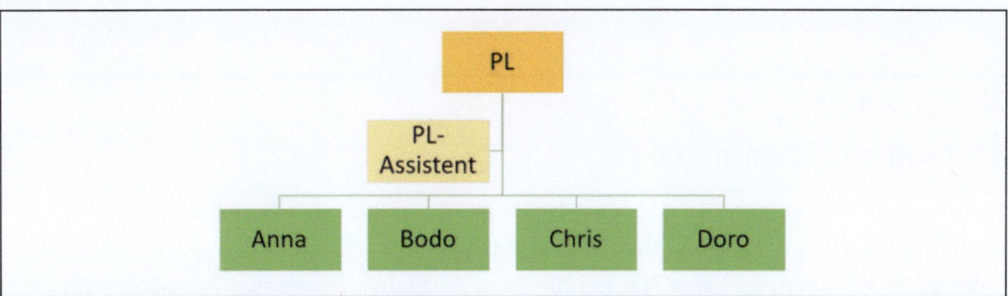

Bild 4-17. Beispiel Autonome Organisation

4.1.6 Stakeholder-Analyse

Stakeholder eines Projekts sind nach ISO 1006 alle Personen, die ein Interesse am Projekt haben oder in irgendeiner Weise davon betroffen sind. Sie lassen sich durch objektive oder subjektive Betroffenheit, durch Konfliktpotential oder Synergieanteil und durch Entscheidungs- oder Beeinflussungs-Bereitschaft einteilen. Doch emotional betonte Einstellungen und Erwartungen werden häufig nicht offen ausgesprochen. Stakeholder üben ihren Widerstand oft nur verdeckt aus. Eine mögliche Form der Stakeholder Analyse ist ein Portfolio (Bild 4-18).

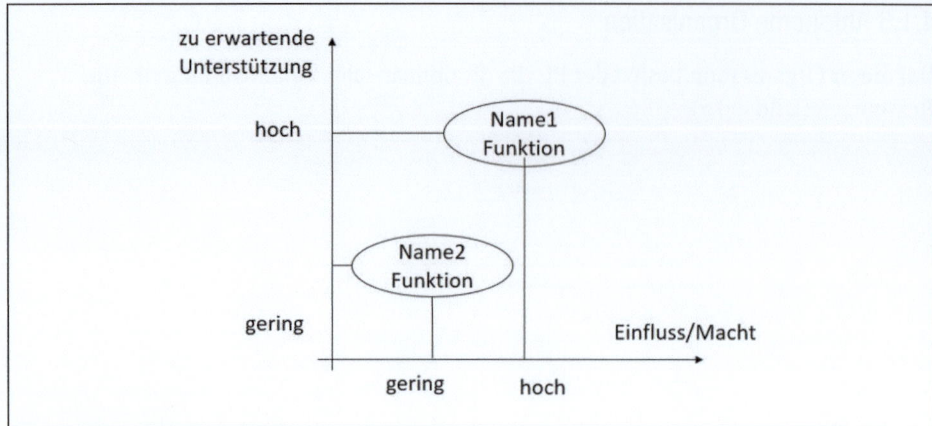

Bild 4-18. Stakeholder-Portfolio

Informativer ist eine Analyse in Matrixform (Bild 4-19), aus der sich auch ein Portfolio ergeben kann.

	A	B	C	D	E	F	G
1	Nr	Stakeholder	Rolle	Einfluss	Erwartungen	Konfliktpotential	Bemerkungen
2							
3							
4							

Bild 4-19. Stakeholder Analyse in Matrixform

4.1.7 Kommunikationsmatrix

Eine weitere hilfreiche Matrix beschreibt die Kommunikation mit Stakeholdern, insbesondere die der Teammitglieder. Um sinnvoll und erfolgreich zu arbeiten, benötigt jeder im Projektteam zu jeder Zeit die für seine Aufgaben relevanten Informationen. Wenn jedem im Team der aktuelle Projektstatus bekannt ist und die nächsten Schritte vorliegen, werden Unklarheit und Verzögerungen vermieden. Abläufe werden transparent und nachvollziehbar. Eine Kommunikationsmatrix enthält,

- welche Informationen geteilt werden
- wann sie geteilt werden
- wie sie geteilt werden
- in welcher Form sie geteilt werden
- mit wem sie geteilt werden
- und wer dafür verantwortlich ist.

Auch hier wird ein Excel-Arbeitsblatt verwendet (Bild 4-20). Es ist aber auch ein Word-Dokument oder eine PP-Folie sinnvoll. Ein Excel-Arbeitsblatt lässt sich direkt per E-Mail versenden.

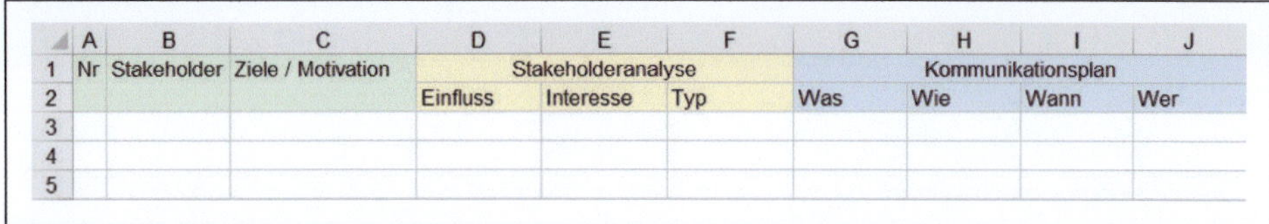

	A	B	C	D	E	F	G	H	I	J
1	Nr	Stakeholder	Ziele / Motivation	Stakeholderanalyse			Kommunikationsplan			
2				Einfluss	Interesse	Typ	Was	Wie	Wann	Wer
3										
4										
5										

Bild 4-20. Einfache Kommunikationsmatrix

4.2 Start der Feinplanung

Die Beschreibung der Feinplanungsschritte ist umfangreicher und erfolgt nachfolgend in den Kapiteln Vorgänge, Ressourcen, Zuordnungen, Kalender und Basispläne (Bild 4-21).

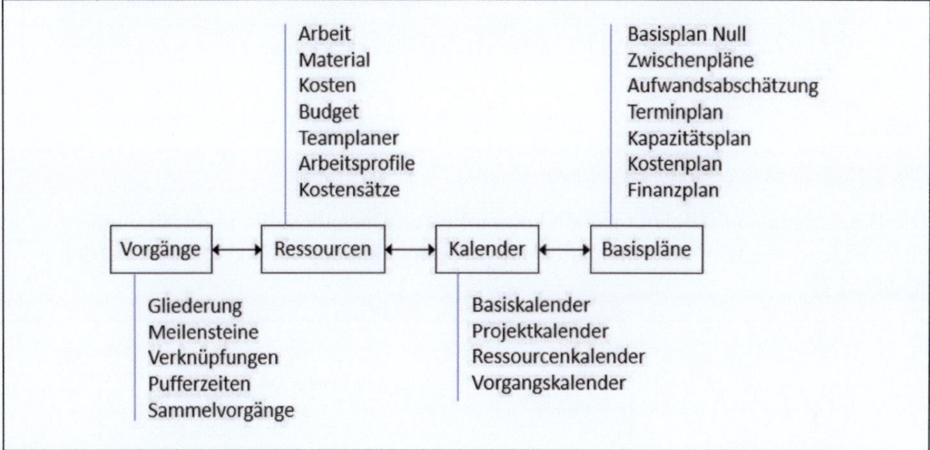

Bild 4-21. Kapitel der Feinplanung

4.2.1 Projektinfo

Unter Register *Projekt / Projektinformationen* wird ein Dialogfenster eingeblendet, in dem die Berechnung vom Projektanfangstermin oder Projektendtermin festgelegt wird. Entsprechend dieser Auswahl wird der Anfangs- oder der Endtermin angegeben (Bild 4-22).

Generell sollte die Berechnung des *Projektendtermins* nicht während der Projektausführung verwendet werden. Verzögerungen können dazu führen, dass Vorgänge in die Vergangenheit verschoben werden. In einer frühen Planungsphase kann es hingegen sinnvoll sein, die Planung mit der Berechnung des *Endtermins* aufzusetzen. Denn dadurch lässt sich ein theoretisches Startdatum ermitteln und es ergeben sich wertvolle Hinweise, wann das Projekt spätestens beginnen sollte.

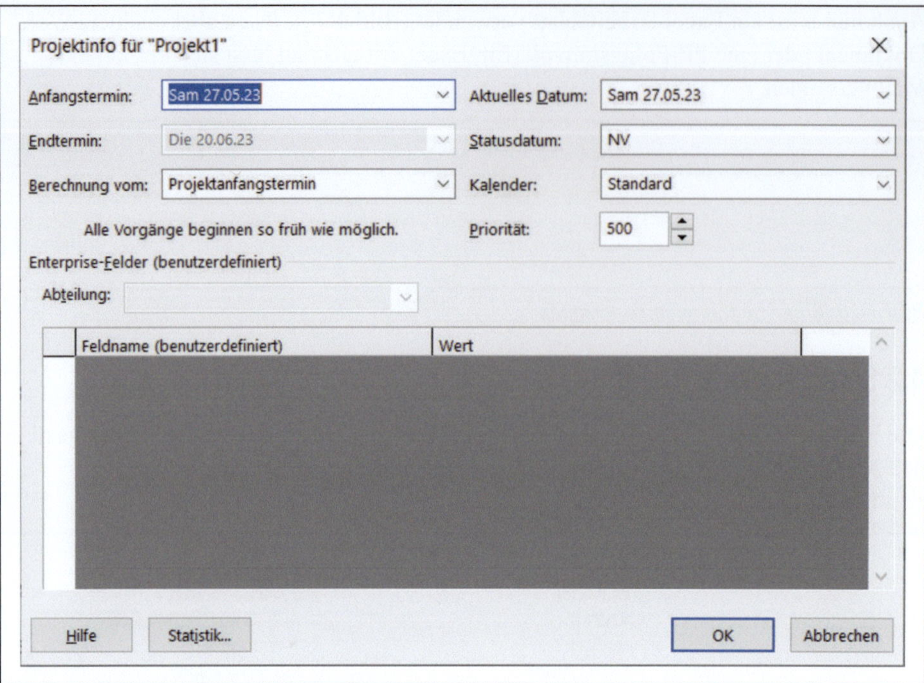

Bild 4-22. Dialogfenster zu den Projektinformationen

Die Berechnung enthält dann jedoch keinen Puffer. Deshalb sollte in der Planung anschließend wieder vom Anfangstermin gerechnet und ein Stichtag gesetzt werden (Bild 4-23).

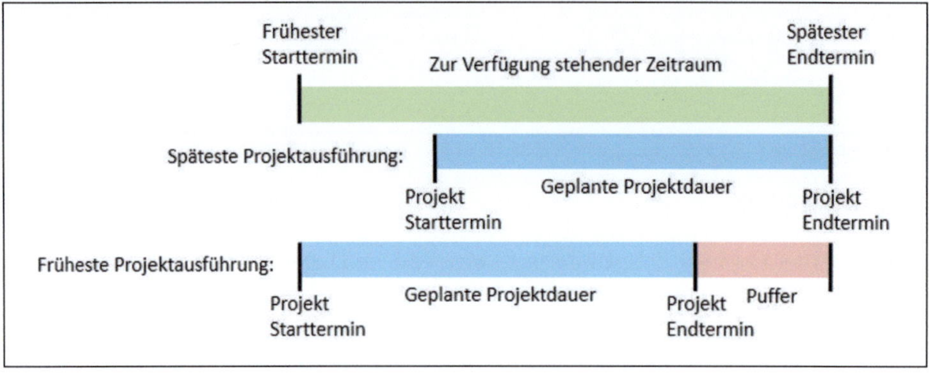

Bild 4-23. Zeitraum zur Projektausführung

Beim Projektstart ist das Statusdatum noch nicht gesetzt (Nicht Verfügbar). Ein Statusdatum wird dann eingesetzt, wenn bei der Durchführung zum ausgewählten Datum Berichte über Leistung, Zeit und Kosten erstellt werden sollen.

Mit der Ausführung wird der Fortschritt des Projekts in Prozent der abgeschlossenen oder aktuellen Vorgänge eingegeben. So wird die geleistete und die noch zu erbringende

Arbeit bestimmt. Als *Kalender* wird der Standardkalender oder der Projektkalender ausgewählt, falls er angelegt wurde.

Im Feld *Priorität* reicht der Wert von 0 bis 1000 und der Wert 500 wird als Standardwert vorgegeben. Dieses breite Spektrum bietet die größtmögliche Flexibilität beim Abgleich zu anderen Projekten. Zur Bestimmung wird gerne ein Portfolio aus Dringlichkeit und Wichtigkeit verwendet (Bild 4-24).

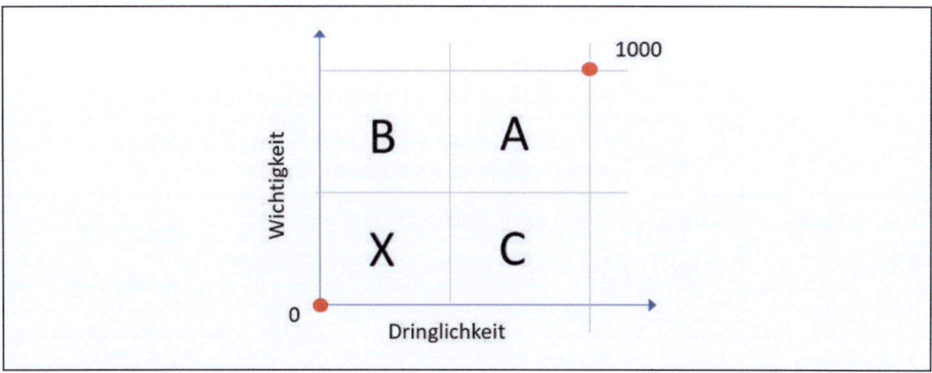

Bild 4-24. Portfolio zur Priorität

Muss-Projekte brauchen nur eine Dringlichkeit, während Kann-Projekte nach Dringlichkeit und Wichtigkeit priorisiert werden. Die Schaltfläche *Statistik* zeigt ein Informationsfenster und ist zu einem späteren Zeitpunkt beim Erreichen von Meilensteinen interessant.

Die Enterprise-Felder (benutzerdefiniert) sind nur für Lösungen auf dem Microsoft Project Server relevant.

In VBA lassen sich mit der Methode *ProjectSummaryInfo* die Informationen zu einem Projekt bestimmen. Ihre Syntax lautet

```
ProjectSummaryInfo (Project, Title, Subject, Author, Company, Manager,
Keywords, Comments, Start, Finish, ScheduleForm, CurrentDate, Calendar,
StatusDate, Priority, PartiallyDisabled)
```

Tabelle 4-1. Die optionalen Parameter der ProjectSummaryInfo-Methode

Parameter	Datentyp	Beschreibung
Project	String	Dateiname des Projekts, dessen Projektinformationen bearbeitet werden sollen.
Title	String	Projekttitel
Subject	String	Projektbetreff
Author	String	Projektautor
Company	String	Dem Projekt zugeordnete Firma

Parameter	Datentyp	Beschreibung
Manager	String	Projektmanager
Keywords	String	Dem Projekt zugeordnete Schlüsselwörter
Comments	String	Dem Projekt zugeordnete Kommentare
Start	Variant	Startdatum des Projekts. Wenn *ScheduleFrom* den Wert *PjProjectFinish* aufweist, wird *Start* ignoriert.
Finish	Variant	Endtermin des Projekts. Wenn *ScheduleFrom* den Wert *pjProjectStart* aufweist, wird *Fertig stellen* ignoriert.
ScheduleFrom	Integer	Eine der folgenden pjScheduleProjectFrom-Konstanten: pjProjectStart oder pjProjectFinish.
CurrentDate	Variant	Das aktuelle Datum für das Projekt
Calendar	String	Name des Basiskalenders für das Projekt
StatusDate	Variant	Aktuelles Statusdatum für das Projekt
Priority	Integer	Priorität des aktiven Projekts, die zwischen 0 und 1000 liegt
PartiallyDisabled	Boolean	*True*, wenn Project das Dialogfeld *Projektinformationen* anzeigt und alle Elemente im Abschnitt *Benutzerdefinierte Enterprise-Felder* deaktiviert sind.

Tabelle 4-2. Die pjScheduleProjectFrom-Konstanten

Konstante	Wert	Beschreibung
pjProjectFinish	2	Terminplan vom Projektende planen
pjProjectStart	1	Terminplan vom Projektanfang planen

4.2.2 Planungsoptionen

Die vielfältigen Optionseinstellungen und der große Funktionsumfang von Project unterstützen Projektleiter bei den unterschiedlichsten Planungs- und Steuerungsaufgaben. Mit der Vielfalt steigt auch die Herausforderung in der Handhabung. Unter Register *Datei / Optionen / Terminplanung* befinden sich verschiedene Optionen unter *Planungsoptionen für dieses Projekt*:

- Mit der Option *Automatisch geplante Vorgänge für den Termin* wird festgelegt, zu welchem Zeitpunkt neu angelegte Vorgänge beginnen sollen. Der Standardwert ist der *Anfangstermin*. Alternativ gibt es *Aktuelles Datum*. Die Option bietet sich für den Fall an, dass ein Projekt bereits längere Zeit läuft und Vorgänge neu anzulegen sind. Die neuen Vorgänge beginnen dann zum aktuellen Datum. Der Modus *Automatisch geplant* sollte als Standard festgelegt werden.

- Das Eingaben zu *Dauer in Tagen* und *Arbeit in Stunden* interpretiert werden, ist eine Standardeinstellung in Project. Andere Einstellungen sind in Auswahllisten möglich, wie Minuten, Stunden, Tage, Wochen oder Monate.
- Welche *Standardvorgangsart* festgelegt wird, hängt vom Planungsvorgehen ab und kommt dann zum Tragen, wenn Vorgängen Arbeitsressourcen zugeordnet werden. Project unterscheidet *Feste Arbeit*, *Feste Dauer* und *Feste Einheiten* (Standardeinstellung).
- Mit der Option *Neue Vorgänge sind leistungsgesteuert* wird festgelegt, ob eine neue Berechnung erfolgen soll, wenn sich die Zuordnung von Ressourcen ändert.
- Mit der Option *Eingefügte oder verschobene Vorgänge automatisch verknüpfen* wird bestimmt, dass Vorgänge automatisch verknüpft werden. Als Beispiel sind in der Ausgangssituation die Vorgänge Task1, Task2 usw. miteinander verknüpft. Kommt ein neuer Vorgang hinzu, so wird er automatisch verknüpft (Bild 4-25).

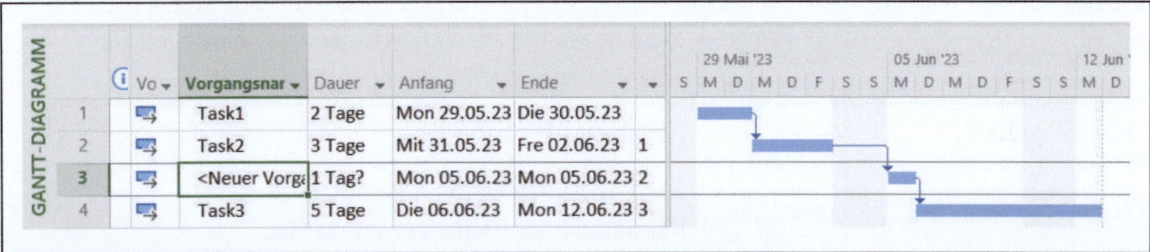

Bild 4-25. Eingefügter Vorgang

- Die Option *Angefangene Vorgänge automatisch unterbrechen* ist mit fortschreitendem Projekt wichtig. Dadurch werden Vorgänge unterbrochen, wenn sie zu einem Statusdatum noch nicht abgeschlossen sind.
- Mit der Option *Beim Wechsel zum automatischen Planungsmodus Vorgang am nächstgelegenen Arbeitstag halten* bietet Project die Möglichkeit, dass Anfangs- und Enddaten eines manuell geplanten Vorgangs angepasst werden.
- Die Option *Vorgänge beachten stets ihre Einschränkungstermine* hat erhebliche Auswirkungen auf den Projektplan. Ein Planungs-Assistent meldet sich bei möglichen Konflikten.
- Die Option *Anzeigen, dass die Dauer von Vorgängen geschätzt ist,* sorgt dafür, dass bei automatisch geplanten Vorgängen zunächst ein Fragezeichen im Feld Dauer erscheint, bis die Dauer erstmalig eingegeben wird. Bei manuell geplanten Vorgängen steht das Fragezeichen zu Beginn in der Spalte Vorgangsmodus.

Die Methode *OptionsGeneralEx* legt einige Optionen im Dialogfenster *Project-Optionen* für deren Registerkarten *Allgemein*, *Anzeige* und *Erweitert* fest.

Ihre Syntax lautet

```
OptionsGeneralEx (PlanningWizard, WizardUsage, WizardErrors,
WizardScheduling, ShowTipOfDay, AutoAddResources, StandardRate,
OvertimeRate, LastFile, SummaryInfo, UserName, SetDefaults,
ShowWelcome, AutoFilter, MacroVirusProtection, DisplayRecentFiles,
RecentFilesMaximum, FontConversion, ShowStartupWorkpane,
MaxUndoRecords)
```

Tabelle 4-3. Die optionalen Parameter der OptionsGeneralEx-Methode

Parameter	Datentyp	Beschreibung
PlanningWizard	Boolean	*True*, wenn der Planungs-Assistent aktiv ist. Einstellungen der Planung des Assistenten befinden sich auf der Registerkarte *Erweitert*.
AssistentUsage	Boolean	*True*, wenn der Planungs-Assistent Tipps zur effektiveren Verwendung von Project zeigen soll.
AssistentFehler	Boolean	*True*, wenn der Planungs-Assistent Fehlermeldungen anzeigt.
AssistentenPlanung	Boolean	*True*, wenn der Planungs-Assistent Meldungen zu Terminplanungsproblemen anzeigen soll.
ShowTipOfDay		Nur noch Platzhalter.
AutoAddResources	Boolean	*True*, wenn Ressourcen automatisch dem Ressourcenpool hinzugefügt werden.
StandardRate	Variant	Vorgegebener Standardsatz für Ressourcen.
OvertimeRate	Variant	Vorgegebener Überstundensatz für Ressourcen.
LastFile	Boolean	*True*, wenn die zuletzt geöffnete Datei automatisch geöffnet wird, wenn Project startet.
Summaryinfo	Boolean	*True*, wenn das Dialogfeld *Projektinformationen* angezeigt wird, wenn ein neues Projekt startet.
UserName	String	Der Name des aktuellen Benutzers.
SetDefaults	Boolean	*True*, wenn die Werte von *AutoAddResources*, *StandardRate* und *OvertimeRate* als Standardwerte für neue Projekte verwendet werden.
ShowWelcome		Aufgrund von Änderungen im Objektmodell von Project hat dieses Argument keine Auswirkungen mehr. Es wird aus Gründen der Abwärtskompatibilität beibehalten.
AutoFilter	Boolean	*True*, wenn die AutoFilter-Funktion aktiv ist.
MacroVirusProtection		Aufgrund von Änderungen im Objektmodell von Project hat dieses Argument keine Auswirkungen mehr. Es wird aus Gründen der Abwärtskompatibilität beibehalten.

Parameter	Datentyp	Beschreibung
DisplayRecentFiles	Boolean	*True*, wenn eine Liste der zuletzt verwendeten Dateien im Menü *Datei* angezeigt wird.
RecentFilesMaximum	Integer	Die maximale Anzahl der zuletzt verwendeten Dateien wird im Menü *Datei* angezeigt. Eine Zahl von 0 bis 9. Ist *RecentFilesMaximum* auf 0, dann wird auch *DisplayRecentFiles* auf ***False*** festgelegt.
FontConversion	Boolean	*True*, wenn beim Öffnen einer Datei, die eine Schriftart verwendet, die systemeigene Zeichen angezeigt werden können, automatisch die Schriftart geändert wird. Das *FontConversion*-Argument wird ignoriert, wenn eine ostasiatische Version des Projekts verwendet wird.
ShowStartupWorkpane		Nur noch Platzhalter
MaxUndoRecords	Variant	Die maximale Anzahl der im Rollbackpuffer gespeicherten Einträge.

Wird die Methode ohne Angaben von Parametern aufgerufen, öffnet sich das Dialogfenster *Projekt-Optionen* unter der Registerkarte *Allgemein*.

Codeliste 4-2. Die Prozedur öffnet das Dialogfenster Projekt-Optionen

```
Sub OpenProjectOptions()
   OptionsGeneralEx
End Sub
```

Die Methode *OptionsViewEx* legt Anzeigeoptionen im Dialogfenster *Project-Optionen* für deren Registerkarten *Allgemein*, *Anzeige* und *Erweitert* fest. Ihre Syntax lautet

```
OptionsViewEx (DefaultView, DateFormat, ProjectSummary,
DisplayStatusBar, DisplayEntryBar, DisplayScrollBars, CurrencySymbol,
SymbolPlacement, CurrencyDigits, ProjectCurrency, DisplayOutlineNumber,
DisplayOutlineSymbols, DisplayNameIndent, DisplaySummaryTasks,
DisplayOLEIndicator, DisplayExternalSuccessors,
DisplayExternalPredecessors, CrossProjectLinksInfo,
AcceptNewExternalData, DisplayWindowsInTaskbar, DisplayScreentips,
CalendarType, Use3DLook)
```

Tabelle 4-4. Die optionalen Parameter der OptionsViewEx-Methode

Parameter	Datentyp	Beschreibung
DefaultView	String	Name der Standardansicht
DateFormat	Long	Datumsformat. Dies kann eine der *pjDateFormat*-Konstanten sein.
ProjectSummary	Boolean	*True*, wenn der Sammelvorgang des Projekts angezeigt wird.
DisplayStatusBar	Boolean	*True*, wenn die Statusleiste angezeigt wird.

Parameter	Datentyp	Beschreibung
DisplayEntryBar	Boolean	*True*, wenn die Bearbeitungsleiste angezeigt wird.
DisplayScrollBars	Boolean	*True*, wenn Bildlaufleisten angezeigt werden.
CurrencySymbol	String	Das für Währungsangaben zu verwendende Symbol.
SymbolPlacement	Long	Position des Währungssymbols bei Währungsangaben. Kann eine *pjPlacement*-Konstante sein.
CurrencyDigits	Integer	Anzahl der Dezimalstellen in Währungsangaben
ProjectCurrency	Variant	Dreistellige Standardwährungscode nach ISO. USD ist beispielsweise der Code für US-Dollar. In der Dropdownliste *Währung* auf der Registerkarte *Anzeige* sind alle von Project unterstützten Währungscodes enthalten.
DisplayOutlineNumber	Boolean	*True*, wenn die Gliederungsnummern für Vorgänge angezeigt werden.
DisplayOutlineSymbols	Boolean	*True*, wenn die Gliederungssymbole für Vorgänge angezeigt werden.
DisplayNameIndent	Boolean	*True*, wenn Vorgangsnamen eingerückt werden.
DisplaySummaryTasks	Boolean	*True*, wenn Sammelvorgänge angezeigt werden.
DisplayOLEIndicator	Boolean	*True*, wenn der OLE-Anzeiger angezeigt wird.
DisplayExternalSuccessors	Boolean	*True*, wenn Nachfolger in einem externen Projekt angezeigt werden sollen.
DisplayExternalPredecessors	Boolean	*True*, wenn Vorgänger in einem externen Projekt angezeigt werden sollen.
CrossProjectLinksInfo	Boolean	*True*, wenn das Dialogfeld *Verknüpfungen zwischen Projekten* angezeigt wird, wenn ein Projekt mit projektübergreifenden Verknüpfungen geöffnet wird.
AcceptNewExternalData	Boolean	*True*, wenn neue oder geänderte Daten aus einem externen Projekt automatisch akzeptiert werden, wenn ein Projekt geöffnet wird. Wenn *CrossProjectLinksInfo* auf *True* festgelegt ist, wird *AcceptNewExternalData* ignoriert.
DisplayWindowsInTaskbar	Boolean	*True*, wenn Projektfenster auf dem Vorgangsbalken und in der Aufgabenliste angezeigt werden.

Parameter	Datentyp	Beschreibung
DisplayScreentips	Boolean	*True*, wenn Project QuickInfos für Elemente anzeigt, z. B. Linien oder Spaltenüberschriften.
CalendarType	Integer	Legt den Typ des Kalenders für die Anzeige von Project-Inhalt am Bildschirm fest. Kann einer der *pjCalendarType*-Konstanten sein.
Use3DLook	Boolean	*True* ,wenn Balken und Formen in Gantt-Ansichten eine dreidimensionale Darstellung aufweisen.

Tabelle 4-5. Die pjPlacement-Konstanten

Konstante	Wert	Beschreibung
pjAfter	1	Nachher
pjAfterWithSpace	3	Nachher mit einem Leerzeichen
pjBefore	0	Vorher
pjBeforeWithSpace	2	Vorher mit einem Leerzeichen

Die folgende Prozedur blendet den Projektsammelvorgang ein und aus.

Codeliste 4-3. Die Prozedur blendet den Projektsammelvorgang ein und aus

```
Sub ToggleProjectSummary()
    OptionsViewEx ProjectSummary:=True
Stop

    OptionsViewEx ProjectSummary:=False
End Sub
```

Die Methode *OptionsEditEx* legt Optionen für das Projekt fest oder öffnet das Dialogfenster *Projekt-Optionen*. Ihre Syntax lautet

```
OptionsEditEx (MoveAfterReturn, DragAndDrop, UpdateLinks,
CopyResourceUsageHeader, PhoneticInfo, PhoneticType,
MinuteLabelDisplay, HourLabelDisplay, DayLabelDisplay,
WeekLabelDisplay, YearLabelDisplay, SpaceBeforeTimeLabel, SetDefaults,
MonthLabelDisplay, SetDefaultsTimeUnits, HyperlinkColor,
FollowedHyperlinkColor, UnderlineHyperlinks, SetDefaultsHyperlink,
InCellEditing)
```

Tabelle 4-6. Die optionalen Parameter der OptionsEditEx-Methode

Parameter	Datentyp	Beschreibung
MoveAfterReturn	Boolean	*True*, wenn die nächste Zelle oder ein Feld aktiviert wird, wenn die Eingabetaste gedrückt wird. *False*, wenn die aktuelle Zelle oder das Feld aktiv bleibt.
DragAndDrop	Boolean	*True*, wenn Zellen durch Ziehen kopiert oder verschoben werden können. Die Option *Zell-Drag-*

Parameter	Datentyp	Beschreibung
		and-Drop zulassen befindet sich auf der Registerkarte *Erweitert*.
UpdateLinks	Boolean	*True*, wenn Project vor dem Aktualisieren automatischer Verknüpfungen anfragt, wenn sich die relevanten Informationen ändern.
CopyResourceUsageHeader		Aufgrund von Änderungen im Project-Objektmodell wird dieses Argument ignoriert. Es wird beibehalten, sodass vorhandene Makros, die dieses Argument verwenden, keine Fehler verursachen.
PhoneticInfo	Boolean	*True*, wenn automatisch phonetische Informationen für Ressourcennamen und benutzerdefinierte Felder bereitgestellt werden.
PhoneticType	Integer	Gibt die Art der verwendeten Zeichen an, für die Anzeige von phonetischen Informationen. Kann eine der folgenden *pjPhoneticType*-Konstanten sein: *pjKatakanaHalf*, *pjKatakana* oder *pjHiragana*.
MinuteLabelDisplay	Integer	Gibt an, wie die Minutenbezeichnung angezeigt wird. Die Anzeige der Minutenbezeichnung entspricht der Liste *Minuten*, die sich auf der Registerkarte *Erweitert* befindet.
HourLabelDisplay	Integer	Gibt an, wie die Stundenbezeichnung angezeigt wird. Die Anzeige der Stundenbezeichnung entspricht der Liste *Stunden*, die sich auf der Registerkarte *Erweitert* befindet.
DayLabelDisplay	Integer	Gibt an, wie die Tagbezeichnung angezeigt wird. Die Anzeige der Tagbezeichnung entspricht der Liste *Tage*, die sich auf der Registerkarte *Erweitert* befindet.
WeekLabelDisplay	Integer	Gibt an, wie die Wochenbezeichnung angezeigt wird. Die Anzeige der Wochenbezeichnung entspricht der Liste *Wochen*, die sich auf der Registerkarte *Erweitert* befindet.
YearLabelDisplay	Integer	Gibt an, wie die Jahresbezeichnung angezeigt wird. Die Anzeige der Jahresbezeichnung entspricht der Liste *Jahre*, die sich auf der Registerkarte *Erweitert* befindet.
SpaceBeforeTimeLabel	Boolean	*True*, wenn ein Zeitwert von der Zeiteinheit durch ein Leerzeichen getrennt sein soll. Entspricht der Option *Leerzeichen vor Beschriftung hinzufügen* auf der Registerkarte *Erweitert*.

Parameter	Datentyp	Beschreibung
SetDefaults	Boolean	*True*, wenn die Werte der Argumente der *OptionsEdit*-Methode auf die Standardwerte für neue Projekte festgelegt sind. Der Standardwert ist *False*, was bedeutet, dass nur für das aktive Projekt Optionen festgelegt sind.
MonthLabelDisplay	Integer	Gibt an, wie die Monatsbezeichnung angezeigt wird. Die Anzeige der Monatsbezeichnung entspricht der Liste *Monate*, die sich auf der Registerkarte *Erweitert* befindet.
SetDefaultsTimeUnits	Boolean	*True*, wenn die Werte der Zeiteinheiten, die im Abschnitt *Anzeigeoptionen für dieses Projekt* (Registerkarte *Erweitert*) angegeben sind, als Standardwerte für neue Projekte verwendet werden. Der Standardwert ist *False*, was bedeutet, dass die Optionen für die Anzeige der Zeiteinheiten nur für das aktive Projekt festgelegt sind.
HyperlinkColor	Integer	Die Farbe, die zur Kennzeichnung nicht verfolgter Links verwendet wird. Dies kann ein RGB-Hexadezimalwert sein, dabei enthält das letzte Byte den Wert für Rot. Beispielsweise ist HFF0000 blau.
FollowedHyperlinkColor	Long	Die Farbe, die zur Kennzeichnung verfolgter Links verwendet wird. Dies kann ein RGB-Hexadezimalwert sein, dabei enthält das letzte Byte den Wert für Rot. Beispielsweise ist HFF00FF lila.
UnderlineHyperlinks	Boolean	*True*, wenn Hyperlinks unterstrichen werden.
SetDefaultsHyperlink	Boolean	True , wenn die im Abschnitt Anzeigeoptionen für dieses Projekt (Registerkarte Erweitert) angegebenen Hyperlinkoptionen als Standardwerte für neue Projekte verwendet werden. Der Standardwert ist *False*, was bedeutet, dass die Hyperlinkoptionen nur für das aktive Projekt festgelegt sind.
InCellEditing	Boolean	*True*, wenn die direkte Zellbearbeitung aktiviert ist. Entspricht der Option *Direkte Zellbearbeitung aktivieren* im Abschnitt *Bearbeiten* auf der Registerkarte *Erweitert*.

Tabelle 4-7. Die pjPhoneticType-Konstante

Konstante	Wert	Beschreibung
pjHiragana	2	Hiragana-Zeichen
pjKatakana	1	Katakana-Zeichen

pjKatakanaHalf	0	Halbbreites Katakana-Zeichen

Die Methode *OptionsInterfaceEx* legt Anzeigeoptionen und Projektberateroptionen fest. Ihre Syntax lautet

```
OptionsInterfaceEx (ShowResourceAssignmentIndicators,
ShowEditToStartFinishDates, ShowEditsToWorkUnitsDurationIndicators,
ShowDeletionInNameColumn, DisplayProjectGuide,
ProjectGuideUseDefaultFunctionalLayoutPage,
ProjectGuideFunctionalLayoutPage, ProjectGuideUseDefaultContent,
ProjectGuideContent, SetAsDefaults, UseOMIDs)
```

Tabelle 4-8. Die optionalen Parameter der OptionsInterfaceEx-Methode

Parameter	Datentyp	Beschreibung
ShowResourceAssignment Indicators	Boolean	*True*, wenn Project Indikatoren und Optionsfelder für Ressourcenzuordnungen anzeigt. Der Standardwert ist *False*.
ShowEditToStartFinishDates	Boolean	*True*, wenn Project Vorgänge-Rückgängig-Stapel für die Bearbeitung von Anfangs- und Endterminen anzeigt. Der Standardwert ist *False*.
ShowEditsToWorkUnits DurationIndicators	Boolean	*True*, wenn Project Vorgänge-Rückgängig-Stapel für die Bearbeitung von Dauer, Arbeit oder Einheiten anzeigt. Der Standardwert ist *False*.
ShowDeletionInNameColumn	Boolean	*True*, wenn Project Aktionen-Rückgängig-Stapel beim Löschen eines Werts im Feld *Vorgangsname* oder *Ressourcenname* anzeigt. Der Standardwert ist *False*.
DisplayProjectGuide	Boolean	*True*, wenn der Projektberater in der Standardeinstellung beim Start und für alle neuen Projekte angezeigt werden soll. Der Standardwert ist *False*.
ProjectGuideUseDefault FunctionalLayoutPage	Boolean	*True*, wenn der Projektberater Standardinhalte verwenden soll. *False*, wenn angepasster Inhalt für den Projektberater verwendet werden soll. Der Standardwert ist *True*.
ProjectGuideFunctional LayoutPage	String	Der URL oder Pfad und Dateiname der XML-Datei, die für benutzerdefinierten Inhalt im *Projektberater* verwendet werden soll.
ProjectGuideUseDefault Content	Boolean	*True*, wenn der *Projektberater* Standardinhalt verwenden soll. *False*, wenn angepasster Inhalt für den Projektberater verwendet werden soll. Der Standardwert ist *True*.

Parameter	Datentyp	Beschreibung
ProjectGuideContent	String	Die URL bzw. der Pfad und der Dateiname für die XML-Datei, die für benutzerdefinierten Inhalt im Project Guide verwendet wird.
SetAsDefaults	Boolean	*True*, wenn der Projektberater Einstellungen für das aktive Projekt als Standard für alle neuen Projekte verwenden soll. Der Standardwert ist *False*.
UseOMIDs	Variant	*True*, wenn Project interne IDs verwendet, für eine andere Sprache oder umbenannte Organisator-Elemente zwischen Projekten. Der Standardwert ist *True*.

Die Methode *OptionsSave* legt die Speicheroptionen für Projektdateien fest. Ihre Syntax lautet

```
OptionsSave (DefaultSaveFormat, DefaultProjectsPath,
DefaultUserTemplatesPath, DefaultWorkgroupTemplatesPath,
ExpandDatabaseTimephasedData, AutomaticSave, AutomaticSaveInterval,
AutomaticSaveOptions, AutomaticSavePrompt, SetDefaultsDatabase)
```

Tabelle 4-9. Die optionalen Parameter der OptionsSave-Methode

Parameter	Datentyp	Beschreibung
DefaultSaveFormat	String	Gibt das Standardformat zum Speichern einer Datei an. Kann eine der folgenden Zeichenfolgen sein: *MSProject.mpp*, *MSProject.mpt*, *MSProject.mpp12*, oder *MSProject.mpp9*.
DefaultProjectsPath	String	Gibt den Standardspeicherort für Projektdateien an.
DefaultUserTemplatesPath	String	Gibt den Standardspeicherort für Benutzervorlagen an.
DefaultWorkgroupTemplatesPath	String	Gibt den Standardspeicherort für Arbeitsgruppenvorlagen an.
ExpandDatabaseTimephasedData	Boolean	*True*, wenn Zeitphasendaten in einem lesbaren Format sein sollen, beim Speichern in einer Datenbank erweitert werden. *False*, wenn Zeitphasendaten in einem komprimierten Binärformat erhalten bleiben sollen. Der Standardwert ist *False*.
Automatisches Speichern	Boolean	*True*, wenn Project Dateien automatisch speichert.

Parameter	Datentyp	Beschreibung
AutomaticSaveInterval	Long	Gibt an, wie oft (in Minuten) Project automatisch speichert.
AutomaticSaveOptions	Long	Gibt an, ob Project nur die aktive Datei oder alle geänderten Dateien speichert. Kann eine der *pjAutomaticSaveOptions*-Konstante sein.
AutomaticSavePrompt	Boolean	*True*, wenn beim automatischen Speichern von Dateien Warnungen angezeigt werden.

Tabelle 4-10. Die pjAutomaticSaveOptions-Konstanten

Konstante	Wert	Beschreibung
pjAutomaticSaveActiveProjectOnly	1	Nur die aktiven Dateien speichern.
pjAutomaticSaveAllOpenProjectFiles	2	Alle geöffneten Dateien speichern.

Kapitel 5

Vorgänge

Die Vorgangs-Objekthierarchie zeigt die untergeordneten Objekte der Tasks-Objektliste (Bild 5-1). Bei den gelb markierten Elementen handelt es sich um Objektlisten.

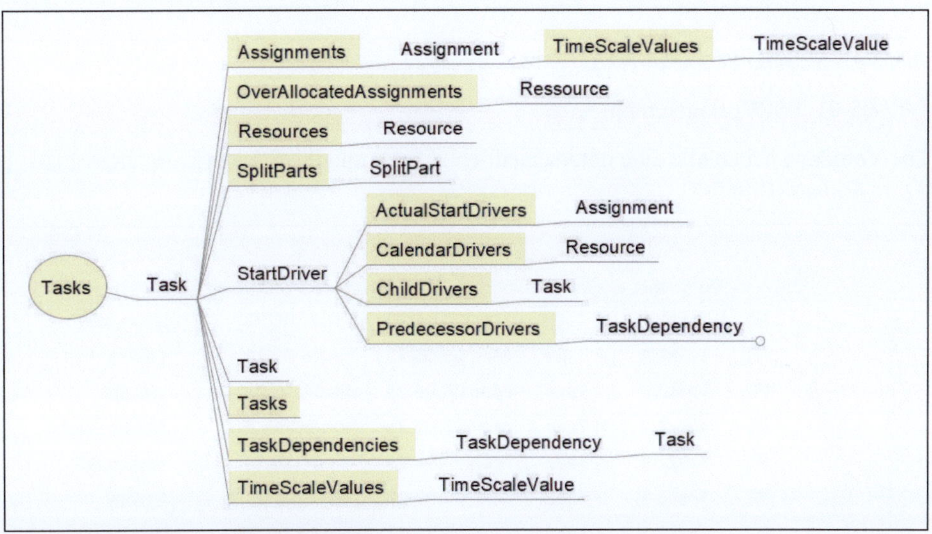

Bild 5-1. Die Vorgangs-Objekthierarchie

Nach dem Projektstart mit der Festlegung des *Startdatums* und dem Modus *Automatisch geplant*, ist der nächste Planungsschritt die Definition der Aufgaben, die in Project als *Vorgänge* und in VBA als *Task*-Objekte bezeichnet werden. Eigentlich bedeutet die Übersetzung von *Task* ja Aufgabe, doch leider sind die Übersetzungen von Microsoft nicht immer sehr gelungen, da in Project die Namensgleichheit zwischen Vorgang und Vorgänger schon mal zu Verwirrungen führen, besonders in den Anfängen.

H. Nahrstedt, *Project + VBA für Manager*,
https://doi.org/10.1007/978-3-658-43837-1_5

Die Vorgangsnamen sollten aussagekräftig sein. Zur Definition eines Vorgangs mit Namen gehört die Angabe der Zeitdauer. Später erfolgt durch die Zuordnung von Vorgängern und Nachfolgern der Vorgänge ein Ablaufplan.

5.1 Ausgangssituation PSP

Ein Projekt liegt als Projekt-Strukturplan (PSP) vor und ist in drei Teilaufgaben gegliedert, die wiederum in Arbeitspakete aufgeteilt sind (Bild 5-2). Alle Teilvorgänge sollen nacheinander, entsprechend ihrem PSP-Code, ausgeführt werden.

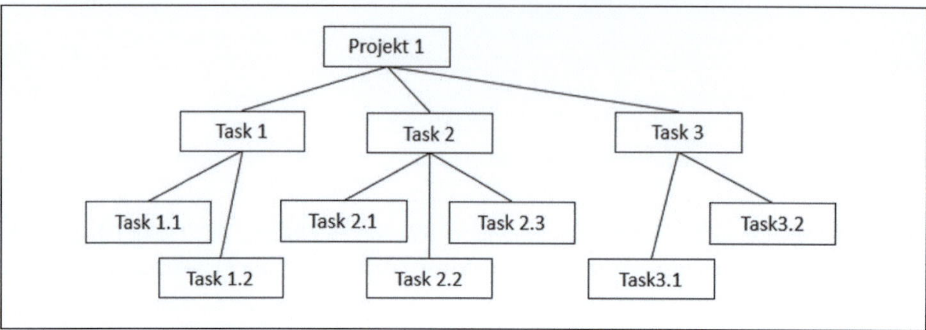

Bild 5-2. PSP eines Beispielprojekts

🗁 1-17-05-01_PSPVorlagen.mpp

Die Vorgänge haben alle eine unterschiedliche Dauer und die Standardvorgangsart ist *Feste Einheit* (Bild 5-3).

GANTT-DIAGRAMM

	ⓘ	V	Vorgangsr	Dauer	Anfang	Ende	Re
1			Task1.1	3 Tage	Mon 05.06.23	Mit 07.06.23	
2			Task1.2	2 Tage	Mon 05.06.23	Die 06.06.23	
3			Task2.1	2 Tage	Mon 05.06.23	Die 06.06.23	
4			Task2.2	4 Tage	Mon 05.06.23	Don 08.06.23	
5			Task2.3	3 Tage	Mon 05.06.23	Mit 07.06.23	
6			Task3.1	2 Tage	Mon 05.06.23	Die 06.06.23	
7			Task3.2	4 Tage	Mon 05.06.23	Don 08.06.23	

05 Jun '23
S M D M D F

Bild 5-3. Vorgänge zum Beispiel

In der Spalte *Dauer* wird die Anzahl an Tagen eingetragen. Eine mehr oder weniger granulare Eingabe (z. B. Stunden oder Wochen) ist ebenfalls möglich, empfiehlt sich jedoch nur in Ausnahmefällen. Project erstellt das Ende der Vorgänge auf Basis der festgelegten Arbeitstage. Falls arbeitsfreie Tage nicht berücksichtigt werden sollen, kann der Buchstabe f (für fortlaufend) angehängt werden (z. B. 10f für 10 fortlaufende Tage). Dies ist hilfreich bei passiven Vorgängen, wie z. B. die Trocknungszeit von Beton, die unabhängig von Wochenenden und Feiertagen ist. Die Dauer von Vorgängen kann (mit einem Doppelklick auf den Vorgang) auch über die Vorgangsinformation eingegeben werden, mit weiteren Informationen zum Vorgang (Bild 5-4).

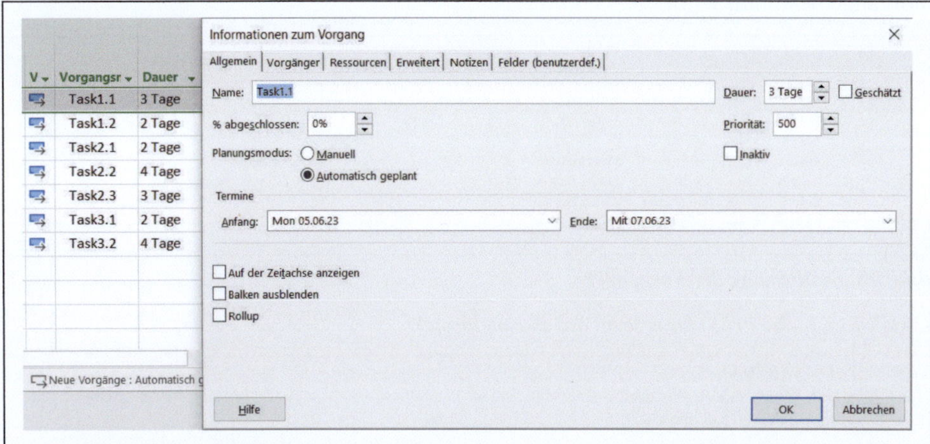

Bild 5-4. Informationen zum Vorgang

Im Dialogfenster gibt es das Register *Notizen*, unter dem sich hilfreiche Informationen zum Vorgang speichern lassen (Bild 5-5).

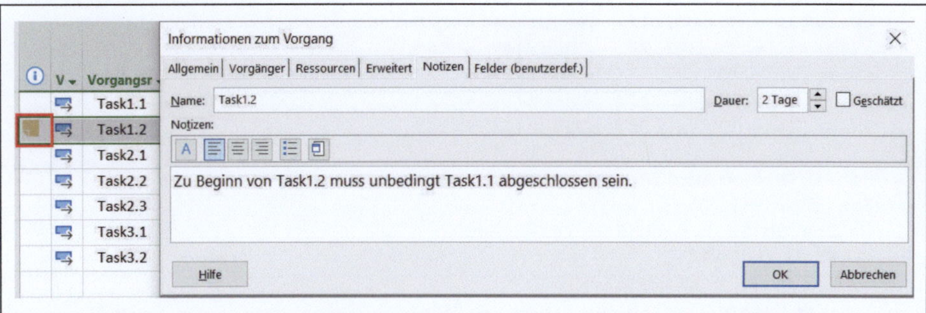

Bild 5-5. Informationen zum Vorgang speichern

Existiert eine Notiz, so bekommt die Indikatorspalte ein Notizsymbol und die Positionierung der Maus darauf blendet die Notiz ein.

Soll die Position eines Vorgangs in der Reihenfolge verschoben werden, so wird der Vorgang mit einem Klick auf die Zeilennummer ausgewählt und erhält einen Rahmen. Danach wird bei gedrückter SHIFT-Taste der Rahmen mit der linken Maustaste angefasst und in die neue Zeile verschoben. Dieser Vorgang wird mit *Drag & Drop* bezeichnet.

5.1.1 Vorgänger

In der Spalte Vorgänger wird die Zeilennummer des Vorgangs eingetragen, der zuvor beendet sein muss (Bild 5-6). Entsprechend der daraus entstehenden Form im Gantt-Diagramm wird dieses Vorgehen als Wasserfallmodell bezeichnet. Eine andere

Bezeichnung für diese Anordnung von Vorgängen lautet Hammock-Tasks (Hammock engl. für Hängematte), da deren Anfang und Ende vom Anfang und Ende anderer Vorgänge bestimmt wird.

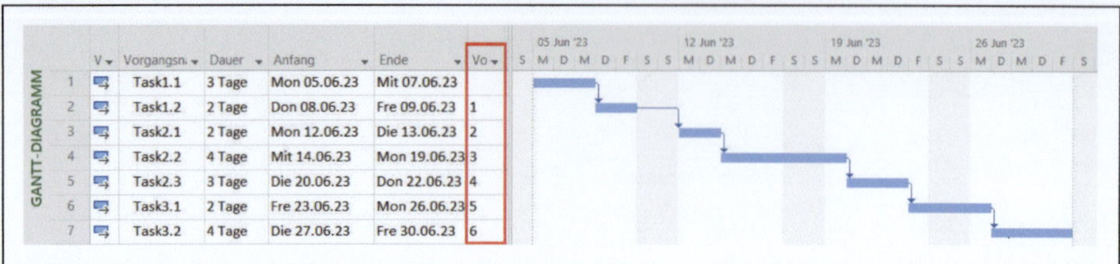

	Vorgangsn.	Dauer	Anfang	Ende	Vo
1	Task1.1	3 Tage	Mon 05.06.23	Mit 07.06.23	
2	Task1.2	2 Tage	Don 08.06.23	Fre 09.06.23	1
3	Task2.1	2 Tage	Mon 12.06.23	Die 13.06.23	2
4	Task2.2	4 Tage	Mit 14.06.23	Mon 19.06.23	3
5	Task2.3	3 Tage	Die 20.06.23	Don 22.06.23	4
6	Task3.1	2 Tage	Fre 23.06.23	Mon 26.06.23	5
7	Task3.2	4 Tage	Die 27.06.23	Fre 30.06.23	6

Bild 5-6. Bestimmung der Vorgänger

Codeliste 5-1. Die Prozedur erzeugt das Beispielprojekt

```
Sub PSPVorlage()
   Dim objPro As Project
   Dim objTask As Task
   Dim iRow As Integer
   Dim sName(7) As String
   Dim sDauer(7) As String

   sName(1) = "Task1.1": sDauer(1) = "3"
   sName(2) = "Task1.2": sDauer(2) = "2"
   sName(3) = "Task2.1": sDauer(3) = "2"
   sName(4) = "Task2.2": sDauer(4) = "4"
   sName(5) = "Task2.3": sDauer(5) = "3"
   sName(6) = "Task3.1": sDauer(6) = "2"
   sName(7) = "Task3.2": sDauer(7) = "4"

   Set objPro = Application.ActiveProject
   For iRow = 1 To 7
      Set objTask = objPro.Tasks.Add
      With objTask
         .Name = sName(iRow)
         .Duration = sDauer(iRow) & "t"
         .Manual = False
         If iRow > 1 Then .Predecessors = iRow - 1
      End With
      Set objTask = Nothing
   Next iRow
   Set objPro = Nothing
End Sub
```

5.1.2 Vorgänge strukturieren

Project bietet die Möglichkeit, den Projektstrukturplan durch Ein- und Ausrücken der Vorgänge über die sogenannten Sammelvorgänge zu strukturieren. Bei automatisch geplanten Sammelvorgängen werden Werte wie Anfang, Ende, Dauer, Arbeit und Kosten auf Basis der zugehörigen Vorgänge berechnet. So ergibt sich ein Überblick über die einzelnen Phasen, ohne zwangsläufig alle Vorgänge betrachten zu müssen.

Unter Register *Vorgang / Einfügen* gibt es die Methode *Sammelvorgang einfügen*, zuvor muss die Position, bzw. können auch mehrere Vorgänge, in der Vorgangsliste markiert werden (Bild 5-7).

	V	Vorgangsr	Dauer	Anfang	Ende	Vo
1		◢ <Neuer Sa	3 Tage	Mon 05.06.23	Mit 07.06.23	
2		Task1.1	3 Tage	Mon 05.06.23	Mit 07.06.23	
3		Task1.2	2 Tage	Don 08.06.23	Fre 09.06.23	2
4		Task2.1	2 Tage	Mon 12.06.23	Die 13.06.23	3
5		Task2.2	4 Tage	Mit 14.06.23	Mon 19.06.23	4

Bild 5-7. Eingefügter Sammelvorgang

Mit dem Einfügen des Sammelvorgangs wird der nachfolgende Vorgang verschoben und dem Sammelvorgang untergeordnet. Soll ein weiterer Vorgang untergeordnet werden, so kann dies über das Kontextmenü erfolgen. Mit den Schaltflächen *Vorgang herunterstufen* und *Vorgang heraufstufen* kann die Struktur ebenfalls verändert werden (Bild 5-8). Im Register *Vorgang / Zeitplan* befinden sich die gleichen Schaltsymbole. Die Struktur kann auch mit den Tasten ALT + SHIFT + (Pfeiltasten) verändert werden.

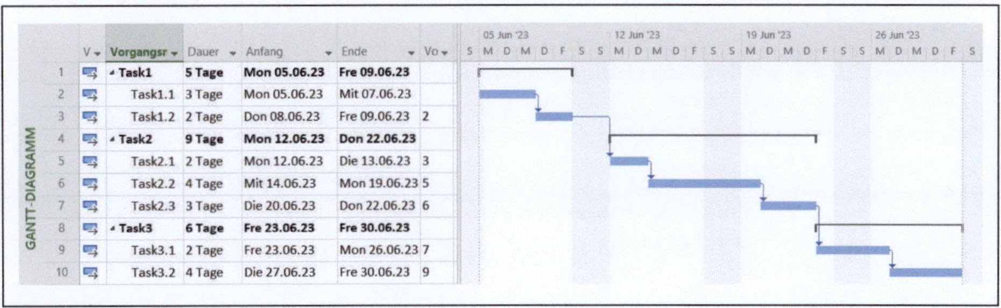

	V	Vorgangsr	Dauer	Anfang	Ende	Vo
1		◢ **Task1**	**5 Tage**	**Mon 05.06.23**	**Fre 09.06.23**	
2		Task1.1	3 Tage	Mon 05.06.23	Mit 07.06.23	
3		Task1.2	2 Tage	Don 08.06.23	Fre 09.06.23	2
4		◢ **Task2**	**9 Tage**	**Mon 12.06.23**	**Don 22.06.23**	
5		Task2.1	2 Tage	Mon 12.06.23	Die 13.06.23	3
6		Task2.2	4 Tage	Mit 14.06.23	Mon 19.06.23	5
7		Task2.3	3 Tage	Die 20.06.23	Don 22.06.23	6
8		◢ **Task3**	**6 Tage**	**Fre 23.06.23**	**Fre 30.06.23**	
9		Task3.1	2 Tage	Fre 23.06.23	Mon 26.06.23	7
10		Task3.2	4 Tage	Die 27.06.23	Fre 30.06.23	9

Bild 5-8. Sammelvorgänge im Projektbeispiel

In den Sammelvorgängen werden die Summen der Struktur wiedergegeben. Unter Register *Ansicht / Daten* gibt es die Methode *Gliederung anzeigen*. In einer Auswahlliste lässt sich die Ebene zur Anzeige bestimmen. Mit Ebene 1 ergibt sich ein Überblick über die einzelnen Phasen, ohne zwangsläufig alle Vorgänge betrachten zu müssen, insbesondere bei großen Projekten. In der Zelle mit dem Vorgangsnamen existiert außerdem ein Schalter ◢, der die zugehörigen Vorgänge aus- und einblendet.

Die folgende Prozedur erzeugt das Projektbeispiel mit Sammelvorgängen.

Codeliste 5-2. Prozedur erzeugt eine strukturierte PSP-Vorgangsliste

```
Sub PSPStruktur()
   Dim objPro      As Project
   Dim objTask     As Task
   Dim iRow        As Integer
   Dim sName(10)   As String
   Dim sDauer(10)  As String
```

```
    Dim bOutline    As Boolean
    Dim iPre        As Integer

    sName(1) = "Task1": sDauer(1) = ""
    sName(2) = "Task1.1": sDauer(2) = "3"
    sName(3) = "Task1.2": sDauer(3) = "2"
    sName(4) = "Task2": sDauer(4) = ""
    sName(5) = "Task2.1": sDauer(5) = "2"
    sName(6) = "Task2.2": sDauer(6) = "4"
    sName(7) = "Task2.3": sDauer(7) = "3"
    sName(8) = "Task3": sDauer(8) = ""
    sName(9) = "Task3.1": sDauer(9) = "2"
    sName(10) = "Task3.2": sDauer(10) = "4"

    bOutline = True
    Set objPro = Application.ActiveProject
    SelectRow Row:=1
    For iRow = 1 To 10
       Set objTask = objPro.Tasks.Add
       With objTask
          .Name = sName(iRow)
          If Val(sDauer(iRow)) > 0 Then
             .Duration = sDauer(iRow) & "t"
             If iPre > 1 Then .Predecessors = iPre
             iPre = iRow
          End If
          If bOutline = True And Val(sDauer(iRow)) > 0 Then
             SelectRow Row:=iRow, RowRelative:=False
             OutlineIndent
             bOutline = False
          End If
          If bOutline = False And sDauer(iRow) = "" Then
             SelectRow Row:=iRow, RowRelative:=False
             OutlineOutdent
             bOutline = True
          End If
       End With
       Set objTask = Nothing
    Next iRow
    Set objPro = Nothing
End Sub
```

5.1.3 Grobplanung mit Sammelvorgängen

Liegen zum Start der Planungsphase lediglich eine grobe Einteilung und Meilensteine vor, dann besteht die Möglichkeit mit Sammelvorgängen in Project zu starten. Dazu wird jeder Sammelvorgang manuell als Vorgang mit Start- und Enddatum oder Dauer eingegeben. Danach wird im Register *Gantt-Diagramm Format \ Einfügen* die Methode *Sammelvorgang* ausgewählt (Bild 5-9).

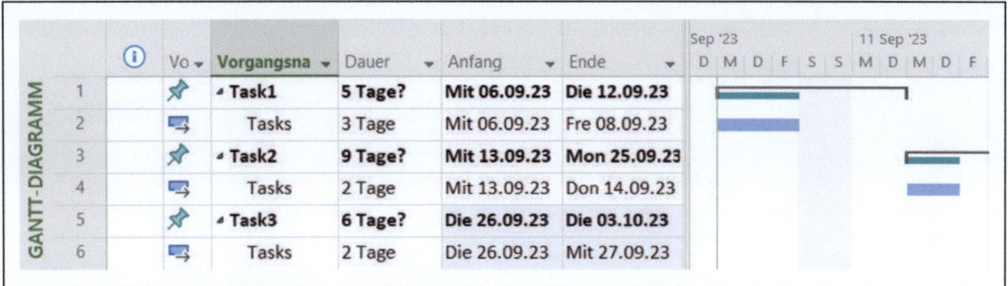

	Vo	Vorgangsna	Dauer	Anfang	Ende
1		**Task1**	**5 Tage?**	**Mit 06.09.23**	**Die 12.09.23**
2		Tasks	3 Tage	Mit 06.09.23	Fre 08.09.23
3		**Task2**	**9 Tage?**	**Mit 13.09.23**	**Mon 25.09.23**
4		Tasks	2 Tage	Mit 13.09.23	Don 14.09.23
5		**Task3**	**6 Tage?**	**Die 26.09.23**	**Die 03.10.23**
6		Tasks	2 Tage	Die 26.09.23	Mit 27.09.23

Bild 5-9. Grobplanung mit Sammelvorgängen

Werden später die Vorgänge zum Sammelvorgang mit echter Dauer ergänzt, passt sich der Sammelvorgang, nach Umschaltung auf automatische Planung, an.

5.1.4 Gliederung

In der Vorgangstabelle lassen sich auch Gliederungsnummern anzeigen. Die Darstellung *Gantt-Diagramm* verfügt über ein eigenes Register *Gantt-Diagramm Format / Einblenden/Ausblenden,* unter dem es die Option *Gliederungsnummer* gibt. Die Auswahl fügt Gliederungsnummern zum Vorgangsnamen hinzu (Bild 5-10). Sie müssen also nicht zwangsläufig im Namen stehen.

🗁 1-17-05-02_Gliederung.mpp

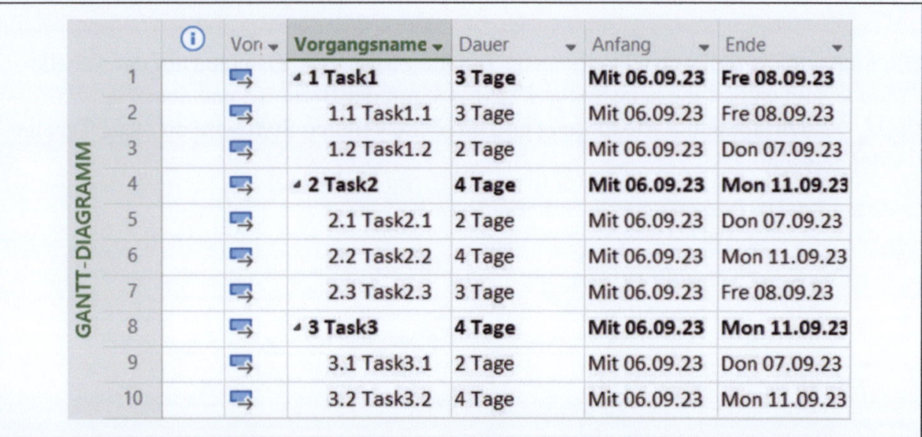

	Vorı	Vorgangsname	Dauer	Anfang	Ende
1		**1 Task1**	**3 Tage**	**Mit 06.09.23**	**Fre 08.09.23**
2		1.1 Task1.1	3 Tage	Mit 06.09.23	Fre 08.09.23
3		1.2 Task1.2	2 Tage	Mit 06.09.23	Don 07.09.23
4		**2 Task2**	**4 Tage**	**Mit 06.09.23**	**Mon 11.09.23**
5		2.1 Task2.1	2 Tage	Mit 06.09.23	Don 07.09.23
6		2.2 Task2.2	4 Tage	Mit 06.09.23	Mon 11.09.23
7		2.3 Task2.3	3 Tage	Mit 06.09.23	Fre 08.09.23
8		**3 Task3**	**4 Tage**	**Mit 06.09.23**	**Mon 11.09.23**
9		3.1 Task3.1	2 Tage	Mit 06.09.23	Don 07.09.23
10		3.2 Task3.2	4 Tage	Mit 06.09.23	Mon 11.09.23

Bild 5-10. Gliederungsnummern in den Vorgangsnamen

Ist die Spalte *PSP-Code* eingeblendet, dann wird darin die Gliederungsnummer angezeigt (Bild 5-11).

GANTT-DIAGRAMM

	ⓘ	Von	Vorgangsname	PSP-Code	Dauer	Anfang	Ende
1			**◢ Task1**	**1**	**3 Tage**	**Mit 06.09.23**	**Fre 08.09.23**
2			Task1.1	1.1	3 Tage	Mit 06.09.23	Fre 08.09.23
3			Task1.2	1.2	2 Tage	Mit 06.09.23	Don 07.09.23
4			**◢ Task2**	**2**	**4 Tage**	**Mit 06.09.23**	**Mon 11.09.23**
5			Task2.1	2.1	2 Tage	Mit 06.09.23	Don 07.09.23
6			Task2.2	2.2	4 Tage	Mit 06.09.23	Mon 11.09.23
7			Task2.3	2.3	3 Tage	Mit 06.09.23	Fre 08.09.23
8			**◢ Task3**	**3**	**4 Tage**	**Mit 06.09.23**	**Mon 11.09.23**
9			Task3.1	3.1	2 Tage	Mit 06.09.23	Don 07.09.23
10			Task3.2	3.2	4 Tage	Mit 06.09.23	Mon 11.09.23

Bild 5-11. Gantt-Diagramm mit der Spalte PSP-Code

Die folgende Prozedur blendet den PSP-Code hinter dem Vorgangsnamen ein und dann wieder aus.

Codeliste 5-3. Umschaltung der PSP-Code-Darstellung im Vorgangsnamen

```
Sub DisplayOutline()
   OptionsViewEx DisplayOutlineNumber:=True
Stop
   OptionsViewEx DisplayOutlineNumber:=False
End Sub
```

Die folgende Prozedur erstellt eine neue Tabelle *PSP-Code*, basierend auf der Tabelle *Eingabe*, und enthält die neue Spalte *PSP-Code* mit der Breite 12 und dem Titel *PSP-Code*. Danach stoppt die Ausführung und mit dem weiteren Start wird die neue Tabelle wieder gelöscht.

Codeliste 5-4. Die Prozedur erstellt eine neue Tabelle

```
Sub CreateViewPSPCode()
   TableEditEx Name:="Eingabe", _
      TaskTable:=True, Create:=True, _
      NewName:="PSP-Code", ShowAddNewColumn:=True

   TableEditEx Name:="View PSP-Code", _
      TaskTable:=True, NewFieldName:="PSP-Code", _
      Title:="PSP-Code", Width:=12, _
      ColumnPosition:=3
'neue Ansicht PSP-Code
   TableApply Name:="PSP-Code"
Stop

'Ansicht Vorgangs-Eingabe
   TableApply Name:="Eingabe"
   OrganizerDeleteItem Type:=1, _
      FileName:="1-17-05-02_Gliederung.mpp", _
      Name:="View PSP-Code"
End Sub
```

In der Spalte *Gliederungsebene* wird die Nummer der Ebene angezeigt (Bild 5-12).

	ⓘ	Vor	Vorgangsname	Gliederungsebene	Dauer	Anfang	Ende
1			**Task1**	**1**	**3 Tage**	**Mit 06.09.23**	**Fre 08.09.23**
2			Task1.1	2	3 Tage	Mit 06.09.23	Fre 08.09.23
3			Task1.2	2	2 Tage	Mit 06.09.23	Don 07.09.23
4			**Task2**	**1**	**4 Tage**	**Mit 06.09.23**	**Mon 11.09.23**
5			Task2.1	2	2 Tage	Mit 06.09.23	Don 07.09.23
6			Task2.2	2	4 Tage	Mit 06.09.23	Mon 11.09.23
7			Task2.3	2	3 Tage	Mit 06.09.23	Fre 08.09.23
8			**Task3**	**1**	**4 Tage**	**Mit 06.09.23**	**Mon 11.09.23**
9			Task3.1	2	2 Tage	Mit 06.09.23	Don 07.09.23
10			Task3.2	2	4 Tage	Mit 06.09.23	Mon 11.09.23

Bild 5-12. Gantt-Diagramm mit der Spalte Gliederungsebene

Analog zur vorherigen Prozedur erzeugt die nachfolgende eine neue Tabelle Ebenen.

Codeliste 5-5. Die Prozedur erstellt eine neue Tabelle mit der Gliederungsebene

```
Sub CreateViewEbenen()
   TableEditEx Name:="Eingabe", _
      TaskTable:=True, Create:=True, _
      NewName:="Ebenen", ShowAddNewColumn:=True

   TableEditEx Name:="Ebenen", _
      TaskTable:=True, NewFieldName:="Gliederungsebene", _
      Title:="Ebenen", Width:=12, Align:=pjCenter, _
      ColumnPosition:=3

'neue Ansicht Gliederungsebenen
   TableApply Name:="Ebenen"
Stop

'Ansicht Vorgangs-Eingabe
   TableApply Name:="Eingabe"
   OrganizerDeleteItem Type:=1, _
      FileName:="1-17-05-02_Gliederung.mpp", _
      Name:="Ebenen"
End Sub
```

5.1.5 Meilensteine

Meilensteine definieren die wichtigsten Eckpfeiler im Projekt und werden üblicherweise jeweils ans Ende einer Phase gesetzt. Ein Vorgang wird automatisch zu einem Meilenstein, wenn er die Dauer Null bekommt. Er wird auch zum Meilenstein, wenn über Register *Vorgang / Einfügen* die Methode *Meilenstein einfügen* ausgewählt wird (Bild 5-13). Ein neu gesetzter Meilenstein wird ebenfalls in die Vorgänger-Struktur eingebunden.

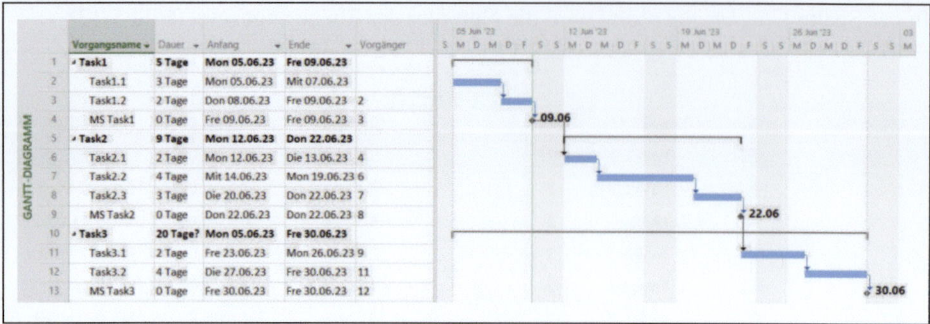

	Vorgangsname	Dauer	Anfang	Ende	Vorgänger
1	Task1	5 Tage	Mon 05.06.23	Fre 09.06.23	
2	Task1.1	3 Tage	Mon 05.06.23	Mit 07.06.23	
3	Task1.2	2 Tage	Don 08.06.23	Fre 09.06.23	2
4	MS Task1	0 Tage	Fre 09.06.23	Fre 09.06.23	3
5	Task2	9 Tage	Mon 12.06.23	Don 22.06.23	
6	Task2.1	2 Tage	Mon 12.06.23	Die 13.06.23	4
7	Task2.2	4 Tage	Mit 14.06.23	Mon 19.06.23	6
8	Task2.3	3 Tage	Die 20.06.23	Don 22.06.23	7
9	MS Task2	0 Tage	Don 22.06.23	Don 22.06.23	8
10	Task3	20 Tage?	Mon 05.06.23	Fre 30.06.23	
11	Task3.1	2 Tage	Fre 23.06.23	Mon 26.06.23	9
12	Task3.2	4 Tage	Die 27.06.23	Fre 30.06.23	11
13	MS Task3	0 Tage	Fre 30.06.23	Fre 30.06.23	12

Bild 5-13. Gantt-Diagramm mit eingefügten Meilensteinen

🗀 1-17-05-03_Meilensteine.mpp

Die folgenden Prozeduren erstellen noch einmal das Beispielprojekt mit der Prozedur *CreateProject*. Die Prozedur *CreateSummaryTasks* fügt danach in das Projekt die Sammelvorgänge ein und die Prozedur *CreateMilestones* die Meilensteine. Die abschließende Prozedur *ReadActualMilestones* zeigt die vorhandenen Meilensteine mit ihrem Datum und die Anzahl der Tage zwischen den Meilensteinen.

Codeliste 5-6. Die Prozedur löscht bestehende Vorgänge und erzeugt ein neues Projekt

```
Sub CreateProject()
   Dim objPro As Project
   Dim objTask As Task
   Dim iRow As Integer
   Dim sName(7) As String
   Dim sDauer(7) As String
   sName(1) = "Task1.1": sDauer(1) = "3"
   sName(2) = "Task1.2": sDauer(2) = "2"
   sName(3) = "Task2.1": sDauer(3) = "2"
   sName(4) = "Task2.2": sDauer(4) = "4"
   sName(5) = "Task2.3": sDauer(5) = "3"
   sName(6) = "Task3.1": sDauer(6) = "2"
   sName(7) = "Task3.2": sDauer(7) = "4"
   Application.DisplayAlerts = False
   Set objPro = Application.ActiveProject
   objPro.Tasks.Application.SelectAll
   EditDelete
   For iRow = 1 To 7
      Set objTask = objPro.Tasks.Add
      With objTask
         .Name = sName(iRow)
         .Duration = sDauer(iRow) & "t"
         .Manual = False
         If iRow > 1 Then .Predecessors = iRow - 1
      End With
      Set objTask = Nothing
   Next iRow
   Application.DisplayAlerts = True
   Set objPro = Nothing
End Sub
```

Codeliste 5-7. Die Prozedur fügt Sammelvorgänge in das bestehende Projekt ein

```
Sub CreateSummaryTasks()
   SelectRow Row:=1, RowRelative:=False
   InsertSummaryTask
   SetTaskField Field:="Name", Value:="Task1", TaskID:=1
   SelectTaskField Row:=2, Column:="Name", RowRelative:=False
   SelectTaskField Row:=3, Column:="Name", RowRelative:=False
   OutlineIndent
   SelectTaskField Row:=4, Column:="Name", RowRelative:=False
   InsertSummaryTask
   SetTaskField Field:="Name", Value:="Task2", TaskID:=4
   SelectTaskField Row:=5, Column:="Name", RowRelative:=False
   SelectTaskField Row:=6, Column:="Name", RowRelative:=False
   OutlineIndent
   SelectTaskField Row:=7, Column:="Name", RowRelative:=False
   OutlineIndent
   SelectTaskField Row:=8, Column:="Name", RowRelative:=False
   InsertSummaryTask
   SetTaskField Field:="Name", Value:="Task3", TaskID:=8
   SelectTaskField Row:=9, Column:="Name", RowRelative:=False
   SelectTaskField Row:=10, Column:="Name", RowRelative:=False
   OutlineIndent
End Sub
```

Codeliste 5-8. Die Prozedur fügt Meilensteine in das bestehende Projekt ein

```
Sub CreateMilestones()
   SelectRow Row:=4, RowRelative:=False
   InsertMilestoneTask
   SetTaskField Field:="Name", Value:="MS Task1", TaskID:=4
   SetTaskField Field:="Vorgänger", Value:="3", TaskID:=4

   SelectRow Row:=9, RowRelative:=False
   InsertMilestoneTask
   SetTaskField Field:="Name", Value:="MS Task2", TaskID:=9
   SetTaskField Field:="Vorgänger", Value:="8", TaskID:=9

   SelectRow Row:=13, RowRelative:=False
   InsertMilestoneTask
   SetTaskField Field:="Name", Value:="MS Task3", TaskID:=13
   SetTaskField Field:="Vorgänger", Value:="12", TaskID:=13
End Sub
```

Codeliste 5-9. Die Prozedur zeigt die Meilensteine im bestehenden Projekt

```
Sub ReadActualMilestones()
   Dim objTask     As Task
   Dim objAss      As Assignment
   Dim sText       As String
   Dim dStart      As Date

   sText = "Meilensteine:" & vbCr
   For Each objTask In ActiveProject.Tasks
      If objTask.Milestone = True Then
         If dStart <> "00:00:00" Then
```

```
                sText = sText & objTask.Start - dStart & _
                    " Tage Differenz" & vbCr
            End If
            sText = sText & objTask.Name & " / " & _
                Left(objTask.Start, 10) & vbCr
                dStart = objTask.Start
        End If
    Next objTask
    MsgBox sText
End Sub
```

In Project gibt es zwei spezielle Ansichten, das *Meilenstein-Rollup* und das *Meilensteindatums-Rollup*. Mit der Spalte *Rollup* in der Vorgangstabelle lässt sich festlegen, ob der Beginn einzelner Vorgänge auf dem Balken des Sammelvorgangs dargestellt werden (Bild 5-14 und Bild 5-15).

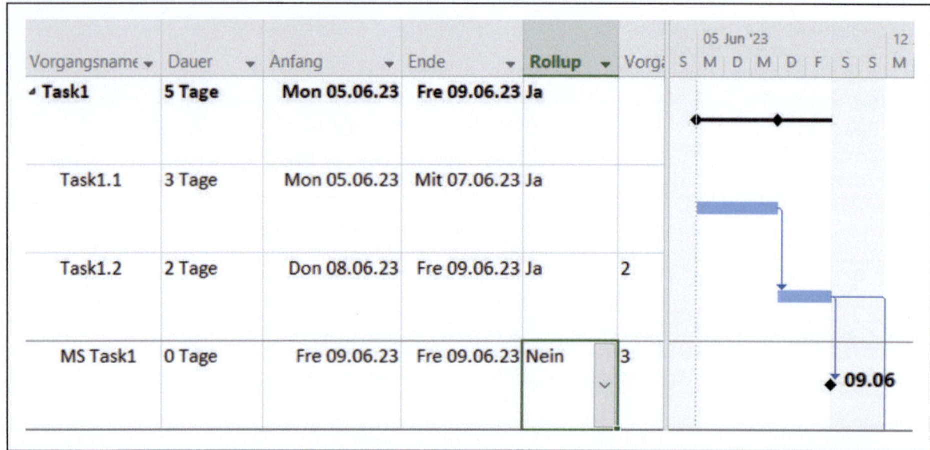

Vorgangsname	Dauer	Anfang	Ende	Rollup	Vorg:
Task1	**5 Tage**	**Mon 05.06.23**	**Fre 09.06.23**	**Ja**	
Task1.1	3 Tage	Mon 05.06.23	Mit 07.06.23	Ja	
Task1.2	2 Tage	Don 08.06.23	Fre 09.06.23	Ja	2
MS Task1	0 Tage	Fre 09.06.23	Fre 09.06.23	Nein	3

Bild 5-14. Task1 im Meilenstein-Rollup

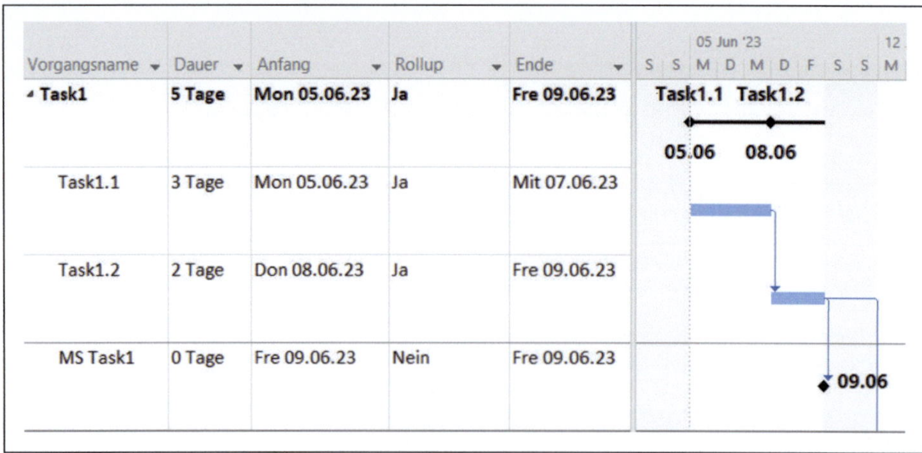

Vorgangsname	Dauer	Anfang	Rollup	Ende
Task1	**5 Tage**	**Mon 05.06.23**	**Ja**	**Fre 09.06.23**
Task1.1	3 Tage	Mon 05.06.23	Ja	Mit 07.06.23
Task1.2	2 Tage	Don 08.06.23	Ja	Fre 09.06.23
MS Task1	0 Tage	Fre 09.06.23	Nein	Fre 09.06.23

Bild 5-15. Task1 im Meilensteindatums-Rollup

Die folgende Prozedur zeigt nacheinander die beiden Rollups und schaltet dann wieder auf die Eingabetabelle.

Codeliste 5-10. Die Prozedur zeigt nacheinander die beiden Meilenstein-Rollups

```
Sub ViewMilestoneRollups()
   ViewApplyEx Name:="Meilenstein-Rollup"
Stop

   ViewApplyEx Name:="Meilensteindatums-Rollup"
Stop

   TableApply Name:="Eingabe"
End Sub
```

5.1.6 Zugriff auf Vorgangsfelder

🗁 1-17-05-04_Vorgangsfelder.mpp

Für den Zugriff auf einzelne Felder haben wir in den vorherigen Prozeduren die *SelectTaskField*-Methode verwendet. Ihre Syntax lautet

```
SelectTaskField (Row, Column, RowRelative, Width, Height, Extend, Add)
```

Tabelle 5-1. Die Parameter zur SelectTaskField-Methode

Parameter	Anwendung	Datentyp	Beschreibung
Row	Erforderlich	Long	Nummer der Zeile, die das zu markierende Feld enthält.
Column	Erforderlich	String	Name der Spalte, die das zu markierende Feld enthält.
RowRelative	Optional	Boolean	*True*, wenn der Speicherort der neuen Auswahl relativ zur aktiven Auswahl ist. Standardwert ist *True*.
Width	Optional	Long	Anzahl der zusätzlich zum aktiven Feld zu markierenden Spalten.
Height	Optional	Long	Anzahl der zusätzlich zum aktiven Feld zu markierenden Zeilen.
Extend	Optional	Boolean	*True*, wenn die aktive Auswahl um die neue Markierung erweitert wird. Standardwert ist *False*.
Add	Optional	Boolean	*True*, wenn zur aktiven Markierung die neue Markierung hinzugefügt wird. Standardwert ist *False*.

Die Methode *SetTaskField* bestimmt den Wert eines mit dem Namen genannten Feldes. Ihre Syntax lautet

```
SetTaskField (Field, Value, AllSelectTasks, Create, TaskID,
ProjectName)
```

Tabelle 5-2. Die Parameter der SetTaskField-Methode

Parameter	Anwendung	Datentyp	Beschreibung
Feld	Erforderlich	String	Name des festzulegenden Vorgangsfelds.
Wert	Erforderlich	String	Wert des Vorgangsfelds.
AllSelectedTasks	Optional	Boolean	*True*, wenn der Wert des Felds für alle ausgewählten Vorgänge festgelegt ist. *False*, wenn der Wert für den aktiven Vorgang festgelegt ist. Standardwert ist *False*.
Create	Optional	Boolean	*True*, wenn Project eine Aufgabe erstellt und sich die aktive Zelle in einer leeren Zeile befindet. Standardwert ist *True*.
TaskID	Optional	Long	Die Identifikationsnummer des Vorgangs, der das festzulegende Feld enthält. Wenn *AllSelectedTasks* auf *True* festgelegt ist, wird *TaskID* ignoriert.
ProjectName	Optional	String	Wenn das aktive Projekt ein konsolidiertes Projekt ist, gibt der Parameter den Namen des Projekts für den durch *TaskID* angegebenen Vorgang an. Wenn *TaskID* nicht angegeben ist, wird der Projektname ignoriert. Standardwert ist der Name des aktiven Projekts.

Im folgenden Beispiel wird das Vorgangsfeld *Name* mit der *Vorgangs-ID* = 3 in *NeuerName* geändert und anschließend wieder in den Ursprungsnamen zurückgesetzt.

Codeliste 5-11. Die Prozedur ändert einen Feldnamen

```
Sub SetTaskFieldName()
   Dim sName As String
   Dim objTask As Task
   Set objTask = ActiveProject.Tasks(3)

'Sichern des alten Feldnames
   sName = objTask.GetField(pjTaskName)
'Aufruf der Ansicht Gantt-Diagramm"
   ViewApply Name:="Gantt-Diagramm"
   SetTaskField Field:="Name", Value:="Neuer Name", TaskID:=3
Stop
   SetTaskField Field:="Name", Value:=sName, TaskID:=3
End Sub
```

Die Methode *SetActiveCell* bestimmt den Wert der aktiven Zelle. Ihre Syntax lautet

```
SetActiveCell (Value, Create)
```

Tabelle 5-3. Die Parameter der SetActiveCell-Methode

Parameter	Anwendung	Datentyp	Beschreibung
Wert	Erforderlich	String	Neuer Wert für die aktive Zelle.
Create	Optional	Boolean	*True*, wenn eine neue Zuordnung zu einem Ressourcen- oder Vorgangsfeld erstellt werden soll. Standardwert ist *True*.

Die *SetActiveCell*-Methode ist nicht verfügbar, wenn *Kalender*, *Netzplandiagramm* oder *Ressource: Grafik* die aktive Ansicht ist. Der Wert muss mit dem Zellinhalt verträglich sein. Die folgende Prozedur erwartet eine Texteingabe, um den Text danach in die aktive Zelle zu schreiben.

Codeliste 5-1. Die Prozedur schreibt einen Text in die aktive Zelle

```
Sub WriteTextToCell()
   Dim sText As String
   sText = InputBox("Bitte Text eingeben!")
   SetActiveCell sText, False
End Sub
```

Liegt die Zelle in der Spalte *Ressorcennamen*, so kann damit auch die Ressource eingetragen werden.

Die Methode *SetTaskColumn* markiert eine Spalte in einer Vorgangstabelle. Ihre Syntax lautet

```
SelectTaskColumn (Column, Additional, Extend, Add)
```

Tabelle 5-4. Die Parameter der SelectTaskColumn-Methode

Parameter	Anwendung	Datentyp	Beschreibung
Column	Optional	String	Feldname der zu markierenden Spalte. Der Standardwert ist die Spalte, die die aktive Zelle enthält.
Additional	Optional	Integer	Anzahl der zusätzlichen Spalten rechts neben der Spalte auswählen. Wenn *Extend True* ist, wird *Additional* ignoriert. Standardwert ist 0.
Extend	Optional	Boolean	*True*, wenn alle Spalten zwischen der aktuellen Markierung und *Column* ausgewählt sind. Standardwert ist *False*.
Add	Optional	Boolean	*True*, wenn die aktuelle Spalte in der Auswahl enthalten ist. Standardwert ist *False*.

Codeliste 5-2. Die Prozedur markiert die Spalte Ressourcennamen

```
Sub SelectColumn()
   SelectTaskColumn Column:="Ressourcennamen"
End Sub
```

5.2 Ausgangssituation Ablaufplan

Als weiteres Beispiel liegt ein Ablaufplan vor und alle Vorgänge sollen im Sinne des Plans ausgeführt werden (Bild 5-16).

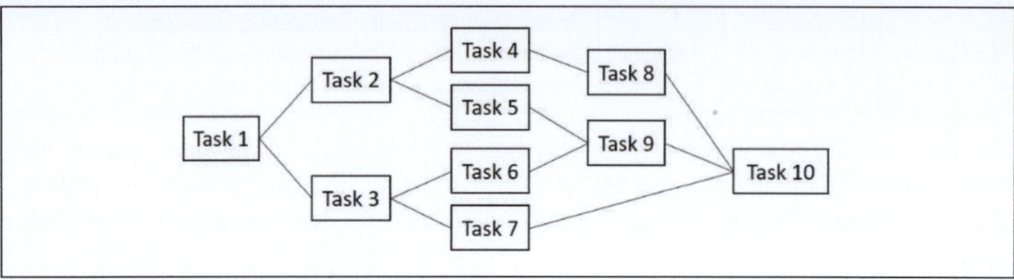

Bild 5-16. Netzplan eines Beispielprojekts

🗁 1-17-05-05_AblaufVorlage.mpp

Auch in diesem Beispiel haben die Vorgänge eine unterschiedliche Dauer und die Standardvorgangsart ist ebenfalls *feste Einheit* (Bild 5-17). Das Projekt startet mit einem Meilenstein als Kick-Off.

GANTT-DIAGRAMM

	Vo	Vorgangs	Dauer	Anfang	Ende	Vorgäng
1		Task1	0 Tage	Mon 05.06.23	Mon 05.06.23	
2		Task2	3 Tage	Mon 05.06.23	Mit 07.06.23	
3		Task3	5 Tage	Mon 05.06.23	Fre 09.06.23	
4		Task4	4 Tage	Mon 05.06.23	Don 08.06.23	
5		Task5	7 Tage	Mon 05.06.23	Die 13.06.23	
6		Task6	4 Tage	Mon 05.06.23	Don 08.06.23	
7		Task7	5 Tage	Mon 05.06.23	Fre 09.06.23	
8		Task8	5 Tage	Mon 05.06.23	Fre 09.06.23	
9		Task9	6 Tage	Mon 05.06.23	Mon 12.06.23	
10		Task10	1 Tag	Mon 05.06.23	Mon 05.06.23	

Bild 5-17. Vorgänge zum Beispiel

Entsprechend dem Ablaufplan werden nun die Vorgänger bestimmt (Bild 5-18).

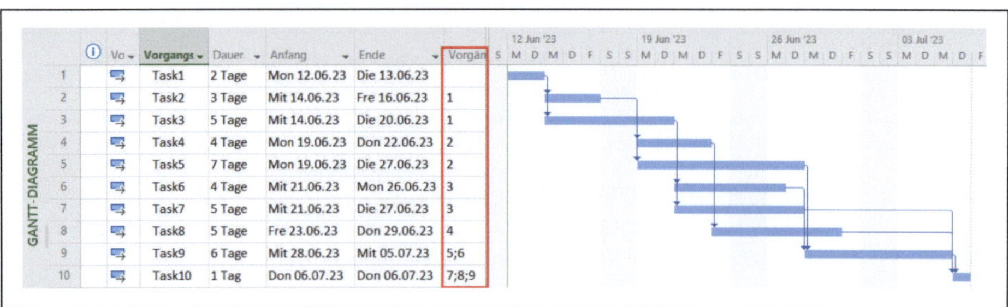

GANTT-DIAGRAMM

	Vo	Vorgangs	Dauer	Anfang	Ende	Vorgän
1		Task1	2 Tage	Mon 12.06.23	Die 13.06.23	
2		Task2	3 Tage	Mit 14.06.23	Fre 16.06.23	1
3		Task3	5 Tage	Mit 14.06.23	Die 20.06.23	1
4		Task4	4 Tage	Mon 19.06.23	Don 22.06.23	2
5		Task5	7 Tage	Mon 19.06.23	Die 27.06.23	2
6		Task6	4 Tage	Mit 21.06.23	Mon 26.06.23	3
7		Task7	5 Tage	Mit 21.06.23	Die 27.06.23	3
8		Task8	5 Tage	Fre 23.06.23	Don 29.06.23	4
9		Task9	6 Tage	Mit 28.06.23	Mit 05.07.23	5;6
10		Task10	1 Tag	Don 06.07.23	Don 06.07.23	7;8;9

Bild 5-18. Festgelegte Vorgänger

In diesem Beispiel besitzen Vorgänge mehr als einen Vorgänger, die durch ein Semikolon getrennt eingetragen werden.

Codeliste 5-3. Prozedur erzeugt Vorgangsliste zur Ablaufplan-Vorlage

```
Sub Ablaufplan()
   Dim objPro As Project
   Dim objTask As Task
   Dim iRow As Integer
   Dim sName(10) As String
   Dim sDauer(10) As String
   Dim sVor(10) As String

   sName(1) = "Task1": sDauer(1) = "2": sVor(1) = ""
   sName(2) = "Task2": sDauer(2) = "3": sVor(2) = "1"
   sName(3) = "Task3": sDauer(3) = "5": sVor(3) = "1"
   sName(4) = "Task4": sDauer(4) = "4": sVor(4) = "2"
   sName(5) = "Task5": sDauer(5) = "7": sVor(5) = "2"
   sName(6) = "Task6": sDauer(6) = "4": sVor(6) = "3"
   sName(7) = "Task7": sDauer(7) = "5": sVor(7) = "3"
   sName(8) = "Task8": sDauer(8) = "5": sVor(8) = "4"
   sName(9) = "Task9": sDauer(9) = "6": sVor(9) = "5;6"
   sName(10) = "Task10": sDauer(10) = "1": sVor(10) = "7;8;9"
   Set objPro = Application.ActiveProject
   For iRow = 1 To 10
      Set objTask = objPro.Tasks.Add
      With objTask
         .Name = sName(iRow)
         .Duration = sDauer(iRow) & "t"
         .Manual = False
         .Predecessors = sVor(iRow)
      End With
      Set objTask = Nothing
   Next iRow
   Set objPro = Nothing
End Sub
```

5.2.1 Pufferzeiten

Da Vorgänger nicht immer die gleiche Dauer besitzen, gibt es Pufferzeiten für die Ausführung. Dieser Spielraum kann durch Verschiebung oder Dehnung des Vorgangs genutzt werden. Als *Gesamtpuffer* eines Vorgangs wird die Zeitspanne bezeichnet, die ein Vorgang gegenüber seinem früheren Beginn (bzw. Dauer) verschoben werden kann, ohne das Projektende zu gefährden. Als freier Puffer wird die Zeit bezeichnet, die den frühestmöglichen Beginn bzw. das Ende des Nachfolgers nicht gefährdet. Er kann entstehen, wenn mindestens zwei Vorgänge auf denselben Nachfolger treffen (Bild 5-19).

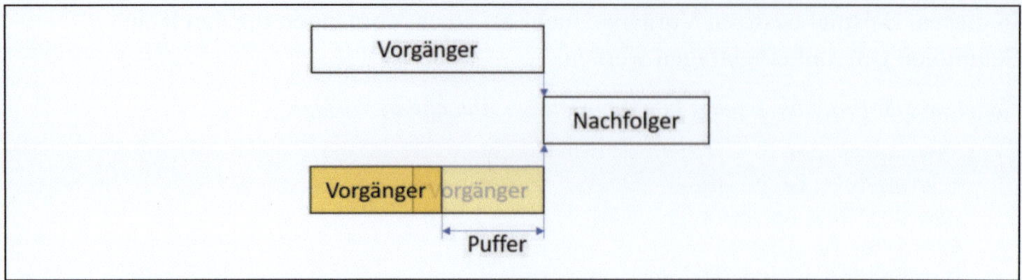

Bild 5-19. Pufferzeit zur Verschiebung von Vorgängern

Unter Register *Gantt-Diagramm Format / Balkenarten* gibt es die Option *Pufferzeit*. In diesem Modus werden die Pufferzeiten im Gantt-Diagramm eingeblendet (Bild 5-20).

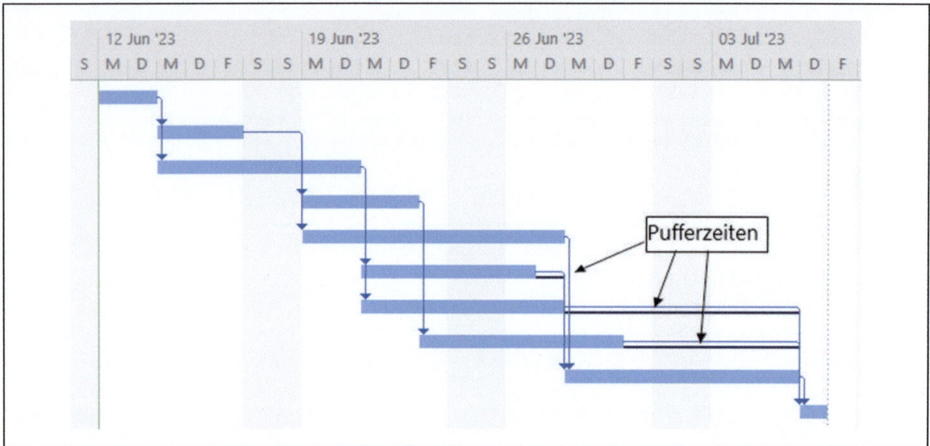

Bild 5-20. Pufferzeiten im Beispielprojekt

Die folgende Prozedur schaltet die Darstellung der Pufferzeiten im Ganttdiagramm aus und ein.

Codeliste 5-4. Prozedur zeigt Pufferzeiten im Balkendiagramm

```
Sub BufferInGanttBar()
   GanttBarStyleSlack Show:=False
Stop
   GanttBarStyleSlack Show:=True
End Sub
```

Detailinformationen zu den Terminen und Pufferzeiten zum kritischen Pfad wird in der Tabelle *Berechnete Termine* dargestellt (Bild 5-21).

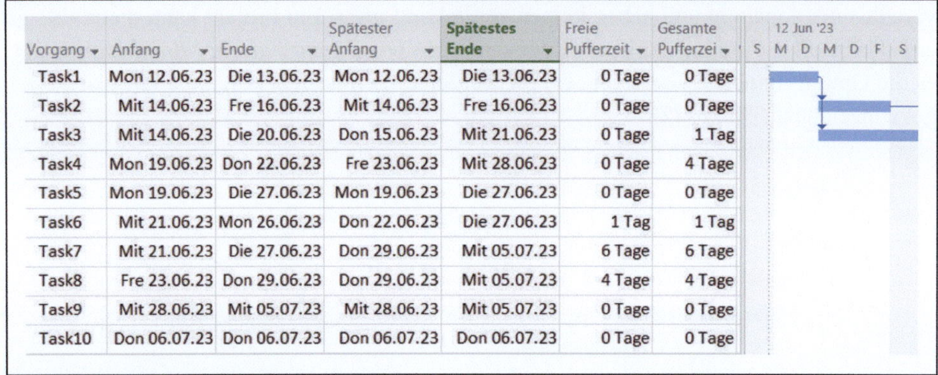

Vorgang	Anfang	Ende	Spätester Anfang	Spätestes Ende	Freie Pufferzeit	Gesamte Pufferzei
Task1	Mon 12.06.23	Die 13.06.23	Mon 12.06.23	Die 13.06.23	0 Tage	0 Tage
Task2	Mit 14.06.23	Fre 16.06.23	Mit 14.06.23	Fre 16.06.23	0 Tage	0 Tage
Task3	Mit 14.06.23	Die 20.06.23	Don 15.06.23	Mit 21.06.23	0 Tage	1 Tag
Task4	Mon 19.06.23	Don 22.06.23	Fre 23.06.23	Mit 28.06.23	0 Tage	4 Tage
Task5	Mon 19.06.23	Die 27.06.23	Mon 19.06.23	Die 27.06.23	0 Tage	0 Tage
Task6	Mit 21.06.23	Mon 26.06.23	Don 22.06.23	Die 27.06.23	1 Tag	1 Tag
Task7	Mit 21.06.23	Die 27.06.23	Don 29.06.23	Mit 05.07.23	6 Tage	6 Tage
Task8	Fre 23.06.23	Don 29.06.23	Don 29.06.23	Mit 05.07.23	4 Tage	4 Tage
Task9	Mit 28.06.23	Mit 05.07.23	Mit 28.06.23	Mit 05.07.23	0 Tage	0 Tage
Task10	Don 06.07.23	Don 06.07.23	Don 06.07.23	Don 06.07.23	0 Tage	0 Tage

Bild 5-21. Tabelle Berechnete Termine

Die folgende Prozedur erstellt die Tabelle *Berechnete Termine* als eine neue Tabelle mit dem Namen *Puffer*.

Codeliste 5-5. Die Prozedur erzeugt eine neue Tabelle Puffer und löscht sie wieder

```
Sub CreateViewBuffer()
   TableEditEx Name:="Eingabe", _
      TaskTable:=True, Create:=True, _
      NewName:="Pufferzeiten", ShowAddNewColumn:=True

   TableEditEx Name:="Pufferzeiten", _
      TaskTable:=True, NewFieldName:="Pufferzeit Anfang", _
      Title:="Pufferzeit Anfang", ColumnPosition:=5
   TableEditEx Name:="Pufferzeiten", _
      TaskTable:=True, NewFieldName:="Pufferzeit Ende", _
      Title:="Pufferzeit Ende", ColumnPosition:=5
   TableEditEx Name:="Pufferzeiten", _
      TaskTable:=True, NewFieldName:="Gesamte Pufferzeit", _
      Title:="Gesamte Pufferzeit", ColumnPosition:=5
   TableEditEx Name:="Pufferzeiten", _
      TaskTable:=True, NewFieldName:="Freie Pufferzeit", _
      Title:="Freie Pufferzeit", ColumnPosition:=5

'neue Ansicht Gliederungsebenen
   TableApply Name:="Pufferzeiten"
Stop

'Ansicht Vorgangs-Eingabe
   TableApply Name:="Eingabe"
   OrganizerDeleteItem Type:=1, _
      FileName:="1-17-05-04_AblaufVorlage.mpp", _
      Name:="Pufferzeiten"
End Sub
```

5.2.2 Kritischer Pfad

Der kritische Pfad ist im Projektplan die Abfolge von Vorgängen und Meilensteinen, die die Mindestprojektdauer bestimmen. Die Vorgänge auf dem kritischen Pfad sind voneinander abhängig und haben keinen zeitlichen Puffer. Ein Projekt kann mehr als einen kritischen Pfad haben. Unter Register *Gantt-Diagramm Format / Balkenarten* gibt es die Option *Kritische Vorgänge*. Damit werden die kritischen Vorgänge farblich gekennzeichnet (Bild 5-22).

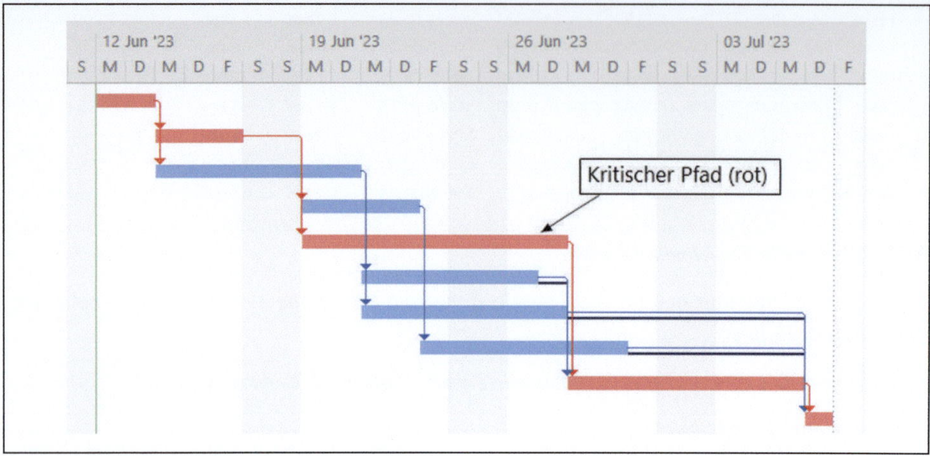

Bild 5-22. Kritischer Pfad im Projektbeispiel

Codeliste 5-6. Prozedur zeigt die kritischen Vorgänge im Balkendiagramm

```
Sub CriticalPath()
   GanttBarStyleCritical Show:=True
Stop

   GanttBarStyleCritical Show:=False
End Sub
```

5.2.3 Netzplan

Da die Vorgänge zum Ablaufplan eine Zeitdauer und Termine erhalten haben, existiert damit auch ein sogenannter Netzplan. Die auch als PERT-Methode (Program Evaluation and Review Technique) bekannte Technik wurde von Bernard Roy[5] entwickelt (DIN 2009). In Project existiert unter Register *Ansicht / Vorgangsansichten / Gantt-Diagramm / Weitere Ansichten* das *Netzplandiagramm*, das auch den kritischen Pfad farblich kennzeichnet (Bild 5-23).

Die Vorgänge werden im Diagramm als Knoten bezeichnet und sie enthalten neben Anfangs- und Enddatum noch die Dauer und, wenn vorhanden, die zugewiesenen Ressourcen. Mit der Auswahl eines Knotens wird dieser vergrößert dargestellt.

---

[5] Bernard Roy (1934-2017) war Professor an der Universität von Paris-Dauphine.

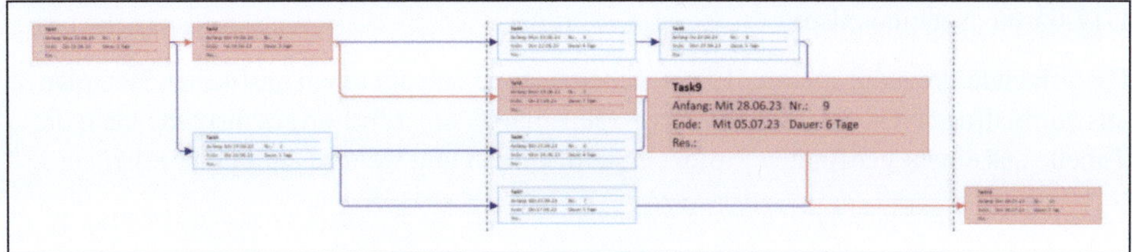

Bild 5-23. Darstellung des Beispielprojekts im Netzplandiagramm

Das Netzplandiagramm verfügt über eine eigene Registerkarte *Netzwerkdiagramm Format*, in der Anzeige und Format der Knoten und Verbindungen wählbar sind. Mit der Auswahl *Felder reduzieren* wird zwischen der Normaldarstellung und einer verkleinerten Ansicht umgeschaltet (Bild 5-24), die besonders bei großen Projekten wichtig ist.

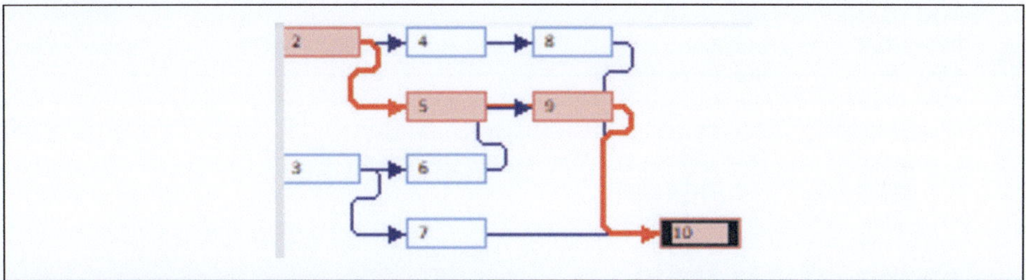

Bild 5-24. Verkleinerte Darstellung des Netzplans

Ein ausgewählter Knoten kann über Register *Netzwerkdiagramm Format / Format / Feld* in einem Dialogfenster betrachtet und formatiert werden (Bild 5-25).

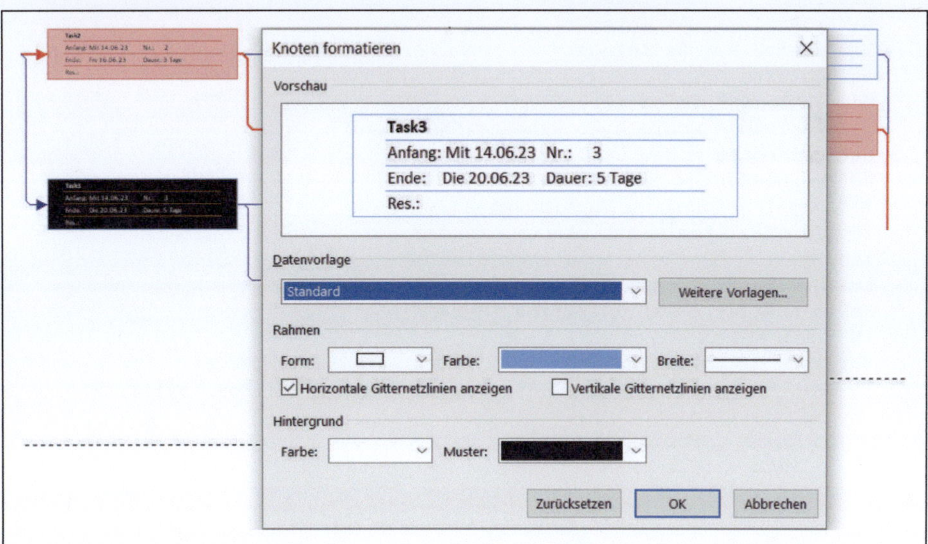

Bild 5-25. Formatierung eines Knotens im Netzwerkdiagramm

🗁 1-17-05-06_Netzplan.xlsm

Die folgende Prozedur in einer Excel-Arbeitsmappe erzeugt einen grafischen Netzplan aus Normalformen auf der Basis einer Arbeitsblatt-Liste. Für Fortgeschrittene kann die Tabelle aus einem geöffneten Projekt erstellt werden und weitere Parameter erhalten.

Codeliste 5-7. Die Prozedur in einem Excel-Modul erzeugt einen Netzplan auf dem Arbeitsblatt

```
Sub CreateNetzplan()
   Dim wbkTemp    As Workbook
   Dim wshTemp    As Worksheet
   Dim shpTemp    As Shape
   Dim colKnoten  As Collection
   Dim objKtn     As clsKnoten
   Dim objLine    As clsLine
   Dim lRow       As Long
   Dim lBegin     As Long
   Dim lEnd       As Long
   Dim lMax       As Long
   Dim sNum       As String
   Dim sNach      As String
   Dim sMkr()     As String    'VerbindungsArray
   Dim iMkr       As Integer   'VerbindungsIndex
   Dim iMax       As Integer
   Dim iDa        As Integer
   Dim sNum1      As String
   Dim sNum2      As String
   Dim sNumx      As String
   Dim lX         As Long
   Dim lY         As Long
   Dim sZeit      As String
   Dim iZeit      As Integer
   Dim iZeit1     As Integer
   Dim iZeit2     As Integer
'Excel-Objekte
   Set wbkTemp = ThisWorkbook
   Set wshTemp = wbkTemp.Worksheets("Netzplan")
   Set colKnoten = New Collection
   ActiveSheet.DrawingObjects.Delete
'Auflösung in einzelnen Verbindungen
   lBegin = 2  'Zeile mit erstem Eintrag
   lEnd = 11   'Zeile mit letztem Eintrag
   lMax = lEnd - lBegin + 1
   ReDim sMkr(4, lMax) As String 'Merker
   iMkr = 0
   For lRow = lBegin To lEnd
      sNum = Right("0" & Trim(Str(Val(wshTemp.Cells(lRow, 1)))), 2)
      sNach = Trim(wshTemp.Cells(lRow, 4))
      Do While InStr(sNach, "/") > 0
         iMkr = iMkr + 1
         If iMkr > UBound(sMkr, 2) Then
            ReDim Preserve sMkr(4, iMkr) As String
         End If
         sMkr(1, iMkr) = sNum
         sMkr(2, iMkr) = Right("0" & Trim(Str(Val(sNach))), 2)
```

```
            sMkr(3, iMkr) = 1
            sMkr(4, iMkr) = wshTemp.Cells(1 + Val(sNach), 5)
            sNach = Right(sNach, Len(sNach) - InStr(sNach, "/"))
         Loop
         iMkr = iMkr + 1
         If iMkr > UBound(sMkr, 2) Then
            ReDim Preserve sMkr(4, iMkr) As String
         End If
         sMkr(1, iMkr) = sNum
         sMkr(2, iMkr) = Right("0" & Trim(Str(Val(sNach))), 2)
         sMkr(3, iMkr) = 1
         sMkr(4, iMkr) = wshTemp.Cells(1 + Val(sNach), 5)
      Next lRow
      iMax = UBound(sMkr, 2)
'Backtracking vorwärts und rückwärts
   wshTemp.Activate
   lX = 100
   lY = 300
   iMkr = 1
   On Error Resume Next
   Do
      Do
      'vorwärts
         'ist Verb. nicht bearbeitet
         If sMkr(3, iMkr) > 0 Then
            sNum1 = sMkr(1, iMkr)
            sNum2 = sMkr(2, iMkr)
            'Knoten1 vorhanden ?
            Set objKtn = colKnoten.Item("G_" & sNum1)
            If objKtn.lPosX = 0 Then
               'erstelle Knoten1
               Set objKtn = New clsKnoten
               With objKtn
                  .sTitel = sNum1
                  .sNum = sNum1
                  .lPosX = lX
                  .lPosY = lY
                  .Create
               End With
               colKnoten.Add objKtn, "G_" & sNum1
               Err.Number = 0
            Else
               'übernehme x-Position
               lX = objKtn.lPosX
               iZeit = Val(objKtn.sZeit)
            End If
            Set objKtn = Nothing
            'Knoten2 vorhanden?
            Set objKtn = colKnoten.Item("G_" & sNum2)
            If objKtn.lPosX = 0 Then
               Set objKtn = New clsKnoten
               With objKtn
                  .sTitel = sNum2
                  .sNum = sNum2
                  .lPosX = lX + 200
                  .lPosY = lY
```

```
                .sZeit = iZeit + Val(sMkr(4, iMkr))
                .Create
             End With
             colKnoten.Add objKtn, "G_" & sNum2
          Else
             iZeit1 = Val(objKtn.sZeit)
             iZeit2 = iZeit + Val(sMkr(4, iMkr))
             If iZeit2 > iZeit1 Then
                objKtn.sZeit = Str(iZeit2)
                wshTemp.Shapes("R2_" & sNum2).TextFrame. _
                   Characters.Text = Str(iZeit2)
             End If
          End If
          Set objKtn = Nothing
       'Verbinder
          Set objLine = New clsLine
          With objLine
             .sNum1 = sNum1
             .sNum2 = sNum2
             .iZeit = Val(sMkr(4, iMkr))
             .Create
          End With
          sMkr(3, iMkr) = 0 'Verb. bearbeitet
          'suche nächste Verb. von Knoten2, wenn vorhanden
          Do While (iMkr < iMax) And Not (sNum2 = sMkr(1, iMkr))
             iMkr = iMkr + 1
          Loop
       Else
          iMkr = iMkr + 1
       End If
    Loop While iMkr < iMax
 'gehe wieder rückwärts bis Verb. nicht bearbeitet
    lY = lY + 100
    Do
       iDa = 0
       iMkr = iMkr - 1
       sNum1 = sMkr(1, iMkr)
       For Each objKtn In colKnoten
          sNumx = objKtn.sNum
          If sNumx = sNum1 Then
             If sMkr(3, iMkr) = 1 Then
                iDa = iMkr
                Exit For
             End If
          End If
       Next
       If iDa > 0 Then iMkr = iDa
    Loop While iMkr > 0 And iDa = 0
 Loop While iMkr > 0
'aufräumen
 Set wbkTemp = Nothing
 Set wshTemp = Nothing
 Set objKtn = Nothing
 Set colKnoten = Nothing
End Sub
```

Die Prozedur verwendet für die beiden Elemente Knoten und Verbindung die zwei Klassen *clsKnoten* und *clsLinie* für die Durchführung.

Codeliste 5-8. Die Klasse clsKnoten in einem Excel-Klassenmodul

```
Public Enum Maße
   lBreite = 30
   lHöhe = 30
End Enum
Public sNum    As String
Public sTitel  As String
Public lPosX   As Long
Public lPosY   As Long
Public sZeit   As String

Sub Create()
   Dim shpR1      As Shape
   Dim shpR2      As Shape
   Dim shpR3      As Shape
   Dim shpGroup   As Shape
   Set shpR1 = ActiveSheet.Shapes.AddShape _
      (1, lPosX, lPosY, 2 * lBreite, lHöhe)
   With shpR1
      .Name = "R1_" & sNum
      .TextFrame.Characters.Text = sNum
      .TextFrame.Characters.Font.ColorIndex = 1
      .Fill.ForeColor.RGB = RGB(255, 255, 255)
   End With
   Set shpR2 = ActiveSheet.Shapes.AddShape _
      (1, lPosX, lPosY + lHöhe, lBreite, lHöhe)
   With shpR2
      .Name = "R2_" & sNum
      .TextFrame.Characters.Text = sZeit
      .TextFrame.Characters.Font.ColorIndex = 1
      .Fill.ForeColor.RGB = RGB(255, 255, 255)
   End With
   Set shpR3 = ActiveSheet.Shapes.AddShape _
      (1, lPosX + lBreite, lPosY + lHöhe, lBreite, lHöhe)
   With shpR3
      .Name = "R3_" & sNum
      .TextFrame.Characters.Font.ColorIndex = 1
      .Fill.ForeColor.RGB = RGB(255, 255, 255)
   End With
   ActiveSheet.Shapes.Range(Array _
      (shpR1.Name, shpR2.Name, shpR3.Name)).Select
   Set shpGroup = Selection.ShapeRange.Group
   shpGroup.Name = "G_" & sNum
   With shpGroup
      With .Line
         .DashStyle = 1
         .Weight = 0.25
      End With
      With .TextFrame
         .HorizontalAlignment = xlHAlignCenter
         .VerticalAlignment = xlVAlignCenter
```

```
      End With
   End With
   Set shpR1 = Nothing
   Set shpR2 = Nothing
   Set shpR3 = Nothing
   Set shpGroup = Nothing
End Sub
```

Codeliste 5-9. Die Klasse clsLinie in einem Excel-Klassenmodul

```
Public sNum1   As String
Public sNum2   As String
Public iZeit   As Integer

Sub Create()
   ActiveSheet.Shapes.AddConnector _
      (1, 10, 10, 10, 10).Select
   Selection.Name = "L_" & sNum1 & "-" & sNum2
   Selection.ShapeRange.ConnectorFormat. _
      BeginConnect ActiveSheet.Shapes("R1_" & sNum1), 4
   Selection.ShapeRange.ConnectorFormat. _
      EndConnect ActiveSheet.Shapes("R1_" & sNum2), 2
   Selection.ShapeRange.Line.EndArrowheadStyle = 2
   'Pfeilgestaltung
   Selection.ShapeRange.Line.EndArrowheadLength = msoArrowheadLong
   Selection.ShapeRange.Line.EndArrowheadWidth = msoArrowheadWide
End Sub
```

Das Ergebnis ist eine Darstellung, in der die Knoten über Linien miteinander verknüpft sind (Bild 5-26). Durch Ziehen der Knoten lässt sich der Netzplan verändern.

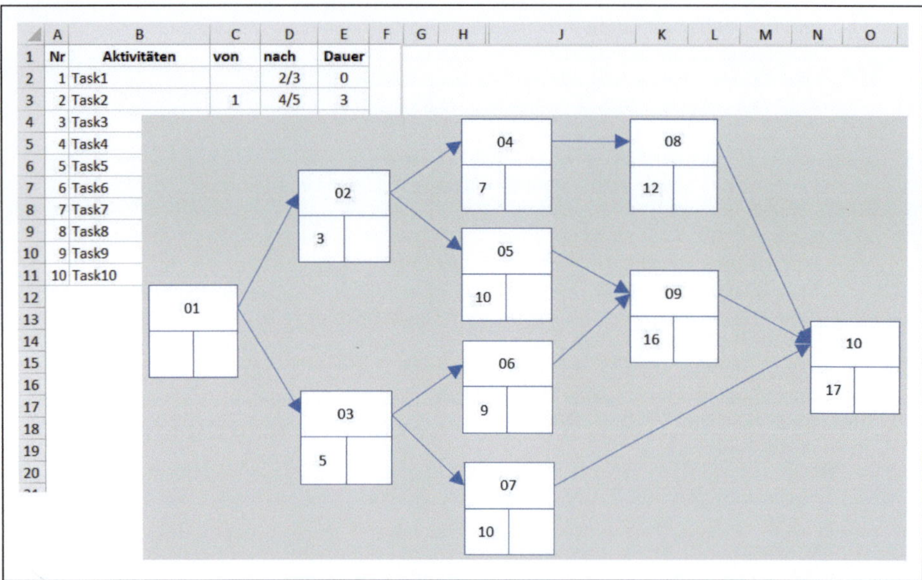

Bild 5-26. Mit Excel + VBA erstellter Netzplan

5.2.4 Vorgänger und Nachfolger

Zu jedem ausgewählten Vorgang lassen sich Vorgänger und Nachfolger im Gantt-Diagramm farblich kennzeichnen. Dazu wird im Register *Gantt-Diagramm Format / Balkenarten / Vorgangspfad* in der Auswahlliste *Vorgänger* und auch *Nachfolger* ausgewählt (Bild 5-27).

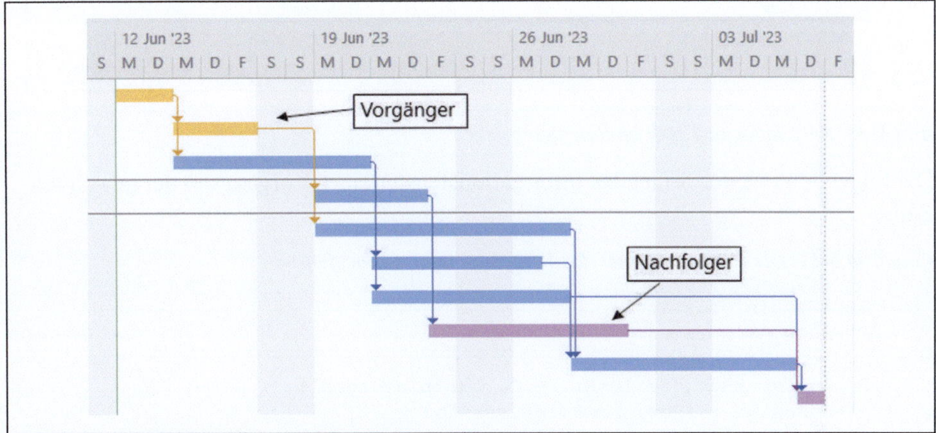

Bild 5-27. Vorgänger und Nachfolger im Gantt-Diagramm

Die folgende Prozedur zeigt Vorgänger und Nachfolger einer gewählten Zeile.

Codeliste 5-10. Die Prozedur zeigt die kritischen Vorgänge im Balkendiagramm

```
Sub ViewPredecessorSuccessor()
   Dim iRow As Integer
   iRow = InputBox("Zeile-Nr. = ", "Vorgänger und Nachfolger")
   SelectRow Row:=iRow, RowRelative:=False
   HighlightPredecessors Set:=True
   HighlightSuccessors Set:=True
Stop
   HighlightPredecessors Set:=False
   HighlightSuccessors Set:=False
End Sub
```

5.2.5 Verknüpfungen

Neben dem manuellen Eintrag gibt es noch andere Möglichkeiten, Verknüpfungen zu erstellen, wie so oft in Project. Mit einem Doppelklick auf den Vorgang öffnet sich das Dialogfenster *Informationen zum Vorgang*. Unter dem Register *Vorgänger* lassen sich die jeweiligen Vorgänger auswählen. Auch die Verknüpfungsart kann bestimmt werden (Bild 5-28).

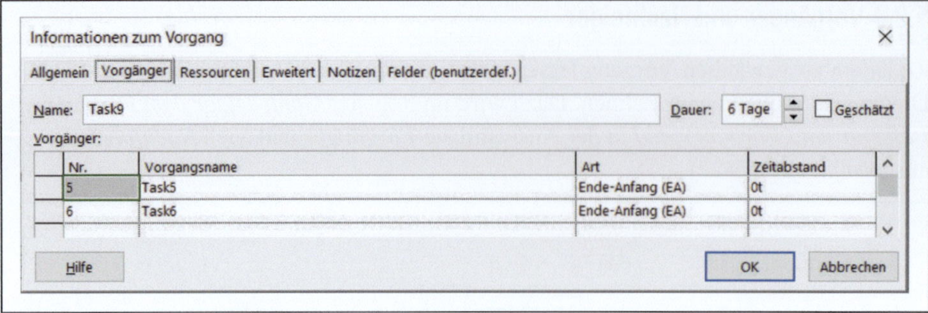

Bild 5-28. Vorgänger zu Task9 im Beispielprojekt

Die folgende Prozedur öffnet das Informationsfenster eines Vorgangs in der gewählten Zeile.

Codeliste 5-11. Die Prozedur öffnet das Vorgangs-Informationsfenster

```
Sub ShowTaskInformation()
   Dim iRow As Integer

   iRow = InputBox("Zeile-Nr. = ", "Verbindungen")
   SelectRow Row:=iRow, RowRelative:=False
   InformationDialog
End Sub
```

In dem Informationsfenster lassen sich auch *Zeitabstände* zwischen den Vorgängen festlegen. Sie sind nicht als Puffer zu verstehen, der aufgebraucht werden kann, sondern als fixer Abstand. Zum Beispiel muss nach Malerarbeiten ein Zeitabstand von 5 Tagen eingehalten werden, damit die Farbe trocknen kann. Vorher können keine Bilder aufgehängt werden.

Auch eine Direkteingabe von Verknüpfungen kann in der Spalte *Vorgänger* per Dropdown-Liste erfolgen (Bild 5-29). Andere Verknüpfungsarten als Ende-Anfang müssen per Kürzel hinter der Zeilennummer eingegeben werden, z. B. 5AA.

8 Task8 5 Tage Fre 23.06.23 Don 29.06.23 4
9 Task9 6 Tage Mit 28.06.23 Mit 05.07.23 5;6
10
1 Task1
2 Task2
3 Task3
4 Task4
5 Task5
6 Task6
7 Task7
8 Task8
9 Task9
10 Task10

Bild 5-29. Dropdown-Liste zum Vorgang Task9

Verknüpfungen lassen sich auch erstellen, indem mit der Maus von einem Vorgang zum anderen gezogen wird. Hierbei wird automatisch eine Ende-Anfang-Beziehung erstellt (Bild 5-30).

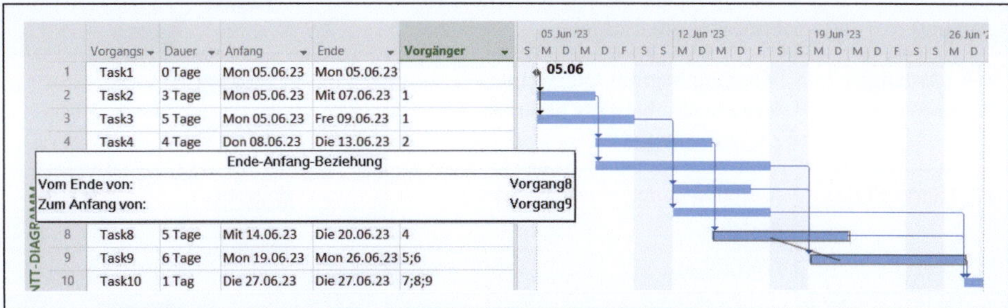

Bild 5-30. Verknüpfung durch Ziehen im Gantt-Diagramm herstellen

Mit einem Doppelklick auf die Verbindungslinie lassen sich die Art der Verbindung und der Zeitabstand ändern (Bild 5-31).

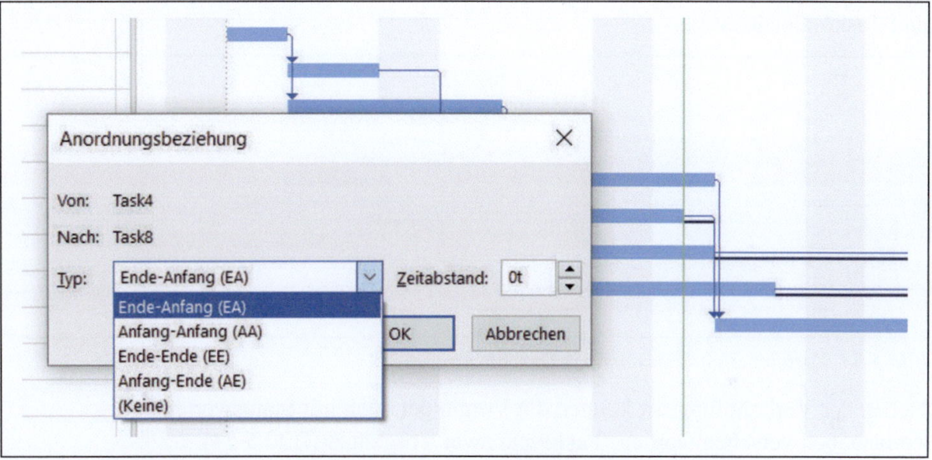

Bild 5-31. Verknüpfung mit dem Kontextmenü einer Verknüpfungslinie ändern

Eine weitere Möglichkeit für eine Verknüpfung kann über das Verknüpfungssymbol unter Register *Vorgang / Zeitplan* erfolgen. Dabei werden zwei Vorgänge ausgewählt und durch Klicken auf das Verknüpfungssymbol verbunden, bzw. gelöst (Bild 5-32).

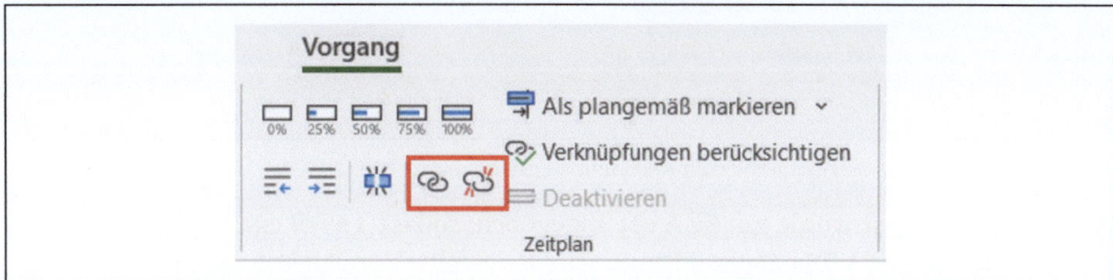

Bild 5-32. Verknüpfungsssymbol

Tabelle 5-5. Verknüpfungsarten in Project zwischen Vorgängen

Verknüpfungsart	Erläuterung	Darstellung
EA (Ende-Anfang)	Vorgang beginnt, wenn Vorgänger endet (Normalfolge)	
AA (Anfang-Anfang)	Vorgang beginnt nur, wenn Vorgänger ebenfalls beginnt (Anfangsfolge)	
EE (Ende-Ende)	Vorgang endet, wenn Vorgänger endet (Endfolge)	
AE (Anfang-Ende)	Vorgang endet erst, wenn Vorgänger beginnt (Sprungfolge)	

Neben der Angabe des Vorgängers oder der Vorgänger kann zusätzlich eine von vier Verknüpfungsarten angegeben werden (Bild 5-33). Mit der Angabe 3AA starten Task3 und Task6 gleichzeitig.

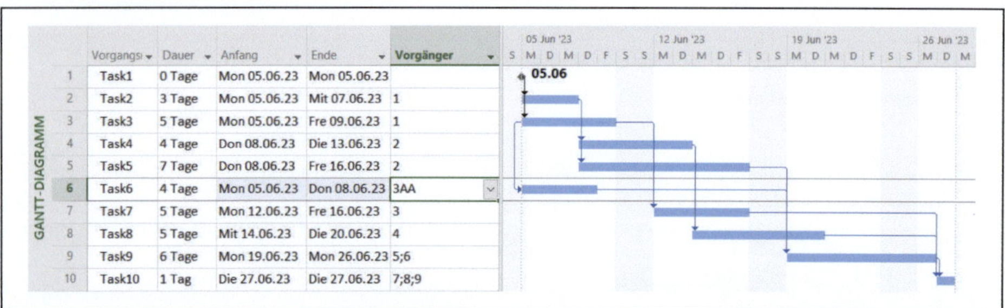

	Vorgangs	Dauer	Anfang	Ende	Vorgänger
1	Task1	0 Tage	Mon 05.06.23	Mon 05.06.23	
2	Task2	3 Tage	Mon 05.06.23	Mit 07.06.23	1
3	Task3	5 Tage	Mon 05.06.23	Fre 09.06.23	1
4	Task4	4 Tage	Don 08.06.23	Die 13.06.23	2
5	Task5	7 Tage	Don 08.06.23	Fre 16.06.23	2
6	Task6	4 Tage	Mon 05.06.23	Don 08.06.23	3AA
7	Task7	5 Tage	Mon 12.06.23	Fre 16.06.23	3
8	Task8	5 Tage	Mit 14.06.23	Die 20.06.23	4
9	Task9	6 Tage	Mon 19.06.23	Mon 26.06.23	5;6
10	Task10	1 Tag	Die 27.06.23	Die 27.06.23	7;8;9

Bild 5-33. Vorgänger mit Verknüpfungsangabe

Neben der Verknüpfungsart können die Vorgänger auch mit Statuswerten und Zeitangaben versehen werden. **Task9** hat zwei Vorgänger (Bild 5-34).

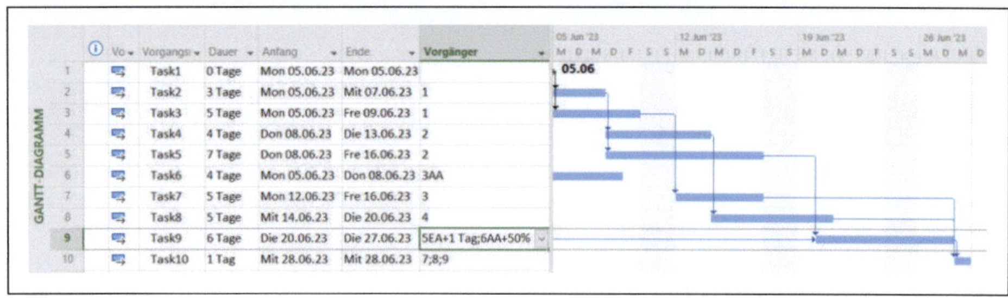

	Vo	Vorgangs	Dauer	Anfang	Ende	Vorgänger
1		Task1	0 Tage	Mon 05.06.23	Mon 05.06.23	
2		Task2	3 Tage	Mon 05.06.23	Mit 07.06.23	1
3		Task3	5 Tage	Mon 05.06.23	Fre 09.06.23	1
4		Task4	4 Tage	Don 08.06.23	Die 13.06.23	2
5		Task5	7 Tage	Don 08.06.23	Fre 16.06.23	2
6		Task6	4 Tage	Mon 05.06.23	Don 08.06.23	3AA
7		Task7	5 Tage	Mon 12.06.23	Fre 16.06.23	3
8		Task8	5 Tage	Mit 14.06.23	Die 20.06.23	4
9		Task9	6 Tage	Die 20.06.23	Die 27.06.23	5EA+1 Tag;6AA+50%
10		Task10	1 Tag	Mit 28.06.23	Mit 28.06.23	7;8;9

Bild 5-34. Vorgänger mit Statuswerten und Zeitangaben

Der erste Vorgänger wurde mit **5EA+1t** angegeben, sodass **Task9** erst beginnen kann, wenn **Task5** bereits 1 Tag abgeschlossen ist. Der zweite Vorgänger wurde mit

6AA+50% angegeben, sodass **Task9** erst beginnen kann, wenn **Task6** bereits zu 50 % abgeschlossen ist.

Mit Statuswerten und Zeitangaben gibt es viele Variationen. Die nachfolgende Tabelle zeigt einige Beispiele.

Tabelle 5-6. Beispiele von Verknüpfungsangaben

Eintrag Vorgänger	Erklärung (V = Vorgang, VG = Vorgänger)
2	V beginnt nach VG 2
2;3	V beginnt, wenn VG 2+3 beendet
2AA	V beginnt zum selben Zeitpunkt wie VG 2
2;3AA	V kann erst nach VG 2 und gleichzeitig mit VG 3 beginnen
5EE	V endet, wenn VG 5 endet
3AA+3t	V beginnt 3 Arbeitstage nach Beginn von VG 3
4AA+50%;3EA+3t	V beginnt, wenn 50 % von VG 4 abgeschlossen und VG 3 bereits 3 Arbeitstage beendet ist
2EA-1t	V beginnt einen Tag vor Ende des VG 2

Die folgende Prozedur ändert mehrfach die Verknüpfungsart eines Vorgangs in einer gewählten Zeile. Dabei können bei einem Stop die Auswirkungen im Gantt-Diagramm betrachtet werden.

Codeliste 5-12. Die Prozedur verändert die Verknüpfungsart

```
Sub ChangeConnections()
   Dim iRow As Integer
   iRow = InputBox("Zeile-Nr. = ", "Verbindungen")
   SelectRow Row:=iRow, RowRelative:=False

   SelectTaskField Row:=iRow, Column:="Name", RowRelative:=False
   SetTaskField Field:="Vorgänger", Value:="2AA", _
      AllSelectedTasks:=True
Stop
   SelectTaskField Row:=iRow, Column:="Name", RowRelative:=False
   SetTaskField Field:="Vorgänger", Value:="2EE", _
      AllSelectedTasks:=True
Stop
   SelectTaskField Row:=iRow, Column:="Dauer", RowRelative:=False
   SetTaskField Field:="Vorgänger", Value:="2AE", _
      AllSelectedTasks:=True
Stop
   SelectTaskField Row:=iRow, Column:="Name", RowRelative:=False
   SetTaskField Field:="Vorgänger", Value:="2", AllSelectedTasks:=True
End Sub
```

Die folgende Prozedur öffnet ein Formular (Bild 5-35), in dem ein Vorgang über die Zeilennummer und die Schaltfläche *Auswahl* anwählbar ist. Dadurch werden der Vorgangsname und die vorhandene Verknüpfung eingestellt.

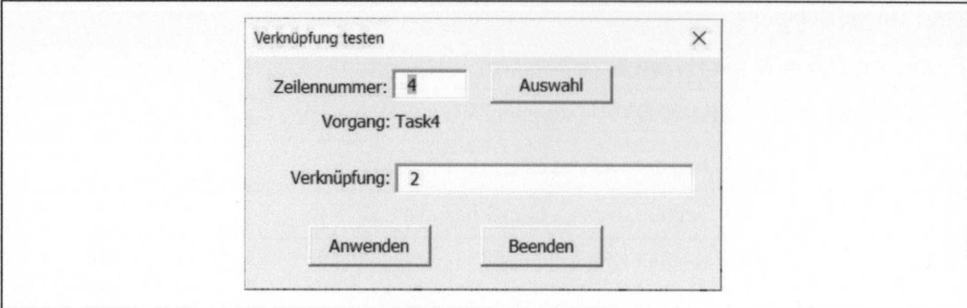

Bild 5-35. Formular zum Testen von Verknüpfungrn

Die folgende Prozedur in einem Modul startet das Formular.

Codeliste 5-13. Die Prozedur verändert die Verknüpfungsart

```
Sub LoadConnectionForm()
   Load frmConnection
   frmConnection.Show
End Sub
```

Das Formular besitzt den nachfolgenden Code.

Codeliste 5-14. Die Prozedur verändert die Verknüpfungsart

```
Dim iRow As Integer

Private Sub cmdChange_Click()
   SelectTaskField Row:=iRow, Column:="Name", RowRelative:=False
   SetTaskField Field:="Vorgänger", _
   Value:=tbxVerknüpfung, _
   AllSelectedTasks:=True
   tbxVerknüpfung.SetFocus
   tbxVerknüpfung.SelStart = 0
   tbxVerknüpfung.SelLength = Len(tbxVerknüpfung.Text)
End Sub
Private Sub cmdExit_Click()
   Unload Me
End Sub

Private Sub cmdWahl_Click()
   iRow = Val(tbxZeile)
   lblVorgang = ActiveProject.Tasks(iRow).Name
   tbxVerknüpfung = ActiveProject.Tasks(iRow).Predecessors
   tbxZeile.SetFocus
   tbxZeile.SelStart = 0
   tbxZeile.SelLength = Len(tbxZeile.Text)
End Sub
```

Mit diesem Formular lassen sich auch komplexe Verknüpfungen testen (Bild 5-36).

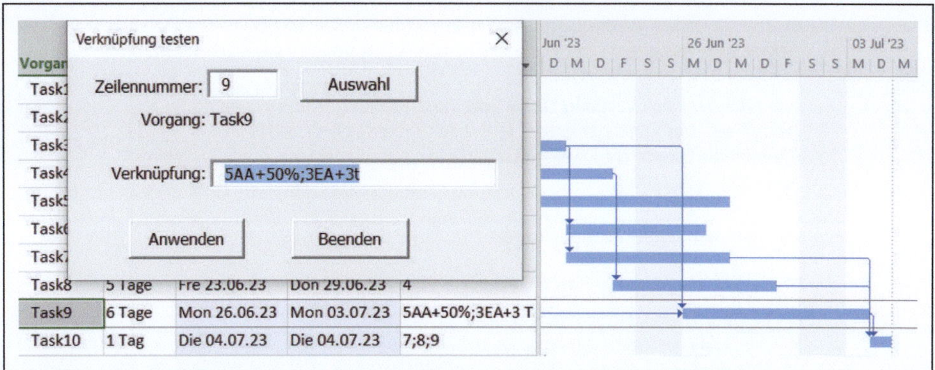

Bild 5-36. Beispiel einer komplexen Verknüpfung

5.2.6 Einschränkungen

Unterliegen Vorgänge und Meilensteine einem fixen Termin und müssen daher zu einem bestimmten Datum enden, so kann dies im Dialogfenster *Vorgangsinformationen* (Doppelklick auf Vorgang) unter Register *Erweitert* durch die Einschränkungsart *Muss enden am* mit der Angabe des *Einschränkungstermins* eingestellt werden (Bild 5-37).

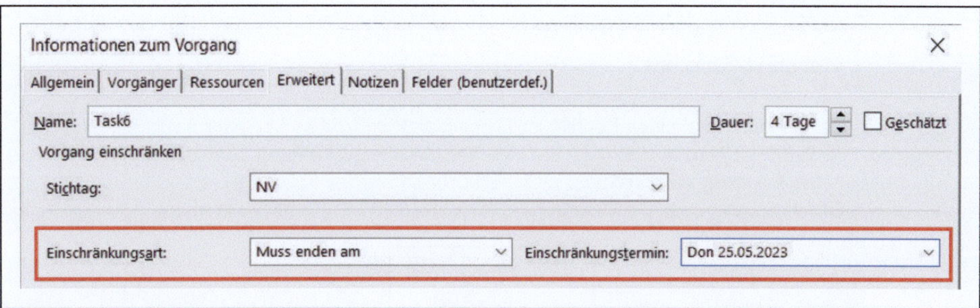

Bild 5-37. Einschränkungen

Dies kann allerdings zu Inkonsistenzen im Projektplan führen, denn der Endtermin verschiebt sich nicht, wenn verknüpfte Vorgänger verzögert enden. Daher weist bei der Festlegung der Planungs-Assistent auf einen möglichen Konflikt hin und gibt drei Möglichkeiten vor (Bild 5-38).

Wird trotzdem mit *Fortfahren* auf die Einschränkung bestanden, erfolgt eine weitere Warnung des Planungs-Assistenten (Bild 5-39).

Eine erneute Bestätigung verschiebt den Vorgang sichtbar im Gantt-Diagramm (Bild 5-40).

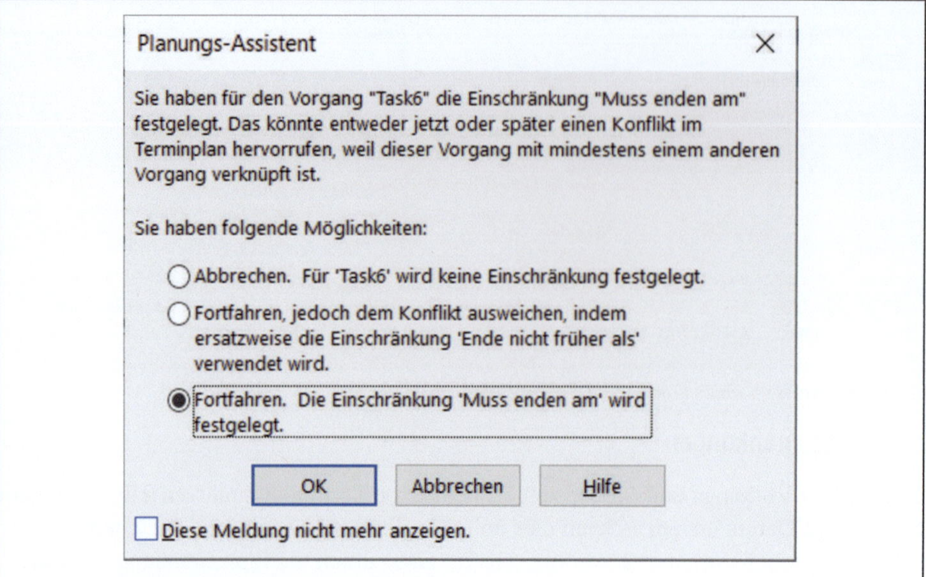

Bild 5-38. Hinweis des Planungs-Assistenten

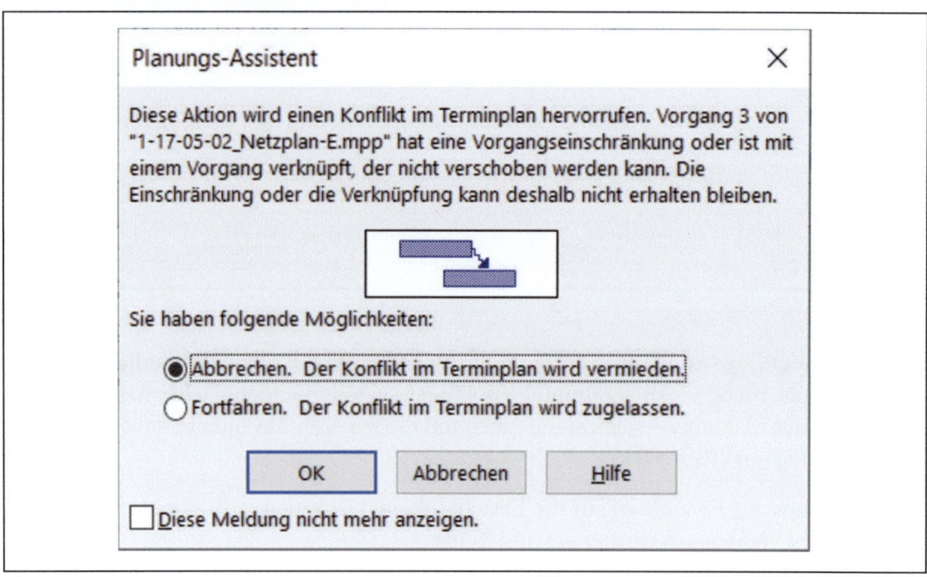

Bild 5-39. Zweiter Hinweis des Planungs-Assistenten

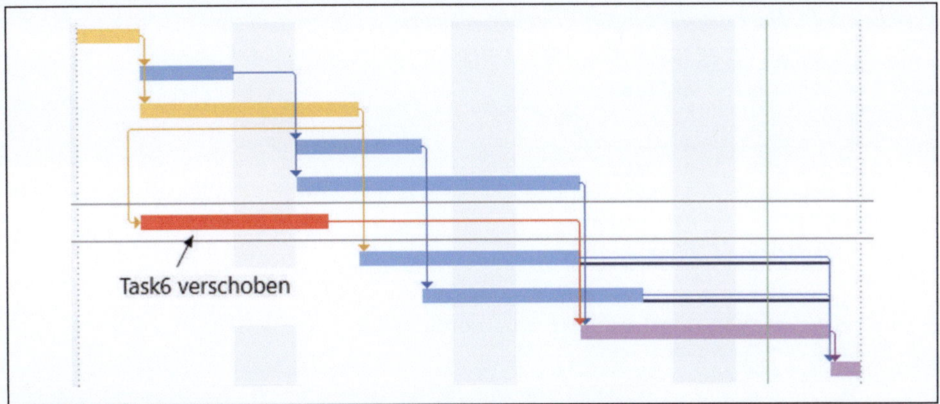

Bild 5-40. Neue Position von Task6 mit Vorgänger und Nachfolger

Project verfügt über acht verschiedene Einschränkungen in drei Varianten.

Tabelle 5-7. Vorgangseinschränkungen

Einschränkung	Typ	Konstante	Wert	Beschreibung
So spät wie möglich	Flexibel	pjALAP	1	Beginnt so spät wie möglich, ohne Einfluss auf andere Vorgänge, Standard bei Endtermin
So früh wie möglich	Flexibel	pjASAP	0	Beginnt so früh wie möglich, Standard bei Anfangstermin
Anfang nicht früher als (SFWM)	Teilflexibel	pjSNET	4	Beginnt an einem bestimmten Termin oder danach
Ende nicht früher als (ENFA)	Teilflexibel	pjFNET	6	Endet an einem bestimmten Termin oder danach
Anfang nicht später als (ANSA)	Teilflexibel	pjSNLT	5	Beginnt an einem bestimmten Termin oder davor
Ende nicht später als (ENSA)	Teilflexibel	pjFNLT	7	Endet an einem bestimmten Termin oder davor
Muss enden am (MEA)	Fest	pjMFO	3	Endet an einem bestimmten Termin
Muss anfangen am (MAA)	Fest	pjMSO	2	Beginnt an einem bestimmten Termin

Eine Einschränkung kann, technisch betrachtet, nicht entfernt werden. Sie kann jedoch auf den Standardwert zurückgesetzt werden. Die folgende Prozedur zeigt die Einschränkungen aller Vorgänge im Projekt.

Codeliste 5-15. Die Prozedur zeigt alle Einschränkungen

```
Sub ReadRestrictions()
   Dim objTask    As Task
   Dim objAss     As Assignment
   Dim sText      As String
   Dim dStart     As Date
   Dim sCon(8)    As String
   Dim iCon       As Integer
   Dim vReturn    As Variant

   sCon(0) = " beginnt so früh wie möglich am "
   sCon(1) = " beginnt so spät wie möglich am "
   sCon(2) = " beginnt am "
   sCon(3) = " endet am "
   sCon(4) = " beginnt am oder nach dem "
   sCon(5) = " beginnt am oder vor dem "
   sCon(6) = " endet am oder nach dem "
   sCon(7) = " endet am oder vor dem "
   sText = ""
   For Each objTask In ActiveProject.Tasks
      With objTask
         iCon = .ConstraintType
         sText = sText & .Name & _
            sCon(iCon) & _
            .ConstraintDate & vbCr
      End With
   Next objTask
   vReturn = MsgBox(sText, vbOKOnly, "Einschränkungen")
End Sub
```

Die Darstellung des Beispiels zeigt alle Varianten (Bild 5-41).

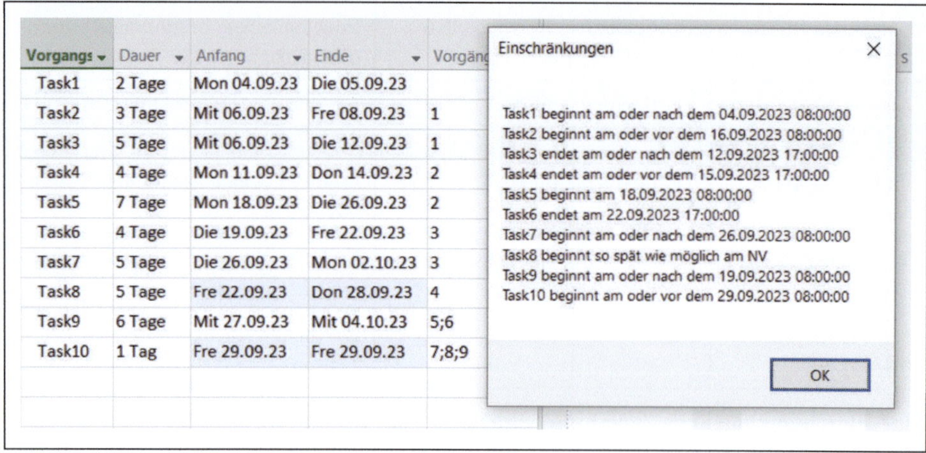

Bild 5-41. Beispiel von Einschränkungen

Manchmal muss ein Vorgang in einem bestimmten Zeitraum durchgeführt werden. Dadurch ergeben sich zwei Einschränkungen für einen Vorgang. Unter Zuhilfenahme eines Meilensteins lässt sich das Problem lösen (Bild 5-42).

	Vorgangsname	Dauer	Anfang	Ende	Vorgänger
1	Meilenstein	0 Tage	Mon 03.07.23	Mon 03.07.23	
2	Vorgang einschränken	5 Tage	Mon 03.07.23	Fre 07.07.23	1

Bild 5-42. Zwei Einschränkungen für einen Vorgang

Die Konstruktion erfolgt in folgenden Schritten:

- Einen Meilenstein vor dem Vorgang erzeugen.
- Im Vorgang den Meilenstein als Vorgänger eintragen.
- Die Meilenstein-Einschränkung auf *Anfang nicht früher als* setzen mit Startdatum.
- Die Vorgangs-Einschränkung auf *Ende nicht später als* setzen mit Enddatum.

5.2.7 Stichtag

Die Problematik der Einschränkungen lässt sich durch die Definition eines Stichtages umgehen. Bei der Verwendung von Stichtagen, im Dialogfenster *Vorgangsinfo*, werden die entsprechenden Vorgänge und Meilensteine nicht fixiert, sondern berücksichtigen bestehende Verknüpfungen und verschieben sich entsprechend. Wird ein Stichtag nach aktuellem Planungsstand „gerissen", so signalisiert Project dies durch ein Symbol in der Indikatorenspalte und grafisch durch eine grüne Raute (Bild 5-43).

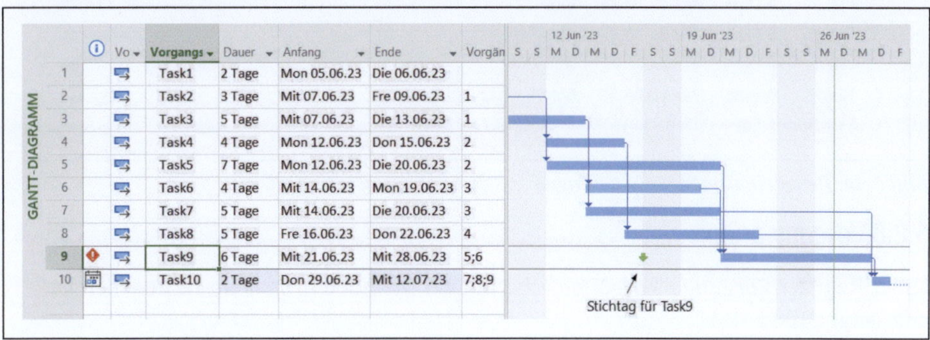

	Vorgangsname	Dauer	Anfang	Ende	Vorgänger
1	Task1	2 Tage	Mon 05.06.23	Die 06.06.23	
2	Task2	3 Tage	Mit 07.06.23	Fre 09.06.23	1
3	Task3	5 Tage	Mit 07.06.23	Die 13.06.23	1
4	Task4	4 Tage	Mon 12.06.23	Don 15.06.23	2
5	Task5	7 Tage	Mon 12.06.23	Die 20.06.23	2
6	Task6	4 Tage	Mit 14.06.23	Mon 19.06.23	3
7	Task7	5 Tage	Mit 14.06.23	Die 20.06.23	3
8	Task8	5 Tage	Fre 16.06.23	Don 22.06.23	4
9	Task9	6 Tage	Mit 21.06.23	Mit 28.06.23	5;6
10	Task10	2 Tage	Don 29.06.23	Mit 12.07.23	7;8;9

Bild 5-43. Stichtaghinweis im Gantt-Diagramm

Die vorherige Prozedur nehmen wir als Vorlage, um die Stichtage, aller Vorgänge im Projekt anzuzeigen, soweit sie gesetzt sind.

Codeliste 5-16. Die Prozedur zeigt alle Einschränkungen

```
Sub ReadRestrictions()
   Dim objTask      As Task
   Dim objAss       As Assignment
   Dim sText        As String
   Dim dStart       As Date
   Dim vReturn      As Variant

   sText = ""
```

```
    For Each objTask In ActiveProject.Tasks
       With objTask
          If .Deadline <> "NV" Then
             sText = sText & .Name & " / " & _
                .Deadline & vbCr
          End If
       End With
    Next objTask
    If Len(sText) > 0 Then
       vReturn = MsgBox(sText, vbOKOnly, "Stichtage")
    Else
       MsgBox "Kein Stichtag erstellt!"
    End If
End Sub
```

Ist wenigstens ein Stichtag gesetzt, so erscheint ein Ausgabefenster mit Vorgang und Stichtag (Bild 5-44).

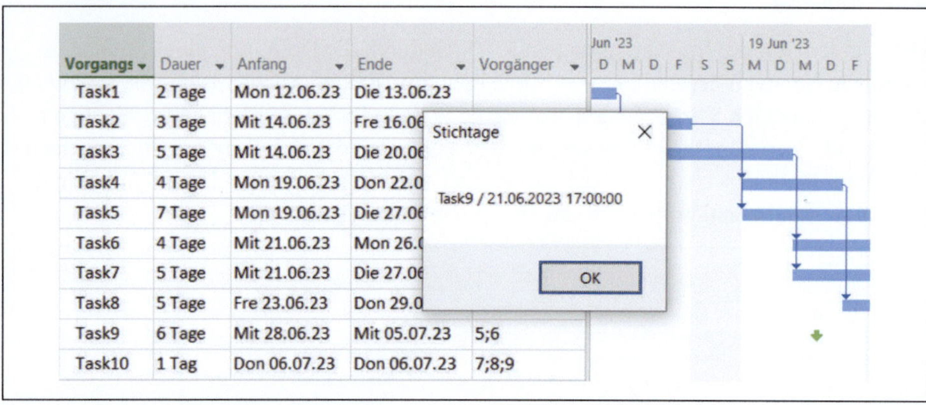

Bild 5-44. Beispielausgabe von Stichtagen

5.2.8 Vorgang prüfen

Unter Register *Vorgang / Vorgänge* wird mit der Methode *Prüfen* ein Aktionsbereich angezeigt (Bild 5-45).

Prüfung

Task9

Faktoren, die sich auf das Anfangsdatum des Vorgangs auswirken:

Automatisch geplant

Vorgänger
5 – Task5
Verzögerung: 1 Tag

Kalender
Projekt: Standard

GANTT-DIAGRAMM

	Vo	Vorgangsı	Dauer	Anfang	Ende	Vorgänger
1		Task1	0 Tage	Mon 05.06.23	Mon 05.06.23	
2		Task2	3 Tage	Mon 05.06.23	Mit 07.06.23	1
3		Task3	5 Tage	Mon 05.06.23	Fre 09.06.23	1
4		Task4	4 Tage	Don 08.06.23	Die 13.06.23	2
5		Task5	7 Tage	Don 08.06.23	Fre 16.06.23	2
6		Task6	4 Tage	Mon 05.06.23	Don 08.06.23	3AA
7		Task7	5 Tage	Mon 12.06.23	Fre 16.06.23	3
8		Task8	5 Tage	Mit 14.06.23	Die 20.06.23	4
9		Task9	6 Tage	Die 20.06.23	Die 27.06.23	5EA+1 Tag;6AA+50%
10		Task10	1 Tag	Mit 28.06.23	Mit 28.06.23	7;8;9

Bild 5-45. Aktionsbereich Prüfung

Der Aktionsbereich zeigt die wichtigsten Daten zum Vorgang und verfügt über Links zu weiteren Informationen. Die folgende Prozedur fragt nach der Vorgangszeile und zeigt die Prüfungsdaten im Prüfbereich.

Codeliste 5-17. Die Prozedur zeigt alle Einschränkungen

```
Sub CheckTask()
   Dim iRow As Integer

   iRow = InputBox("Vorgangszeile =", "Prüfansicht")
   SelectTaskField Row:=iRow, Column:="Name", RowRelative:=False
   Inspector
End Sub
```

5.2.9 Beziehungsdiagramm verwenden

🗁 1-17-05-07_Beziehungsdiagramm.mpp

Die kausalen Abhängigkeiten eines Vorgangs lassen sich im Beziehungsdiagramm sehr gut grafisch anzeigen. Dazu wird unter Register *Ansicht / Elemente anzeigen* die Option *Details* ausgewählt und im Auswahlfenster das *Beziehungsdiagramm* (Bild 5-46). Mit der Auswahl eines Vorgangs im Gantt-Diagramm, werden in dieser Ansicht auch die Vorgänger und Nachfolger Kausalitäten visualisiert – auch solche, die im Diagramm weit auseinanderliegen.

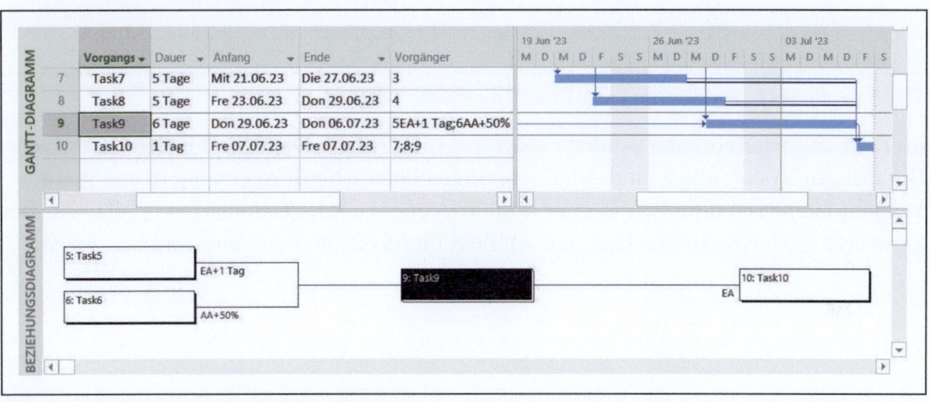

Bild 5-46. Einsatz des Beziehungsdiagramms

Die folgende Prozedur blendet das Beziehungsdiagramm ein und stoppt den Ablauf. Dann lassen sich über die Auswahl eines Vorgangs seine Verknüpfungen darstellen, bevor die Prozedur wieder gestartet wird und das Beziehungsdiagramm entfernt.

Codeliste 5-18. Die Prozedur blendet das Beziehungsdiagramm ein und aus

```
Sub ShowRelationShip()
   FormViewShow
   DetailsPaneToggle
   ViewApplyEx Name:="Beziehungsdiagramm", ApplyTo:=1
   WindowActivate TopPane:=True
Stop
```

```
    DetailsPaneToggle
End Sub
```

5.2.10 Projektsammelvorgang

Ein Projektsammelvorgang umfasst das gesamte Projekt und wird in Zeile 0 dargestellt. Aufgerufen wird er unter Register *Gantt-Diagramm Format / Einblenden/Ausblenden* mit der Option *Projektsammelvorgang* (Bild 5-47).

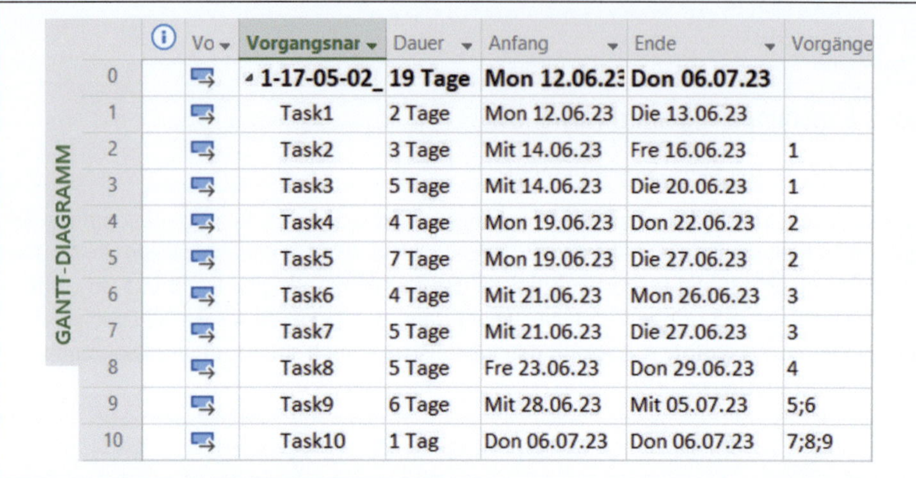

	ⓘ	Vo	Vorgangsnar	Dauer	Anfang	Ende	Vorgänge
0			**1-17-05-02_**	**19 Tage**	**Mon 12.06.2**	**Don 06.07.23**	
1			Task1	2 Tage	Mon 12.06.23	Die 13.06.23	
2			Task2	3 Tage	Mit 14.06.23	Fre 16.06.23	1
3			Task3	5 Tage	Mit 14.06.23	Die 20.06.23	1
4			Task4	4 Tage	Mon 19.06.23	Don 22.06.23	2
5			Task5	7 Tage	Mon 19.06.23	Die 27.06.23	2
6			Task6	4 Tage	Mit 21.06.23	Mon 26.06.23	3
7			Task7	5 Tage	Mit 21.06.23	Die 27.06.23	3
8			Task8	5 Tage	Fre 23.06.23	Don 29.06.23	4
9			Task9	6 Tage	Mit 28.06.23	Mit 05.07.23	5;6
10			Task10	1 Tag	Don 06.07.23	Don 06.07.23	7;8;9

Bild 5-47. Projektsammelvorgang im Gantt-Diagramm

Im Projektsammelvorgang werden Felder wie z. B. Arbeit, Dauer und Kosten kumuliert. Die meisten Systemfelder sind dabei schreibgeschützt. Die Bezeichnung in der Spalte Vorgangsname ist editierbar. Bei der Initialisierung wird der Dateiname vorgegeben. Der Kostentyp *Budgetressource* kann nur auf dem Projektsammelvorgang verplant werden.

Kapitel 6

Ressourcen

Die Ressourcen-Objekthierarchie zeigt die untergeordneten Objekte der Resources-Objektliste (Bild 6-1). Bei den gelb markierten Elementen handelt es sich um Objektlisten.

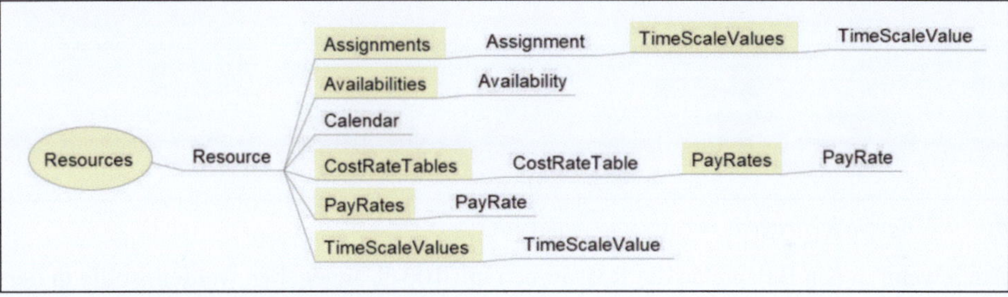

Bild 6-1. Die Ressourcen-Objekthierarchie

6.1 Ressourceneingabe

Bisher wurde nur der zeitliche Ablauf eines Projektes definiert. Um im Projekt die geplanten Termine einzuhalten, sowie einen Überblick über Kosten und Material zu bewaren, müssen die notwendigen Ressourcen zur Umsetzung des Projekts definiert werden.

6.1.1 Ressourcenarten

Zu Beginn der Projektplanung ist möglicherweise noch nicht klar, welche namentlichen Ressourcen Bestandteil des Projektteams werden. Durch den Einsatz von generischen Ressourcen besteht die Möglichkeit, vorab den Ressourcenbedarf zu evaluieren.

H. Nahrstedt, *Project + VBA für Manager*,
https://doi.org/10.1007/978-3-658-43837-1_6

Tabelle 6-1. Ressourcenarten

Ressourcenart	Aufgewendet wird	Beschreibung
Arbeit (Personen + Maschinen)	Zeit	Personen und Geräte die zur Durchführung eines Vorgangs benötigt werden, z. B. eine Fachkraft oder ein Computer.
Material	Material	Verbrauchsmaterial und Hilfsmittel, aber auch Lagerbestände, die für den Vorgang verwendet werden. Z. B. Kopierpapier.
Kosten	Geldbetrag	Einmalige Kosten pro Vorgang, die unabhängig von der Vorgangsdauer oder der aufgewendeten Arbeit anfallen. Z. B. Bahnkarte.

6.1.2 Ressourceneingabe

🗁 1-17-06-01_RessourcenEingabe.mpp

Der erste Schritt ist die Definition der erforderlichen Ressourcen in der Ressourcentabelle unter Register *Ansicht / Ressourcenansichten / Ressource Tabelle* (Bild 6-2).

RESSOURCE: TABELLE

	ⓘ	Ressourcennam	Art	Mat	Gruppe	Max. Einh.	Standardsat.	Überstd.-Satz	Kosten/E	Fällig am	Basiskalender
1		Anna	Arbeit		Team	100%	80,00 €/Std.	100,00 €/Std.	150,00 €	Anteilig	Standard
2		Pkw	Arbeit		Fahrzeuge	100%	56,00 €/Std.	0,00 €/Std.	260,00 €	Anteilig	Standard
3		Kopierpapier	Material	qm			5,80 €		60,00 €	Anteilig	
4		Spesen	Kosten							Anteilig	
5		Mitarbeiter	Arbeit		Team	100%	90,00 €/Std.	120,00 €/Std.	150,00 €	Anteilig	Standard
6		Gesamtkosten	Kosten							Anteilig	

Bild 6-2. Beispieleinträge in der Ressourcentabelle

Auch wenn in den Beispielen die Ressourcen mit 100 % angegeben werden, sollte in der Realität eher eine Unterlast verplant werden.

Codeliste 6-1. Die Prozedur erzeugt Ressourcen zum Beispielprojekt

```
Sub RessourcenEingabe()
   Dim objPro      As Project
   Dim objRes      As Resource
   Dim iRow        As Integer
   Dim sName(6)    As String
   Dim sArt(6)     As String
   Dim sGen(6)     As String
   Dim sBud(6)     As String
   Dim sMat(6)     As String
   Dim sGru(6)     As String
   Dim sStd(6)     As String
   Dim sUeb(6)     As String
   Dim sKst(6)     As String
   Dim sMax(6)     As String
```

```
    sName(1) = "Anna": sArt(1) = "Arbeit": sGen(1) = "Nein"
    sBud(1) = "Nein": sMat(1) = "": sGru(1) = "Team"
    sStd(1) = "80": sUeb(1) = "100": sKst(1) = "150": sMax(1) = "100%"
    sName(2) = "Pkw": sArt(2) = "Arbeit": sGen(2) = "Nein"
    sBud(2) = "Nein": sMat(2) = "": sGru(2) = "Fahrzeuge"
    sStd(2) = "56": sUeb(2) = "0": sKst(2) = "260": sMax(2) = "100%"
    sName(3) = "Kopierpapier": sArt(3) = "Material": sGen(3) = "Nein"
    sBud(3) = "Nein": sMat(3) = "qm": sGru(3) = ""
    sStd(3) = "5,8": sUeb(3) = "0": sKst(3) = "60"
    sName(4) = "Spesen": sArt(4) = "Kosten": sGen(4) = "Nein"
    sBud(4) = "Nein": sMat(4) = "": sGru(4) = ""
    sStd(4) = "5,8": sUeb(4) = "0": sKst(4) = ""
    sName(5) = "Mitarbeiter": sArt(5) = "Arbeit": sGen(5) = "Ja"
    sBud(5) = "Nein": sMat(5) = "": sGru(5) = "Team"
    sStd(5) = "90": sUeb(5) = "120": sKst(5) = "150": sMax(5) = "100%"
    sName(6) = "Gesamtkosten": sArt(6) = "Kosten": sGen(6) = "Nein"
    sBud(6) = "Ja": sMat(6) = "": sGru(6) = ""
    Set objPro = Application.ActiveProject
    For iRow = 1 To 6
       Set objRes = objPro.Resources.Add
       With objRes
          .Name = sName(iRow)
          Select Case sArt(iRow)
          Case "Arbeit"
             .Type = pjResourceTypeWork
             .CostPerUse = sKst(iRow)
             .StandardRate = sStd(iRow)
             .OvertimeRate = sUeb(iRow)
             .MaxUnits = sMax(iRow)
          Case "Material"
             .Type = pjResourceTypeMaterial
             .MaterialLabel = sMat(iRow)
             .CostPerUse = sKst(iRow)
             .StandardRate = sStd(iRow)
          Case "Kosten"
             .Type = pjResourceTypeCost
          End Select
          .EnterpriseGeneric = sGen(iRow)
          .Budget = sBud(iRow)
          .Group = sGru(iRow)
       End With
       Set objRes = Nothing
    Next iRow
    Set objPro = Nothing
End Sub
```

Tabelle 6-2. pjResourceTypes-Konstante

Konstante	Wert	Ressourcentyp
pjResourceTypeCost	2	Kosten
pjResourceTypeMaterial	1	Material
pjResourceTypeWork	0	Arbeit

6.1.3 Zugriff auf Ressourcenfelder

Für den Zugriff auf einzelne Felder stellt Project nachfolgende Methoden bereit.

🗁 1-17-06-02_Ressourcenfelder.mpp

Die Methode *SelectResourceField* markiert ein Ressourcenfeld. Ihre Syntax lautet

```
SelectResourceField (Row, Column, RowRelative, Width, Height, Extend,
Add)
```

Tabelle 6-3. Die Parameter der SelectResourceField-Methode

Parameter	Anwendung	Datentyp	Beschreibung
Row	Erforderlich	Long	Nummer der Zeile, die das zu markierende Feld enthält
Column	Erforderlich	String	Name der Spalte, die das zu markierende Feld enthält
RowRelative	Optional	Boolean	*True*, wenn der Speicherort der neuen Auswahl relativ zur aktiven Auswahl ist. Standardwert ist *True*.
Width	Optional	Long	Anzahl der zusätzlich zum aktiven Feld zu markierenden Spalten
Height	Optional	Long	Anzahl der zusätzlich zum aktiven Feld zu markierenden Zeilen
Extend	Optional	Boolean	*True*, wenn die aktive Auswahl in die neue Markierung erweitert wird. Standardwert ist *False*.
Add	Optional	Boolean	*True*, wenn zur aktiven Markierung die neue Markierung hinzugefügt wird. Standardwert ist *False*.

Mit der folgenden Prozedur werden die Spalte Ressourcenname und die nächsten zwei Spalten rechts davon in der dritten und vierten Zeile markiert.

Codeliste 6-2. Die Prozedur markiert einen Bereich in einer Ressourcenansicht

```
Sub SelectResourceFields()
   ViewApply Name:="Ressource: Tabelle"
   SelectResourceField Row:=3, Column:="Name", _
   RowRelative:=False, Width:=2, Height:=1
End Sub
```

Die Methode *SetResourceField* bestimmt den Wert eines Ressourcenfeldes. Ihre Syntax lautet

```
SetResourceField (Field, Value, AllSelectedResources, Create,
ResourceID, ProjectName)
```

Tabelle 6-4. Die Parameter der SetResourceField-Methode

Parameter	Anwendung	Datentyp	Beschreibung
Feld	Erforderlich	String	Name des festzulegenden Ressourcenfeldes
Value	Erforderlich	String	Wert des Ressourcenfeldes
AllSelectedResources	Optional	Boolean	*True*, wenn der Wert des Felds für alle ausgewählten Ressourcen festgelegt ist. *False*, wenn der Wert für die aktive Ressource festgelegt ist. Standardwert ist *False*.
Create	Optional	Boolean	*True*, wenn Project eine neue Ressource erstellen soll, wenn sich die aktive Zelle in einer leeren Zeile befindet. Standardwert ist *True*.
ResourceID	Optional	Long	Identifikationsnummer der Ressource, die das festzulegende Feld enthält. Wenn *AllSelectedResources* den Wert *True* aufweist, wird *ResourceID* ignoriert.
ProjectName	Optional	String	Name des Projekts, für die mit *ResourceID* angegebenen Ressource, wenn es sich bei dem aktiven Projekt um ein zusammengeführtes Projekt handelt. Wenn *ResourceID* nicht angegeben ist, wird *ProjectName* ignoriert. Der Standardwert ist der Name des aktiven Projekts.

Die Methode *SetActiveCell* wurde bereits im Kapitel 5 unter Vorgänge besprochen und kann auch in Ressourcentabellen angewendet werden.

Die Methode *SelectResourceColumn* markiert eine Spalte in Ressourcentabellen. Ihre Syntax lautet

```
SelectResourceColumn (Column, Additional, Extend, Add)
```

Tabelle 6-5. Die optionalen Parameter der SelectResourceColumn-Methode

Parameter	Datentyp	Beschreibung
Column	String	Feldname der zu markierenden Spalte. Der Standardwert ist die Spalte, die die aktive Zelle enthält.
Additional	Integer	Anzahl der zusätzlichen Spalten rechts neben der Spalte auswählen. Wenn Extend *True* ist, wird *Additional* ignoriert. Standardwert ist 0.
Extend	Boolean	*True*, wenn alle Spalten zwischen der aktuellen Markierung und *Column* ausgewählt sind. Standardwert ist *False*.

Parameter	Datentyp	Beschreibung
Add	Boolean	*True*, wenn die aktuelle Spalte in der Auswahl enthalten ist. Standardwert ist *False*.

Die folgende Prozedur wählt die Spalte *Art* und die beiden Spalten rechts davon aus.

Codeliste 6-3. Die Prozedur markiert einen Bereich in einer Ressourcenansicht

```
Sub SelectResourceColumns()
   ViewApply Name:="Ressource: Tabelle"
   SelectResourceColumn Column:="Art", Additional:=2
End Sub
```

6.1.4 Ressourcen zuordnen

Dem Vorgang *Task1* sollen die Ressourcen Anna, Pkw, Mitarbeiter und Papier zugewiesen werden. Zusätzlich zu *Vorgang: Tabelle* wird dazu unter Register *Ansicht / Elemente anzeigen* die Option *Details* aktiviert und in der Auswahlliste *Vorgang: Maske* gewählt. Danach können in der Maske in der Spalte *Ressourcenname* die Ressourcen aus einer Auswahlliste eingefügt werden (Bild 6-3).

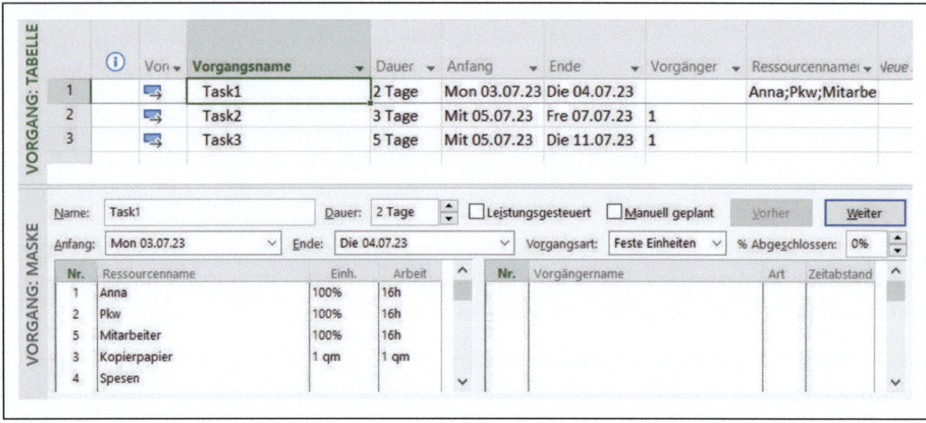

Bild 6-3. Zuordnung der Ressourcen über Vorgang: Maske

Die folgende Prozedur zeigt die Darstellung mit Details und schaltet sie wieder aus.

Codeliste 6-4. Die Prozedur zeigt Details zu einzelnen Vorgängen

```
Sub ShowTaskDetails()
   ViewApplyEx Name:="&Gantt-Diagramm", ApplyTo:=0
   FormViewShow
   ViewApplyEx Name:="Vorgang: Maske", ApplyTo:=1
Stop
   DetailsPaneToggle
End Sub
```

Die Zuordnung von Ressourcen zu einem Vorgang kann ebenso über das Kontextmenü mit *Ressourcen zuordnen* erfolgen (Bild 6-4). Dabei wird die Maske *Ressourcen zuordnen* geöffnet.

Bild 6-4. Ressourcen durch Auswahl zuordnen

Die Methode *ResourceAssignment* des *Application*-Objekts weist Ressourcen den ausgewählten Vorgängen zu, entfernt sie, ersetzt sie oder ändert die Anzahl der Einheiten. Ihre Syntax lautet

```
ResourceAssignment (Resources, Operation, With)
```

Tabelle 6.1 Die optionalen Parameter der ResourceAssignment-Methode

Name	Datentyp	Beschreibung
Resources	String	Namen der Ressourcen, die den ausgewählten Zugängen zugewiesen werden sollen.
Operation	Long	Wenn Operation nicht angegeben wird, weist Project die Ressourcen den ausgewählten Vorgängen zu. Standardwert ist *pjAssign.*
With	String	Bei Verwendung der *pjReplace*-Konstanten für *Operation* werden die Namen der ausgewählten Vorgänge durch die unter Resources angegebenen Ressourcen ersetzt.

Tabelle 6.2 pjResAssignOperation-Konstante

Konstante	Beschreibung
pjAssign	Weist die angegebenen Ressourcen den ausgewählten Vorgängen zu.
pjRemove	Entfernt die angegebenen Ressourcen von den ausgewählten Vorgängen.

Konstante	Beschreibung
pjReplace	Die bei *With* angegebenen Ressourcen werden durch die bei *Resources* angegebenen Ressourcen ersetzt.
pjChange	Ändert die Ressourceneinheiten für die angegebene Ressource. Diese Konstante kann nur für eine einzelne Ressource verwendet werden.

Die folgende Prozedur weist einem ausgewählten Vorgang die Ressource Anna mit der Einheit 100 % zu.

Codeliste 6-5. Die Prozedur zeigt Details zu einzelnen Vorgängen

```
Sub RequestAssignment()
   ResourceAssignment Resources:="Anna[100%,R]", _
      Operation:=pjAssign, With:=""
End Sub
```

Werden auf diese Weise Ressourcen-Parameter definiert, dann kann D (Demand) für Bedarfswert, R (Request) für Anforderungswert oder N (None) für keinen gesetzt werden. Zwischen Einheitswert und Anforderungs- bzw. Bedarfswert sind keine Leerzeichen erlaubt.

Die folgende Prozedur fordert den Namen einer Ressource aus der Ressourcentabelle, um sie anschließend dem ausgewählten Vorgang zuzuordnen.

Codeliste 6-6. Die Prozedur weist Ressourcen den ausgewählten Vorgängen zu

```
Sub AssignResourceToSelectedTasks()
   Dim sName   As String    ' Ressourcenname zum markierten Vorgang
   Dim objRes  As Resource  ' Ressourcenobjekt für Each...Next Schleife
   Dim bFound  As Boolean   ' Ressource im aktiven Projekt (True/False)
   sName = InputBox("Ressourcenname", "Eingabe der neuen Ressource")
   bFound = False
'Ressource suchen
   For Each objRes In ActiveProject.Resources
       If sName = objRes.Name Then bFound = True
   Next objRes
'Existiert die Ressource, dann wird sie zugewiesen
   If bFound Then
      ResourceAssignment Resources:=sName, Operation:=pjAssign
   Else
   'Fehlerhinweis
       MsgBox ("Ressource " & sName & " nicht vorhanden.")
   End If
End Sub
```

Mit der Prozedur können auch mehrere Ressourcen nacheinander einem Vorgang zugewiesen werden.

6.1.5 Projektsammelvorgang

Unter Register *Format / Einblenden/Ausblenden* wird die Option *Projektsammelvorgang* ausgewählt. Der Projektsammelvorgang wird in der Zeile 0 eingeblendet. Auf ihm werden Felder wie *Arbeit*, *Dauer* und *Kosten* kumuliert dargestellt. Er bekommt einen neuen Namen in *Vorgang: Maske* und im wird die Ressource *Gesamtkosten* zugewiesen (Bild 6-5).

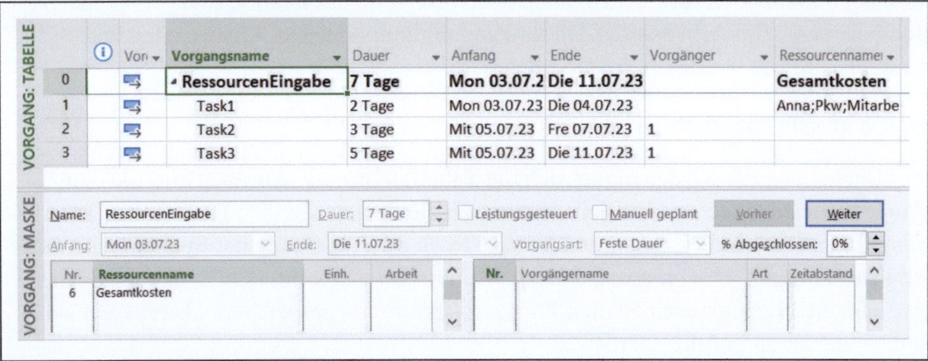

Bild 6-5. Projektsammelvorgang

Codeliste 6-7. Ressourcenzuordnung zum Projekt

```
Sub RessourcenVerknüpfung()
   Dim objPro     As Project
   Dim objTask    As Task
   Dim objRes     As Resource
   Dim objField   As Resource

'Ansicht Vorgang: Tabelle wählen und
'Task1 bekommt die Ressourcen zugewiesen
   Call Projekt02
   With Application
      .ViewApplyEx Name:="Vorgang: Tabelle", ApplyTo:=0
      .SelectRow Row:=1, RowRelative:=False
      .ResourceAssignment Resources:="Anna[100%]"
      .ResourceAssignment Resources:="Pkw"
      .ResourceAssignment Resources:="Mitarbeiter"
      .ResourceAssignment Resources:="Kopierpapier"
      .ResourceAssignment Resources:="Spesen"
   End With

'Projektsammelvorgang
   OptionsViewEx ProjectSummary:=True
   SelectTaskField Row:=0, Column:="Name"
   SetTaskField Field:="Name", Value:="Projekt03", _
      AllSelectedTasks:=True
   SelectTaskField Row:=0, Column:="Name"
   SetTaskField Field:="Ressourcennamen", _
      Value:="Gesamtkosten", AllSelectedTasks:=True
End Sub
```

6.1.6 Ressource Arbeit

Für Ressourcen der Art *Arbeit* können Stundensätze, maximale Einheiten und Kalender definiert werden. Dies ist unabhängig davon, ob es sich um generische Ressourcen oder bereits namentlich bekannte Ressourcen handelt. Project berechnet die Kosten von Arbeitsressourcen über den Stundensatz und die Arbeit pro Zeiteinheit. Der Stundensatz und auch die maximal verfügbaren Einheiten, also die Kapazität, können zeitlich variabel hinterlegt werden. Ressourcen haben einen Basiskalender, z. B. entsprechend den Feiertagen des Arbeitsortes. Dieser kann mit individuellen Arbeitszeiten und Urlauben ergänzt werden.

Eigene Ansicht speichern

Zur Darstellung der Kosten eignet sich die Tabelle *Vorgang: Einsatz* (Bild 6-6). Im Kontextmenü des rechten Bereichs lassen sich die darzustellenden *Einzelheitenarten* auswählen. Hier sind es *Arbeit* und *Kosten*. Nach der Anpassung der Spalten, wird unter Register *Vorgang / Vorgangsansichten / Weitere Ansichten* mit dem Schalter *Neu* die Ansicht unter dem eigenen Namen *Vorgang Ressourcen* gespeichert. Damit kann sie immer wieder aufgerufen werden.

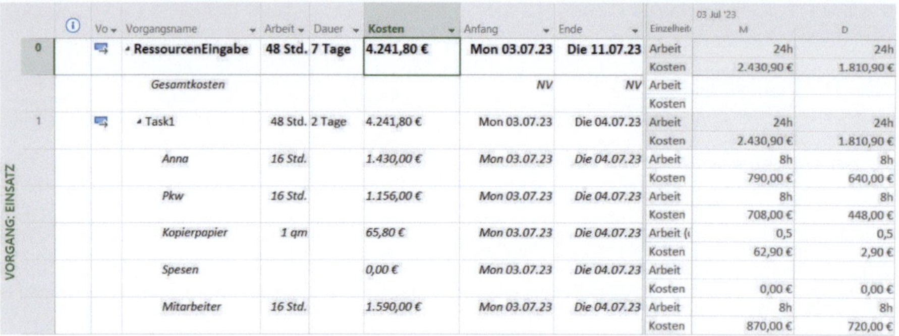

VORGANG: EINSATZ

	Vo	Vorgangsname	Arbeit	Dauer	Kosten	Anfang	Ende	Einzelheit	03 Jul '23 M	D
0		**RessourcenEingabe**	**48 Std.**	**7 Tage**	**4.241,80 €**	**Mon 03.07.23**	**Die 11.07.23**	Arbeit	24h	24h
								Kosten	2.430,90 €	1.810,90 €
		Gesamtkosten				*NV*	*NV*	Arbeit		
								Kosten		
1		Task1	48 Std.	2 Tage	4.241,80 €	Mon 03.07.23	Die 04.07.23	Arbeit	24h	24h
								Kosten	2.430,90 €	1.810,90 €
		Anna	*16 Std.*		*1.430,00 €*	*Mon 03.07.23*	*Die 04.07.23*	Arbeit	8h	8h
								Kosten	790,00 €	640,00 €
		Pkw	*16 Std.*		*1.156,00 €*	*Mon 03.07.23*	*Die 04.07.23*	Arbeit	8h	8h
								Kosten	708,00 €	448,00 €
		Kopierpapier	*1 qm*		*65,80 €*	*Mon 03.07.23*	*Die 04.07.23*	Arbeit ((	0,5	0,5
								Kosten	62,90 €	2,90 €
		Spesen			*0,00 €*	*Mon 03.07.23*	*Die 04.07.23*	Arbeit		
								Kosten	0,00 €	0,00 €
		Mitarbeiter	*16 Std.*		*1.590,00 €*	*Mon 03.07.23*	*Die 04.07.23*	Arbeit	8h	8h
								Kosten	870,00 €	720,00 €

Bild 6-6. Arbeit und Kosten in der Ansicht Vorgang: Einsatz

Die folgende Prozedur zeigt nacheinander verschiedene Einstellungen in der Ansicht *Vorgang: Einsatz.*

Codeliste 6-8. Ressourcenzuordnung zum Projekt

```
Sub ViewWorkAndCost()
'Ansicht Vorgang: Einsatz
   TableApply Name:="Einsatz"
   ViewApplyEx Name:="Vorgang: Einsatz", ApplyTo:=0
'verschiedene Einzelheitenarten anzeigen
   DetailStylesAdd Item:=pjWork              'Arbeit
   DetailStylesAdd Item:=pjActualWork        'Ist-Arbeit
   DetailStylesAdd Item:=pjCumulativeWork    'kumulierte Arbeit
   DetailStylesAdd Item:=pjBaselineWork      'geplante Arbeit
   DetailStylesAdd Item:=pjCost              'Kosten
   DetailStylesAdd Item:=pjActualCost        'Ist-Kosten
Stop
'Einige Einzelheitenarten wieder entfernen
   DetailStylesRemove Item:=pjActualWork
   DetailStylesRemove Item:=pjCumulativeWork
   DetailStylesRemove Item:=pjBaselineWork
```

```
      DetailStylesRemove Item:=pjActualCost
   Stop
   'Zeitachse einblenden
      ViewApplyEx Name:="&Zeitachse", ApplyTo:=1
   Stop
   'Zeitachse ausblenden
      TimelineViewToggle
   Stop
   'Detailansicht einblenden
      FormViewShow
   Stop
   'Detailansicht ausblenden
      DetailsPaneToggle
   Stop
   'Ansicht Gantt-Diagramm
      ViewApplyEx Name:="&Gantt-Diagramm", ApplyTo:=0
   End Sub
```

6.1.7 Ressource Material

Bei der Zuordnung von Material ist anstelle der zeitlichen Einheiten pro Tag die Menge des benötigten Materials einzugeben (Bild 6-7). Die Angabe der Materialbeschriftung sollte die Mengeneinheit widerspiegeln, z. B. Stk, qm, kg etc.

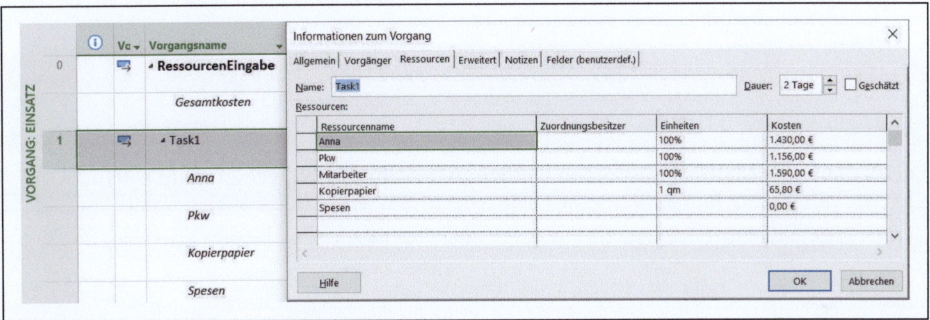

Bild 6-7. Eingabe der benötigten Materialmenge unter Informationen zum Vorgang (Kontextmenü)

In den Einsatz-Ansichten lässt sich direkt die Aufteilung an Arbeit und Kosten pro Tag beobachten (Bild 6-8).

1	Task1	48 Std.	2 Tage	4.294,00 €	Mon 03.07.23	Die 04.07.23	Arbeit	24h	24h
							Kosten	2.457,00 €	1.837,00 €
	Anna	16 Std.		1.430,00 €	Mon 03.07.23	Die 04.07.23	Arbeit	8h	8h
							Kosten	790,00 €	640,00 €
	Pkw	16 Std.		1.156,00 €	Mon 03.07.23	Die 04.07.23	Arbeit	8h	8h
							Kosten	708,00 €	448,00 €
	Kopierpapier	10 qm		118,00 €	Mon 03.07.23	Die 04.07.23	Arbeit ((	5	5
							Kosten	89,00 €	29,00 €

Bild 6-8. Eingabe der benötigten Materialmenge in der Ansicht Vorgang: Einsatz

Da Project die Kosten der Material-Ressourcen immer über das Feld *Arbeit* berechnet, erscheint in der Spalte *Arbeit* der Vorgangs- und Ressourcen-Masken auch bei *Material* ein entsprechender Wert, in diesem Fall für die Menge. Wann das Material genau benötigt wird, kann mit der Verzögerung bzw. dem Anfang und Ende der Zuordnung in den Ansichten *Vorgang: Maske*, *Vorgang: Einsatz*, *Ressource: Einsatz* oder der eigenen Ansicht *Vorgang Ressourcen* festgelegt werden.

Die folgende Prozedur wählt die Ansicht *Vorgang: Einsatz* und sucht danach in allen Projektvorgängen nach Materialressourcen.

Codeliste 6-9. Ressourcenzuordnung zum Projekt

```
Sub ShowMaterialResources()
   Dim objTask    As Task
   Dim objRes     As Resource
   Dim sText      As String

   ViewApplyEx Name:="Vorgang: Einsatz", ApplyTo:=0
   sText = ""
   For Each objTask In ActiveProject.Tasks
      For Each objRes In objTask.Resources
         If objRes.Type = 1 Then
            sText = sText & _
               objTask.Name & " / " & _
               objRes.Name & " / " & _
               objRes.Work & " " & objRes.MaterialLabel & vbCr
         End If
      Next objRes
   Next objTask
   MsgBox sText, vbOKOnly, "Material-Ressourcen im Projekt"
   ViewApplyEx Name:="&Gantt-Diagramm", ApplyTo:=0
End Sub
```

Die gefundenen Materialressourcen werden in der Summe angezeigt (Bild 6-9).

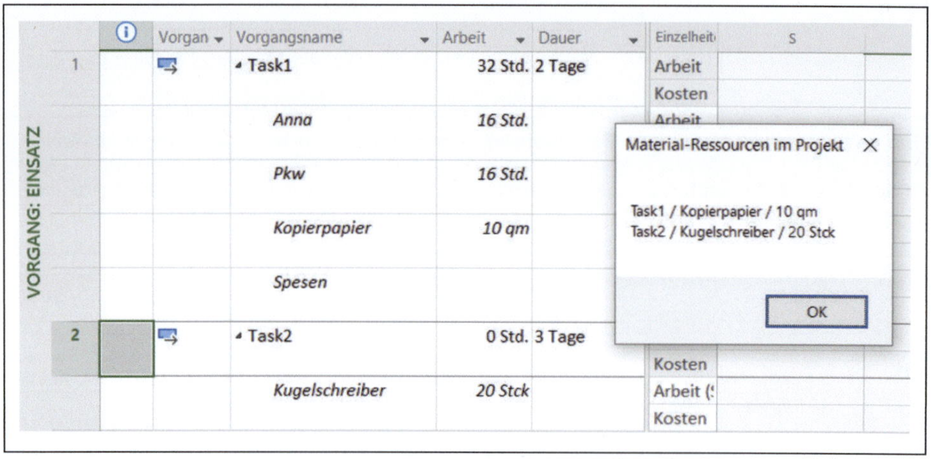

Bild 6-9. Anzeige der vorhandenen Materialressourcen

6.1.8 Ressource Kosten

Echte Kosten werden wie Arbeitsressourcen dem Vorgang zugeordnet. Nur ist hier nicht die Eingabe von *Arbeit* oder *Einheiten* erforderlich. Die Kosten eines Vorgangs werden direkt eingegeben und im Standard automatisch linear über die Dauer des Vorganges verteilt. Der Betrag kann auch über die Spalte *Kosten* in den Ansichten *Vorgang: Einsatz* oder *Ressource: Einsatz* oder über die eigene Ansicht *Vorgang Ressourcen* eingetragen werden (Bild 6-10).

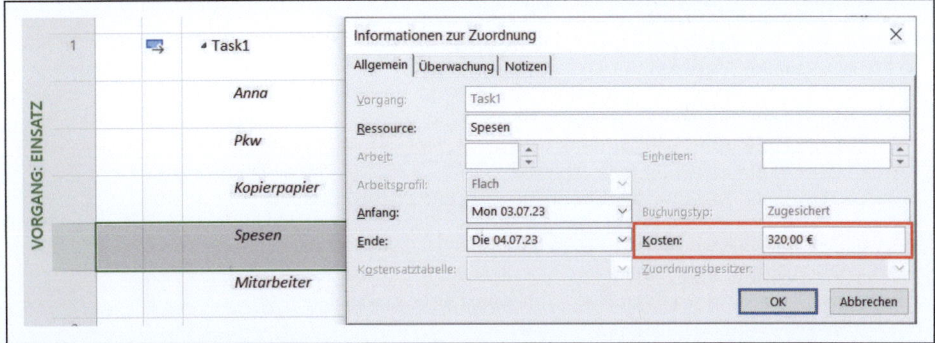

Bild 6-10. Mit einem Doppelklick auf die Kosten-Ressource den Betrag unter Kosten zuordnen

Bei nicht linearer Verteilung der Kosten lässt sich dies auch über die Dauer des Vorgangs direkt in das Zeitraster eintragen. Dazu wird unter Register *Ansicht / Andere Ansichten / Weitere Ansichten* die Ansicht *Ressource: Einsatz* gewählt und um die Felder *Art*, *Zuordnung* und *Kosten* ergänzt (Bild 6-11).

RESSOURCE: KOSTEN

	ⓘ	Ressourcenname	Art	Zuordnu	Kosten	Arbeit	Einzelheiten	M	D
		Nicht zugeordnet	Arbeit	Nein	0,00 €	0 Std.	Kost.		
		Task2	*Arbeit*	*Ja*	*0,00 €*	*0 Std.*	Kost.		
		Task3	*Arbeit*	*Ja*	*0,00 €*	*0 Std.*	Kost.		
1		Anna	Arbeit	Nein	1.430,00 €	16 Std.	Kost.	790,00 €	640,00 €
		Task1	*Arbeit*	*Ja*	*1.430,00 €*	*16 Std.*	Kost.	790,00 €	640,00 €
2		Pkw	Arbeit	Nein	1.156,00 €	16 Std.	Kost.	708,00 €	448,00 €
		Task1	*Arbeit*	*Ja*	*1.156,00 €*	*16 Std.*	Kost.	708,00 €	448,00 €
3		Kopierpapier	Material	Nein	65,80 €	1 qm	Kost.	62,90 €	2,90 €
		Task1	*Material*	*Ja*	*65,80 €*	*1 qm*	Kost.	62,90 €	2,90 €
4		Spesen	Kosten	Nein	500,00 €		Kost.	250,00 €	250,00 €
		Task1	*Kosten*	*Ja*	*500,00 €*		Kost.	250,00 €	250,00 €
5		Mitarbeiter	Arbeit	Nein	1.590,00 €	16 Std.	Kost.	870,00 €	720,00 €
		Task1	*Arbeit*	*Ja*	*1.590,00 €*	*16 Std.*	Kost.	870,00 €	720,00 €
6		Gesamtkosten	Kosten	Nein			Kost.		

Bild 6-11. Neue Ansicht Ressource: Kosten

Die so erstellte Ansicht wird unter Register *Ansicht / Andere Ansichten / Weitere Ansichten* unter dem Namen *Ressource: Kosten* gespeichert. Die zeitbasierten Daten (rechts), die linear verteilt sind, können nun einzeln verändert werden.

Die folgende Prozedur ist besonders bei großen Projekten hilfreich, denn sie durchsucht die Ansicht nach Ressourcen der Art Kosten und stoppt in jeder gefundenen Zeile, sodass die Kostenanteile verändert werden können. Sie startet mit der Ansicht *Gantt-Diagramm* und endet mit dieser.

Codeliste 6-10. Die Prozedur sucht Ressourcen der Art Kosten

```
Sub ViewCostDetails()
   Dim iRow As Integer
   Dim iMax As Integer
   Dim sName As String
   Dim vArt As Variant
   Dim vZu As Variant
   Dim vNam As Variant

'Startansicht Gantt-Diagramm
   ViewApplyEx Name:="Gantt-Diagramm", SinglePane:=True
'Arbeitsansicht Ressource: Einsatz
   ViewApplyEx Name:="Ressource: Kosten", ApplyTo:=0
   iRow = 0
   vNam = GetCellInfo(1, iRow)
   Do While Not vNam = ""
      SelectRow Row:=iRow + 1, RowRelative:=False
      vArt = GetCellInfo(2, iRow)
      vZu = GetCellInfo(3, iRow)
      If vArt = "Kosten" And vZu = "Nein" Then
Stop
      End If
      iRow = iRow + 1
      vNam = GetCellInfo(1, iRow)
   Loop
'Ansicht Gantt-Diagramm
   ViewApplyEx Name:="Gantt-Diagramm", ApplyTo:=0
End Sub
```

Für Kosten-Ressourcen kann in der Ansicht *Ressource: Tabelle* eine allgemeine Fälligkeit definiert werden (Bild 6-12). Diese wird dann als Standard bei jeder Zuordnung angewendet.

RESSOURCE: TABELLE

	ⓘ	Ressourcenname	Art	Mat	Gruppe	Max. Einh.	Standardsat.	Überstd.-Satz	Kosten/E	Fällig am	Bas
1		Anna	Arbeit		Team	100%	80,00 €/Std.	100,00 €/Std.	150,00 €	Anteilig	Sta
2		Pkw	Arbeit		Fahrzeuge	100%	56,00 €/Std.	0,00 €/Std.	260,00 €	Anteilig	Sta
3		Kopierpapier	Material	qm			5,80 €		60,00 €	Anteilig	
4		Spesen	Kosten							Anteilig	
5		Mitarbeiter	Arbeit		Team	100%	90,00 €/Std.	120,00 €/Std.	150,00 €	Anfang	Sta
6		Gesamtkosten	Kosten							Anteilig	
										Ende	

Bild 6-12. Definition der Fälligkeit für Kosten-Ressourcen

6.1.9 Ressource Budget

Alle Ressourcenarten *Arbeit, Material* und *Kosten* können als *Budget-Ressource* angelegt werden, indem die gleichnamige Checkbox aktiviert wird (Bild 6-13). Voraussetzung ist, dass noch keine Zuordnungen existieren, sonst müssen diese entfernt werden.

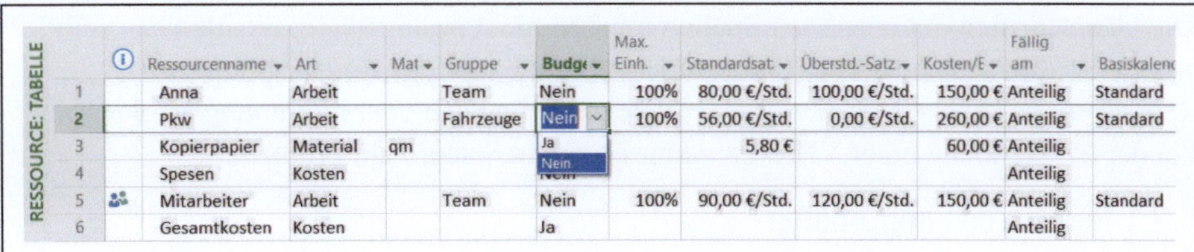

		Ressourcenname	Art	Mat	Gruppe	Budget	Max. Einh.	Standardsatz	Überstd.-Satz	Kosten/E	Fällig am	Basiskalender
1		Anna	Arbeit		Team	Nein	100%	80,00 €/Std.	100,00 €/Std.	150,00 €	Anteilig	Standard
2		Pkw	Arbeit		Fahrzeuge	Nein	100%	56,00 €/Std.	0,00 €/Std.	260,00 €	Anteilig	Standard
3		Kopierpapier	Material	qm		Ja		5,80 €		60,00 €	Anteilig	
4		Spesen	Kosten			Nein					Anteilig	
5		Mitarbeiter	Arbeit		Team	Nein	100%	90,00 €/Std.	120,00 €/Std.	150,00 €	Anteilig	Standard
6		Gesamtkosten	Kosten			Ja					Anteilig	

Bild 6-13. Erweiterung der Ressourcen um einen Mitarbeiter vom Typ Budget

Die Zuordnung einer Budget-Ressource kann immer nur im *Projektsammelvorgang* erfolgen. In den Ansichten *Vorgang: Einsatz* oder *Vorgang: Ressourcen* können in der Spalte *Kostenbudget* die budgetierten Kosten manuell eingetragen werden (Bild 6-14).

	Vo	Vorgang	Arbeit	Dauer	Kosten	Kostenbudget	Einzelheit	D	M
0		**Projekt03**	**32 Std.**	**19 Tage**	**3.228,00 €**	**20.000,00 €**	Arbeit	16h	16h
							Kosten	1.689,00 €	1.539,00 €
		Pkw					Arbeit		
							Kosten		
		Gesamtkosten				*20.000,00 €*	Arbeit		
							Kosten		
1		Task1	32 Std.	2 Tage	3.228,00 €		Arbeit	16h	16h
							Kosten	1.689,00 €	1.539,00 €
		Anna	*16 Std.*		*1.430,00 €*		Arbeit	8h	8h
							Kosten	790,00 €	640,00 €
		Kopierpapier	*10 qm*		*58,00 €*		Arbeit ((	5	5
							Kosten	29,00 €	29,00 €

Bild 6-14. Eintrag der budgetierten Kosten

Die Erweiterung der Ressourcen kann manuell oder mit der folgenden Methode durchgeführt werden.

6.2 Exceldaten importieren

Auf einem Excel-Arbeitsblatt sind die Ressourcen als Liste vorgegeben (Bild 6-15).

🗁 1-17-06-03_Excelliste.mpp

🗁 1-17-06-04_Excelliste.xlsx

	A	B	C	D	E	F	G	H	I	J	K	L
1	Ressourcenname	Art	Generisch	Budget	Gruppe	Materialbeschriftung	Max	Standardsatz	Überstundensatz	Kosten pro Einsatz	Fällig am	Basiskalender
2	Anna	Arbeit	Nein	Nein	Team		100%	80,00 €/h	100,00 €/h	150,00 €	Anteilig	Standard
3	Bodo	Arbeit	Nein	Nein	Team		100%	80,00 €/h	100,00 €/h	150,00 €	Anteilig	Standard
4	Cleo	Arbeit	Nein	Nein	Team		60%	80,00 €/h	100,00 €/h	150,00 €	Anteilig	Standard
5	Dana	Arbeit	Nein	Nein	Team		40%	80,00 €/h	100,00 €/h	150,00 €	Anteilig	Standard
6	Mitarbeiter	Arbeit	Ja	Nein	Team		100%	90,00 €/h	120,00 €/h	150,00 €	Anteilig	Standard
7	Pkw	Arbeit	Nein	Nein	Fahrzeug		100%	56,00 €/h	0,00 €	260,00 €	Anteilig	Standard
8	Kopierpapier	Material	Nein	Nein		qm		5,80 €		60,00 €	Anteilig	Standard
9	Spesen	Kosten	Nein	Nein							Anteilig	Standard
10	Gesamtkosten	Kosten	Nein	Ja							Anteilig	Standard

Bild 6-15. Ressourcenliste auf einem Excel-Arbeitsblatt

Die Überschriften der einzelnen Spalten müssen nicht zwangsläufig die gleichen sein wie in der Ressourcentabelle. Beim Import über die Vorlage *Neu aus Excel-Arbeitsmappe* kann später in einer Vergleichstabelle noch eine Zuordnung erfolgen und bei der Verwendung einer VBA-Prozedur ist es überhaupt kein Problem.

6.2.1 Ressourcen importieren

Unter den Vorlagen für ein neues Projekt gibt es die Vorlage *Neu aus Excel-Arbeitsmappe*. Mit dem Aufruf startet der Projektimport-Assistent. Mit der Schaltfläche *Weiter* fragt der Assistent nach einem Schema früherer Importe. Da noch kein Import existiert, wird in diesem Fall ein *neues Schema* und mit *Weiter* in der nächsten Maske der Importmodus bestimmt:

- Als ein neues Projekt
- Daten an das aktuelle Projekt anfügen
- Daten mit dem aktiven Projekt zusammenführen.

Nach der Wahl *Als ein neues Projekt* und *Weiter*, werden in der nächsten Maske *Schemaoptionen* die Importdaten festgelegt. In diesem Fall geht es nur um die *Ressourcen*. Wichtig ist noch die Option *Importieren mit Überschriften*. Im nächsten Schritt wird das Ressourcenschema angezeigt. Zuerst wird der Blattname *Tabelle1* unter *Quelltabellenblattname* gewählt. Damit wird die Vergleichstabelle zwischen Excel-Feld und Project-Feld gefüllt (Bild 6-16).

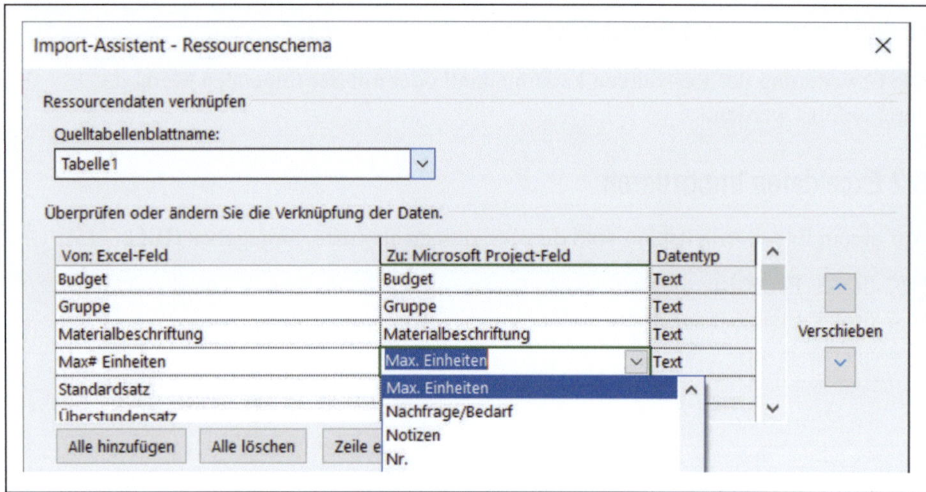

Bild 6-16. Ressourcenschema zum Import (oberer Bereich)

Nicht zugeordnete Felder können über eine Auswahlliste angepasst werden. Im unteren Teil des Import-Assistenten ist eine Tabellenvorschau zu sehen (Bild 6-17).

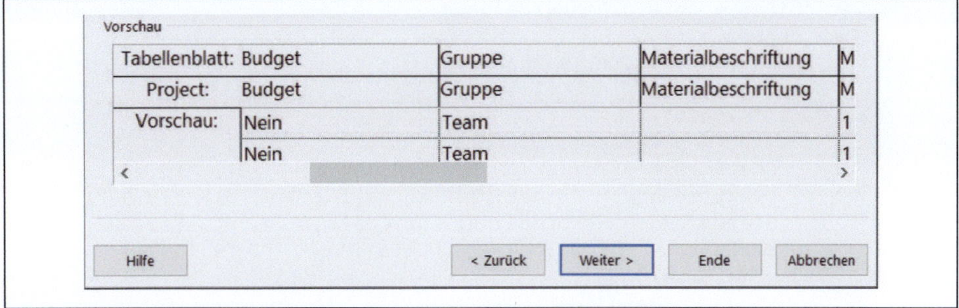

Bild 6-17. Vorschau im Import-Assistenten

Nach Bestätigung des Schemas werden die Daten in die Ansicht *Ressource: Tabelle* übernommen (Bild 6-18). Vorher kann das angepasste Schema noch gespeichert werden.

RESSOURCE: TABELLE

	ⓘ	Ressourcennan	Art	Gen	Bud	Mat	Gruppe	Max. Einh.	Standardsat	Überstd.-Sa	Kosten/	Fällig am	Basiska
1		Anna	Arbeit	Nein	Nein		Team	100%	40,00 €/Std.	50,00 €/Std.	150,00 €	Anteilig	Standard
2		Bodo	Arbeit	Nein	Nein		Team	100%	40,00 €/Std.	50,00 €/Std.	150,00 €	Anteilig	Standard
3		Cleo	Arbeit	Nein	Nein		Team	60%	40,00 €/Std.	50,00 €/Std.	150,00 €	Anteilig	Standard
4		Dana	Arbeit	Nein	Nein		Team	40%	40,00 €/Std.	50,00 €/Std.	150,00 €	Anteilig	Standard
5		Mitarbeiter	Arbeit	Ja	Nein		Team	100%	40,00 €/Std.	50,00 €/Std.	150,00 €	Anteilig	Standard
6		Pkw	Arbeit	Nein	Nein		Fahrzeug	100%	56,00 €/Std.	0,00 €/Std.	0,00 €	Anteilig	Standard
7		Kopierpapier	Material	Nein	Nein	qm			5,80 €		0,00 €	Anteilig	
8		Spesen	Kosten	Nein	Nein							Anteilig	
9		Gesamtkosten	Kosten	Nein	Ja							Anteilig	

Bild 6-18. Neue Ressourcentabelle

Leider funktioniert der Import auf diesem Wege nicht hundertprozentig, denn z. B. werden die *Max. Einheiten* nicht in Prozent, sondern als Dezimalanteil übernommen. Mit den Einheiten gibt es noch weitere Probleme. Die nachfolgende Prozedur nimmt die Excel-Arbeitsmappe ebenfalls als Vorlage und setzt diese entsprechend um.

Codeliste 6-11. Ressourcendefinition zum Ressourcenimport

```
Sub RessourcenImport()
   Dim objExl  As Excel.Application
   Dim objBook As Excel.Workbook
   Dim objPlan As Excel.Worksheet
   Dim iRow    As Integer
   Dim iRowMax As Integer
   Dim objPro As Project
   Dim objRes  As Resource
   Dim sText   As String

   Set objExl = Excel.Application
   Set objBook = objExl.Workbooks.Open _
      (FileName:="C:\Temp\1-17-06-02_ExcelListe.xlsx")
   Set objPlan = objBook.Worksheets("Ressourcen")
   iRowMax = objPlan.UsedRange.Rows.Count
   Set objPro = Application.ActiveProject

   For iRow = 2 To iRowMax
```

```
        Set objRes = objPro.Resources.Add
        With objRes
            .Name = objPlan.Cells(iRow, 1)
            Select Case objPlan.Cells(iRow, 2)
            Case "Arbeit"
                .Type = pjResourceTypeWork
                .CostPerUse = Format(objPlan.Cells(iRow, 10), "#0.00")
                .OvertimeRate = Format(objPlan.Cells(iRow, 9), "#0.00")
                .StandardRate = Format(objPlan.Cells(iRow, 8), "#0.00")
                .MaxUnits = Format(objPlan.Cells(iRow, 7), "#0.0%")
            Case "Material"
                .Type = pjResourceTypeMaterial
                .MaterialLabel = objPlan.Cells(iRow, 6)
                .CostPerUse = Format(objPlan.Cells(iRow, 10), "#0.00")
                .StandardRate = Format(objPlan.Cells(iRow, 8), "#0.00")
            Case "Kosten"
                .Type = pjResourceTypeCost
            Case Else
                .Type = ""
            End Select
            sText = objPlan.Cells(iRow, 3): .EnterpriseGeneric = sText
            sText = objPlan.Cells(iRow, 4): .Budget = sText
            sText = objPlan.Cells(iRow, 5): .Group = sText
        End With
        Set objRes = Nothing
    Next iRow
    objBook.Close
    Set objPro = Nothing
    Set objExl = Nothing
    Set objBook = Nothing
    Set objPlan = Nothing
End Sub
```

6.2.2 Verfügbarkeit definieren

Mit einem Doppelklick auf eine Ressource öffnet sich das Dialogfenster *Informationen zur Ressource*. Das Fenster verfügt über eine Liste zur Ressourcenverfügbarkeit (Bild 6-19).

Ressourcenverfügbarkeit

	Verfügbar von	Verfügbar bis	Einheiten
	05.06.2023	22.07.2023	100%
	24.07.2023	12.08.2023	50%
	14.08.2023	27.10.2023	100%

Bild 6-19. Verfügbarkeitsliste einer Ressource

Außerdem verfügt das Dialogfenster über eine Schaltfläche *Arbeitszeit ändern*. Damit wird der Resssourcenkalender der Ressource aufgerufen. Die folgenden Prozeduren zeigen das Informationsfenster und das Zeitfenster für die markierte Ressource.

Codeliste 6-12. Ressourcendefinition zum Ressourcenimport

```
'Informationsfenster zur Ressource
Sub RessourceInfoWindow()
   InformationDialog
End Sub

'Arbeitszeit zur Ressource
Sub ChangeRessourceTime()
    ChangeWorkingTimeEx
End Sub
```

Das Dialogfenster Arbeitszeit ändern kann auch unter Register *Projekt / Eigenschaften* aufgerufen werden (Bild 6-20).

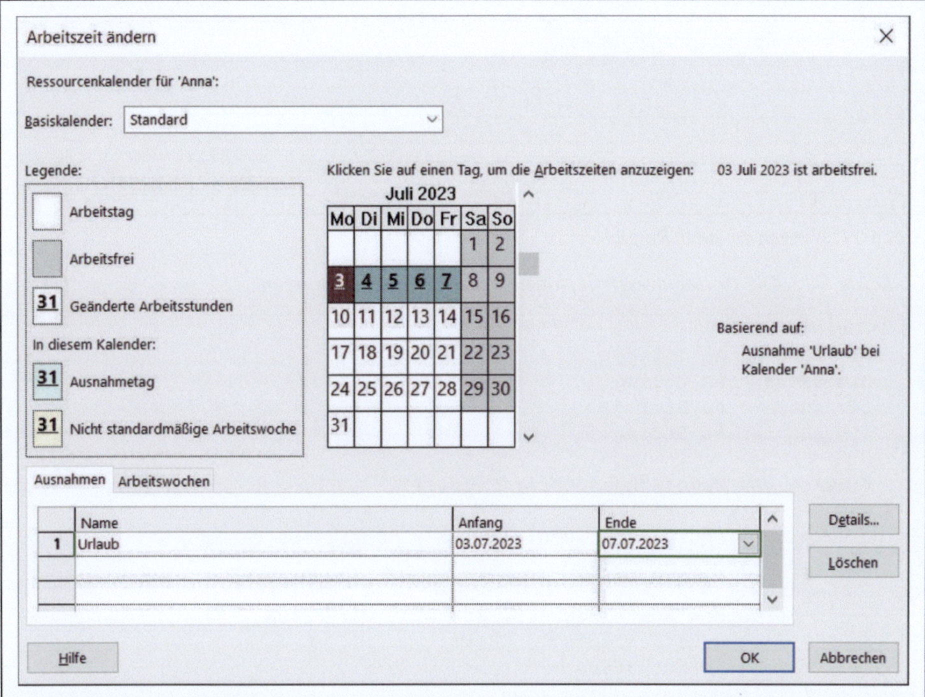

Bild 6-20. Ressourcenkalender

In diesem Dialogfenster können Arbeitszeitänderungen, Ausfälle und Einschränkungen dokumentiert werden. Auch hier kann die Kostenfälligkeit noch einmal bestimmt werden.

6.2.3 Notizen

Wichtige Hinweise zum Einsatz einer Ressource lassen sich in *Informationen zur Ressource* (Doppelklick) unter Register *Notizen* eintragen (Bild 6-21). Ein Symbol in der Indikatorspalte weist auf die Notiz hin. Die folgende Prozedur fragt in einer Schleife nach dem Ressourcennamen und sucht ihn in der Ressourcentabelle. Wird er gefunden, dann wird nach dem Notiztext gefragt und dieser dann eingetragen. Wird kein Ressourcenname angegeben, endet die Prozedur. Soll der Notiztext über mehrere Zeilen gehen, dann muss statt der *InputBox*-Anweisung ein Formular mit Textbox verwendet werden.

🗁 1-17-06-05_Notizen.mpp

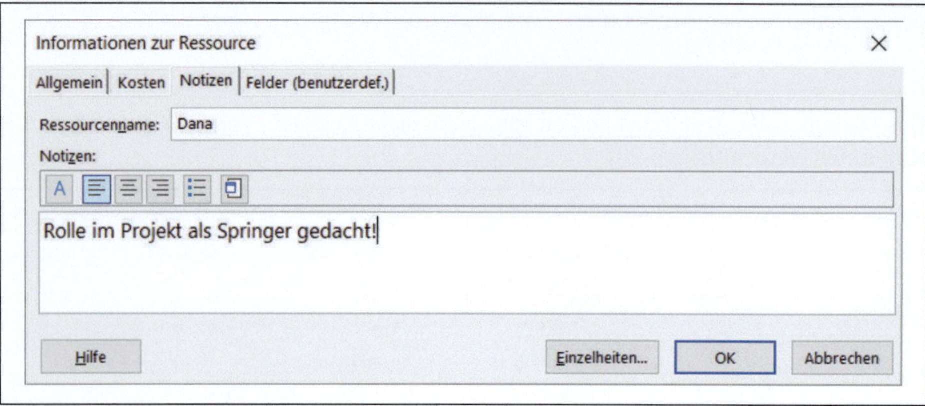

Bild 6-21. Notizen zu einer Ressource

Codeliste 6-13. Die Prozedur erstellt Notiztext für mehrere Ressourcen

```
Sub CreateNotiz()
   Dim iRow    As Integer
   Dim sRess   As String
   Dim sName   As String
   Dim sNotiz  As String

   ViewApplyEx Name:="Ressource: Tabelle"
   Do
      sRess = InputBox("Ressourcenname", "Notiz erstellen")
      If Not sRess = "" Then
         iRow = 0
         SelectRow Row:=iRow + 1, RowRelative:=False
         sName = GetCellInfo(1, iRow)
         Do While Not sName = ""
            If sName = sRess Then
               sNotiz = InputBox("Text:", "Notiz eingeben")
               SelectResourceField Row:=iRow + 1, Column:="Name", _
                  RowRelative:=False
               SetResourceField Field:="Notizen", _
                  Value:=sNotiz, _
                  AllSelectedResources:=True
            End If
            iRow = iRow + 1
            sName = GetCellInfo(1, iRow)
         Loop
      End If
   Loop While Not sName = ""
End Sub
```

6.3 Outlook-Aufgaben importieren

Unter Register *Vorgang / Einfügen* gibt es unter *Vorgang* eine Auswahlliste, in der es die Methode *Outlook-Aufgaben importieren* gibt. Die Aufgaben in Outlook (Bild 6-22) werden an allen vorhandenen Vorgängen im Projekt angefügt.

🗁 1-17-06-06_OutlookImport.mpp

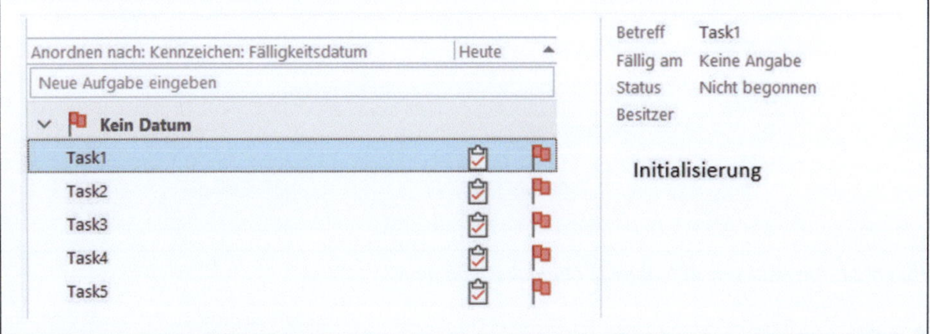

Bild 6-22. Aufgabenliste in Outlook

Gibt es keine Vorgänge, so legt Project eine neue Liste an. Importiert werden nur der Name der Aufgabe, die Dauer und vorhandene Notizen, also keine Termine (Bild 6-23). Mit dem Import gibt es keine Verbindung zwischen Outlook und Project.

	ⓘ	Vo	Vorgangsname	Dauer	Anfang	Ende
1			Task1	7,5 Tage	Mit 05.07.23	Fre 14.07.23
2			Task2	5 Tage	Mit 05.07.23	Die 11.07.23
3			Task3	4 Tage	Mit 05.07.23	Mon 10.07.23
4			Task4	5,25 Tage	Mit 05.07.23	Mit 12.07.23
5			Task5	4,75 Tage	Mit 05.07.23	Die 11.07.23

Bild 6-23. Vorgangsliste aus Outlook

Die folgende Prozedur ruft das Dialogfenster zum Import von den Outlook-Aufgaben auf (Bild 6-24).

Codeliste 6-14. Die Prozedur ruft das Dialogfenster zum Import auf

```
Sub ImportOutlook()
   ImportOutlookTasks
End Sub
```

Das Dialogfenster erlaubt die Auswahl einzelner oder aller Aufgaben.

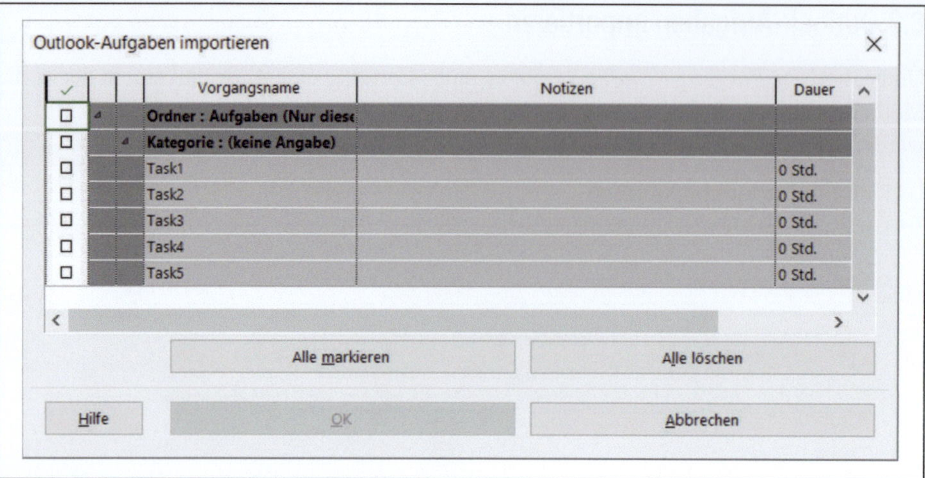

Bild 6-24. Auswahl von Aufgaben in Outlook zum Import

6.4 Ressourcen zuordnen

1-17-06-07_Zuordnung.mpp

6.4.1 Teamplaner

Eine einfache Möglichkeit, Vorgänge den Ressourcen zuzuordnen, ist die Verwendung des *Teamplaners*. Aufgerufen wird er unter Register *Ansicht / Ressourcenansichten*. Auf der linken Seite werden alle vorhandenen Ressourcen angezeigt, auch die Ressourcenvorgänge, die kein Start- und Enddatum besitzen. Alle Vorgänge, die keine Zuordnung besitzen, werden unterhalb einer Trennlinie dargestellt (Bild 6-25).

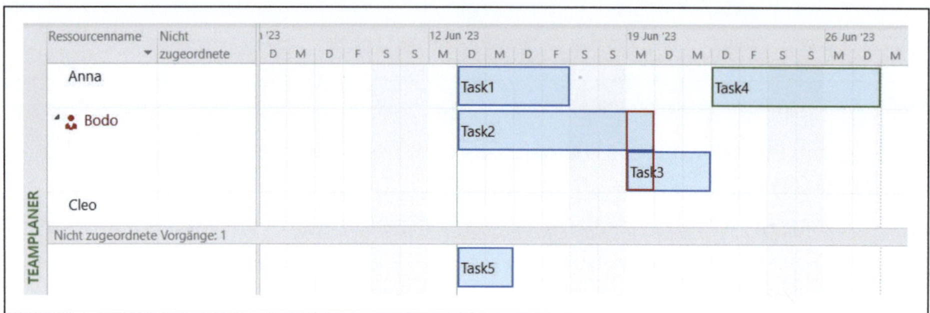

Bild 6-25. Ausgangssituation im Teamplaner

Mit Drag & Drop können die Vorgänge auf die Ressourcen im Zeitbereich verteilt werden. Der Mauszeiger auf einem Vorgang blendet die Vorgangsdaten ein. Zu 100 % abgeschlossene Vorgänge können nicht verschoben werden. Werden zwei Vorgänge derselben Person zugeordnet, so wird die resultierende Überlastung durch rote Linien gekennzeichnet.

Die folgende Prozedur startet mit der Ansicht *Ressource: Tabelle*, blendet dann den *Teamplaner* ein und endet mit der Ausgangsansicht.

Codeliste 6-15. Die Prozedur schaltet zwischen Ressourcentabelle und Teamplaner um

```
Sub ToggleViews()
   ViewApplyEx Name:="Ressource: Tabelle", ApplyTo:=0
Stop
   ViewApplyEx Name:="Team&planer", ApplyTo:=0
Stop
   ViewApplyEx Name:="Ressource: Tabelle", ApplyTo:=0
End Sub
```

6.4.2 Ressourcenspalte

Im Gantt-Diagramm kann eine Spalte *Ressourcennamen* eingeblendet werden. Ein Feld in dieser Spalte verfügt dann über eine Auswahlliste aller vorhandenen Ressourcen, in der auch eine Mehrfachauswahl möglich ist (Bild 6-26).

	V	Vorgangsna	Dauer	Anfang	Ende	Ressourcennam
0		Projekt05	11 Tage	Die 13.06.23	Die 27.06.23	
1		Task1	4 Tage	Die 13.06.23	Fre 16.06.23	Anna
2		Task2	5 Tage	Die 13.06.23	Mon 19.06.23	odo;Cleo[60%]
3		Task3	3 Tage	Mon 19.06.23	Mit 21.06.23	Anna
4		Task4	4 Tage	Don 22.06.23	Die 27.06.23	Bodo
5		Task5	2 Tage	Die 13.06.23	Mit 14.06.23	Cleo / Dana

Bild 6-26. Ressourcenauswahl in der Spalte Ressourcenname

Eine andere Möglichkeit kann über das Kontextmenü eines Vorgangs erfolgen, mit dem Aufruf der Methode *Ressourcen zuordnen* (Bild 6-27).

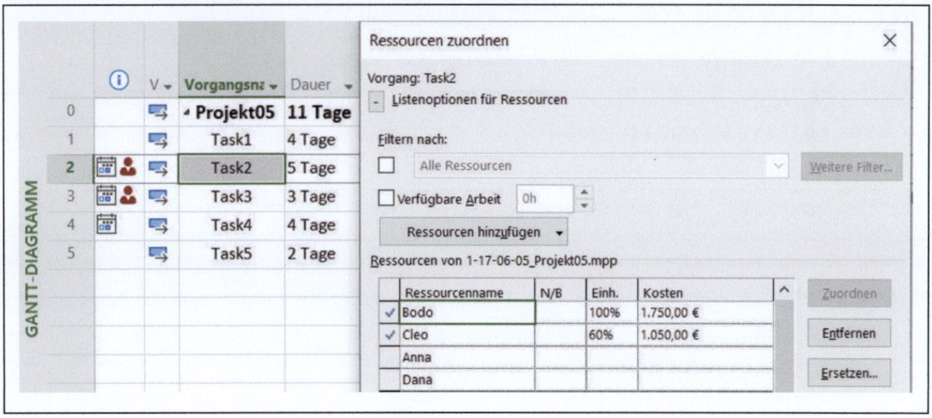

Bild 6-27. Dialogfenster Ressourcen zuordnen

Eine weitere Möglichkeit ruft mit einem Doppelklick auf den Vorgang das Dialogfenster *Informationen zum Vorgang* auf, in dem unter Register *Ressourcen* ebenfalls Zuordnungen erfolgen können (Bild 6-28).

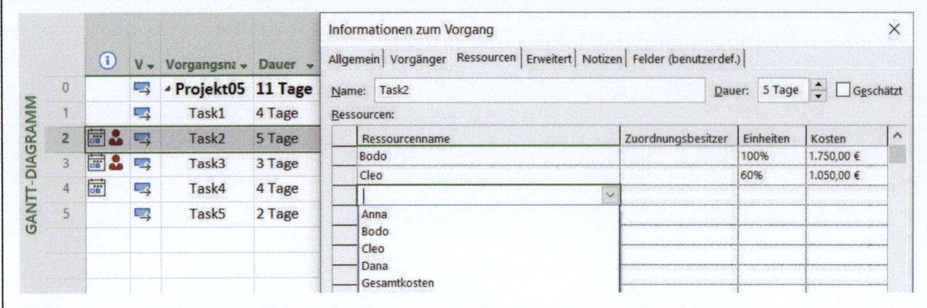

Bild 6-28. Ressourcenzuordnung im Informationsfenster

6.4.3 Ressourceneinheiten

Bei den Angaben der Einheiten von Ressourcen werden drei verschiedene Zuordnungsarten unterschieden.

Tabelle 6-6. Zuordnungsarten für Ressourceneinheiten

Zuordnungsart	Eingabe	Beschreibung
Feste Zuordnung	10	Dem Vorgang werden 10 Einheiten des Materials fest zugewiesen.
Variable Zuordnung	5/T	Einheiten und Zeitraum sind durch einen / getrennt. Hier 5 Einheiten pro Tag
Prozentuale Zuordnung	50%	Anteil von 50 % vom Ressourcenkalender. Hier z. B. eine Halbtagskraft

Die folgende Prozedur weist Ressourcen Vorgänge mit fester Dauer zu.

Codeliste 6-16. Die Prozedur ordnet die Ressourcen den Vorgängen zu

```
Sub ResourcenAssignment()
   Dim objPro      As Project
   Dim objTask     As Task
   Dim objRes      As Resource
   Dim objField    As Resource

   With Application
      .ViewApplyEx Name:="Vorgang: Tabelle", ApplyTo:=0
'Task1
      .SelectRow Row:=1, RowRelative:=False
      .ResourceAssignment Resources:="Anna"
      .ResourceAssignment Resources:="Kopierpapier"
      .ResourceAssignment Resources:="Pkw"
      .ResourceAssignment Resources:="Spesen"
'Task2
      .SelectRow Row:=1
      .ResourceAssignment Resources:="Bodo"
      .ResourceAssignment Resources:="Pkw"
      .ResourceAssignment Resources:="Spesen"
```

```
'Task3
      .SelectRow Row:=1
      .ResourceAssignment Resources:="Cleo"
'Task4
      .SelectRow Row:=1
      .ResourceAssignment Resources:="Dana"
'Task5
      .SelectRow Row:=1
      .ResourceAssignment Resources:="Anna"
'Projektsammelvorgang
      .SelectRow Row:=1, RowRelative:=False
      OptionsViewEx ProjectSummary:=True
      SelectTaskField Row:=0, Column:="Name"
      SetTaskField Field:="Name", Value:="Projektname", _
         AllSelectedTasks:=True
      SelectTaskField Row:=0, Column:="Name"
      SetTaskField Field:="Ressourcennamen", _
         Value:="Gesamtkosten", AllSelectedTasks:=True
   End With
End Sub
```

Nach der Zuordnung sind die Anteile an Arbeit und Kosten in der Ansicht *Vorgang Arbeit* sichtbar (Bild 6-29).

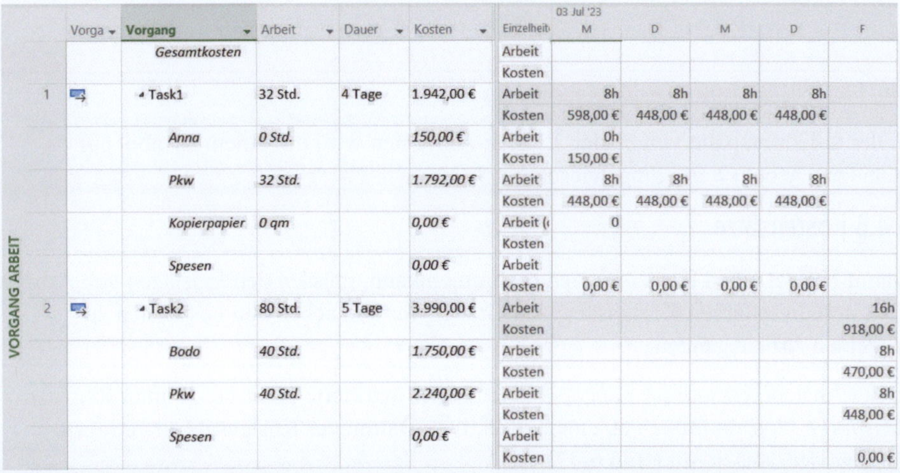

VORGANG ARBEIT

	Vorga	Vorgang	Arbeit	Dauer	Kosten	Einzelheit	03 Jul '23 M	D	M	D	F
		Gesamtkosten				Arbeit					
						Kosten					
1		Task1	32 Std.	4 Tage	1.942,00 €	Arbeit	8h	8h	8h	8h	
						Kosten	598,00 €	448,00 €	448,00 €	448,00 €	
		Anna	*0 Std.*		*150,00 €*	Arbeit	0h				
						Kosten	150,00 €				
		Pkw	*32 Std.*		*1.792,00 €*	Arbeit	8h	8h	8h	8h	
						Kosten	448,00 €	448,00 €	448,00 €	448,00 €	
		Kopierpapier	*0 qm*		*0,00 €*	Arbeit ((	0				
						Kosten					
		Spesen			*0,00 €*	Arbeit					
						Kosten	0,00 €	0,00 €	0,00 €	0,00 €	
2		Task2	80 Std.	5 Tage	3.990,00 €	Arbeit					16h
						Kosten					918,00 €
		Bodo	*40 Std.*		*1.750,00 €*	Arbeit					8h
						Kosten					470,00 €
		Pkw	*40 Std.*		*2.240,00 €*	Arbeit					8h
						Kosten					448,00 €
		Spesen			*0,00 €*	Arbeit					
						Kosten					0,00 €

Bild 6-29. Arbeits- und Kostenanteile nach der Zuordnung

6.4.4 Arbeitsprofile

Standardmäßig wird ein Vorgang mit der gleichen Intensität bearbeitet (flaches Arbeitsprofil). Durch Zuordnung integrierter und benutzerdefinierter Profile kann die Stundenzahl zu bestimmten Zeiten höher oder niedriger angesetzt werden. Das gilt nicht für Kostenressourcen. Nach der Auswahl des Vorgangs in der Ansicht *Vorgang Ressourcen* können die Arbeitswerte manuell in den weißen Feldern verändert werden (Bild 6-30).

Bild 6-30. Nichtlineare Verteilung der Arbeitswerte

Auch in der Ansicht *Vorgang: Einsatz* können die linearen Arbeitswerte manuell verändert werden (Bild 6-31).

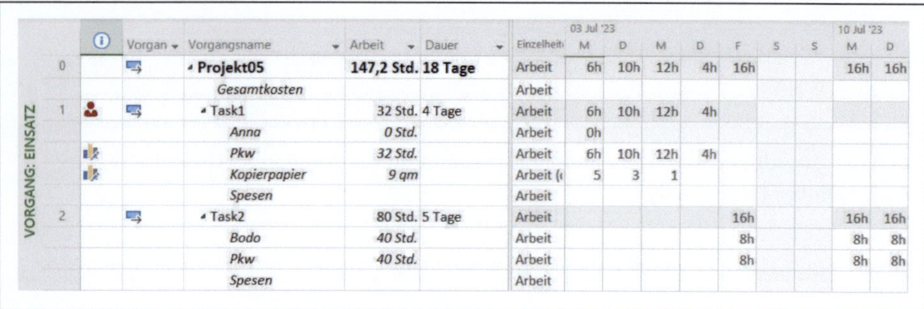

Bild 6-31. Nichtlineare Verteilung der Arbeitswerte

In der Indikatorspalte von beiden Einsatz-Ansichten wird mit einem Symbol auf geänderte Arbeitswerte hingewiesen.

6.4.5 Kostensätze

Damit Project einen Kostenrahmen bestimmen kann, müssen den Einsätzen von Arbeits- u. Materialressourcen Kostensätze zugeordnet werden, neben den Festkosten zu einzelnen Arbeitsgängen.

In der Ansicht *Ressource: Tabelle* kann zu einer markierten Ressource unter Register *Ressource / Informationen* zu einem effektiven Datum der Kostensatz eingetragen werden, der danach gilt (Bild 6-32).

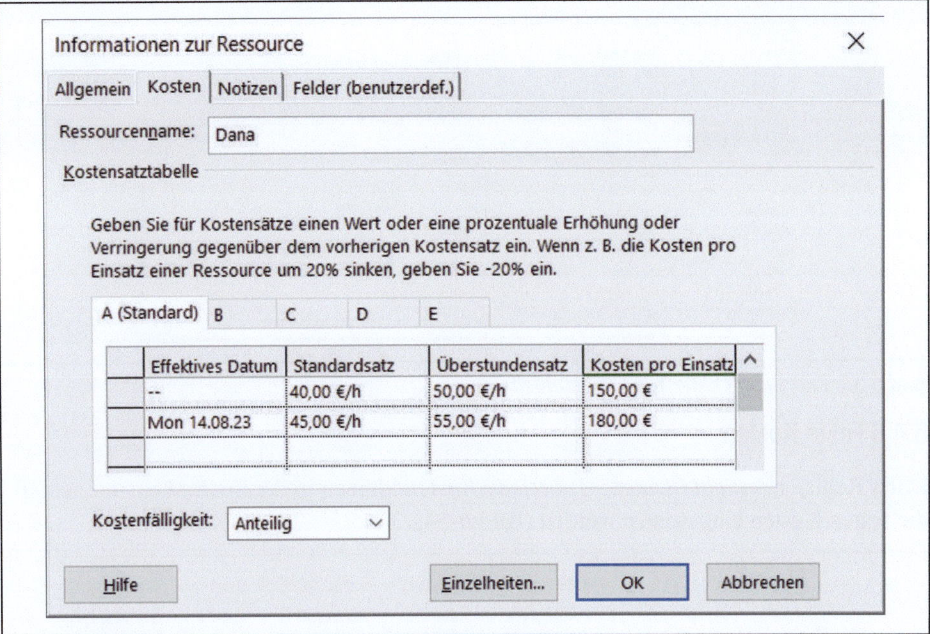

Bild 6-32. Kostensatztabelle A (Standard) für eine Ressource

Tabelle 6-7. Kostensätze für Ressourcen

Kostenart	Festgelegt für	Anwendung
Kosten einer Kostenressource	Kostenressourcen	Unabhängig von Dauer und aufgewendeter Arbeit
Satzbasierte Ressourcekosten	Arbeitsressourcen	Standard-/Überstunden-Satz/gearbeiteter Stunde
Satzbasierte Materialkosten	Materialressourcen	Materialkosten/Einheit
Kostensatz pro Einsatz	Arbeits- bzw. Materialressourcen	Für jeden Einsatz. Fällig zum Vorgangsbeginn. Einsatzdauer unerheblich.
Fester Kostensatz	Vorgänge	Für einen Vorgang oder die Arbeit einer Ressource

Spezielle Kostensätze lassen sich unter Register *Ansicht / Ressourcenansichten / Ressource: Einsatz* zuordnen (Bild 6-33).

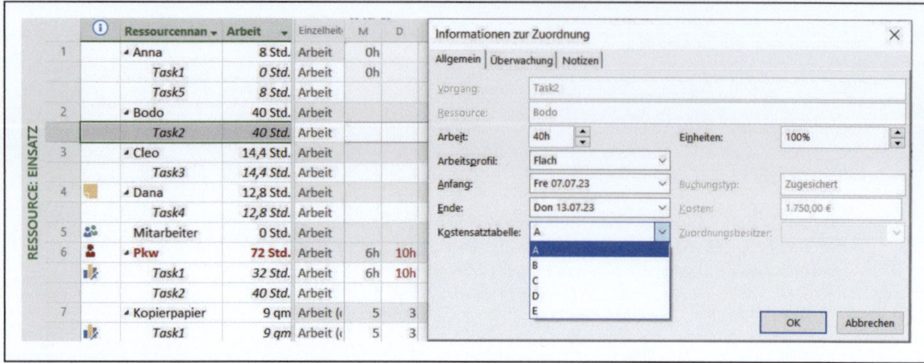

Bild 6-33. Zuordnung einer Kostensatztabelle

6.4.6 Feste Kosten

Unter Register *Ansicht / Daten / Tabellen / Kosten* können in der Spalte *Kosten* manuell die festen Kosten eingetragen werden (Bild 6-34).

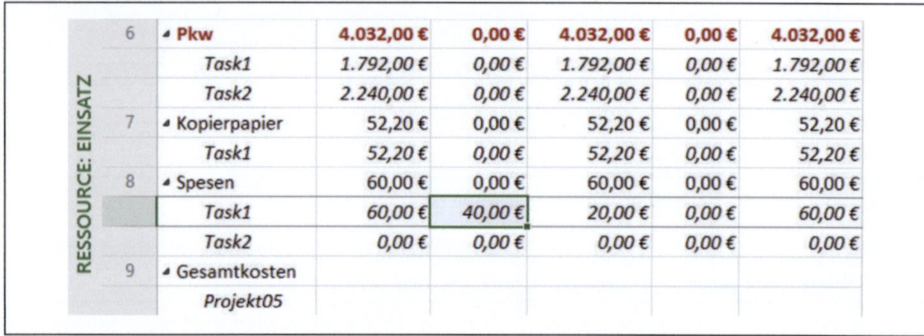

6	Pkw	4.032,00 €	0,00 €	4.032,00 €	0,00 €	4.032,00 €
	Task1	1.792,00 €	0,00 €	1.792,00 €	0,00 €	1.792,00 €
	Task2	2.240,00 €	0,00 €	2.240,00 €	0,00 €	2.240,00 €
7	Kopierpapier	52,20 €	0,00 €	52,20 €	0,00 €	52,20 €
	Task1	52,20 €	0,00 €	52,20 €	0,00 €	52,20 €
8	Spesen	60,00 €	0,00 €	60,00 €	0,00 €	60,00 €
	Task1	60,00 €	40,00 €	20,00 €	0,00 €	60,00 €
	Task2	0,00 €	0,00 €	0,00 €	0,00 €	0,00 €
9	Gesamtkosten					
	Projekt05					

Bild 6-34. Feste Kosten in der Spalte Kosten

Kapitel 7

Kalender

Die Kalender-Objekthierarchie zeigt die untergeordneten Objekte der Calendars-Objektliste (Bild 7-1). Bei den gelb markierten Elementen handelt es sich um Objektlisten. Zu den wichtigsten Unterobjekten gehören Kalender, Ausnahmen (Exceptions) und Schichten (Shifts).

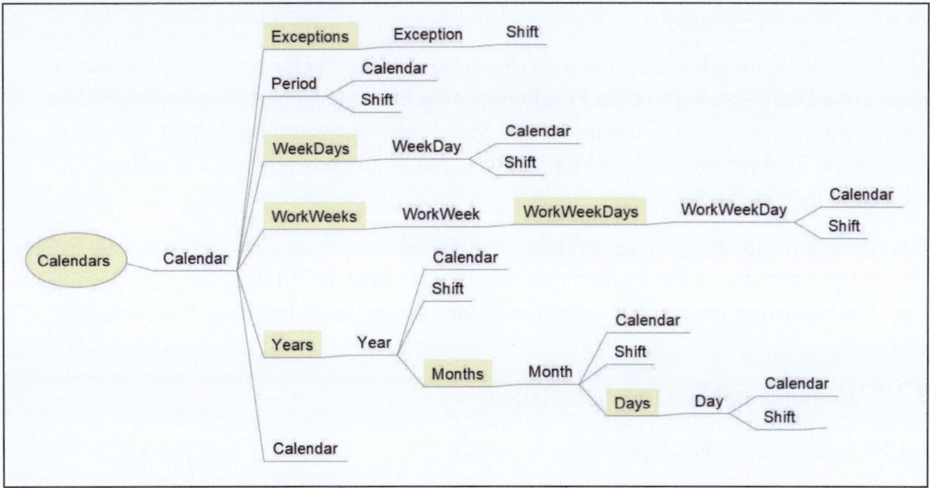

Bild 7-1. Calendars-Objektzuordnung

Nachdem die Vorgänge, Ressourcen und ihre Zuordnungen bestimmt wurden, folgt im nächsten Schritt die Festlegung der zeitlichen Nutzung und ihre Einschränkungen. Dazu werden Kalender verwendet.

H. Nahrstedt, *Project + VBA für Manager*,
https://doi.org/10.1007/978-3-658-43837-1_7

7.1 Kalendergrundlagen

Grundsätzlich sollte der Kalender Standard von Microsoft nie verändert werden. Änderungen lassen sich nur schwer wieder korrigieren. Bei der Erstellung eines neuen Kalenders dient er lediglich als Vorlage.

7.1.1 Kalenderoptionen

Unter dem Register *Datei / Optionen* in der Gruppe *Terminplanung* werden die Kalenderoptionen für das aktuelle Projekt bestimmt (Bild 7-2).

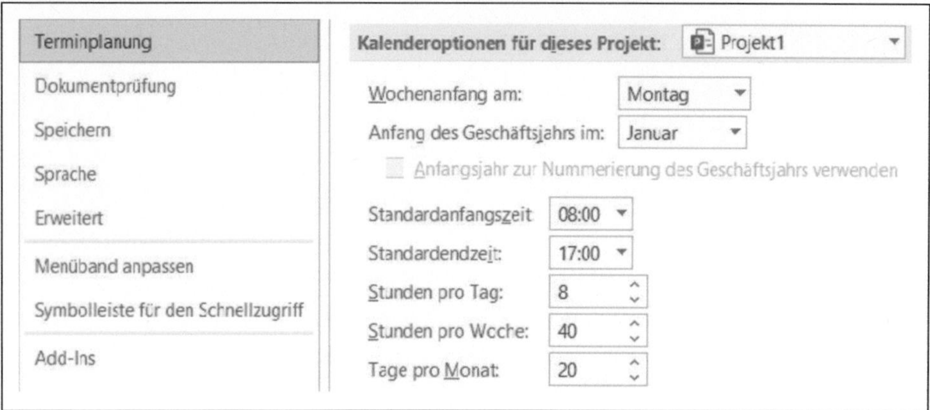

Bild 7-2. Kalender-Optionen

Die Standardwerte sehen einen einen Arbeitstag von 08:00 Uhr bis 17:00 Uhr vor, bei einer Arbeitszeit von 8 Stunden. Folglich ist eine Pause von einer Stunde vorgesehen. Die wöchentliche Arbeitszeit wird mit 40 Stunden vorgegeben. Im Schnitt rechnet Project mit 20 Arbeitstagen pro Monat. Diese Standardwerte sind die Grundlage für Berechnungen in Project.

Die Standardwerte entsprechen oft nicht den Gegebenheiten und es stellt sich die Frage, ob die Optionen angepasst werden müssen. In den meisten Fällen reicht eine Definition von Ausnahmen in den verwendeten Kalendern aus, oder sie lassen sich anderweitig festlegen.

7.1.2 Vorgänge mit Zeitangaben planen

🗁 1-17-07-01_Zeitangaben.mpp

Bei der Planung von Vorgängen lassen sich Zeitangaben verwenden. Dazu werden in den Project-Optionen unter Register Allgemein das Datumsformat auf Datum mit Uhrzeit umgestellt. Danach lassen sich unter Informationen zum Vorgang (Doppelklick) die Uhrzeiten ändern, wie im Beispiel bei Task3 und Task4 (Bild 7-3).

Die Dauer von Task3 und Task4 beträgt jeweils 5 Tage. Der Sammelvorgang weist allerdings eine Dauer von 10,5 Tagen aus, da Task4 am 6.10. um 12:00 endet.

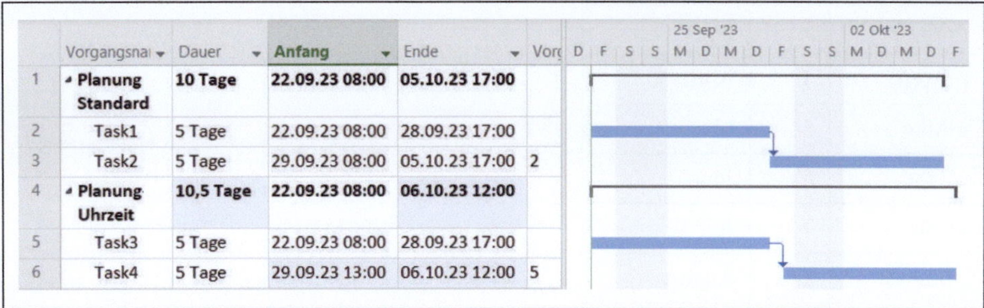

Bild 7-3. Vorgangsplanung mit Zeitangaben

Die Methode *OptionsCalendar* legt Optionen für den Kalender des aktiven Projekts fest. Ihre Syntax lautet

```
OptionsCalendar ( StartWeekOnMonday, StartYearIn, StartTime,
FinishTime, HoursPerDay, HoursPerWeek, SetDefaults, StartWeekOn,
UseFYStartYear, DaysPerMonth)
```

Tabelle 7-1. Die optionalen Parameter der OptionsCalendar-Methode

Parameter	Datentyp	Beschreibung
StartWeekOnMonday	Boolean	*True*, wenn die Kalenderwoche am Montag beginnt. *False*, wenn die Kalenderwoche am Sonntag beginnt.
StartYearIn	Long	Der erste Monat des Geschäftsjahrs. Kann eine *pjMonth*-Konstanten sein.
StartTime	Variant	Standardanfangszeit für Arbeitstage.
FinishTime	Variant	Standardendezeit für Arbeitstage.
HoursPerDay	Double	Standardarbeitsstundenzahl pro Tag.
HoursPerWeek	Double	Standardarbeitsstundenzahl pro Woche.
SetDefaults	Boolean	*True*, wenn die Werte von *StartYearIn*, *StartTime*, *FinishTime*, *HoursPerDay*, *HoursPerWeek*, *StartWeekOn* und *UseFYStartYear* als Standardwerte verwendet werden. Standardwert ist *False*.
StartWeekOn	Long	Der erste Tag der Woche. Eine *pjWeekday*-Konstante.
UseFYStartYear	Boolean	*True*, wenn ein Geschäftsjahr durch das Jahr des ersten Monats des Geschäftsjahres bestimmt wird.
DaysPerMonth	Double	Standardanzahl der Arbeitstage pro Monat.

Tabelle 7-2. Die pjMonth-Konstanten

Konstante	Wert	Beschreibung
pjJanuary	1	Januar
pjFebruary	2	Februar

pjMarch	3	März
pjApril	4	April
pjMay	5	Mai
pjJune	6	Juni
pjJuly	7	Juli
pjAugust	8	August
pjSeptember	9	September
pjOctober	10	Oktober
pjNovember	11	November
pjDecember	12	Dezember

Tabelle 7-3. Die pjWeekday-Konstanten

Konstante	Wert	Beschreibung
pjSunday	1	Sonntag
pjMonday	2	Montag
pjTuesday	3	Dienstag
pjWednesday	4	Mittwoch
pjThursday	5	Donnerstag
pjFriday	6	Freitag
pjSaturday	7	Samstag

Die folgende Prozedur setzt den ersten Monat des Geschäftsjahres auf April, die Standard-Arbeitszeit auf 4 Stunden/Tag und 20 Stunden/Woche.

Codeliste 7-1. Die Prozedur setzt Optionen des Kalenders

```
Sub OptionsProjectCalendar()
   Dim dHoursDay  As Double
   Dim dHoursWeek As Double

   dHoursDay = 4
   dHoursWeek = 20
   OptionsCalendar _
      StartYearIn:=pjApril, _
      HoursPerDay:=HoursDay, _
      HoursPerWeek:=HoursWeek
End Sub
```

7.1.3 Kalenderarten

Project unterscheidet vier verschiedene Kalenderarten (Tabelle 7-1). Den Basiskalender, den Projektkalender, den Vorgangskalender und den Ressourcenkalender. Die drei Standardbasiskalender *Standard*, *24-Stunden-Kalender* und *Nachtschicht* sind integriert.

Tabelle 7-4. Kalenderarten

Kalender	Bedeutung/Einsatz
Basiskalender Definiert die täglichen Arbeitszeiten, sämtliche Ausnahmen, wie Betriebsferien und dient als Grundlage zur Berechnung	Vorlage für alle Projekte. Drei integrierte Formen: STANDARD 40 h/Woche, 8 h/Tag, 8-12+13-17, Wochentage, kein Urlaub, kein Feiertag 24-STUNDEN-KALENDER Jeder Tag hat 24 h Arbeitszeit NACHTSCHICHT Von 23-3+4-7, Sonntag frei
Projektkalender	Vorlage Basiskalender, ist ein dem Projekt zugewiesener Kalender.
Vorgangskalender	Einzelne Vorgänge können zusätzlich eigenen Kalendern zugeordnet werden.
Ressourcenkalender	Für jede Arbeitsressource können Kalender- und Termineinstellungen definiert werden.

Die folgende Prozedur nennt alle globalen Basiskalender mit der *Application.GlobalBaseCalendars*-Eigenschaft.

Codeliste 7-2. Die Prozedur nennt alle globalen Basiskalender im Direktfenster

```
Sub ShowGlobalBaseCalendars()
   Dim iMax As Integer
   Dim iRow As Integer

   iMax = Application.GlobalBaseCalendars.Count
   For iRow = 1 To iMax
      Debug.Print Application.GlobalBaseCalendars.Item(iRow).Name
   Next iRow
End Sub
```

Die folgende Prozedur nennt alle Basiskalender des aktiven Projekts mit der ActiveProject.BaseCalendars-Eigenschaft.

Codeliste 7-3. Die Prozedur nennt alle Projekt-Basiskalender im Direktfenster

```
Sub ShowProjectBase()
   Dim iMax As Integer
   Dim iRow As Integer

   iMax = ActiveProject.BaseCalendars.Count
```

```
    For iRow = 1 To iMax
       Debug.Print ActiveProject.BaseCalendars.Item(iRow).Name
    Next iRow
End Sub
```

7.2 Kalender

7.2.1 Basiskalender

Der Basiskalender wird als Vorlage für Projekt-, Vorgangs- und Ressourcenkalender verwendet, um die Besonderheiten, wie andere Feiertage, Arbeitszeiten für ausgewählte Projekte, Vorgänge oder Ressourcen abzubilden. So können Beurlaubungen, Schichtdienste oder Vorgänge gekennzeichnet werden.

Unter Register *Projekt / Eigenschaften / Arbeitszeit ändern* öffnet sich das Dialogfenster *Arbeitszeit ändern* (Bild 7-4). Diese Kalender tragen gemeinsam zu einem Entwurf bei, wie die Arbeit an einem Projekt geplant wird.

Die Methode *BaseCalendarCreate* erstellt einen Basiskalender. Ihre Syntax lautet

```
BaseCalendarCreate (Name, FromName)
```

Tabelle 7-5. Die Parameter der BaseCalendarCreate-Methode

Parameter	Anwendung	Datentyp	Beschreibung
Name	Erforderlich	String	Name des zu erstellenden Basiskalenders
Fromname	Optional	String	Name des zu kopierenden Basiskalenders

Die Methode *BaseCalendarDelete* löscht einen angelegten Basiskalender. Ihre Syntax lautet

```
BaseCalendarDelete (Name)
```

Tabelle 7-6. Der erforderliche Parameter der BaseCalendarDelete-Methode

Parameter	Datentyp	Beschreibung
Name	String	Name des zu löschenden Basiskalenders

Mit der Methode BaseCalendarRename kann ein Basiskalender umbenannt werden. Ihre Syntax lautet

```
BaseCalendarRename (FromName, ToName)
```

Tabelle 7-7. Die erforderlichen Parameter der BaseCalendarRename-Methode

Parameter	Datentyp	Beschreibung
FromName	String	Alter Basiskalendername
ToName	String	Neuer Basiskalendername

In der folgenden Prozedur wird ein neuer Basiskalender erstellt, danach wird sein Name geändert und dann wieder gelöscht.

Codeliste 7-4. Die Prozedur erstellt und löscht einen Urlaubskalender

```
Sub CreateChangeBaseCalendar()
   BaseCalendarCreate Name:="Basis-Urlaubskalender"
Stop

   BaseCalendarRename FromName:="Basis-Urlaubskalender", _
      toname:="Urlaubskalender"
Stop

   BaseCalendarDelete Name:="Urlaubskalender"
End Sub
```

Die Veränderungen lassen sich im Dialogfenster *Arbeitszeit ändern* beobachten.

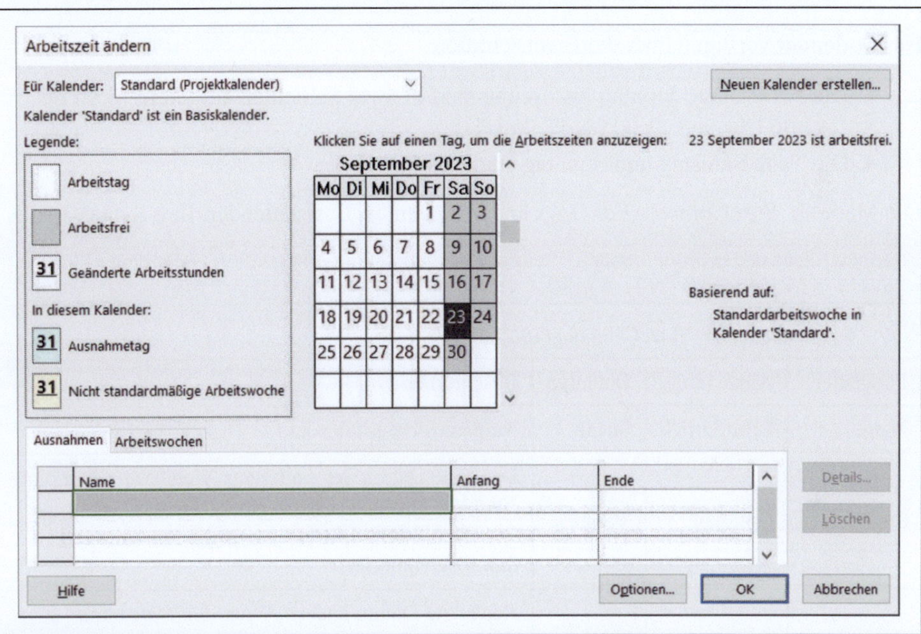

Bild 7-4. Dialogfenster Arbeitszeit ändern (Liste verkürzt dargestellt)

🗁 1-17-07-02_Kalender.mpp

Die Methode *BaseCalendars* öffnet das Dialogfenster *Arbeitszeit öffnen*. Ihre Syntax lautet

```
BaseCalendars (Index, Locked)
```

Tabelle 7-8. Die erforderlichen Parameter der BaseCalendars-Methode

Parameter	Datentyp	Beschreibung
Index	String	Kalenderindex oder Kalendername

Locked	Boolean	*True*, wenn die Schaltfläche *Neu* und *Optionen* im Dialogfenster deaktiviert sein sollen.

Die Methode *BaseCalendarReset* setzt einen Basiskalender zurück. Ihre Syntax lautet

```
BaseCalendarReset (Name)
```

Tabelle 7-9. Der erforderliche Parameter der BaseCalendarReset-Methode

Parameter	Datentyp	Beschreibung
Name	String	Name des Basiskalenders

Codeliste 7-5. Die Prozedur setzt den Standard-Basiskalender auf die Standardeinstellung zurück

```
Sub RestoreBaseCalendar()
   BaseCalendarReset Name:="Standard"
End Sub
```

Basiskalender verfügen über die Eigenschaften

- Die Arbeitstage Montag bis Freitag sind in zwei Schichten aufgeteilt (8:00 bis 12:00 Uhr und 13:00 bis 17:00 Uhr).
- Die Tage Samstag und Sonntag sind arbeitsfrei.

Die Methode *BaseCalendarEditDays* ändert Daten im Basiskalender. Ihre Syntax lautet

```
BaseCalendarEditDays (Name, StartDate, EndDate, WeekDay, Working,
From1, To1, From2, To2, From3, To 3, From4, To4, From5, To5)
```

7-99. Die Parameter der BaseCalendarEditDays-Methode

Parameter	Anwendung	Datentyp	Beschreibung
Name	Erforderlich	String	Name des Basiskalenders
StartDate	Optional	Variant	Das erste Datum der Änderung. Wenn *StartDate* ohne *EndDate* angegeben wird, ist der einzige Tag betroffen. Wenn *WeekDay* angegeben wird, wird *StartDate* ignoriert.
EndDate	Optional	Variant	Das letzte Datum ändern. Wenn *EndDate* ohne *StartDate* angegeben wird, ist der einzige Tag betroffen. Wenn *WeekDay* angegeben wird, wird *EndDate* ignoriert.
Wochentag	Optional	Long	Wenn *StartDate* oder *EndDate* angegeben ist, wird *WeekDay* ignoriert (*pjWeekday*-Konstanten)
Working	Optional	Boolean	*True*, wenn die Tage Arbeitstage sind.
Von 1	Optional	Variant	Anfangszeit der ersten Schicht.
To1	Optional	Variant	Endzeit der ersten Schicht.
Von 2	Optional	Variant	Anfangszeit der zweiten Schicht.

Parameter	Anwendung	Datentyp	Beschreibung
To2	Optional	Variant	Endzeit der zweiten Schicht.
Von3	Optional	Variant	Anfangszeit der dritten Schicht.
To3	Optional	Variant	Endzeit der dritten Schicht.
Von 4	Optional	Variant	Anfangszeit der vierten Schicht.
To4	Optional	Variant	Endzeit der vierten Schicht.
Von 5	Optional	Variant	Anfangszeit der fünften Schicht.
To5	Optional	Variant	Endzeit der fünften Schicht.

7-99. Die pjWeekday-Konstanten

Name	Wert	Beschreibung
pjFriday	6	Freitag
pjMonday	2	Montag
pjSaturday	7	Samstag
pjSunday	1	Sonntag
pjThursday	5	Donnerstag
pjTuesday	3	Dienstag
pjWednesday	4	Mittwoch

Codeliste 7-6. Die Prozedur setzt den Mittwoch als arbeitsfreien Tag ein

```
Sub WednesdaysNonWorkingDay()
   BaseCalendarEditDays Name:="Standard", _
      Weekday:=pjWednesday, _
      Working:=False
End Sub
```

Codeliste 7-7. Die Prozedur setzt einen arbeitsfreien Bereich ein

```
Sub MakeSelectedDaysNonWorking()
   BaseCalendarEditDays Name:="Standard", _
      StartDate:="16.10.2023", EndDate:="20.10.2023", _
      Working:=False
End Sub
```

7.2.2 Projektkalender

Im ersten Schritt wird ein Projektkalender mit allen Feiertagen erstellt, die für alle Ressourcen im Projekt gültig sind. Der Projektkalender wird als Basis zur Erstellung der regionsspezifischen Feiertage verwendet. Um die Feiertage und sonstige Ausfalltermine einzutragen, wird unter Register *Projekt / Eigenschaften / Arbeitszeit ändern* das gleichnamige Dialogfenster geöffnet. Darin *Standardkalender* auswählen und mit der

Schaltfläche *Neuen Kalender erstellen* die Eingabe starten (Bild 7-5). Die Option *Kopie erstellen von Kalender Standard* auswählen.

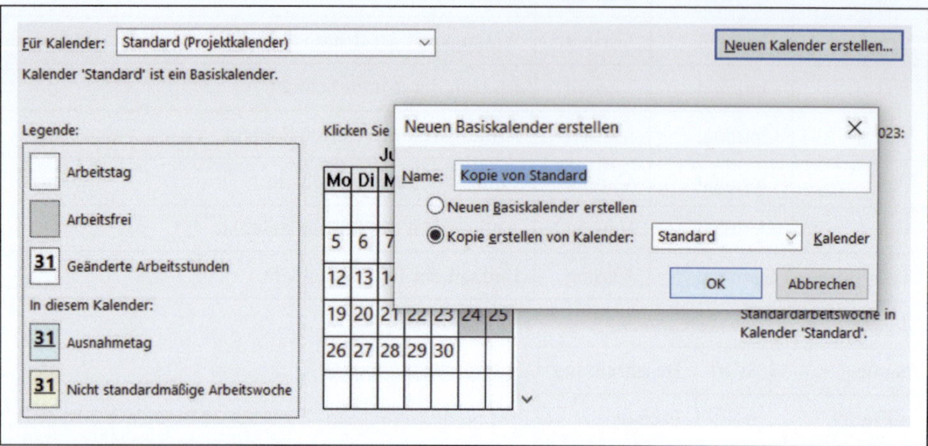

Bild 7-5. Neuen Projektkalender auf der Basis von Standard erstellen

Hier wird der Name *Projektkalender* eingegeben. Im Bereich *Ausnahmen* werden die Feiertage, Urlaubstage etc. mit Datum eingetragen (Bild 7-6).

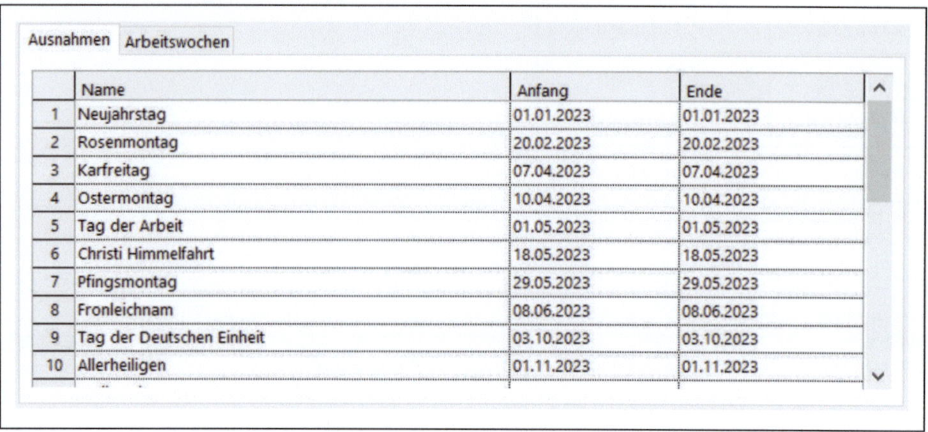

Ausnahmen | Arbeitswochen

	Name	Anfang	Ende
1	Neujahrstag	01.01.2023	01.01.2023
2	Rosenmontag	20.02.2023	20.02.2023
3	Karfreitag	07.04.2023	07.04.2023
4	Ostermontag	10.04.2023	10.04.2023
5	Tag der Arbeit	01.05.2023	01.05.2023
6	Christi Himmelfahrt	18.05.2023	18.05.2023
7	Pfingsmontag	29.05.2023	29.05.2023
8	Fronleichnam	08.06.2023	08.06.2023
9	Tag der Deutschen Einheit	03.10.2023	03.10.2023
10	Allerheiligen	01.11.2023	01.11.2023

Bild 7-6. Ausnahmen von Wochentagen

Zu den Ausnahmen lassen sich unter der Schaltfläche *Details* gesonderte Arbeitszeiten eintragen (Bild 7-7).

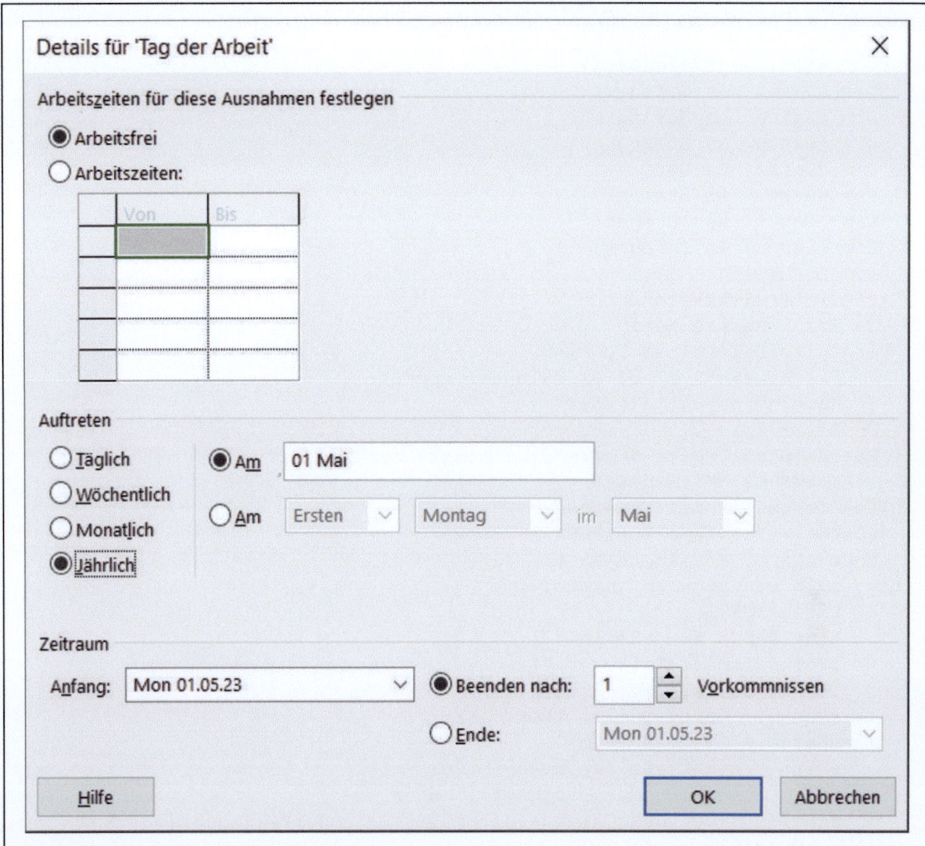

Bild 7-7. Arbeitszeiten für Ausnahmen

🗁 1-17-07-03_FerienNRW2023.txt

Feiertage lassen sich aus dem Internet gut in eine Textdatei kopieren (Bild 7-8).

```
01.01.2023, Neujahr
07.04.2023, Karfreitag
10.04.2023, Ostermontag
01.05.2023, Tag der Arbeit
18.05.2023, Christi Himmelfahrt
29.05.2023, Pfingstmontag
08.06.2023, Fronleichnam
03.10.2023, Tag der Deutschen Einheit
01.11.2023, Allerheiligen
25.12.2023, 1. Weihnachtsfeiertag
26.12.2023, 2. Weihnachtsfeiertag
```

Bild 7-8. Feiertage in einer Textdatei

Die folgende Prozedur erstellt einen Projektkalender und trägt darin die Feiertage aus der Textdatei ein. Ein existierender Projektkalender wird zuvor gelöscht und neu erstellt.

Codeliste 7-8. Die Prozedur erstellt einen Projektkalender mit Feiertagen

```
Sub CreateProjectCalendar()
   Dim sDatei  As String
   Dim sZeile  As String
   Dim sDatum  As String
   Dim dDatum  As Date
   Dim sText   As String
   Dim iPos    As Integer
   Dim iLen    As Integer

'Erstelle Projektkalender
   On Error Resume Next
   OrganizerDeleteItem Type:=5, _
      FileName:="1-17-07-01_Kalender.mpp", _
      Name:="Projektkalender"
   On Error GoTo 0
   BaseCalendarCreate Name:="Projektkalender", _
      FromName:="Standard"
'Öffne Textdatei mit Feiertagen
   sDatei = "C:\Temp\FerienNRW2023.txt"
   Open sDatei For Input As #1
'Lies alle Einträge in Textdatei
   Do Until EOF(1)
      Line Input #1, sZeile
      iPos = InStr(sZeile, ",")
      iLen = Len(sZeile)
      sDatum = Left(sZeile, iPos - 1)
      dDatum = CDate(sDatum)
      sText = Right(sZeile, iLen - iPos - 1)
'Eintrag in Ausnahmen des Projektkalenders
      ActiveProject.BaseCalendars("Projektkalender").Exceptions.Add _
         Type:=1, _
         Start:=dDatum, _
         Finish:=dDatum, _
         Name:=sText
   Loop
   Close #1
End Sub
```

🗁 1-17-07-04_Ausnahmen.xlsx

Handelt es sich bei den Ausnahmen um Zeiträume, dann ist eine Excelliste die bessere Vorlage (Bild 7-9).

	A	B	C
1	Beschreibung	Startdatum	Enddatum
2	Fortbildung	03.07.2023	07.07.2023
3	Wartung	09.10.2023	11.10.2023

Bild 7-9. Ausnahmenzeiträume in einer Excelliste

Die folgende Prozedur trägt die Ausnahmen aus einer Excelliste in den Projektkalender ein.

Codeliste 7-9. Die Prozedur trägt Ausnahmen in den Projektkalender ein

```
Sub AusnahmenImport()
   Dim objApp As Object
   Dim objWbk As Object
   Dim iRow As Integer
   Dim sBez As String
   Dim dVon As Date
   Dim dBis As Date

   Set objApp = CreateObject("Excel.Application")
   Set objWbk = objApp.Workbooks.Open("C:\Temp\Ausnahmen.xlsx")
   iRow = 2
   With objWbk.Worksheets("Ausnahmen")
      Do Until .Cells(iRow, 1) = ""
      'Lesen
         sBez = .Cells(iRow, 1)
         dVon = CDate(.Cells(iRow, 2))
         dBis = CDate(.Cells(iRow, 3))
      'Schreiben
         ActiveProject.BaseCalendars("Projektkalender"). _
            Exceptions.Add Type:=1, _
            Name:=sBez, _
            Start:=dVon, _
            Finish:=dBis
         iRow = iRow + 1
      Loop
   End With
   objWbk.Close
   Set objWbk = Nothing
   Set objApp = Nothing
End Sub
```

Je nachdem woher die Teammitglieder stammen, werden auch regionale Feiertage eingetragen, z. B. der 6. Januar (Heilige Drei Könige) in Bayern oder der Rosenmontag in NRW. Ist der Projektkalender erstellt, dann wird er unter Register *Projekt / Eigenschaften* im Dialogfenster *Projektinformationen* unter Kalender als Projektkalender dem Projekt zugeordnet (Bild 7-10).

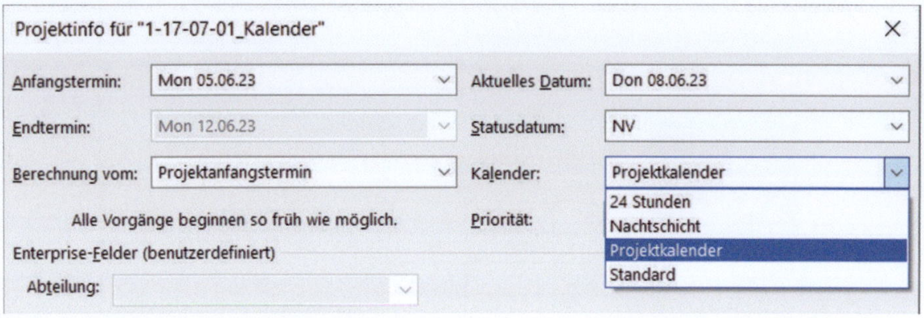

Bild 7-10. Projektkalender zuordnen

Neben den Ausnahmen können auch andere Arbeitszeiten für bestimmte Wochen festgelegt werden. Dazu gibt es im Projektkalender das Register *Arbeitswochen* (Bild 7-11).

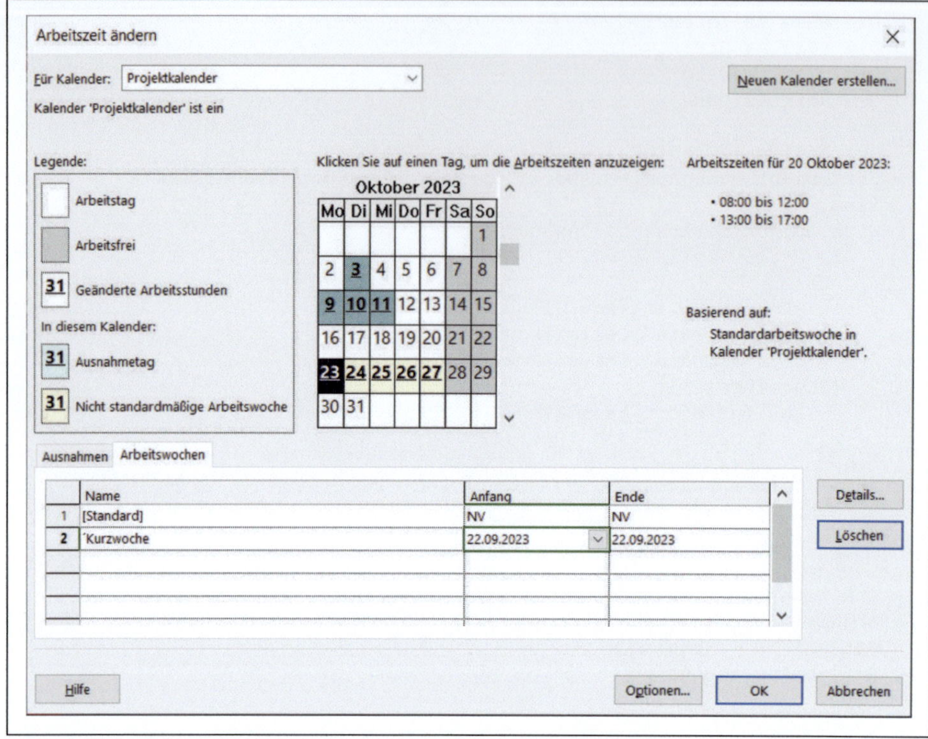

Bild 7-11. Definition besonderer Arbeitswochen (gekürzt dargestellt)

Unter der Schaltfläche *Details* lassen sich den Arbeitstagen andere Arbeitszeiten zuordnen (Bild 7-12).

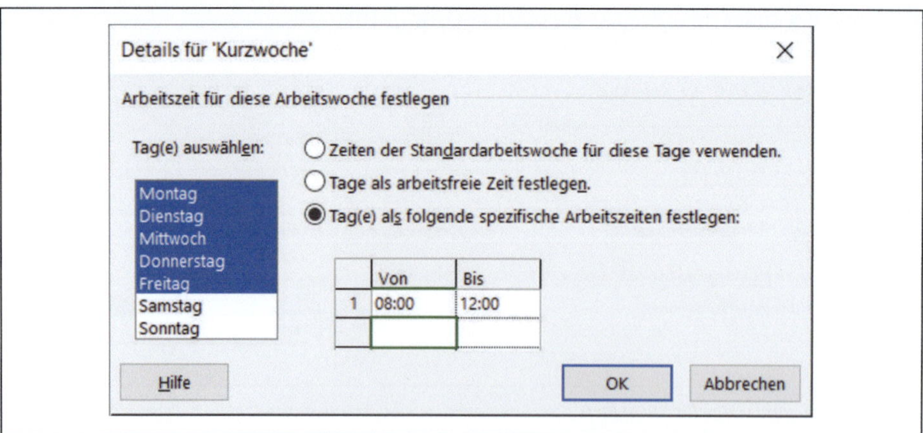

Bild 7-12. Definition der Arbeitszeiten (gekürzt dargestellt)

Die folgende Prozedur erstellt die Kurzwoche, wenn sie noch nicht existiert.

Codeliste 7-10. Die Prozedur erstellt eine Ausnahme-Arbeitswoche

```
Sub SetWeekDays()
   ActiveProject.BaseCalendars("Projektkalender").WorkWeeks.Add _
      Start:="22.09.2023", _
      Finish:="22.09.2023", _
      Name:="´Kurzwoche"
   With ActiveProject.BaseCalendars("Projektkalender").WorkWeeks(1)
      .WeekDays(1).Default
      With .WeekDays(2)
         .Shift1.Start = "08:00"
         .Shift1.Finish = "12:00"
         .Shift2.Clear
         .Shift3.Clear
         .Shift4.Clear
         .Shift5.Clear
      End With
      With .WeekDays(3)
         .Shift1.Start = "08:00"
         .Shift1.Finish = "12:00"
         .Shift2.Clear
         .Shift3.Clear
         .Shift4.Clear
         .Shift5.Clear
      End With
      With .WeekDays(4)
         .Shift1.Start = "08:00"
         .Shift1.Finish = "12:00"
         .Shift2.Clear
         .Shift3.Clear
         .Shift4.Clear
         .Shift5.Clear
      End With
      With .WeekDays(5)
         .Shift1.Start = "08:00"
         .Shift1.Finish = "12:00"
         .Shift2.Clear
         .Shift3.Clear
         .Shift4.Clear
         .Shift5.Clear
      End With
      With .WeekDays(6)
         .Shift1.Start = "08:00"
         .Shift1.Finish = "12:00"
         .Shift2.Clear
         .Shift3.Clear
         .Shift4.Clear
         .Shift5.Clear
      End With
      .WeekDays(7).Default
   End With
End Sub
```

7.2.3 Ressourcenkalender

In der Ansicht *Ressource: Tabelle* wird den Ressourcen im Projektplan ebenfalls der Projektkalender zugewiesen (Bild 7-13).

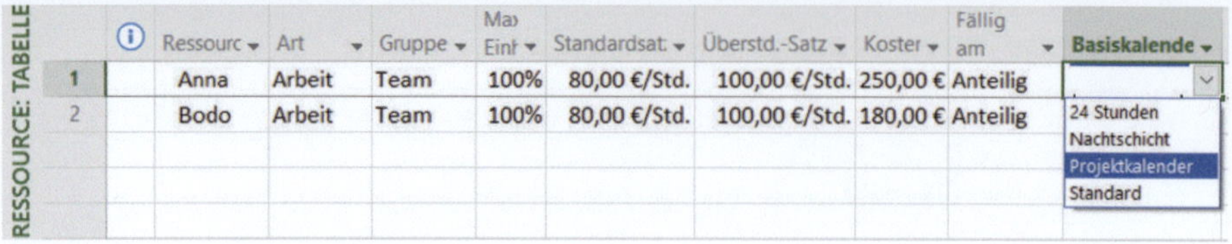

RESSOURCE: TABELLE

	ⓘ	Ressourc	Art	Gruppe	Max Einh	Standardsat	Überstd.-Satz	Koster	Fällig am	Basiskalende
1		Anna	Arbeit	Team	100%	80,00 €/Std.	100,00 €/Std.	250,00 €	Anteilig	
2		Bodo	Arbeit	Team	100%	80,00 €/Std.	100,00 €/Std.	180,00 €	Anteilig	24 Stunden Nachtschicht Projektkalender Standard

Bild 7-13. Zuweisung des Projektkalenders

Die folgende Prozedur startet mit der Ansicht *Gantt-Diagramm* und schaltet dann auf die Ansicht *Ressorce: Tabelle* um. Danach erhalten alle Ressourcen im Feld *Basiskalender* den Eintrag *Projektkalender*.

Codeliste 7-11. Die Prozedur trägt den Projektkalender als Basiskalender für alle Ressourcen ein

```
Sub SetRessourceCalendar()
   Dim iRow    As Integer
   Dim sName   As String

   ViewApplyEx Name:="&Gantt-Diagramm", ApplyTo:=0
Stop
   ViewApplyEx Name:="Ressource: &Tabelle", ApplyTo:=0
   iRow = 0
   SelectRow Row:=iRow + 1, RowRelative:=False
   sName = GetCellInfo(1, iRow)
   Do While Not sName = ""
      SelectResourceField Row:=iRow + 1, _
         Column:="Basiskalender", _
         RowRelative:=False
      SetResourceField Field:="Basiskalender", _
         Value:="Projektkalender", ResourceID:=iRow + 1
      iRow = iRow + 1
      sName = GetCellInfo(1, iRow)
   Loop
Stop
   ViewApplyEx Name:="&Gantt-Diagramm", ApplyTo:=0
End Sub
```

Im Beispiel weisen beide Tasks eine Dauer von 5 Tagen aus. Task1 wird von Anna bearbeitet, die einen Feiertag im Projektkalender ausweist (08.06.2023 Fronleichnam) und somit 6 Tage benötigt. Bodo hat als Grundlage den gleichen Projektkalender, hat aber unter *Informationen zur Ressource* am 08.06.2023 eine Verfügbarkeit eingetragen (Bild 7-14) und kommt daher mit 5 Tagen aus (Bild 7-15).

Ressourcenverfügbarkeit

Verfügbar von	Verfügbar bis	Einheiten
08.06.2023	08.06.2023	100%

Bild 7-14. Ressourcenverfügbarkeit an einem arbeitsfreien Tag

GANTT-DIAGRAMM

	V	Vorgan	Dauer	Anfang	Ende	Vorgäng
1		Task1	5 Tage	Mon 05.06.23	Mon 12.06.23	
2		Task2	5 Tage	Mon 05.06.23	Fre 09.06.23	

05 Jun '23 · 12 Jun '23 — Anna, Bodo

Bild 7-15. Auswirkungen von Projektkalender und Ressourcenkalender

Falls mehrere Ressourcen gemeinsam vom Projektkalender abweichende Termin- bzw. Kalender-Einstellungen aufweisen, kann es sinnvoll sein, einen zusätzlichen Basiskalender zu definieren und den diesen Ressourcen zuzuordnen. Es müssen dann nicht für jede Ressource einzeln die abweichenden Termineinstellungen vorgenommen werden. Es können an einem Projekt mehrere externe Firmen aus anderen Bundesländern beteiligt sein, für die eine abweichende Feiertagsregelung existiert.

7.2.4 Vorgangskalender

Um Vorgängen einen Vorgangskalender zuzuweisen, ist eine Möglichkeit, im Gantt-Diagramm mit einem Doppelklick auf den entsprechenden Vorgang, das Dialogfenster *Informationen zum Vorgang* zu öffnen. Unter Register *Erweitert* besteht im Feld *Kalender* die Auswahl vorhandener Basiskalender und darin auch der Projektkalender (Bild 7-16).

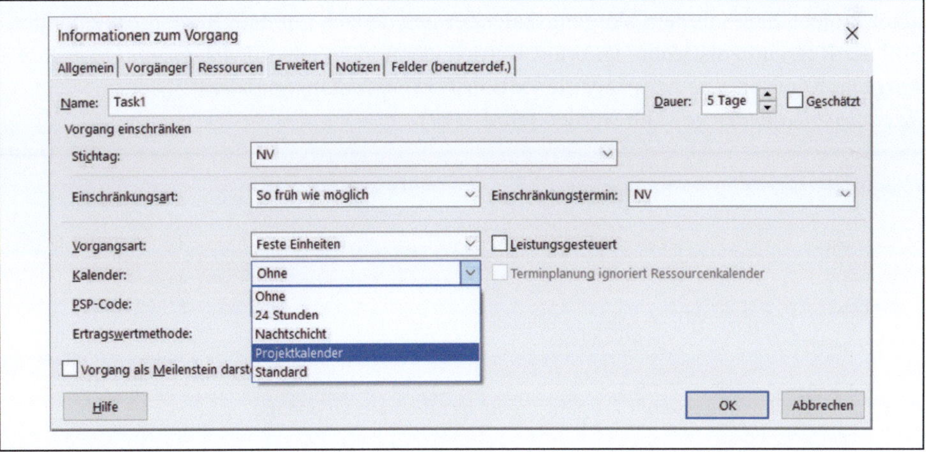

Bild 7-16. Zuordnung eines Vorgangs zum Projektkalender

Hier können aber auch eigene Kalender für einen Vorgang ausgewählt werden. Außerdem ist zu beachten, dass einem Vorgang, dem später eine Ressource zugewiesen wird, dieser möglicherweise von arbeitsfreien Zeiten in dem zugehörigen Ressourcenkalender betroffen ist.

Die folgende Prozedur startet mit der Ansicht *Gantt-Diagramm*. Danach erhalten alle Vorgänge als Vorgangskalender den Projektkalender.

Codeliste 7-12. Die Prozedur trägt den Projektkalender als Basiskalender für alle Vorgänge ein

```
Sub SetVorgangCalendar()
   Dim iRow     As Integer
   Dim sName    As String

   ViewApplyEx Name:="&Gantt-Diagramm", ApplyTo:=0
   iRow = 0
   SelectRow Row:=iRow + 1, RowRelative:=False
   sName = GetCellInfo(1, iRow)
   Do While Not sName = ""
      SelectTaskField Row:=iRow + 1, _
         Column:="Name", _
         RowRelative:=False
      SetTaskField Field:="Vorgangskalender", _
         Value:="Projektkalender", _
         AllSelectedTasks:=True

'      SetTaskField Field:="Ressourcenkalender ignorieren", _
'         Value:="Ja", _
'         AllSelectedTasks:=True

      iRow = iRow + 1
      sName = GetCellInfo(1, iRow)
   Loop
End Sub
```

Wenn ein Vorgangskalender existiert, ignoriert Project den Projektkalender. Stattdessen plant Project dann mit dem Vorgangskalender und danach mit dem Ressourcenkalender. Soll der Ressourcenkalender ignoriert werden, dann muss unter den *Informationen zum Vorgang* Registerkarte *Erweitert* die Option *Terminplanung ignoriert Ressourcenkalender* gewählt werden (Bild 7-17).

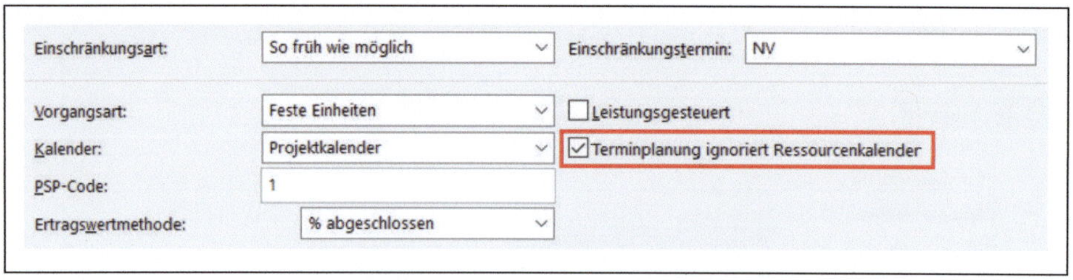

Bild 7-17. Terminplanung eines Vorgangs ignoriert Ressourcenplanung

7.3 Kooperation der Kalender

7.3.1 Kalendereinflüsse

Project plant Vorgänge basierend auf dem Projektkalender oder vorrangig auf existierende Vorgangskalender und dann nach dem Ressourcenkalender, wenn dieser existiert (Bild 7-18).

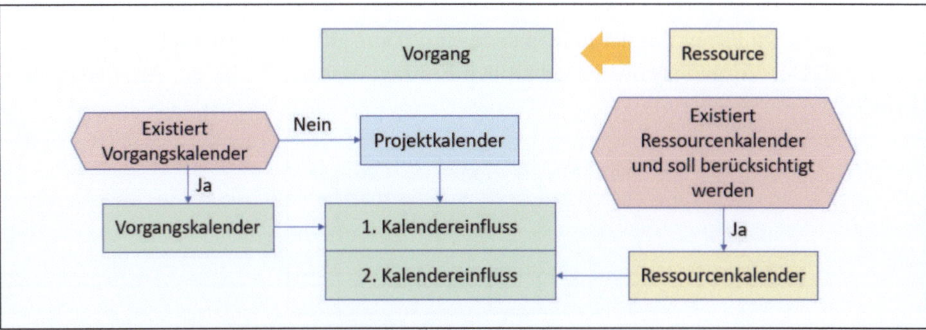

Bild 7-18. Kalendereinflüsse auf einen Vorgang

7.3.2 Ausgangssituation Kalender bestimmen

Eine Team-Organisation befindet sich in Bremen und verfügt über eine typische Arbeitswoche von 8 Stunden/Werktag von Montag bis Freitag. Der Projektkalender gibt diese Arbeitstage und -stunden sowie Ausfallzeiten wie den Di. 31.10.2023 für den Reformationstag und den 25.12.2023 + 26.12.2023 für Weihnachten wieder.

Ein Projektmanager beginnt ein neues Projekt, das vom 2.10.2023 bis zum 17.11.2023 angesetzt ist und eine Arbeitswoche von Dienstag bis Samstag erfordert. Zuerst wird der Projektkalender erstellt, der eine Arbeitswoche von Montag bis Freitag anzeigt, wobei der 31.10. als arbeitsfreier Feiertag bereits im Projektkalender angegeben wird (Bild 7-19).

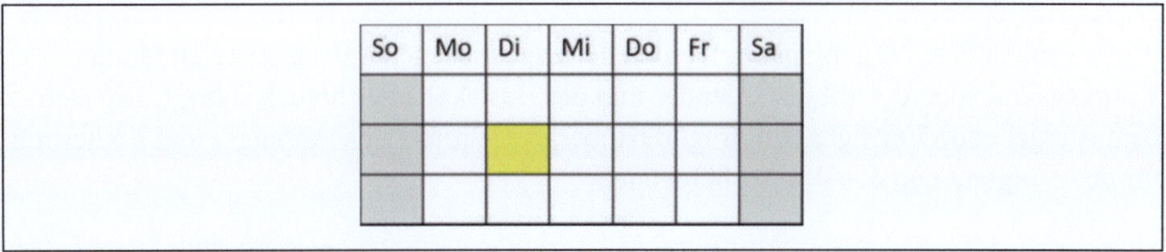

Bild 7-19. Struktur des Basiskalenders

Der Projektkalender verwendet den Basiskalender als Vorlage, fügt aber die Samstage als Arbeitstage hinzu, während Montage hier als arbeitsfreie Tage gelten (Bild 7-20).

So	Mo	Di	Mi	Do	Fr	Sa

Bild 7-20. Struktur des Projektkalenders

Eine Aufgabe im Projekt findet in München statt. Dort gilt der 31.10. nicht als arbeitsfrei. Der Vorgangskalender erhält den Eintrag, dass der 31.10. ein Arbeitstag ist (Bild 7-21).

So	Mo	Di	Mi	Do	Fr	Sa

Bild 7-21. Struktur eines Vorgangskalenders

Schließlich weist die Ressource, die den Vorgang übernehmen wird, einen anderen Zeitplan als das restliche Unternehmen auf. Der Ressourcenkalender fügt den Dienstag als arbeitsfreien Tag hinzu, und Mittwoch bis Samstag wird 10 Stunden pro Tag gearbeitet (Bild 7-22).

So	Mo	Di	Mi	Do	Fr	Sa
			10	10	10	10
			10	10	10	10
			10	10	10	10

Bild 7-22. Struktur des Ressourcenkalenders

Wenn Project den Vorgang plant, werden der zugewiesene Ressourcenkalender, der Vorgangskalender, der Projektkalender und der Basiskalender berücksichtigt. Die sich daraus ergebende Verfügbarkeit trägt dazu bei, wie Project den Anfangs- und Endtermin für den Vorgang und das Projekt berechnet.

7.4 Kalenderdaten

🗁 1-17-07-05_Kalenderansichten.mpp

7.4.1 Kalenderansicht ändern

Zu den Standardansichten gehört auch eine Kalenderansicht, die in VBA mit der Methode *ViewApplyEx* aufgerufen werden kann, allerdings nur für die Hauptansicht, also mit dem Parameter *ApplyTo:=0*.

Codeliste 7-13. Die Prozedur schaltet von Ansicht Gantt-Diagramm auf Kalenderansicht um

```
Sub ToggleToCalendar()
    ViewApplyEx Name:="&Gantt-Diagramm", ApplyTo:=0
Stop
    ViewApplyEx Name:="Kalender", ApplyTo:=0
End Sub
```

Damit wird der Kalender in der Standardansicht dargestellt (Bild 7-23). Die verfügt über die drei Schaltflächen *Monat*, *Woche* und *Benutzerdefiniert*.

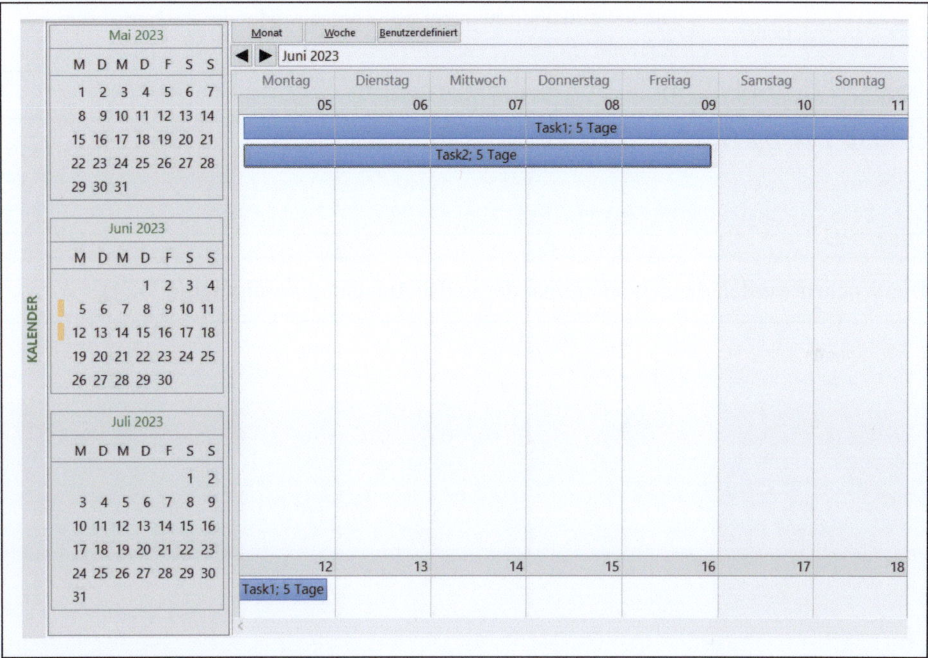

Bild 7-23. Kalenderansicht beim Aufruf

Die Methode *ZoomCalendar* verkleinert oder vergrößert den Kalenderbereich. Ihre Syntax lautet

```
ZoomCalendar (NumWeeks, StartDate, EndDate)
```

Tabelle 7-10. Die optionalen Parameter der ZoomCalendar-Methode

Parameter	Datentyp	Beschreibung
NumWeeks	Long	Anzahl anzuzeigender Wochen
StartDate	Variant	Das erste anzuzeigende Datum
EndDate	Variant	Das letzte anzuzeigende Datum

Wenn *StartDate* und *EndDate* angegeben sind, dann wird *NumWeeks* ignoriert.

7.4.2 Kalenderelemente wählen

Die Methode *EditGoto* wechselt zu einem Vorgang, einer Ressource oder einem Datum. Ihre Syntax lautet

```
EditGoTo (ID, Date)
```

Tabelle 7-11. Die optionalen Parameter der EditGoTo-Methode

Parameter	Datentyp	Beschreibung
ID	Long	Die Identifikationsnummer des Vorgangs oder der Ressource zur Auswahl
Date	Variant	Datum des ersten aktiven Bereichs

Codeliste 7-14. Die Prozedur zeigt vier Wochenzeilen ab dem 1.10.23

```
Sub ViewWeeks()
   ZoomCalendar NumWeeks:=4, StartDate:="01.10.23 00:00"
End Sub
```

Die Wochen werden danach untereinander in der Ansicht angezeigt (Bild 7-24).

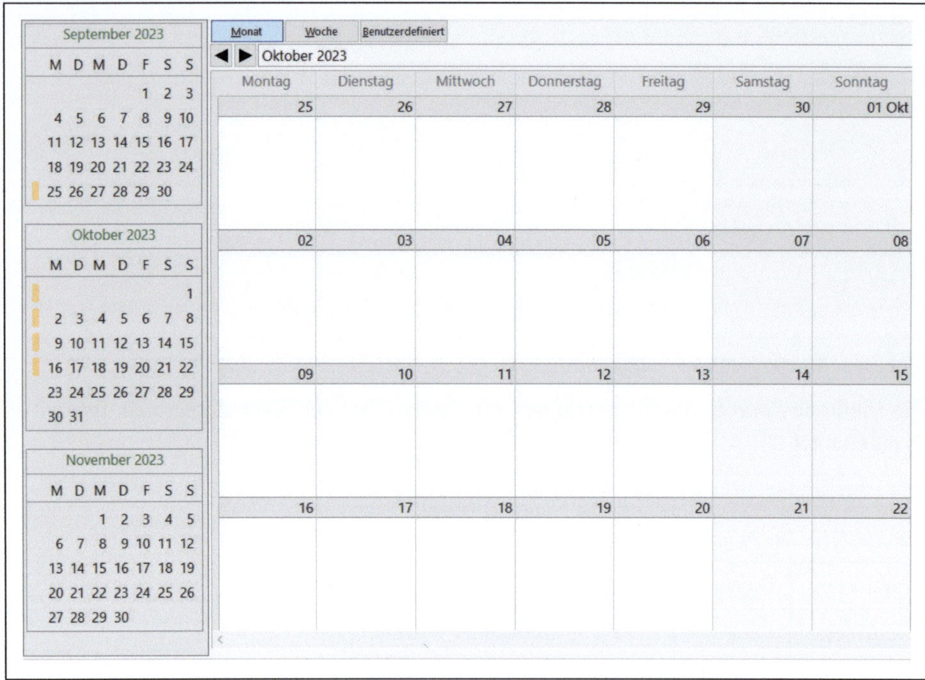

Bild 7-24. Kalenderansicht für vier Wochen ab dem 1.10.23

Codeliste 7-15. Die Prozedur wechselt nacheinander zu eingetragenen Elementen

```
Sub GoToElement()
   EditGoTo ID:=2
Stop
```

```
    EditGoTo ID:=1
End Sub
```

Das ausgewählte Element (hier Task2) ist danach markiert (Bild 7-25).

Bild 7-25. Auswahl von Task2

Etwas komfortabler ist die folgende Prozedur. Sie fragt zunächst nach einem Vorgang oder ein Datum, um danach im Kalender dahin zu wechseln. Voraussetzung ist natürlich eine Vorgangs-Ansicht.

Codeliste 7-16. Die Prozedur führt eine Auswahl mit Eingabe durch

```
Sub GotoArgument()
   Dim sEingabe As String
   sEingabe = InputBox("Vorgangsname oder Datum eingeben!")
   If IsDate(sEingabe) Then
   'Datum
      EditGoTo Date:=sEingabe
   Else
   'Vorgang
      EditGoTo ID:=ActiveProject.Tasks(sEingabe).ID
   End If
End Sub
```

Alternativ kann die Prozedur auch für Ressourcen-Ansichten erstellt werden.

7.4.3 Kalendereinträge in einem Formular wählen

Auch dieses Beispiel ist ausbaufähig und soll zum Start helfen. Beim Start eines Formulars werden alle Einträge im Kalender in eine Liste des Formulars übertragen (Bild 7-26).

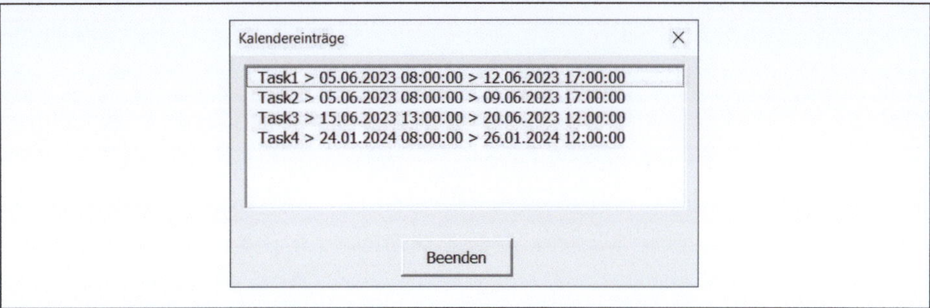

Bild 7-26. Sammlung aller Kalendereinträge in einer Formularliste

Durch Auswahl eines Listeneintrags wird der Vorgang im Kalender ausgewählt. Gestartet wird das Formular im Modul *modFormStart*.

Codeliste 7-17. Startprozedur für das Formblatt frmEinträge

```
Sub FormularStart()
   Dim objTask As Task
   Load frmEinträge
   With frmEinträge
      .lbxListe.Clear
      For Each objTask In ActiveProject.Tasks
         .lbxListe.AddItem objTask.Name & " > " & _
            objTask.Start & " > " & objTask.Finish
      Next
      .Show
   End With
End Sub
```

Das Formular besitzt zwei Ereignisprozeduren. Das Ereignis *lbxListe_Click* reagiert auf jeden Klick in die Auswahlliste und wählt den Vorgang im Kalender aus. Das Ereignis *cmdExit_Click* wird mit einem Klick auf die Schaltfläche *Beenden* aufgerufen und schließt das Formular.

Codeliste 7-18. Die Ereignisprozeduren im Formular frmEinträge

```
Private Sub cmdExit_Click()
   Unload Me
End Sub

Private Sub lbxListe_Click()
   Dim sText As String
   Dim sTask As String
   sText = lbxListe.List(lbxListe.ListIndex)
   sTask = Left(sText, InStr(sText, ">") - 1)
   EditGoTo ID:=ActiveProject.Tasks(sTask).ID
End Sub
```

Kapitel 8

Basispläne

Eine der wichtigsten Aufgaben zum Projektablauf sind Vergleiche zwischen zeitlichen Momentaufnahmen der Projektdaten und den geplanten Sollwerten, z. B. von Projektdauer oder Projektkosten mit den aktuellen Werten während des Projektablaufs. Diese Vergleiche sollen zeigen, wo es Abweichungen gibt, wie groß diese sind und welche Auswirkungen sie auf die weitere Planung oder auf das Budget haben. Oder es müssen aus Business-Gründen Planungswerte zu einem bestimmten Zeitpunkt festgehalten werden. Für alle Anwendungsfälle lassen sich Basispläne verwenden.

8.1 Basisdaten

Als Basisdaten für Vergleiche dienen bestimmte Daten von zeitlichen Momentaufnahmen, meistens zu einem Meilenstein. Das folgende grafische Beispiel zeigt den Vergleich der Sollarbeit (geplante Arbeit) mit den aktuell berechneten Planwerten (Arbeit) sowie mit den bisher geleisteten Stunden (Ist-Arbeit) während eines Zeitraums im Projekt (Bild 8-1).

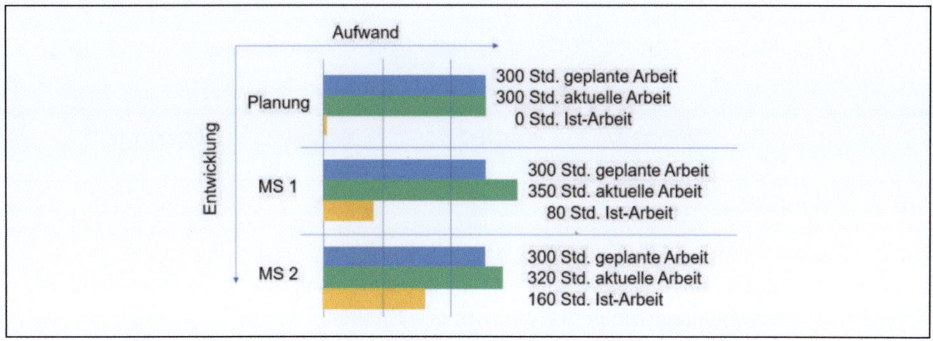

Bild 8-1. Beispiel zur Entwicklung der Arbeitsanteile bei einem Sammelvorgang

H. Nahrstedt, *Project + VBA für Manager*,
https://doi.org/10.1007/978-3-658-43837-1_8

In dem dargestellten Beispiel sind die Arbeitsanteile eines Sammelvorgangs aufgeführt. Nach Planungsende, also zu Beginn der Projektdurchführung, sind geplante und aktuelle Arbeit gleich. Nach einem Teil der Entwicklung (Meilenstein 1) stellt sich heraus, dass sich durch Störeinflüsse die aktuelle Arbeit erhöht hat. Nach einem weiteren Teil der Entwicklung (Meilenstein 2) hat sich durch Gegenmaßnahmen die aktuelle Arbeit wieder gesenkt.

Eine Möglichkeit besteht im Vergleich von Projektständen mit gespeicherten Kopien der Projektdaten, die sich zu einem späteren Zeitpunkt vergleichen lassen. Dazu wird die Funktion *Projekte vergleichen* verwendet. Dies ist allerdings umständlich, gerade wenn es mehrere Versionen gibt. Die Reporting-Möglichkeiten sind zudem sehr eingeschränkt. Viel hilfreicher und einfacher zu handhaben sind die Basispläne in Project. Mit Ihnen kann von der Vielfalt an Ansichten und Berichten für Soll-Ist-Vergleiche profitiert werden.

8.1.1 Was ist ein Basisplan

Ein Basisplan ist eine Art Schnappschuss der Planung, der im Projektplan mitgespeichert wird. Es ist kein getrennter Plan. Er dokumentiert lediglich bestimmte Planungswerte zu einem gewählten Stichtag. Basispläne können auch Bestandteil eines Projektvertrags sein.

Mit den Methoden aus den vorherigen Kapiteln liegt ein vollumfänglicher Projektplan vor, der sich im Laufe der Projektdurchführung sicher ändern wird. Wie sehr, lässt sich durch Soll-Ist-Vergleiche feststellen. Für solche Vergleiche bietet Project die sogenannte Basisplan-Funktionalität. Sie erlaubt es, bis zu 11 Basispläne für ein Projekt zu speichern. Üblicherweise wird der erste Basisplan im Anschluss an die initiale Planung gespeichert und als *Basisplan Null* bezeichnet, ohne eine Ziffernangabe. Anders ist es mit den weiteren Basisplänen, die während der Durchführungsphase gespeichert werden, sie werden fortlaufend nummeriert (Bild 8-2).

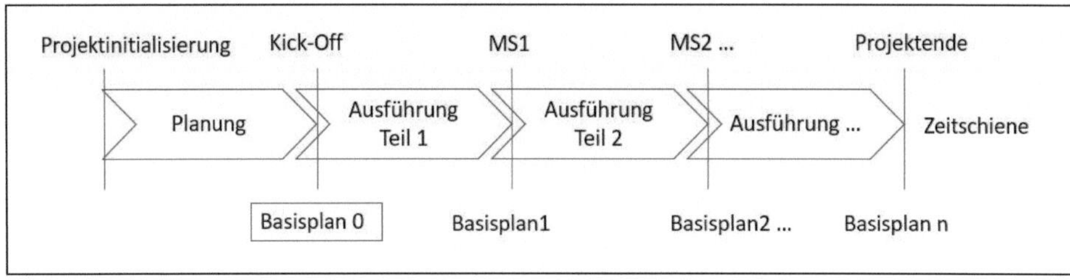

Bild 8-2. Basispläne zum Projektablauf

Unter anderem werden die Sollwerte *Anfang*, *Ende*, *Dauer*, *Arbeit*, *Kosten* etc. gespeichert. Project bezeichnet diese Werte als geplant. Nach der Basisplanspeicherung befinden sich die entsprechenden Sollwerte in den Spalten:

- Geplanter Anfang
- Geplantes Ende
- Geplante Dauer

- Geplante Arbeit
- Geplante Kosten.

8.1.2 Basisplan Null

Die Planungsphase ist abgeschlossen und soll als Basisplan Null gespeichert werden. Im Menüband *Projekt / Zeitplan* wird die Auswahl *Basisplan festlegen* geöffnet. Mit *Basisplan festlegen* öffnet sich die gleichnamige Eingabemaske (Bild 8-3).

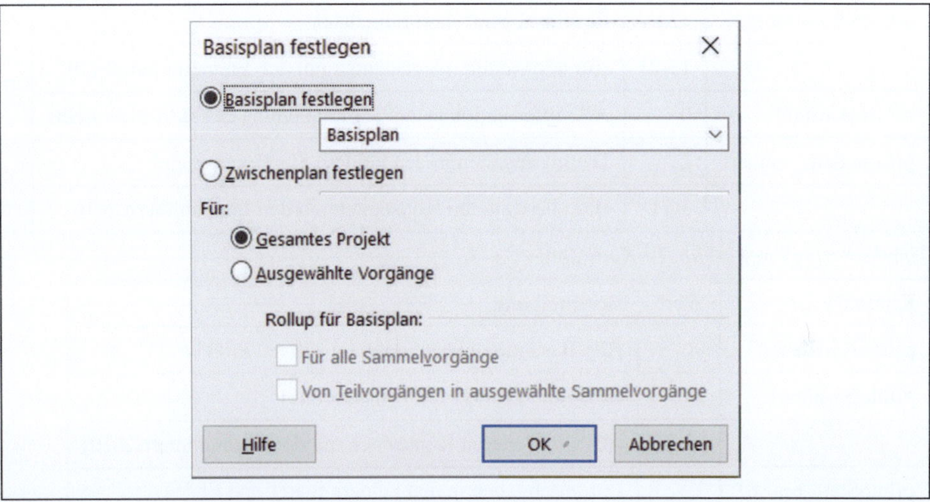

Bild 8-3. Basisplan festlegen (verkürzt dargestellt)

Als Name wird *Basisplan* vorgegeben, der auch geändert werden kann. Ebenso ist die Option *Für gesamtes Projekt* ausgewählt. Danach wird die Festlegung mit OK bestätigt.

In VBA erstellt die Methode *BaselineSave* einen Basisplan. Ihre Syntax lautet

```
BaselineSave (All, Copy, Into, RollupToSummaryTask, RollupFromSubtask,
SetDefaults)
```

Tabelle 8-1. Alle Parameter der BaselineSave-Methode sind optional

Parameter	Typ	Beschreibung
All	Boolean	*True*, wenn der Basisplan für alle Vorgänge gilt und *False* nur für ausgewählte Vorgänge.
Copy	Long	Eine pjSaveBaselineFrom-Konstante
Into	Long	Eine pjSaveBaselineTo-Konstante
RollupToSummaryTasks	Boolean	*True*, wenn die Daten von ausgewählten Sammelvorgängen stammen.
RollupFromSubtasks	Boolean	*True*, wenn die Daten von Teilvorgängen der Sammelvorgänge stammen.

SetDefaults	Boolean	*True*, wenn die Werte von *RollupToSummaryTask* oder *RollupFromSubtasks* als Standardwerte für neue Projekte verwendet werden

Tabelle 8-2. pjSaveBaselineFrom-Konstante

Konstante	Wert	Beschreibung
pjCopyBaseline	1	Geplante Anfangs- und Endedaten
pjCopyBaseline1	12	Baseline1 Start- und Endedaten
	13-21	(für alle weiteren Konstanten mit den Endnummern 2-10)
pjCopyCurrent	0	Alle Informationen zur Terminplanung des aktiven Projekts
pjCopyStart_Finish1	2	Datumsangaben in den Feldern Start1 und Ende1
	3-11	(für alle weiteren Konstanten mit den Endnummern 2-9)

Tabelle 8-3. pjSaveBaselineTo-Konstante

Konstante	Wert	Beschreibung
pjIntoBaseline	0	Alle Baselineinformationen im aktiven Projekt
pjIntoBaseline1	11	Start- und Endedatum von Baseline1
	12-20	(für alle weiteren Konstanten mit den Endnummern 2-10)
pjIntoStart_Finish1	1	Datumsangaben in den Feldern Start1 und Ende1
	2-10	(für alle weiteren Konstanten mit den Endnummern 2-9)

Die Methode *BaselineClear* löscht die Basisdaten aus den Baseline-Feldern oder die Daten aus einem Start_n / Ende_n-Paar von Datumsangaben. Die Syntax lautet

```
BaselineClear (All, From)
```

Tabelle 8-4. Alle Parameter der BaselineClear-Methode sind optional

Parameter	Typ	Beschreibung
All	Boolean	*True*, wenn alle Vorgänge und *False*, wenn nur die ausgewählten gelöscht werden sollen, Standardwert ist *True.*
From	Long	Eine *pjSaveBaselineTo*-Konstante, Standardwert ist *pjIntoBaseline*

🗁 1-17-08-01_EinfachesProjekt.mpp

Codeliste 8-1. Die Prozedur erstellt einen BasisplanNull und löscht ihn wieder

```
Sub BasisPlanNull()
   Dim bReturn As Boolean
   bReturn = BaselineSave(All:=True, Copy:=0, Into:=0)
Stop
   bReturn = BaselineClear(All:=True)
End Sub
```

Ein Basisplan kann auch für ausgewählte Vorgänge erstellt werden. Dazu müssen die entsprechenden Vorgänge markiert werden, bevor der Basisplan festgelegt wird. Im Dialogfenster (Bild 8-3) muss dann die Option *Ausgewählte Vorgänge* markiert sein.

Die im Basisplan gespeicherten Sollwerte finden sich in der Projektstatistik wieder. Sie wird unter Register *Projekt / Projektinformationen / Statistik* aufgerufen (Bild 8-4).

Projektstatistik für "Projekt1"

	Anfang	Ende
Berechnet	01.03.23 08:00	28.03.23 17:00
Geplant	27.09.23 08:00	24.10.23 17:00
Aktuell	NV	NV
Abweichung	-150t	-150t

	Dauer	Arbeit	Kosten
Berechnet	20t	0h	0,00 €
Geplant	20t	0h	0,00 €
Aktuell	0t	0h	0,00 €
Verbleibend	20t	0h	0,00 €

Prozent abgeschlossen:

Dauer: 0% Arbeit: 0%

Schließen

Bild 8-4. Projektstatistik

In der Projektstatistik gibt es noch keine aktuellen Werte, weil das Projekt noch nicht angefangen hat.

Codeliste 8-2. Die Prozedur setzt den Projektstart und zeigt die Projektstatistik

```
Sub ProjectInfo()
    ProjectSummaryInfo Start:="01.03.2023 08:00"
    ProjectStatistics
End Sub
```

Im Gantt-Diagramm kann die aktuelle Planung dem Basisplan gegenübergestellt werden. Zuerst wurde die Planung im Basisplan gespeichert (Bild 8-5)

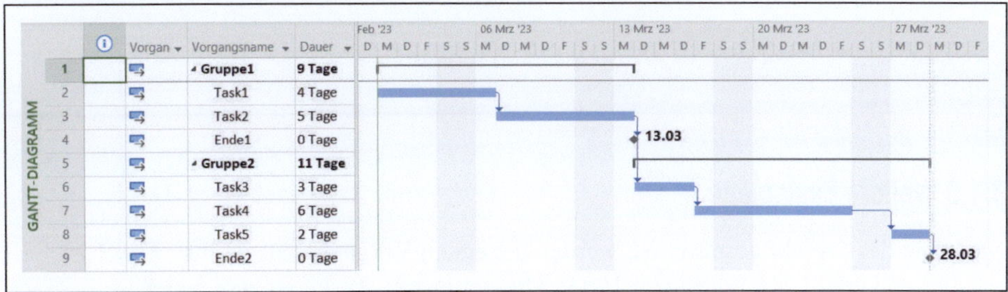

Bild 8-5. Projektzustand zum Projektstart als Basisplan

Auch in der Planungspahse können sich die Vorgänge noch einmal ändern. Haben sich die Dauer von Task2 (auf 6 Tage) und Task4 (auf 5 Tage) geändert, so wird in der Ansicht *Gantt-Diagramm: Überwachung* der Basisplan in grauen Balken der

Balkengrafik gegenübergestellt (Bild 8-6). Die Balkengrafik weist alle Vorgänge als kritisch aus, doch das Projektziel ist nicht gefährdet. Sollte dies der Fall sein, lässt sich in der Ansicht durch Änderung anderer Vorgänge eine notwendige Korrektur anwenden.

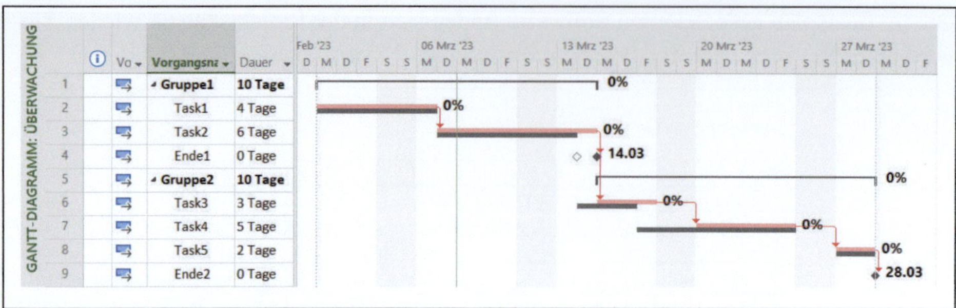

Bild 8-6. Gantt-Diagramm mit Basisplan

Zum Start des Projekts kann eine Änderung einzelner Basisplandaten im eigentlichen Sinne nicht erfolgen. Sind Änderungen in der Planung erfolgt, so können die aktuellen Daten als neuer Basisplan Null nach vorheriger Bestätigung gespeichert werden. Dazu muss ein Hinweis zum Überschreiben bestätigt werden (Bild 8-7).

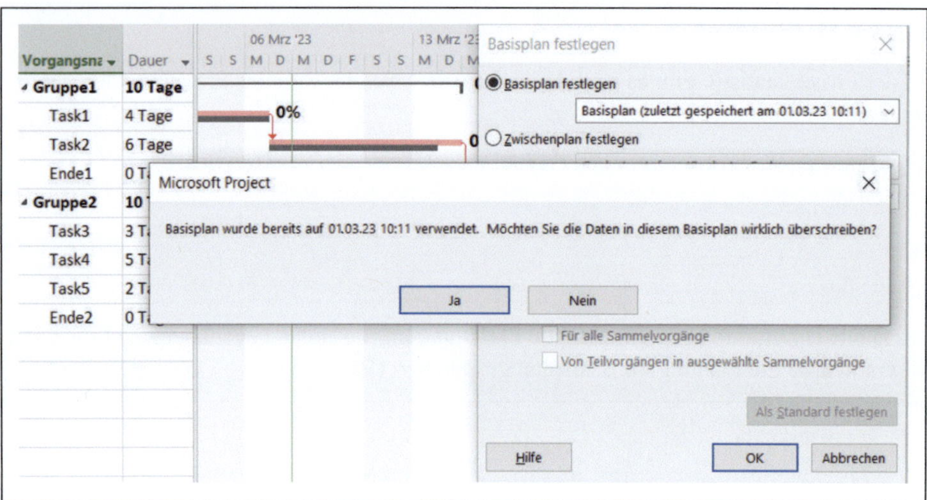

Bild 8-7. Basisplan überschreiben

8.1.3 Weitere Basispläne

Nachdem das Projekt gestartet ist, werden die ersten Vorgänge ausgeführt. Task1 ist erledigt und erhält den Eintrag zu 100 % abgeschlossen. Task2 ist zum ersten Meilenstein am 14.3. erst zu 60 % abgeschlossen. Im *Gantt-Diagramm: Überwachung* ist Task1 nun kein kritischer Vorgang mehr und der Balken von Task2 ist zu 60 % rot markiert (Bild 8-8).

Es wird auch klar, dass sich die Dauer von Task2 nach hinten verschieben muss, zum Beispiel um drei Tage. Dadurch verschiebt sich auch das Projektziel. Soll das alte Ziel dennoch erreicht werden, dann müssen bei den folgenden Vorgängen ebenfalls Änderungen erfolgen.

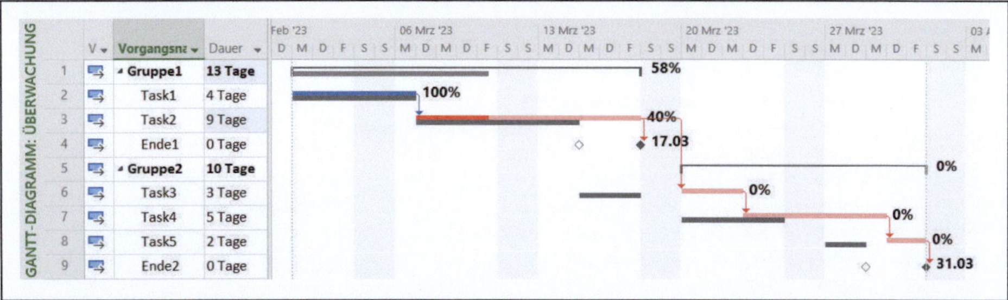

Bild 8-8. Projektsituation zum Meilenstein

Doch zunächst wird die Situation als Basisplan1 gespeichert. Unter Register *Projekt / Zeitplan / Basisplan festlegen*, wird in der Auswahlliste zum *Basisplan festlegen* der *Basisplan 1* gewählt. In der Ansicht *Gantt-Diagramm: Überwachung* wird nun Basisplan 1 durch graue Balken dargestellt (Bild 8-9).

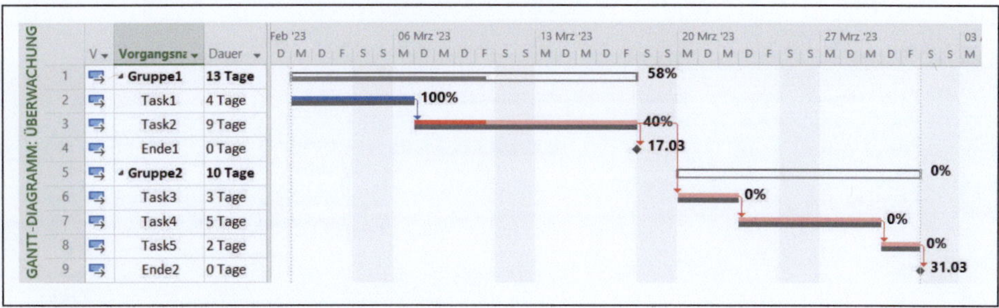

Bild 8-9. Projektsituation mit Basisplan 1

Im weiteren Verlauf des Projekts konnte die Dauer von Task2 um einen Tag reduziert und zu 100 % abgeschlossen werden. Task3 wurde ebenfalls zu 100 % abgeschlossen. Die Dauer von Task4 kann um einen Tag reduziert werden und ist am 24.3. zu 60 % abgeschlossen (Bild 8-10).

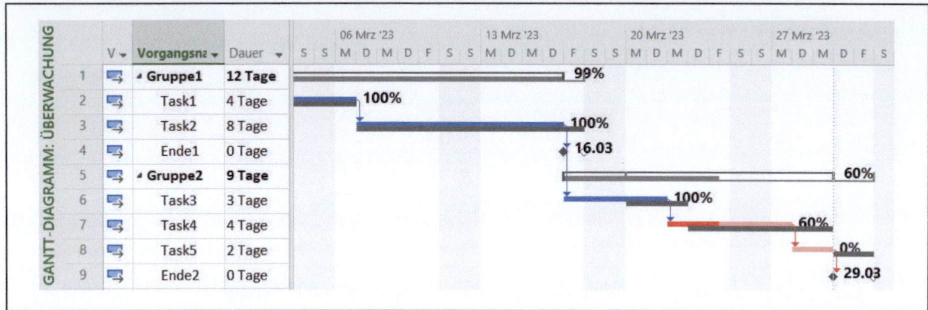

Bild 8-10. Projektsituation eine Woche später

Damit ist das ursprüngliche Projektziel nur noch um einen Tag entfernt. Es soll nun versucht werden, die Dauer von Task5 um einen Tag zu reduzieren. Danach wird ein Basisplan 2 erstellt. Unter Register *Gantt-Diagramm Format / Balkenarten* wird in der Auswahlliste von *Basisplan* der *Basisplan 2* gewählt (Bild 8-11).

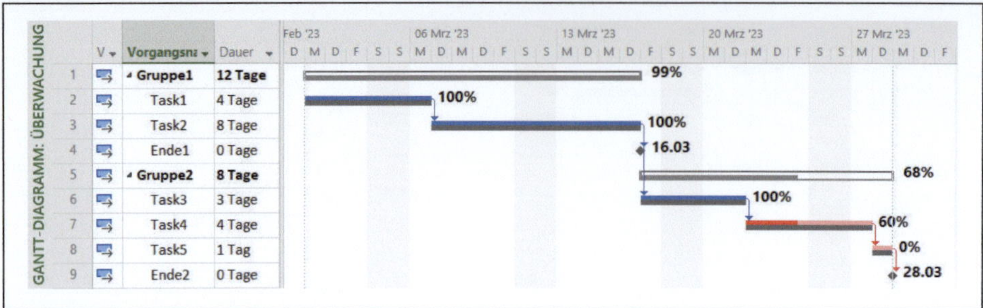

Bild 8-11. Projektsituation mit Basisplan 2

Am 28.3. wird dann das Projektziel erreicht und alle Vorgänge sind zu 100 % abgeschlossen und es wird ein abschließender *Basisplan 3* erstellt. Unter Register *Gantt-Diagramm Format / Balkenarten* wird der *Basisplan Null* ausgewählt und auch die Verzögerungen eingeblendet (Bild 8-12).

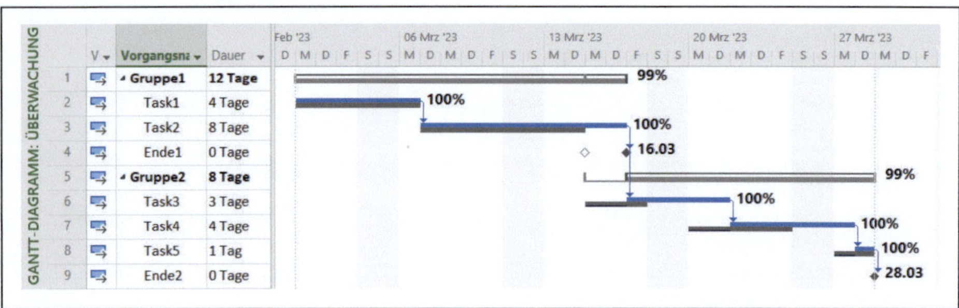

Bild 8-12. Projektsituation zum Projektziel mit Basisplan Null und Verzögerungen

Eine benutzerdefinierte Tabelle mit den geplanten Dauerwerten in den jeweiligen Basisplänen zeigt anschaulich den Ablauf stattgefundener Veränderungen (Bild 8-13).

	Vorgangsname	Geplante Dauer	Geplante Dauer1	Geplante Dauer2	Geplante Dauer3
2	Task1	4 Tage	4 Tage	4 Tage	4 Tage
3	Task2	6 Tage	9 Tage	8 Tage	8 Tage
4	Ende1	0 Tage	0 Tage	0 Tage	0 Tage
6	Task3	3 Tage	3 Tage	3 Tage	3 Tage
7	Task4	5 Tage	5 Tage	4 Tage	4 Tage
8	Task5	2 Tage	2 Tage	1 Tag	1 Tag
9	Ende2	0 Tage	0 Tage	0 Tage	0 Tage

Bild 8-13. Geplante Dauer im Projektablauf (Sammelvorgänge ausgeblendet)

8.1.4 Zwischenpläne

Ein Zwischenplan speichert, im Gegensatz zum Basisplan, nur die Anfangs- und Endtermine der Vorgänge, ohne Ressourcen- und Zuordnungswerte. Auch hier lassen sich bis zu 10 Pläne speichern. Je nach Projektumfang sollten Zwischenpläne nach dem Ende von Projektphasen und/oder in festen Zeitintervallen erstellt werden.

Zur Erstellung werden sie ebenfalls unter Register *Projekt / Zeitplan / Basisplan festlegen* aufgerufen und als *Zwischenplan festgelegt*. Im Eingabefeld *Kopieren* auf die Anfangs-, Abschluss- oder Basisplandaten klicken, die zu speichern sind.

8.2 Planungsdaten

8.2.1 Aufwandsabschätzung

Die Aufwandsabschätzung ist ein immer wiederkehrender Vorgang. Die initiale Aufwandsabschätzung ist daher nur eine erste Größe. In der Praxis gibt es verschiedene Verfahren.

Tabelle 8-5. Vergleich der Schätzverfahren

Methode	anwenden	Aufwand	Ergebnis	Art
Analogie	beim Projektstart	mittel	nicht immer genau	Vergleich
Delphi	bei Großprojekten	(sehr) groß	genau	Befragung
Prozentsatz	nach erster Phase	mittel/groß	nicht immer genau	Kennzahlen
Function-Points	bei Großprojekten	groß	sehr genau	Algorithmus

Eine realistische Einzelabschätzung und auch eine Befragung (möglichst von Experten) setzt eine ehrliche Antwort voraus. Bei komplexen und neuartigen Aufgaben ist dies nicht immer so einfach. Gelaufene Projekte bilden eine gute Basis. Um eine brauchbare Aufwandsabschätzung zu erstellen, ist es wichtig

- die Vorgänge genau zu kennen
- bereits Erfahrungswerte zu besitzen
- die eigene Einschätzung kritisch zu sehen
- genügend Pufferzeit einzuplanen.

🗁 1-17-08-02_Aufwand.mpp

Mit benutzerdefinierten Feldern lässt sich schnell eine Abschätzung aufstellen (Bild 8-14).

Die Vorgänge werden manuell erfasst, da hier Termine keine Rolle spielen. Im Feld *Dauer* wird die geschätzte Dauer eingetragen. Ein Sammelvorgang soll die kumulierten Werte anzeigen.

	ⓘ	Vo	Vorgangsname	Dauer	Risikofaktor [0 - 1]	Gesamtaufwand [Std]
1			**Aufwandsabschätzung**	**7 Tage**	**0**	**189,6**
2			Task1	5 Tage	0,2	8
3			Task2	4 Tage	0,4	12,8
4			Task3	6 Tage	1	48
5			Task4	3 Tage	0,5	12
6			Task5	4 Tage	0,2	6,4
7			Task6	3 Tage	0,4	9,6
8			Task7	7 Tage	0,5	28
9			Task8	4 Tage	0,3	9,6
10			Task9	5 Tage	0,9	36
11			Task10	3 Tage	0,8	19,2

Bild 8-14. Aufwandsabschätzung mit einer Vorgangstabelle

Zur Berechnung werden benutzerdefinierte Felder verwendet, die später im Kapitel 10 genauer beschrieben werden. In der Ansicht *Gantt-Diagramm* unter Register *Gantt-Diagramm Format / Spalten* wird die Methode *Benutzerdefinierte Felder* gewählt. Als benutzerdefiniertes Feld wird das generische Feld *Zahl1* gewählt, das den Namen *Risikofaktor* bekommt (Bild 8-15).

Bild 8-15. Feldeinstellungen zum Risikofaktor

Je weniger Erfahrung es mit den Aufgaben im Projekt gibt und je komplexer die Aufgaben sind, umso größer ist die Gefahr einer Fehleinschätzung. Diese Unsicherheit soll der Risikofaktor ausgleichen. Nach erfolgter Eingabe der Dauer wird der Risikofaktor nach Erfahrungswert und Komplexität im Bereich von 0 bis 1 festgelegt.

Das generische Feld *Zahl2* dient zur Bestimmung des Gesamtaufwands (Bild 8-16).

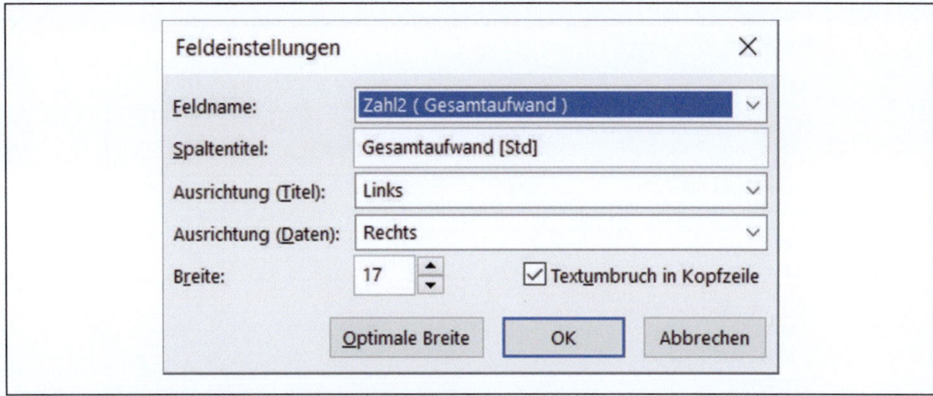

Bild 8-16. Feldeinstellungen zum Gesamtaufwand

Das Feld *Gesamtaufwand* benötigt noch eine Formel, die im Dialogfenster *Benutzerdefinierte Felder* unter der Schaltfläche *Formel* erstellt wird (Bild 8-17).

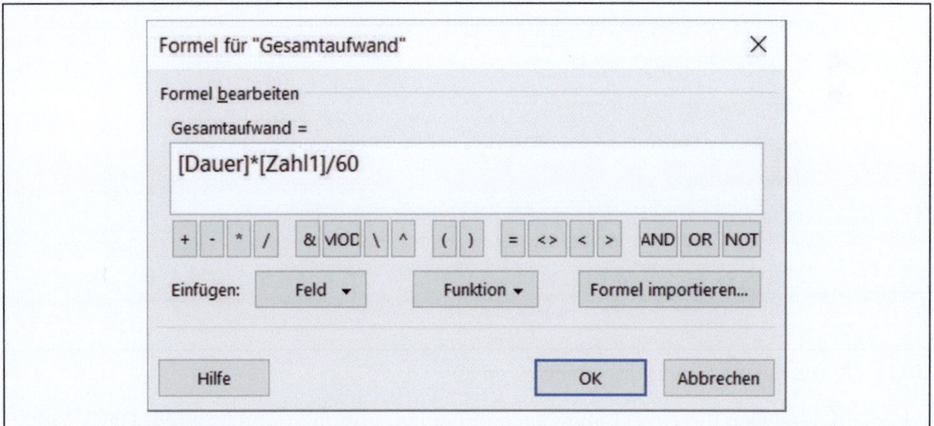

Bild 8-17. Formel zum Feld Gesamtaufwand

Da das Feld *Dauer* die Werte in Minuten speichert, benutzt die Formel den Faktor 60, um die Ausgabe in Stunden zu erhalten. Damit die Summe der Aufwandswerte im Sammelvorgang angezeigt wird, muss im Dialogfenster *Benutzerdefinierte Felder / Berechnung von Sammelvorgangs- und Gruppenkopfzeilen*, die Option *Rollup* und die Funktion *Summe* gewählt werden (Bild 8-18).

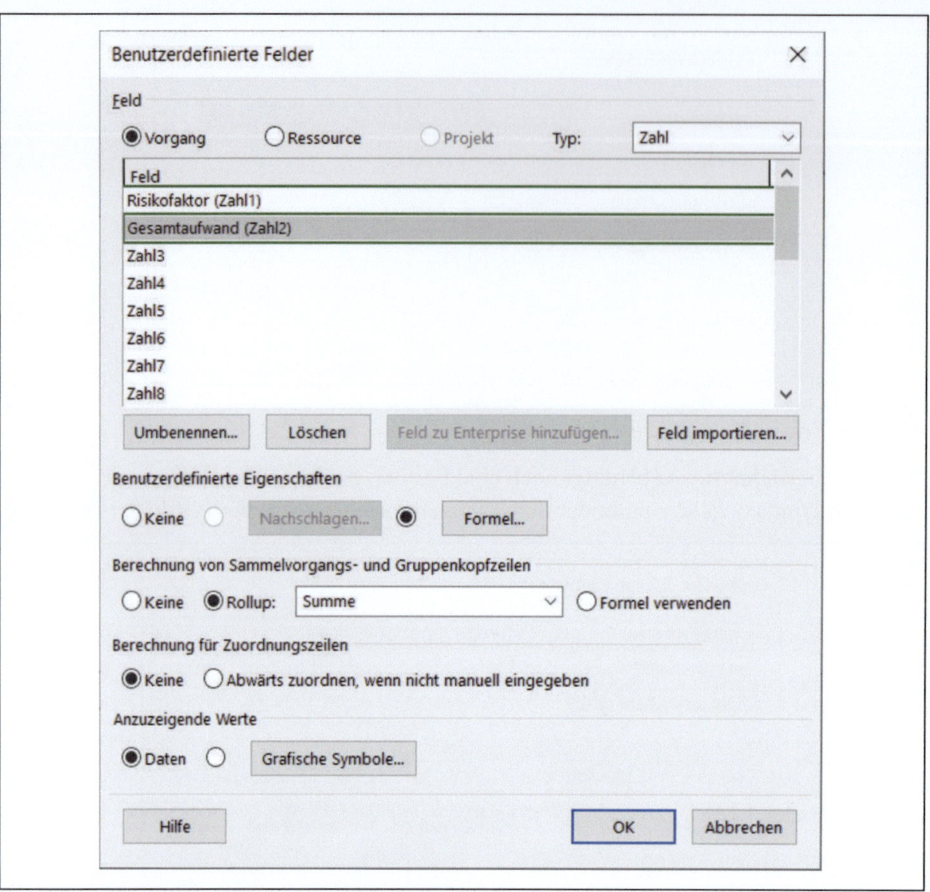

Bild 8-18. Anzeige der Summe im Sammelvorgang

Alternativ lässt sich die Berechnung auch mit einem Formular durchführen. Dazu werden die Vorgänge mit ihrer Dauer in eine Listbox geladen (Bild 8-19).

Aufwandsabschätzung

Task1	2400	0
Task2	1920	0
Task3	2880	0
Task4	1440	0
Task5	1920	0
Task6	1440	0
Task7	3360	0

Task

Dauer

Beenden

Bild 8-19. Listbox enthält alle Projektvorgänge mit ihren Dauer-Werten

Die Daten können in einer Listbox allerdings nicht geändert werden. Mit ihrer Auswahl werden sie daher in Labelfelder und Textfelder übertragen. Dort wird dann auch der Risikofaktor zugeordnet. Das Formular startet im Modul *modAufwand.*

Codeliste 8-3. Die Prozedur startet das Formular

```
Sub FormularStart()
   Dim objPro As Project
   Dim objTask As Task

   Set objPro = ActiveProject
   Load frmAufwand
   frmAufwand.lbxListe.Clear
   For Each objTask In objPro.Tasks
      If objTask.Type = 0 Then
         With frmAufwand.lbxListe
            .AddItem
            .List(.ListCount - 1, 0) = objTask.Name
            .List(.ListCount - 1, 1) = objTask.Duration
            .List(.ListCount - 1, 2) = 0
         End With
      End If
   Next
   frmAufwand.Show vbModeless
End Sub
```

Nachdem das Formular geladen wurde, wird die Listbox mit den Daten aus dem Projekt geladen und erst danach wird das Formular angezeigt. Die Ereignisprozedur *lbxListe_Click* überträgt den Vorgangsnamen in das Labelfeld *lblTask*, die Dauer in das Labelfeld lbl*Dauer* und setzt das Textfeld *tbxFaktor* zunächst auf Null.

Codeliste 8.4 Die Ereignis-Prozedur im Formular reagiert auf einen Mausklick im Listenfeld

```
Private Sub lbxListe_Click()
   With lbxListe
      lblTask.Caption = .List(lbxListe.ListIndex, 0)
      lblDauer.Caption = .List(lbxListe.ListIndex, 1)
      tbxFaktor.Text = .List(lbxListe.ListIndex, 2)
   End With
End Sub
```

Im Textfeld wird der Risikofaktor korrigiert und mit der Eingabetaste wird er in die Liste übertragen. Dazu wird die Ereignis-Prozedur *tbxFaktor_Exit* verwendet. Außerdem wird die Prozedur zur Berechnung des Gesamtaufwands aufgerufen, der anschließend in das Textfeld *tbxAufwand* eingetragen wird.

Codeliste 8-5. Die Ereignisprozedur übernimmt den Risikofaktor

```
Private Sub tbxFaktor_Exit(ByVal Cancel As MSForms.ReturnBoolean)
   With lbxListe
      .List(lbxListe.ListIndex, 2) = tbxFaktor
   End With
   Call Berechnung
End Sub
```

Codeliste 8-6. Die Berechnungsprozedur befindet sich ebenfalls im Codefenster des Formulars

```
Sub Berechnung()
   Dim iRow As Integer
   Dim dEin As Double
   Dim dFak As Double
   Dim dAll As Double

   dAll = 0
   For iRow = 0 To lbxListe.ListCount - 1
      dEin = CDbl(lbxListe.List(iRow, 1))
      dFak = CDbl(lbxListe.List(iRow, 2))
      dAll = dAll + dEin * dFak / 60
   Next iRow
   tbxAufwand = Str(dAll)
End Sub
```

Mit der Schaltfläche *Beenden* und ihrem Ereignis *cmdExit_Click* schließt das Formular.

Codeliste 8-7. Die Ereignis-Prozedur schließt das Formular (Me –sich selbst)

```
Private Sub cmdExit_Click()
   Unload Me
End Sub
```

Nach Eintrag aller Risikofaktoren steht der Gesamtaufwand im Textfeld *tbxAufwand*. (Bild 8-20).

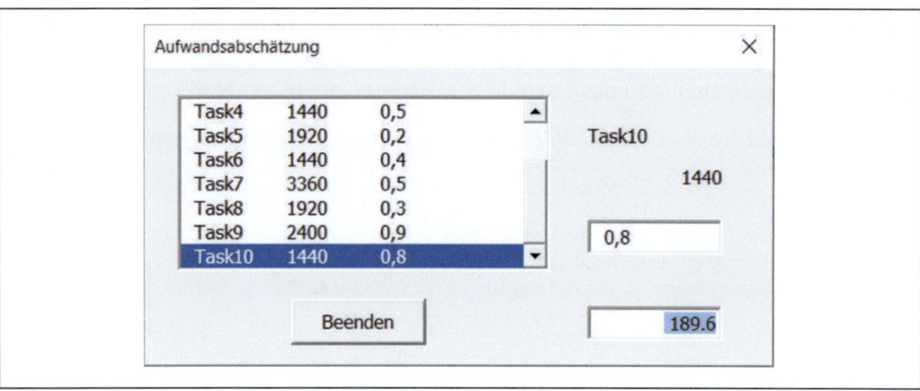

Bild 8-20. Aufwandsabschätzung im Formular

Dieses Anwendungsbeispiel steht stellvertretend für viele Auswertungsprobleme, die sich mit dem Einsatz eines Formulars lösen lassen.

8.2.2 Terminplan

Ein Terminplan ist bereits mit der Ansicht *Gantt-Diagramm* gegeben. Darin wird die Dauer für jeden Vorgang angezeigt. In der Balkengrafik wird die zeitliche Anordnung der Vorgänge unter Berücksichtigung der Ablaufstruktur (Serialität, Parallelität) gezeigt. Die zugeordneten Ressourcen sind als Text zum Balken sichtbar. Zu den organisatorischen Aufgaben gehört die Einplanung von Wartezeiten und Puffern. Ebenso die Identifizierung des kritischen Pfades. In der Planung ist der Terminplan noch frei von Restriktionen, wie Zeit und Kosten (Bild 8-21).

🗁 1-17-08-03_Terminplan.mpp

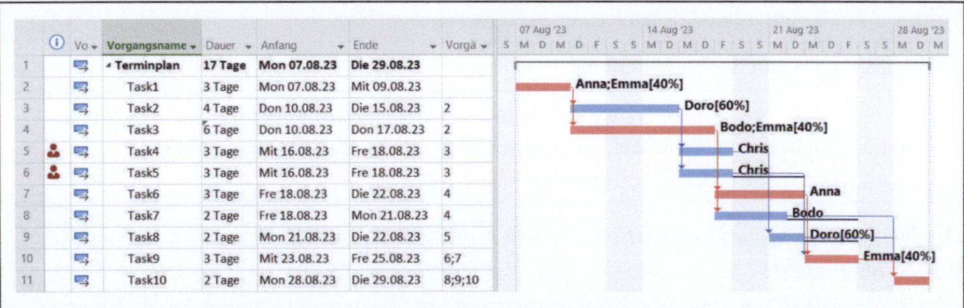

	Vo	Vorgangsname	Dauer	Anfang	Ende	Vorgä
1		**Terminplan**	**17 Tage**	**Mon 07.08.23**	**Die 29.08.23**	
2		Task1	3 Tage	Mon 07.08.23	Mit 09.08.23	
3		Task2	4 Tage	Don 10.08.23	Die 15.08.23	2
4		Task3	6 Tage	Don 10.08.23	Don 17.08.23	2
5		Task4	3 Tage	Mit 16.08.23	Fre 18.08.23	3
6		Task5	3 Tage	Mit 16.08.23	Fre 18.08.23	3
7		Task6	3 Tage	Fre 18.08.23	Die 22.08.23	4
8		Task7	2 Tage	Fre 18.08.23	Mon 21.08.23	4
9		Task8	2 Tage	Mon 21.08.23	Die 22.08.23	5
10		Task9	3 Tage	Mit 23.08.23	Fre 25.08.23	6;7
11		Task10	2 Tage	Mon 28.08.23	Die 29.08.23	8;9;10

Bild 8-21. Terminplan mit Überlastung, Pufferzeiten und kritischem Pfad

Eine andere Darstellung lässt sich zunächst durch Einblenden der Zeitachse erstellen. Unter Register *Ansicht / Elemente anzeigen* wird die Option *Zeitachse* ausgewählt. Unter Register *Zeitachse Format* wird diese dann angepasst. Zunächst werden weitere Zeitbalken unter der Gruppe *Einfügen* mit der Methode *Zeitachsenbalken* aufgerufen, denen dann durch das Kontextmenü der Vorgänge diese zugeordnet werden. Danach wird auf die Ansicht Zeitachse zur Betrachtung umgeschaltet (Bild 8-22).

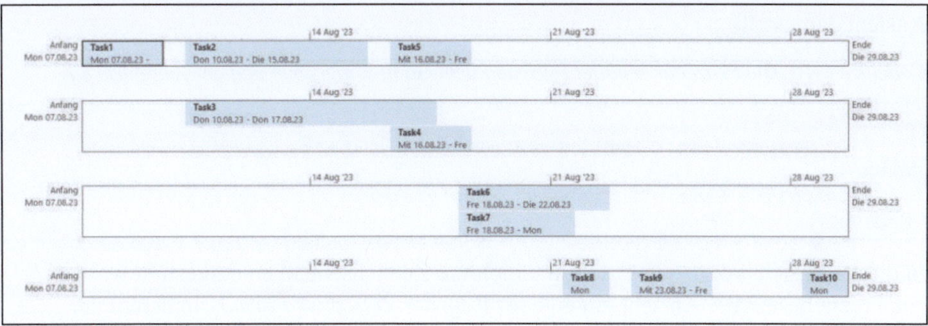

Bild 8-22. Die Zeitachse als Terminplan

Die folgende Prozedur schaltet die Zeitachse mit der Methode *ViewApplyEx*. Die Methode *TimelineViewToggle* schaltet die Zeitachse aus und wieder ein.

Codeliste 8-8. Die Prozedur zeigt die Zeitachse und schaltet sie danach aus und ein

```
Sub ViewTimeline()
   ViewApplyEx Name:="Zeitachse", ApplyTo:=1
Stop
   TimelineViewToggle
Stop
   TimelineViewToggle
End Sub
```

Die Methode *InsertTimelineBar* fügt der Zeitachse einen Zeitachsenbalken hinzu. Ihre Syntax lautet

```
InsertTimelineBar (BarIndex)
```

Tabelle 8-6. Der optionale Parameter der AddTimelineBar-Methode

Parameter	Datentyp	Beschreibung
BarIndex	Integer	Gibt an, wo der Zeitachsenbalken hinzugefügt werden soll. Wenn keine Zahl angegeben ist, wird er unten hinzugefügt. Der oberste Balken ist 0, der nächste 1 usw.

Die Methode *RemoveTimelineBar* entfernt einen Zeitachsenbalken aus der Zeitachse. Ihre Syntax lautet

```
RemoveTimelineBar (BarIndex)
```

Codeliste 8-9. Die Prozedur fügt einen Zeitachsenbalken ein und entfernt ihn wieder

```
Sub AddTimelineBar()
   InsertTimelineBar BarIndex:=1
Stop
   RemoveTimelineBar BarIndex:=1
End Sub
```

Wird der Parameter *ApplyTo* auf Null gesetzt, so wird die Zeitachse in der gesamten Ansicht dargestellt.

Codeliste 8-10. Die Prozedur schaltet zwischen dem Gantt-Diagramm und der Zeitachse um

```
Sub ViewTimelines()
   ViewApplyEx Name:="Gantt-Diagramm", ApplyTo:=0
Stop
   ViewApplyEx Name:="Zeitachse", ApplyTo:=0
End Sub
```

In dieser Ansicht können übersichtlich mehrere Zeitachsenbalken dargestellt werden. Außerdem besitzt die Ansicht ein eigenes Register *Zeitachse Format*, in dem unter *Einfügen / Zeitbalken* ebenfalls weitere Zeitachsenbalken eingeblendet werden können.

Die Methode *TaskOnTimeline* verwaltet die Darstellung von Vorgängen im Zeitachsenbereich, bzw. zu einer benutzerdefinierten Zeitachse. Ihre Syntax lautet

```
TaskOnTimeline (TaskID, Remove, TimelineViewName, ShowDialog)
```

Tabelle 8-7. Optionale Parameter zur TaskOnTimeline-Methode

Parameter	Datentyp	Beschreibung
TaskID	Long	Gibt die ID eines Vorgangs an, der hinzugefügt oder entfernt wird. Wenn TaskID angegeben ist, werden ausgewählte Vorgänge ignoriert.

Parameter	Datentyp	Beschreibung
Remove	Boolean	*True*, wenn der durch TaskID angegebene Vorgang oder die ausgewählten Vorgänge von der Zeitachse entfernt werden, sonst *False*. Standardwert ist *False*.
TimelineViewName	String	Name der entsprechenden Zeitachse. Der Name kann die integrierte Zeitachse oder eine vorhandene benutzerdefinierte Zeitachse sein. Der Standardwert ist der Name der aktiven Zeitachse.
ShowDialog	Boolean	*True*, wenn Project das Dialogfeld *Vorgänge zur Zeitachse hinzufügen* anzeigt, sonst *False*. Alle Vorgänge, die sich bereits auf der Zeitachse befinden, sind neben ihrem Namen mit einem Häkchen versehen. Wenn *ShowDialog* den Wert *True* aufweist, ignoriert Project die Argumente *TaskID* und *Remove*. Standardwert ist *False*.

Die folgende Prozedur fügt dem aktuellen Zeitachsenbalken den Vorgang mit der ID 13 (Task6) hinzu.

Codeliste 8-11. Die Prozedur fügt Task6 aus dem Beispiel zur aktuellen Zeitachse hinzu

```
Sub InsertTask6()
   TaskOnTimeline TaskID:=13
   TaskOnTimeline ShowDialog:=True
End Sub
```

Außerdem wird das Dialogfenster *Vorgänge zur Zeitachse hinzufügen* geöffnet, damit weitere Vorgänge zur Darstellung ausgewählt werden können (Bild 8-23).

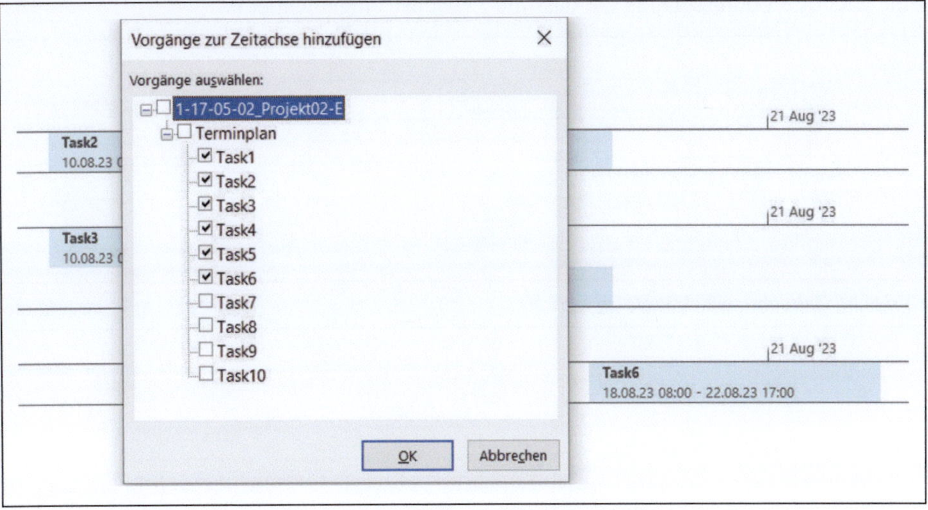

Bild 8-23. Dialogfenster zur Auswahl von Vorgängen in der Zeitachse

Die Methode *ZoomTimescale* vergrößert oder verkleinert die Ansichten Balkenplan, Ressource: Grafik, Ressource: Einsatz und Vorgang: Einsatz, um Daten zu Vorgängen und Ressourcen innerhalb einer bestimmten Zeit darzustellen. Ihre Syntax lautet

```
ZoomTimeScale (Duration, Entire, Selection, Reset)
```

Tabelle 8-8. Die optionalen Parameter der ZoomTimeScale-Methode

Parameter	Datentyp	Beschreibung
Duration	Variant	Die in der Ansicht anzuzeigende Dauer.
Entire	Boolean	*True*, wenn die gesamte Anzeige angepasst wird. Standardwert ist *False*.
Selection	Boolean	*True*, wenn nur die ausgewählten Vorgänge angepasst werden. Standardwert ist *False*.
Reset	Boolean	*True*, wenn die Ansicht auf Standardgröße zurückgesetzt wird. Standardwert ist *False*.

Die folgende Prozedur setzt die Dauer auf den Wert 50 für die gesamte Ansicht (Bild 8-24) und danach wieder auf die Standargröße (Bild 8-25).

Codeliste 8-12. Die Prozedur verändert die Skalierung der Zeitachse

```
Sub ZoomScale()
   ZoomTimeScale Duration:=50, Entire:=True
Stop
   ZoomTimeScale Reset:=True
End Sub
```

Eine wichtige Voraussetzung ist, dass die Zeitachse eingeblendet ist.

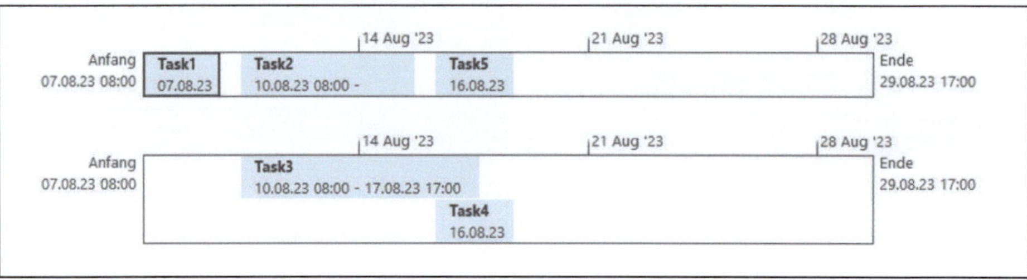

Bild 8-24. Zeitachse mit dem Dauerwert 50

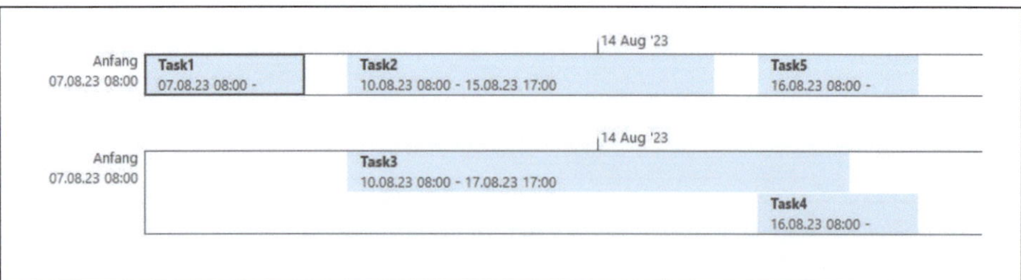

Bild 8-25. Zeitachse in der Standardgröße

Über Register *Zeitachse Format / Kopieren / Zeitachse kopieren* kann die Darstellung in andere Anwendungen übertragen werden. Diese Methoden wurden bereits in Kapitel 2 beschrieben.

Die Methode *OptionsSchedule* legt Terminplaneinstellungen fest. Ihre Syntax lautet

```
OptionsSchedule (ScheduleMessages, StartOnCurrentDate, AutoLink,
AutoSplit, CriticalSlack, TaskType, DurationUnits, WorkUnits,
AutoTrack, SetDefaults, AssignmentUnits, EffortDriven,
HonorConstraints, ShowEstimated, NewTasksEstimated)
```

Tabelle 8-9. Die optionalen Parameter der OptionsSchedule-Methode

Parameter	Datentyp	Beschreibung
ScheduleMessages	Variant	*True*, wenn beim Auftreten von Terminplanschwierigkeiten Meldungen angezeigt werden, andernfalls *False*.
StartOnCurrentDate	Boolean	*True*, wenn neue Vorgänge mit dem aktuellen Datum beginnen. *False*, wenn neue Vorgänge mit dem Projektanfangstermin (vom Anfangstermin aus geplanten Projekten) oder mit dem Projekt Endtermin (vom Endtermin aus geplanten Projekten) beginnen sollen.
AutoLink	Boolean	*True*, wenn Vorgänge automatisch verknüpft werden. andernfalls *False*.
AutoSplit	Boolean	*True*, wenn derzeit bearbeitete Vorgänge automatisch unterbrochen werden. andernfalls *False*.
CriticalSlack	Variant	Die maximal zulässige Pufferzeit für kritische Vorgänge.
TaskType	Long	Der Standardtyp für neue Vorgänge. Dies kann eine der *pjTaskFixedType*-Konstanten sein.
DurationUnits	Long	Die Standardzeiteinheit für Vorgänge. Kann eine *pjUnit*-Konstanten sein.
WorkUnits	Long	Standardwert der Arbeits-Einheit für Ressourcenzuordnungen. Kann eine *pjUnit*-Konstante sein.
AutoTrack	Boolean	*True*, wenn durch Vorgangsüberwachungsfelder automatisch Ressourcenzuordnungen aktualisiert werden.
SetDefaults	Boolean	*True*, wenn die für alle Argumente bis auf *ScheduleMessages* und *AssignmentUnits* angegebenen Werte die Standardwerte für neue Projektdateien werden..
AssignmentUnits	Long	Gibt an, wie Zuordnungseinheiten angezeigt werden sollen. Kann eine *pjAssignmentUnit*-Konstante sein.
EffortDriven	Boolean	*True*, wenn neue Vorgänge leistungsgesteuert sind.
HonorConstraints	Boolean	*True*, wenn die Einschränkungstermine von Vorgängen erfüllt sein müssen.

Parameter	Datentyp	Beschreibung
ShowEstimated	Boolean	*True*, wenn die Vorgangsdauer in neuen Projekten mit dem Schätzungszeichen angezeigt wird.
NewTasksEstimated	Boolean	*True*, wenn neue Vorgänge im aktiven Projekt geschätzte Dauer haben.

Tabelle 8-10. Die pjTaskFixesType-Konstanten

Konstante	Wert	Beschreibung
pjFixedDuration	1	Feste Dauer
pjFixedUnits	0	Feste Einheiten
pjFixedWork	2	Feste Arbeit

Tabelle 8-11. Die pjUnit-Konstanten

Konstante	Wert	Beschreibung
pjDay	7	Tag
pjHour	5	Stunde
pjMinute	3	Minute
pjMonthUnit	11	Monat
pjWeek	9	Woche

Tabelle 8-12. Die pjAssignmentUnits-Konstanten

Konstante	Wert	Beschreibung
pjDecimalAssignmentUnits	1	Dezimal
pjPercentageAssignmentUnits	0	Prozentsatz

8.2.3 Kapazitätsplan

Der Kapazitätsplan überprüft die Zuordnung der Ressourcen zu den Vorgängen in Bezug auf Überhang und Engpässe an Personen, Material und Maschinen. Dazu werden die Kapazitätsarten und -mengen pro Vorgang ermittelt. Hilfreich ist die Erstellung eines Einsatzdiagramms pro Ressource (Bild 8-26).

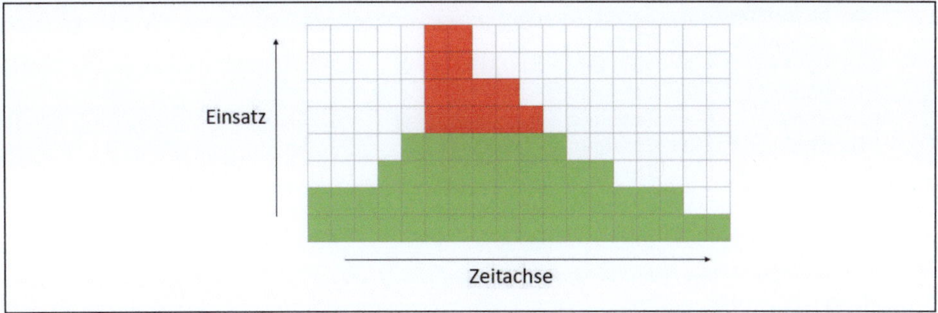

Bild 8-26. Histogramm eines typischen Ressourceneinsatzes

Eine wichtige Aufgabe ist der Ausgleich von Kapazitätsspitzen durch

- Verschiebung und/oder Dehnung von nichtkritischen Aktivitäten innerhalb der Pufferzeiten
- Beschaffung fehlender Ressourcen
- Verschiebung oder Dehnung kritischer Aufgaben und damit des Endtermins
- externe Beauftragung.

🗁 1-17-08-04_Kapazitätsplan.mpp

Im folgenden Beispiel werden im manuellen Modus die geschätzten erforderlichen Kapazitäten in der Ansicht *Ressourcen: Einsatz* eingetragen (Bild 8-27).

RESSOURCE: EINSATZ

			03 Jul '23							10 Jul '23							17 Jul '23			
Ressourcen	Arbeit	Einzelheit	M	D	M	D	F	S	S	M	D	M	D	F	S	S	M	D	M	D
Nicht zugeordnet	362 Std.	Arbeit	16h	16h	16h	32h	40h			72h	50h	24h	32h	24h			12h	12h	12h	4h
Task1	*120 Std.*	Arbeit	16h	16h	16h	24h	24h			24h										
Task2	*72 Std.*	Arbeit				8h	16h			24h	24h									
Task3	*82 Std.*	Arbeit								24h	26h	16h	8h	8h						
Task4	*48 Std.*	Arbeit										8h	8h	8h			8h	8h	8h	
Task5	*40 Std.*	Arbeit											16h	8h			4h	4h	4h	4h

Bild 8-27. Eingetragene Kapazitäten

Die folgende Prozedur erzeugt ein Excel-Arbeitsblatt und überträgt die Daten. Danach wird mit deren Hilfe dann ein Histogramm eingefügt (Bild 8-28). Der Zugriff auf zeitbasierte Daten in Project mit der Methode *TimeScaleData* wurde bereits im Kapitel 1 beschrieben.

Codeliste 8-13. Übertragung der TimeScaleData auf ein Excel-Arbeitsblatt

```
Sub VorgangsAufwand()
   Dim objTask     As Task
   Dim objTasks    As Tasks
   Dim objTSV      As TimeScaleValues
   Dim objApp      As Excel.Application
   Dim objBook     As Excel.Workbook
   Dim objSheet    As Excel.Worksheet
   Dim objRange    As Excel.Range
```

```
   Dim objShape    As Excel.Shape
   Dim objChart    As Object
   Dim vStart      As Variant
   Dim vEnde       As Variant
   Dim iRow        As Integer
   Dim iCol        As Integer
   Dim iT          As Integer
   Dim iC          As Integer

'Öffnet Excel-Anwendung
   Set objApp = New Excel.Application
   objApp.Visible = True
   Set objBook = objApp.Workbooks.Add
   Set objSheet = objBook.Worksheets.Add
   objSheet.Name = ActiveProject.Name

'Alle Tasks durchlaufen
   vStart = ActiveProject.ProjectStart
   vEnde = ActiveProject.ProjectFinish
   Set objTasks = ActiveProject.Tasks
   For iRow = 2 To objTasks.Count
      Set objTask = ActiveProject.Tasks(iRow)
      If Not objTask Is Nothing Then
         iCol = 1
         objSheet.Cells(iRow, iCol) = objTask.Name
         Set objTSV = objTask.TimeScaleData(vStart, vEnde,
timescaleunit:=4)
         For iC = 1 To objTSV.Count
            iCol = iCol + 1
            If Not objTSV(iC).Value = "" Then
               objSheet.Cells(iRow, iCol) = objTSV(iC).Value / 60
            End If
         Next iC
      End If
   Next iRow
   Set objRange = objSheet.UsedRange
   objRange.Columns.AutoFit
   objRange.Select
'Diagramm
   Set objShape = objSheet.Shapes.AddChart2(297, xlColumnStacked)
   Set objChart = objShape.Chart
   With objChart
      .FullSeriesCollection(1).Select
      .ChartGroups(1).GapWidth = 0
   End With
'Objekte löschen
   Set objBook = Nothing
   Set objSheet = Nothing
   Set objTSV = Nothing
   Set objTasks = Nothing
   Set objApp = Nothing
End Sub
```

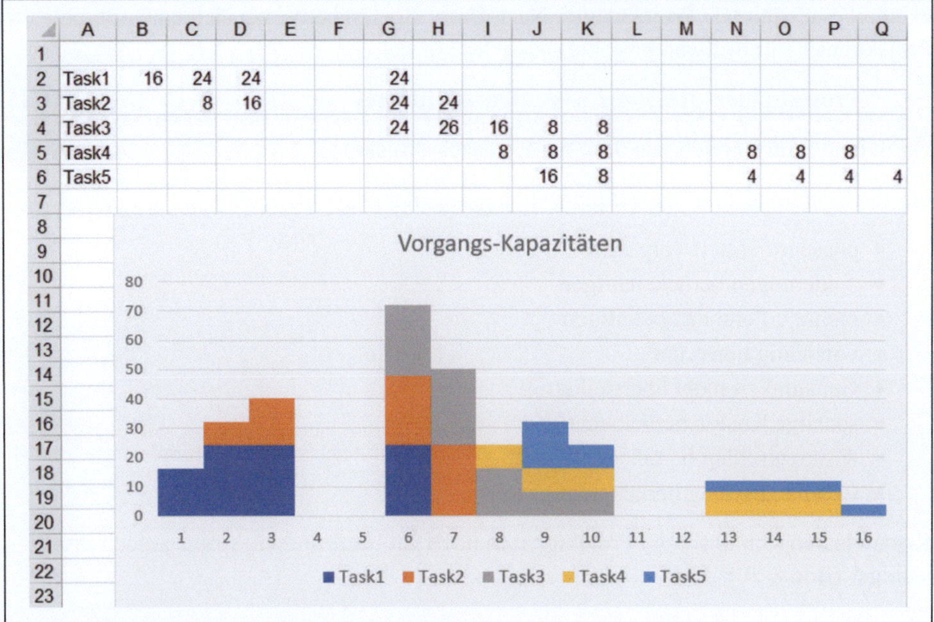

	A	B	C	D	E	F	G	H	I	J	K	L	M	N	O	P	Q
1																	
2	Task1	16	24	24			24										
3	Task2		8	16			24	24									
4	Task3						24	26	16	8	8						
5	Task4								8	8	8			8	8	8	
6	Task5									16	8			4	4	4	4

Bild 8-28. Histogramm der Kapazitätenverteilung

8.2.4 Kostenplan

Der Zweck des Kostenplans ist die Ermittlung der Gesamtkosten, basierend auf dem Ablauf- und Kapazitätsplan, unter Berücksichtigung zusätzlicher Kosten und kalkulatorischer Zuschläge. Das Ergebnis ist ein Budget, welches nur geändert werden sollte, wenn

- eine Änderung des Leistungsumfangs auftritt
- eine erneute Kostenschätzung realistischere Werte liefert
- die geplanten Kosten für eine konkrete Aufgabe nicht ausreichen.

Die Dauer eines Projekts schlägt sich auch in den Kosten nieder (Bild 8-29).

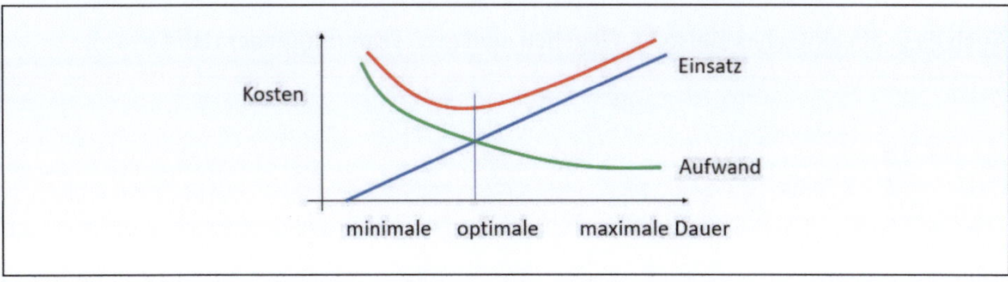

Bild 8-29. Optimale Projektkosten

Im Allgemeinen ist es kostengünstiger, ein Projekt mit einer kleinen Gruppe zu planen und dafür mit einer längeren Projektlaufzeit, denn kleine Gruppen minimieren den Verwaltungsaufwand. Allerdings vergrößert sich dabei auch der Einsatzaufwand. Es existiert eine optimale Projektdauer. Nach Barry Boehm berechnet sich eine optimale Projektdauer (für Softwareprojekte) nach der Formel

$$\text{Projektdauer(opt.)} = 2{,}5 \cdot \text{Aufwand[Monate]}^{S} \qquad (8.1)$$

Darin liegt S im Bereich von 0,32 bis 4, je nach Projektart.

Für die Erstellung eines Kostenplans gibt es sogenannte goldene Regeln:

- phasenorientiert vorgehen
- Änderungen berücksichtigen
- mehrere Personen beteiligen
- vorsichtig bewerten
- Genauigkeit nicht übertreiben
- sonstige Kosten berücksichtigen
- Risikozuschlag berücksichtigen
- Gewinnzuschlag berücksichtigen.

Kosten lassen sich in frühen Projektphasen noch gut beeinflussen, später jedoch immer weniger (Bild 8-30).

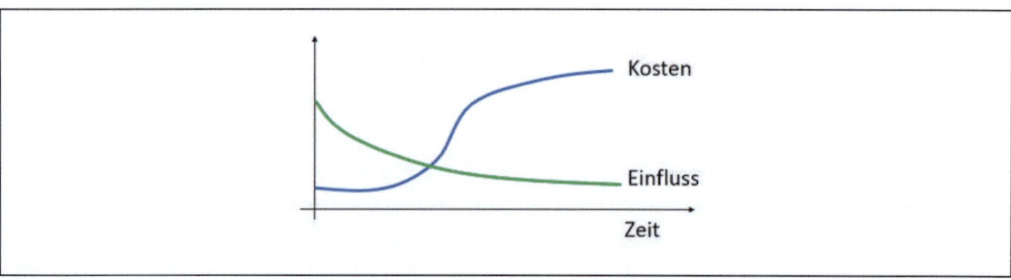

Bild 8-30. Beeinflussbarkeit der Projektkosten

Daraus resultiert, dass der Kostenplan frühzeitig erstellt und auf Probleme frühzeitig regiert wird. Niemals darauf hoffen, dass sich in späten Projektphasen Kosten einsparen lassen.

1-17-08-05_Kostenplan.mpp

Auch dazu ein einfaches Beispiel. Gegeben sind drei Teammitglieder (Bild 8-31).

RESSOURCE: TABELLE

	ⓘ	Ressourc	Art	Max Einh	Standardsat	Überstd.-Satz	Kosten/	Fällig am	Basiskalender
1		Anna	Arbeit	100%	60,00 €/Std.	80,00 €/Std.	40,00 €	Anteilig	Standard
2		Bodo	Arbeit	100%	60,00 €/Std.	80,00 €/Std.	50,00 €	Anteilig	Standard
3		Cleo	Arbeit	100%	60,00 €/Std.	80,00 €/Std.	60,00 €	Anteilig	Standard

Bild 8-31. Ressourcen-Tabelle zum Beispiel

Der Projektplan sieht 10 Vorgänge vor, die auf die 3 Teammitglieder, wie im folgenden Gantt-Diagramm dargestellt, aufgeteilt werden (Bild 8-32).

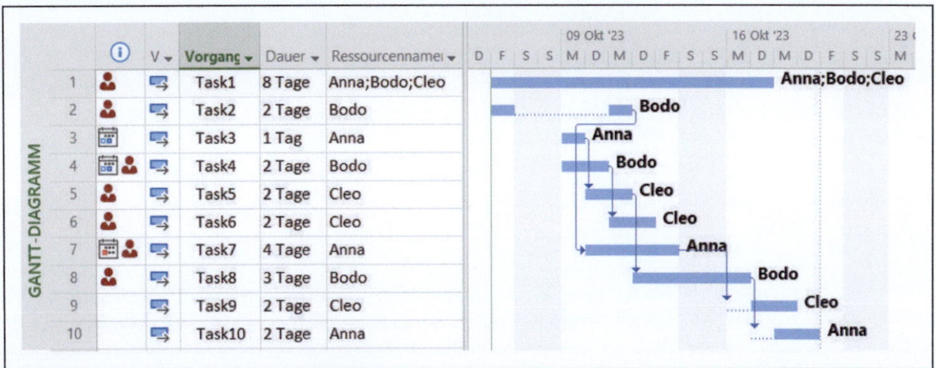

	Vorgang	Dauer	Ressourcenname
1	Task1	8 Tage	Anna;Bodo;Cleo
2	Task2	2 Tage	Bodo
3	Task3	1 Tag	Anna
4	Task4	2 Tage	Bodo
5	Task5	2 Tage	Cleo
6	Task6	2 Tage	Cleo
7	Task7	4 Tage	Anna
8	Task8	3 Tage	Bodo
9	Task9	2 Tage	Cleo
10	Task10	2 Tage	Anna

Bild 8-32. Gantt-Diagramm zum Beispiel

Die Einsätze der Teammitglieder werden nichtlinear in der Ansicht *Vorgang: Einsatz* verteilt (Bild 8-33).

Vorgangsr	Arbeit	Dauer	Einzelheit	F	S	S	09 Okt '23 M	D	M	D	F	S	S	16 Okt '23 M	D	M	D
Task1	104 Std.	8 Tage	Arbeit	24h			8h	24h	16h	8h	8h			8h	8h		
Anna	*24 Std.*		Arbeit	8h			0h	8h	8h								
Bodo	*64 Std.*		Arbeit	8h			8h	8h	8h	8h	8h			8h	8h		
Cleo	*16 Std.*		Arbeit	8h			0h	8h									
Task2	16 Std.	2 Tage	Arbeit	8h			0h	0h	8h								
Bodo	*16 Std.*		Arbeit	8h			0h	0h	8h								
Task3	8 Std.	1 Tag	Arbeit				8h										
Anna	*8 Std.*		Arbeit				8h										
Task4	16 Std.	2 Tage	Arbeit				8h	8h									
Bodo	*16 Std.*		Arbeit				8h	8h									
Task5	16 Std.	2 Tage	Arbeit					8h	8h								
Cleo	*16 Std.*		Arbeit					8h	8h								
Task6	16 Std.	2 Tage	Arbeit						8h	8h							
Cleo	*16 Std.*		Arbeit						8h	8h							
Task7	32 Std.	4 Tage	Arbeit					8h	8h	8h	8h						
Anna	*32 Std.*		Arbeit					8h	8h	8h	8h						
Task8	24 Std.	3 Tage	Arbeit							8h	8h			8h			
Bodo	*24 Std.*		Arbeit							8h	8h			8h			
Task9	16 Std.	2 Tage	Arbeit											0h	8h	8h	
Cleo	*16 Std.*		Arbeit											0h	8h	8h	
Task10	16 Std.	2 Tage	Arbeit												0h	8h	8h
Anna	*16 Std.*		Arbeit												0h	8h	8h

Bild 8-33. Arbeitsverteilung nach Vorgängen

Bei der Verteilung entsteht ein Konflikt, den wir aber für unser Beispiel nicht beachten. Mit der Ansicht *Ressource: Einsatz* lassen sich die Ressourcen-Kapazitäten bestimmen (Bild 8-34). Dazu wird die vorherige Prozedur zur Vorgangs-Kapazitäten-Bestimmung abgeändert.

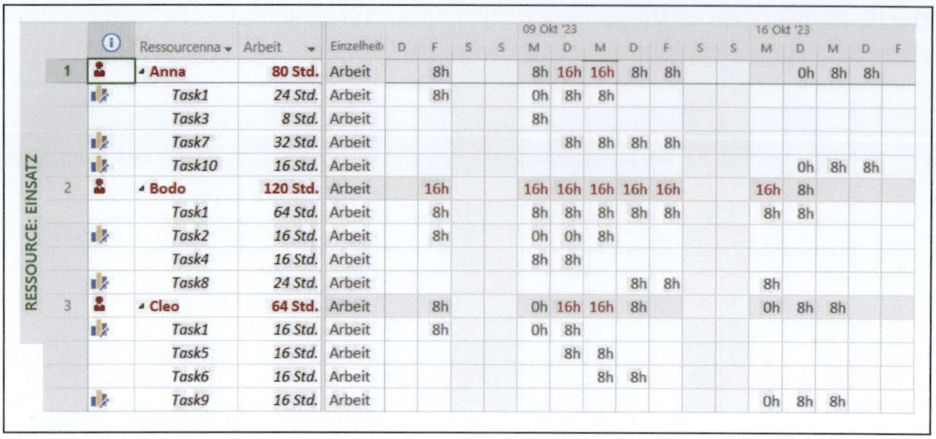

RESSOURCE: EINSATZ

	ⓘ	Ressourcenna ▾	Arbeit ▾	Einzelheit					09 Okt '23							16 Okt '23				
					D	F	S	S	M	D	M	D	F	S	S	M	D	M	D	F
1		◂ **Anna**	**80 Std.**	Arbeit		8h			8h	16h	16h	8h	8h				0h	8h	8h	
		Task1	*24 Std.*	Arbeit		8h			0h	8h	8h									
		Task3	*8 Std.*	Arbeit					8h											
		Task7	*32 Std.*	Arbeit						8h	8h	8h	8h							
		Task10	*16 Std.*	Arbeit													0h	8h	8h	
2		◂ **Bodo**	**120 Std.**	Arbeit		16h			16h	16h	16h	16h	16h			16h	8h			
		Task1	*64 Std.*	Arbeit		8h			8h	8h	8h	8h	8h			8h	8h			
		Task2	*16 Std.*	Arbeit		8h			0h	0h	8h									
		Task4	*16 Std.*	Arbeit					8h	8h										
		Task8	*24 Std.*	Arbeit								8h	8h			8h				
3		◂ **Cleo**	**64 Std.**	Arbeit		8h			0h	16h	16h	8h				0h	8h	8h		
		Task1	*16 Std.*	Arbeit		8h			0h	8h										
		Task5	*16 Std.*	Arbeit						8h	8h									
		Task6	*16 Std.*	Arbeit							8h	8h								
		Task9	*16 Std.*	Arbeit												0h	8h	8h		

Bild 8-34. Arbeitsverteilung nach Ressourcen

Codeliste 8-14. Die Prozedur bestimmt die Ressourcen-Aufwands-Verteilung

```
Sub RessourcenAufwand()
   Dim objRes     As Resource
   Dim objRess    As Resources
   Dim objTSV     As TimeScaleValues
   Dim objApp     As Excel.Application
   Dim objBook    As Excel.Workbook
   Dim objSheet   As Excel.Worksheet
   Dim objRange   As Excel.Range
   Dim objShape   As Excel.Shape
   Dim objChart   As Object
   Dim vStart     As Variant
   Dim vEnde      As Variant
   Dim iRow       As Integer
   Dim iCol       As Integer
   Dim iT         As Integer
   Dim iC         As Integer

'Öffnet Excel-Anwendung
   Set objApp = New Excel.Application
   objApp.Visible = True
   Set objBook = objApp.Workbooks.Add
   Set objSheet = objBook.Worksheets.Add
   objSheet.Name = ActiveProject.Name

'Alle Tasks durchlaufen
   vStart = ActiveProject.ProjectStart
   vEnde = ActiveProject.ProjectFinish
   Set objRess = ActiveProject.Resources
   For iRow = 1 To objRess.Count
      Set objRes = objRess(iRow)
      If Not objRes Is Nothing Then
         iCol = 1
         objSheet.Cells(iRow, iCol) = objRes.Name
         Set objTSV = objRes.TimeScaleData(vStart, _
            vEnde, TimeScaleUnit:=4)
```

```
            For iC = 1 To objTSV.Count
               iCol = iCol + 1
               If Not objTSV(iC).Value = "" Then
                  objSheet.Cells(iRow, iCol) = objTSV(iC).Value / 60
               End If
            Next iC
         End If
      Next iRow
      Set objRange = objSheet.UsedRange
      objRange.Columns.AutoFit
      objRange.Select
   'Diagramm
      Set objShape = objSheet.Shapes.AddChart2(297, xlColumnStacked)
      Set objChart = objShape.Chart
      With objChart
         .FullSeriesCollection(1).Select
         .ChartGroups(1).GapWidth = 0
      End With
   'Objekte löschen
      Set objBook = Nothing
      Set objSheet = Nothing
      Set objTSV = Nothing
      Set objRess = Nothing
      Set objApp = Nothing
   End Sub
```

Die Auswertung liefert die Ressourcen-Aufwandsverteilung (Bild 8-35).

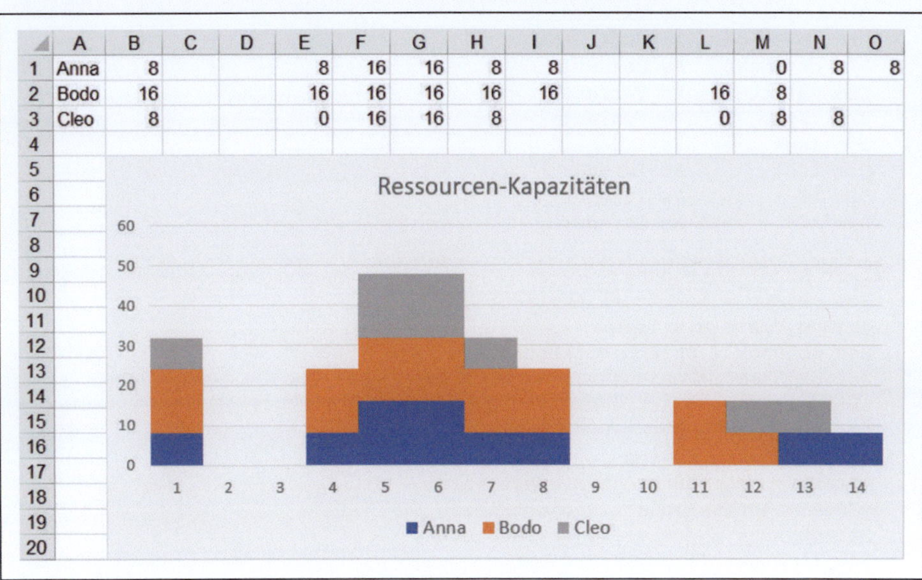

	A	B	C	D	E	F	G	H	I	J	K	L	M	N	O
1	Anna	8			8	16	16	8	8				0	8	8
2	Bodo	16			16	16	16	16	16			16	8		
3	Cleo	8			0	16	16	8				0	8	8	

Bild 8-35. Histogramm zur Ressourcen-Aufwandsverteilung

Im nächsten Schritt werden die zeitbasierten Arbeitsanteile abgewählt und dafür die Kostenanteile ausgewählt (Bild 8-36). Dabei muss beachtet werden, dass die angezeigten Kosten sich aus den festen und variablen Kosten zusammensetzen. Beim Lesen der zeitbasierten Daten werden nur die variablen Kosten übergeben. Für diese Betrachtung ist das ausreichend.

	Ressource	Kosten	Einzelheit	F	09 Okt '23 M	D	M	D	F	16 Okt '23 M	D	M	D
1	**Anna**	**5.000,00 €**	Kost.	530,00 €	530,00 €	1.010,00 €	960,00 €	480,00 €	480,00 €			530,00 €	480,00 €
	Task1	*1.490,00 €*	Kost.	530,00 €	0,00 €	480,00 €	480,00 €						
	Task3	*530,00 €*	Kost.		530,00 €								
	Task7	*1.970,00 €*	Kost.			530,00 €	480,00 €	480,00 €	480,00 €				
	Task10	*1.010,00 €*	Kost.									530,00 €	480,00 €
2	**Bodo**	**7.400,00 €**	Kost.	1.060,00 €	1.010,00 €	960,00 €	960,00 €	1.010,00 €	960,00 €	960,00 €	480,00 €		
	Task1	*3.890,00 €*	Kost.	530,00 €	480,00 €	480,00 €	480,00 €	480,00 €	480,00 €	480,00 €	480,00 €		
	Task2	*1.010,00 €*	Kost.	530,00 €	0,00 €	0,00 €	480,00 €						
	Task4	*1.010,00 €*	Kost.		530,00 €	480,00 €							
	Task8	*1.490,00 €*	Kost.					530,00 €	480,00 €	480,00 €			
3	**Cleo**	**4.040,00 €**	Kost.	530,00 €	0,00 €	1.010,00 €	1.010,00 €	480,00 €			530,00 €	480,00 €	
	Task1	*1.010,00 €*	Kost.	530,00 €	0,00 €	480,00 €							
	Task5	*1.010,00 €*	Kost.			530,00 €	480,00 €						
	Task6	*1.010,00 €*	Kost.				530,00 €	480,00 €					
	Task9	*1.010,00 €*	Kost.								530,00 €	480,00 €	

Bild 8-36. Kostenverteilung nach Ressourcen

Codeliste 8-15. Die Prozedur bestimmt die Ressourcen-Kosten-Kapazitäten

```
Sub RessourcenKosten()
   Dim objRes      As Resource
   Dim objRess     As Resources
   Dim objTSV      As TimeScaleValues
   Dim objApp      As Excel.Application
   Dim objBook     As Excel.Workbook
   Dim objSheet    As Excel.Worksheet
   Dim objRange    As Excel.Range
   Dim objShape    As Excel.Shape
   Dim objChart    As Object
   Dim vStart      As Variant
   Dim vEnde       As Variant
   Dim iRow        As Integer
   Dim iCol        As Integer
   Dim iT          As Integer
   Dim iC          As Integer

'Öffnet Excel-Anwendung
   Set objApp = New Excel.Application
   objApp.Visible = True
   Set objBook = objApp.Workbooks.Add
   Set objSheet = objBook.Worksheets.Add
   objSheet.Name = ActiveProject.Name

'Alle Tasks durchlaufen
   vStart = ActiveProject.ProjectStart
   vEnde = ActiveProject.ProjectFinish
   Set objRess = ActiveProject.Resources
   For iRow = 1 To objRess.Count
      Set objRes = objRess(iRow)
      If Not objRes Is Nothing Then
         iCol = 1
         objSheet.Cells(iRow, iCol) = objRes.Name
         Set objTSV = objRes.TimeScaleData(vStart, _
            vEnde, TimeScaleUnit:=4)
```

```
        For iC = 1 To objTSV.Count
           iCol = iCol + 1
           If Not objTSV(iC).Value = "" Then
              objSheet.Cells(iRow, iCol) = objTSV(iC).Value
           End If
        Next iC
     End If
  Next iRow
  Set objRange = objSheet.UsedRange
  objRange.Columns.AutoFit
  objRange.Select
'Diagramm
  Set objShape = objSheet.Shapes.AddChart2(297, xlColumnStacked)
  Set objChart = objShape.Chart
  With objChart
     .FullSeriesCollection(1).Select
     .ChartGroups(1).GapWidth = 0
  End With
'Objekte löschen
  Set objBook = Nothing
  Set objSheet = Nothing
  Set objTSV = Nothing
  Set objRess = Nothing
  Set objApp = Nothing
End Sub
```

Die Auswertung liefert die Ressourcen-Kostenverteilung (Bild 8-37).

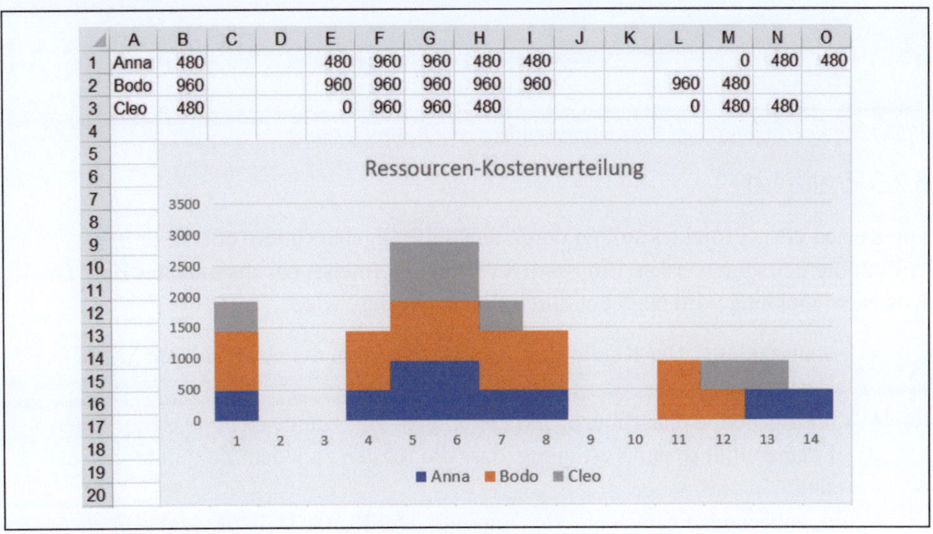

	A	B	C	D	E	F	G	H	I	J	K	L	M	N	O
1	Anna	480			480	960	960	480	480				0	480	480
2	Bodo	960			960	960	960	960	960			960	480		
3	Cleo	480			0	960	960	480				0	480	480	

Bild 8-37. Histogramm zur Ressourcen-Kostenverteilung

Die Daten dieser Auswertung werden so zusammengefasst, dass die Leerzellen der Wochenenden entfallen. Außerdem werden Summe und kumulierte Summe bestimmt (Bild 8-38).

	A	B	C	D	E	F	G	H	I	J	K	L
1	Anna		480	480	960	960	480	480		0	480	480
2	Bodo		960	960	960	960	960	960	960	480		
3	Cleo		480	0	960	960	480		0	480	480	
4	Summe	0	1920	1440	2880	2880	1920	1440	960	960	960	480
5	kumuliert	0	1920	3360	6240	9120	11040	12480	13440	14400	15360	15840

Bild 8-38. Summenbildung

Damit lassen sich die sogenannte Kostenganglinie und die Kostensummenlinie des Projekts darstellen (Bild 8-39).

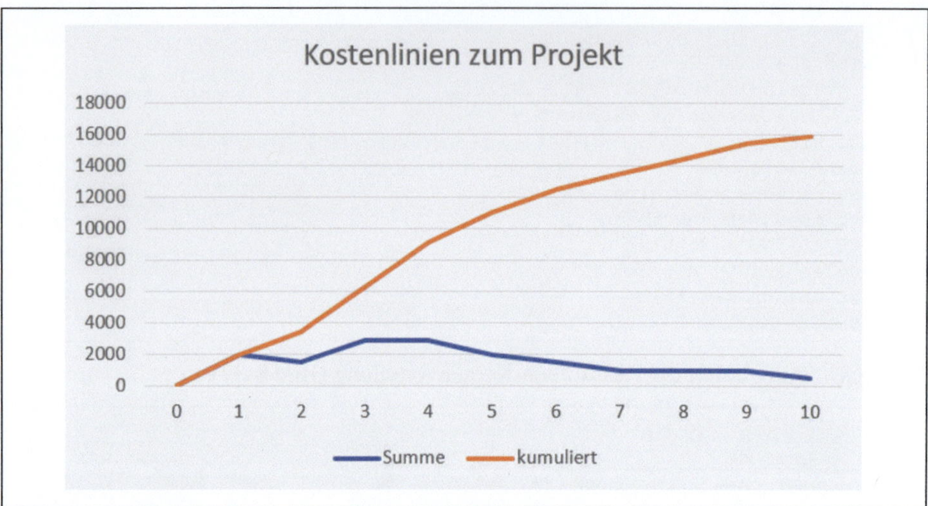

Bild 8-39. Kostengang- und Kostensummenlinie zum Beispielprojekt

8.2.5 Finanzplan

Die Kosten eines Projektes sollten durch den Auftraggeber (intern oder extern) vollständig getragen werden. Ein positiver Ertrag ist (meist) ein zusätzliches Ziel. Die Kostenentwicklung wird begleitet durch Finanzzugänge wie:

- Vorauszahlung: Der Kunde stellt zu Projektbeginn die vollständigen Mittel zur Verfügung
- Vorausgehende phasenbezogene Zahlungen: Der Kunde stellt phasenbezogen Finanzmittel so zur Verfügung, dass die Kosten zu jedem Zeitpunkt gedeckt sind
- Phasenbezogene gemischte Finanzierung: Der Kunde stellt phasenbezogen Finanzmittel so zur Verfügung, dass die Kosten zu "vielen" Zeiten des Projektes gedeckt sind.

Die Finanzzugänge müssen jederzeit über den Kosten liegen (Bild 8-40).

🗁 1-17-08-06_Kostenlinien.mpp

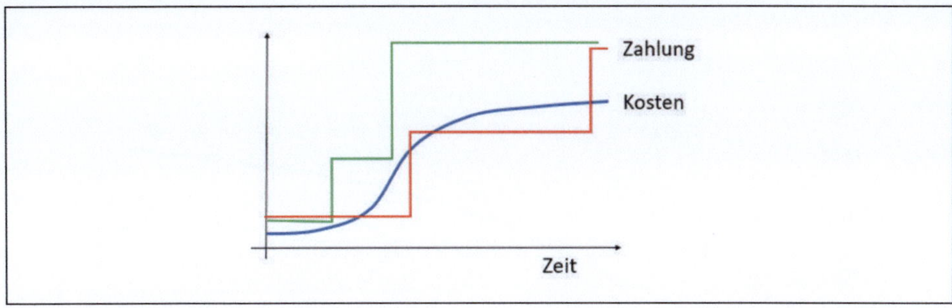

Bild 8-40. Finanzplan

Als Beispiel wird die zuvor ermittelte Kostensummenlinie (Bild 8-39) verwendet. Über das Kontextmenü wird die dazugehörige Trendlinie in der Form eines Polynoms 5. Grades eingeblendet (Bild 8-41).

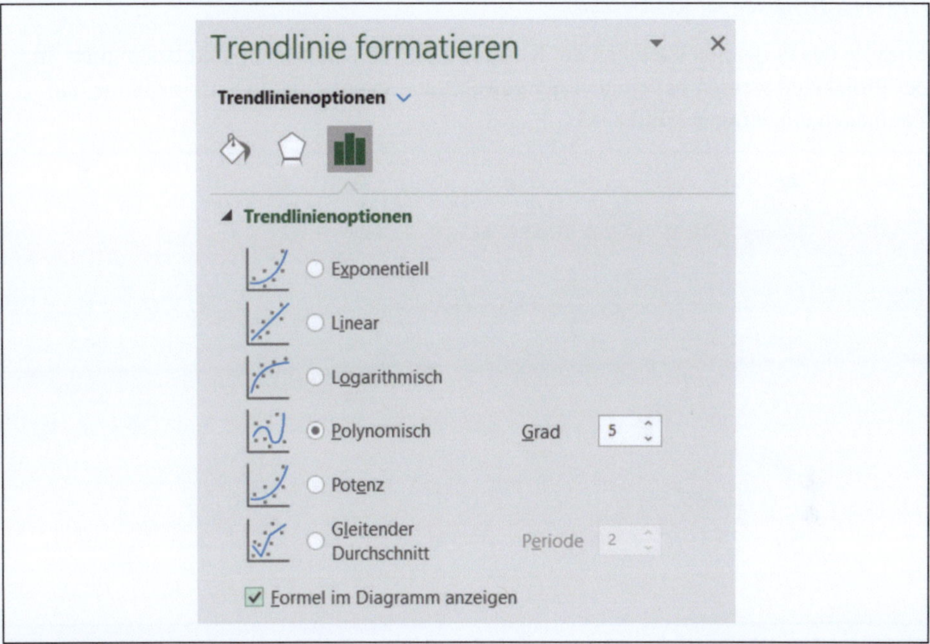

Bild 8-41. Bestimmung der Trendlinie

Im Diagramm wird mit dem Trendpolynom eine ausreichende Deckung der Kurve erzielt und die Formel wird im Diagramm ebenfalls eingeblendet (Bild 8-42).

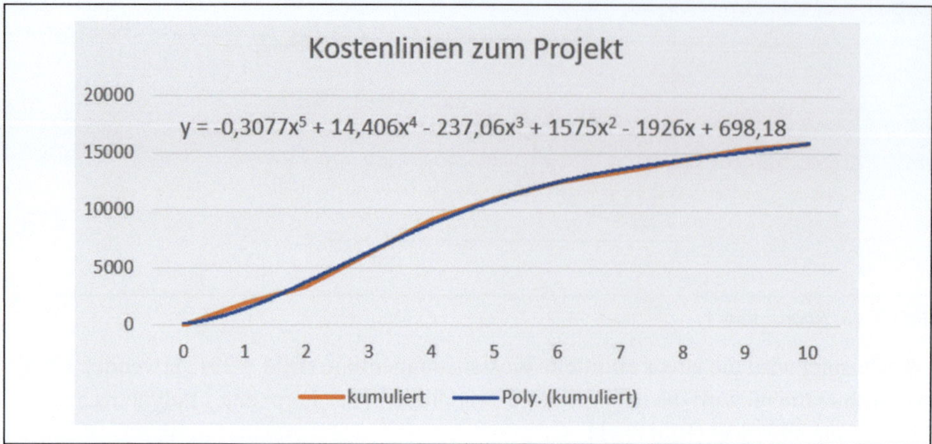

Bild 8-42. Trendlinie zur Kostensumme

Mithilfe des Polynoms lässt sich die Kostensumme zu jedem Zeitpunkt bestimmen. In der Projektzeit werden beliebige Tage gewählt und in der Tabelle Kostensumme und Zahlungen eingetragen (Bild 8-43).

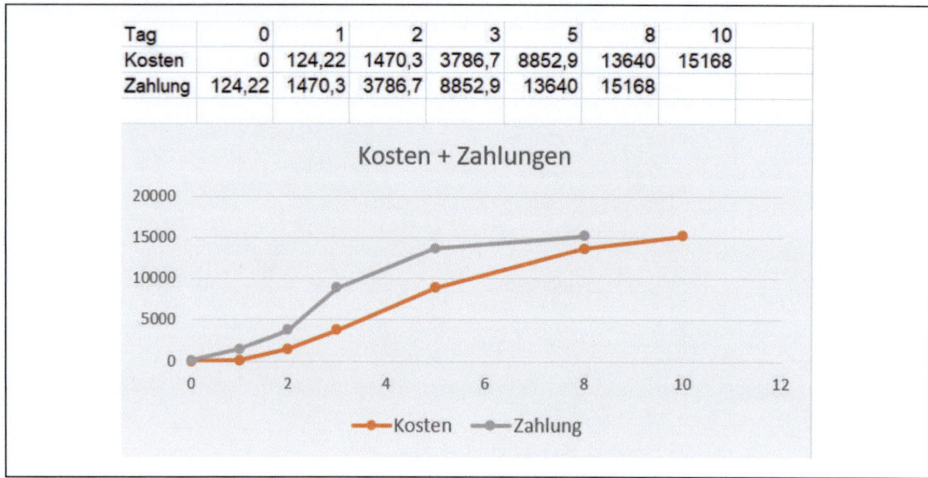

Tag	0	1	2	3	5	8	10
Kosten	0	124,22	1470,3	3786,7	8852,9	13640	15168
Zahlung	124,22	1470,3	3786,7	8852,9	13640	15168	

Bild 8-43. Kostensummenlinie und entsprechende Zahlungen

Mit jeder Änderung der Zahlungsziele (Tage) passen sich die Zahlungswerte an.

Kapitel 9

Zuordnungen

Bei der Erstellung von Vorgängen, Ressourcen und deren Zuordnungen wurde bisher bei den Vorgängen die Vorgangsart *feste Einheiten* verwendet. Doch es gibt auch den Fall, dass ein Vorgang einen *festen Zeitraum* oder eine *feste Dauer* benötigt. Die unterschiedlichen Vorgangsarten kommen dann zum Einsatz, wenn mit Arbeitsressourcen geplant wird.

9.1 Berechnungslogik

9.1.1 Formel

Bei der Zuordnung von Ressourcen ist zwischen einer ersten Zuordnung und einer späteren Zuordnung zu unterscheiden. Bei der ersten Zuordnung einer Ressource verwendet Project immer die folgende Formel bei seinen Berechnungen

$$\text{Dauer} = \frac{\text{Arbeit}}{\text{Einheit}}. \tag{9.1}$$

Liegt die Dauer eines Vorgangs vor und wird ihm dann eine Ressource mit ihrem Einheitenwert zugeordnet, dann berechnet Project (durch Formelumstellung)

$$\text{Arbeit} = \text{Dauer} \cdot \text{Einheiten}. \tag{9.2}$$

Zum Beispiel ergibt sich für einen Vorgang mit einer Dauer von 5 Tagen, dem eine Ressource zu 100 % zugeordnet wird, ein Arbeitsvolumen von

$$\text{Arbeit} = 5\,[\text{Tage}] \cdot 8\,\frac{[\text{Std}]}{[\text{Tag}]} = 40\,[\text{Std}].$$

Die Methode *CalculateAll* berechnet alle geöffneten Projekte. Ihre Syntax lautet

```
CalculateAll
```


H. Nahrstedt, *Project + VBA für Manager*,
https://doi.org/10.1007/978-3-658-43837-1_9

Sie liefert einen booleschen Rückgabewert.

Die Methode *OptionsCalculation* legt Berechnungsoptionen fest. Ihre Syntax lautet

```
OptionsCalculation (Automatic, AutoTrack, SpreadPercentToStatusDate,
SpreadCostsToStatusDate, AutoCalcCosts, FixedCostAccrual,
CalcMultipleCriticalPaths, CriticalSlack, SetDefaults,
CalcInsProjLikeSummTask, MoveCompleted, AndMoveRemaining,
MoveRemaining, AndMoveCompleted, EVMethod, EVBaseline)
```

Tabelle 9-1. Die optionalen Parameter der OptionsCalculation-Methode

Parameter	Datentyp	Beschreibung
Automatisch	Boolean	*True* für den automatischem Berechnungsmodus.
AutoTrack	Boolean	*True*, wenn durch Vorgangsüberwachungsfelder automatisch Ressourcenzuordnungen aktualisiert werden.
SpreadPercentToStatusDate	Boolean	*True*, wenn Vorgänge in Prozent zum Statusdatum abgeschlossen sind.
SpreadCostsToStatusDate	Boolean	*True*, wenn Änderungen an tatsächlichen Gesamtkosten zum Statusdatum verteilt sind.
AutoCalcCosts	Boolean	*True*, wenn die aktuellen Kosten immer von Project berechnet werden.
FixedCostAccrual	Long	Die Standardmethode, wenn feste Kosten fällig sind. Kann eine *pjAccrueAt*-Konstante sein.
CalcMultipleCriticalPaths	Boolean	*True*, wenn Project mehrere kritische Pfade für das Projekt berechnet.
CriticalSlack	Integer	Die maximal zulässige Pufferzeit für kritische Vorgänge.
SetDefaults	Boolean	*True*, wenn die Werte für alle Parameter automatisch die Standardeinstellung für neue Projekte werden.
CalcInsProjLikeSummTask	Boolean	*True*, wenn sich Teilprojekte in einem Hauptprojekt wie normale Sammelvorgänge verhalten.
MoveCompleted	Boolean	*True*, wenn das Ende abgeschlossener Teile von Project nach dem Statusdatum zurück zum Statusdatum verschoben werden soll.
AndMoveRemaining	Boolean	*True*, wenn Project den Anfang verbleibender Teile zurück zum Statusdatum verschieben soll.
MoveRemaining	Boolean	*True*, wenn der Anfang verbleibender Teile von Project vor dem Statusdatum vorwärts zum Statusdatum verschoben werden soll.

Parameter	Datentyp	Beschreibung
AndMoveCompleted	Boolean	*True*, wenn Project das Ende abgeschlossener Teile vorwärts zum Statusdatum verschieben soll.
EVMethod	Long	Die Standardmethode für die Berechnung des Ertragswerts. *pJEarnedValueMethod*-Konstante
EVBaseline	Long	Baseline, die verwendet werden soll. Kann eine *pjBaselines*-Konstante sein.

Tabelle 9-2. Die pJEarnedValueMethod-Konstanten

Konstante	Wert	Beschreibung
pjPercentComplete	0	Prozent abgeschlossen
pjPhysicalPercentComplete	1	Prozent physisch abgeschlossen

Tabelle 9-3. Die pjBaseline-Konstanten

Konstante	Wert	Beschreibung
pjBaseline	0	Basisplan
pjBaseline1 - pjBaseline10	1 - 10	Basisplan1 – Baseline10

9.1.2 Dauer und Arbeit

Bei der Planung mit Arbeitsressourcen gilt es, zwischen den Dimensionen *Dauer* und *Arbeit* zu unterscheiden. Die zeitliche Dimension *Dauer* beschreibt, wieviel Zeit für einen Vorgang zur Verfügung steht und damit auch, wann der Vorgang beginnt und wann er endet. Die aufwandsbezogene Dimension *Arbeit* beschreibt, wieviel Leistung erbracht werden soll. Es geht also um die Fragestellung, wieviel Arbeit in welcher Dauer erbracht werden soll. Dabei ist das Verhältnis von Dauer zu Arbeit nicht zwangsläufig 1:1.

Dazu ein einfaches Beispiel. Fünf Teammitglieder, die zu 100 % einem Vorgang mit einer Dauer von 4 Tagen zugeordnet wurden, können demnach

$$\text{Arbeit} = 5[\text{Mit}] \cdot 4\frac{[\text{Tage}]}{[\text{Mit}]} \cdot 8\frac{[\text{Std}]}{[\text{Tag}]} = 160[\text{Std}],$$

160 Stunden Arbeit leisten.

Bei der Berechnung handelt es sich immer um eine einfache Gleichung mit drei Variablen. Folglich müssen zwei Variable gegeben sein, damit die dritte Variable berechnet werden kann.

Bei weiteren Zuordnungen von Ressourcen zu einem Vorgang sind die Veränderungen von Dauer und Arbeit abhängig von den definierten Vorgangsarten und der Leistungssteuerung.

9.2 Feste Einheiten

🗁 1-17-09-01_FesteEinheiten.mpp

Zur Betrachtung dient ein Gantt-Diagramm mit der Detailansicht *Vorgang: Maske*. Die Tabelle erhält die zusätzlichen Spalten Art und Arbeit (Bild 9-1).

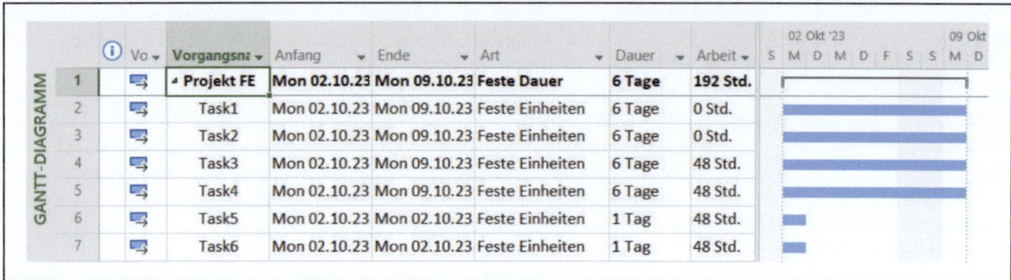

	Vo	Vorgangsname	Anfang	Ende	Art	Dauer	Arbeit
1		Projekt FE	Mon 02.10.23	Mon 09.10.23	Feste Dauer	6 Tage	192 Std.
2		Task1	Mon 02.10.23	Mon 09.10.23	Feste Einheiten	6 Tage	0 Std.
3		Task2	Mon 02.10.23	Mon 09.10.23	Feste Einheiten	6 Tage	0 Std.
4		Task3	Mon 02.10.23	Mon 09.10.23	Feste Einheiten	6 Tage	48 Std.
5		Task4	Mon 02.10.23	Mon 09.10.23	Feste Einheiten	6 Tage	48 Std.
6		Task5	Mon 02.10.23	Mon 02.10.23	Feste Einheiten	1 Tag	48 Std.
7		Task6	Mon 02.10.23	Mon 02.10.23	Feste Einheiten	1 Tag	48 Std.

Bild 9-1. Ausgangsansicht

Task1 und Task2 haben eine Dauer von 6 Tagen. Task3 und Task4 haben die gleiche Dauer und ein Arbeitsvolumen von 48 Stunden. Task5 und Task6 haben eine Dauer von 1 Tag und ein Arbeitsvolumen von 48 Stunden. Zur Verfügung stehen zwei Arbeitsressourcen, die Vollzeitkraft Anna und die Teilzeitkraft Bodo (Bild 9-2).

RESSOURCE: TABELLE

	Ressour	Art	Max. Einh.	Basiskalender
1	Anna	Arbeit	100%	Standard
2	Bodo	Arbeit	50%	Standard

Bild 9-2. Arbeitsressourcen

Als Projektstart wird der 02.10.2023 festgelegt (Bild 9-3).

Anfangstermin:	Mon 02.10.2023	Aktuelles Datum:	Don 29.06.23
Endtermin:	Mit 05.07.23	Statusdatum:	NV
Berechnung vom:	Projektanfangstermin	Kalender:	Standard
	Alle Vorgänge beginnen so früh wie möglich.	Priorität:	500

Bild 9-3. Projektstart

9.2.1 Erste Zuordnung

Die Möglichkeit, den Vorgängen Ressourcen manuell zuzuordnen, besteht in der Ansicht *Vorgang: Tabelle* in Spalte *Ressourcenname* durch eine Auswahlliste (Bild 9-4).

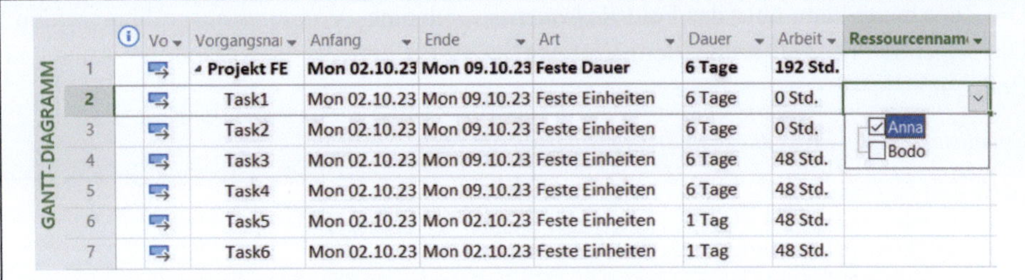

	Vo	Vorgangsname	Anfang	Ende	Art	Dauer	Arbeit	Ressourcenname
1		Projekt FE	Mon 02.10.23	Mon 09.10.23	Feste Dauer	6 Tage	192 Std.	
2		Task1	Mon 02.10.23	Mon 09.10.23	Feste Einheiten	6 Tage	0 Std.	
3		Task2	Mon 02.10.23	Mon 09.10.23	Feste Einheiten	6 Tage	0 Std.	☑ Anna
4		Task3	Mon 02.10.23	Mon 09.10.23	Feste Einheiten	6 Tage	48 Std.	☐ Bodo
5		Task4	Mon 02.10.23	Mon 09.10.23	Feste Einheiten	6 Tage	48 Std.	
6		Task5	Mon 02.10.23	Mon 02.10.23	Feste Einheiten	1 Tag	48 Std.	
7		Task6	Mon 02.10.23	Mon 02.10.23	Feste Einheiten	1 Tag	48 Std.	

Bild 9-4. Auswahl der Ressourcen im Feld Ressourcenname

Eine andere Möglichkeit besteht in der Detailansicht *Vorgang: Maske* (Bild 9-5).

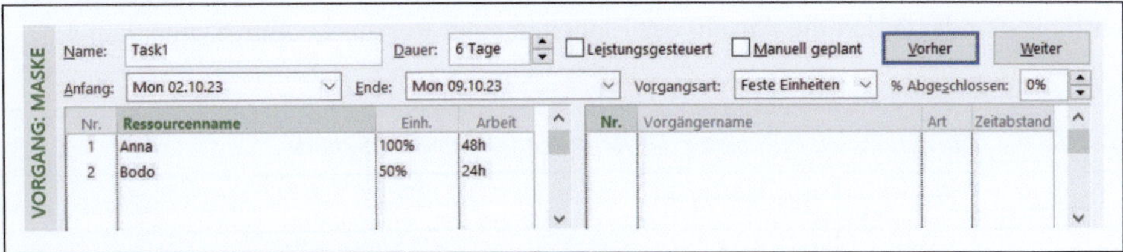

Bild 9-5. Auswahl der Ressourcen in der Detailansicht

Diese Möglichkeit ist vorzuziehen, da mit der Bestätigung durch die OK-Taste die Berechnungsergebnisse angezeigt und notfalls auch korrigiert werden können. Soll eine Ressource mit einem anderen, als dem in der Ressourcentabelle hinterlegten Einheitenwert, dem Vorgang zugeordnet werden, kann ein abweichender Wert direkt in der Detailansicht geändert werden (Bild 9-6).

Nr.	Ressourcenname	Einh.	Arbeit
1	Anna	100%	48h
2	Bodo	50%	24h

Bild 9-6. Korrekturmöglichkeit bei den Einheiten

Nachdem allen Vorgängen eine Ressource zugeordnet wurde, ergeben sich die dargestellten Werte (Bild 9-7).

	Vorgangsname	Anfang	Ende	Art	Dauer	Arbeit	Ressource	02 Okt '23 – 16 Okt '23
1	Projekt FE	Mon 02.10.23	Die 17.10.23	Feste Dauer	12 Tage	264 Std.		
2	Task1	Mon 02.10.23	Mon 09.10.23	Feste Einheiten	6 Tage	48 Std.	Anna	Anna
3	Task2	Mon 02.10.23	Mon 09.10.23	Feste Einheiten	6 Tage	24 Std.	Bodo[50%]	Bodo[50%]
4	Task3	Mon 02.10.23	Mon 09.10.23	Feste Einheiten	6 Tage	48 Std.	Anna	Anna
5	Task4	Mon 02.10.23	Die 17.10.23	Feste Einheiten	12 Tage	48 Std.	Bodo[50%]	Bodo[50%]
6	Task5	Mon 02.10.23	Mon 09.10.23	Feste Einheiten	6 Tage	48 Std.	Anna	Anna
7	Task6	Mon 02.10.23	Die 17.10.23	Feste Einheiten	12 Tage	48 Std.	Bodo[50%]	Bodo[50%]

Bild 9-7. Berechnete Dauer nach Ressourcenzuordnung

Die roten Personen-Symbole in der Indikatorspalte weisen auf eine Überlastung hin, die in diesem Beispiel unberücksichtigt bleibt.

Die Zuordnung kann über das Feld *Ressourcenname* eines Vorgangs ausgeführt werden. Die folgende Prozedur ordnet dem Vorgang Task2 (in Zeile 2) die Ressourcen Anna und Bodo zu.

Codeliste 9-1. Die Prozedur erstellt Zuordnungen für Task2

```
Sub SetAssgnments()
   SelectTaskField Row:=2, Column:="Name", RowRelative:=False
   SetTaskField Field:="Ressourcennamen", _
      Value:="Anna[100%];Bodo[50%]", AllSelectedTasks:=True
   SelectTaskField Row:=2, Column:="Name", RowRelative:=False
End Sub
```

Auch die Methode *ResourceAssignment* weist Ressourcen ausgewählten Vorgängen zu, entfernt sie oder ändert die Anzahl der Einheiten einer Ressource. Ihre Syntax lautet

```
ResourceAssignment (Resources, Operation, With)
```

Tabelle 9-4. Die optionalen Parameter der ResourceAssignment-Methode

Parameter	Datentyp	Beschreibung
Resources	String	Namen der Ressourcen die zugewiesen, entfernt oder in den ausgewählten Vorgängen ersetzt werden sollen.
Operation	Long	Wenn *Operation* nicht angegeben wird, weist Project die Ressourcen den ausgewählten Vorgängen zu. *pjResAssignOperation*-Konstante.
With	String	Gibt bei Verwendung mit der *pjReplace*-Konstante für Operation die Namen der Ressourcen an, die die Ressourcen der ausgewählten Vorgänge ersetzen.

Tabelle 9-5. Die pjResAssignOperation-Konstanten

Konstante	Beschreibung
pjAssign	Weist die angegebenen Ressourcen den ausgewählten Vorgängen zu.
pjRemove	Entfernt die angegebenen Ressourcen von den ausgewählten Vorgängen.
pjReplace	Die von *With* angegebenen Ressourcen ersetzen die durch Resources angegebenen Ressourcen.
pjChange	Ändert die Ressourceneinheiten für die angegebene Ressource. Diese Konstante kann nur für eine einzelne Ressource verwendet werden.

Codeliste 9-2. Die Prozedur entfernt Zuordnungen

```
Sub RemoveAssignments()
    ViewApplyEx Name:="&Gantt-Diagramm", ApplyTo:=0
    SelectTaskField Row:=2, Column:="Name", RowRelative:=False
    ResourceAssignment Resources:="Bodo", Operation:=pjRemove
    ResourceAssignment Resources:="Anna", Operation:=pjRemove
End Sub
```

Die Methode *ResourceAssiggnmentDialog* zeigt das Dialogfenster *Ressourcen zuordnen* an, zeigt den Bereich *Listenoptionen für Ressourcen* an oder blendet ihn aus und definiert Felder und Filter. Ihre Syntax lautet

```
ResourceAssignmentDialog (ShowResourceListOptions, ResourceListFields,
UseNameFilter, Filtername, UseAvailableToWorkFilter, AvailableToWork)
```

Tabelle 9-6. Die optionalen Parameter der ResourceAssignmentDialog-Methode

Parameter	Datentyp	Beschreibung
ShowResourceListOptions	Boolean	*True*, wenn Project die *Listenoptionen für Ressourcen* anzeigen soll. Standardwert ist *False*.
ResourceListFields	Long	Daten zur Felderauflistung aus dem aktiven Projekt. Eine p*jAssignResourcesListFields*-Konstante.
UseNamedFilter	Boolean	*True*, wenn Project Ressourcenlisten nach dem in *FilterName* angegebenen Filter filtert.
FilterName	String	Zeichenfolge, die den Namen des Ressourcenfilters darstellt, der auf die Ressourcenliste angewendet werden soll.
UseAvailableToWorkFilter	Boolean	*True*, wenn Project die Ressourcenliste nach Verfügbarkeit einer Ressource für Arbeit filtert.
AvailableToWork	Variant	Die Anzahl der Stunden, die eine Ressource für Arbeit verfügbar ist, ohne den Buchstaben zur Angabe der Einheiten.

Tabelle 9-7. Die pjAssignResourcesListFields-Konstanten

Konstante	Wert	Beschreibung
pjAllColumns	2	Alle Spalten
pjBasic	1	Vorgegebene Spaltengruppe

Codeliste 9-3. Die Prozedur ruft das Dialogfenster Ressourcen zuordnen auf mit Listenoptionen

```
Sub ViewAssignmentDialog()
   ResourceAssignmentDialog ShowResourceListOptions:=True
End Sub
```

Die folgende Prozedur fordert die Eingabe eines Ressourcennamens, um ihn in den markierten Vorgängen einzutragen.

Codeliste 9-4. Die Prozedur ordnet im Dialog Ressorcen zu

```
Sub AssignResourceToSelectedTasks()
   Dim sText    As String     'Name der Ressource
   Dim objRes   As Resource   'Ressource in der Ressourcensammlung
   Dim bFound   As Boolean    'Merker

   sText = InputBox("Name der Ressource eingeben!")
   bFound = False
```

```
    For Each objRes In ActiveProject.Resources
       If sText = objRes.Name Then bFound = True
    Next
    If bFound Then
       ResourceAssignment Resources:=sText, Operation:=pjAssign
    Else
       MsgBox "Ressource " & sText & "existiert nicht! "
    End If
End Sub
```

Im Dialogfenster werden die vorhandenen Ressourcen vorgegeben (Bild 9-8).

Bild 9-8. Ressourcen den markierten Vorgängen zuordnen

Die Eingabe erfolgt in einem Eingabefeld (Bild 9-9).

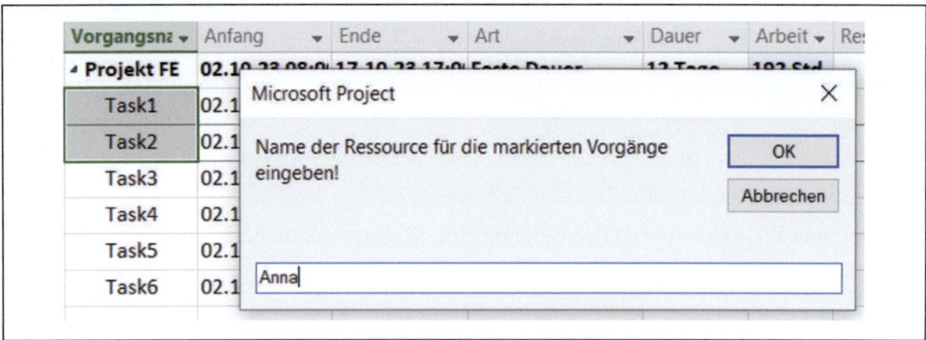

Bild 9-9. Eingabe des Ressourcennamens für die markierten Vorgänge

Nach Bestätigung der Eingabe wird die Ressource im Ressourcenpool gesucht. Ist sie nicht vorhanden, dann erscheint ein Fehlerhinweis. Existiert eine Ressource mit diesem Namen, dann wird sie bei den markierten Vorgängen eingetragen (Bild 9-10).

	ⓘ	Vo	Vorgangsnz	Anfang	Ende	Art	Dauer	Arbeit	Ressourcei
1			**Projekt FE**	**02.10.23 08:0**	**17.10.23 17:0**	**Feste Dauer**	**12 Tage**	**336 Std.**	
2			Task1	02.10.23 08:0	17.10.23 17:0	Feste Einheiten	12 Tage	96 Std.	Anna
3			Task2	02.10.23 08:0	09.10.23 17:0	Feste Einheiten	6 Tage	48 Std.	Anna
4			Task3	02.10.23 08:0	09.10.23 17:0	Feste Einheiten	6 Tage	48 Std.	
5			Task4	02.10.23 08:0	09.10.23 17:0	Feste Einheiten	6 Tage	48 Std.	
6			Task5	02.10.23 08:0	02.10.23 17:0	Feste Einheiten	1 Tag	48 Std.	
7			Task6	02.10.23 08:0	02.10.23 17:0	Feste Einheiten	1 Tag	48 Std.	

Bild 9-10. Die zugeordnete Ressource

9.2.2 Änderung der Dauer

Zuvor wurde gezeigt, wie Project *Arbeit* und *Dauer* berechnet, wenn eine Arbeitsressource zugeordnet wird. Jetzt folgt eine Betrachtung, welche Ergebnisse Project berechnet, wenn sich die Variablenwerte ändern. Ist eine Ressource einem Vorgang zugewiesen, so ist die Gleichung der Berechnungslogik ausgeglichen und alle drei Variablen besitzen einen Wert.

Die Dauer von Task2 wird von 6 Tage auf 8 Tage erhöht (Bild 9-11).

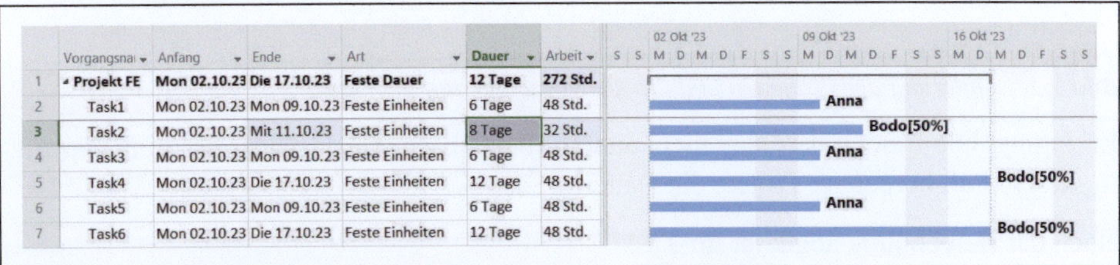

	Vorgangsnai	Anfang	Ende	Art	Dauer	Arbeit
1	**Projekt FE**	**Mon 02.10.23**	**Die 17.10.23**	**Feste Dauer**	**12 Tage**	**272 Std.**
2	Task1	Mon 02.10.23	Mon 09.10.23	Feste Einheiten	6 Tage	48 Std.
3	Task2	Mon 02.10.23	Mit 11.10.23	Feste Einheiten	8 Tage	32 Std.
4	Task3	Mon 02.10.23	Mon 09.10.23	Feste Einheiten	6 Tage	48 Std.
5	Task4	Mon 02.10.23	Die 17.10.23	Feste Einheiten	12 Tage	48 Std.
6	Task5	Mon 02.10.23	Mon 09.10.23	Feste Einheiten	6 Tage	48 Std.
7	Task6	Mon 02.10.23	Die 17.10.23	Feste Einheiten	12 Tage	48 Std.

Bild 9-11. Änderung der Dauer und die Auswirkungen auf die Arbeit

Erklärung: Die Einheit darf sich nicht ändern (Feste Einheiten). Die Dauer ist der Vorgabewert, folglich berechnet Project das Arbeitsvolumen. Nach der Berechnungslogik ist für Task2

$$\text{Arbeit} = 8\,[\text{Tage}] \cdot \left(50\% \cdot 8\,\frac{[\text{Std}]}{[\text{Tag}]}\right) = 32\,[\text{Std}].$$

9.2.3 Änderung der Arbeit

Die Arbeit von Task1 von 48 Stunden wird auf 56 Stunden erhöht (Bild 9-12).

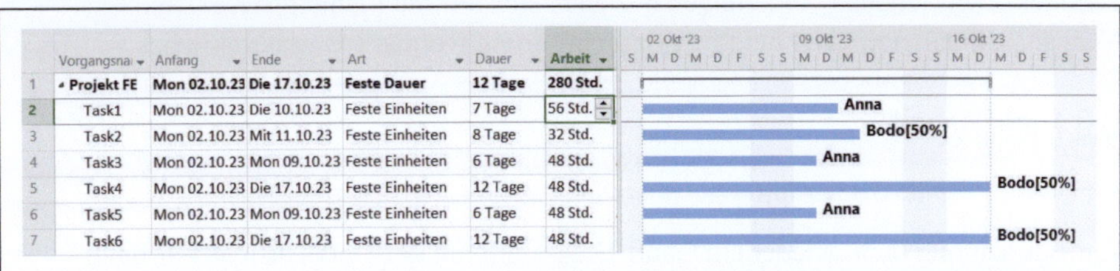

	Vorgangsnai	Anfang	Ende	Art	Dauer	Arbeit
1	**Projekt FE**	**Mon 02.10.23**	**Die 17.10.23**	**Feste Dauer**	**12 Tage**	**280 Std.**
2	Task1	Mon 02.10.23	Die 10.10.23	Feste Einheiten	7 Tage	56 Std.
3	Task2	Mon 02.10.23	Mit 11.10.23	Feste Einheiten	8 Tage	32 Std.
4	Task3	Mon 02.10.23	Mon 09.10.23	Feste Einheiten	6 Tage	48 Std.
5	Task4	Mon 02.10.23	Die 17.10.23	Feste Einheiten	12 Tage	48 Std.
6	Task5	Mon 02.10.23	Mon 09.10.23	Feste Einheiten	6 Tage	48 Std.
7	Task6	Mon 02.10.23	Die 17.10.23	Feste Einheiten	12 Tage	48 Std.

Bild 9-12. Änderung der Arbeit und die Auswirkungen auf die Dauer

Erklärung: Die Einheit darf sich nicht ändern (Feste Einheiten). Das Arbeitsvolumen ist der Vorgabewert. Folglich berechnet Project die Dauer.

Nach der Berechnungslogik ist für Task1

$$\text{Dauer} = 56\ [\text{Std}]/(100\% \cdot 8\frac{[\text{Std}]}{[\text{Tag}]}) = 7\ [\text{Tage}].$$

9.2.4 Änderung der Einheit

Der Einheitenwert von Task6 wird von 50% auf 100% geändert (Bild 9-13).

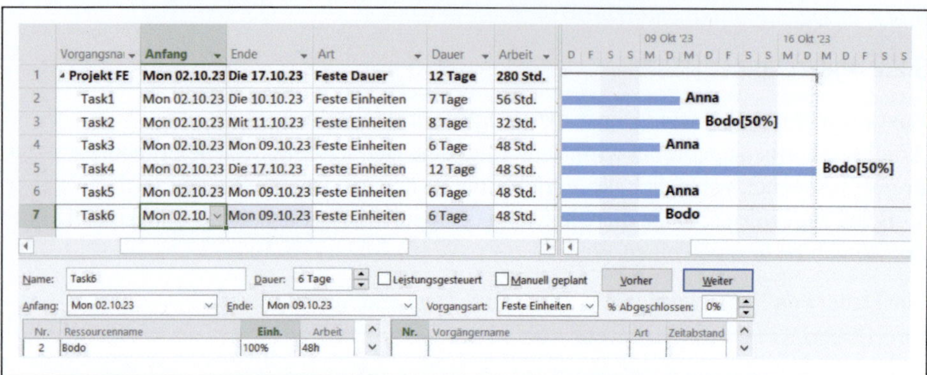

	Vorgangsname	Anfang	Ende	Art	Dauer	Arbeit
1	Projekt FE	Mon 02.10.23	Die 17.10.23	Feste Dauer	12 Tage	280 Std.
2	Task1	Mon 02.10.23	Die 10.10.23	Feste Einheiten	7 Tage	56 Std.
3	Task2	Mon 02.10.23	Mit 11.10.23	Feste Einheiten	8 Tage	32 Std.
4	Task3	Mon 02.10.23	Mon 09.10.23	Feste Einheiten	6 Tage	48 Std.
5	Task4	Mon 02.10.23	Die 17.10.23	Feste Einheiten	12 Tage	48 Std.
6	Task5	Mon 02.10.23	Mon 09.10.23	Feste Einheiten	6 Tage	48 Std.
7	Task6	Mon 02.10.	Mon 09.10.23	Feste Einheiten	6 Tage	48 Std.

Bild 9-13. Änderung der Einheiten und die Auswirkungen auf die Dauer

Erklärung: Die Einheit darf sich nicht ändern (Feste Einheiten) ist aber der Eingabewert. In diesem Fall berechnet Project die Dauer.

Nach der Berechnungslogik ist für Task6

$$\text{Dauer} = 48\ [\text{Std}]/(100\% \cdot 8\frac{[\text{Std}]}{[\text{Tag}]}) = 6\ [\text{Tage}].$$

Fazit - Feste Einheiten

Die Vorgangsart *Feste Einheit* bietet sich als Planungsoption dann an,
wenn sichergestellt werden muss, dass der Anteil der Arbeitszeit pro Tag (Einheiten), mit dem einer Ressource auf einen Vorgang zugeordnet wird, bei einer Änderung der Dauer (zeitliche Dimension) oder der Arbeit (aufwandsbezogene Dimension) konstant bleiben soll.

Die hier beschriebenen Änderungen beziehen sich auf die Planungphase. Die Vorgangsaktualisierungen bei Projektdurchführung werden später beschrieben.

9.3 Feste Arbeit

🗁 1-17-09-02_FesteArbeit.mpp

Zur Betrachtung dient wieder ein Gantt-Diagramm mit der Detailansicht *Vorgang: Maske*. Die Tabelle erhält die zusätzlichen Spalten Art und Arbeit (Bild 9-14).

	Vorgangsname	Anfang	Ende	Art	Dauer	Arbeit	Ress
1	**Projekt FA**	**Mon 02.10.23**	**Mon 09.10.23**	**Feste Dauer**	**6 Tage**	**96 Std.**	
2	Task1	Mon 02.10.23	Mon 09.10.23	Feste Arbeit	6 Tage	0 Std.	
3	Task2	Mon 02.10.23	Mon 09.10.23	Feste Arbeit	6 Tage	0 Std.	
4	Task3	Mon 02.10.23	Mon 02.10.23	Feste Arbeit	1 Tag	48 Std.	
5	Task4	Mon 02.10.23	Mon 02.10.23	Feste Arbeit	1 Tag	48 Std.	

Bild 9-14. Ausgangsansicht

Task1 und Task2 haben eine Dauer von 6 Tagen. Task3 und Task4 haben eine Dauer von einem Tag und ein Arbeitsvolumen von 48 Stunden. Zur Verfügung stehen wieder die zwei Arbeitsressourcen, die Vollzeitkraft Anna und die Teilzeitkraft Bodo. Der Projektstart ist ebenfalls der 02.10.2023.

9.3.1 Erste Zuordnung

Nach der Zuordnung ergeben sich neue Werte (Bild 9-15).

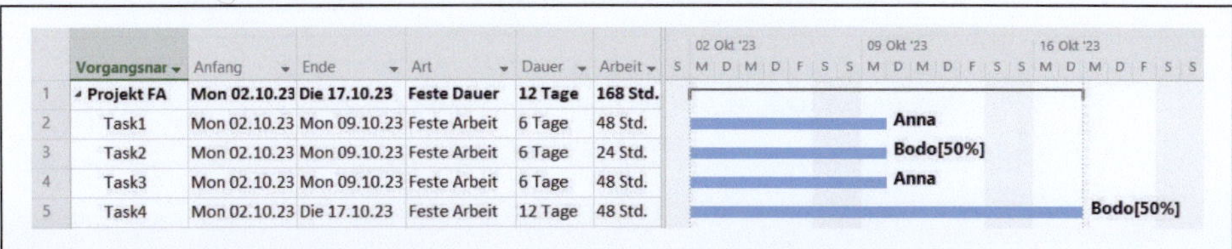

	Vorgangsname	Anfang	Ende	Art	Dauer	Arbeit
1	**Projekt FA**	**Mon 02.10.23**	**Die 17.10.23**	**Feste Dauer**	**12 Tage**	**168 Std.**
2	Task1	Mon 02.10.23	Mon 09.10.23	Feste Arbeit	6 Tage	48 Std.
3	Task2	Mon 02.10.23	Mon 09.10.23	Feste Arbeit	6 Tage	24 Std.
4	Task3	Mon 02.10.23	Mon 09.10.23	Feste Arbeit	6 Tage	48 Std.
5	Task4	Mon 02.10.23	Die 17.10.23	Feste Arbeit	12 Tage	48 Std.

Bild 9-15. Berechnete Dauer und Arbeit nach Ressourcenzuordnung

9.3.2 Änderung der Dauer

In Task1 wird die Dauer von 6 Tage auf 8 Tage erhöht (Bild 9-16).

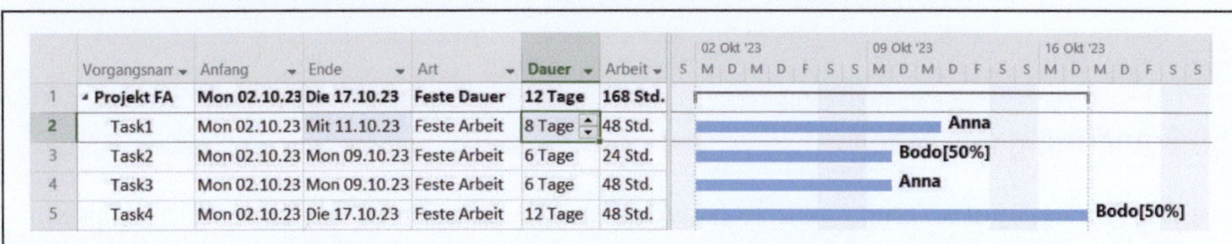

	Vorgangsname	Anfang	Ende	Art	Dauer	Arbeit
1	**Projekt FA**	**Mon 02.10.23**	**Die 17.10.23**	**Feste Dauer**	**12 Tage**	**168 Std.**
2	Task1	Mon 02.10.23	Mit 11.10.23	Feste Arbeit	8 Tage	48 Std.
3	Task2	Mon 02.10.23	Mon 09.10.23	Feste Arbeit	6 Tage	24 Std.
4	Task3	Mon 02.10.23	Mon 09.10.23	Feste Arbeit	6 Tage	48 Std.
5	Task4	Mon 02.10.23	Die 17.10.23	Feste Arbeit	12 Tage	48 Std.

Bild 9-16. Änderung der Dauer und die Auswirkungen auf die Arbeit

Erklärung: Das Arbeitsvolumen darf sich nicht ändern (Feste Arbeit). Die Dauer ist der Eingabewert. Folglich berechnet Project die Einheit.

Nach der Berechnungslogik ist für Task1

$$\text{Einheit} = \frac{48\ [\text{Std}]}{8\ [\text{Tage}] \cdot 8\,\frac{[\text{Std}]}{[\text{Tag}]}} \cdot 100\% = 75\%.$$

Verwirrend ist, dass in der Detailansicht *Vorgangsmaske: Maske* für Anna immer noch 100 % angegeben sind (Bild 9-17). Hier müsste jetzt doch ein anderer Wert stehen?

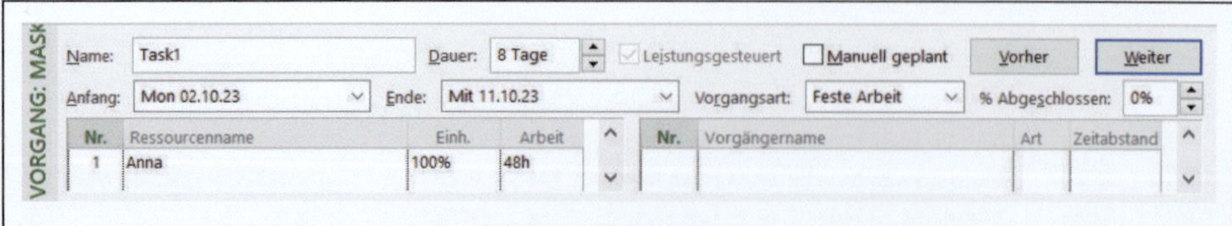

Bild 9-17. Einheiten der Arbeitsressource nach Änderung

48 Stunden Arbeit verteilt auf 8 Tage bedeutet je Tag 6 Stunden Arbeit. Und 6 Stunden zu 8 Stunden Verfügbarkeit ergibt 75 % Auslastung. In dem Feld *Einheiten* wird aber immer der Wert angezeigt, mit dem die Arbeitsressource dem Vorgang erstmalig zugeordnet wurde. Dieser Wert bleibt so lange erhalten, bis er manuell überschrieben wird. Ihn verwendet Project bei der Berechnung, wenn sich das Arbeitsvolumen des Vorgangs ändert.

Noch einmal zurück zur Frage, warum nicht der neue Einheitenwert 75 % angezeigt wird. Tatsächlich hat Project im Hintergrund diesen neuen Wert bereits berechnet, zu sehen in der Ansicht *Ressourcen: Einsatz* (Bild 9-18).

	ⓘ	Ressourcenname	Arbeit	Einzelheit	02 Okt '23 M	D	M	D	F
1		◢ Anna	96 Std.	Arbeit	14h	14h	14h	14h	14h
		Task1	*48 Std.*	Arbeit	6h	6h	6h	6h	6h
		Task3	*48 Std.*	Arbeit	8h	8h	8h	8h	8h

Bild 9-18. Verteilung des Arbeitsvolumens von Task1 nach Änderung der Dauer

Codeliste 9-5. Die Prozedur ändert die Dauer von Task2 auf den Wert 8

```
Sub ChangeTaskDuration
   SelectTaskField Row:=2, Column:="Dauer", RowRelative:=False
   SetTaskField Field:="Dauer", Value:="8", TaskID:=2
End Sub
```

9.3.3 Änderung der Arbeit

Mit der Änderung der Arbeit von 48 Stunden auf 40 Stunden in Task1 wird die Dauer neu berechnet (Bild 9-19).

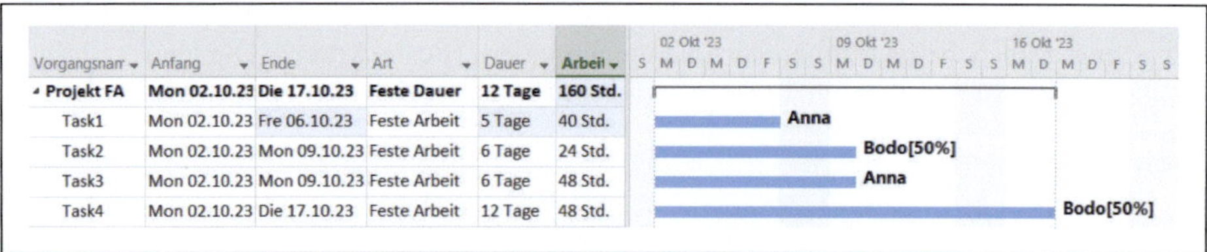

Vorgangsname	Anfang	Ende	Art	Dauer	Arbeit
◢ Projekt FA	Mon 02.10.23	Die 17.10.23	Feste Dauer	12 Tage	160 Std.
Task1	Mon 02.10.23	Fre 06.10.23	Feste Arbeit	5 Tage	40 Std.
Task2	Mon 02.10.23	Mon 09.10.23	Feste Arbeit	6 Tage	24 Std.
Task3	Mon 02.10.23	Mon 09.10.23	Feste Arbeit	6 Tage	48 Std.
Task4	Mon 02.10.23	Die 17.10.23	Feste Arbeit	12 Tage	48 Std.

Bild 9-19. Auswirkungen mit der Änderung der Arbeit in Task1

Erklärung: Zuvor wurde für Task1 die Einheit auf 75 % und 8 Tage gesetzt. Mit Änderung der Arbeit verwendet Project wieder den Einheitenwert 100 %, den der Vorgang erstmalig durch Zuordnung von Anna erhielt. Hier zeigt sich, dass Project sich konsequent verhält. Das Arbeitsvolumen wurde zwar geändert, ist aber ein Vorgabewert und darf wegen der Einstellung Feste Arbeit nicht neu berechnet werden. Der Einheitenwert von Anna ist mit 100 % ebenfalls vorgegeben. Folglich wird die Dauer neu berechnet.

Nach der Berechnungslogik ist für Task1

$$\text{Dauer} = 40\,[\text{Std}]/(100\% \cdot 8\,\frac{[\text{Std}]}{[\text{Tag}]}) = 5\,[\text{Tage}].$$

Codeliste 9-6. Die Prozedur ändert die Arbeit von Task1 auf den Wert 40

```
Sub ChangeTaskWork()
   SelectTaskField Row:=2, Column:="Arbeit", RowRelative:=False
   SetTaskField Field:="Arbeit", Value:="40"
End Sub
```

9.3.4 Änderung der Einheit

Der Einheitenwert der Ressource von Task1 wird von 100 % auf 75 % geändert (Bild 9-20).

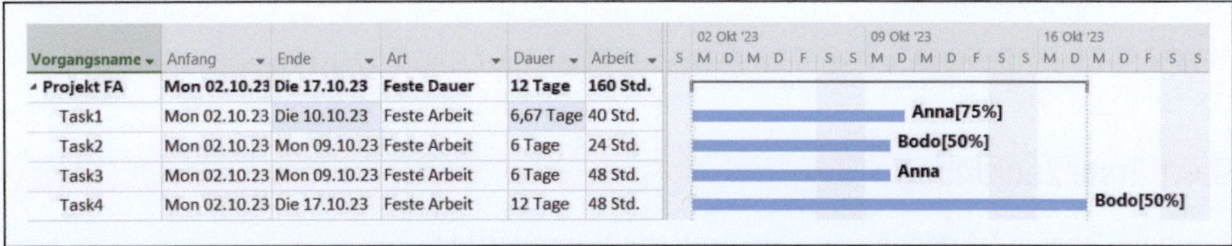

Vorgangsname	Anfang	Ende	Art	Dauer	Arbeit
Projekt FA	**Mon 02.10.23**	**Die 17.10.23**	**Feste Dauer**	**12 Tage**	**160 Std.**
Task1	Mon 02.10.23	Die 10.10.23	Feste Arbeit	6,67 Tage	40 Std.
Task2	Mon 02.10.23	Mon 09.10.23	Feste Arbeit	6 Tage	24 Std.
Task3	Mon 02.10.23	Mon 09.10.23	Feste Arbeit	6 Tage	48 Std.
Task4	Mon 02.10.23	Die 17.10.23	Feste Arbeit	12 Tage	48 Std.

Bild 9-20. Auswirkungen mit der Änderung der Einheit von Task1 auf die Dauer

Erklärung: Da das Arbeitsvolumen sich nicht ändern darf (Feste Arbeit) und die Einheit der Vorgabewert ist, berechnet Project die Dauer.

Nach der Berechnungslogik ist für Task1

$$\text{Dauer} = 40\,[\text{Std}]/(75\% \cdot 8\,\frac{[\text{Std}]}{[\text{Tag}]}) = 6{,}67\,[\text{Tage}].$$

Codeliste 9-7. Die Prozedur ändert die Einheit der Ressource von Task1 auf den Wert 75%

```
Sub ChangeResourceUnit()
   SelectTaskField Row:=2, _
      Column:="Ressourcennamen", RowRelative:=False
   SetTaskField Field:="Ressourcennamen", _
      Value:="Anna[75%]", AllSelectedTasks:=True
End Sub
```

Fazit – Feste Arbeit

Die Planung mit der Vorgangsart *Feste Arbeit* bietet sich immer dann an, wenn für einen Vorgang ein geschätztes Arbeitsvolumen vorliegt und durch Zuordnung der Arbeitsressourcen die Vorgangsdauern berechnet werden soll. Oder, wenn ein gegebenes

Arbeitsvolumen eines Vorgangs konstant bleiben und über eine bestimmte Dauer verteilt werden soll.

9.4 Feste Dauer

🗁 1-17-09-03_FesteDauer.mpp

Ausgangssituation ist ein Projekt mit vier Aufgaben, von denen Task1 und Task2 eine Dauer von 6 Tagen benötigen. Task3 und Task4 benötigen nur einen Tag, haben aber ein Arbeitsvolumen von 48 Stunden (Bild 9-21).

	Vorgangsname	Anfang	Ende	Art	Dauer	Arbeit
1	**Projekt FD**	**Mon 02.10.23**	**Mon 09.10.23**	**Feste Dauer**	**6 Tage**	**96 Std.**
2	Task1	Mon 02.10.23	Mon 09.10.23	Feste Dauer	6 Tage	0 Std.
3	Task2	Mon 02.10.23	Mon 09.10.23	Feste Dauer	6 Tage	0 Std.
4	Task3	Mon 02.10.23	Mon 02.10.23	Feste Dauer	1 Tag	48 Std.
5	Task4	Mon 02.10.23	Mon 02.10.23	Feste Dauer	1 Tag	48 Std.

Bild 9-21. Ausgangsansicht

Wieder gibt es die beiden Arbeitsressourcen Anna und Bodo. Der Projektstart ist am 02.10.2023.

9.4.1 Erste Zuordnung

Nach der ersten Zuordnung ergeben sich die Werte (Bild 9-22).

Vorgangsname	Anfang	Ende	Art	Dauer	Arbeit	
Projekt FD	**Mon 02.10.23**	**Mon 09.10.23**	**Feste Dauer**	**6 Tage**	**168 Std.**	
Task1	Mon 02.10.23	Mon 09.10.23	Feste Dauer	6 Tage	48 Std.	Anna
Task2	Mon 02.10.23	Mon 09.10.23	Feste Dauer	6 Tage	24 Std.	Bodo[50%]
Task3	Mon 02.10.23	Mon 02.10.23	Feste Dauer	1 Tag	48 Std.	Anna[600%]
Task4	Mon 02.10.23	Mon 02.10.23	Feste Dauer	1 Tag	48 Std.	Bodo[600%]

Bild 9-22. Berechnete Arbeit und Einheiten nach Ressourcenzuordnung

9.4.2 Änderung der Arbeit

In Task1 wird die Arbeit von 48 Stunden auf 36 Stunden reduziert, während die Arbeit in Task3 von 48 Stunden auf 64 Stunden erhöht wird (Bild 9-23).

Vorgangsname	Anfang	Ende	Art	Dauer	Arbeit	
Projekt FD	**Mon 02.10.23**	**Mon 09.10.23**	**Feste Dauer**	**6 Tage**	**172 Std.**	
Task1	Mon 02.10.23	Mon 09.10.23	Feste Dauer	6 Tage	36 Std.	Anna
Task2	Mon 02.10.23	Mon 09.10.23	Feste Dauer	6 Tage	24 Std.	Bodo[50%]
Task3	Mon 02.10.23	Mon 02.10.23	Feste Dauer	1 Tag	64 Std.	Anna[600%]
Task4	Mon 02.10.23	Mon 02.10.23	Feste Dauer	1 Tag	48 Std.	Bodo[600%]

Bild 9-23. Auswirkungen mit der Änderung der Arbeit in Task1 und Task3

Außer den manuell geänderten Werten gibt es keine Veränderung, nur das Anna und Bodo jetzt mehr bzw. weniger Arbeit in der gleichen Zeit zu leisten haben. Entsprechendes lässt sich auch mit Task2 und Task4 feststellen.

Erklärung: Die Dauer darf sich wegen der Vorgangsart *Feste Dauer* nicht ändern. Die angezeigten Einheiten sind die, mit denen die Arbeitsressourcen erstmalig den Vorgängen zugeordnet wurden und ändern sich ebenfalls nicht. Folglich ändern sich die Dauer ebenfalls nicht. Nach der Berechnungslogik ist für Task1

$$\text{Arbeit} = 6\,[\text{Tage}] \cdot (100\% \cdot 6\frac{[\text{Std}]}{[\text{Tag}]}) = 36\,[\text{Std}].$$

In der Ansicht Vorgang: Einsatz sind die Arbeitsanteile/Tag zu sehen (Bild 9-24).

Vorgangsname	Arbeit	Dauer	Anfang	Ende	Einzelheit	02 Okt '23 M	D	M	D	F	09 Okt '23 M
Projekt FD	**172 Std.**	**6 Tage**	**Mon 02.10.23**	**Mon 09.10.23**	Arbeit	122h	10h	10h	10h	10h	10h
Task1	36 Std.	6 Tage	Mon 02.10.23	Mon 09.10.23	Arbeit	6h	6h	6h	6h	6h	6h
Anna	*36 Std.*		*Mon 02.10.23*	*Mon 09.10.23*	Arbeit	6h	6h	6h	6h	6h	6h
Task2	24 Std.	6 Tage	Mon 02.10.23	Mon 09.10.23	Arbeit	4h	4h	4h	4h	4h	4h
Bodo	*24 Std.*		*Mon 02.10.23*	*Mon 09.10.23*	Arbeit	4h	4h	4h	4h	4h	4h
Task3	64 Std.	1 Tag	Mon 02.10.23	Mon 02.10.23	Arbeit	64h					
Anna	*64 Std.*		*Mon 02.10.23*	*Mon 02.10.23*	Arbeit	64h					
Task4	48 Std.	1 Tag	Mon 02.10.23	Mon 02.10.23	Arbeit	48h					
Bodo	*48 Std.*		*Mon 02.10.23*	*Mon 02.10.23*	Arbeit	48h					

Bild 9-24. Aufteilung der Arbeiten in der Ansicht Vorgang: Einsatz

9.4.3 Änderung der Einheit

In allen Vorgängen wird über die Detailansicht *Vorgang: Maske* der Einheitenwert auf 10% reduziert (Bild 9-25).

Vorgangsnar	Anfang	Ende	Art	Dauer	Arbeit	02 Okt '23 / 09 Okt '23
Projekt FD	**Mon 02.10.23**	**Mon 09.10.23**	**Feste Dauer**	**6 Tage**	**11,2 Std.**	
Task1	Mon 02.10.23	Mon 09.10.23	Feste Dauer	6 Tage	4,8 Std.	**Anna[10%]**
Task2	Mon 02.10.23	Mon 09.10.23	Feste Dauer	6 Tage	4,8 Std.	**Bodo[10%]**
Task3	Mon 02.10.23	Mon 02.10.23	Feste Dauer	1 Tag	0,8 Std.	**Anna[10%]**
Task4	Mon 02.10.23	Mon 02.10.23	Feste Dauer	1 Tag	0,8 Std.	**Bodo[10%]**

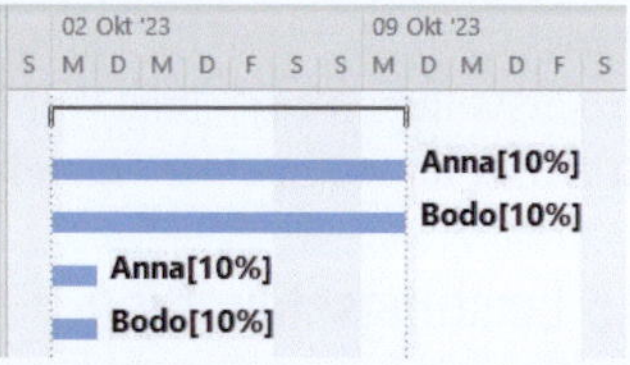

Bild 9-25. Änderung der Einheiten und die Auswirkungen auf die Dauer

Erklärung: Project geht entsprechend seiner Berechnungslogik vor. Die *Dauer* darf nicht geändert werden, da die Vorgangsart *Feste Dauer* vorliegt. Die Einheit von jeweils 10 % für jeden Vorgang sind Vorgabewerte. Folglich berechnet Project die Arbeiten.

Nach der Berechnungslogik ist für Task1

$$\text{Arbeit} = 6\,[\text{Tage}] \cdot (10\% \cdot 8\frac{[\text{Std}]}{[\text{Tag}]}) = 4{,}8\,[\text{Std}].$$

9.4.4 Änderung der Dauer

Für alle Vorgänge wird die Dauer von 6 Tagen bzw. 1 Tag auf 8 Tage geändert (Bild 9-26).

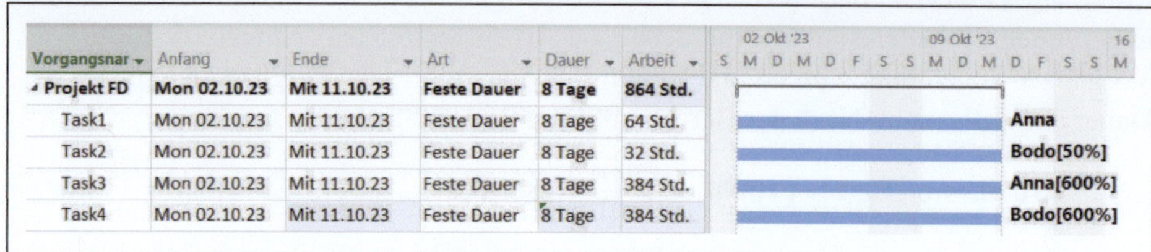

Vorgangsnar	Anfang	Ende	Art	Dauer	Arbeit
Projekt FD	**Mon 02.10.23**	**Mit 11.10.23**	**Feste Dauer**	**8 Tage**	**864 Std.**
Task1	Mon 02.10.23	Mit 11.10.23	Feste Dauer	8 Tage	64 Std.
Task2	Mon 02.10.23	Mit 11.10.23	Feste Dauer	8 Tage	32 Std.
Task3	Mon 02.10.23	Mit 11.10.23	Feste Dauer	8 Tage	384 Std.
Task4	Mon 02.10.23	Mit 11.10.23	Feste Dauer	8 Tage	384 Std.

Bild 9-26. Änderung der Dauer und die Auswirkungen auf die Arbeit

Erklärung: Für alle Vorgänge wird das Arbeitsvolumen neu berechnet. Nach der Berechnungslogik ist für Task1

$$\text{Arbeit} = 8\,[\text{Tage}] \cdot (100\% \cdot 8\,\frac{[\text{Std}]}{[\text{Tag}]}) = 64\,[\text{Std}].$$

Analog folgt für Task3

$$\text{Arbeit} = 8\,[\text{Tage}] \cdot (600\% \cdot 8\,\frac{[\text{Std}]}{[\text{Tag}]}) = 384\,[\text{Std}].$$

Fazit – Feste Dauer

Die Tatsache, dass bei Vorgängen mit *Fester Dauer* bei einer Änderung der *Dauer* die *Arbeit* neu berechnet wird, wird häufig übersehen. Bei *Fester Dauer* steht immer der Zeitaspekt (die Dauer) eines Vorgangs im Vordergrund. Soll bei der Planung die Dauer geändert werden, das Arbeitsvolumen aber konstant bleiben, dann muss zuvor die Vorgangsart *Feste Arbeit* eingestellt werden. Die Planung mit *Fester Dauer* bietet sich immer dann an, wenn für einen Vorgang eine geschätzte *Dauer* vorliegt und das Arbeitsvolumen berechnet werden soll, oder wenn sichergestellt werden soll, dass ein Arbeitsvolumen in einer festgelegten Dauer abgearbeitet wird.

9.5 Leistungssteuerung

Mit der Option *Neue Vorgänge sind leistungsgesteuert* unter den Project-Optionen, wird festgelegt, ob die Arbeit eines Vorgangs konstant oder neu berechnet werden soll, wenn dem Vorgang Ressourcen hinzugefügt oder entzogen werden. Die Leistungssteuerung kann aber auch zu jedem Vorgang im Feld *Leistungsgesteuert* ausgewählt werden. Die folgende Prozedur setzt das Feld *Leistungsgesteuert* für einen Vorgang, stellvertretend für alle Vorgänge mit dem Parameter *AllSelectTasks:=True*.

Codeliste 9-8. Die Prozedur setzt die Option Leistungsgesteuert

```
Sub SetControl()
   SelectTaskField Row:=2, Column:="Name", RowRelative:=False
   SetTaskField Field:="Leistungsgesteuert", Value:="Nein", _
      AllSelectedTasks:=True
```

```
End Sub
```

9.5.1 Wirkung

Das bedeutet bei Vorgängen der Vorgangsart F*este Arbeit* oder F*este Einheiten,* dass bei aktivierter Leistungssteuerung sich die Vorgangsdauer verkürzt, wenn eine zusätzliche Ressource dem Vorgang zugeordnet wird bzw. verlängert, wenn eine Ressource abgezogen wird. Dazu ein einfaches Schema (Bild 9-27).

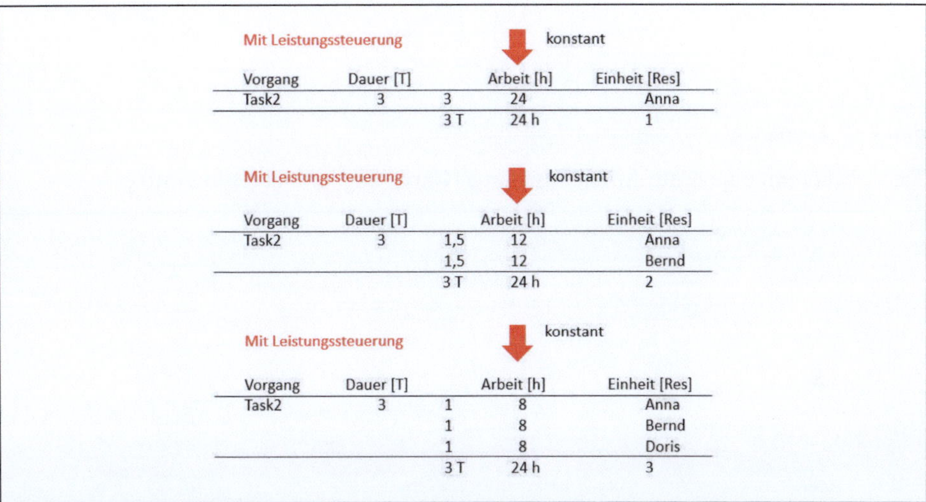

Bild 9-27. Veränderung von Dauer und Arbeitsanteilen bei hinzugefügten Ressourcen

🗀 1-17-09-04_Leistungssteuerung.mpp

Nun folgt der gleiche Ablauf in Project. Zunächst wieder die Ausgangssituation (Bild 9-28).

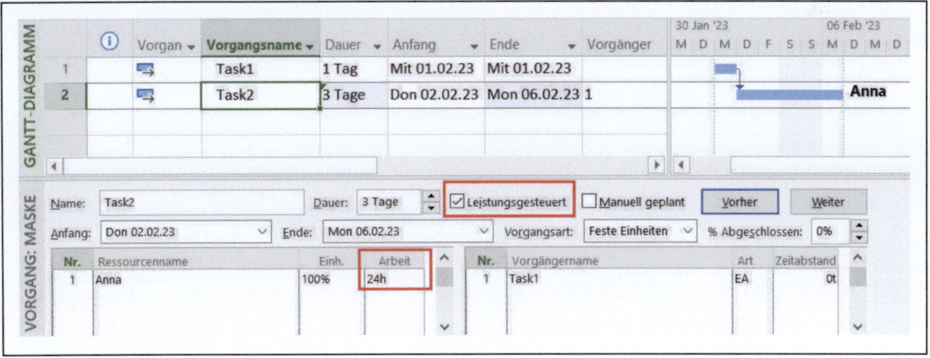

Bild 9-28. Ausgangssituation

Task2 bekommt eine zweite Arbeitsressource (Bodo) zugeordnet (Bild 9-29).

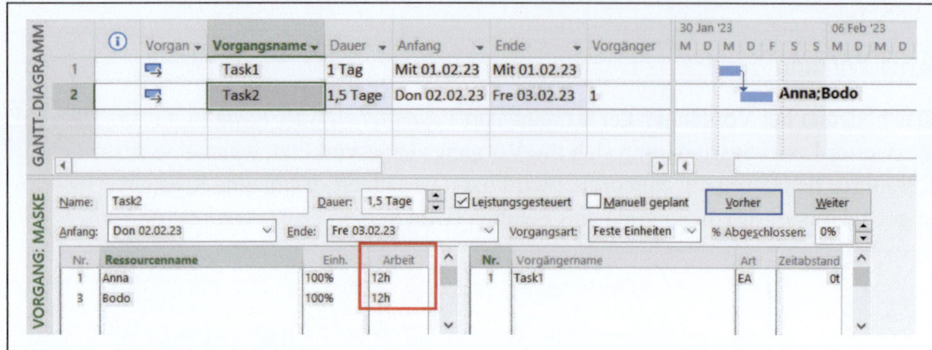

Bild 9-29. Zuordnung einer zweiten Arbeitsressource

Task2 bekommt eine dritte Arbeitsressource (Chris) zugeordnet (Bild 9-30).

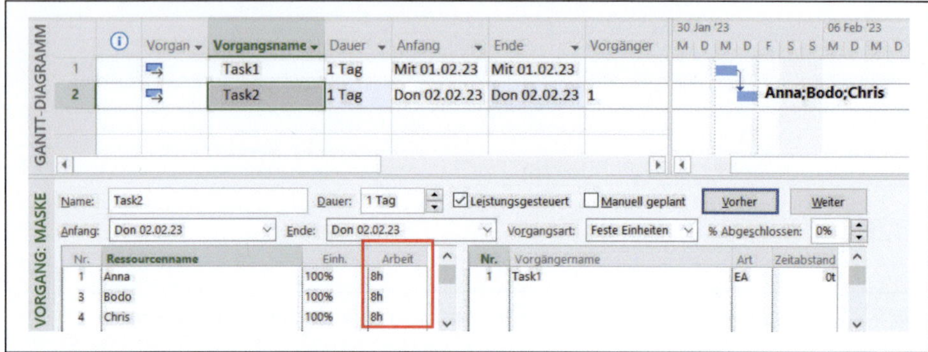

Bild 9-30. Zuordnung einer dritten Arbeitsressource

Ohne Leistungssteuerung würde Project bei Task2 (feste Einheit) schon bei der zweiten Arbeitsressource die Arbeit wie folgt neu berechnen (Bild 9-31).

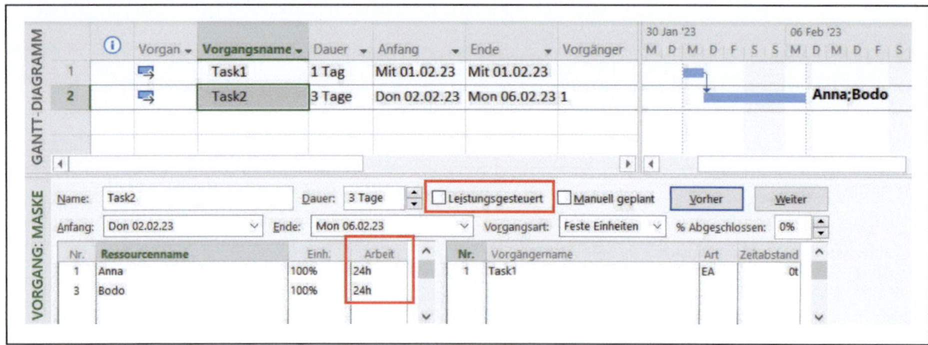

Bild 9-31. Neuberechnung ohne Leistungssteuerung

Eine neue Task3 (feste Arbeit) ist immer leistungsgesteuert, denn bei fester Arbeit lässt sich die Leistungssteuerung nicht deaktivieren (Bild 9-32).

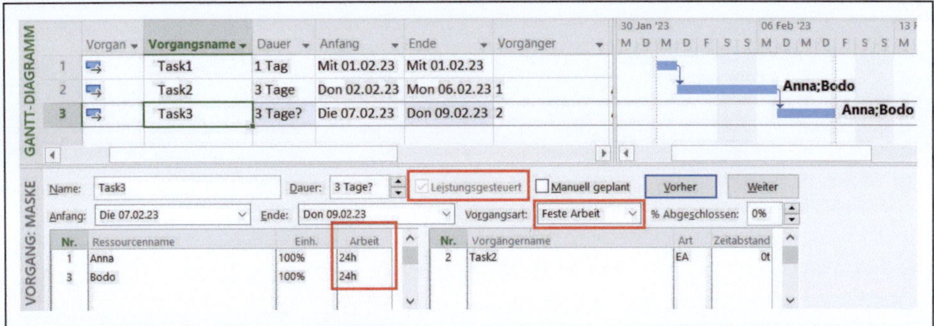

Bild 9-32. Verhalten bei fester Arbeit

9.5.2 Weitere Ressourcen zuordnen

🗀 1-17-09-05_RessourcenErweitern.mpp

Für die Zuordnung weiterer Ressourcen wird folgende Ausgangssituation betrachtet (Bild 9-33).

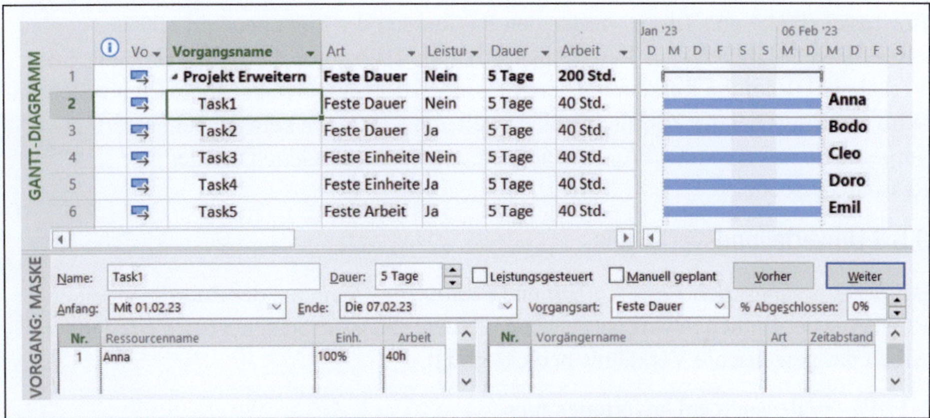

Bild 9-33. Vorgänge mit verschiedener Vorgangsart und Leistungssteuerung

Jedem Vorgang wird nun eine weitere Ressource zugeordnet (Bild 9-34).

Task1: Feste Dauer und keine Leistungssteuerung erhöht den Arbeitswert auf 80 h.

Task2: Feste Dauer und Leistungssteuerung bedeutet, 20 h werden auf Cleo umverteilt und Bodo bleiben 20 h.

Task3: Feste Einheit und keine Leistungssteuerung erhöht den Arbeitswert auf 80 h.

Task4: Feste Einheit und Leistungssteuerung bedeutet, die Dauer reduziert sich von 5 t auf 2,5 t.

Task5: Feste Arbeit und Leistungssteuerung bedeutet, die Dauer reduziert sich ebenfalls von 5 t auf 2,5 t.

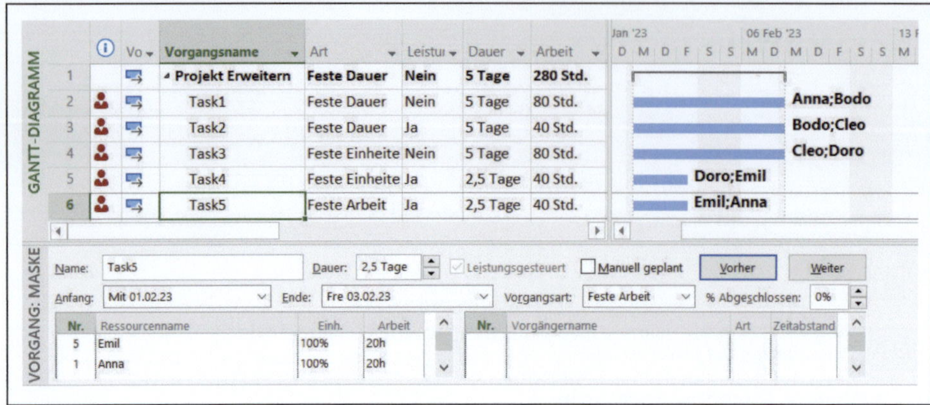

Bild 9-34. Ergebnisse einer weiteren Zuordnung

Die Verteilung des Arbeitsvolumens eines Vorgangs auf die Ressourcen richtet sich nach dem Verhältnis der Einheitenwerte, mit dem die Ressourcen dem Vorgang zugeordnet werden, oder nach der direkten Verteilung der Arbeit auf die Ressourcen.

Bei Task2, Task4 und Task5 wurden den Ressourcen der Einheitenwert 100 % zugeordnet. Folglich ist das Verteilungsverhältnis 1:1, sodass die Arbeit ebenfalls im Verhältnis 1:1 auf die Ressourcen verteilt wird. Jede Ressource hat somit 20 h zu leisten. Wird allerdings bei der Zuordnung einer weiteren Ressource kein Einheitenwert vorgegeben, so verwendet Project den Wert unter *Max. Einheiten* aus der Ressourcentabelle.

9.5.3 Umverteilungsverhältnis

Bei den Vorgangsarten *Feste Einheit* und *Feste Arbeit* kann bei der Zuordnung einer Ressource der Einheitenwert vorgegeben werden, sodass Project bei der Verteilung der Arbeit das gewünschte Verhältnis berücksichtigt.

🗁 1-17-09-06_RessourcenUmverteilen.mpp

Ausgangssituation sind drei Vorgänge mit unterschiedlichen Vorgangsarten (Bild 9-35).

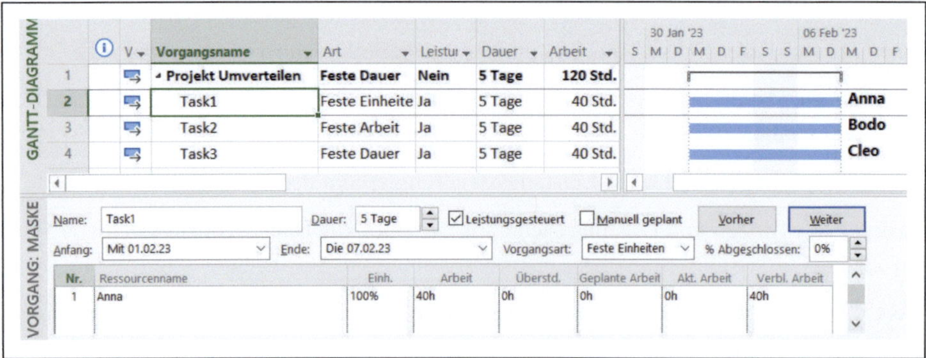

Bild 9-35. Ausgangssituation von drei verschiedenen Vorgangsarten bei Leistungssteuerung

Zuerst erhält Task1 eine zusätzliche Arbeitsressource mit dem Einheitenwert 25 %. Die Umverteilung der Arbeit sollte demnach im Verhältnis 100 % : 25 % (also 4 : 1) erfolgen (Bild 9-36).

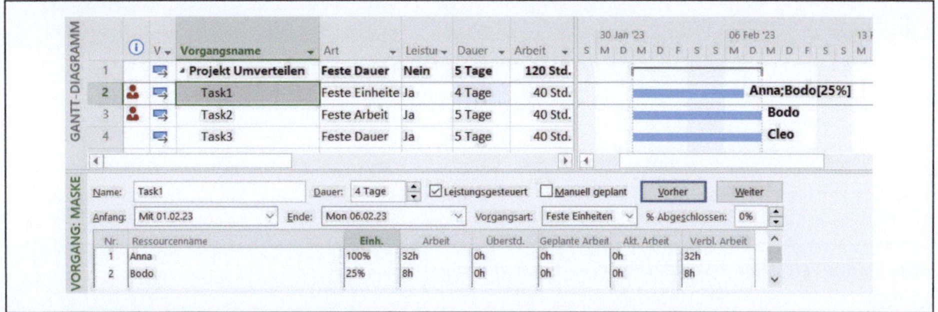

GANTT-DIAGRAMM

	V	Vorgangsname	Art	Leistur	Dauer	Arbeit	
1		Projekt Umverteilen	Feste Dauer	Nein	5 Tage	120 Std.	
2		Task1	Feste Einheite	Ja	4 Tage	40 Std.	Anna;Bodo[25%]
3		Task2	Feste Arbeit	Ja	5 Tage	40 Std.	Bodo
4		Task3	Feste Dauer	Ja	5 Tage	40 Std.	Cleo

VORGANG: MASKE

Name: Task1 Dauer: 4 Tage Leistungsgesteuert Manuell geplant Vorher Weiter

Anfang: Mit 01.02.23 Ende: Mon 06.02.23 Vorgangsart: Feste Einheiten % Abgeschlossen: 0%

Nr.	Ressourcenname	Einh.	Arbeit	Überstd.	Geplante Arbeit	Akt. Arbeit	Verbl. Arbeit
1	Anna	100%	32h	0h	0h	0h	32h
2	Bodo	25%	8h	0h	0h	0h	8h

Bild 9-36. Ergebnis der Umverteilung

Das Ergebnis ist, dass Anna 32 Stunden Arbeit und Bodo 8 Stunden Arbeit zu leisten haben. Die Gesamtarbeit des Vorgangs in Höhe von 40 Stunden wurde im Verhältnis 4:1 verteilt. Und natürlich wurde auch die Vorgangsdauer auf 4 Tage angepasst, da die Vorgangsart *Feste Einheit* ist.

Die Ansicht *Vorgang: Einsatz* zeigt die Verteilung der Arbeitszeiten (Bild 9-37). Task2 kommt zum gleichen Ergebnis.

VORGANG: EINSATZ

	Vorgan	Vorgangsname	Arbeit	Dauer	Einzelheit	M	D	F	S	S	M	D	M
1		Projekt Umverteilen	120 Std.	5 Tage	Arbeit	26h	26h	26h			26h	16h	
2		Task1	40 Std.	4 Tage	Arbeit	10h	10h	10h			10h		
		Anna	32 Std.		Arbeit	8h	8h	8h			8h		
		Bodo	8 Std.		Arbeit	2h	2h	2h			2h		

VORGANG: MASKE

Name: Task1 Dauer: 4 Tage Leistungsgesteuert Manuell geplant Vorher Weiter

Anfang: Mit 01.02.23 Ende: Mon 06.02.23 Vorgangsart: Feste Einheiten % Abgeschlossen: 0%

Nr.	Ressourcenname	Einh.	Arbeit	Überstd.	Geplante Arbeit	Akt. Arbeit	Verbl. Arbeit
1	Anna	100%	32h	0h	0h	0h	32h
2	Bodo	25%	8h	0h	0h	0h	8h

Bild 9-37. Verteilung der Arbeitszeiten bei Task1

Wenn bei einem Vorgang mit *Feste Dauer* und *aktiver Leistungssteuerung* eine zusätzliche Ressource mit einem speziellen Einheitenwert zugeordnet wird, verweigert Project diesen mit einem Hinweis. In diesem Fall bleibt nur das zu tun, was Project fordert: Die Ressource Anna wird ohne einen Einheitenwert zugeordnet, sodass Project den Wert unter *max. Einheiten* aus der Ressourcentabelle nimmt (Bild 9-38).

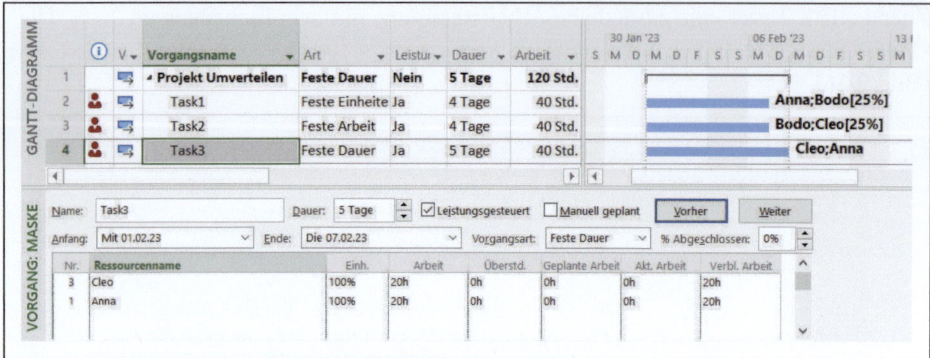

Bild 9-38. Feste Dauer verhindert eine Veränderung der Einheit

Das Ergebnis ist natürlich nicht befriedigend, dass das Arbeitsvolumen jetzt im Verhältnis 1:1 aufgeteilt wird und nicht 4:1. Um die gewünschte Umverteilung dennoch zu erreichen, müssen in der Ansicht *Vorgang: Einsatz* für Cleo 32 h und für Anna 8 h eingetragen werden (Bild 9-39).

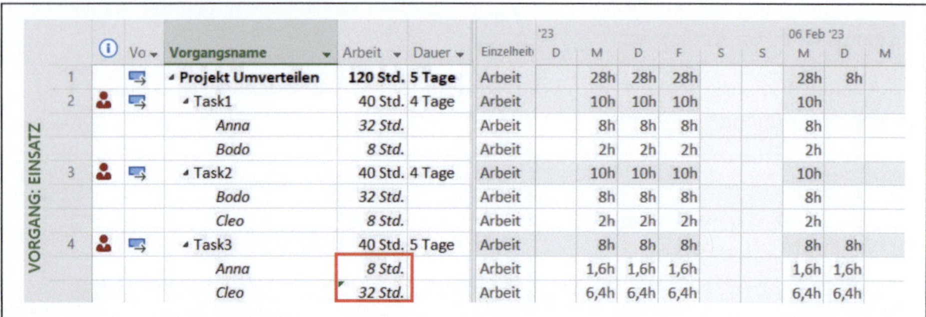

Bild 9-39. Manuelle Eingabe der Arbeitsanteile

9.5.4 Ressourcen entfernen

Natürlich muss der Fall, dass Ressorcen von einem Vorgang entfernt werden, auch betrachtet werden.

🗁 1-17-09-07_RessourcenEntfernen.mpp

Auch dazu wieder eine Ausgangssituation mit fünf Vorgängen, um die Wechselwirkung zwischen Vorgangsarten und Leistungssteuerung zu sehen (Bild 9-40).

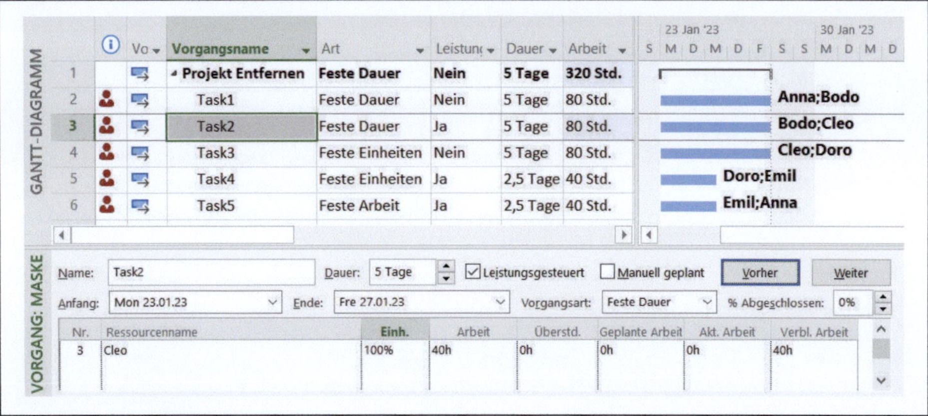

Bild 9-40. Ausgangssituation

Über das Kontextmenü eines Vorgangs mit der Methode Ressourcen zuordnen, lassen sich zugeordnete Ressourcen auch wieder entfernen (Bild 9-41).

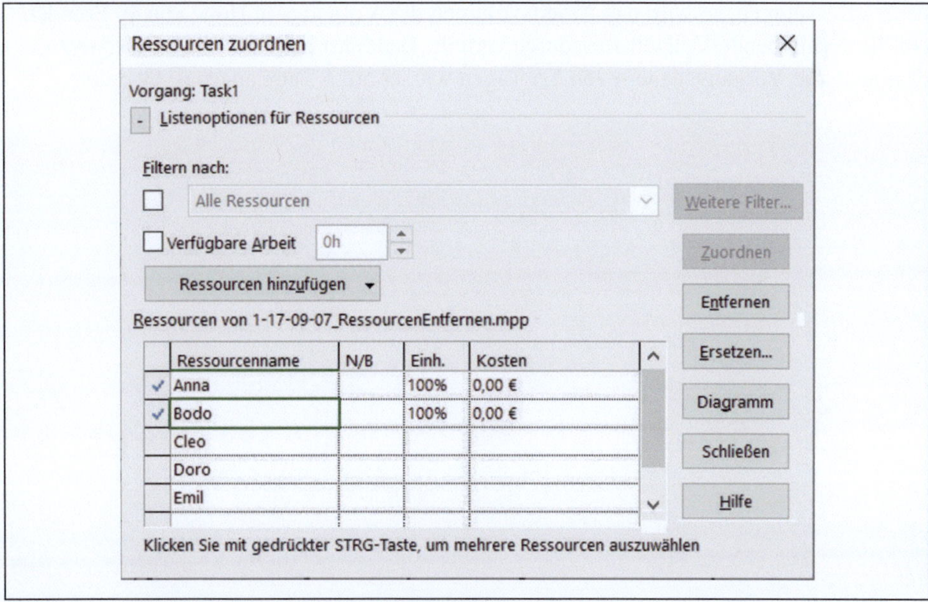

Bild 9-41. Ressourcenverwaltung zu einem Vorgang

Nach dem Entfernen besitzen alle Vorgänge die gleiche Dauer und Arbeit (Bild 9-42).

Da *Task1* und *Task3* nicht leistungsgesteuert sind, wird durch das Entfernen einer Ressource die Arbeit für die Vorgänge gemäß der bekannten Logik neu berechnet – aber eben nur noch auf Basis einer zugeordneten Ressource.

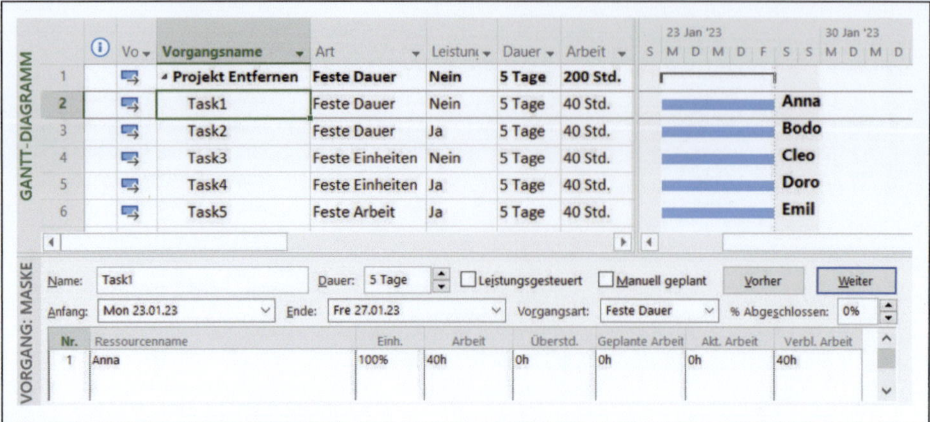

Bild 9-42. Zustand nach dem Entfernen

Bei *Task2*, *Task4* und *Task5* ist die Leistungssteuerung aktiv. Das bedeutet, dass das Arbeitsvolumen des Vorgangs auf die Ressourcen verteilt wird. Entfernt man eine der beiden Ressourcen, so wird das Arbeitsvolumen des Vorgangs in Höhe von 40 Stunden auf die verbleibende Vollzeit-Ressource verteilt. Das führt bei *Task4* und *Task5* dazu, dass auch die Vorgangsdauern von 2,5 Tagen wieder auf 5 Tage angepasst werden.

Kapitel 10

Filter und Felder

Es gibt in Project die Möglichkeit, Vorgänge und Meilensteine zu deaktivieren. Diese Funktion kommt zum Einsatz, wenn bestimmte Vorgänge in einem geplanten Projekt nicht mehr benötigt werden. Durch die Funktion des Deaktivierens erhält man mehr Transparenz und unwichtige Vorgänge finden keine Beachtung in der Termin- und Ressourcenplanung.

10.1 Filterfunktionen

Filter können auf zwei unterschiedliche Arten angewandt werden: Sie können entweder die betroffenen Zeilen farblich hervorheben oder die nichtzutreffenden Zeilen ausblenden.

🗁 1-17-10-01_Filter.mpp

10.1.1 Vorgänge aktivieren und deaktivieren

Das Feld *Aktiv* ist nützlich, wenn verschiedene Vorschläge für einen Projektplan vorgelegt werden und letztendlich ein Aktionsplan ausgewählt wird. Es ist auch hilfreich, wenn ein Vorgang oder eine Gruppe von Vorgängen aufgrund einer Rückskalierung des Projektumfangs gestrichen wird. Mit dem Feld *Aktiv* lässt sich experimentieren, wie sich das Deaktivieren und Reaktivieren von Vorgängen auf den Zeitplan auswirkt.

Codeliste 10-1. Die Prozedur setzt die Ansicht auf Standard zurück und fügt das Feld Aktiv ein

```
Sub ShowActivField()
   ViewApply Name:="Gantt-Diagramm"
   TableEditEx Name:="&Eingabe", TaskTable:=True, _
      FieldName:="Aktiv", _
      Title:="Aktiv", Width:=15, ShowInMenu:=True, ColumnPosition:=6
```


H. Nahrstedt, *Project + VBA für Manager*,
https://doi.org/10.1007/978-3-658-43837-1_10

```
    TableApply Name:="&Eingabe"
End Sub
```

Inaktive Vorgänge verbleiben im Projekt, wirken sich jedoch nicht mehr auf den Zeitplan oder die Ressourcenverfügbarkeit aus (Bild 10-1).

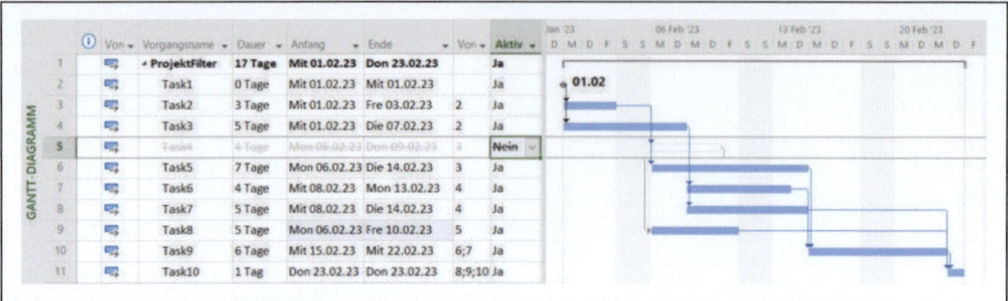

	Von	Vorgangsname	Dauer	Anfang	Ende	Von	Aktiv
1		ProjektFilter	17 Tage	Mit 01.02.23	Don 23.02.23		Ja
2		Task1	0 Tage	Mit 01.02.23	Mit 01.02.23		Ja
3		Task2	3 Tage	Mit 01.02.23	Fre 03.02.23	2	Ja
4		Task3	5 Tage	Mit 01.02.23	Die 07.02.23	2	Ja
5		Task4	4 Tage	Mon 06.02.23	Don 09.02.23	3	Nein
6		Task5	7 Tage	Mon 06.02.23	Die 14.02.23	3	Ja
7		Task6	4 Tage	Mit 08.02.23	Mon 13.02.23	4	Ja
8		Task7	5 Tage	Mit 08.02.23	Die 14.02.23	4	Ja
9		Task8	5 Tage	Mon 06.02.23	Fre 10.02.23	5	Ja
10		Task9	6 Tage	Mit 15.02.23	Mit 22.02.23	6;7	Ja
11		Task10	1 Tag	Don 23.02.23	Don 23.02.23	8;9;10	Ja

Bild 10-1. Deaktivierter Vorgang

Diese Möglichkeit sollte verwendet werden, wenn die Vorgänge im Augenblick nicht einfügbar sind, was aber später noch erfolgen kann.

10.1.2 Daten hervorheben

Unter Register *Ansicht / Daten* gibt es die Methode *Hervorheben*. Es öffnet sich eine Auswahlliste mit benutzerdefinierten und integrierten Methoden bis hin zum benutzerdefinierten Hervorhebungsfilter (Bild 10-2).

Bild 10-2. Methoden zum Hervorheben von Daten

Die Methode *FilterApply* legt den aktuellen Filter fest. Ihre Syntax lautet

```
FilterApply (Name, Highlight, Value1, Value2)
```

Eine Methode markiert die Vorgänge in der Vorgangstabelle, die im kritischen Pfad liegen (Bild 10-3).

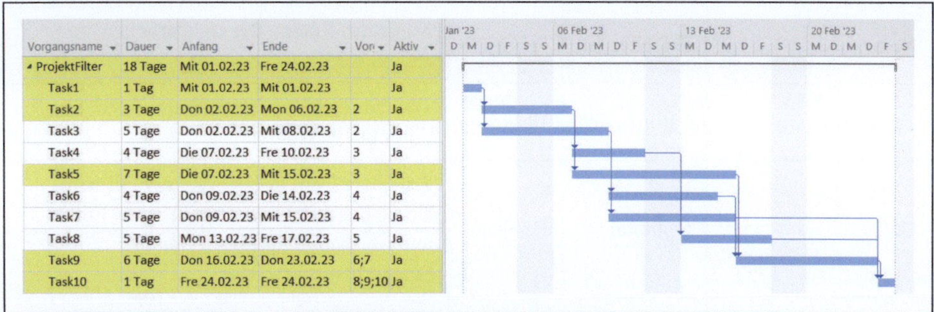

Vorgangsname	Dauer	Anfang	Ende	Vor	Aktiv
ProjektFilter	18 Tage	Mit 01.02.23	Fre 24.02.23		Ja
Task1	1 Tag	Mit 01.02.23	Mit 01.02.23		Ja
Task2	3 Tage	Don 02.02.23	Mon 06.02.23	2	Ja
Task3	5 Tage	Don 02.02.23	Mit 08.02.23	2	Ja
Task4	4 Tage	Die 07.02.23	Fre 10.02.23	3	Ja
Task5	7 Tage	Die 07.02.23	Mit 15.02.23	3	Ja
Task6	4 Tage	Don 09.02.23	Die 14.02.23	4	Ja
Task7	5 Tage	Don 09.02.23	Mit 15.02.23	4	Ja
Task8	5 Tage	Mon 13.02.23	Fre 17.02.23	5	Ja
Task9	6 Tage	Don 16.02.23	Don 23.02.23	6;7	Ja
Task10	1 Tag	Fre 24.02.23	Fre 24.02.23	8;9;10	Ja

Bild 10-3. Hervorhebung von Vorgängen im kritischen Pfad

Tabelle 10-1. Die Parameter der FilterApply-Methode

Parameter	Anwendung	Datentyp	Beschreibung
Name	Erforderlich	String	Name des zu verwendenden Filters.
Highlight	Optional	Boolean	*True*, wenn Project den Filter nicht anwendet, sondern Zeilen markiert. Der Standardwert ist *False*.
Value1	Optional	String	Der erste zu verwendende Wert beim Anwenden eines interaktiven Filters.
Value2	Optional	String	Der zweite zu verwendende Wert beim Anwenden eines interaktiven Filters.

Codeliste 10-2. Die Prozedur markiert kritische Vorgänge und löscht die Markierung wieder

```
Sub ShowCriticalTask()
   ViewApply Name:="Gantt-Diagramm"
   FilterApply Name:="Kritisch", Highlight:=True
Stop
   FilterApply Name:="Alle Vorgänge", Highlight:=True
End Sub
```

Die Methode *FilterClear* entfernt alle Filter, die für die aktuelle Ansicht definiert sind. Ihre Syntax lautet

```
FilterClear
```

Die Methode *FilterEdit* erstellt, bearbeitet oder kopiert einen Filter. Ihre Syntax lautet

```
FilterEdit (Name, TaskFilter, Create, OverwriteExisting, Parenthesis,
NewName, FieldName, NewFieldName, Test, Value, Operation, ShowInMenu,
ShowSummaryTasks)
```

Tabelle 10-2. Die Parameter der FilterEdit-Methode

Parameter	Anwendung	Datentyp	Beschreibung
Name	Erforderlich	String	Name des Filters, der zu bearbeiten, zu erstellen oder zu kopieren ist.
TaskFilter	Erforderlich	Boolean	*True* für Filter bei Vorgängen. *False* für Filter bei Ressourcen.
Create	Optional	Boolean	*True*, wenn ein neuer Filter erstellt wird. Kopie des mit *Name* angegebenen Filters und *NewName* für neuen Namen. Standardwert ist *False*.
OverwriteExisting	Optional	Boolean	*True*, wenn der vorhandene Filter mit einem neuen Filter überschrieben wird. Standardwert ist *False*.
Parenthesis	Optional	Boolean	*True*, wenn *FieldName*, *Test* und *Value* ein gerichtetes Kriterium sind
Newname	Optional	String	Ein neuer Name für den Filter.
FieldName	Optional	String	Name eines zu ändernden Feldes.
NewFieldName	Optional	String	Neuer Name für das mit *FieldName* angegebene Feld.
Test	Erforderlich	String	Art des zwischen *FieldName* und *Value* ausgeführten Vergleichs, der als Auswahlkriterium für den Filter dient. Kann eine *Vergleichszeichenfolge* sein.
Wert	Optional	String	Wert, der mit dem Wert des mit *FieldName* angegebenen Feldes verglichen werden soll.
Vorgang	Optional	String	Gibt an, wie das mit *FieldName*, *Test* und *Value* eingerichtete Kriterium mit anderen Kriterien im Filter zusammenhängt.
ShowInMenu	Optional	Boolean	*True*, wenn der Filter in der Dropdownliste *Filter* angezeigt wird. Der Standardwert ist *False*.
ShowSummaryTasks	Optional	Boolean	*True*, wenn die Sammelvorgänge der gefilterten Vorgänge angezeigt werden. Der Standardwert ist *False*.

Die folgende Prozedur erstellt einen Filter mit höchster Priorität, wenn er nicht schon vorhanden ist, und wendet ihn an.

Die Methode *FilterNew* zeigt das Dialogfenster Filterdefinitionen. Ihre Syntax lautet

```
FilterNew (Filtertyp)
```

Tabelle 10-3. Der optionale Parameter der FilterNew-Methode

Parameter	Datentyp	Beschreibung
FilterType	PjFilterViewType	Gibt an, ob der Filter für Informationen zum Vorgang oder Informationen zur Ressource ist. Kann eine *pjFilterViewType*-Konstante sein.

Tabelle 10-4. Die pjFilterViewType-Konstanten

Konstante	Wert	Beschreibung
pjFilterViewTypeResource	1	Typ "Ressourcenansicht".
pjFilterViewTypeTask	0	Typ "Vorgangsansicht".
pjFilterViewTypeUseView	65535	Der Filter entspricht der Ansicht.

Die Methode *FilterNew* öffnet das Dialogfenster *Filterdefinition* (Bild 10-4).

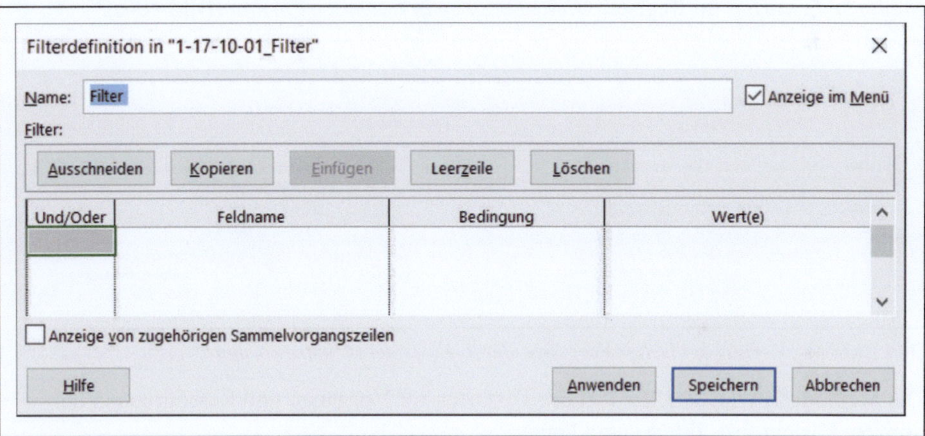

Bild 10-4. Dialogfenster Filterdefinition (verkürzt dargestellt)

Die Methode *Filters* zeigt das Dialogfenster *Weitere Filter*. Ihre Syntax lautet

```
Filters
```

Die Filter im Dialogfenster werden nach Vorgang und Ressource unterschieden (Bild 10-5).

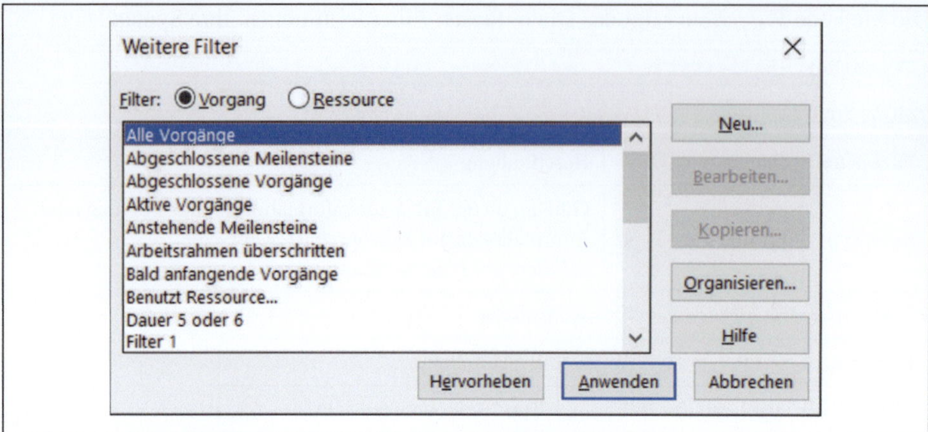

Bild 10-5. Das Dialogfenster Weitere Filter (verkürzt dargestellt)

10.1.3 Texte hervorheben

Eine schnelle Möglichkeit, Text durch die Schrift kenntlich zu machen, bietet die Methode *Textarten* im Register *Gantt-Diagramm Format / Format* (Bild 10-6).

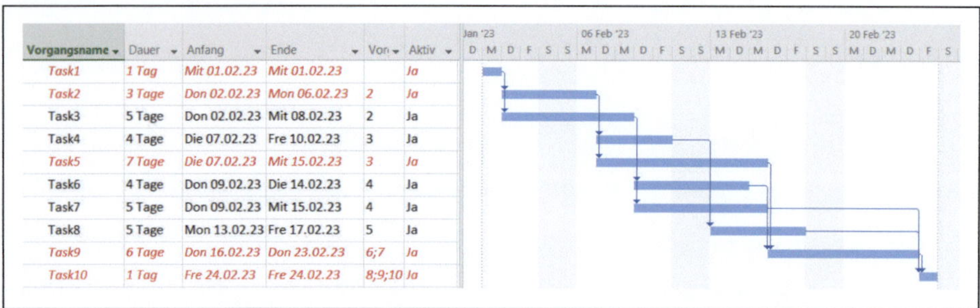

Vorgangsname	Dauer	Anfang	Ende	Vor	Aktiv
Task1	*1 Tag*	*Mit 01.02.23*	*Mit 01.02.23*		*Ja*
Task2	*3 Tage*	*Don 02.02.23*	*Mon 06.02.23*	*2*	*Ja*
Task3	5 Tage	Don 02.02.23	Mit 08.02.23	2	Ja
Task4	4 Tage	Die 07.02.23	Fre 10.02.23	3	Ja
Task5	*7 Tage*	*Die 07.02.23*	*Mit 15.02.23*	*3*	*Ja*
Task6	4 Tage	Don 09.02.23	Die 14.02.23	4	Ja
Task7	5 Tage	Don 09.02.23	Mit 15.02.23	4	Ja
Task8	5 Tage	Mon 13.02.23	Fre 17.02.23	5	Ja
Task9	*6 Tage*	*Don 16.02.23*	*Don 23.02.23*	*6;7*	*Ja*
Task10	*1 Tag*	*Fre 24.02.23*	*Fre 24.02.23*	*8;9;10*	*Ja*

Bild 10-6. Markierung kritischer Vorgänge durch ein anderes Schriftformat

Die Methode *TextStyles32Ex* legt die Textarten für Vorgänge und Ressourcen in der aktiven Ansicht fest. Ihre Syntax lautet

```
TextStyles32Ex (Item, Font, Size, Bold, Italic, Underline, Color,
CellColor, Pattern)
```

Tabelle 10-5. Die optionalen Parameter der TextStyles32Ex-Methode

Parameter	Datentyp	Beschreibung
Item	Integer	Typ des Texts. Kann eine *pjTextItem*-Konstante sein.
Font	String	Name der Schriftart.
Size	Integer	Schriftgrad in Punkten.
Bold	Boolean	*True*, wenn die Schriftart fett formatiert ist, anderenfalls *False*.
Italic	Boolean	*True*, wenn die Schriftart kursiv ist, anderenfalls *False*.

Parameter	Datentyp	Beschreibung
Underline	Boolean	*True*, wenn die Schriftart unterstrichen ist, anderenfalls *False*.
Color	Long	Farbe der Schriftart. Kann ein hexadezimaler RGB-Farbwert sein.
CellColor	Long	Hintergrundfarbe der Zelle. Kann hexadezimaler RGB-Farbwert sein.
Pattern	Integer	Hintergrundmuster. Kann *pjBackgroundPattern*-Konstante sein.

Tabelle 10-6. Die pjTextItem-Konstanten

Konstante	Wert	Beschreibung
pjAll	0	Alle Textelemente
pjAllocated	1	Markierte Textelemente
pjBarTextBottom	14	Balkentext unten
pjBarTextInside	15	Balkentext im Inneren
pjBarTextLeft	11	Balkentext links
pjBarTextRight	12	Balkentext rechts
pjBarTextTop	13	Balkentext oben
pjCalendarExternalTask	17	Externer Kalendervorgang
pjCalendarMonthlyTitles	8	Kalender-Monatstitel
pjCritical	2	Kritische Textelemente
pjDailyTitles	9	Tägliche Titel
pjDateBoxBottomLeft	15	Datumsfeld unten links
pjDateBoxBottomRight	14	Datumsfeld unten rechts
pjDateBoxTopLeft	13	Datumsfeld oben links
pjDateBoxTopRight	12	Datumsfeld oben rechts
pjGanttExternalTask	16	Gantt Externer Vorgang
pjGanttMajorTimescale	9	Gantt Major Timescale
pjGanttMinorTimescale	10	Gantt Minor Timescale
pjGraphMajorTimescale	3	Graph Major Timescale
pjGraphMinorTimescale	4	Graph Minor Timescale
pjLegendLabels	6	Legendenbeschriftungen
pjMarked	6	Markierter Text
pjMilestone	3	Meilensteine

Konstante	Wert	Beschreibung
pjMonthPreviews	11	Monatsvorschau
pjNoncritical	1	Unkritisch
pjOverallocated	2	Überlastet
pjProjectSummary	5	Projektzusammenfassung
pjResourceFilterHighlight	3	Ressourcenfilterhervorhebung
pjResourceMajorTimescale	6	Ressourcenhauptzeitskala
pjResourceMinorTimescale	7	Ressourcen Minor Timescale
pjResourceRowColumnTitles	4	Ressourcenzeilenspaltentitel
pjResourceUsageAssignmentRow	5	Ressourcennutzungszuordnungszeile
pjSummary	4	Zusammenfassung
pjTaskFilterHighlight	7	Vorgangsfilterhervorhebung
pjTaskMajorTimescale	10	Vorgang Major Timescale
pjTaskMinorTimescale	11	Vorgang Minor Timescale
pjTaskRowColumnTitles	8	Vorgangszeilenspaltentitel
pjTaskSheetExternalTask	9	Externer Vorgang
pjTaskUsageAssignmentRow	9	Vorgangsnutzungszuordnungszeile
pjTaskUsageExternalTask	11	Vorgangsnutzung externer Vorgang
pjTickLabels	5	Tick Labels
pjWeeklyTitles	10	Wöchentliche Titel

10.1.4 Eigene Filter definieren

Unter Register *Ansicht / Daten / Filter / Weitere Filter* kann mit der Schaltfläche *Neu* ein Dialogfenster zur Definition eines Filters aufgerufen werden (Bild 10-7).

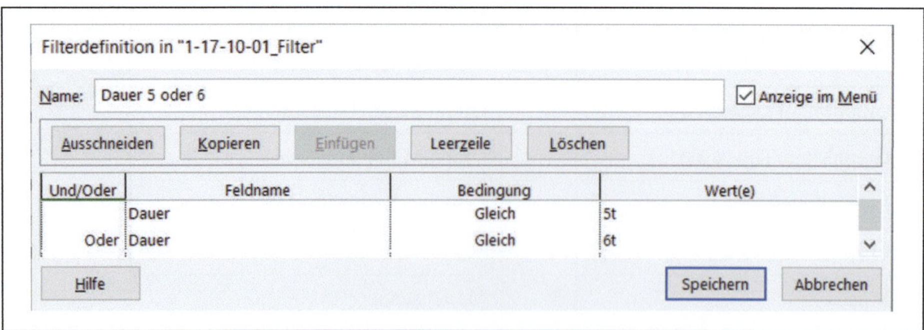

Bild 10-7. Filter sucht Vorgänge mit einer Dauer von 5 oder 6 Tagen

Nach dem Speichern ist der Filter aus der Liste *weitere Filter* auswählbar (Bild 10-8).

	ⓘ	Vor	Vorgangsname	Dauer	Anfang	Ende	Vor	Aktiv
4			Task3	5 Tage	Don 02.02.23	Mit 08.02.23	2	Ja
8			Task7	5 Tage	Don 09.02.23	Mit 15.02.23	4	Ja
9			Task8	5 Tage	Mon 13.02.23	Fre 17.02.23	5	Ja
10			Task9	6 Tage	Don 16.02.23	Don 23.02.23	6;7	Ja

Bild 10-8. Gefilterte Vorgänge mit einer Dauer von 5 oder 6 Tagen

Codeliste 10-3. Die Prozedur erzeugt den Filter (Dauer 5 oder 6)

```
Sub CreateCustomFilter()
   ViewApply Name:="Gantt-Diagramm"
   FilterEdit Name:="Dauer 5 oder 6", _
      TaskFilter:=True, Create:=True, OverwriteExisting:=True, _
      FieldName:="Dauer", Test:="Gleich", Value:="5t", _
      ShowInMenu:=True, ShowSummaryTasks:=False
   FilterEdit Name:="Dauer 5 oder 6", _
      TaskFilter:=True, FieldName:="", NewFieldName:="Dauer", _
      Test:="Gleich", Value:="6t", Operation:="Oder", _
      ShowSummaryTasks:=False
End Sub
```

Ein weiterer Filter zeigt alle Vorgänge, die keinen Nachfolger besitzen.

Codeliste 10-4. Die Prozedur erstellt den Filter Kein Nachfolger

```
Sub CreateNoSuccessorsFilter()
   ViewApply Name:="Gantt-Diagramm"
   FilterEdit Name:="Kein Nachfolger", _
      TaskFilter:=True, Create:=True, OverwriteExisting:=True, _
      FieldName:="Nachfolger", Test:="Gleich", Value:="", _
      ShowInMenu:=True, ShowSummaryTasks:=False
   FilterEdit Name:="Kein Nachfolger", _
      TaskFilter:=True, FieldName:="", NewFieldName:="Sammelvorgang", _
      Test:="Gleich", Value:="Nein", Operation:="Und", _
      ShowSummaryTasks:=False
End Sub
```

Zeilen in der Filterdefinition sind entweder UND- oder ODER-verküpft (Bild 10-9).

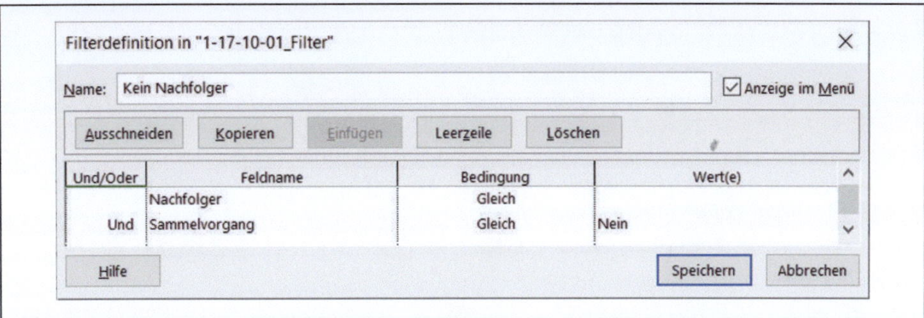

Bild 10-9. Filter zeigt alle Vorgänge ohne Nachfolger

Der folgende Filter zeigt den letzten Vorgang im Projekt. Wird der Vorgänger von Task8, statt von Task4 auf Task5 gesetzt, dann hat Task 4 keinen Nachfolger (Bild 10-10).

	ⓘ	Vor	Vorgangsname	Dauer	Anfang	Ende	Vor	Aktiv
5			Task4	4 Tage	Die 07.02.23	Fre 10.02.23	3	Ja
11			Task10	1 Tag	Fre 24.02.23	Fre 24.02.23	8;9;10	Ja

Bild 10-10. Vorgänge ohne Nachfolger

10.1.5 Interaktive Filter

Unter Register *Ansicht / Daten / Filter / Weitere Filte*r lassen sich auch interaktive Filter erstellen, die erst nach Eingabe von Parametern aktiv werden (Bild 10-11).

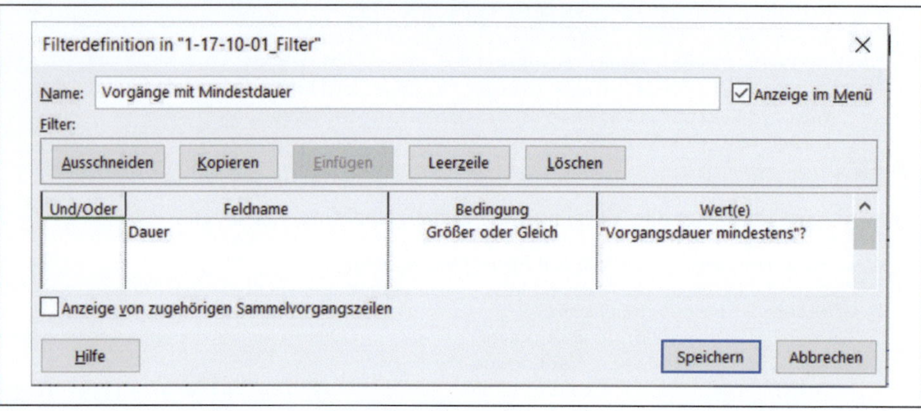

Bild 10-11. Definition eines interaktiven Filters

Die Interaktion wird in der Maske zur Filterdefinition dadurch gestartet, dass in der Rubrik Wert(e) ein Fragezeichen verwendet wird. Als Beispiel wird ein Filter definiert, der alle Vorgänge nach einer vorgegebenen Mindestdauer zeigt. Mit dem Aufruf des Filters erscheint zunächst eine Eingabemaske (Bild 10-12), bevor durch Eingabe einer Mindestdauer und Eingabebestätigung der Filter aktiv wird (Bild 10-13).

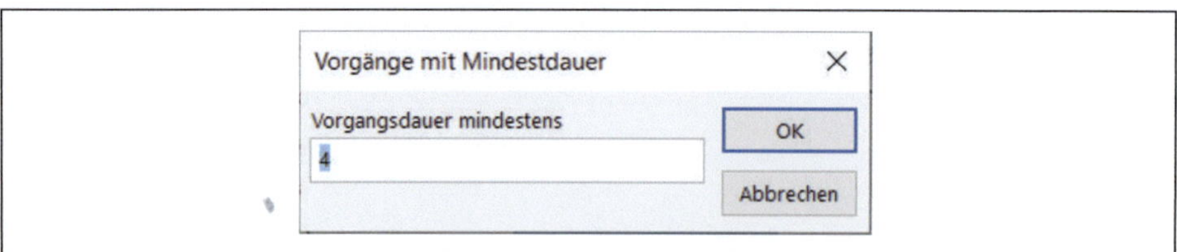

Bild 10-12. Vorgabe einer Mindestdauer

	ⓘ	Vor	Vorgangsname	Dauer	Anfang	Ende	Vor	Aktiv
1			**ProjektFilter**	**18 Tage**	**Mit 01.02.23**	**Fre 24.02.23**		**Ja**
4			Task3	5 Tage	Don 02.02.23	Mit 08.02.23	2	Ja
5			Task4	4 Tage	Die 07.02.23	Fre 10.02.23	3	Ja
6			Task5	7 Tage	Die 07.02.23	Mit 15.02.23	3	Ja
7			Task6	4 Tage	Don 09.02.23	Die 14.02.23	4	Ja
8			Task7	5 Tage	Don 09.02.23	Mit 15.02.23	4	Ja
9			Task8	5 Tage	Mon 13.02.23	Fre 17.02.23	5	Ja
10			Task9	6 Tage	Don 16.02.23	Don 23.02.23	6;7	Ja

Bild 10-13. Interaktiver Filter zeigt alle Vorgänge mit einer Mindestdauer von 4 Tagen

Codeliste 10-5. Die Prozedur erzeugt den interaktiven Filter Vorgänge mit Mindestdauer

```
Sub CreateInteractivFilter()
    FilterEdit Name:="Vorgänge mit Mindestdauer", _
        TaskFilter:=True, Create:=True, OverwriteExisting:=True, _
        FieldName:="Dauer", Test:="Größer oder Gleich", _
        Value:="Vorgangsdauer mindestens?", ShowInMenu:=True, _
        ShowSummaryTasks:=False
End Sub
```

Auch hier lassen sich wieder mehrere Bedingungen verknüpfen. Der folgende Filter zeigt eine Mindestdauer nach einem vorgegebenen Datum (Bild 10-14).

Und/Oder	Feldname	Bedingung	Wert(e)
	Dauer	Größer oder Gleich	"Vorgangsdauer mindestens"?
Und	Anfang	Größer	"Anfang nach ..."?

Bild 10-14. Interaktiver Filter mit zwei Abfragen

Entsprechend werden zwei Abfragen nacheinander gestartet, bevor der Filter aktiv wird. Zuerst die Abfrage nach der Mindestdauer und danach die Abfrage nach dem Datum.

Codeliste 10-6. Die Prozedur erzeugt den interaktiven Filter Mindestdauer nach Datum

```
Sub CreateInteractivAfterDayFilter()
    FilterEdit Name:="Mindestdauer nach Datum", _
        TaskFilter:=True, Create:=True, OverwriteExisting:=True, _
        FieldName:="Dauer", Test:="Größer oder Gleich", _
        Value:="Vorgangsdauer mindestens?", ShowInMenu:=True, _
        ShowSummaryTasks:=False
    FilterEdit Name:="Mindestdauer nach Datum", _
        TaskFilter:=True, FieldName:="", NewFieldName:="Anfang", _
        Test:="Größer", Value:="Anfang nach ...?", _
        Operation:="Und", ShowSummaryTasks:=False
End Sub
```

10.1.6 Felder filtern und sortieren

Über die Schaltfläche einer Feldbeschriftung öffnet sich eine Auswahl an Filter- und Sortiermöglichkeiten (Bild 10-15).

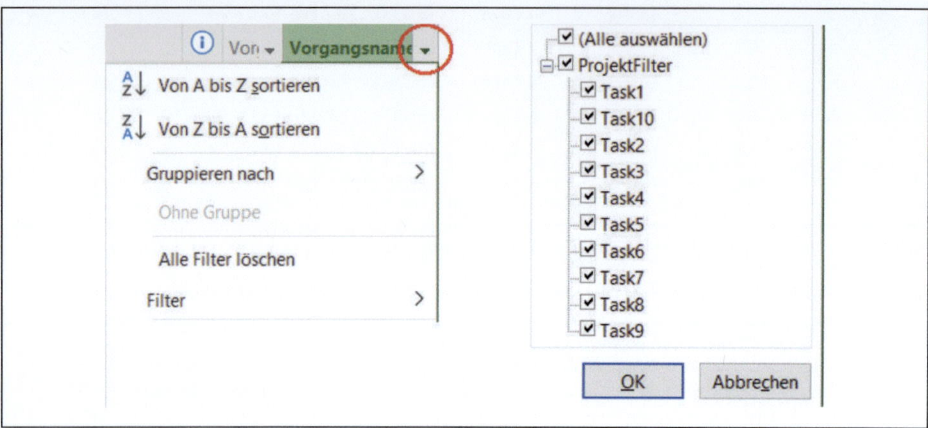

Bild 10-15. Feldelemente filtern und sortieren (Liste geteilt)

Neben einer Auswahl zu den Feldelementen gibt es noch einen Filter, der sich nach dem Typ der Feldelemente richtet, wie Text, Zahl, Datum etc. Dazu gehört auch ein benutzerdefinierter Autofilter, in dem sich wiederum Bedingungen verknüpfen lassen (Bild 10-16).

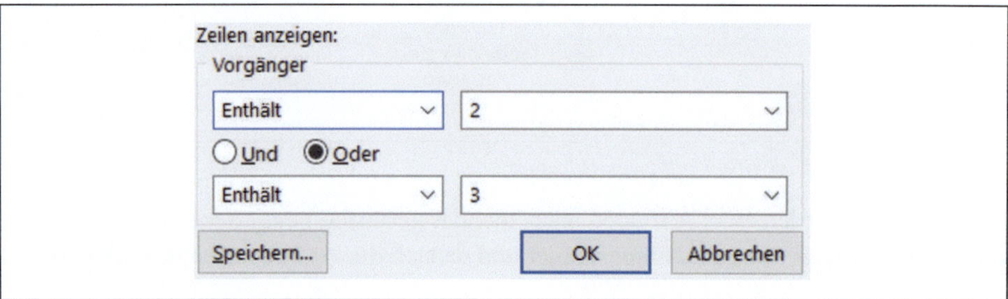

Bild 10-16. Definition eines Autofilters

Der Autofilter findet alle Vorgänge mit den Vorgängern 2 oder 3 im Feld Vorgänger (Bild 10-17).

	ⓘ	Vor	Vorgangsname	Dauer	Anfang	Ende	Vorgänger
1			**ProjektFilter**	**18 Tage**	**Mit 01.02.23**	**Fre 24.02.23**	
3			Task2	3 Tage	Don 02.02.23	Mon 06.02.23	2
4			Task3	5 Tage	Don 02.02.23	Mit 08.02.23	2
5			Task4	4 Tage	Die 07.02.23	Fre 10.02.23	3
6			Task5	7 Tage	Die 07.02.23	Mit 15.02.23	3

Bild 10-17. Filter zeigt alle Vorgänge mit den Vorgängern 2 oder 3

Codeliste 10-7. Die Prozedur erstellt den Filter mit bestimmten Vorgängern

```
Sub CreateCriteriaFilter()
   SetAutoFilter FieldName:="Name", _
      FilterType:=pjAutoFilterCustom, _
      Test1:="Enthält", Criteria1:="2", Operation:="Oder", _
      Test2:="Enthält", Criteria2:="3"
End Sub
```

Die Methode *SetAutoFilter* legt die Kriterien für ein bestimmtes Feld in einer Tabellenansicht fest. Ihre Syntax lautet

```
SetAutoFilter (FieldName, FilterType, Test1, Criteria1, Operation,
Test2, Criteria2)
```

Tabelle 10-7. Die Parameter der SetAutoFilter-Methode

Parameter	Anwendung	Datentyp	Beschreibung
FieldName	Erforderlich	String	Name des Feldes
FilterType	Optional	PjAutoFilterType	Kann eine *pjAutoFilterType*-Konstante sein. Der Standardwert lautet *pjAutoFilterClear*, wodurch der AutoFilter deaktiviert wird.
Test1	Optional	String	Gibt die Art des Vergleichs für den ersten Test an. Erfordert, dass der *FilterType* *pjAutoFilterCustom* ist und *Criteria1* einen Wert angibt. Dies kann eine der Vergleichszeichenfolgen sein.
Criteria1	Optional	String	Wert des ersten Vergleichs mit dem Wert des durch FieldName angegebenen Feldes.
Vorgang	Optional	String	Der logische Vorgang, wenn ein zweiter Test vorhanden ist. Der Vorgangswert kann "And" oder "Or" sein.
Test2	Optional	String	Gibt den Vergleichstyp für den zweiten Test an. Erfordert, dass FilterType *pjAutoFilterCustom* ist, der Wert Operation festgelegt werden muss und dass Criteria2 einen Wert angibt. Die Zeichenfolge kann einer der Vergleiche in der Tabelle für Test1 sein.
Criteria2	Optional	String	Der Wert des zweiten Vergleichs mit dem Wert des durch FieldName angegebenen Feldes.

Tabelle 10-8. Die pjAutoFilterType-Konstanten

Konstante	Wert	Elemente filtern mit … / die …
pjAutoFilter1DayOrLess	22	einer Dauer von einem Tag oder weniger
pjAutoFilter1WeekOrLonger	24	einer Dauer von einer Woche oder mehr
pjAutoFilter40HoursOrMehr	28	mit 40 Stunden oder länger
pjAutoFilter8HoursOrLess	26	acht Stunden oder weniger
pjAutoFilterAfterStatusDate	20	nach dem Projektstatusdatum aufgetreten sind
pjAutoFilterBeforeStatusDate	19	vor dem Projektstatusdatum aufgetreten sind
pjAutoFilterBeginsWith	45	mit einem angegebenen Wert beginnen
pjAutoFilterBetween	44	zwischen den angegebenen Werten liegen
pjAutoFilterBetween1DayAnd1Week	23	zwischen einem Tag und einer Woche liegen
pjAutoFilterBetween8And40Hours	27	zwischen acht Stunden und 40 Stunden liegen
pjAutoFilterClear	0	AutoFilter deaktivieren
pjAutoFilterComplete	32	AutoFilter abgeschlossen
pjAutoFilterContains	47	einen angegebenen Wert enthalten
pjAutoFilterCustom	1	Benutzerdefinierten AutoFilter verwenden
pjAutoFilterEndsWith	46	mit einem angegebenen Wert enden
pjAutoFilterEquals	40	gleich einem angegebenen Wert sind
pjAutoFilterFlagNo	39	dem Flag-Wert Nein
pjAutoFilterFlagYes	38	dem Flag-Wert Ja
pjAutoFilterGreaterThan	42	größer als ein angegebener Wert sind
pjAutoFilterGreaterThan0Cost	37	Kosten größer als 0 (null) sind
pjAutoFilterIn	2	innerhalb eines angegebenen Werts liegen
pjAutoFilterInProgress	31	aktuell verarbeitet werden
pjAutoFilterLastMonth	11	innerhalb des letzten Monats liegen
pjAutoFilterLastQuarter	14	innerhalb des letzten Quartals liegen
pjAutoFilterLastWeek	8	innerhalb der letzten Woche liegen
pjAutoFilterLastYear	17	innerhalb des letzten Jahres liegen
pjAutoFilterLessThan	43	die kleiner als ein angegebener Wert sind

Konstante	Wert	Elemente filtern mit … / die …
pjAutoFilterNextMonth	9	innerhalb des nächsten Monats liegen
pjAutoFilterNextQuarter	12	innerhalb des nächsten Quartals liegen
pjAutoFilterNextWeek	6	innerhalb der nächsten Woche liegen
pjAutoFilterNextYear	15	innerhalb des nächsten Jahres liegen
pjAutoFilterNoDate	21	ohne Datum sind
pjAutoFilterNoDuration	25	ohne Dauer sind
pjAutoFilterNotContains	48	nicht den angegebenen Wert enthalten
pjAutoFilterNotEquals	41	nicht dem angegebenen Wert entsprechen
pjAutoFilterNotStarted	30	nicht gestartet wurden
pjAutoFilterNoWork	29	Ohne Arbeit sind
pjAutoFilterPhonetic0 - 10	49 - 59	0 – 10 phonetischer Basiswert
pjAutoFilterThisMonth	10	in diesem Monat auftreten
pjAutoFilterThisQuarter	13	in diesem Quartal auftreten
pjAutoFilterThisWeek	7	in dieser Woche auftreten
pjAutoFilterThisYear	16	diesem Jahr auftreten
pjAutoFilterToday	3	heute auftreten
pjAutoFilterTomorrow	4	die morgen auftreten
pjAutoFilterWithin1And25Percent	33	zwischen 1 Prozent und 25 Prozent liegen
pjAutoFilterWithin26And50Percent	34	zwischen 26 Prozent und 50 Prozent liegen
pjAutoFilterWithin51And75Percent	35	zwischen 51 Prozent und 75 Prozent liegen
pjAutoFilterWithin76And100Percent	36	zwischen 76 Prozent und 100 Prozent liegen
pjAutoFilterYearToDate	18	innerhalb des Jahres bis zum Datum auftreten
pjAutoFilterYesterday	5	gestern aufgetreten sind

Tabelle 10-9. Die Vergleichszeichenfolgen

Vergleichszeichenfolge	Beschreibung
"Gleich"	Der Wert von FieldName ist gleich Criteria1.
"Ungleich"	Der Wert von FieldName ist ungleich Criteria1.
"Größer"	Der Wert von FieldName ist größer als Criteria1.

Vergleichszeichenfolge	Beschreibung
"Größer oder Gleich"	Der Wert von FieldName ist größer oder gleich Criteria1.
"Kleiner"	Der Wert von FieldName ist kleiner als Criteria1.
"Kleiner oder Gleich"	Der Wert von FieldName ist kleiner oder gleich Criteria1.
"Innerhalb"	Der Wert von FieldName ist innerhalb von Criteria1.
"Nicht innerhalb"	Der Wert von FieldName ist nicht innerhalb von Criteria1.

10.2 Felder

🗁 1-17-10-02_Felder.mpp

10.2.1 Feldeinstellungen

Unter Register *Gantt-Diagramm Format / Spalten / Spalteneinstellungen / Feldeinstellungen* werden die Feldeinstellungen zum markierten Feld eingeblendet (Bild 10-18).

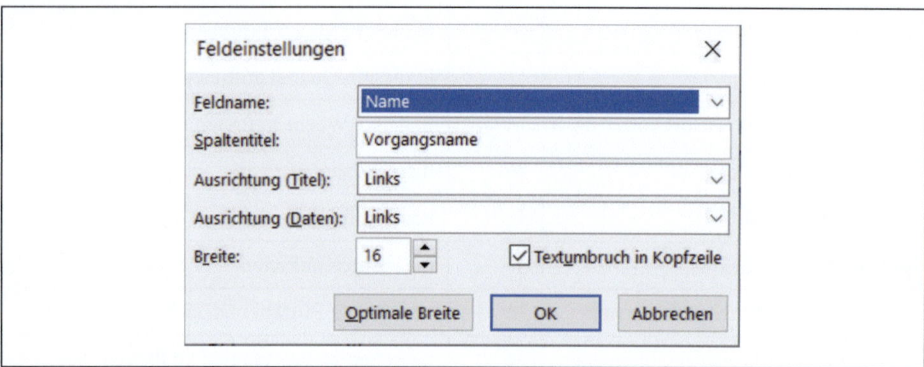

Bild 10-18. Feldeinstellungen

Nach der Auswahl des Feldnamens über die Auswahlliste, können die Eigenschaften geändert werden.

10.2.2 Benutzerdefinierte Felder

Die Auswahl von integrierten Feldern für eine benutzerdefinierte Tabelle wurde bereits im Kapitel *Programmstrukturen* besprochen. Mitunter wird ein zusätzliches Feld benötigt, das benutzerdefinierte Daten enthalten soll, wie z. B. der oder die Verantwortliche für den Vorgang. Diese Personen oder Gruppen sind aber keine Ressourcen und werden daher auch kein Arbeitsvolumen zurückmelden.

Einige benutzerdefinierte Felder liegen als generische Felder vor und sind nach Typen, wie Kosten, Datum, Dauer, Ende, Attribut, Zahl, Anfang, Text etc., unterteilt. Sie besitzen von diesen Typen meist 10 bis 30 durchnummerierte Felder und lassen sich für neue Felder verwenden.

Wie später noch gezeigt wird, lassen sich den benutzerdefinierten Feldern auch Formeln sogar mit Funktionen zuordnen, die ihre Werte aus den vorhandenen Feldern beziehen oder über eine Abfrage erhalten. Damit ergeben sich sehr viele Möglichkeiten und die nachfolgenden Anwendungsbeispiele zeigen nur einen sehr kleinen Bereich.

Zum Einfügen einer benutzerdefinierten Spalte wird die Spalte in der Vorgangstabelle markiert, vor der das neue Feld eingefügt werden soll (Bild 10-19).

Bild 10-19. Kontextmenü zu einer Spaltenbezeichnung

Mit *Spalte einfügen* wird eine Liste integrierter Feldnamen angezeigt. Darunter befinden sich auch generische Felder wie Text, Zahl etc. Für ein neues Feldelement wird Text1 gewählt (Bild 10-20).

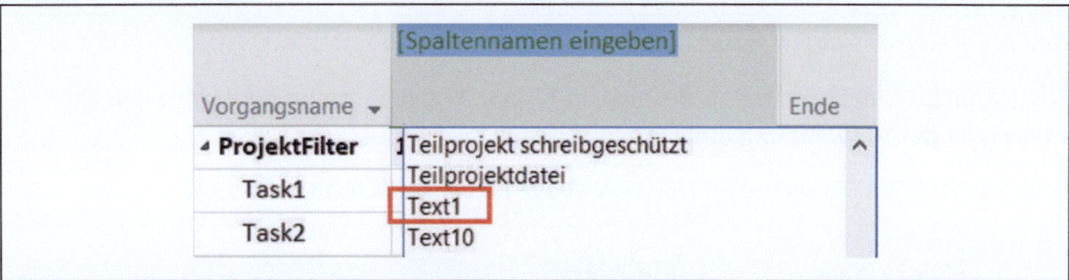

Bild 10-20. Auswahl des generischen Feldelements Text1

Nach der Auswahl existiert das Feld *Text1* in der Tabelle. Auch wenn das Feld ausgeblendet wird, bleibt es und die darin enthaltenen Informationen im Projekt bestehen. Das Feld kann auch in anderen Ansichten eingeblendet werden. Über das Kontextmenü des Feldtitels lässt sich auch ein anderer Datentyp bestimmen (Bild 10-21).

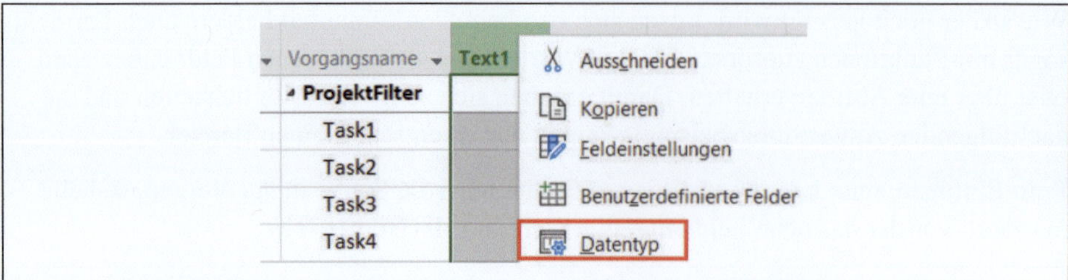

Bild 10-21. Auswahl des Datentyps für ein neues Feld über das Kontextmenü

Zur Änderung des Spaltentitels wird wieder im Kontextmenü die Methode *Feldeinstellungen* aufgerufen. Nach der Feldanpassung können die Verantwortlichen eingetragen werden (Bild 10-22).

Vorgangsname	Verantwortlich	Dauer	Anfang	Ende	Vorgänger
ProjektFilter		**18 Tage**	**Mit 01.02.23**	**Fre 24.02.23**	
Task1	Projektleiter	1 Tag	Mit 01.02.23	Mit 01.02.23	
Task2	Assistent	3 Tage	Don 02.02.23	Mon 06.02.23	2
Task3	Entwickler	5 Tage	Don 02.02.23	Mit 08.02.23	2
Task4	Controller	4 Tage	Die 07.02.23	Fre 10.02.23	3
Task5	Entwickler	7 Tage	Die 07.02.23	Mit 15.02.23	3
Task6	Assistent	4 Tage	Don 09.02.23	Die 14.02.23	4
Task7	Controller	5 Tage	Don 09.02.23	Mit 15.02.23	4
Task8	Tester	5 Tage	Mon 13.02.23	Fre 17.02.23	5
Task9	Projektleiter	6 Tage	Don 16.02.23	Don 23.02.23	6;7
Task10	Tester	1 Tag	Fre 24.02.23	Fre 24.02.23	8;9;10

Bild 10-22. Manuell eingetragene Verantwortliche

Die manuelle Eingabe kann zu Problemen führen, wenn Schreibfehler auftreten. Die Lösung ist die Verwendung einer Auswahlliste.

Codeliste 10-8. Die Prozedur fügt eine neue Spalte Verantwortlich ein

```
Sub CreateUsedField()
   ViewApply Name:="Gantt-Diagramm"
   Application.DisplayAlerts = False
   ViewReset
   Application.DisplayAlerts = True
   TableEditEx Name:="&Eingabe", TaskTable:=True, _
      FieldName:="Text1", _
      Title:="Verantwortlich", ColumnPosition:=3
   TableApply Name:="&Eingabe"
End Sub
```

10.2.3 Auswahlliste für Felder

Über das Kontextmenü des Feldes wird erneut die Methode *Benutzerdefinierte Felder* aufgerufen. In dem Dialogfeld für benutzerdefinierte Felder gibt es die Schaltfläche

Nachschlagen. Sie öffnet ein weiteres Dialogfenster Nachschlagetabelle für *Text1* bearbeiten (Bild 10-23).

In diese Tabelle können Werte eingetragen werden, die sich im Feld als Auswahlliste öffnet. Die Einträge lassen sich nach der Eingabe mit den Pfeiltasten noch untereinander verschieben. Zusätzlich kann die Reihenfolge für die Nachschlagetabelle nach Zeilennummern, aufsteigend oder absteigend sortiert bestimmt werden. Über eine zusätzliche Option lässt sich bestimmen, dass bei der späteren Eingabe in das Feld auch Werte hinzugefügt werden können, die nicht in der Nachschlagetabelle stehen. Abschließend lässt sich ein Eintrag in der Nachschlagetabelle als Standardwert bestimmen.

Enthält ein anderes Projekt bereits die gewünschte Nachschlagetabelle, ob in einem Vorgang, einer Ressource oder einem Projekt, so kann diese mit der Schaltfläche *Nachschlagetabelle importieren* verwendet werden.

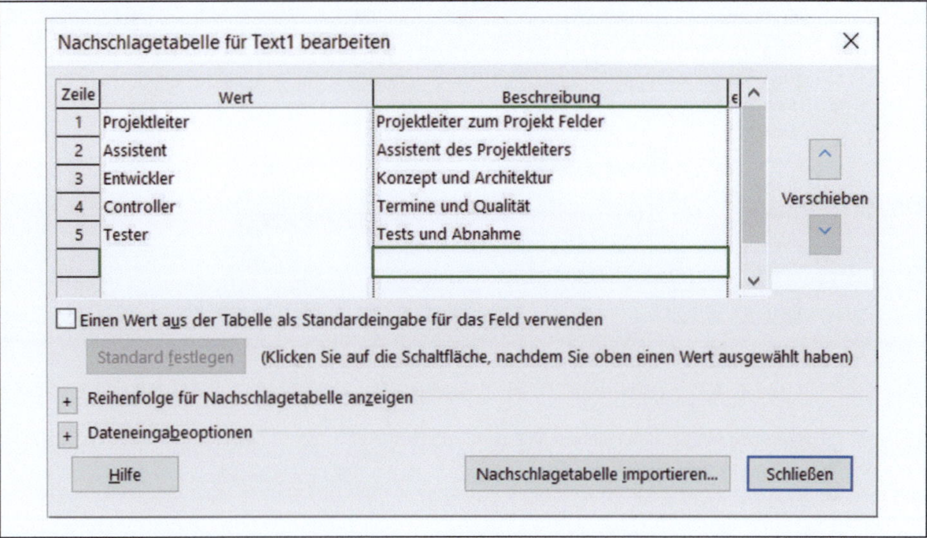

Bild 10-23. Auflistung aller Verantwortlichen für die Auswahlliste

Nach der Definition besitzt das Feld die gewünschte Auswahlliste (Bild 10-24).

Vorgangsname	Verantwortlich	Dauer	Anfang	Ende	Vor
ProjektFilter		**18 Tage**	**Mit 01.02.23**	**Fre 24.02.23**	
Task1	Projektleiter	1 Tag	Mit 01.02.23	Mit 01.02.23	
Task2	Projektleiter Projektleiter zum Projekt Felder			on 06.02.23	2
Task3	Assistent Assistent des Projektleiters			it 08.02.23	2
Task4	Entwickler Konzept und Architektur			e 10.02.23	3
Task5	Controller Termine und Qualität Tester Tests und Abnahme			it 15.02.23	3
Task6	Assistent	4 Tage	Don 09.02.23	Die 14.02.23	4

Bild 10-24. Auswahlliste für das Feld Verantwortlich

10.2.4 Feld mit Formel

Project bietet die Möglichkeit, benutzerdefinierte Felder mit automatischen Berechnungen zu erstellen. Dabei besteht die Möglichkeit, die Berechnung auf Basis von bereits im Projektplan vorhandenen Daten durchzuführen, mathematische Formeln zu verwenden oder IF-Funktionen (wenn dann) einzusetzen. Die Syntax ähnelt hierbei der von Excel. Wer sich also mit Excel-Formeln auskennt, wird sich nicht besonders schwertun.

Als Beispiel für ein benutzerdefiniertes Feld mit Formel in Project wird in einem neuen Feld die Abweichung der Dauer eines Vorgangs im Vergleich zum Basisplan berechnet – allerdings nur für Vorgänge vom Typ *Sammelvorgang*. Im Dialogfenster *Benutzerdefinierte Felder* wird das generische Feld *Dauer1* gewählt (Bild 10-25).

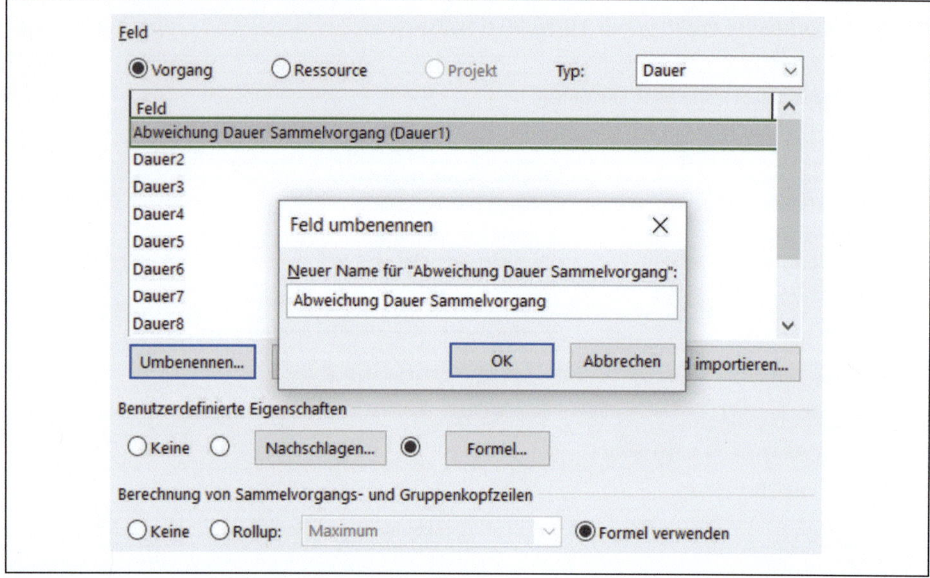

Bild 10-25. Namensänderung für das neue Feld

Im gleichen Dialogfenster gibt es die Schaltfläche *Formel*, mit der sich ein Formeleditor öffnet. Ebenso wichtig ist die Option *Formel verwenden*. Zunächst aber gibt es eine Meldung in der gewarnt wird, dass bereits vorhandene Daten in diesem Feld verloren gehen (Bild 10-26).

Bestehende Daten im Feld "Abweichung Dauer Sammelvorgang" werden gelöscht, da jetzt alle Werte von der Formel berechnet werden.

Klicken Sie auf "OK", um alle Daten im Feld "Abweichung Dauer Sammelvorgang" mit den neu berechneten Daten zu ersetzen.

Klicken Sie auf "Abbrechen", um zum Dialog "Formel" zurückzukehren.

OK Abbrechen

Bild 10-26. Warnhinweis zur Formeleingabe

Mit Bestätigung durch OK, kann dann die Formel eingegeben werden (Bild 10-27).

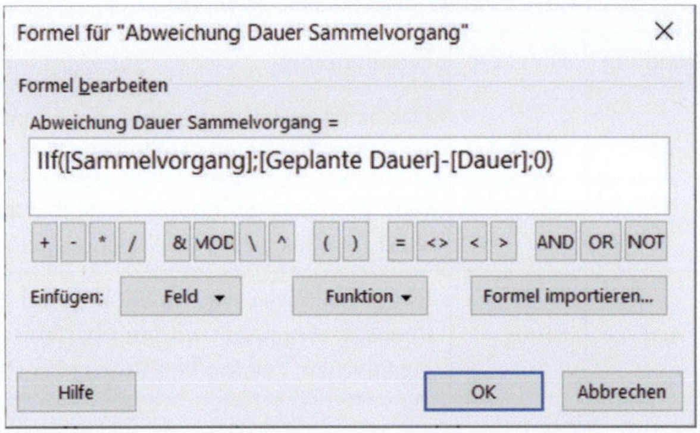

Bild 10-27. Formel zur Bestimmung der Abweichung der Dauer zwischen geplant und aktuell

Für den Aufbau einer Formel müssen die vorgegebenen Felder und Funktionen verwendet werden. So befindet sich unter *Funktionen / Allgemeines* die bedingte Verzweigung *Iff(Ausdruck; True-Teil; False-Teil).* Achtung, der Funktionsname Iff besitzt zwei f-Buchstaben. Die Platzhalter Ausdruck, *True*-Teil und *False*-Teil werden durch die Felder [Sammelvorgang], [Geplante Dauer] und [Dauer] ersetzt. Der *False*-Teil erhält den Wert 0. Das Ergebnis befindet sich danach im Sammelvorgang (Bild 10-28).

Vorgangsname	Verantwortlic	Plan Dauer	Dauer	Abw. Dauer
ProjektFilter		**22 Tage**	**18 Tage**	**4 Tage**
Task1	Projektleiter	1 Tag	1 Tag	0 Tage
Task2	Assistent	5 Tage	3 Tage	0 Tage
Task3	Entwickler	6 Tage	5 Tage	0 Tage

Bild 10-28. Feld Abweichung Dauer mit dem Ergebnis im Sammelvorgang

Codeliste 10-9. Die Prozedur erzeugt das Feld mit Formel zum Beispiel

```
Sub CreateCalculationField()
   CustomFieldRename FieldID:=pjCustomTaskDuration1, _
      NewName:="Abweichung Dauer Sammelvorgang"
   CustomFieldRename FieldID:=pjCustomTaskDuration1, _
      NewName:="Abweichung Dauer Sammelvorgang"
   CustomFieldSetFormula FieldID:=pjCustomTaskDuration1, _
      Formula:="IIf( [Sammelvorgang] ; [Geplante Dauer]-[Dauer] ;0 ) "
   CustomFieldPropertiesEx FieldID:=pjCustomTaskDuration1, _
      Attribute:=pjFieldAttributeFormula, SummaryCalc:=pjCalcNone, _
      GraphicalIndicators:=False, AutomaticallyRolldownToAssn:=False
End Sub
```

Die Methode *CustomFieldRename* definiert den Anzeigenamen für ein benutzerdefiniertes Feld. Ihre Syntax lautet

```
CustomFieldRename (FieldID, NewName, Phonetic)
```

Tabelle 10-10. Die Parameter der CustomFieldRename-Methode

Parameter	Anwendung	Datentyp	Beschreibung
FieldID	Erforderlich	Long	Das benutzerdefinierte Feld. Dies kann eine der *pjCustomField*-Konstanten sein.
Newname	Optional	String	Der Anzeigename für das benutzerdefinierte Feld. Der Wert *Null* wird der Anzeigename gelöscht.
Phonetic	Optional	String	Das phonetische Äquivalent des Namens. Das Phonetic-Argument wird nur bei Verwendung der japanischen Version von Project beachtet.

Die Methode *CustomFieldSetFormula* definiert eine Formel, die bei Zuweisung eines Wertes zu einem benutzerdefinierten Feld verwendet wird. Ihre Syntax lautet

```
CustomFieldSetFormula (FieldID, Formula)
```

Tabelle 10-11. Die Parameter der CustomFieldSetFormula-Methode

Parameter	Anwendung	Datentyp	Beschreibung
FieldID	Erforderlich	Long	Das benutzerdefinierte Feld. Kann eine ***pjCustomField*-**Konstanten sein.
Formula	Optional	String	Die Formel für das benutzerdefinierte Feld.

Die Methode *CustomFieldPropertiesEx* legt die mit einem benutzerdefinierten Feld verknüpften Attribute fest. Ihre Syntax lautet

```
CustomFieldPropertiesEx (FieldID, Attribute, SummaryCalc,
GraphicalIndicators, Required, AutomaticallyRolldownToAssn)
```

Tabelle 10-12. Die Parameter der CustomFieldPropertiesEx-Methode

Parameter	Anwendung	Datentyp	Beschreibung
FieldID	Erforderlich	Long	Benutzerdefiniertes Feld. Eine *pjCustomField*-Konstante
Attribute	Optional	Long	Das Attribut mit dem mit *FieldID* angegebenen Feld verknüpfen. Eine *pjCustomFieldAttribute*-Konstante
SummaryCalc	Optional	Long	Die Berechnung, die für das benutzerdefinierte Feld für Sammelvorgangszeilen und Gruppierungs-Sammelvorgangszeilen ausgeführt werden soll. Eine *pjSummaryCalc*-Konstante
GraphicalIndicators	Optional	Boolean	*True* zeigt grafische Symbole.

Parameter	Anwendung	Datentyp	Beschreibung
Required	Optional	Boolean	*True, wenn* benutzerdefiniertes Feld erforderlich
Automatically RolldownToAssn	Optional	Boolean	*True*, wenn für das benutzerdefinierte Feld automatisch ein Rolldown zu Zuweisungen ausgeführt wird.

Tabelle 10-13. Die pjCustomFieldAttribute-Konstanten

Konstante	Wert	Beschreibung
pjFieldAttributeFormula	1	Formel
pjFieldAttributeNone	0	Keine
pjFieldAttributeValueList	2	Werteliste

Tabelle 10-14. Die pjSummaryCalc-Konstanten

Konstante	Wert	Beschreibung
pjCalcFormula	11	Formel verwenden
pjCalcNone	10	Keine Berechnung
pjCalcRollupAnd	1	Rollup
pjCalcRollupAverage	4	Rollup Durchschnitt
pjCalcRollupAverageFirstSublevel	5	Rollup Durchschnitt Erste Unterebene
pjCalcRollupCountAll	2	Rollup Anzahl Alle
pjCalcRollupCountFirstSublevel	6	Rollup Anzahl Erste Unterebene
pjCalcRollupCountNonsummaries	7	Rollup Anzahl Nicht-Sammelvorgänge
pjCalcRollupMax	0	Rollup Max
pjCalcRollupMin	1	Rollup Min
pjCalcRollupOr	0	Rollup Oder
pjCalcRollupSum	3	Rollup Summe

10.2.5 Kalenderwoche im Feld

In manchen Branchen wird auch mit Kalenderwochen geplant. Da kann es hilfreich sein, in der Eingabetabelle KW-Spalten *KW* zu *Anfang* und *Ende* einzufügen. Unter Register *Gantt-Diagramm Format / Benutzerdefinierte Felder* wird das benutzerdefinierte Feld *Text1* verwendet. Es bekommt den Namen *KW Anfang* und die entsprechende Formel (Bild 10-29).

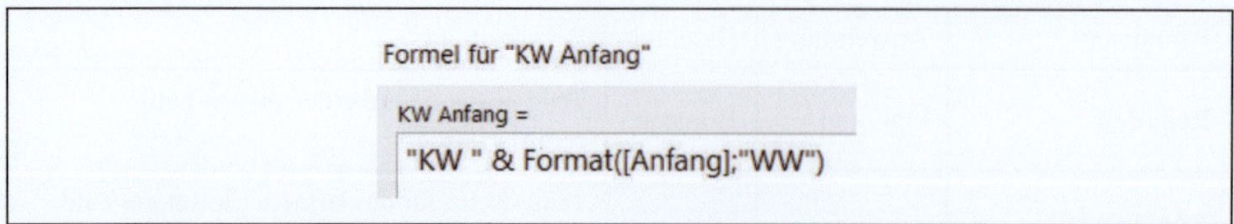

Bild 10-29. Formel im Feld KW Anfang

Codeliste 10-10. Die Prozedur erstellt das benutzerdefinierte Feld KW Anfang

```
Sub CreateFieldKWStart()
   CustomFieldRename FieldID:=pjCustomTaskText1, NewName:="KW Anfang"
   CustomFieldSetFormula FieldID:=pjCustomTaskText1, _
      Formula:="""KW "" & Format([Anfang] ;""WW"")"
   CustomFieldPropertiesEx FieldID:=pjCustomTaskText1, _
      Attribute:=pjFieldAttributeFormula, _
      SummaryCalc:=pjCalcNone, _
      GraphicalIndicators:=False, _
      AutomaticallyRolldownToAssn:=False
End Sub
```

Alternativ wird mit dem generischen Feld *Text2* das neue benutzerdefinierte Feld *KW Ende* erstellt (Bild 10-30).

GANTT-DIAGRAMM

	ⓘ	Vor	Vorgangsname	Anfang	KW Anfang	Ende	KW Ende	Vorgänger
1			◢ **ProjektFelder**	**01.02.23 08:00**		**24.02.23 17:00**		
2			Task1	01.02.23 08:00	KW 5	01.02.23 17:00	KW 5	
3			Task2	02.02.23 08:00	KW 5	06.02.23 17:00	KW 6	2
4			Task3	02.02.23 08:00	KW 5	08.02.23 17:00	KW 6	2
5			Task4	07.02.23 08:00	KW 6	10.02.23 17:00	KW 6	3
6			Task5	07.02.23 08:00	KW 6	15.02.23 17:00	KW 7	3
7			Task6	09.02.23 08:00	KW 6	14.02.23 17:00	KW 7	4
8			Task7	09.02.23 08:00	KW 6	15.02.23 17:00	KW 7	4
9			Task8	13.02.23 08:00	KW 7	17.02.23 17:00	KW 7	5
10			Task9	16.02.23 08:00	KW 7	23.02.23 17:00	KW 8	6;7
11			Task10	24.02.23 08:00	KW 8	24.02.23 17:00	KW 8	8;9;10

Bild 10-30. Die Tabelle mit den erzeugten Feldern

10.2.6 Satz des Heron

🗁 1-17-10-03_FormelHeron.mpp

Die folgende Verwendung einer Formel im Feld gehört eigentlich in eine Exceltabelle. Tatsächlich lassen sich auch derartige Berechnungen in Project durchführen. Eine bessere Variante ist die Nutzung eines Formulars, die aber dem Leser überlassen bleiben soll.

Nach dem Satz des Heron berechnet sich der Flächeninhalt eines beliebigen Dreiecks (Bild 10-31) mit folgenden Formeln.

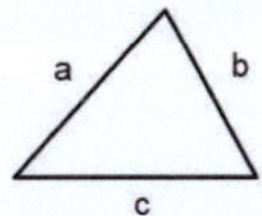

Bild 10-31. Beliebiges ebenes Dreieck

Der halbe Umfang berechnet sich aus

$$u = \frac{a+b+c}{2} \tag{10.1}$$

und damit der Flächeninhalt

$$A = \sqrt{u(u-a)(u-b)(u-c)}. \tag{10.2}$$

Es werden die generischen Felder *Zahl1*, *Zahl2* und *Zahl3* ausgewählt, die für die Maße a, b und c verwendet werden. *Zahl4* nimmt den halben Umfang auf und *Zahl5* den Flächeninhalt (Bild 10-32).

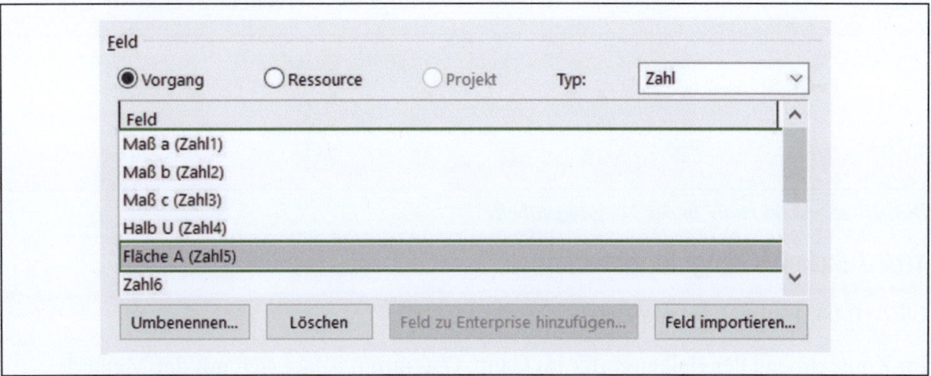

Bild 10-32. Verwendete generische Zahlenfelder

Die Formel für *Halb U* wird im Formeleditor eingetragen (Bild 10-33).

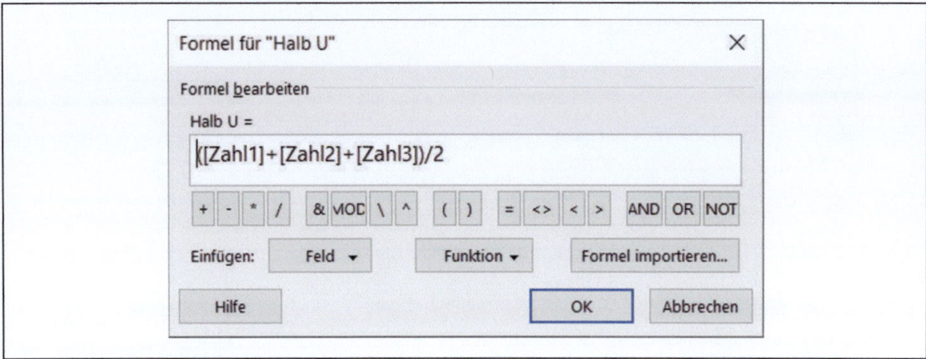

Bild 10-33. Formel für die Hilfsgröße Halb U

Ebenso die Formel für die Fläche A (Bild 10-34).

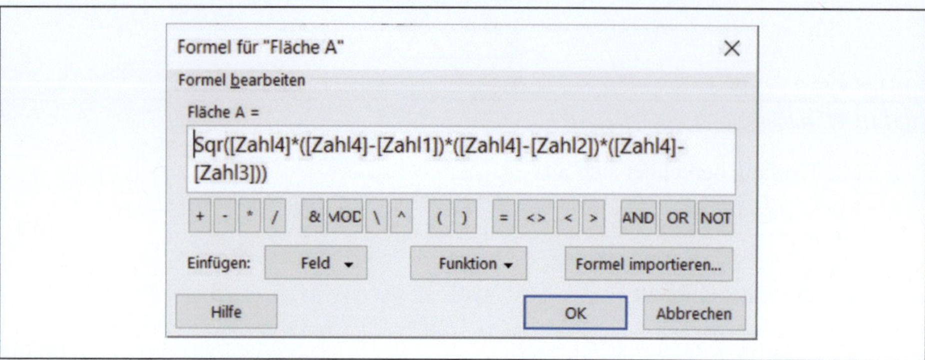

Bild 10-34. Formel für die Fläche A

Nicht zu vergessen ist, dass beide Formeln die Option *Formel verwenden* bekommen. In der Vorgangstabelle werden die Felder Maß a, Maß b, Maß c, Halb U und Fläche A eingeblendet. Mit der Eingabe der Seitenwerte erfolgt die Berechnung (Bild 10-35).

Maß a	Maß b	Maß c	Halb U	Fläche A
3	4	5	6	6
4	6	5	7,5	9,92
15	13	24	26	86,23

Bild 10-35. Auswertung in der Vorgangstabelle

10.2.7 Balken bedingt formatieren

1-17-10-04_BedingteFormate.mpp

Im Kontextmenü der Balkengrafik im Gantt-Diagramm öffnet sich mit der Methode Balkenarten ein Dialogfenster Balkenarten (Bild 10-36).

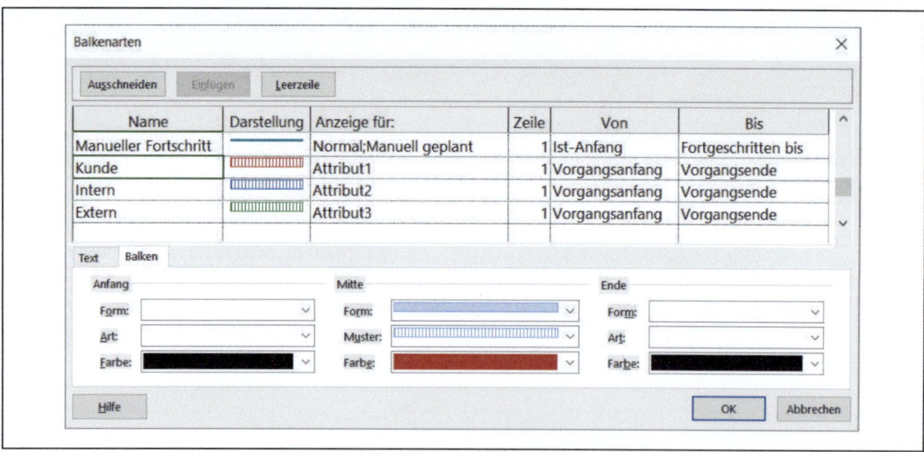

Bild 10-36. Verwaltung der Balkenformate in der Gantt-Balkengrafik

Neben vielen integrierten Formaten können in den leeren Zeilen benutzerdefinierte Formate eingetragen werden. Dazu gehören auch die Formate *Kunde*, *Intern* und *Extern*. Anschließend wird mit der Methode *Benutzerdefinierte Felder* ein neues Feld *Verantwortlich* aus dem generischen Feld *Text1* erstellt (Bukd 10-37).

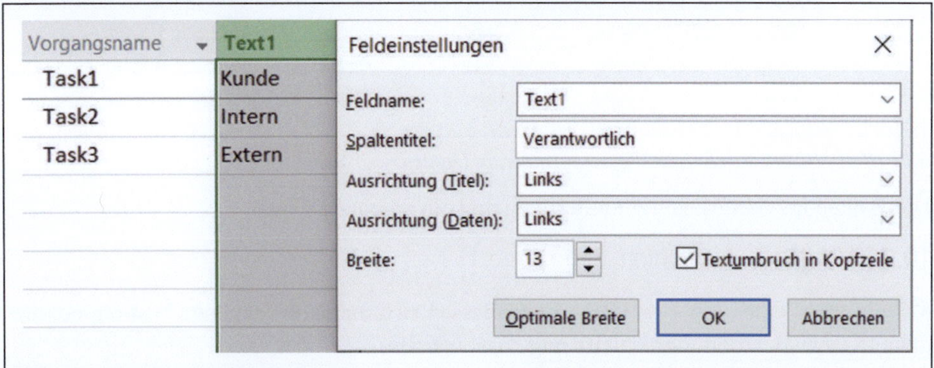

Bild 10-37. Neues Feld Verantwortlich

Für die Zuordnung zu den Balkenarten werden die Felder *Attribut1*, *Attribut2* und *Attribut3* verwendet. Im Dialogfenster für *Benutzerdefinierte Felder* wird der Typ *Attribut* gewählt (Bild 10-38).

Bild 10-38. Generische Attribute auswählen

Die Verbindung zum Feld *Verantwortlich* (*Text1*) wird über die Formel zum *Attribut1* hergestellt (Bild 10-39).

Bild 10-39. Formel für Attribut1

Die Formel besteht aus der Abfrage, ob in *Text1* der Inhalt *Kunde* existiert. Ist das der Fall, so wird das Balkenformat von *Attribut1* verwendet. Entsprechend wird mit den anderen Attributen verfahren (Bild 10-40).

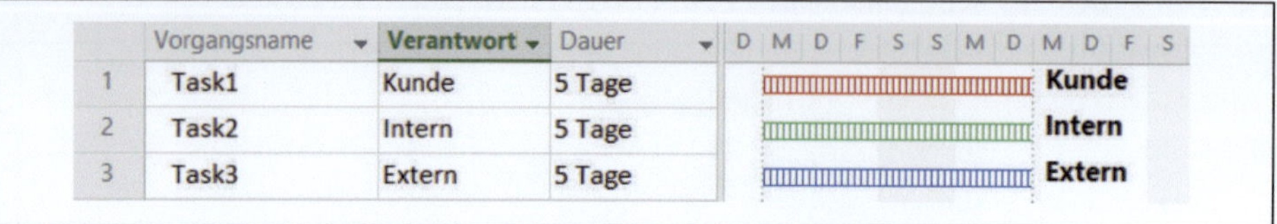

	Vorgangsname	Verantwort	Dauer
1	Task1	Kunde	5 Tage
2	Task2	Intern	5 Tage
3	Task3	Extern	5 Tage

Bild 10-40. Benutzerdefinierte Balkenformate im Gantt-Diagramm

Die Balken im Gantt-Diagramm besitzen nun ein eigenes Design.

10.2.8 Vorgänge auswählen

Mithilfe des Feldes *Markiert* (Bild 10-41) lassen sich manuell Vorgänge bestimmen, die dann in einer Bearbeitungsschleife angefasst werden.

1-17-10-05_VorgangsAuswahl.mpp

	(i)	Vor	Vorgangsname	Anfang	Ende	Vorg	Markiert
1			**ProjektFelder**	**01.02.23 08:00**	**24.02.23 17:00**		**Nein**
2			Task1	01.02.23 08:00	01.02.23 17:00		Ja
3			Task2	02.02.23 08:00	06.02.23 17:00	2	Nein
4			Task3	02.02.23 08:00	08.02.23 17:00	2	Nein
5			Task4	07.02.23 08:00	10.02.23 17:00	3	Nein
6			Task5	07.02.23 08:00	15.02.23 17:00	3	Ja
7			Task6	09.02.23 08:00	14.02.23 17:00	4	Ja
8			Task7	09.02.23 08:00	15.02.23 17:00	4	Nein
9			Task8	13.02.23 08:00	17.02.23 17:00	5	Nein
10			Task9	16.02.23 08:00	23.02.23 17:00	6;7	Nein
11			Task10	24.02.23 08:00	24.02.23 17:00	8;9;10	Nein

GANTT-DIAGRAMM

Bild 10-41. Eingefügtes Feld Markiert

Codeliste 10-11. Die Prozedur zeigt alle markierten Vorgänge im Direktfenster

```
Sub FindMarkedTasks()
   Dim objTask As Task
   For Each objTask In ActiveProject.Tasks
      If objTask.GetField(pjTaskMarked) = "Ja" Then
'Hier Anweisungen erstellen
         Debug.Print objTask.Name
      End If
   Next
End Sub
```

10.3 Gruppierungen

10.3.1 Benutzerdefinierte Gliederung

Die benutzerdefinierte Gruppierung ist ein starkes Werkzeug in Project. Diese Möglichkeit hilft, Projekte nach verschiedenen Gesichtspunkten gegliedert darzustellen.

1-17-10-06_BenutzerGruppierung.mpp

Ausgangssituation ist ein Gantt-Diagramm mit eingefärbten Balken in Abhängigkeit der Spalte Lauf (analog zu Sprint) (Bild 10-42).

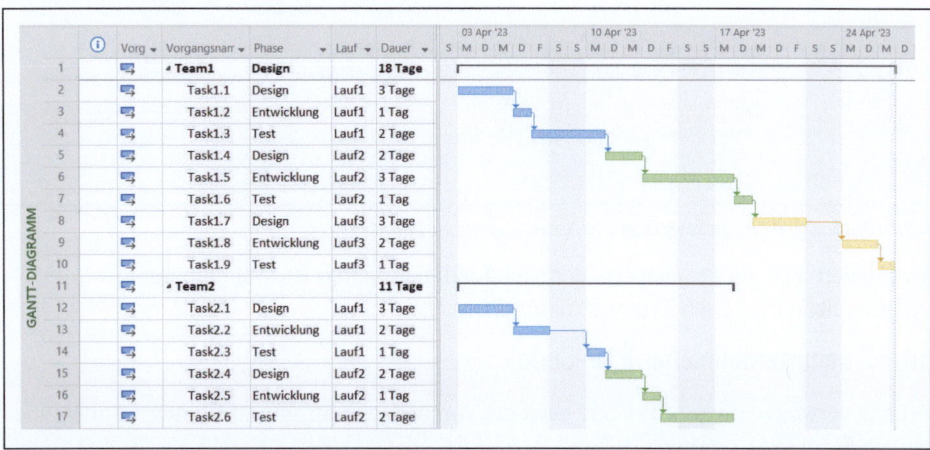

	Vorg	Vorgangsnam	Phase	Lauf	Dauer
1		**Team1**	**Design**		**18 Tage**
2		Task1.1	Design	Lauf1	3 Tage
3		Task1.2	Entwicklung	Lauf1	1 Tag
4		Task1.3	Test	Lauf1	2 Tage
5		Task1.4	Design	Lauf2	2 Tage
6		Task1.5	Entwicklung	Lauf2	3 Tage
7		Task1.6	Test	Lauf2	1 Tag
8		Task1.7	Design	Lauf3	3 Tage
9		Task1.8	Entwicklung	Lauf3	2 Tage
10		Task1.9	Test	Lauf3	1 Tag
11		**Team2**			**11 Tage**
12		Task2.1	Design	Lauf1	3 Tage
13		Task2.2	Entwicklung	Lauf1	2 Tage
14		Task2.3	Test	Lauf1	1 Tag
15		Task2.4	Design	Lauf2	2 Tage
16		Task2.5	Entwicklung	Lauf2	1 Tag
17		Task2.6	Test	Lauf2	2 Tage

Bild 10-42. Agiles Projekt mit mehreren Sprints

Unter Register *Ansicht / Daten / Gruppieren nach* gibt es in der Auswahlliste die Methode *Neue Gruppe nach* (Bild 10-43).

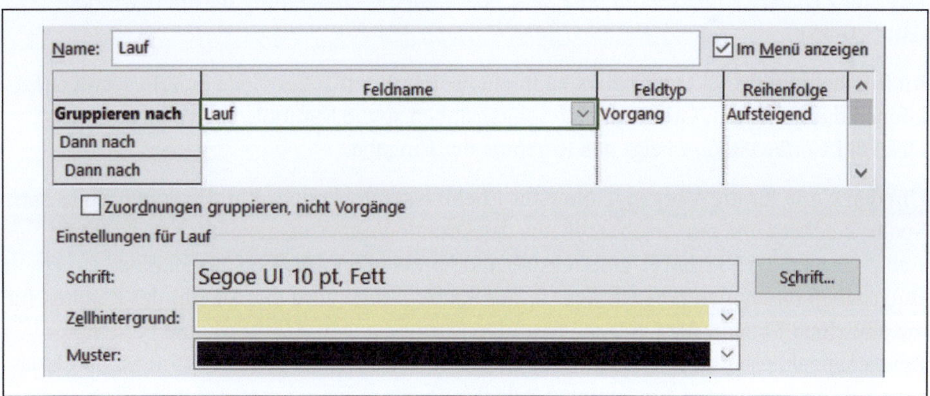

Bild 10-43. Dialogfenster zur Gruppendefinition (Auszug)

Die neue Gruppe erhält den Namen *Lauf*. Die Option *Im Menü anzeigen* wird ebenfalls ausgewählt. Mit der Speicherung existiert unter *Ansicht / Daten / Gruppieren nach* ein

Bereich *Benutzerdefiniert*, in dem sich die Gruppe *Lauf* wiederfindet. So kann z. B. zwischen *Lauf* und (*Ohne Gruppe)* umgeschaltet werden (Bild 10-44).

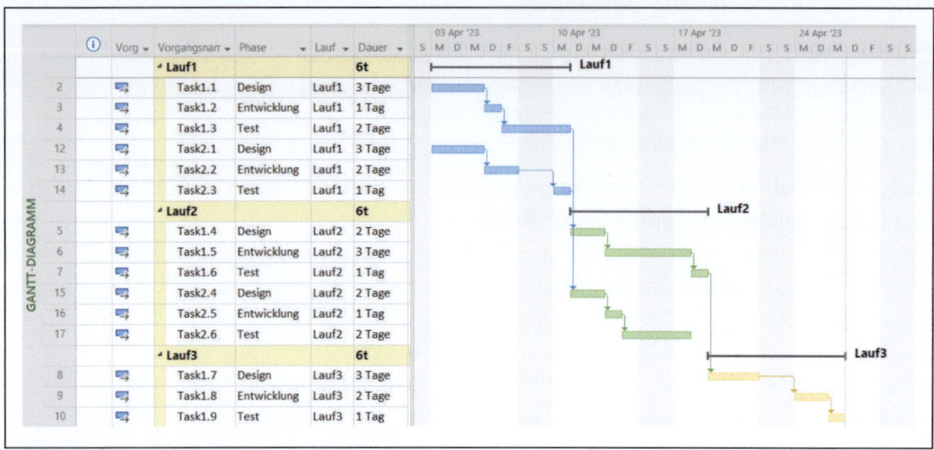

Bild 10-44. Agiles Projekt in dem die Sprints gruppiert sind

Es existiert jetzt ein Projektplan, der nach Läufen gruppiert ist, während der ursprüngliche Plan nach Teams strukturiert war.

10.3.2 Benutzerdefinierter PSP-Code

Project verwaltet einen PSP-Code nach der vorhandenen Struktur. Mitunter ist aber eine andere Form der Codierung gefragt.

🗁 1-17-10-07_PSPCode.mpp

Ausgangssituation ist eine Ansicht *Vorgang: Tabelle* oder *Ressource: Tabelle*. Unter Register *Projekt / Eigenschaften / PSP-Code* kann die Darstellung definiert werden (Bild 10-45).

Im Eingabefeld Projektcodepräfix kann ein projektspezifischer Code erstellt werden. Es können dabei Zahlen, Groß- und Kleinbuchstaben sowie Symbole verwendet werden. Das Feld *Codevorschau* zeigt das Ergebnis der Eingabe.

Um den Code für die Vorgänge oberster Ebene festzulegen, wird in der ersten Zeile der Spalte *Zeichenfolge* ein Zeichentyp aus der Dropdownliste ausgewählt. Zur Auswahl stehen Zahlen, Groß- und Kleinbuchstaben oder eine Kombination aus Zahlen, Buchstaben und anderen Symbolen. In der Spalte *Länge* wird die Anzahl der Zeichen für die einzelnen Ebenen der Codezeichenfolge festgelegt. Mit *Alle* wird eine beliebige Zeichenanzahl erlaubt. In der Spalte *Trennzeichen* wird ein Zeichen bestimmt, durch das der Code der jeweiligen Ebene vom Code der nächsten Ebene getrennt wird. Das Trennzeichen kann nicht als Teil eines Codes verwendet werden. Für jede Ebene der Gliederung wird eine Codezeichenfolge festgelegt.

Soll jede Ebene einen individuellen Code erhalten, so werden in der nächsten Zeile wieder Zeichenfolge, Länge und Trennzeichen vorgegeben.

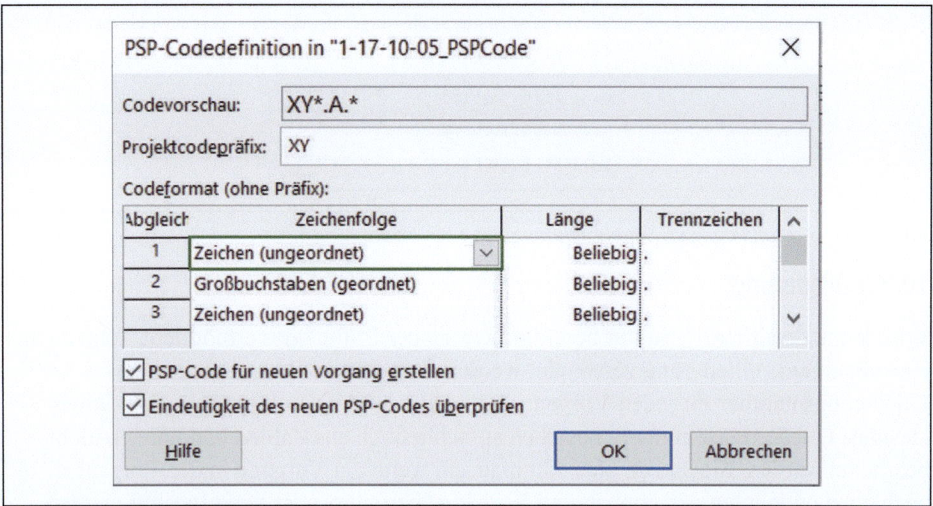

Bild 10-45. PSP-Codedefinition

Wenn Project bei der Eingabe eines neuen Vorgangs nicht automatisch einen PSP-Code zuordnen soll, muss die Option *PSP-Code für neuen Vorgang erstellen* deaktiviert werden. Wenn derselbe PSP-Code für mehrere Vorgänge zulässig sein soll, muss die Option *Eindeutigkeit des neuen PSP-Codes überprüfen* deaktiviert werden.

Mit dem Feld PSP-Code wird dieser in einer eigenen Spalte angezeigt (Bild 10-46).

Vorgangsname	PSP-Code	Dauer	Anfang	Ende	Vor
ProjektCode	**XY***	**10 Tage**	**Mon 13.02.23**	**Fre 24.02.23**	
Task1	**XY*.A**	**5 Tage**	**Mon 13.02.23**	**Fre 17.02.23**	
Task1.1	XY*.A.*	2 Tage	Mon 13.02.23	Die 14.02.23	
Task1.2	XY*.A.*	3 Tage	Mit 15.02.23	Fre 17.02.23	3
Task2	**XY*.B**	**5 Tage**	**Mon 20.02.23**	**Fre 24.02.23**	
Task2.1	XY*.B.*	3 Tage	Mon 20.02.23	Mit 22.02.23	4
Task2.2	XY*.B.*	2 Tage	Don 23.02.23	Fre 24.02.23	6

Bild 10-46. Angabe des benutzerdefinierten PSP-Codes

Werden Vorgänge verschoben oder gelöscht und der PSP-Code in Dokumenten oder anderen Systemen verwendet, die nicht mit der Project-Datei verknüpft sind, so berechnet Project die PSP-Codes nicht automatisch neu. Das bedeutet, dass die Codes für die verbleibenden Vorgänge wahrscheinlich fehlerhaft sind.

Um dieses Problem zu beheben, wird zunächst die Tabelle gewählt, für die eine neue Berechnung erfolgen soll. Unter Register *Projekt / Eigenschaften / PSP-Code* kann eine Neuberechnung gestartet werden, nachdem eine Auswahl getroffen wurde (Bild 10-47).

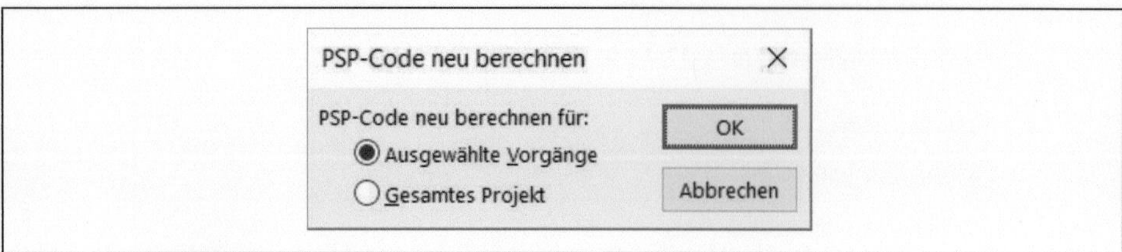

Bild 10-47. Startabfrage zur Neuberechnung des PSP-Codes

10.3.3 Gliederung

Wird keine detaillierte Struktur benötigt, wie sie der PSP-Codes ermöglicht, kann auch eine allgemeine Gliederung verwendet werden. Project erstellt automatisch eine Gliederungsnummer für jeden Vorgang, basierend auf der Struktur eines Top-Down-Designs. Gliederungsnummern bestehen ausschließlich aus Zahlen und können nicht bearbeitet werden. Sie ändern sich automatisch, wenn ein Vorgang in der Vorgangsliste nach oben oder unten verschoben und Vorgänge herunter- oder heraufgestuft werden.

Die Anzeige der Gliederungsnummern erfolgt entweder im Feld *Gliederungsnummer* in einer Vorgangstabelle oder direkt zum Namen des Vorgangs unter *Register Gantt-Diagramm Format / Einblenden/Ausblenden* mit der Option *Gliederungsnummer* (Bild 10-48).

Vorgangsname	Gliederungsnummer	Dauer	Anfang	Ende	Vorg
1 ProjektCode	**1**	**10 Tage**	**Mon 13.02.23**	**Fre 24.02.23**	
1.1 Task1	**1.1**	**5 Tage**	**Mon 13.02.23**	**Fre 17.02.23**	
1.1.1 Task1.1	1.1.1	2 Tage	Mon 13.02.23	Die 14.02.23	
1.1.2 Task1.2	1.1.2	3 Tage	Mit 15.02.23	Fre 17.02.23	3
1.2 Task2	**1.2**	**5 Tage**	**Mon 20.02.23**	**Fre 24.02.23**	
1.2.1 Task2.1	1.2.1	3 Tage	Mon 20.02.23	Mit 22.02.23	4
1.2.2 Task2.2	1.2.2	2 Tage	Don 23.02.23	Fre 24.02.23	6

Bild 10-48. Gliederungsnummern zum Vorgangsnamen oder im Feld

10.3.4 Ampelsymbol für Abweichungen

Tabellen in Project werden sehr schnell unübersichtlich. Daher ist es hilfreich, wenn wichtige Daten durch Symbole gruppiert werden, so wie die Ampelsymbole. Rot-Gelb-Grün fällt mehr auf, als wenn in der Spalte *Abweichung Dauer* eine Zahl steht. Damit eine Abweichung messbar ist, sollte ein Basisplan existieren.

🗁 1-17-10-08_Ampelsymbol.mpp

Mit dem Aufruf des Basisplans unter *Gantt-Diagramm Format / Balkenarten / Basisplan* erscheint unter jedem Vorgangsbalken ein grauer Balken, der den Basisplan symbolisiert. Ergeben sich bei der Überwachung und Steuerung Abweichungen, so sind diese sofort zu erkennen (Bild 10-49).

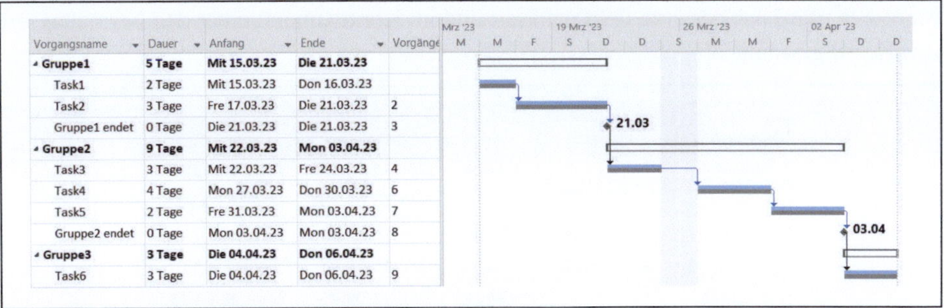

Vorgangsname	Dauer	Anfang	Ende	Vorgänge
Gruppe1	**5 Tage**	**Mit 15.03.23**	**Die 21.03.23**	
Task1	2 Tage	Mit 15.03.23	Don 16.03.23	
Task2	3 Tage	Fre 17.03.23	Die 21.03.23	2
Gruppe1 endet	0 Tage	Die 21.03.23	Die 21.03.23	3
Gruppe2	**9 Tage**	**Mit 22.03.23**	**Mon 03.04.23**	
Task3	3 Tage	Mit 22.03.23	Fre 24.03.23	4
Task4	4 Tage	Mon 27.03.23	Don 30.03.23	6
Task5	2 Tage	Fre 31.03.23	Mon 03.04.23	7
Gruppe2 endet	0 Tage	Mon 03.04.23	Mon 03.04.23	8
Gruppe3	**3 Tage**	**Die 04.04.23**	**Don 06.04.23**	
Task6	3 Tage	Die 04.04.23	Don 06.04.23	9

Bild 10-49. Eingeblendeter Basisplan nach der Planung

Im nächsten Schritt wird vor dem Feld *Dauer* das generische Feld *Dauer1* eingefügt. Danach bekommt *Dauer1* den Titel *Abweich. Dauer* mit der Formel Abweich. Dauer = [Abweichung Dauer]. Das bedeutet, dass das generische Feld *Abweich. Dauer* die Werte aus dem integrierten Feld *Abweichung Dauer* übernimmt. Im Dialogfenster *Benutzerdefinierte Felder* wird unter *Anzuzeigende Werte* die Option *Grafische Symbole* gewählt. Damit öffnet sich ein weiteres Dialogfenster *Grafische Symbole für "Abweich. Dauer"*. Darin werden den Wertebereichen in Abweich. Dauer Symbole zugeordnet (Bild 10-50).

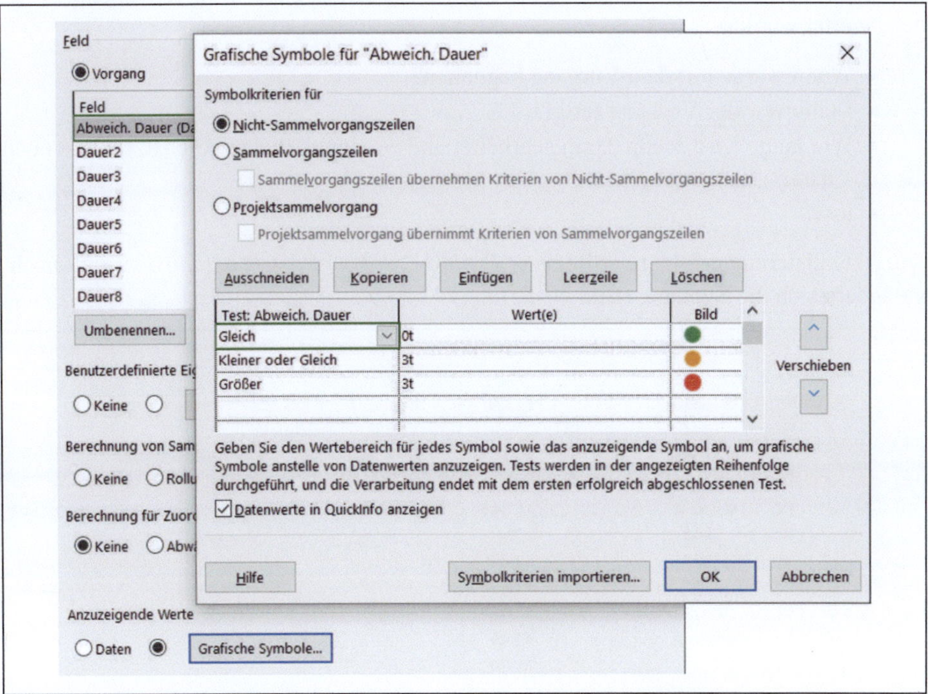

Bild 10-50. Definition der grafischen Symbole in der Spalte Abweich. Dauer

Im Feld sollten danach alle Ampeln auf grün stehen, denn es gibt ja noch keine Abweichungen vor der Projektdurchführung (Bild 10-51). Um die Symbole im Feld zu zentrieren, wird das gesamte Feld markiert und im Kontextmenü unter den Formattags *Zentrieren* gewählt.

Vorgangsname	Abweich Dauer	Dauer	Anfang	Ende
◢ Gruppe1		**5 Tage**	**Mit 15.03.23**	**Die 21.03.23**
Task1	●	2 Tage	Mit 15.03.23	Don 16.03.23
Task2	●	3 Tage	Fre 17.03.23	Die 21.03.23
Gruppe1 endet	●	0 Tage	Die 21.03.23	Die 21.03.23
◢ Gruppe2		**9 Tage**	**Mit 22.03.23**	**Mon 03.04.23**
Task3	●	3 Tage	Mit 22.03.23	Fre 24.03.23
Task4	●	4 Tage	Mon 27.03.23	Don 30.03.23
Task5	●	2 Tage	Fre 31.03.23	Mon 03.04.23
Gruppe2 endet	●	0 Tage	Mon 03.04.23	Mon 03.04.23
◢ Gruppe3		**3 Tage**	**Die 04.04.23**	**Don 06.04.23**
Task6	●	3 Tage	Die 04.04.23	Don 06.04.23

Bild 10-51. Ampelsymbol im Feld Abweich. Dauer

Im nächsten Schritt werden die Vorgänge aktualisiert. Das ist der Vorgang, der während der Projektdurchführung regelmäßig erledigt werden muss. Dazu muss je Vorgang beantwortet werden

- Wann wurde mit dem Vorgang begonnen?
- Wann war der Vorgang fertig?
- Wie lange wird schon daran gearbeitet und wie lange (heute geschätzt) muss noch daran gearbeitet werden?
- usw.

Die Aktualisierung erfolgt über Register *Projekt / Status / Projekt aktualisieren*. Danach verändern sich die Symbole (Bild 10-52).

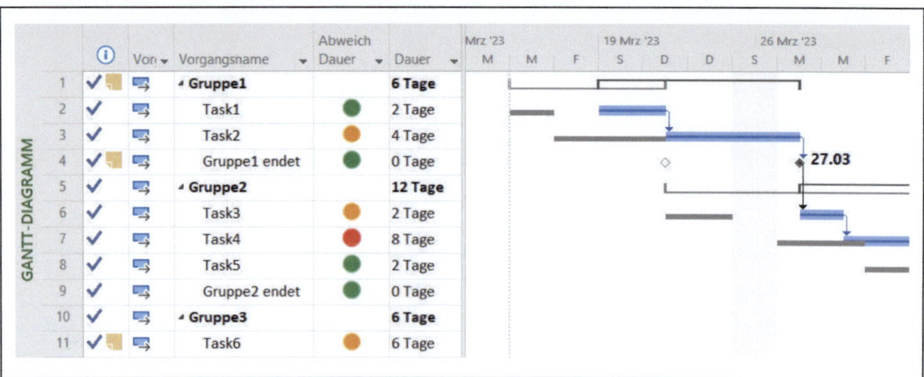

	ⓘ	Vorg	Vorgangsname	Abweich Dauer	Dauer
1	✓		**◢ Gruppe1**		**6 Tage**
2	✓		Task1	●	2 Tage
3	✓		Task2	●	4 Tage
4	✓		Gruppe1 endet	●	0 Tage
5	✓		**◢ Gruppe2**		**12 Tage**
6	✓		Task3	●	2 Tage
7	✓		Task4	●	8 Tage
8	✓		Task5	●	2 Tage
9	✓		Gruppe2 endet	●	0 Tage
10	✓		**◢ Gruppe3**		**6 Tage**
11	✓		Task6	●	6 Tage

Bild 10-52. Aktualisierte Anzeige mit Ampel

10.4 Texte

10.4.1 Textfelder im Balkendiagramm

In Project können Textfelder im Balkendiagramm eingefügt werden. Unter Register *Gantt-Diagramm Format / Zeichnungen / Zeichnung* öffnet sich eine Auswahl grafischer Elemente. Darunter ist auch ein Textfeld. Über sein Kontextmenü können die Eigenschaften in einem Dialogfenster eingestellt werden (Bild 10-53).

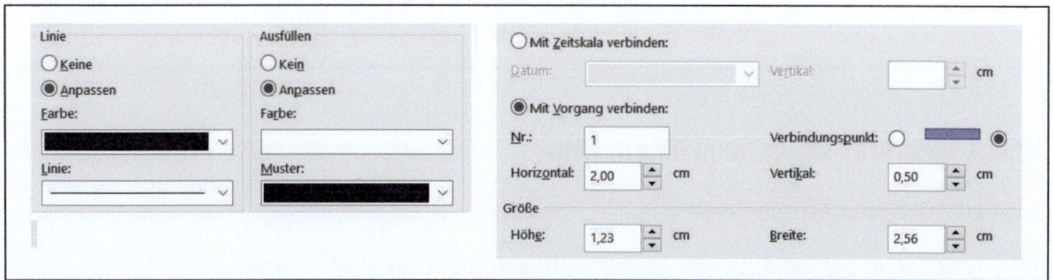

Bild 10-53. Eigenschaften zum Textfeld unter Linien/Ausfüllen und Größe/Position

Verschiebt sich der zugeordnete Vorgang im Projektplan, so bleibt das Textfeld dem Vorgang zugeordnet (Bild 10-54). Diese Möglichkeit existiert für alle Formen.

Vorgangsname	Dauer	Anfang	Ende
Task1	5 Tage	Mon 03.07.23	Fre 07.07.23
Task2	6 Tage	Mit 05.07.23	Mit 12.07.23
Task3	4 Tage	Mon 03.07.23	Don 06.07.23

03 Jul '23 10 Jul '23 17 Jul '23

3 Aufgaben

Bild 10-54. Zugeordnetes Textfeld

10.4.2 Textergänzung in Feldern

Um bei den Inhalten der benutzerdefinierten Felder auch die Einheit mit anzugeben, wie €, Stck, pro Tsd, % usw., fügt man dem gewünschten Bezeichner einen Text hinzu.

🗁 1-17-10-09_TextFelder.mpp

Als Beispiel wird ein Projekt im Gantt-Diagramm betrachtet. Jeder Vorgang darin weist im Feld *Kosten* einen Betrag in Euro aus. Der Betrag soll aber in Euro/Task ausgewiesen werden. Statt das Feld *Kosten* einzublenden, wird ein generisches Feld *Text1* erzeugt. Der Datentyp *Text* ist deshalb zu wählen, da im Feld eigener Text stehen soll. Das generische Feld *Text1* erhält den Titel *Gesamtkosten* und als Formel

IIf([Sammelvorgang];"";FORMAT([Kosten];"#,##0.00") & "€/Task").

Damit werden nur die Kosten je Vorgang mit der gewünschten Einheit angezeigt (Bild 10-55).

Vorgangsname	Dauer	Kosten/Task	Anfang
Sprint1	**5 Tage**		**Don 16.03.23**
Task1	2 Tage	1.380,00€/Task	Don 16.03.23
Task2	3 Tage	2.020,00€/Task	Mon 20.03.23
Sprint1 endet	0 Tage	100,00€/Task	Mit 22.03.23
Sprint2	**9 Tage**		**Don 23.03.23**
Task2	3 Tage	2.020,00€/Task	Don 23.03.23
Task3	4 Tage	2.340,00€/Task	Die 28.03.23
Task4	2 Tage	1.380,00€/Task	Mon 03.04.23
Sprint endet	0 Tage	100,00€/Task	Die 04.04.23

Bild 10-55. Anzeige der Kosten/Task

10.4.3 Mehrere Feldwerte in einem Feld

🗁 1-17-10-10_FelderGruppe.mpp

Feld *Text1* wird als Feld *Sammeltext* erstellt und bekommt die Formel

[Name] & " | " & [Vorgänger] & "/" & [Nachfolger] & " | " & [Dauer]/20 & " h".

Über das Kontextmenü der Balkengrafik und der Methode *Balkenarten*, wird zum *Vorgang* in der Liste unter Register *Text* für *Rechts* der *Sammeltext* eingetragen (Bild 10-56).

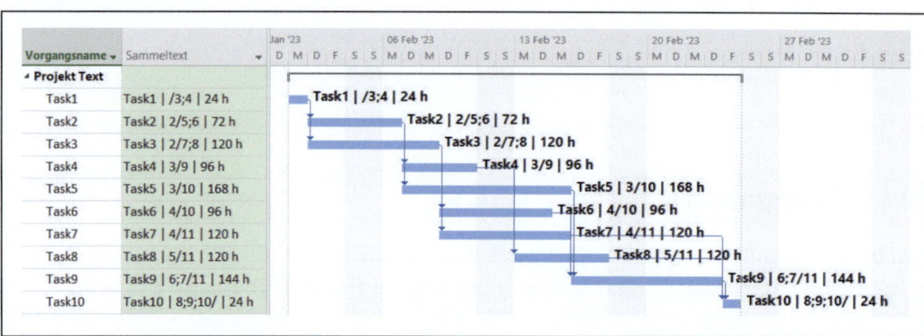

Bild 10-56. Sammeltext als Feld und Balkentext

Codeliste 10-12. Die Prozedur erstellt das neue Feld Sammeltext

```
Sub CreateCollectiveText()
   Dim sFormel As String
   sFormel = "[Name] & "" | "" & [Vorgänger] & "" / """ & _
      " & [Nachfolger] & "" | "" & [Dauer]/20 & "" h"""
   CustomFieldRename FieldID:=pjCustomTaskText1, _
      NewName:="Sammeltext"
   CustomFieldSetFormula FieldID:=pjCustomTaskText1, Formula:=sFormel
   CustomFieldPropertiesEx FieldID:=pjCustomTaskText1, _
      Attribute:=pjFieldAttributeFormula, SummaryCalc:=pjCalcNone, _
      GraphicalIndicators:=False, AutomaticallyRolldownToAssn:=False
   GanttBarEditEx Item:="1", RightText:="Text1"
End Sub
```

Kapitel 11

Berichte

Berichte sind eine wichtige Arbeitsgrundlage und können in vielfältiger Form in Project erstellt werden. In diesem Kapitel geht es um die Druckausgabe und um abschließende Analyse am Ende der Projektinitialisierung. In einem späteren Kapitel geht es um die Projektkontrolle, denn auch dafür sind die Berichte eine wichtige Arbeitsgrundlage.

11.1 Druckausgabe

11.1.1 Druckstart aus dem Menüband

Die Druckausgabe der aktuellen Ansicht wird über das Register *Datei / Drucken* aufgerufen (Bild 11-1). In dem Dialogfenster gibt es den Bereich *Drucker* und *Einstellungen*. Außerdem wird in einem Vorschaufenster das Ergebnis des Drucks angezeigt, um fehlerhafte Ausgaben zu verhindern. Welche Drucker zur Verfügung stehen, zeigt eine Auswahlliste. Welcher aktuell verwendet wird, zeigt ein Textfeld. Darunter gibt es einen Link zur Einstellung der *Druckereigenschaften*. Dort werden Layout und Papier bzw. Qualität bestimmt.

Die wichtigsten Einstellungen sind im Dialogfenster zum Druck dargestellt. Mit dem Link *Seite einrichten* werden weitere Parameter aufgerufen. Darunter lassen sich dann verschiedene Parameter wie Seite, Ränder, Kopf- und Fußzeile, Legende und Ansicht bestimmen.

Das Eingabefeld zum Druckumfang besitzt eine Auswahlliste, in der zur Ausgabe das gesammte Projekt, bestimmte Datumsangaben, bestimmte Seiten und benutzerdefinierte Datumsangaben und Seiten gehören. Auch ein Druck ohne eine umfangreiche Legende ist möglich.

H. Nahrstedt, *Project + VBA für Manager*,
https://doi.org/10.1007/978-3-658-43837-1_11

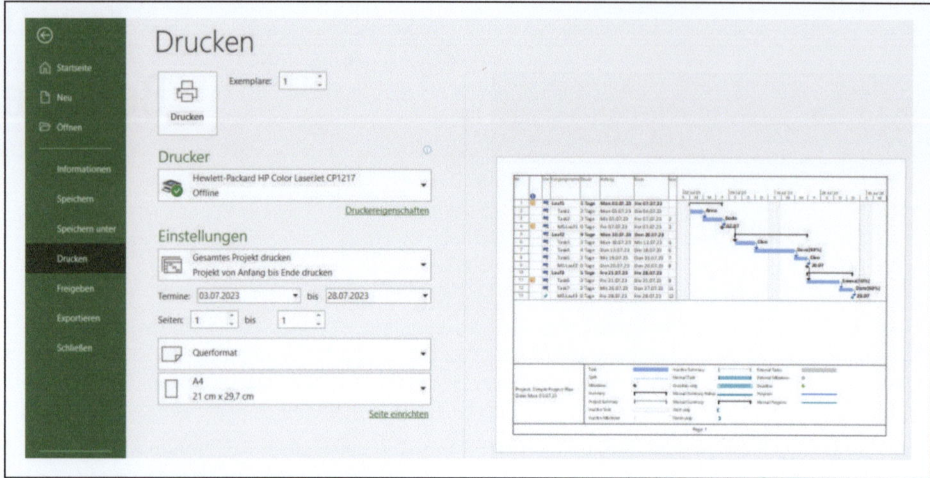

Bild 11-1. Dialogfenster zur Druckausgabe

11.1.2 Druckstart aus der Symbolleiste

Die Symbolleiste verfügt über zwei Methoden, die sich mit der Schaltfläche ▾ direkt in der Auswahlliste befinden. Die Methode *Seitenansicht* ruft das gleiche Dialogfenster zum Druck auf wie unter 11.1.1 beschrieben (Bild 11-1).

Die Methode Schnelldruck führt einen Ansichtsdruck direkt aus, ohne Abfrage und Vorschau und ist daher nicht zu empfehlen. Zu oft kommt es dabei zu unnötigem Papierverbrauch.

11.1.3 Druckmethoden in VBA

Die Methode *FilePageSetupPage* richtet Seiten für das Drucken ein. Ihre Syntax lautet

```
FilePageSetupPage (Name, Portrait, PercentScale, PagesTall, PagesWide,
PaperSize, FirstPageNumber)
```

Tabelle 11-1. Die optionalen Parameter der FilePageSetupPage-Methode

Parameter	Datentyp	Beschreibung
Name	String	Name der Ansicht oder des Berichts, für die bzw. den Kopfzeilen für das Drucken eingerichtet werden sollen.
Portrait	Boolean	*True*, wenn die Seitenausrichtung Hochformat ist. Mit *False* ist die Seitenausrichtung Querformat festgelegt.
PercentScale	Integer	Der Skalierungsfaktor, angegeben als Prozentsatz des Originals. Eine Zahl zwischen 1 und 500.
PagesTall	Integer	Die Höhe des gedruckten Projekts, in Seiten gemessen. Das *PagesTall*-Argument wird ignoriert, wenn *PercentScale* angegeben ist.

PagesWide	Variant	Die Breite des gedruckten Projekts, in Seiten gemessen. Das *PagesWide*-Argument wird ignoriert, wenn *PercentScale* angegeben ist.
PaperSize	Long	Papierformat zum Druck. (Einige Drucker unterstützen möglicherweise nicht alle Papierformate.) Kann eine der *pj*PaperSize-Konstanten sein.
FirstPageNumber	String	Ganzzahl zum Druck auf der ersten Seite oder die Zeichenfolge Auto, um die Seitennummer zu drucken. Standardwert *Auto*.

Werden keine Parameter angegeben, dann öffnet sich das Dialogfenster *Seite einrichten* (Bild 11-2).

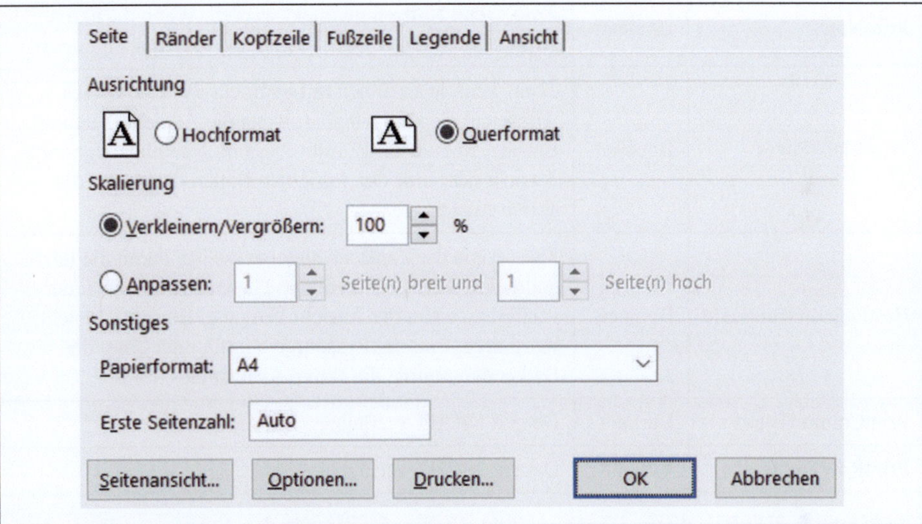

Bild 11-2. Das Dialogfenster Seite einrichten

Die Methode *FilePageSetup* zeigt ebenfalls das Dialogfenster *Seite einrichten*. Ihre Syntax lautet

```
FilePageSetup(Name)
```

Der optionale Parameter *Name* ist der Name der Ansicht, für die der Druck eingerichtet werden soll. Ohne Parameter ist es die aktive Ansicht.

Die Methode *FilePageSetupView* bestimmt ansichtsspezifische Optionen für den Druck. Ihre Syntax lautet

```
FilePageSetupView (Name, AllSheetColumns, RepeatColumns, PrintNotes,
PrintBlankPages, BestPageFitTimescale, PrintColumnTotals,
PrintRowTotals)
```

Tabelle 11-2. Die optionalen Parameter der FilePageSetupView-Methode

Parameter	Datentyp	Beschreibung
Name	String	Der Name der Ansicht oder des Berichts, für die bzw. den Kopfzeilen für das Drucken eingerichtet werden sollen.
AllSheetColumns	Boolean	*True*, wenn alle Tabellenspalten gedruckt werden. *False*, wenn nur die sichtbaren Tabellenspalten gedruckt werden. Dieses Argument ist nur verfügbar, wenn die Ansicht Vorgang: Einsatz, Ressource: Einsatz-Ansicht oder eine der Ansichten Balkendiagramm die aktive Ansicht ist.
RepeatColumns	Integer	Anzahl der Tabellenspalten, die auf jeder Seite gedruckt werden soll.
PrintNotes	Boolean	*True*, wenn Notizen gedruckt werden. Wenn die aktive Ansicht Ressource: Grafik ist, wird *PrintNotes* ignoriert.
PrintBlankPages	Boolean	*True*, wenn leere Seiten mit gedruckt werden. Dieses Argument ist nur verfügbar, wenn die Ansicht Vorgang: Einsatz, Ressource: Einsatz-Ansicht, Netzplandiagramm-Ansicht oder eine der Ansichten Balkendiagramm die aktive Ansicht ist.
BestPageFitTimescale	Boolean	*True*, wenn die Zeitskala angepasst wird, damit die letzte gedruckte Seite genau voll ist. Dieses Argument ist nur verfügbar, wenn die Ansicht Vorgang: Einsatz, Ansicht Ressource: Einsatz, Ressource: Grafik oder eines der Balkendiagramme die aktive Ansicht ist.
PrintColumnTotals	Variant	Derzeit NICHT verfügbar.
PrintRowTotals	Variant	Derzeit NICHT verfügbar.

Die Methode *FilePageSetupHeader* richtet die Kopfzeilen für den Druck ein. Ihre Syntax lautet

```
FilePageSetupHeader (Name, Alignment, Text)
```

Tabelle 11-3. Die optionalen Parameter der FilePageSetupHeader-Methode

Parameter	Datentyp	Beschreibung
Name	String	Der Name der Ansicht oder des Berichts, für die bzw. den Kopfzeilen für das Drucken eingerichtet werden.
Alignment	Long	Die Ausrichtung des Texts in der Kopfzeile. Kann eine der folgenden *pjAlignment*-Konstanten sein: *pjCenter*, *pjLeft* oder *pjRight*. Der Standardwert ist *pjCenter*.
Text	String	Der in der Kopfzeile anzuzeigende Text. Die folgenden speziellen Formatcodes können in der Kopfzeile verwendet werden.

Tabelle 11-4. Die Formatcodes

Formatcode	Beschreibung
&B	Schaltet Fettdruck ein oder aus.
&I	Schaltet Kursivdruck ein oder aus.
&U	Schaltet Unterstreichen ein oder aus.
&""fontname""	Druckt Zeichen, die dem Formatcode folgen, in der angegebenen Schriftart.
&nn	Druckt Zeichen, die dem Formatcode folgen, in der angegebenen Schriftgröße.
&P""path""	Fügt das angegebene Bild ein.
&[Date]	Druckt das aktuelle Systemdatum.
&[Time]	Druckt die aktuelle Systemzeit.
&[File]	Druckt den Dateinamen.
&[Page]	Druckt die Seitenzahl.
&[Pages]	Druckt die Gesamtanzahl der Seiten eines Dokuments.
&[Project Title]	Druckt den Projektnamen.
&[Company]	Druckt den Firmennamen.
&[Manager]	Druckt den Namen des Managers.
&[Start Date]	Druckt den Projektanfangstermin.
&[Finish Date]	Druckt den Projektendtermin.
&[Current Date]	Druckt das aktuelle Projektdatum.
&[Status Date]	Druckt das Projektstatusdatum.
&[View]	Druckt den Ansichtsnamen.
&[Report]	Druckt den Berichtsnamen.
&[Filter]	Druckt den Filternamen.
&[Saved Date]	Druckt das letzte Speicherdatum.
&[Subject]	Druckt das Thema.
&[Author]	Druckt den Autor.
&[Keyword]	Druckt die Schlüsselwörter.
&[Field_Name]	Gibt den Wert des Felds aus, das mit Field_Name angegeben wurde.

Analog richtet die Methode *FilePageSetupFooter* die Fußzeilen für den Druck ein. Ihre Syntax lautet

```
FilePageSetupFooter (Name, Alignment, Text)
```

Tabelle 11-5. Die optionalen Parameter der FilePageSetupFooter-Methode

Parameter	Datentyp	Beschreibung
Name	String	Der Name der Ansicht oder des Berichts, für die bzw. den Fußzeilen für das Drucken eingerichtet werden.
Alignment	Long	Die Ausrichtung des Texts in der Fußzeile. Kann eine der folgenden *pjAlignment*-Konstanten sein: *pjCenter*, *pjLeft* oder *pjRight*. Der Standardwert ist *pjCenter*.
Text	String	Der in der Fußzeile anzuzeigende Text. Die speziellen Formatcodes können ebenfalls in der Fußzeile verwendet werden:

Die Methode *FilePageSetupMargins* legt die Seitenränder für den Druck fest. Ihre Syntax lautet

```
FilePageSetupMargins (Name, Top, Bottom, Left, Right, Borders)
```

Tabelle 11-6. Die Parameter der FilePageSetupMargins-Methode

Parameter	Datentyp	Beschreibung
Name	String	Der Name der Ansicht oder des Berichts, für die bzw. den Seitenränder für das Drucken eingerichtet werden.
Top	Long	Die Größe des oberen Seitenrandes in Zoll oder Zentimeter.
Bottom	Long	Die Größe des unteren Seitenrandes in Zoll oder Zentimeter.
Left	Long	Die Größe des linken Seitenrandes in Zoll oder Zentimeter.
Right	Long	Die Größe des rechten Seitenrandes in Zoll oder Zentimeter.
Borders	Long	Wenn Rahmen gedruckt wird. Kann eine der folgenden *pjBorder*-Konstanten sein: *pjNoBorder*, *pjAroundEveryPage* oder *pjOutsidePages*.

Die Methode *FilePageSetupLegend* erstellt eine Legende zum Druck von Vorgangsdaten. Ihre Syntax lautet

```
FilePageSetupLegend (Name, TextWidth, LegendOn, Alignment, Text,
LabelFontName, LabelFontSize, LabelFontBold, LabelFontItalic,
LabelFontUnderline, LabelFontColor)
```

Tabelle 11-7. Die optionalen Parameter der FilePageSetupLegend-Methode

Parameter	Datentyp	Beschreibung
Name	String	Der Name der Ansicht oder des Berichts, für die bzw. den Legenden für das Drucken eingerichtet werden.

Parameter	Datentyp	Beschreibung
TextWidth	Integer	Die Breite des Textes in Zentimeter oder Zoll.
LegendOn	Long	Die Seiten, auf denen die Legende angezeigt wird. Kann eine der folgenden *pjLegend*-Konstanten sein: *pjNoLegend*, *pjAfterLastPage* oder *pjOnEveryPage*.
Alignment	Long	Die Ausrichtung des Texts in der Legende. Kann eine der folgenden *pjAlignment*-Konstanten sein: *pjCenter*, *pjLeft* oder *pjRight*. Der Standardwert ist *pjCenter*.
Text	String	Der in der Legende anzuzeigende Text. Die speziellen *Formatcodes* können als Teil der Legende eingeschlossen werden.
LabelFontName	String	Der Name der Schriftart.
LabelFontSize	Integer	Der Schriftgrad in Punkt.
LabelFontBold	Boolean	*True*, wenn die Schriftart fett formatiert ist.
LabelFontItalic	Boolean	*True*, wenn die Schriftart kursiv ist.
LabelFontUnderline	Boolean	*True*, wenn die Schriftart unterstrichen ist.
LabelFontColor	Long	Die Farbe der Schriftart. Kann eine der *PjColor*-Konstanten sein.

Die Methode *FilePageSetupCalendar* richtet den Kalender für den Druck ein. Die Syntax lautet

```
FilePageSetupCalendar (Name, MonthsPerPage, WeeksPerPage,
ScreenWeekHeight, OnlyDaysInMonth, OnlyWeeksInMonth, MonthPreviews,
MonthTitle, AdditionalTasks, GroupAdditionalTasks, PrintNotes)
```

Tabelle 11-8. Die optionalen Parmater der FilePageSetupCalendar-Methode

Parameter	Datentyp	Beschreibung
Name	Variant	Richtet den Kalender für das Drucken ein.
MonthsPerPage	Integer	Die Anzahl der Monate auf jeder Seite gedruckt. Kann 1 oder 2 sein. Das *MonthsPerPage*-Argument ist erforderlich, wenn *OnlyDaysInMonth* oder *OnlyWeeksInMonth* angegeben ist.
WeeksPerPage	Integer	Die Anzahl der Wochen, die pro Seite gedruckt werden.
ScreenWeekHeight	Boolean	*True*, wenn für das Drucken die auf dem Bildschirm verwendete Wochenhöhe verwendet wird.
OnlyDaysInMonth	Boolean	*True*, wenn nur die Tage im Monat gedruckt werden. *False*, wenn die Tage am Ende des vorherigen Monats und vom Beginn des nächsten Monats zusätzlich zu den Tagen im aktuellen Monat gedruckt werden.

Parameter	Datentyp	Beschreibung
OnlyWeeksInMonth	Boolean	*True*, wenn nur die Tage des Monats gedruckt werden. *False*, wenn ein Tag in der Woche oder mehrere Tage im Monat gedruckt werden.
MonthPreviews	Boolean	*True*, wenn Vorschaukalender für den vorherigen und nächsten Monat gedruckt werden.
MonthTitle	Boolean	*True*, wenn der Monatsname gedruckt wird.
AdditionalTasks	Boolean	*True*, wenn Aufgaben, die nicht in den Kalender passen, gedruckt werden. (Weitere Aufgaben am Ende des Ausdrucks angezeigt.)
GroupAdditionalTasks	Boolean	*True*, wenn zusätzliche Vorgänge nach Tagen gruppiert werden.
PrintNotes	Boolean	*True*, wenn die mit jeder Aufgabe zugeordneten Notizen gedruckt werden. Notizen werden an das Ende nach zusätzlichen Aufgaben gedruckt.

Die Methode *FilePageSetupCalendarText* formatiert den Text von Kalenderansichten für den Druck. Ihre Syntax lautet

```
FilePageSetupCalendarText (Name, Item, Font, Size, Bold, Italic,
Underline, Color)
```

Tabelle 11-9. Die optionalen Parameter der FilePageSetupCalendarText-Methode

Parameter	Datentyp	Beschreibung
Name	String	Name des zu bearbeitenden Kalenders
Item	Long	Textelement, eine *PjPageSetupCalendarItem*-Konstante
Font	String	Name der Schriftart
Size	Integer	Schriftgrad in Punkten
Bold	Boolean	*True*, wenn die Schriftart fett sein soll.
Italic	Boolean	*True*, wenn die Schriftart kursiv sein soll.
Underline	Boolean	*True*, wenn die Schriftart unterstrichen sein soll.
Color	Long	Die Textfarbe. Kann eine der p*jColor*-Konstanten sein.

Tabelle 11-10. Die pjColor-Konstanten

Konstante	Wert	Beschreibung
pjAqua	4	Die Farbe ist Aqua.
pjBlack	0	Die Farbe ist Schwarz.
pjBlue	5	Die Farbe ist Blau.
pjColorAutomatic	16	Die Farbe wird automatisch ausgewählt.
pjFuchsia	6	Die Farbe ist Fuchsie.
pjGray	14	Die Farbe ist Grau.
pjGreen	9	Die Farbe ist Grün.
pjLime	3	Die Farbe ist Limone.
pjMaroon	8	Die Farbe ist Kastanienbraun.
pjNavy	11	Die Farbe ist Marineblau.
pjOlive	10	Die Farbe ist Olivgrün.
pjPurple	12	Die Farbe ist Lila.
pjRed	1	Die Farbe ist Rot.
pjSilver	15	Die Farbe ist Silber.
pjTeal	13	Die Farbe ist Blaugrün.
pjWhite	7	Die Farbe ist Weiß.
pjYellow	2	Die Farbe ist Gelb.

Die Methode *FilePrint* druckt die aktive Ansicht. Ihre Syntax lautet

```
FilePrint (FromPage, ToPage, PageBreaks, Draft, Copies, FromDate,
ToDate, OnePageWide, Preview, Color, ShowIEPrintDialog)
```

Tabelle 11-11. Die optionalen Parameter der FilePrint-Methode

Parameter	Datentyp	Beschreibung
FromPage	Integer	Zahl, die die erste zu druckende Seite angibt. Standard 1.
ToPage	Integer	Zahl, die die letzte zu druckende Seite angibt. Standardwert letzte Seite im Projekt.
PageBreaks	Boolean	*True*, wenn Project beim Drucken manuelle Seitenumbrüche verwendet. Standardwert *True*.
Draft	Boolean	*True*, wenn Project die aktive Ansicht im Entwurfsmodus druckt. Standardwert *False*.

Parameter	Datentyp	Beschreibung
Copies	Integer	Zahl, die die Anzahl der zu druckenden Kopien angibt. Standardwert 1.
FromDate	Variant	Zahl oder Zeichenfolge, die das erste zu druckende Datum angibt. Standardwert Projektanfangstermin.
ToDate	Variant	Zahl oder Zeichenfolge, die das letzte zu druckende Datum angibt. Standardwert Projektendtermin.
OnePageWide	Boolean	*True*, wenn das Projekt nur die linken Spalten der aktiven Ansicht druckt. Standardwert *False*.
Preview	Boolean	*True*, wenn Project die aktive Ansicht eine Vorschau druckt. Standardwert *False*.
Color	Boolean	*True*, wenn Project die aktive Ansicht in Farbe druckt. Standardwert *False*.
ShowIEPrintDialog	Boolean	Wenn *True*, wird das Dialogfeld vom Internet Explorer beim Druck gezeigt.

Die Methode *FilePrintPreview* bietet eine Druckvorschau zum aktiven Projekt. Ihre Syntax lautet

```
FilePrintPreview
```

Die Methode *FilePrintSetup* gibt den aktiven Drucker an. Ihre Syntax lautet

```
FilePrintSetup (Printer)
```

Der optionale Parameter *Printer* beschreibt den aktiven Drucker.

11.2 Grafische Berichte

Project bietet die Möglichkeit, zur Erstellung eines grafischen Berichts Projektdaten nach Excel oder Visio (soweit installiert) zu exportieren. Unter Register *Bericht / Exportieren / Grafische Berichte* wird ein Dialogfenster zur Berichtsauswahl angeboten (Bild 11-3).

Die Methode *VisualReports* öffnet ebenfalls das Dialogfenster *Grafische Berichte*. Ihre Syntax lautet

```
VisualReorts (pjVisualReportsTag)
```

Der optionale Parameter *pjVisualReportsTag* bestimmt die Registerkarte im Dialogfenster.

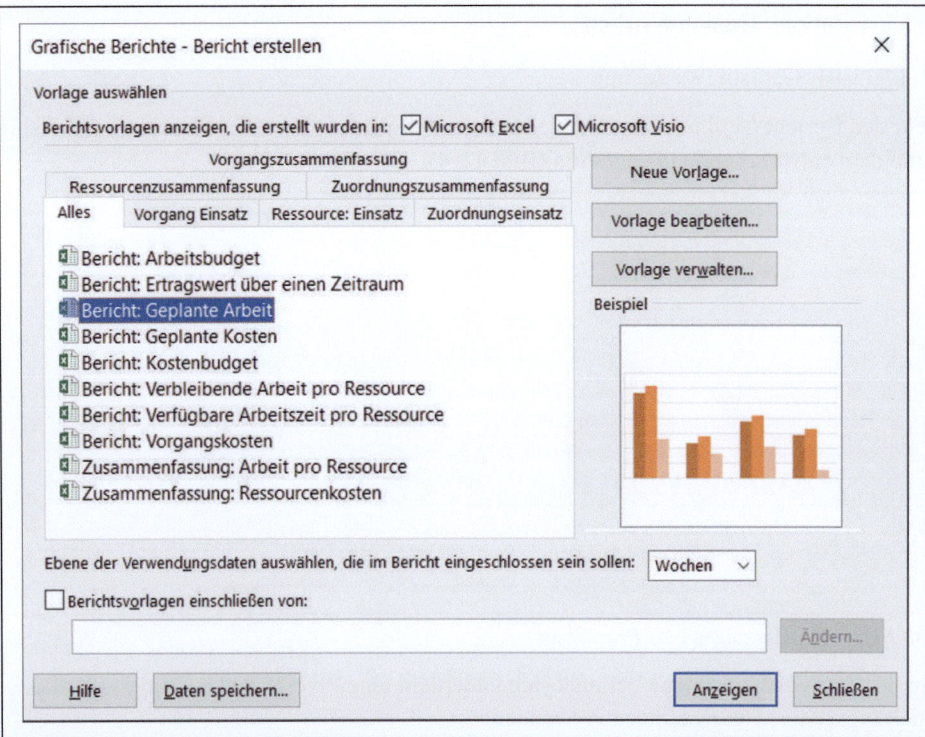

Bild 11-3. Verfügbare grafische Berichte

Tabelle 11-12. Die pjVusualReportsTab-Konstanten

Konstante	Wert	Beschreibung
pjTabAll	0	Registerkarte *Alles* anzeigen, die alle Berichtstypen enthält
pjTabAssignmentNTP	6	Registerkarte für Zuordnungsberichte ohne Zeitphasen anzeigen (die Registerkarte *Zuordnungszusammenfassung*)
pjTabAssignmentTP	3	Registerkarte für Zuordnungsberichte mit Zeitphasen anzeigen (die Registerkarte *Zuordnungseinsatz*)
pjTabResourceNTP	5	Registerkarte für Ressourcenberichte ohne Zeitphasen anzeigen (die Registerkarte *Ressourcenzusammenfassung*)
pjTabResourceTP	2	Registerkarte für Ressourcenberichte mit Zeitphasen anzeigen (die Registerkarte *Ressource: Einsatz*)
pjTabTaskNTP	4	Registerkarte für Vorgangsberichte ohne Zeitphasen anzeigen (die Registerkarte *Vorgangszusammenfassung*)
pjTabTaskTP	1	Registerkarte für Zuordnungsberichte mit Zeitphasen anzeigen (die Registerkarte *Vorgang: Einsatz*)

11.2.1 Bericht: Geplante Arbeit

🗁 1-17-11-01_GeplanteWerte.mpp

Für den Bericht *Geplante Arbeit* erstellt Project ein *Excel-PivotChart* mit einer Feldliste und dem entsprechenden Diagramm (Bild 11-4).

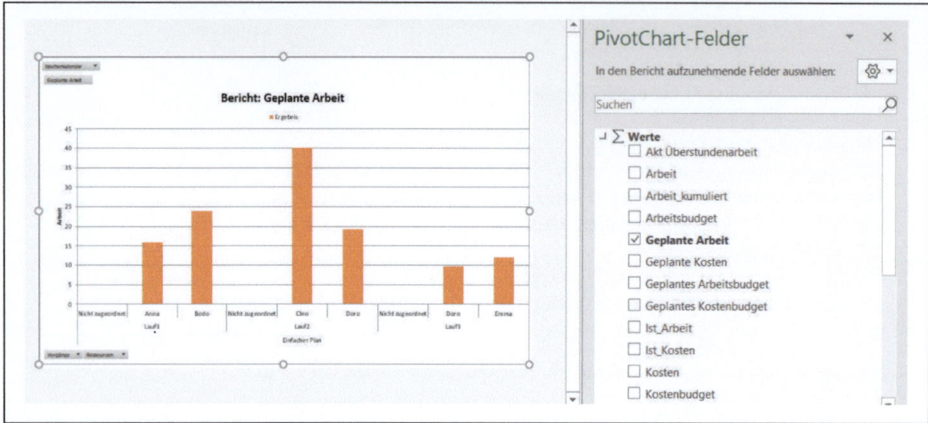

Bild 11-4. Geplante Arbeit als PivotChart

In der Excel-Arbeitsmappe befindet sich außerdem eine Pivot-Tabelle (Bild 11-5), die sich für weitere Berechnungen verwenden lässt.

	A	B	C	D
1	Wochenkalender	Alle		
2				
3	Geplante Arbeit			
4	Vorgang	Vorgang 1	Ressourcen	Ergebnis
5	⊟Einfacher Plan	⊞Lauf1	Nicht zugeordnet	0,00 Std.
6			Anna	16,00 Std.
7			Bodo	24,00 Std.
8		Lauf1 Ergebnis		40,00 Std.
9		⊞Lauf2	Nicht zugeordnet	0,00 Std.
10			Cleo	40,00 Std.
11			Doro	19,20 Std.
12		Lauf2 Ergebnis		59,20 Std.
13		⊞Lauf3	Nicht zugeordnet	0,00 Std.
14			Doro	9,60 Std.
15			Emma	12,00 Std.
16		Lauf3 Ergebnis		21,60 Std.
17	Einfacher Plan Ergebnis			120,80 Std.
18	Gesamtergebnis			120,80 Std.

PivotTable-Felder
In den Bericht aufzunehmende Felder auswählen:
Suchen
Werte
☐ Akt Überstundenarbeit
☐ Arbeit
☐ Arbeit_kumuliert
☐ Arbeitsbudget
☑ Geplante Arbeit
☐ Geplante Kosten
☐ Geplantes Arbeitsbudget
☐ Geplantes Kostenbudget
☐ Ist_Arbeit

Bild 11-5. Pivot-Tabelle zur geplanten Arbeit

Hier bekommen Werte ein benutzerdefiniertes Format und Bereiche können auch Bereichsnamen erhalten, sodass Formeln übersichtlich sind. Pivottabellen und Formeln zusammen mit VBA habe ich in [10], [14] und [15] ausführlich beschrieben.

Die Pivot-Tabelle lässt sich mit Elementen aus der Feldliste erweitern. Das Diagramm kann über die Zwischenablage auch auf andere Anwendungen übertragen werden, wie z. B. nach PowerPoint (Bild 11-6).

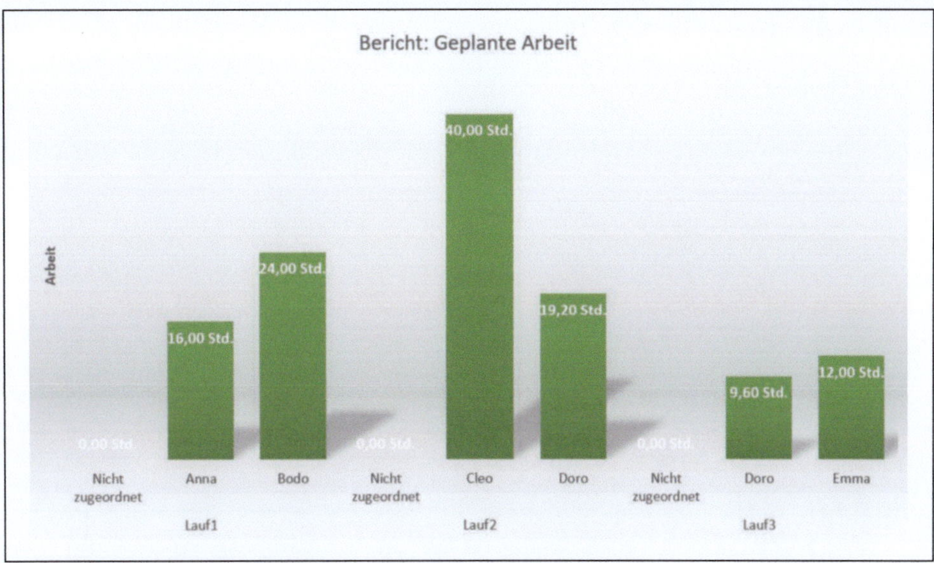

Bild 11-6. PivotChart der geplanten Arbeit nach PowerPoint kopiert

In PowerPoint stehen verschiedene Diagrammformatvorlagen zur Verfügung.

11.2.2 Bericht: Geplante Kosten

Unter der Ansicht *Ressource: Einsatz* mit der *Zusammenfassung: Ressourcekosten* erstellt Project wieder ein Excel-PivotChart mit einer Feldliste und dem Diagramm. Mit dem Kontextmenü des Diagramms kann auch der Diagrammtyp geändert werden. In diesem Fall werden 3D-Säulen ausgewählt (Bild 11-7).

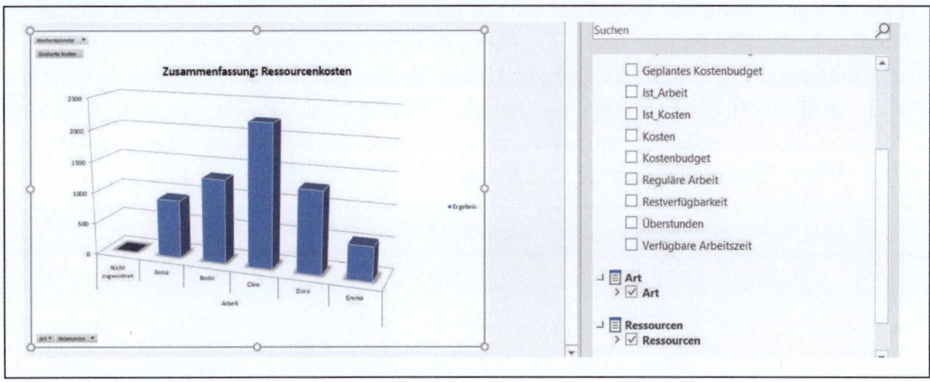

Bild 11-7. Ressourcenkosten als PivotChart

Auch hier wird wieder das Diagramm nach PowerPoint kopiert (Bild 11-8).

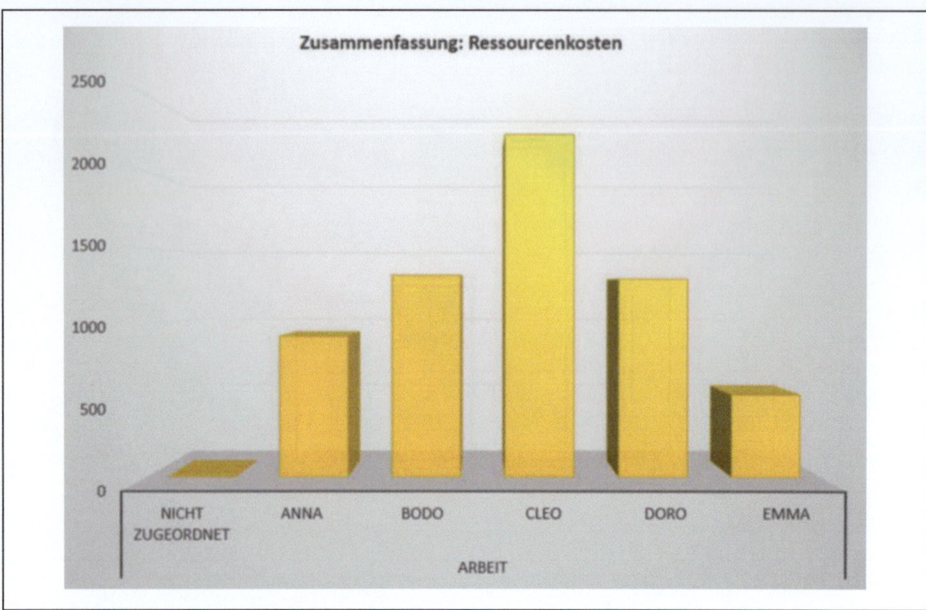

Bild 11-8. PivotChart der Ressourcenkosten nach PowerPoint kopiert

Das Diagramm kann auch nach Publisher oder Visio kopiert werden. Allerdings sind die Designmöglichkeiten nicht so umfangreich wie in PowerPoint, jedenfalls nicht bei Visio.

11.3 Dynamische Berichte

Project verfügt über eine Reihe integrierter dynamischer Berichte, die sich sofort verwenden und für eigene Zwecke anpassen lassen. Sie passen sich dynamisch an jede Änderung in der Planung an. Unter *Register / Berichte anzeigen* werden verschiedene Kategorien angezeigt. Außerdem gibt es Hilfen zu einem neuen oder benutzerdefinierten Bericht (Bild 11-9). Sie besitzen eine ähnliche Oberfläche wie PivotCharts und auch eine Feldliste, sind aber in Project integriert. Trotzdem können auch sie oder Teile von ihr in andere Office-Anwendungen kopiert werden.

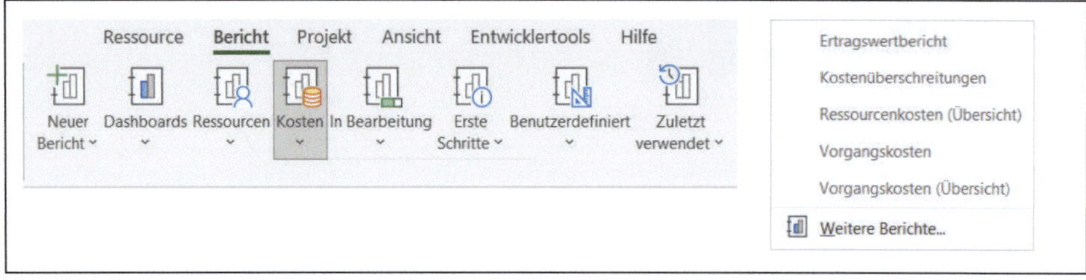

Bild 11-9. Auswahl dynamischer Berichte

Die Methode *ApplyReport* zeigt den angegebenen Bericht. Ihre Syntax lautet

```
ApplyReport(Name, ApplyTo)
```

Tabelle 11-13. Die Parameter der ApplyReport-Methode

Parameter	Anwendung	Datentyp	Beschreibung
Name	Erforderlich	String	Der Name des Berichts.
ApplyTo	Optional	Variant	Der ApplyTo-Parameter wird in Project nicht verwendet.

Die folgende Prozedur überprüft, ob der angegebene Bericht als Listenobjekt existiert. Wenn dies der Fall ist, wird der Bericht auf 80 % seiner Ursprungsgröße dargestellt.

Codeliste 11-1. Die Prozedur überprüft die Existenz eines Berichts

```
Sub ReportZoom()
   Dim sName As String
   sName = "Vorgangskosten"
   If ActiveProject.Reports.IsPresent(sName) Then
      ApplyReport sName
      ZoomReport 80
   Else
      MsgBox Prompt:="Der Report " & sName & _
         " existiert nicht!", _
         Title:="Report-Fehler"
   End If
End Sub
```

Die Methode *ZoomReport* vergrößert oder verkleinert den aktiven Bericht auf den angegebenen Prozentsatz. Ihre Syntax lautet

```
ZoomReport (Percent, Entire)
```

Tabelle 11-14. Die optionalen Parameter der ZoomReport-Methode

Parameter	Datentyp	Beschreibung
Percent	Variant	Der Prozentsatz der ursprünglichen Größe.
Entire	Variant	Der Parameter Entire hat keine Auswirkung.

Die *ZoomReport*-Methode kann auf integrierte und benutzerdefinierte Berichte angewendet werden. Wenn sich die Berichtsgröße durch Ziehen ändert oder die Ansicht gewechselt und dann zum vorherigen Bericht zurückgekehrt wird, bleibt die Zoomstufe wirksam. Mit der Anweisung

```
ZoomReport 100
```

lässt sich die ursprüngliche Größe wiederherstellen.

11.3.1 Vorgangskostenübersicht

🗁 1-17-11-02_Vorgangskostenübersicht.mpp

Unter Register *Bericht / Berichte anzeigen / Kosten* gibt es in der Auswahlliste die *Vorgangskosten (Übersicht)* (Bild 11-10).

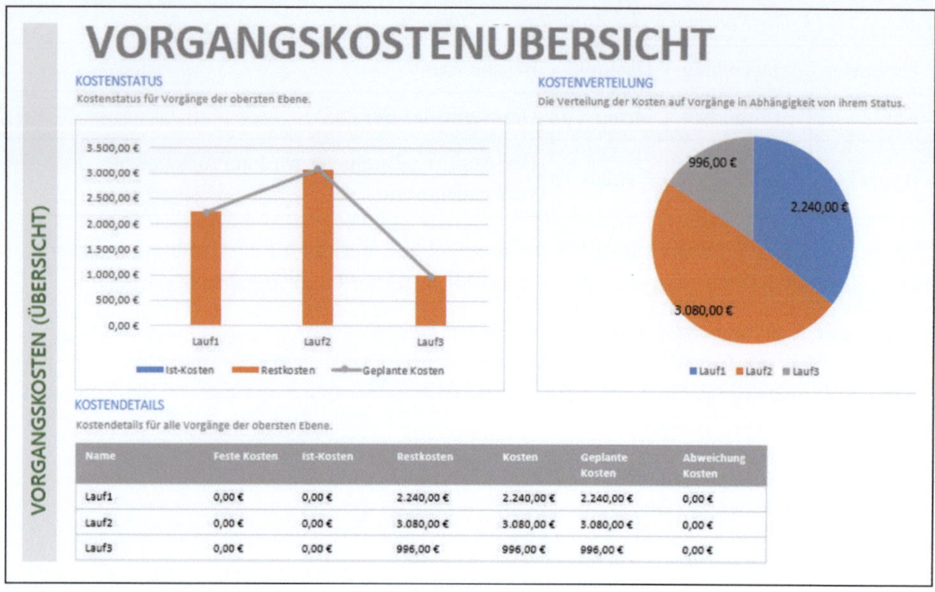

Name	Feste Kosten	Ist-Kosten	Restkosten	Kosten	Geplante Kosten	Abweichung Kosten
Lauf1	0,00 €	0,00 €	2.240,00 €	2.240,00 €	2.240,00 €	0,00 €
Lauf2	0,00 €	0,00 €	3.080,00 €	3.080,00 €	3.080,00 €	0,00 €
Lauf3	0,00 €	0,00 €	996,00 €	996,00 €	996,00 €	0,00 €

Bild 11-10. Vorgangskostenübersicht mit Vorgangsanteilen

Die Vorgangskostenübersicht hat die Form eines Dashboards und setzt sich aus drei Elementen zusammen. Ein Diagramm *Kostenstatus*, ein Diagramm *Kostenverteilung* und eine Tabelle *Kostendetails*. Die dazugehörige Feldliste verfügt über die Register *Vorgänge* und *Ressourcen*. Durch deren Auswahl kann in der Kostenverteilung zwischen den Vorgangskostenanteilen und den Ressourcenkostenanteilen umgeschaltet werden (Bild 11-11). Entsprechend ändern sich die Filter.

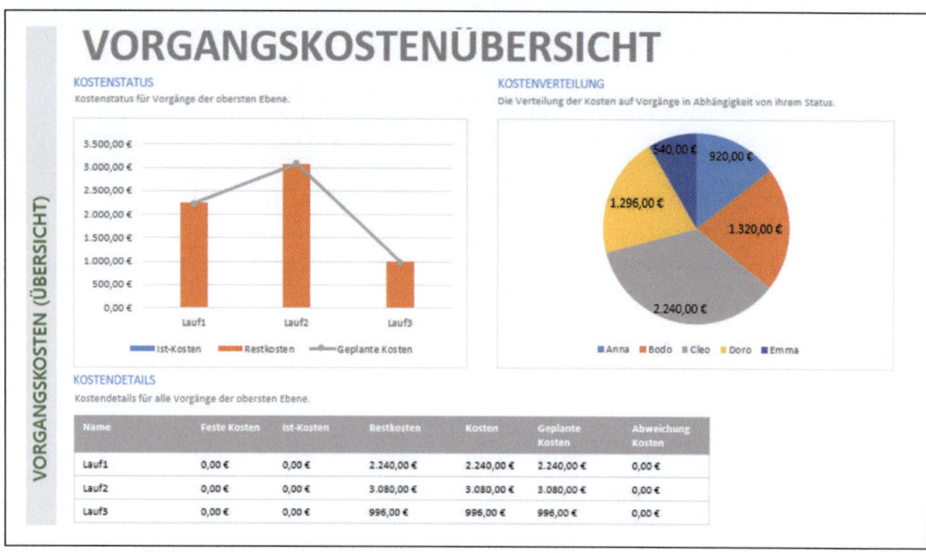

Name	Feste Kosten	Ist-Kosten	Restkosten	Kosten	Geplante Kosten	Abweichung Kosten
Lauf1	0,00 €	0,00 €	2.240,00 €	2.240,00 €	2.240,00 €	0,00 €
Lauf2	0,00 €	0,00 €	3.080,00 €	3.080,00 €	3.080,00 €	0,00 €
Lauf3	0,00 €	0,00 €	996,00 €	996,00 €	996,00 €	0,00 €

Bild 11-11. Vorgangskostenübersicht mit Ressourcenanteilen

11.3.2 Ressourcenkostenübersicht

🗁 1-17-11-03_Ressourcenkostenübersicht.mpp

Unter Register *Bericht / Berichte anzeigen / Kosten* gibt es in der Auswahlliste die *Ressourcenkosten (Übersicht)* (Bild 11-12).

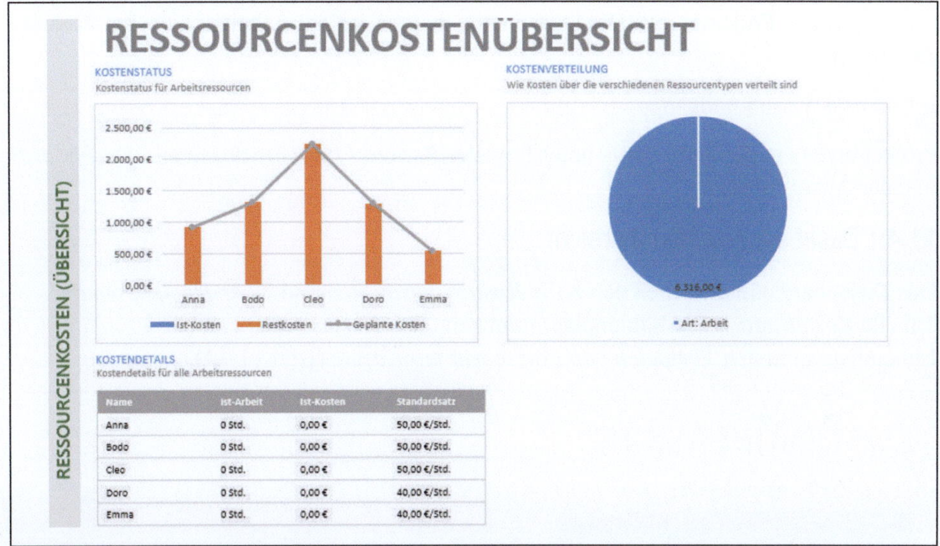

Bild 11-12. Ressourcenkostenübersicht mit Ressourcenanteilen

Durch Umschaltung auf Vorgänge in der Feldliste wird die Kostenverteilung nach Vorgängen aufgeteilt (Bild 11-13).

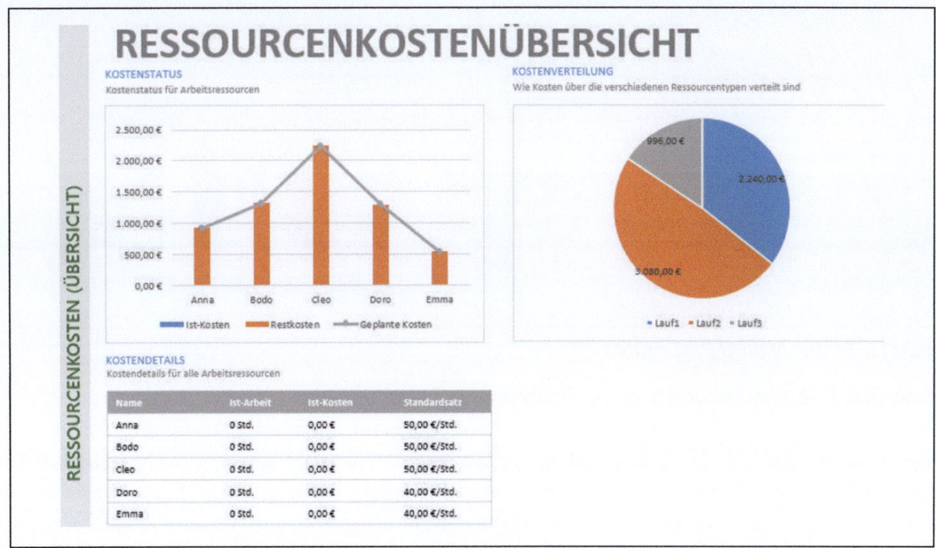

Bild 11-13. Ressourcenkostenübersicht mit Vorgangsanteilen

11.4 Dashboards

Ein Dashboard enthält neben den Elementen, die auch ein dynamischer Bericht enthält, wie Tabellen und Diagramme, auch eine visuelle Darstellung der wichtigsten Leistungsindikatoren (KPIs) eines Projekts. Die KPIs werden meist in der Planungsphase bestimmt und sind neben der Projektkontrolle auch ein gutes Mittel zur Motivation des Projektteams. Die Dashboards werden auf der Arbeitsfläche von Project dargestellt.

🗁 1-17-11-04_Dashboards.mpp

Project bietet einige Dashboards unter Register *Bericht / Berichte anzeigen / Dashboards* in einer Auswahlliste an.

11.4.1 Dashboard Kostenübersicht

Das Dashboard enthält neben den KPIs *Kosten*, *Restkosten* und *% Abgeschlossen* die Tabelle *Kostenstatus*. Ein Säulendiagramm zeigt den *Kostenstatus* und ein Liniendiagramm den *Vergleich von Fortschritt mit Kosten* (Bild 11-14).

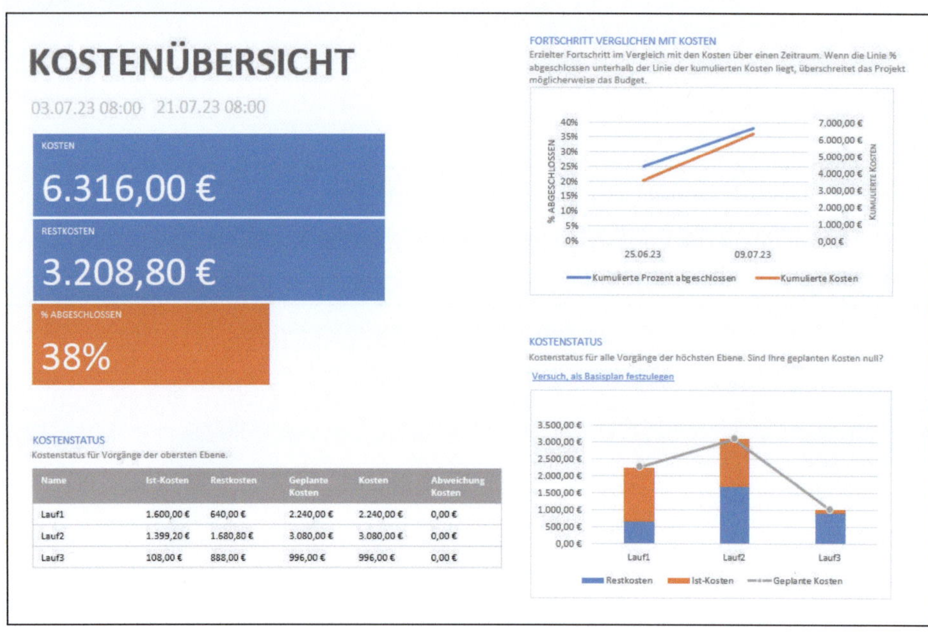

Bild 11-14. Dashboard Projektübersicht

Codeliste 11-2. Die Prozedur ruft das Dashboard Kostenübersicht auf

```
Sub ShowKostenübersicht()
   ApplyReport Name:="Kostenübersicht"
End Sub
```

11.4.2 Dashboard Arbeitsübersicht

Das Dashboard zeigt in einem Linien-Diagramm die kumulierten Werte von *verbleibender Arbeit*, *verbleibender Ist-Arbeit* und *geplanter verbleibender Arbeit*. Ein zweites Diagramm zeigt in Säulenform nach Sammelvorgängen die Werte *von Ist-Arbeit*, *Restarbeit* und *geplanter Arbeit*. Ein drittes Diagramm zeigt in Balkenform die Anteile von *Ist-Arbeit* und *Restarbeit* jeder Ressource. Ein viertes Diagramm zeigt in Linienform die *Restverfügbarkeit* der Ressourcen. Letztlich werden die KPIs *%Arbeit abgeschlossen*, *Restarbeit* und *Ist-Arbeit* in Stunden angezeigt (Bild 11-15).

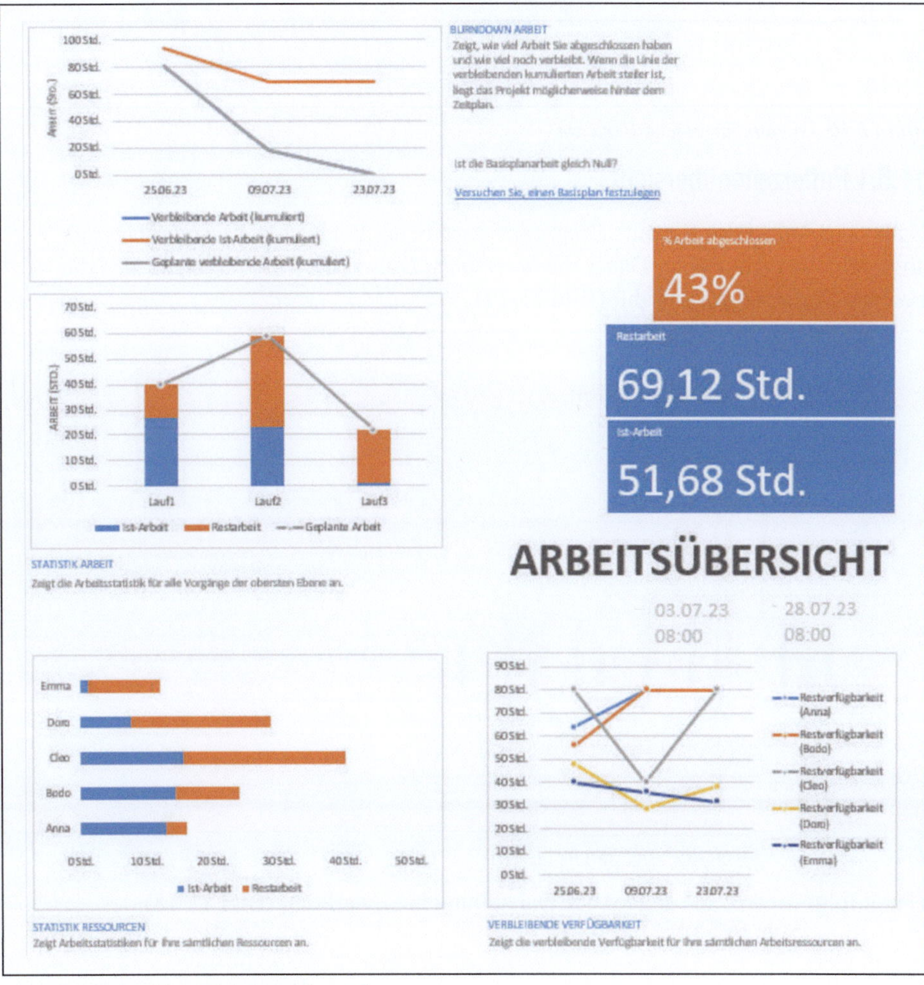

Bild 11-15. Dashboard Arbeitsübersicht

Codeliste 11-3. Die Prozedur ruft das Dashboard Projektübersicht auf

```
Sub ShowArbeitsübersicht()
   ApplyReport Name:="Arbeitsübersicht"
End Sub
```

11.5 Eigene Berichte

Project stellt für eigene Berichte unter Register *Bericht / Neuer Bericht* vier verschiedene Layouts bereit (Bild 11-16).

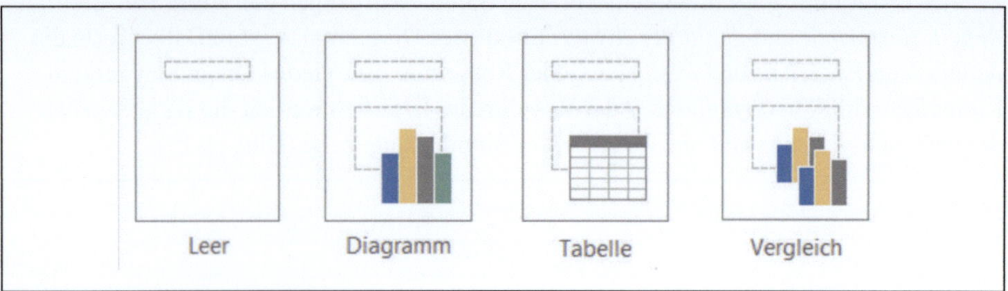

Bild 11-16. Layouts für eigene Berichte

11.5.1 Pufferzeitenübersicht

Nach dem Aufruf des Layouts *Diagramm* wird in der Feldliste die Standardauswahl abgewählt und dafür unter Dauer die *berechnete Dauer*, die *freie Pufferzeit* und die *gesamte Pufferzeit* ausgewählt (Bild 11-17).

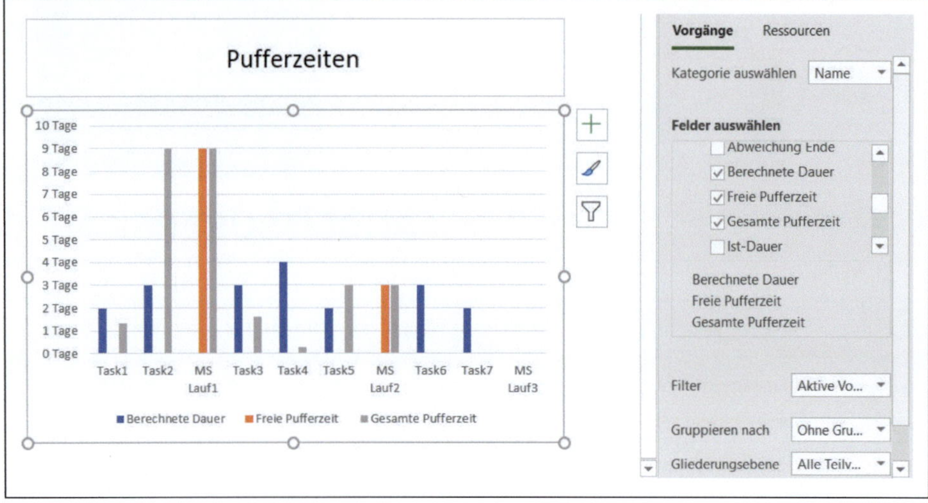

Bild 11-17. Neuer Bericht Pufferzeiten

Damit folgt wieder eine angepasste Darstellung in PowerPoint (Bild 11-18).

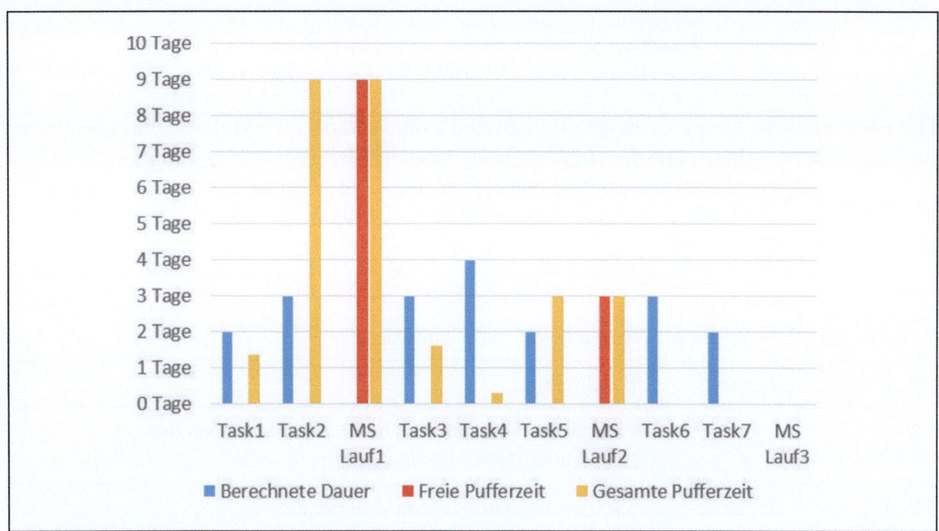

Bild 11-18. Pufferzeiten im angepassten Diagramm

11.5.2 Baukastensystem

Die Methode *ApplyReportLayoutTemplate* erstellt einen Bericht nach den vorgegebenen Layouts. Ihre Syntax lautet

```
ApplyReportLayoutTemplate(TemplateId)
```

Tabelle 11-15. Der optionale Parameter der ApplyReportLayoutTemplate-Methode

Parameter	Datentyp	Beschreibung
TemplateId	pjReportLayoutTemplateId	Layout des Berichts; kann eine pjReportLayoutTemplateId-Konstante sein

Tabelle 11-16. Die pjReportLayoutTemplateId-Konstanten

Konstante	Wert	Berichts-Layout
pjReportLayoutTitleOnly	0	Berichtsvorlage nur mit Titel
pjReportLayoutTitleAndChart	1	Bericht mit Titel und Diagramm
pjReportLayoutTitleAndTable	2	Bericht mit Titel und Tabelle
pjReportLayoutComparison	3	Vergleichsbericht

Codeliste 11-4. Die Prozedur erstellt eine Berichtsvorlage mit Titel

```
Sub CreateTableReport()
   Dim objReport  As Report
   Dim sName      As String
   Dim shpTemp    As Shape
   sName = "Neuer Report"
   Set objReport = ActiveProject.Reports.Add(sName)
   ApplyReportLayoutTemplate _
```

```
    TemplateId:=pjReportLayoutTitleOnly
   Set objReport = Nothing
End Sub
```

Die Elemente eines benutzerdefinierten Berichts sind *Shape*-Objekte. Sie sind Elemente der *Shapes*-Objektliste. Mit der *Add*-Methode werden Elemente hinzugefügt.

Die Methode *AddChart* erstellt ein Diagramm an der angegebenen Position im aktiven Bericht. Ihre Syntax lautet

```
AddChart (Style, Type, Left, Top, Width, Height, NewLayout)
```

Tabelle 11-17. Die optionalen Parameter der AddChart-Methode

Parameter	Datentyp	Beschreibung
Style	Integer	Farbstil des Diagramms. Die Werte entsprechen der Dropdownliste *Farben ändern.*
Typ	xlChartType	Typ des hinzuzufügenden Diagramms
Left	Single	Punkte zum linken Rand des Diagramms
Top	Single	Punkte zum oberen Rand des Diagramms
Width	Single	Breite des Diagramms in Punkten
Height	Single	Höhe des Diagramms in Punkten
NewLayout	Boolean	Wird in Project nicht verwendet

Codeliste 11-5. Die Prozedur erstellt ein Diagramm mit dem Farbstyle 10 im aktuellen Bericht

```
Sub InsertChart()
   Dim objReport  As Report
   Dim sName      As String
   Dim shpChart   As Shape

   sName = "Neuer Report"
   Set objReport = ActiveProject.Reports(sName)
   Set shpChart = objReport.Shapes.AddChart(Style:=10)
   shpChart.Select
   Set shpChart = Nothing
   Set objReport = Nothing
End Sub
```

Durch die *Select*-Methode wird die Feldliste eingeblendet und es können Felder aus- und abgewählt werden. Da hier eine Objektvariable für das Diagramm gewählt wurde, können weitere Methoden angewandt und Eigenschaften geändert werden.

Die Methode *AddTable* erstellt einen Tabellenbereich, der erst durch Auswahl der Feldelemente seine Form bekommt. Ihre Syntax lautet

```
AddTable (NumRows, NumColumns, Left, Top, Width, Height)
```

Tabelle 11-18. Die erforderlichen Parameter der AddTable-Methode

Parameter	Datentyp	Beschreibung
NumRows	Long	Anzahl der Zeilen in der Tabelle. *NumRows* wird beim Erstellen einer Tabelle ignoriert.
NumColumns	Long	Anzahl der Spalten in der Tabelle. *NumColumns* wird beim Erstellen einer Tabelle ignoriert.
Left	Single	Abstand zum linken Rand des Berichtsbereichs in Punkten.
Top	Single	Abstand zum oberen Rand des Berichtsbereichs in Punkten.
Width	Single	Breite der Tabelle in Punkten.
Height	Single	Höhe der Tabelle in Punkten.

Codeliste 11-6. Die Prozedur erstellt einen Tabellenbereich im aktiven Bericht

```
Sub InsertTable()
   Dim objReport  As Report
   Dim sName      As String
   Dim shpTable   As Shape

   sName = "Neuer Report"
   Set objReport = ActiveProject.Reports(sName)
   Set shpTable = objReport.Shapes.AddTable(NumRows:=6, NumColumns:=3,
_
      left:=500, top:=120, width:=360, height:=220)
   shpTable.Select
   Set shpTable = Nothing
   Set objReport = Nothing
End Sub
```

Auch hier öffnet sich die Feldliste und die gewünschten Felder können ausgewählt werden. Das Design der Tabelle muss manuell angepasst werden.

Die Methode *AddLabel* erstellt ein Bezeichnungsfeld im aktuellen Bericht. Ihre Syntax lautet

```
AddLabel (Orientation, Left, Top, Width, Height)
```

Tabelle 11-19. Die erforderlichen Parameter der AddLabel-Methode

Parameter	Datentyp	Beschreibung
Orientation	MsoTextOrientation	Ausrichtung des Texts innerhalb des Labels.
Left	Single	Position zum linken Rand des Berichts in Punkten.
Top	Single	Position zum oberen Rand des Berichts in Punkten.
Width	Single	Breite des Labels in Punkten.
Height	Single	Höhe des Labels in Punkten.

Die folgende Prozedur erstellt ein Bezeichnungsfeld mit grünem Hintergrund und dem Text Projektanalyse.

Codeliste 11-7. Die Prozedur erstellt ein Label im aktuellen Bericht

```
Sub InsertLabel()
   Dim objReport  As Report
   Dim sName      As String
   Dim shpLabel   As Shape

   sName = "Neuer Report"
   Set objReport = ActiveProject.Reports(sName)
   Set shpLabel = objReport.Shapes.AddLabel _
      (msoTextOrientationHorizontal, 500, 250, 150, 40)
   With shpLabel
      With .Fill
         .BackColor.RGB = RGB(red:=&H20, green:=&HFF, blue:=&H20)
         .Visible = msoTrue
      End With
      .TextFrame2.AutoSize = msoAutoSizeShapeToFitText
      .TextFrame2.HorizontalAnchor = msoAnchorCenter
      With .TextFrame2.TextRange
         .Text = "Projektanalyse"
         .Font.Bold = msoTrue
         .Font.Name = "Calibri"
         .Font.Size = 18
      End With
   End With
   Set shpLabel = Nothing
   Set objReport = Nothing
End Sub
```

Die Methode *AddTextbox* erstellt ein Textfeld im aktuellen Bericht. Ihre Syntax lautet

```
AddTextbox (Orientation, Left, Top, Width, Height)
```

Tabelle 11-20. Die erforderlichen Parameter der AddTextbox-Methode

Parameter	Datentyp	Beschreibung
Orientation	MsoTextOrientation	Ausrichtung des Textfelds.
Left	Single	Position des Textfeldes zum linken Rand in Punkten.
Top	Single	Position des Textfeldes zum oberen Rand in Punkten.
Width	Single	Breite des Textfelds in Punkten.
Height	Single	Höhe des Textfelds in Punkten.

Die folgende Prozedur erstellt ein Textfeld im aktuellen Projekt mit gelbem Hintergrund und einem Rahmen. Der Text wird mithilfe von Eigenschaften des *TextFrame2*-Objekts formatiert.

Codeliste 11-8. Die Prozedur erstellt ein Textfeld

```
Sub InsertTextBox()
    Dim objReport    As Report
    Dim sName        As String
    Dim shpText      As Shape

   sName = "Neuer Report"
   Set objReport = ActiveProject.Reports(sName)
   Set shpText = objReport.Shapes.AddTextbox _
      (msoTextOrientationHorizontal, 500, 300, 200, 100)
   With shpText
      .TextFrame2.TextRange.Characters.Text = _
      "Fertigstellungsgrad: " & vbCr & _
      "55% zum Zeitpunkt xx.xx.xxxx."
      With .TextFrame2.TextRange.Characters(1, 15).Font
         .Fill.ForeColor.ObjectThemeColor = msoThemeColorAccent5
         .Fill.Solid
         .Fill.Visible = msoTrue
         .Size = 14
         .Bold = msoTrue
      End With
      With .Fill
         .ForeColor.RGB = RGB(255, 255, 160)
         .Visible = msoTrue
      End With
      With .Line
         .Weight = 1
         .Visible = msoTrue
      End With
   End With
   Set shpText = Nothing
   Set objReport = Nothing
End Sub
```

Das Ergebnis der vorangegangenen Prozeduren wird als *Neuer Bericht* gespeichert (Bild 11-19).

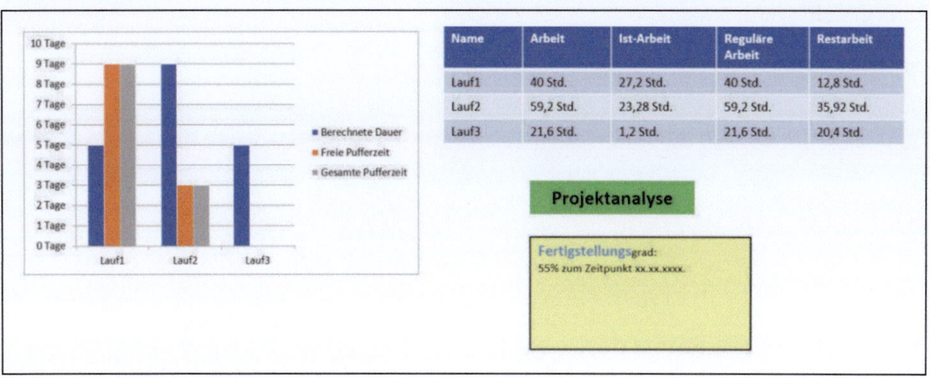

Bild 11-19. Beispiel eingefügter Shapes

🗁 1-17-11-05_Formen.mpp

Codeliste 11-9. Die Prozedur zeigt in einem Bericht verschiedene Formen

```
Sub CreateShapeReport()
   Dim proReport      As Report
   Dim sReportName    As String
   Dim iForm          As Integer
   Dim proShape       As Shape

   On Error Resume Next
   ViewApply "Gantt-Diagramm"
   OrganizerDeleteItem _
      FileName:="Projekt1", Name:="Shape Report"
'erstelle leeren Report
   sReportName = "Shape Report"
   Set proReport = ActiveProject.Reports.Add(sReportName)
'erstelle die ersten 100 Shapes
   For iForm = 1 To 10
      Set proShape = proReport.Shapes.AddShape _
         (iForm, 20 + iForm * 40, 20, 30, 20)
      proShape.Fill.ForeColor.RGB = &H80FFFF
   Next iForm
   ApplyReport Name:="Shape Report"
   Set proReport = Nothing
End Sub
```

Die Prozedur *CreateShapeReport* erstellt einen leeren Bericht und fügt dann die ersten zehn Formen ein (Bild 11-20). Unter *msoAutoShapeType* werden alle Formen in der Objektbibliothek angezeigt.

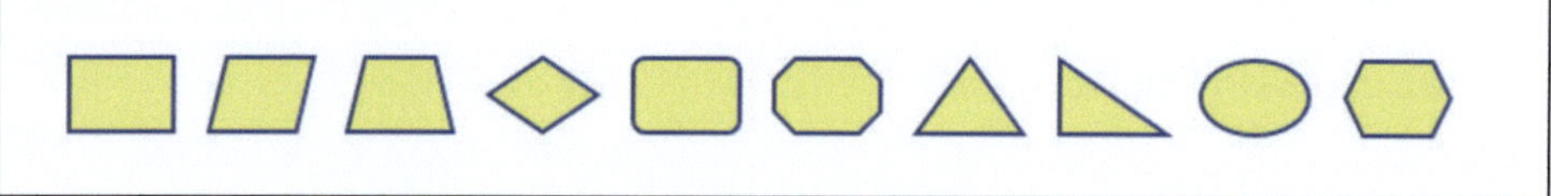

Bild 11-20. In einem Bericht eingefügte Formen

Die Formen verfügen über ein Kontextmenü, in dem unter anderen Methoden auch ein Link erstellt werden kann.

Kapitel 12

Projektdurchführung

In der Phase der Projektdurchführung wird der in der Planung entstandene Projektplan umgesetzt. Es ist die eigentliche Aufgabe des Projekts. Anhand des Projektplans werden die Zielparameter des magischen Dreiecks (Kosten, Zeit, Leistung) überwacht. Die Projektsteuerung (auch als Projektcontrolling bezeichnet) verläuft zusammen mit der Projektdurchführung und liefert dafür die Grundlagen.

12.1 Phasenmodelle

Auch die Projektdurchführung wird in Phasen unterteilt, in denen ein Teil der Arbeitspakete durchgeführt wird. Jede Phase besteht aus drei Strukturen (Bild 12-1).

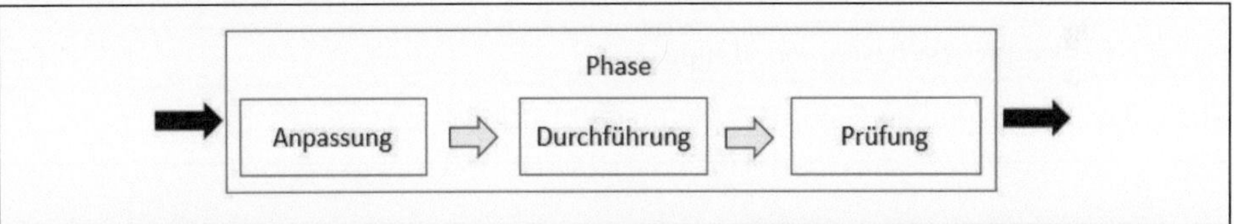

Bild 12-1. Struktur einer Phase

Die Phasen werden nach einem verwendeten Phasenmodell durchgeführt. Das Ergebnis einer Phase ist ein Modul.

12.1.1 Meilensteine als Entscheidungspunkte

Eine Phase endet mit einem Meilenstein. Dieser bildet damit auch einen Entscheidungspunkt für die weitere Durchführung (Bild 12-2):

H. Nahrstedt, *Project + VBA für Manager*,
https://doi.org/10.1007/978-3-658-43837-1_12

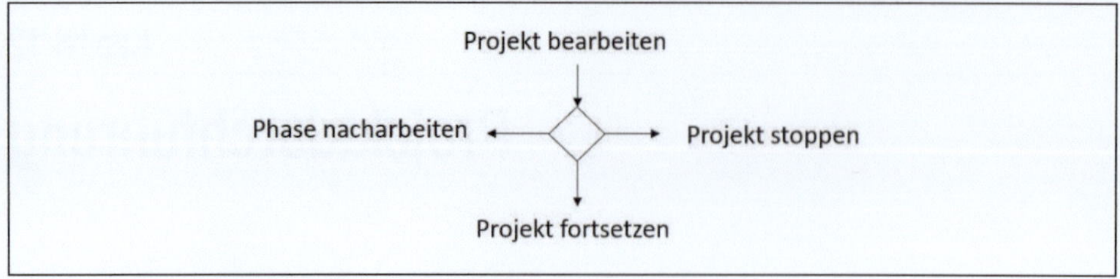

Bild 12-2. Entscheidungen am Meilenstein

Sie bieten drei Möglichkeiten zur Überprüfung der relevanten Projektgrößen:

- Alle Arbeitspakete in der Phase sind abgeschlossen.
- Es ergeben sich signifikante Abweichungen, die Phase muss nachbearbeitet werden.
- Die Abweichungen sind so groß, dass das Projekt gestoppt werden muss.

12.1.2 Einfaches Phasenmodell

Die einzelnen Phasen sind in sich abgeschlossen und enden mit einem Meilenstein. Sie bauen sequenziell aufeinander auf (Bild 12-3).

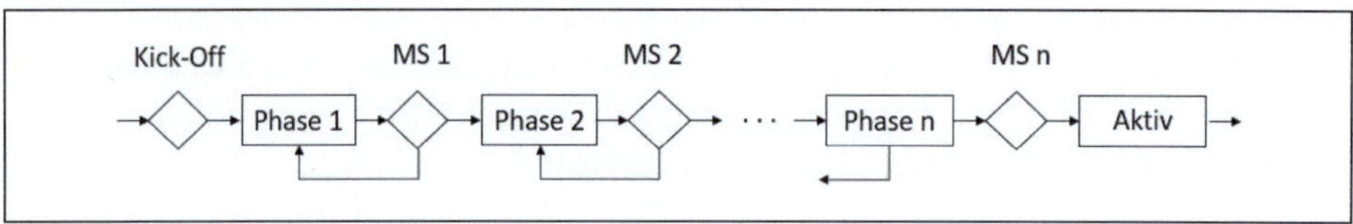

Bild 12-3. Schema eines einfachen Phasenmodells

Erst wenn alle Phasen (Module) abgeschlossen sind, ist das Projekt abgeschlossen. Das Modell ist übersichtlich und leicht zu steuern. Die sequenzielle Anordnung kostet jedoch viel Zeit und ist unwirtschaftlich.

🗁 1-17-12-01_EinfachesPhasenmodell.mpp

Ein einfaches Beispiel im Gantt-Diagramm (Bild 12-4).

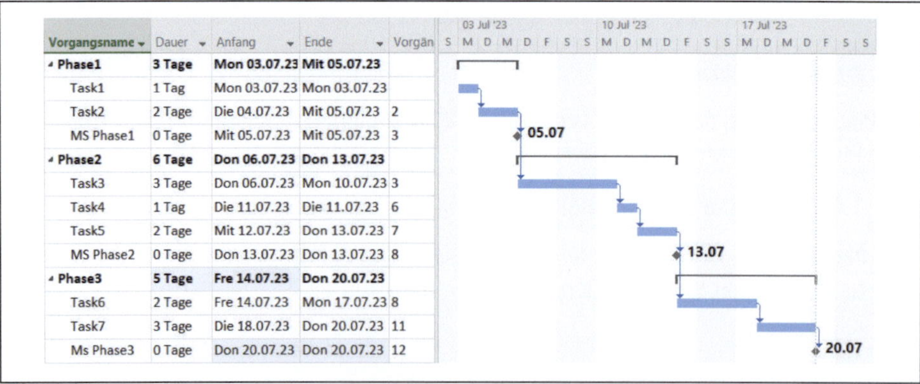

Vorgangsname	Dauer	Anfang	Ende	Vorgän
Phase1	**3 Tage**	**Mon 03.07.23**	**Mit 05.07.23**	
Task1	1 Tag	Mon 03.07.23	Mon 03.07.23	
Task2	2 Tage	Die 04.07.23	Mit 05.07.23	2
MS Phase1	0 Tage	Mit 05.07.23	Mit 05.07.23	3
Phase2	**6 Tage**	**Don 06.07.23**	**Don 13.07.23**	
Task3	3 Tage	Don 06.07.23	Mon 10.07.23	3
Task4	1 Tag	Die 11.07.23	Die 11.07.23	6
Task5	2 Tage	Mit 12.07.23	Don 13.07.23	7
MS Phase2	0 Tage	Don 13.07.23	Don 13.07.23	8
Phase3	**5 Tage**	**Fre 14.07.23**	**Don 20.07.23**	
Task6	2 Tage	Fre 14.07.23	Mon 17.07.23	8
Task7	3 Tage	Die 18.07.23	Don 20.07.23	11
Ms Phase3	0 Tage	Don 20.07.23	Don 20.07.23	12

Bild 12-4. Sequenzielle Durchführung der Vorgänge

Stellt sich zum Beispiel am Meilenstein MS Phase2 heraus, dass Task3 nachgearbeitet werden muss, so ergibt sich eine Verschiebung der folgenden Vorgänge (Bild 12-5).

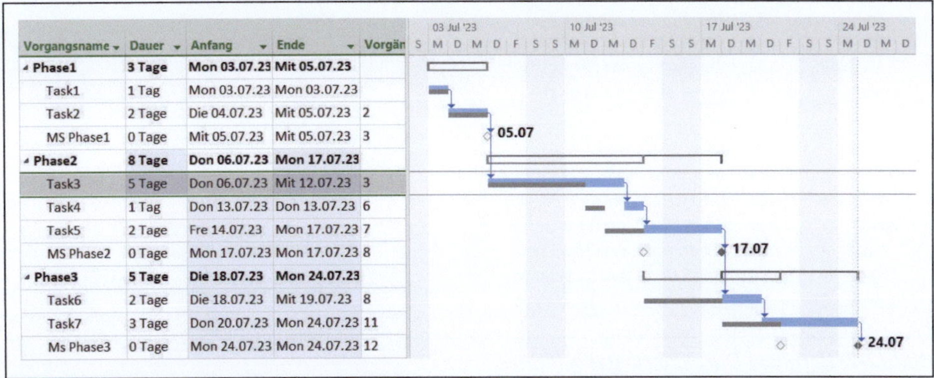

Vorgangsname	Dauer	Anfang	Ende	Vorgän
Phase1	**3 Tage**	**Mon 03.07.23**	**Mit 05.07.23**	
Task1	1 Tag	Mon 03.07.23	Mon 03.07.23	
Task2	2 Tage	Die 04.07.23	Mit 05.07.23	2
MS Phase1	0 Tage	Mit 05.07.23	Mit 05.07.23	3
Phase2	**8 Tage**	**Don 06.07.23**	**Mon 17.07.23**	
Task3	5 Tage	Don 06.07.23	Mit 12.07.23	3
Task4	1 Tag	Don 13.07.23	Don 13.07.23	6
Task5	2 Tage	Fre 14.07.23	Mon 17.07.23	7
MS Phase2	0 Tage	Mon 17.07.23	Mon 17.07.23	8
Phase3	**5 Tage**	**Die 18.07.23**	**Mon 24.07.23**	
Task6	2 Tage	Die 18.07.23	Mit 19.07.23	8
Task7	3 Tage	Don 20.07.23	Mon 24.07.23	11
Ms Phase3	0 Tage	Mon 24.07.23	Mon 24.07.23	12

Bild 12-5. Änderung der Dauer von Task3

Durch Ziehen am Balkenende von Task3 in der Balkengrafik wird die Dauer erhöht und alle nachfolgenden Vorgänge verzögern sich.

12.1.3 Paralleles Phasenmodell

Der Grundgedanke zu diesem Modell ist die Tatsache, dass eine neue Phase bereits begonnen werden kann, wenn die vorherige noch nicht beendet ist (Bild 12-6). Das Modell eignet sich für komplexe Projekte mit einer langen Laufzeit.

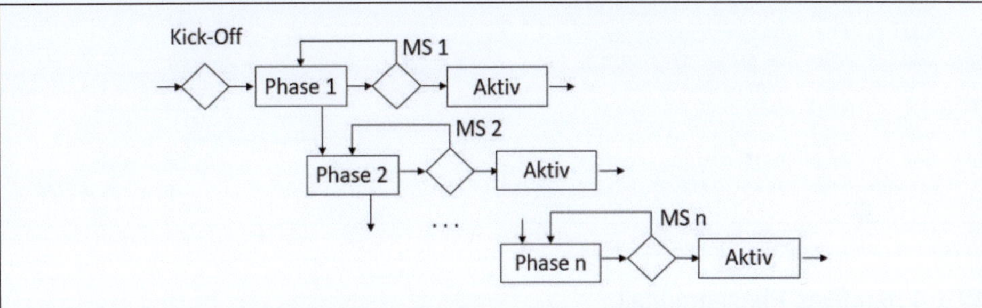

Bild 12-6. Schema eines parallelen Phasenmodells

Die Module aus einer Phase werden so gestaltet, dass sie direkt nach Fertigstellung einsetzbar sind und eine Teilfunktionalität bieten (Bild 12-7).

🗁 1-17-12-02_ParallelesPhasenmodell.mpp

Das Modell birgt aber auch die Gefahr, dass Phasen gestartet werden, obwohl noch nicht alle dafür notwendigen Voraussetzungen vorliegen.

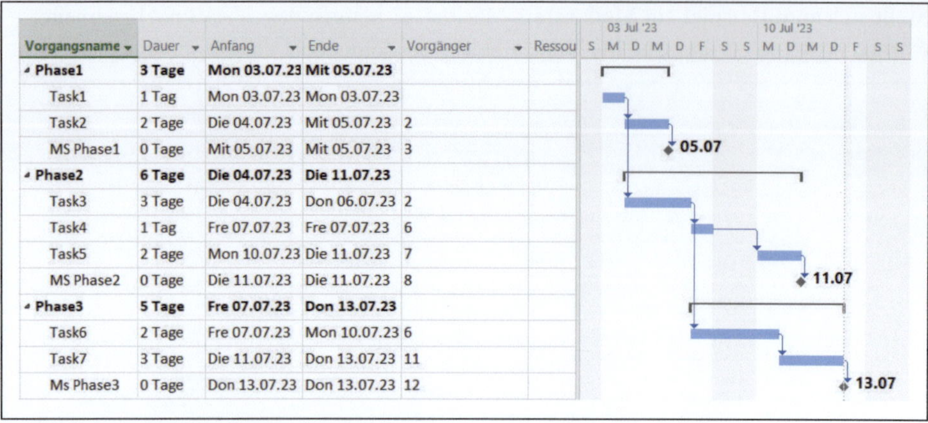

Vorgangsname	Dauer	Anfang	Ende	Vorgänger	Ressou
Phase1	**3 Tage**	**Mon 03.07.23**	**Mit 05.07.23**		
Task1	1 Tag	Mon 03.07.23	Mon 03.07.23		
Task2	2 Tage	Die 04.07.23	Mit 05.07.23	2	
MS Phase1	0 Tage	Mit 05.07.23	Mit 05.07.23	3	
Phase2	**6 Tage**	**Die 04.07.23**	**Die 11.07.23**		
Task3	3 Tage	Die 04.07.23	Don 06.07.23	2	
Task4	1 Tag	Fre 07.07.23	Fre 07.07.23	6	
Task5	2 Tage	Mon 10.07.23	Die 11.07.23	7	
MS Phase2	0 Tage	Die 11.07.23	Die 11.07.23	8	
Phase3	**5 Tage**	**Fre 07.07.23**	**Don 13.07.23**		
Task6	2 Tage	Fre 07.07.23	Mon 10.07.23	6	
Task7	3 Tage	Die 11.07.23	Don 13.07.23	11	
Ms Phase3	0 Tage	Don 13.07.23	Don 13.07.23	12	

Bild 12-7. Parallele Durchführung der Phasen

Hier besteht immer noch eine Abhängigkeit von den ersten oder weiteren Vorgängen in der vorherigen Phase. Eine Änderung von z. B. Task3 verschiebt das Ende von Phase2 und Phase3 (Bild 12-8).

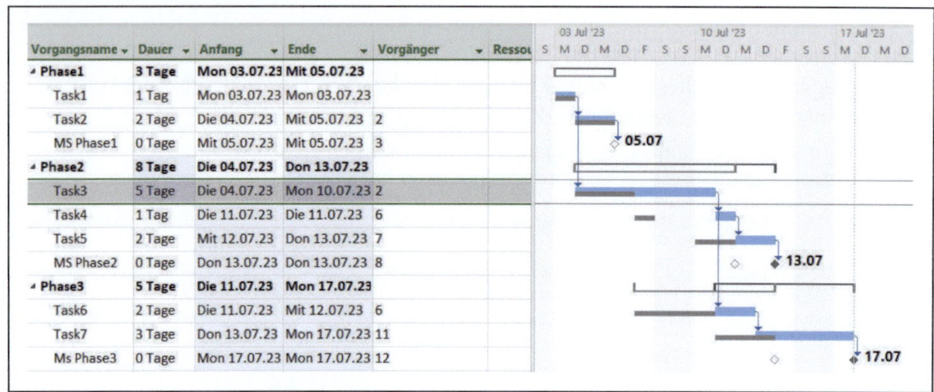

Vorgangsname	Dauer	Anfang	Ende	Vorgänger	Ressou
Phase1	**3 Tage**	**Mon 03.07.23**	**Mit 05.07.23**		
Task1	1 Tag	Mon 03.07.23	Mon 03.07.23		
Task2	2 Tage	Die 04.07.23	Mit 05.07.23	2	
MS Phase1	0 Tage	Mit 05.07.23	Mit 05.07.23	3	
Phase2	**8 Tage**	**Die 04.07.23**	**Don 13.07.23**		
Task3	5 Tage	Die 04.07.23	Mon 10.07.23	2	
Task4	1 Tag	Die 11.07.23	Die 11.07.23	6	
Task5	2 Tage	Mit 12.07.23	Don 13.07.23	7	
MS Phase2	0 Tage	Don 13.07.23	Don 13.07.23	8	
Phase3	**5 Tage**	**Die 11.07.23**	**Mon 17.07.23**		
Task6	2 Tage	Die 11.07.23	Mit 12.07.23	6	
Task7	3 Tage	Don 13.07.23	Mon 17.07.23	11	
Ms Phase3	0 Tage	Mon 17.07.23	Mon 17.07.23	12	

Bild 12-8. Änderung der Dauer von Task3

12.1.4 Iteratives Phasenmodell

Verschiedene Phasen werden in mehreren Schleifen nacheinander durchlaufen (Bild 12-9).

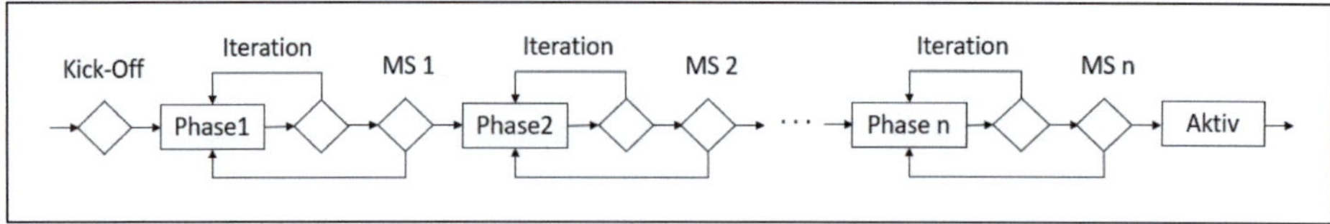

Bild 12-9. Schema eines iterativen Phasenmodells

Erst wenn alle iterativ durchlaufenen Phasen (Module) abgeschlossen sind, ist das Projekt aktiv. Die Iterationen haben den Vorteil, dass die Erkenntnisse aus dem vorherigen Durchlauf in den nachfolgenden einfließen. Die Module wachsen quasi mit der Entwicklung.

🗀 1-17-12-03_IterativesPhasenmodell.mpp

Jeder weitere Durchlauf einer Phase verschiebt die folgenden Phasen. Mit jedem Durchlauf verändern sich möglicherweise die Dauern der Vorgänge (Bild 12-10).

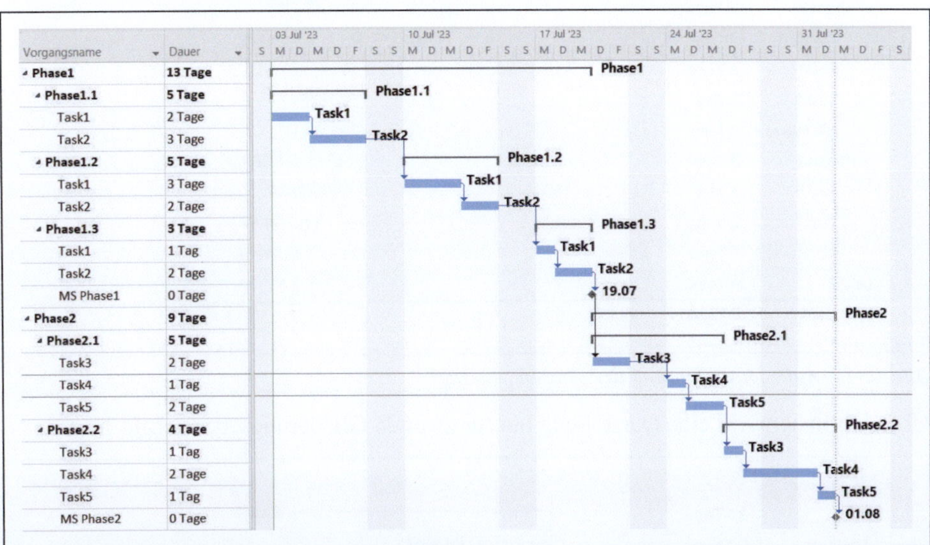

Vorgangsname	Dauer
Phase1	13 Tage
Phase1.1	5 Tage
Task1	2 Tage
Task2	3 Tage
Phase1.2	5 Tage
Task1	3 Tage
Task2	2 Tage
Phase1.3	3 Tage
Task1	1 Tag
Task2	2 Tage
MS Phase1	0 Tage
Phase2	9 Tage
Phase2.1	5 Tage
Task3	2 Tage
Task4	1 Tag
Task5	2 Tage
Phase2.2	4 Tage
Task3	1 Tag
Task4	2 Tage
Task5	1 Tag
MS Phase2	0 Tage

Bild 12-10. Iterative Durchführung der Phasen

Jeder weitere Durchlauf verschiebt die nachfolgenden Teilphasen.

12.1.5 Agiles Phasenmodell

Bei diesem Modell werden lauffähige Module bereits verwendet, während die weitere Umsetzung läuft (Bild 12-11).

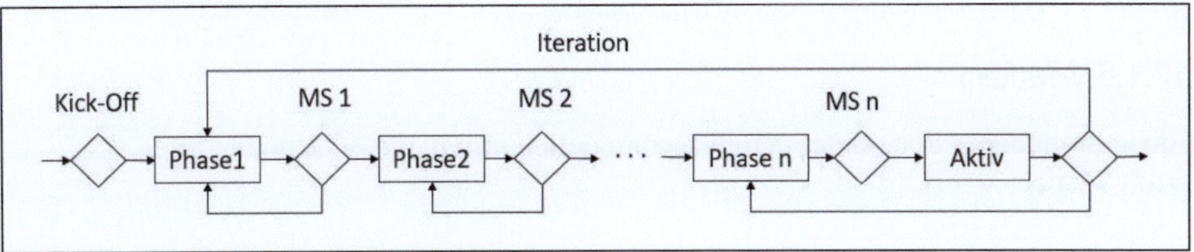

Bild 12-11. Schema eines agilen Phasenmodells

🗀 1-17-12-04_AgilesPhasenmodell.mpp

Die Phasen (Module) sind so schlank gehalten, dass sie bereits nach dem ersten Durchlauf aktiv sind, und sie werden mit jedem Durchlauf weiter ausgebaut (Bild 12-12). Dabei werden die Erkenntnisse aus den vorherigen Durchläufen verwertet.

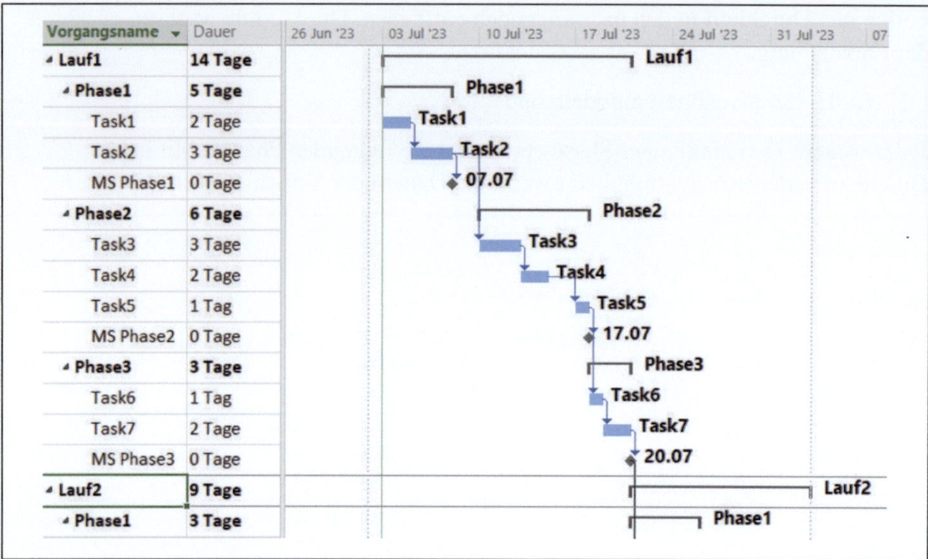

Bild 12-12. Agile Durchführung der Phasen (Auszug)

Übersichtlicher wird eine Darstellung bis zur zweiten Gliederungsebene (Bild 12-13).

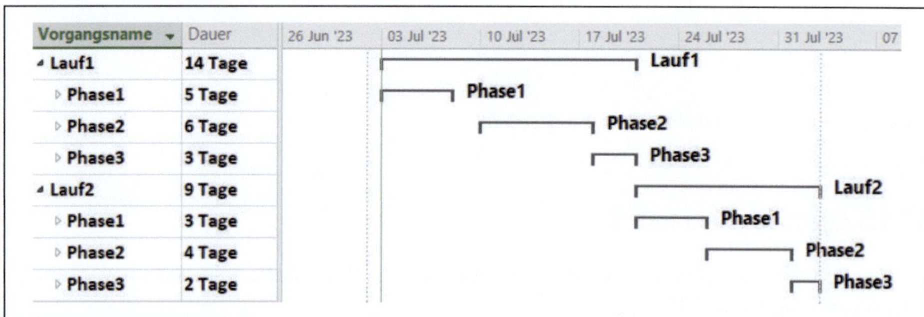

Bild 12-13. Darstellung bis zur zweiten Gliederungsebene

12.1.6 V-Modell

Einen besonderen Platz unter den Phasenmodellen nimmt das V-Modell ein (Bild 12-14).

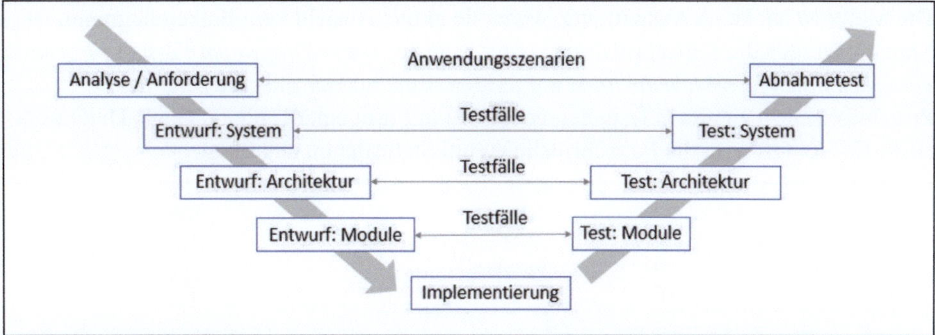

Bild 12-14. Das V-Modell

Es wurde speziell für das Software-Projektmanagement entwickelt. Die Phasen sind so aufgebaut, dass die Teams in einer Phase sowohl die vorgesehenen Aufgaben wie auch die benötigten Tests zur Überprüfung der Ergebnisse erstellen.

12.2 Projektaktionen

12.2.1 Fortschrittslinien verwenden

🗁 1-17-12-05_Fortschrittslinien.mpp

Die Methode *ProgressLines* zeigt das Dialogfenster *Fortschrittslinien* (Bild 12-15).

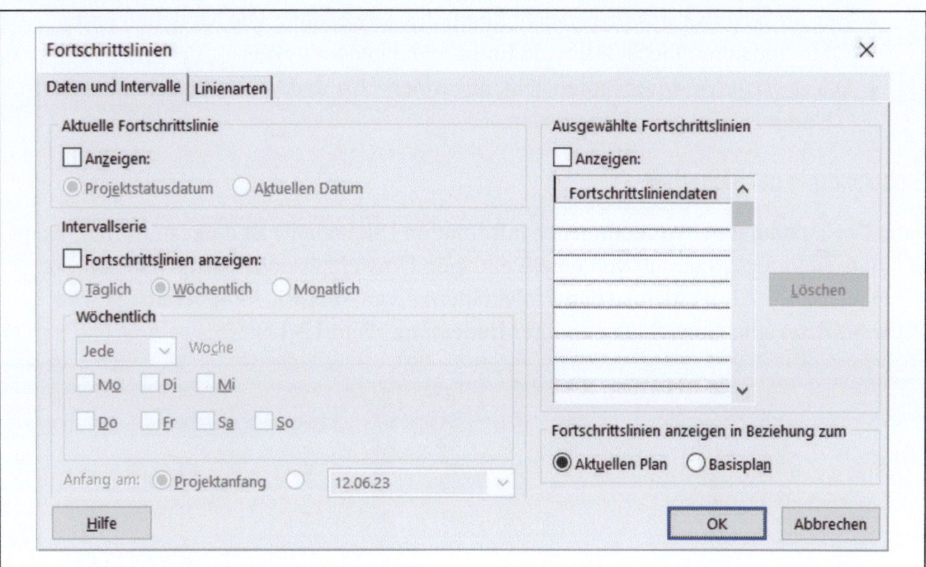

Bild 12-15. Dialogfenster für Fortschrittslinien

Ihre Syntax lautet

```
ProgressLines
```

Die Methode hat keine Auswirkung, wenn die aktive Ansicht kein Balkendiagramm ist. Manuell werden die Fortschrittslinien unter Register *Gantt-Diagramm Format / Format / Gitternetzlinien / Fortschrittslinien* aufgerufen. Eine Fortschrittslinie zeigt den Projektfortschritt zu einem festgelegten Datum in Form einer Linie im Gantt-Diagramm (Bild 12-16). Oft wird die Fortschrittslinie zum Statusdatum angezeigt.

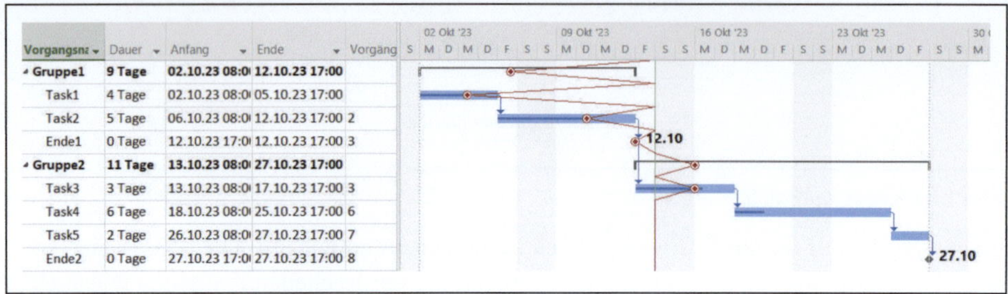

Bild 12-16. Rote Fortschrittslinie in der Balkengrafik

12.2.2 Entscheidungen treffen

🗁 1-17-12-06_Entscheidung.mpp

Die Entscheidungstheorie bezeichnet das Management von Projekten als eine Ansammlung von zu treffenden Entscheidungen. Zwei unterschiedliche Ansätze haben sich entwickelt:

- Der *präskriptive Ansatz* versucht durch die Anwendung von Modellen und Methoden möglichst rationale Entscheidungen zu treffen.
- Der *deskriptive Ansatz* untersucht, auf welche Art und Weise Entscheidungen in Unternehmen getroffen werden.

Entscheidung bei Sicherheit

Eine Entscheidung bei vollkommener Information (Sicherheit) ist dann zu treffen, wenn der Entscheidungsträger nur von einem einzigen Umweltzustand auszugehen hat. Die Ziele, hier Z1 – Z3, werden zu den Projektalternativen, hier P1 – P4, betrachtet. Die Ziele besitzen eine Gewichtung zu ihrer Bedeutung (Bild 12-17).

	A	B	C	D	E	F	G
1		Ziele	Z1	Z2	Z3	Projektwert	Rang
2		Gewichtung	0,6	0,3	0,2		
3	Projekte	P1	22	16	20	22	3
4		P2	22	16	18	21,6	4
5		P3	22	12	28	22,4	2
6		P4	18	36	24	26,4	1

Bild 12-17. Beispiel zur Entscheidungsmatrix bei Sicherheit

Die Projektwerte bestimmen sich mit den Gewichtungen G_y und Bewertungen e_x aus der Formel

$$Pw_x = \sum G_y \cdot e_x. \tag{12.1}$$

Entscheidung unter Risiko

Eine Entscheidung unter Risiko ist dann zu treffen, wenn den einzelnen möglichen Umweltzuständen subjektive oder objektive Eintrittswahrscheinlichkeiten zugeordnet werden können, wie bei der Bayes-Regel (Bild 12-18).

	A	B	C	D	E	F	G
1		Umweltzustand:	U1	U2	U3	Erwartungswert	Rang
2		Wahrscheinlichkeit:	0,3	0,5	0,2	µ	
3	Projekte	P1	90	110	150	112	1
4		P2	95	105	120	105	2
5		P3	82	98	112	96	4
6		P4	94	102	108	100,8	3

Bild 12-18. Beispiel zur Anwendung der Bayes-Regel

Die Erwartungswerte bestimmen sich mit den Wahrscheinlichkeiten w_y und Bewertungen e_x aus der Formel

$$\mu_x = \sum w_y \cdot e_x. \tag{12.2}$$

Entscheidung bei Ungewissheit

Eine Entscheidung bei Ungewissheit ist dann zu treffen, wenn zu den einzelnen möglichen Umweltzuständen unbekannte Eintrittswahrscheinlichkeiten vorliegen. Als Methoden ist die MiniMax-Regel, die MaxiMax-Regel, die Pessimismus-Optimismus-Regel und die Laplace-Regel zu nennen.

Die MiniMax- und MaxiMax-Regel lassen sich in einer Matrix zusammenfassen (Bild 12-19).

	A	B	C	D	E	F	G
1		Umweltzustand	U1	U2	U3	MiniMax	MaxiMax
2	Projekte	P1	4	6	5	4	6
3		P2	5	0	9	0	9
4		P3	7	3	12	3	12
5		P4	3	2	7	2	7

Bild 12-19. Beispiel zur Anwendung der MiniMax- und MaxiMax-Regel

Die Pessimismus-Optimismus-Regel verwendet die Ergebnisse aus der MiniMax- und MaxiMax-Regel (Bild 12-20). Außerdem wird ein Faktor λ verwendet, der im Bereich $0 <= \lambda <= 1$ liegt und die Einstellung zum Risiko festlegt. Der Nutzen bestimmt sich aus der Formel

$$\mathrm{N_x} = \lambda \cdot \mathrm{Max}_x + (1 - \lambda) \cdot \mathrm{Min}_x. \tag{12.3}$$

	A	B	C	D	E	F	G	H	I
1	λ =	0,3							
2		U1	U2	U3	Min	Max	(1-λ)	λ	Nutzen
3	P1	4	6	5	4	6	2,8	1,8	4,6
4	P2	5	0	9	0	9	0	2,7	2,7
5	P3	7	3	12	3	12	2,1	3,6	5,7
6	P4	3	2	7	2	7	1,4	2,1	3,5

Bild 12-20. Beispiel zur Anwendung der Pessimismus-Optimismus-Regel

Bei der Laplace-Regel handelt es sich um ein Entscheidungskriterium bei Risiko. Es wird davon ausgegangen, dass alle Umweltzustände mit gleicher Wahrscheinlichkeit zu erwarten sind. Somit werden die Durchschnittswerte der Ergebnisse einer Projektalternative berechnet (Bild 12-21).

	A	B	C	D	E	F
1		U1	U2	U3	Laplace-Wert	Rang
2	P1	4	6	5	5,00	2
3	P2	5	0	9	4,67	3
4	P3	7	3	12	7,33	1
5	P4	3	2	7	4,00	4

Bild 12-21. Beispiel zur Anwendung der Laplace-Regel

Die Durchschnittswerte berechnen sich mit der Anzahl der Werte n in einer Zeile nach der Formel

$$\Phi_x = \left(\frac{1}{n}\right) \sum e_x. \tag{12.4}$$

12.2.3 Terminkonflikte

Bei der Definition von Vorgangseinschränkungen berechnet Project die Anfangs-/Endtermine neu. Falls bei der Neuberechnung Konflikte mit existierenden Vorgangsbeziehungen auftreten, meldet dies der Planungsassistent mit einer Auswahl möglicher Lösungen. Ausgangssituation ist das folgende Beispiel (Bild 12-22).

🗀 1-17-12-07_Terminkonflikt.mpp

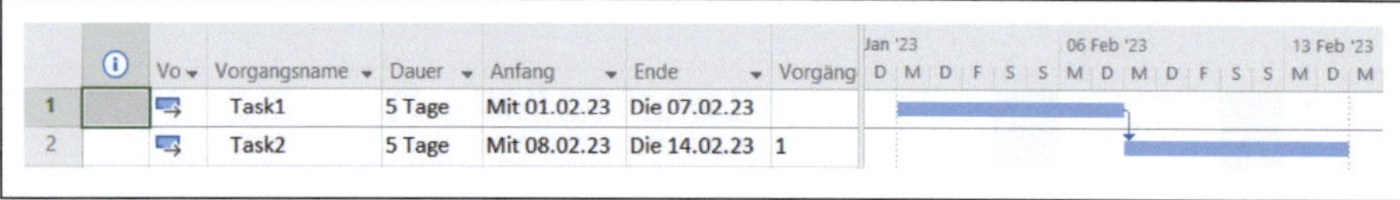

	Vo	Vorgangsname	Dauer	Anfang	Ende	Vorgäng
1		Task1	5 Tage	Mit 01.02.23	Die 07.02.23	
2		Task2	5 Tage	Mit 08.02.23	Die 14.02.23	1

Bild 12-22. Ausgangssituation zum Beispiel

Task2 soll unbedingt am 13.02.2023 enden. Mit einem Doppelklick wird das Dialogfenster *Informationen zum Vorgang* aufgerufen. Unter Register *Erweitert* werden Einschränkungsart und Einschränkungstermin definiert (Bild 12-23).

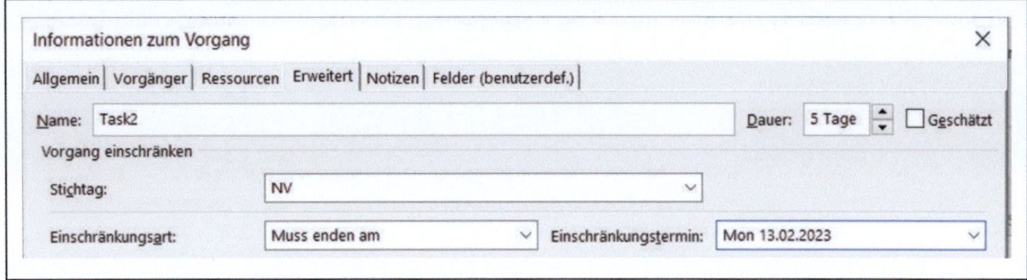

Bild 12-23. Definition der Einschränkung für Task2

Es meldet sich der Planungsassistent gleich zweimal hintereinander mit möglichen Lösungen. Zuerst eine Auswahlmaske zur Einschränkung *Muss enden am* (Bild 12-24).

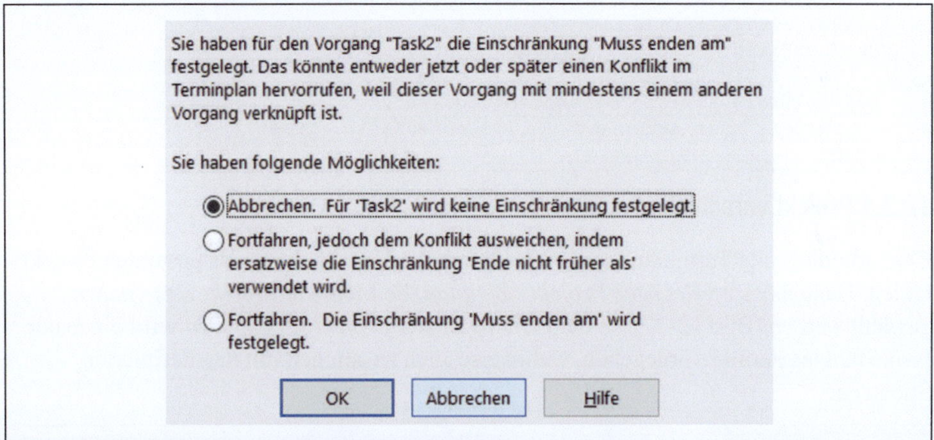

Bild 12-24. Erste Meldung des Planungsassistenten

Mit der Auswahl *Fortfahren. Die Einschränkung Muss enden am wird festgelegt* erfolgt eine Verschiebung von Task2. Doch der Planungs-Assistent meldet sich noch einmal (Bild 12-25).

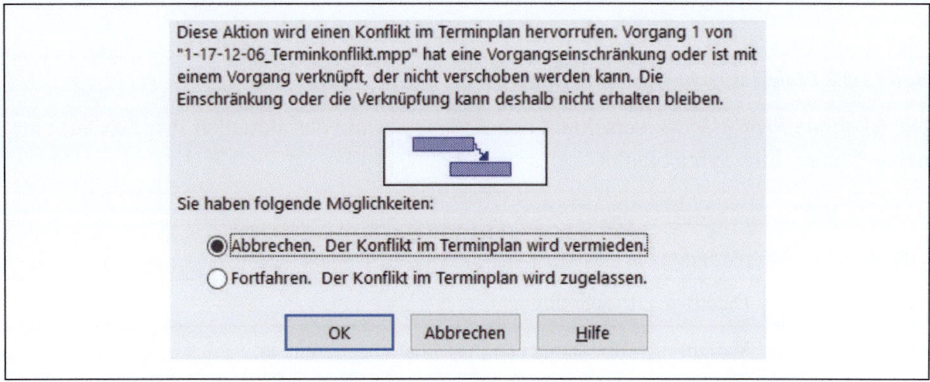

Bild 12-25. Zweite Meldung des Planungsassistenten

Mit Fortfahren wird Task2 um einen Tag vorgezogen, obwohl Task1 noch nicht beendet ist (Bild 12-26).

	Vo	Vorgangsname	Dauer	Anfang	Ende	Vorgäng
1		Task1	5 Tage	Mit 01.02.23	Die 07.02.23	
2		Task2	5 Tage	Die 07.02.23	Mon 13.02.23	1

Bild 12-26. Verschiebung von Task2

Codeliste 12-1. Die Prozedur erzeugt den Konflikt

```
Sub SchedulingConflict()
   SelectTaskField Row:=2, Column:="Vorgangsmodus", _
      RowRelative:=False
   SetTaskField Field:="Einschränkungstermin", _
      Value:="13.02.2023", AllSelectedTasks:=True
   SetTaskField Field:="Einschränkungsart", _
      Value:="Muss enden am", AllSelectedTasks:=True
End Sub
```

12.2.4 Projekt verschieben

Eine grundlegende Terminänderung wird durch die Verschiebung das gesamten Projekts erzielt. Dazu muss im *Register Projekt / Zeitplan* die Methode *Projekt verschieben* gewählt werden (Bild 12-27). In dem Dialogfenster *Projekt verschieben* wird ein neuer Projektanfangstermin vorgegeben, wahlweise auch zusammen mit den definierten Stichtagen.

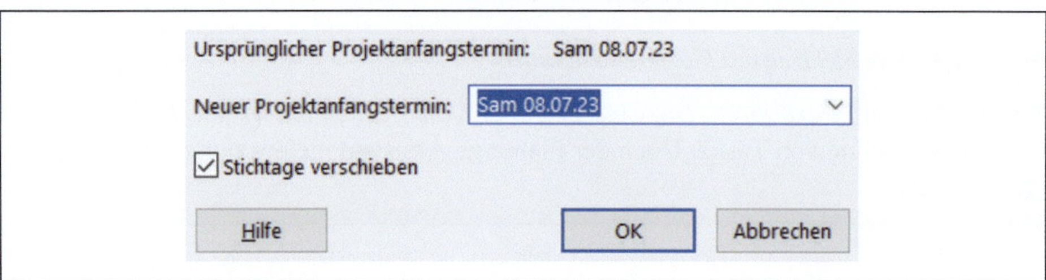

Bild 12-27. Projekt verschieben

Die Methode *ProjectMove* verschiebt den Anfangstermin des aktuellen Projekts auf ein neues Datum. Ihre Syntax lautet

```
ProjectMove (Date, MoveDeadline)
```

Tabelle 12-1. Die optionalen Parameter der ProjectMove-Methode

Parameter	Datentyp	Beschreibung
Date	Variant	Gibt den neuen Projektanfangstermin an.
MoveDeadline	Boolean	True, wenn auch Fristen verschoben werden sollen. Standardwert ist True.

12.2.5 Vorgang unterbrechen

Project bietet die Möglichkeit, einen Vorgang beliebig oft zu unterbrechen. Dazu muss in der Balkengrafik im Gantt-Diagramm das Kontextmenü aufgerufen und das Symbol *Vorgang unterbrechen* auswählen werden (Bild 12-28). Es öffnet sich ein Anzeigefenster *Vorgang unterbrechen*.

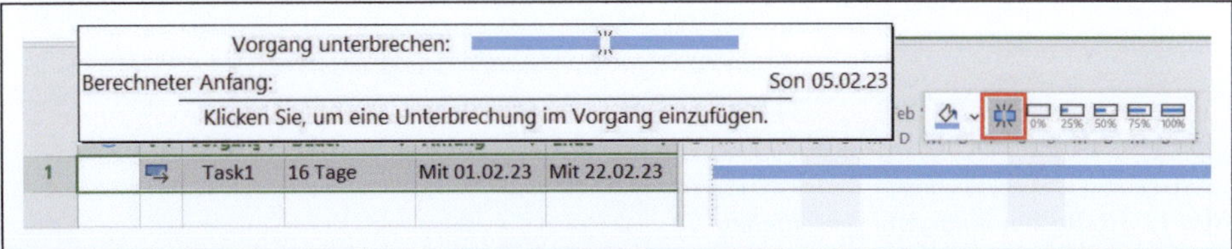

Bild 12-28. Vorgang unterbrechen im Kontextmenü wählen

Danach kann mit dem Mauszeiger auf dem Balken ein Datum angeklickt und bei gedrückter Maustaste eine Unterbrechung gezogen werden. Dabei muss der angezeigte Endtermin des Restbalkens beachtet werden (Bild 12-29).

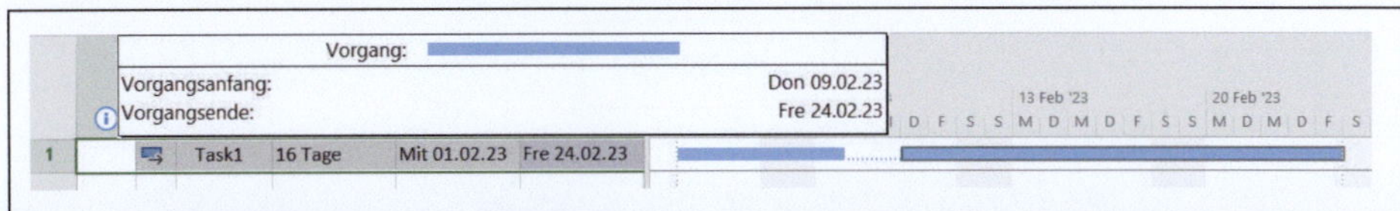

Bild 12-29. Verschiebung des Restbalkens

Die Methode *Split* des Objekts *Task* unterbricht den Vorgang und teilt ihn in zwei Abschnitte auf. Ihre Syntax lautet

```
Split (StartSplitOn, EndSplitOn)
```

Tabelle 12-2. Die erforderlichen Parameter der Split-Methode

Parameter	Datentyp	Beschreibung
StartSplitOn	Variant	Anfangstermin der Teilung
EndSplitOn	Variant	Endtermin der Teilung

Codeliste 12-2. Die Prozedur teilt Task2 in zwei Abschnitte

```
Sub TaskSplit()
   SelectRow Row:=2, RowRelative:=False
   ActiveProject.Tasks(2).Split _
      StartSplitOn:="19.07.23 08:00", _
      EndSplitOn:="23.07.23 08:00"
End Sub
```

12.2.6 Vorgang interaktiv verschieben

In der Balkengrafik den gewünschten Balken mit gedrückter linker Maustaste auswählen und verschieben (Bild 12-30).

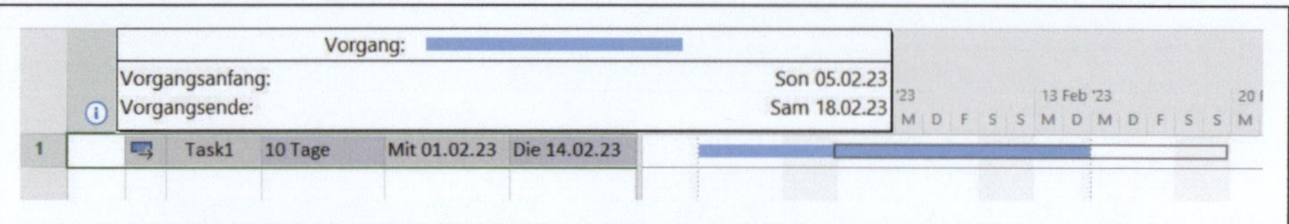

Bild 12-30. Balken interaktiv verschieben

Liegt das Ende des verschobenen Vorgangs an einem arbeitsfreien Tag, so meldet sich der Planungs-Assistent (Bild 12-31).

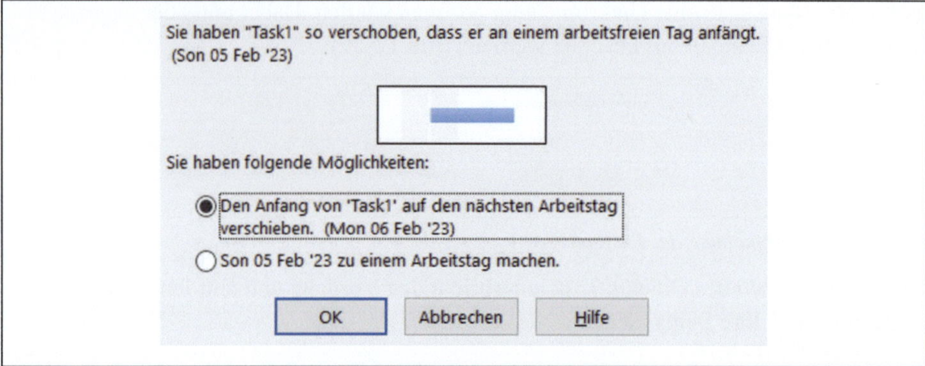

Bild 12-31. Hinweis, wenn einer der Eckwerte des Vorgangs auf einen freien Arbeitstag fällt

12.2.7 Vorgang im Menüband verschieben

Das Menüband bietet unter Register *Vorgang / Vorgänge* die Methode *Vorgang verschieben*. Es öffnet sich eine Auswahlliste mit verschiedenen Möglichkeiten (Bild 12-32).

Bild 12-32. Auswahlliste zu Vorgang verschieben (Liste geteilt)

12.2.8 Vorgang ausschneiden

Unter Register *Vorgang / Zwischenablage* gibt es die Methode *Ausschneiden* (Bild 12-33). Damit wird ein ausgewählter Vorgang aus der Tabelle entfernt.

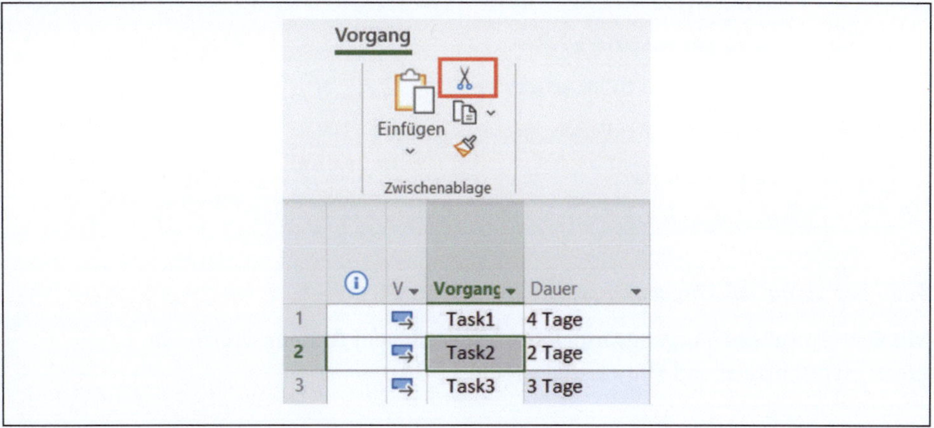

Bild 12-33. Ausschneiden eines Vorgangs aus der Tabelle

Mit dem Ausschneiden wird der Vorgang (auch mehrere Vorgänge) in die Zwischenablage eingefügt. Das Ausschneiden lässt sich auch mit der Tastenkombination STRG + X durchführen.

12.2.9 Überstunden einbinden

Project unterscheidet zwischen der Regelarbeitszeit und zusätzlich geleisteten Stunden. Die Überstunden lassen sich in der Detailansicht *Vorgang: Maske Arbeit*, ergänzend zum Gantt-Diagramm eintragen (Bild 12-34).

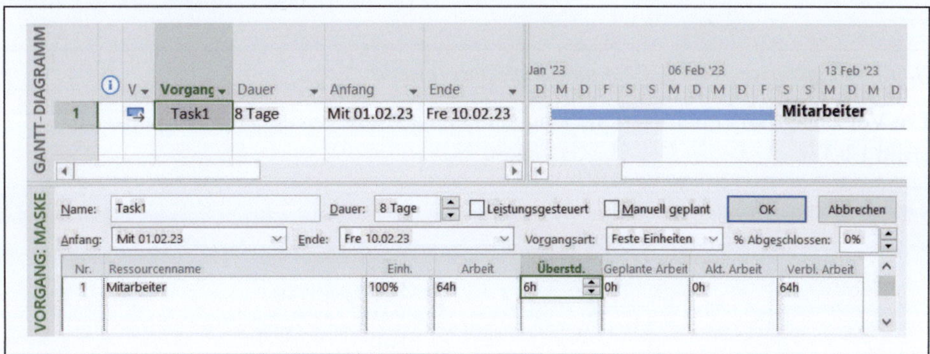

Bild 12-34. Eintrag von Überstunden (vorher)

Nach der Bestätigung durch OK erfolgt die Berechnung.

12.2.10 Vorgangsinspektor

Bei einer Überlastung gibt es dazu in der Indikatorspalte ein Hinweissymbol. Das Kontextmenü des Symbols bietet den Einsatz eines Vorgangsinspektors an (Bild 12-35).

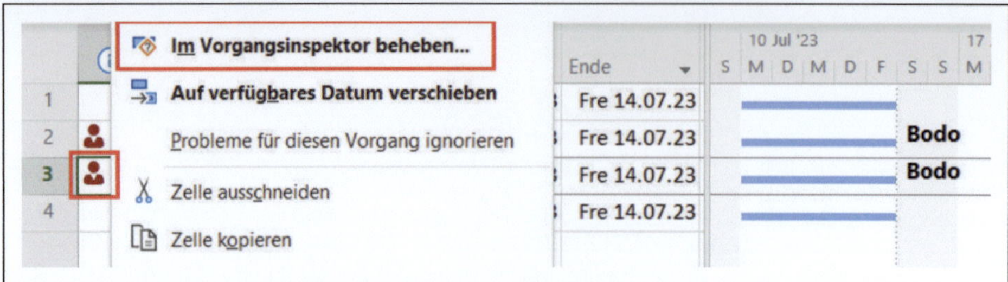

Bild 12-35. Aufruf des Vorgangsinspektors

Mit dem Aufruf des Vorgangsinspektors öffnet sich ein Aktionsbereich mit Lösungsvorschlägen und Hinweislinks (Bild 12-36).

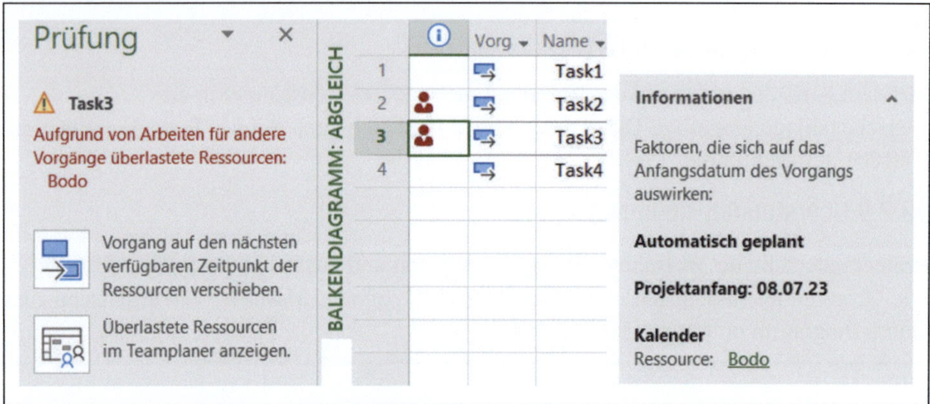

Bild 12-36. Aktionsbereich des Vorgangsinspektors (geteilt)

Ein Vorschlag sieht eine Verschiebung auf den nächsten verfügbaren Zeitpunkt vor (Bild 12-37).

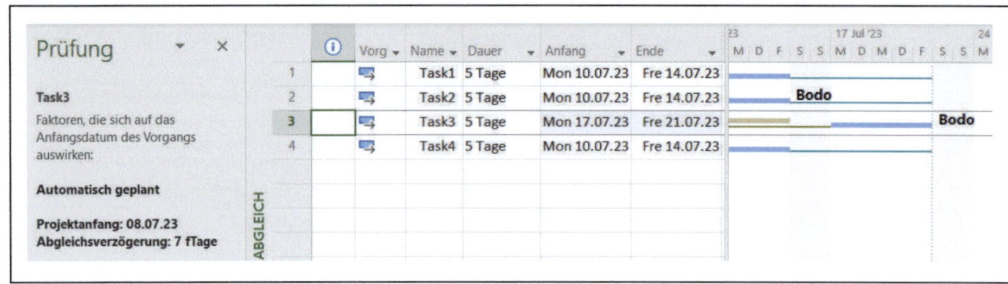

Bild 12-37. Verschiebung durch den Vorgangsinspektor

Eine andere Lösung schlägt den Einsatz des Teamplaners vor (Bild 12-38).

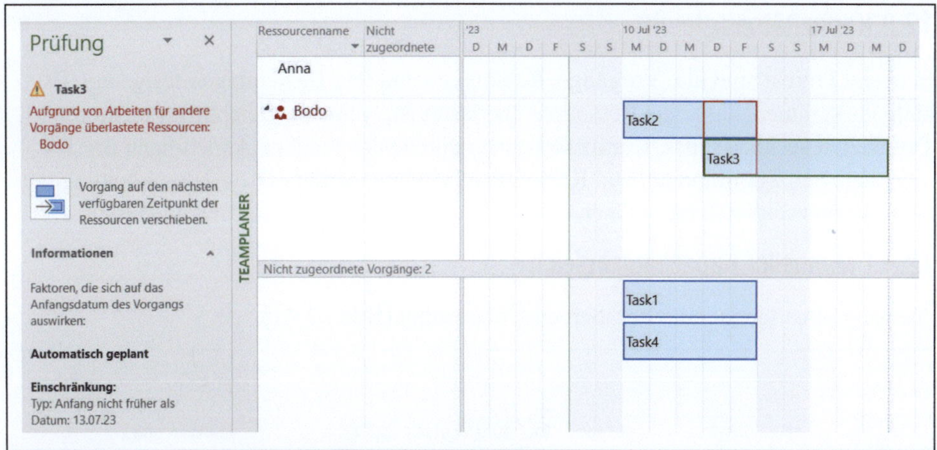

Bild 12-38. Task im Teamplaner interaktiv verschieben

Die Ansicht im *Gantt-Diagramm* mit der Detailansicht *Vorgang: Maske* zeigt die Arbeitsanteile (Bild 12-39).

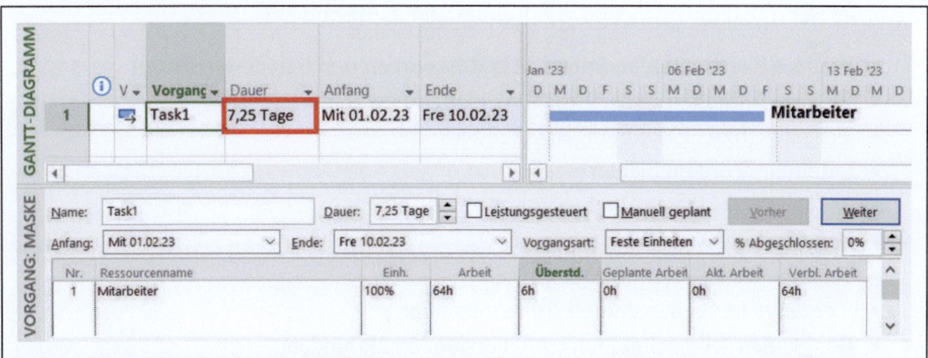

Bild 12-39. Aufwand mit Überstunden

Die Arbeitsaufteilung lässt sich unter *Ansicht / Vorgangsansichten / Arbeitsauslastung nach Vorgängen* betrachten (Bild 12-40).

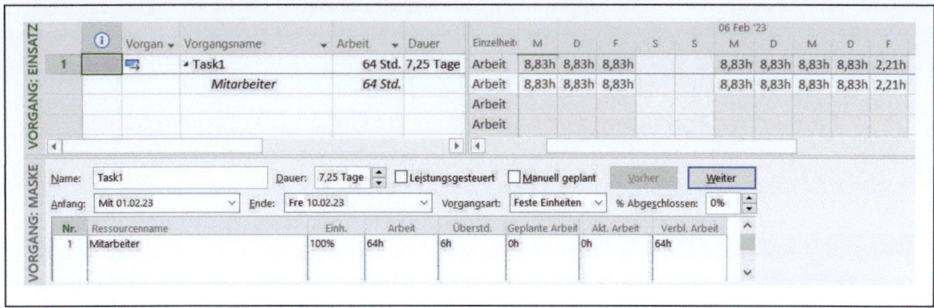

Bild 12-40. Aufteilung der Arbeit

12.3 Kapazitätsabgleich

In einem Projekt sind alle Vorgänge, Ressourcen und ihre Beziehungen festgelegt. Es kann vorkommen, dass eine Ressource überlastet ist, wenn sie gleichzeitig mehrere Tätigkeiten ausüben muss. Konflikte können durch verschiedene Änderungen der Vorgänge und Zuordnungen von Ressourcen behoben werden. Diese Überarbeitung wird als Kapazitätsabgleich bezeichnet.

12.3.1 Manueller Kapazitätsabgleich

Ausgangssituation ist eine Ressourcen-Überlastung (Bild 12-41).

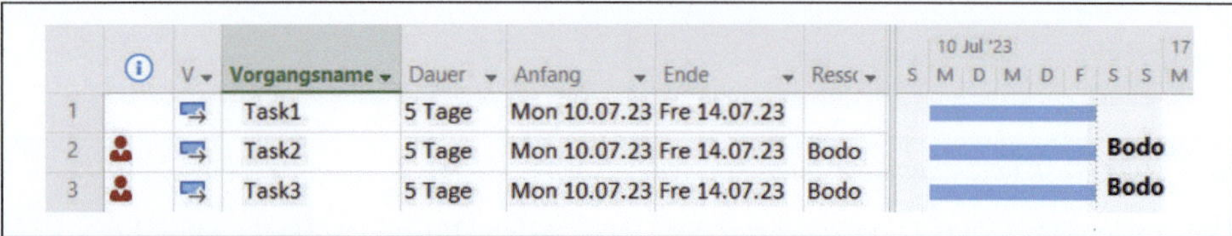

	ⓘ	V	Vorgangsname	Dauer	Anfang	Ende	Ressc
1			Task1	5 Tage	Mon 10.07.23	Fre 14.07.23	
2			Task2	5 Tage	Mon 10.07.23	Fre 14.07.23	Bodo
3			Task3	5 Tage	Mon 10.07.23	Fre 14.07.23	Bodo

Bild 12-41. Überlastung der Ressource Bodo

Manuelle Schritte zum Aufheben von Ressourcenüberlastungen:

- Weitere Ressourcen zuordnen oder Ressourcen durch andere ersetzen
- Weitere Einheiten in der Ressourcentabelle vergeben
- Vorgänge bzw. Zuordnungen verzögern
- Laufende Vorgänge unterbrechen
- Anfangstermine verschieben
- Zeitdauer der Vorgänge anpassen
- Termineinschränkungen überprüfen
- Vorgänge können eventuell früher beginnen
- Bei kleinen Überschneidungen Überstunden einbinden
- Vorgänge aufteilen.

Eine Verzögerung liegt dann vor, wenn der berechnete Anfangstermin von dem tatsächlichen Bearbeitungsbeginn abweicht. Verzögerungszeiten können gezielt zugeordnet werden. Dazu sind folgende Ansichten einzustellen (Bild 12-42):

- Ansicht *Ressource: Zuteilung*
- Zur Überlastungsanzeige im oberen Bildschirmbereich im Register *Ressourcenverwendung Format / Details* die Option *Überlastung* wählen.

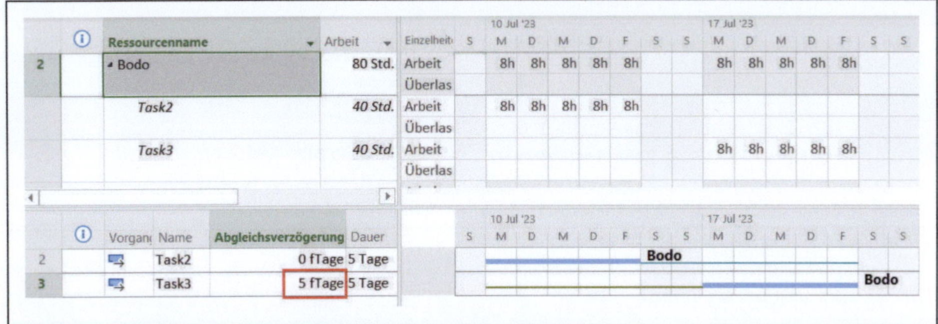

Bild 12-42. Eingabe der Abgleichsverzögerung behebt den Konflikt

12.3.2 Automatischer Kapazitätsausgleich

Bei einem automatischen Kapazitätsausgleich werden die von einer Ressourcenüberlastung betroffenen Vorgänge verzögert oder unterbrochen. Ressourcenzuordnungen können nur manuell verändert werden. Folgende Situationen werden ebenfalls nicht berücksichtigt:

- Vorgänge mit Einschränkungen: *Muss anfangen am*, *Muss enden am*
- Bei einer Vorwärtskalkulation: Vorgänge mit der Einschränkung: *So spät wie möglich*
- Bei einer Rückwärtskalkulation: Vorgänge mit der Einschränkung: *So früh wie möglich*
- Vorgänge des aktuellen Datums
- Vorgänge denen die Priorität 1000 zugewiesen wurde.

Bei einem automatischen Kapazitätsausgleich werden Vorgänge mit niedriger Priorität vor denen mit höherer Priorität verändert. Mit einem Doppelklick auf den Vorgang öffnet sich das Informationsfenster (Bild 12-43).

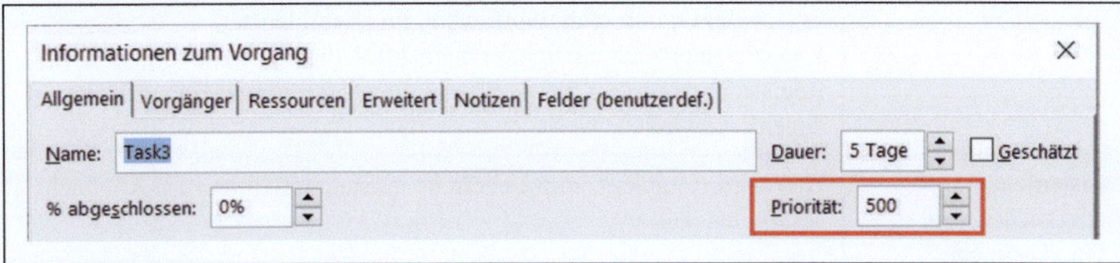

Bild 12-43. Eingabe der Priorität eines Vorgangs

Unter Register *Ressource / Abgleich* sind verschiedene *Abgleichoptionen* wählbar (Bild 12-44).

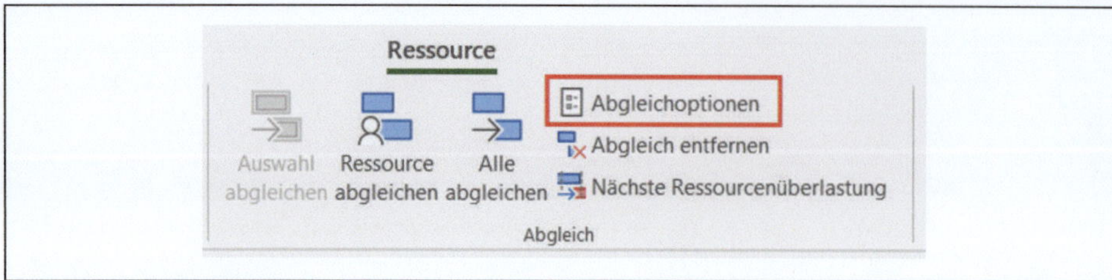

Bild 12-44. Abgleichoptionen

Tabelle 12-3. Abgleichoptionen

Umfang	Aktionen
alle Vorgänge und den gesamten Ressourcenpool abgleichen	RESSOURCE / EBENE / ALLE ABGLEICHEN
den Abgleich nur für bestimmte Ressourcen durchführen	RESSOURCE / EBENE / RESSOURCE ABGLEICHEN / Ressourcen mit STRG markieren / NEU ABGLEICHEN
den Abgleich nur für ausgewählte Vorgänge durchführen	Vorgänge markieren / RESSOURCE / EBENE / AUSWAHL ABGLEICHEN

Tabelle 12-4. Mögliche Einstellungen

Optionsfeld automatisch	Bei aktiviertem Optionsfeld führt Project selbstständig einen Kapazitätsabgleich durch, sobald die Kapazität einer Ressource überschritten ist. Es empfiehlt sich, das Optionsfeld möglichst nicht zu aktivieren, da Project sonst automatisch eventuell ungewollte Veränderungen am Projektplan vornimmt.
Optionsfeld manuell	Der Kapazitätsabgleich der Ressourcen wird bei aktiviertem Optionsfeld nur durchgeführt, wenn im Dialogfenster Kapazitätsabgleich die Schaltfläche Alles abgleichen betätigt oder im Register Ressource, Gruppe Ebene, die entsprechende Schaltfläche angeklickt wird.
Listenfeld Abgleichen von Überlastungen	Hier wird festgelegt, ab welchem überlasteten Zeitraum ein Abgleich stattfinden soll.
Kontrollfeld Abgleichwerte vor Abgleich löschen	Alle Verzögerungen, die manuell festgelegt wurden bzw. die als Ergebnis eines früheren Kapazitätsabgleichs vorhanden sind, werden bei aktiviertem Kontrollfeld vor einem künftigen Kapazitätsabgleich gelöscht.
Optionsfeld Gesamtes Projekt abgleichen	Bei aktiviertem Optionsfeld werden alle überlasteten Ressourcen abgeglichen.

Optionsfeld Abgleich	Sollen nur die Vorgänge innerhalb eines bestimmten Zeitraums abgeglichen werden, muss das Optionsfeld aktiviert und der Zeitraum in den nebenstehenden Listenfeldern angegeben werden.
Listenfeld Abgleichreihenfolge	Eintrag nur Nr.: Der Vorgang mit der höchsten Nr. wird als erster verzögert. Zu beachten ist, dass der Vorgang mit der höchsten Nr. nicht unbedingt der Vorgang mit dem spätesten Anfangstermin sein muss. Eintrag Standard: Project berücksichtigt bei der Verzögerung von Vorgängen die jeweiligen Beziehungen, Pufferzeiten, Prioritäten und Termine (Einschränkungen). Eintrag Priorität, Standard: Project berücksichtigt beim Kapazitätsabgleich zuerst die individuell festgelegten Prioritäten. Anschließend werden die Abgleichsbedingungen des Eintrags Standard einbezogen.
Kontrollfeld Abgleich nur innerhalb der Pufferzeit	Ist zu aktivieren, wenn der Kapazitätsabgleich den Endtermin des Projekts nicht verzögern soll. Bei diesem Verfahren werden nicht nur kritische Vorgänge in den Kapazitätsabgleich einbezogen. In vielen Fällen erreicht diese Variante keine Lösung des Ressourcenkonflikts. Ist die Option deaktiviert, sind die Lösungsmöglichkeiten umfangreicher; allerdings ist der Kapazitätsabgleich dann gegebenenfalls mit einer Verzögerung des geplanten Projektabschlusses verbunden.
Kontrollfeld Abgleich kann individuelle Zuordnungen zu einem Vorgang anpassen	Ist bei einem Vorgang nur eine von mehreren zugeordneten Ressourcen überlastet, bezieht sich der Kapazitätsabgleich nur auf die überlastete Ressource. Es findet in diesem Fall keine Verzögerung des gesamten Vorgangs statt.
Kontrollfeld Abgleich kann verbleibende Arbeit unterbrechen	Bei aktiviertem Kontrollfeld kann die restliche Arbeit einer Ressource an einem Vorgang durch den Kapazitätsabgleich unterbrochen werden.
Kontrollfeld Kapazitätsabgleich mit dem vorgesehenen Buchungstyp	Standardmäßig werden bei Kapazitätsabgleich nur Ressourcen berücksichtigt, bei denen im Dialogfenster Informationen zur Ressource der Buchungstyp Zugesichert eingestellt ist. Bei aktiviertem Kontrollfeld werden auch die Ressourcen mit dem Buchungstyp Vorgesehen in den Abgleich einbezogen.
Kontrollfeld Manuell geplante Vorgänge abgleichen	Sollen nur automatisch geplante Vorgänge beim Abgleich berücksichtigt werden, ist das Kontrollfeld zu deaktivieren.

12.4 Projektabschluss

12.4.1 Dashboard Projektübersicht

Das Dashboard enthält neben dem KPI *% Abgeschlossen* die Tabellen *Fällige Meilensteine* und *Verspätete Vorgänge*. Ein Säulendiagramm zeigt den Fertigstellungsgrad der Sammelvorgänge (Bild 12-45).

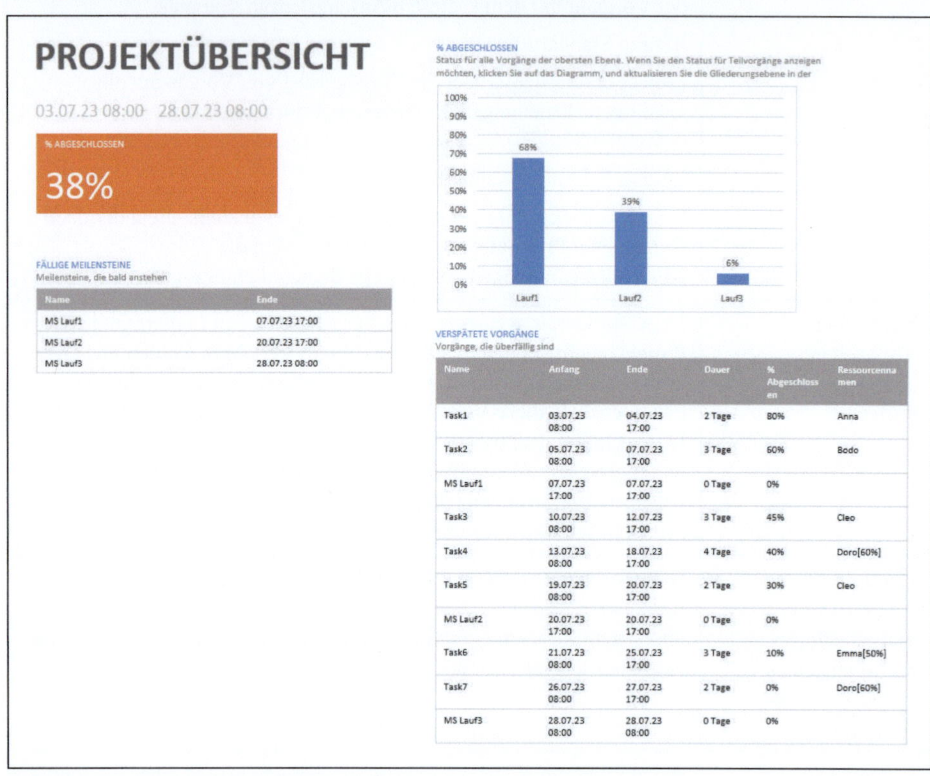

PROJEKTÜBERSICHT

03.07.23 08:00 28.07.23 08:00

% ABGESCHLOSSEN

38%

FÄLLIGE MEILENSTEINE

Meilensteine, die bald anstehen

Name	Ende
MS Lauf1	07.07.23 17:00
MS Lauf2	20.07.23 17:00
MS Lauf3	28.07.23 08:00

% ABGESCHLOSSEN

Status für alle Vorgänge der obersten Ebene. Wenn Sie den Status für Teilvorgänge anzeigen möchten, klicken Sie auf das Diagramm, und aktualisieren Sie die Gliederungsebene in der

VERSPÄTETE VORGÄNGE

Vorgänge, die überfällig sind

Name	Anfang	Ende	Dauer	% Abgeschlossen	Ressourcennamen
Task1	03.07.23 08:00	04.07.23 17:00	2 Tage	80%	Anna
Task2	05.07.23 08:00	07.07.23 17:00	3 Tage	60%	Bodo
MS Lauf1	07.07.23 17:00	07.07.23 17:00	0 Tage	0%	
Task3	10.07.23 08:00	12.07.23 17:00	3 Tage	45%	Cleo
Task4	13.07.23 08:00	18.07.23 17:00	4 Tage	40%	Doro[60%]
Task5	19.07.23 08:00	20.07.23 17:00	2 Tage	30%	Cleo
MS Lauf2	20.07.23 17:00	20.07.23 17:00	0 Tage	0%	
Task6	21.07.23 08:00	25.07.23 17:00	3 Tage	10%	Emma[50%]
Task7	26.07.23 08:00	27.07.23 17:00	2 Tage	0%	Doro[60%]
MS Lauf3	28.07.23 08:00	28.07.23 08:00	0 Tage	0%	

Bild 12-45. Dashboard Projektübersicht

Codeliste 12-3. Die Prozedur ruft das Dashboard Projektübersicht auf

```
Sub ShowProjektübersicht()
   ApplyReport Name:="Projektübersicht"
End Sub
```

Kapitel 13

Projektkontrolle

Unter Projektkontrolle werden alle Maßnahmen verstanden, die den tatsächlichen Projektverlauf mit der ursprünglichen Planung in Einklang bringen sollen. Dabei steht Agieren vor Reagieren. Es geht darum, das Projekt aktiv zu beeinflussen und damit zu steuern. Dazu werden entscheidungsunterstützende Informationen gesammelt.

13.1 Leistungskontrolle

Das Steuerungsprinzip zeigt anschaulich das folgende Schema (Bild 13-1).

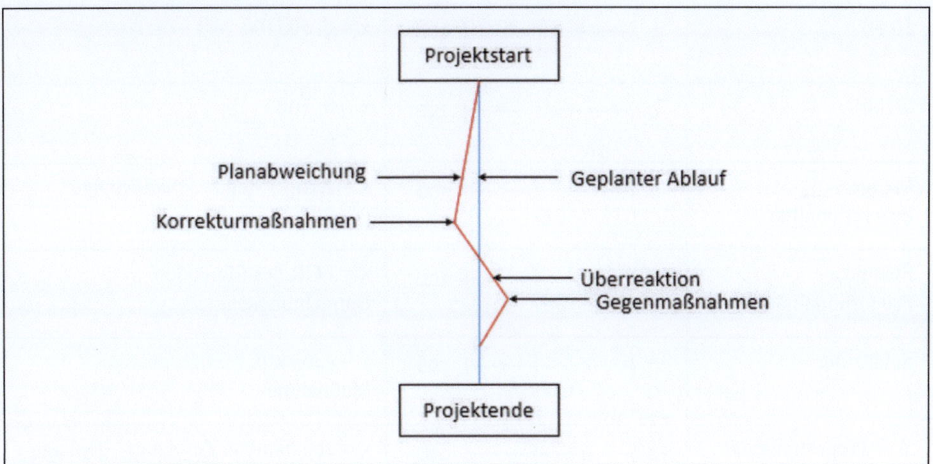

Bild 13-1. Steuerungsprinzip

Die Feststellung der bisher erbrachten Leistung wird durch den Fertigstellungsgrad ausgewiesen. Nach DIN 69903 ist dies das Verhältnis der zum Stichtag erbrachten

H. Nahrstedt, *Project + VBA für Manager*,
https://doi.org/10.1007/978-3-658-43837-1_13

Leistung zur Gesamtleistung eines Vorgangs. Die Feststellung ist nicht unproblematisch, denn oft lautet die Antwort des Verantwortlichen: Ich bin zu 90 % fertig. Nach mehrfach gleicher Antwort dämmert dann dem Projektleiter, dass er es mit dem berüchtigten 90 %-Syndrom zu tun hat.

Es folgen verschiedene Definitionen zur Fortschrittsmessung.

13.1.1 Fertigstellungsgrad (FGR)

Das Verhältnis in Prozent der zum Stichtag erbrachten Leistung zur Gesamtleistung eines Vorgangs oder eines Projekts

- FGR-PLAN für die geplante Zielerreichung
- FGR-IST für die tatsächliche Zielerreichung

13.1.2 Fertigstellungswert (FW)

Der Fertigstellungswert in Geldeinheiten bezeichnet die dem Fertigstellungsgrad entsprechenden Kosten eines Vorgangs oder eines Projekts

FWE = Gesamtkosten-Plan * FGR-IST.

Tabelle 13-1. Methoden zur Bestimmung des Fertigstellungsgrades

Methode	Darstellung	FGR = x [%]
Statusschritte	0 ⊢—+—+—⊣ 100, x_1 x_2	x = 0, x_1, x_2, …, 100
50/50	0 ⊢———⊣ 100, 50	x = 0, 50, 100
0/100	0 ⊢———⊣ 100	x = 0, 100
Mengen-Proportionalität	0 ⊢—+—+—⊣ 100, x_1 x_2	x = fertige Menge / Plan-Menge
Sekundär-Proportionalität	0 ⊢—+—+—⊣ 100, x_1 x_2	x = FGR der führenden Betrachtungseinheit
Schätzung	0 ⊢—+—+—⊣ 100, x_1 x_2	x = subjektiv (ein)geschätzte Maßnahme
Zeit-Proportionalität	0 ⊢—+—+—⊣ 100, x_1 x_2	x = abgelaufene Zeitdauer / geplante Zeitdauer

13.1.3 Methoden

🗁 1-17-13-01_Fertigstellung.mpp

Beispiel zur 50/50-Methode

Fertig = 100 %, angefangen = 50 %, sonst 0 % (kann zu einer Überschätzung kommen) (Bild 13-2).

Vorgang	Aufwand Plan	Aufwand Ist	Aufwand Rest	FG	kumulierter FG
A	25%	25%	0%	100%	25%
B	20%	0%	20%	0%	
C	10%	10%	0%	100%	35%
D	15%	10%	5%	50%	42,50%
E	20%	10%	10%	50%	52,50%
F	10%	0%	10%	0%	
Gesamt	100%	**55%**	45%		**52,50%**

Bild 13-2. Beispiel zur 50/50-Methode

Beispiel zur 0/100-Methode

Fertig = 100 %, sonst = 0 % (ungenau, aber einfach) (Bild 13-3).

Vorgang	Aufwand Plan	Aufwand Ist	Aufwand Rest	FG	kumulierter FG
A	25%	25%	0%	100%	25%
B	20%	0%	20%	0%	
C	10%	10%	0%	100%	35%
D	15%	10%	5%	0%	
E	20%	10%	10%	0%	
F	10%	0%	10%	0%	
Gesamt	100%	**55%**	45%		**35%**

Bild 13-3. Beispiel zur 0/100-Methode

Beispiel zur Step-To-Step-Methode

(exakter Wert zu jedem Meilenstein) (Bild 13-4).

Meilensteine	Aufwand	FG
MS 1	80 PT	16%
MS 2	60 PT	28%
MS 3	100 PT	48%
MS 4	130 PT	74%
MS 5	110 PT	96%
MS 6 (Ende)	20 PT	100%
Gesamt	500 PT	

Bild 13-4. Beispiel zur Step-To-Step-Methode

Beispiel zur Relativ-Methode

Einzelner FG = Ist / (Ist + Rest)

Achtung! Oft ist Aufwand Ist + Rest nicht gleich Plan.

Es ist die genauste Methode und kann zu jedem Zeitpunkt durchgeführt werden. Gute Schätzwerte sind erforderlich (Bild 13-5).

Arbeitspaket	Aufwand Plan	Aufwand Ist	Aufwand Rest	FG
AP 1	10 PT	6 PT	4 PT	60%
AP 2	20 PT	10 PT	12 PT	45%
AP 3	20 PT	3 PT	14 PT	18%
AP 4	15 PT	5 PT	15 PT	25%
AP 5	25 PT	PT	25 PT	0%
AP 6	10 PT	PT	10 PT	0%
Gesamt	100 PT	24 PT	80 PT	23%

Bild 13-5. Beispiel zur Relativ-Methode

13.1.4 Prozentsatz der Fertigstellung

🗀 1-17-13-02_FortschrittProzent.mpp

Eine schnelle Möglichkeit, den Fortschritt mit der Statusleiste in einem Gantt-Diagramm darzustellen, bietet sich in der Ansicht *Gantt-Diagramm: Überwachung*. Unter Register *Vorgang / Zeitplan* kann ein Prozentsatz zwischen 0% und 100% in 25%-Schritten gewählt werden (Bild 13-6).

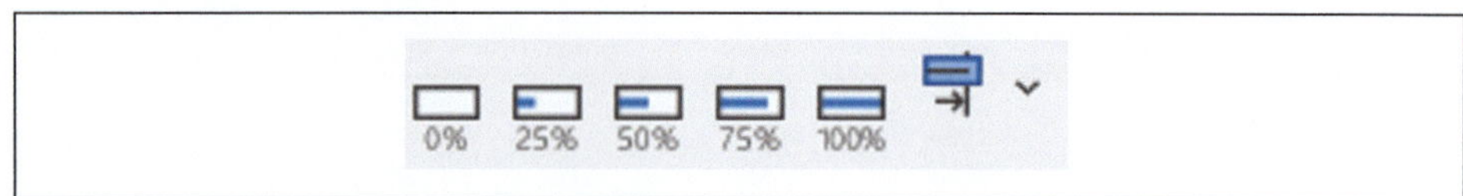

Bild 13-6. Auswahl des Fertigstellungsgrads

Die Sammelvorgänge zeigen ebenfalls einen Status (Bild 13-7).

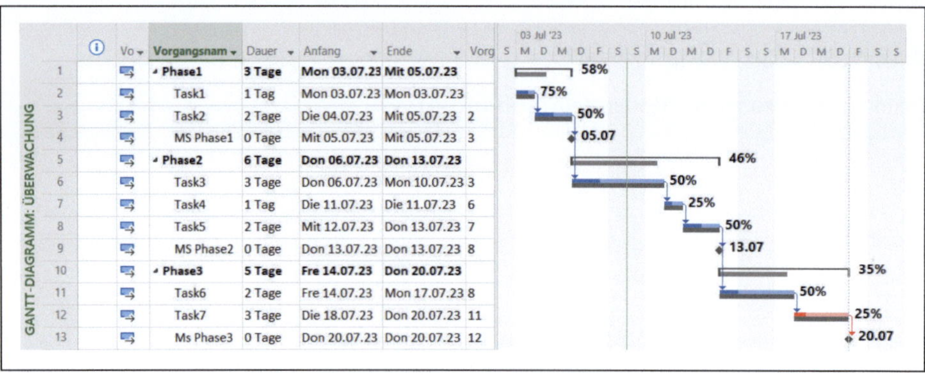

	Vorgangsname	Dauer	Anfang	Ende	Vorg
1	Phase1	3 Tage	Mon 03.07.23	Mit 05.07.23	
2	Task1	1 Tag	Mon 03.07.23	Mon 03.07.23	
3	Task2	2 Tage	Die 04.07.23	Mit 05.07.23	2
4	MS Phase1	0 Tage	Mit 05.07.23	Mit 05.07.23	3
5	Phase2	6 Tage	Don 06.07.23	Don 13.07.23	
6	Task3	3 Tage	Don 06.07.23	Mon 10.07.23	3
7	Task4	1 Tag	Die 11.07.23	Die 11.07.23	6
8	Task5	2 Tage	Mit 12.07.23	Don 13.07.23	7
9	MS Phase2	0 Tage	Don 13.07.23	Don 13.07.23	8
10	Phase3	5 Tage	Fre 14.07.23	Don 20.07.23	
11	Task6	2 Tage	Fre 14.07.23	Mon 17.07.23	8
12	Task7	3 Tage	Die 18.07.23	Don 20.07.23	11
13	Ms Phase3	0 Tage	Don 20.07.23	Don 20.07.23	12

Bild 13-7. Überwachung Fertigstellung

Mit der Positionierung des Mauszeigers auf den Balken werden die Daten eingeblendet (Bild 13-8).

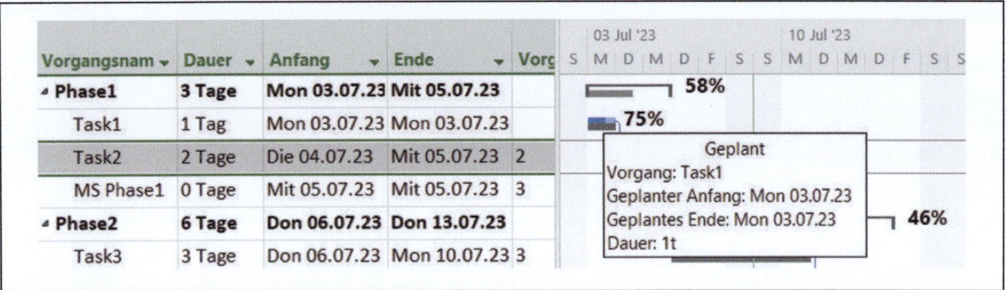

Vorgangsnam	Dauer	Anfang	Ende	Vorg
Phase1	**3 Tage**	**Mon 03.07.23**	**Mit 05.07.23**	
Task1	1 Tag	Mon 03.07.23	Mon 03.07.23	
Task2	2 Tage	Die 04.07.23	Mit 05.07.23	2
MS Phase1	0 Tage	Mit 05.07.23	Mit 05.07.23	3
Phase2	**6 Tage**	**Don 06.07.23**	**Don 13.07.23**	
Task3	3 Tage	Don 06.07.23	Mon 10.07.23	3

Bild 13-8. Eingeblendete Daten zum Vorgang

13.1.5 Feld % Abgeschlossen

Das Feld *% Abgeschlossen* enthält den aktuellen Status eines Vorgangs, der als Prozentsatz der abgeschlossenen Dauer des Vorgangs ausgedrückt wird. Der Prozentsatz lässt sich im Feld eingeben oder anhand der Ist-Dauer berechnen. Es gibt mehrere Einsätze zu diesem Feld. Sobald die tatsächliche Dauer, die Restdauer oder die tatsächliche Arbeit eingegeben wurde, berechnet Project

$$\% \text{ Abgeschlossen} = \frac{Ist-Dauer}{Dauer} \cdot 100 \; [\%]. \tag{13.1}$$

Wird der Wert im Feld eingegeben, berechnet Project automatisch die Ist-Dauer (Bild 13-9).

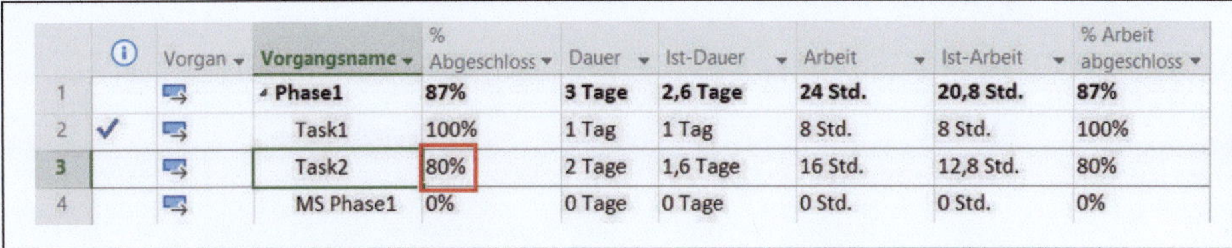

	ⓘ	Vorgan	Vorgangsname	% Abgeschloss	Dauer	Ist-Dauer	Arbeit	Ist-Arbeit	% Arbeit abgeschloss
1			**Phase1**	**87%**	**3 Tage**	**2,6 Tage**	**24 Std.**	**20,8 Std.**	**87%**
2	✓		Task1	100%	1 Tag	1 Tag	8 Std.	8 Std.	100%
3			Task2	80%	2 Tage	1,6 Tage	16 Std.	12,8 Std.	80%
4			MS Phase1	0%	0 Tage	0 Tage	0 Std.	0 Std.	0%

Bild 13-9. Auswirkung der Statuseingabe

Im Beispiel bestimmt sich mit der Eingabe von 80% bei Task2 die Ist-Dauer

$$\text{Ist} - \text{Dauer} = 80\% \cdot 2 \; [\text{Tage}] = 1{,}6 \; [\text{Tage}].$$

Bezogen auf die zugeordnete Ressource ergibt sich

$$\text{Ist} - \text{Arbeit} = 80\% \cdot 2 \; [\text{Tage}] \cdot 8 \frac{[\text{Std}]}{[\text{Tag}]} = 12{,}8 \; [\text{Std}].$$

13.1.6 Fortschritt als Balkenfarbe

🗁 1-17-13-03_FortschrittBalken.mpp

Unter *Benutzerdefinierte Felder* werden die ersten fünf *Attribute* als Statuswerte verwendet (Bild 13-10).

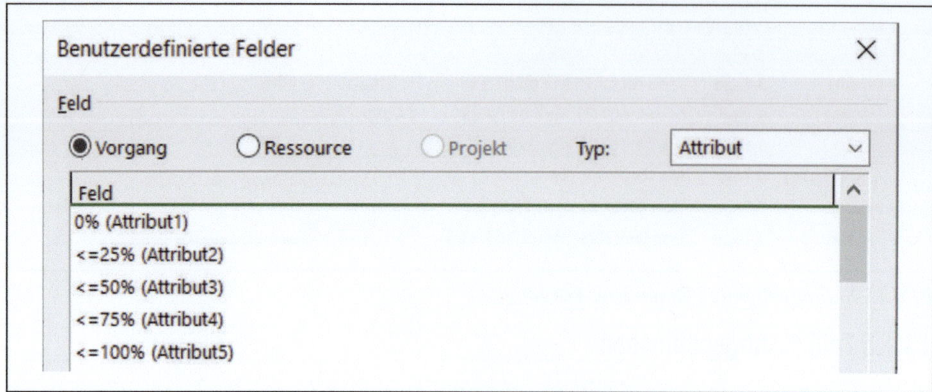

Bild 13-10. Definition der Statuswerte als generische Attribute

Die jeweilige Formel zu den *Attribut*-Feldern hat den allgemeinen Aufbau (Bild 13-11)

[% Abgeschlossen]>x AND [% Abgeschlossen]<=y.

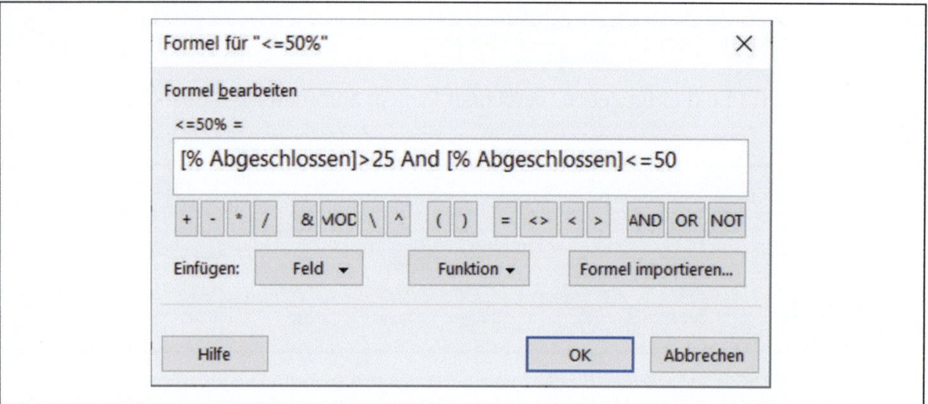

Bild 13-11. Formel zum Attribut 3 (50%)

In der Balkengrafik gibt es im Kontextmenü die Methode *Balkenarten*. Darin werden fünf leere Zeilen für Attributsnamen durch Farbangabe verwendet (Bild 13-12).

Das * Zeichen vor dem Namen verhindert die Namensangabe in der Balkengrafik.

Die Formate der Balken werden in der Liste von oben nach unten abgearbeitet. Daher müssen die neuen Formate immer am Ende eingegeben werden. Die Parameter unter *Anzeige für* beschränken die Anwendung:

- Normal: Formatierung nur für normale Vorgänge und nicht für Sammelvorgänge
- Aktiv: Formatierung nur für aktive Vorgänge
- Attribut(x): Formatierung für das Attribut (x).

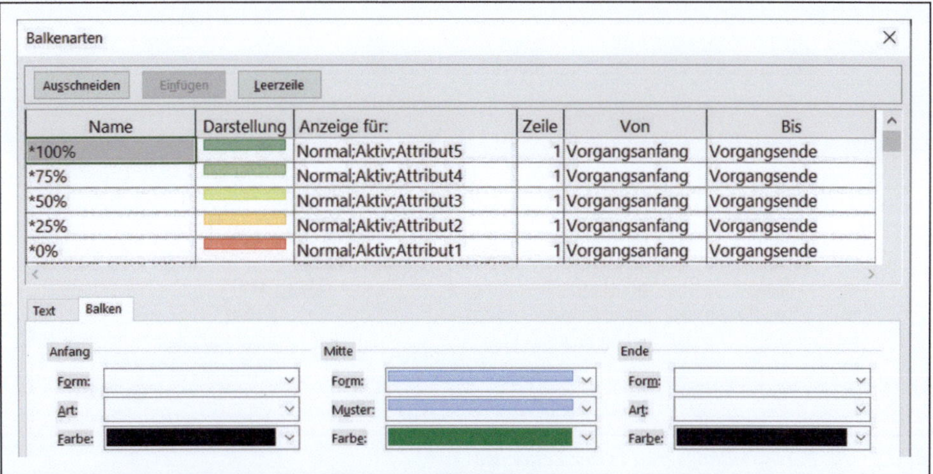

Bild 13-12. Definition der Balkenarten zur Statusanzeige

Nach der Definition werden die Balken entsprechend dargestellt (Bild 13-13).

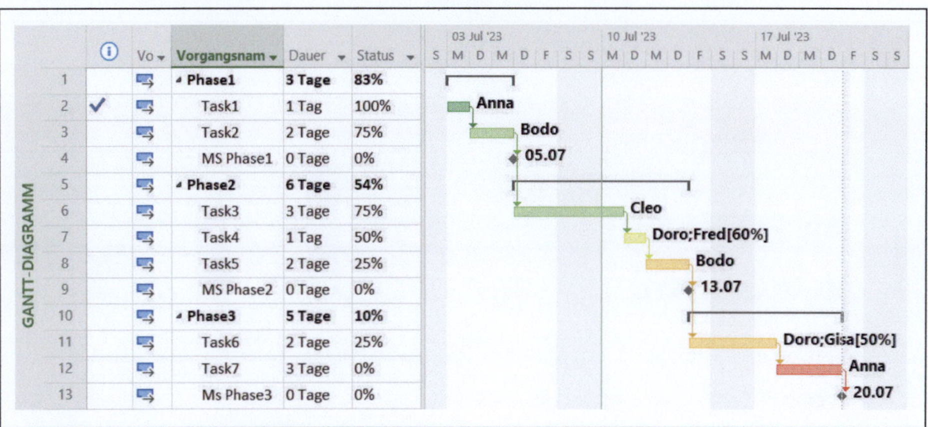

Bild 13-13. Formatierte Balken

13.1.7 Zeitachse und Fertigstellungsgrad

Auch in der Zeitachse wird der Fertigstellungsgrad durch unterschiedliche Einfärbung der Vorgangsbalken angezeigt (Bild 13-14).

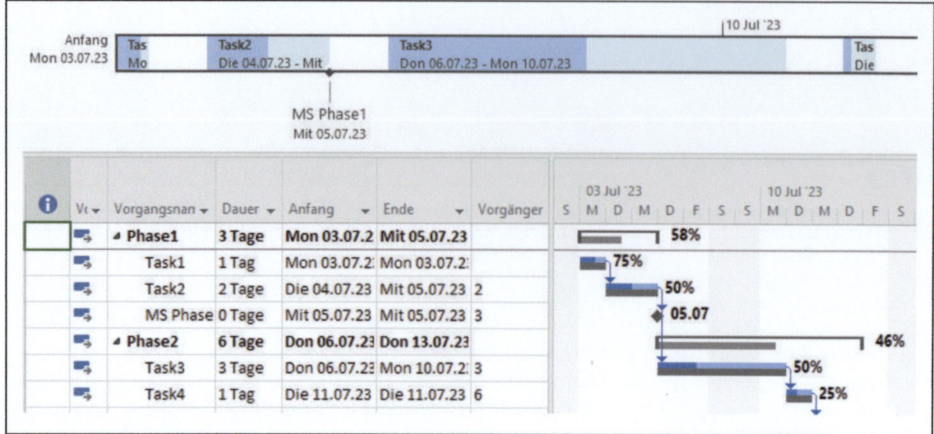

Bild 13-14. Fertigstellungsgrad in der Zeitachse

13.1.8 Berichte verwenden

Einen schnellen Überblick liefert das Dashboard *Anstehende Vorgänge* (Bild 13-15).

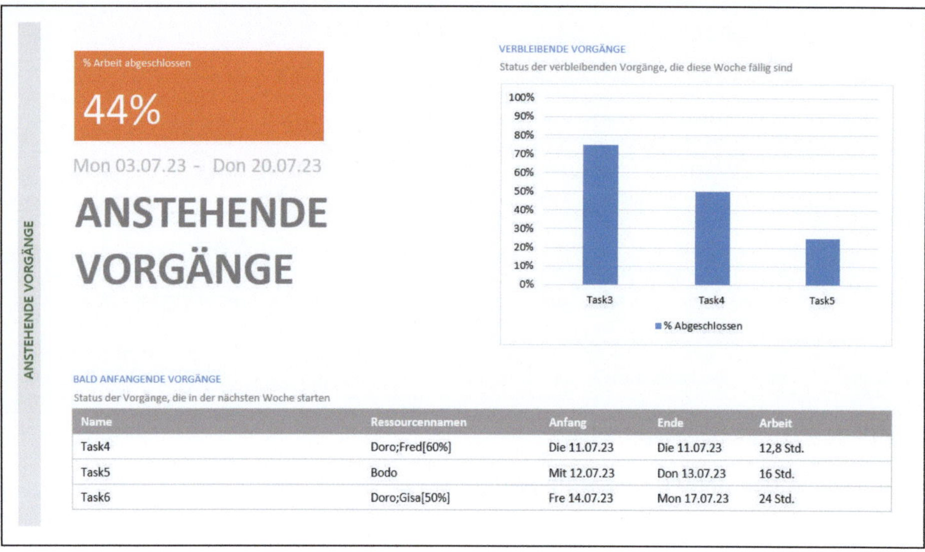

Bild 13-15. Dashboard Anstehende Vorgänge

Darin zeigt ein Säulendiagramm den Status (% Abgeschlossen) der Vorgänge, die in Kürze fertiggestellt sein müssen. Eine Tabelle zeigt den Status der Vorgänge und ihre Ressourcen, die in Kürze starten sollen. Ein KPI-Feld zeigt den Prozentsatz (% Arbeit abgeschlossen) des gesamten Projekts. Mit einem Klick auf eines der Dashboard-Elemente wird am rechten Rand eine Feldliste eingeblendet, in der noch weitere Felder für die Darstellung ausgewählt werden können.

Ein weiterer grafischer Bericht zeigt die verbleibende Arbeit pro Ressource (Bild 13-16).

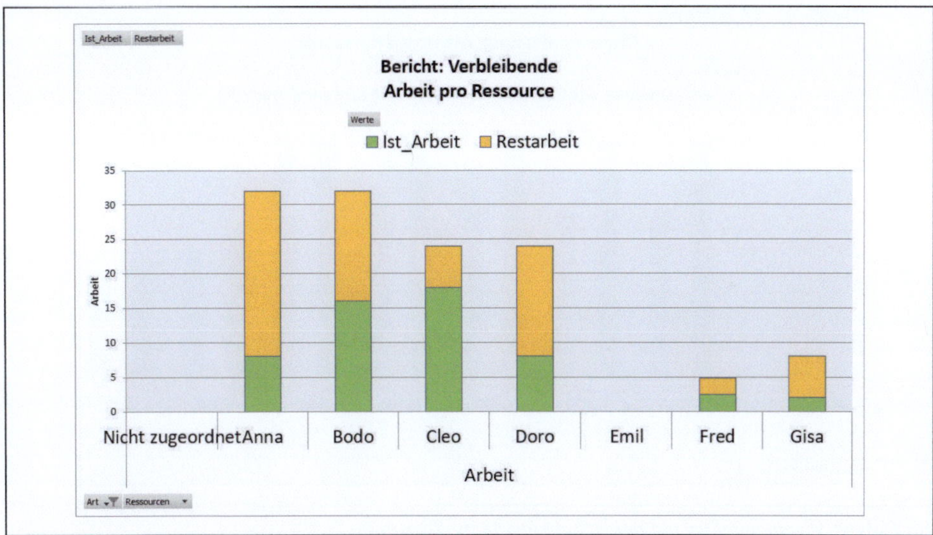

Bild 13-16. Grafischer Bericht zur Ist-Arbeit und Restarbeit der Ressourcen

Dabei handelt es sich diesmal um ein Pivot-Chart, dass sich als Sheet einer Excel-Arbeitsmappe speichern lässt. Über die Feldelementliste wurde die *Arbeit* abgewählt und dafür *Ist-Arbeit* und *Restarbeit* der Ressourcen genommen. Das Diagramm verfügt auch über Filter. Eine detailliertere Aussage über den Ressourceneinsatz liefert die Zusammenfassung der Arbeit pro Ressource. Zunächst mit einer Pivot-Tabelle (Bild 13-17).

	A	B	C	D	E
1	Wochenkalender	Alle			
2					
3			Data		
4	Art	Ressourcen	Verfügbare Arbeitszeit	Arbeit	Restverfügbarkeit
5	Arbeit	Nicht zugeordnet	0	0	0
6		Anna	112	32	80
7		Bodo	112	32	80
8		Cleo	112	24	88
9		Doro	112	24	88
10		Emil	112	0	112
11		Fred	67,2	4,8	62,4
12		Gisa	56	8	48
13	Arbeit Ergebnis		683,2	124,8	558,4
14	Gesamtergebnis		683,2	124,8	558,4

Bild 13-17. Pivot-Tabelle zur Auswertung der Arbeit pro Ressource

Das zweite Arbeitsblatt zeigt in einem Säulendiagramm *verfügbare Arbeit*, *Arbeit* und *Restverfügbarkeit* zu jeder Ressource an (Bild 13-18).

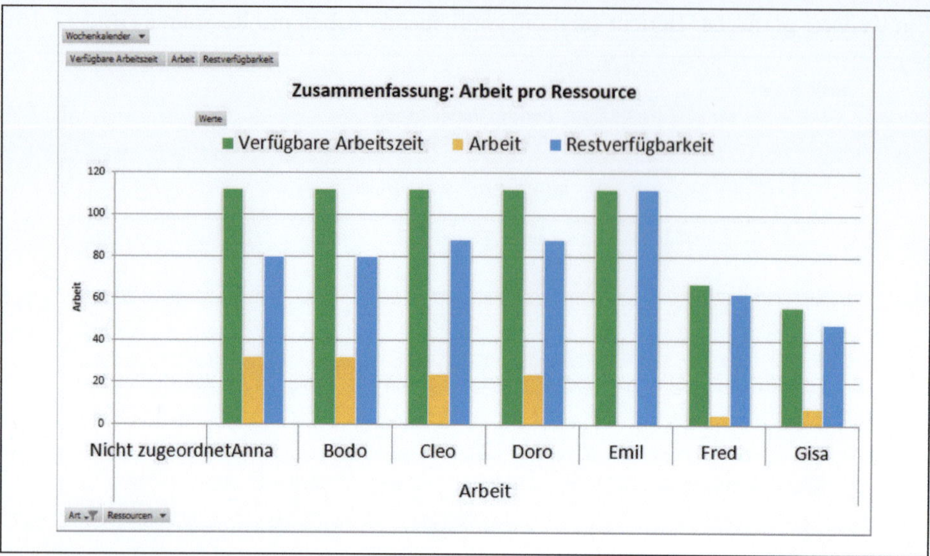

Bild 13-18. Zusammenfassung der Arbeitsanteile je Ressource

13.2 Terminkontrolle

13.2.1 Grundlagen

Fragen zur Überwachung:

- Wie stark weicht der laufende Terminplan vom ursprünglichen Terminplan ab?
- Wie viel Arbeit wurde im Vergleich zur Planung tatsächlich bis jetzt investiert und welche Tendenzen zeigen sich?
- Wie sieht die Kostenentwicklung im Vergleich zum ursprünglichen Etat aus?

Stufen der Überwachung:

- Speichern eines Basisplans, der die Entwicklung des Projektplans enthält, der mit dem Start des Projekts gespeichert wurde.
- Aktualisierung der Projektinformationen nach tatsächlichem Projektverlauf und kann abhängig vom Grad der Überwachung beliebig oft erfolgen.
- Vergleich der aktualisierten Projektdaten mit dem Basisplan.

13.2.2 Termine aktualisieren

Voraussetzungen zur Aktualisierung:

- Es muss ein Basisplan existieren.
- Bis zur Aktualisierung geht Project vom neusten Stand aus.
- Es gibt keine automatische (z. B. an ein Statusdatum gebundene) Aktualisierung durch Project.

Verfahren

- Sammeln von Zustandsinformationen zu jedem Vorgang.
- Gibt es geplante Vorgänge vor dem Statusdatum, die noch nicht begonnen wurden.
- Alle aktuellen Vorgänge und Ressourcenzuordnungen anpassen.
- Den tatsächlichen Fortschritt bis zum Statusdatum angeben.

Aktualisierte Vorgänge werden im Balkendiagramm durch eine dunklere Linie innerhalb des Vorgangsbalkens dargestellt. Wenn die entsprechenden Vorgänge abgeschlossen sind, erscheint in der Indikatorspalte ein grünes Häkchen (Bild 13-19).

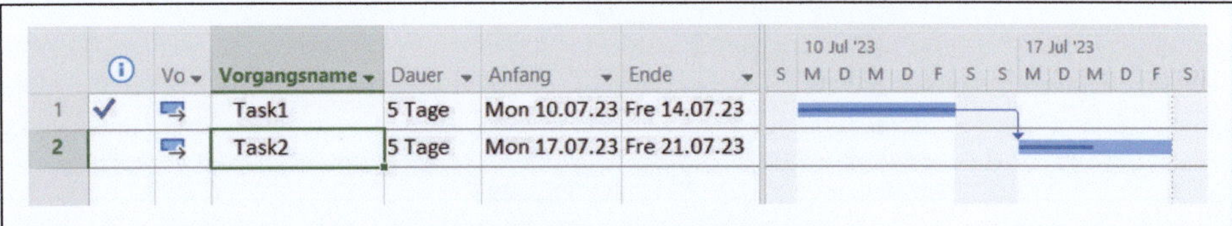

Bild 13-19. Statusanzeige in der Balkengrafik und im Indikatorfeld

Vorgänge, deren Termine mit den Planungsdaten übereinstimmen, lassen sich schnell bis zum Statustermin aktualisieren:

- Vorgänge in der Vorgangstabelle auswählen (STRG + Klick)
- Register Vorgang in der Gruppe *Zeitplan* auf die Methode *Als plangemäß* markieren (Bild 13-20).

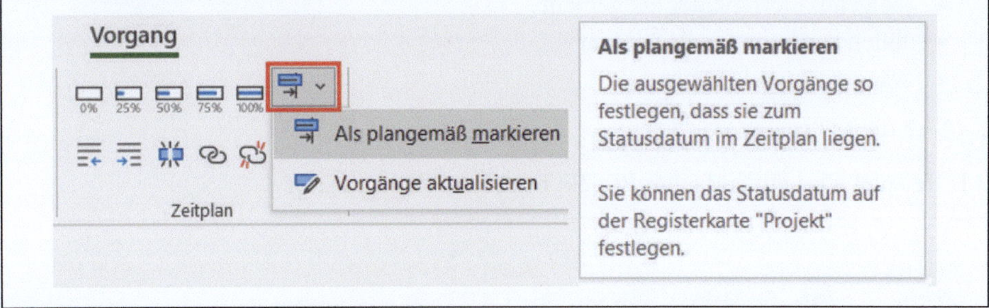

Bild 13-20. Vorgang als plangemäß markieren

In der Ansicht *Vorgang: Eins*atz unter Register *Ansicht / Daten / Tabellen / Überwachung* wählen (Bild 13-21).

	Vorgangs	Akt. Anfang	Akt. Ende	% Abg.	Phys. % Abgeschl.	Akt. Dauer	Verbl. Dauer	Akt. Kosten	Akt. Arbeit	Einzelheit	10 Jul '23 M	D	M	D	F
1	Task1	Mon 10.07.23	NV	60%	0%	1,8 Tage	1,2 Tage	1.014,00 €	14,4 Std.	Arbeit	8h	8h	8h		
										Kosten	630,00 €	480,00 €	480,00 €		
	Anna	*Mon 10.07.23*	*NV*					*1.014,00 €*	*14,4 Std.*	Arbeit	8h	8h	8h		
										Kosten	630,00 €	480,00 €	480,00 €		
2	Task2	Don 13.07.23	NV	30%	0%	0,9 Tage	2,1 Tage	552,00 €	7,2 Std.	Arbeit				8h	8h
										Kosten				600,00 €	480,00 €
	Bodo	*Don 13.07.23*	*NV*					*552,00 €*	*7,2 Std.*	Arbeit				8h	8h
										Kosten				600,00 €	480,00 €

Bild 13-21. Fortschrittsanzeige in der Tabelle Überwachung

13.2.3 Meilenstein-Trend-Analyse (MTA)

Die MTA ist ein sehr beliebtes Kontrollinstrument. Sie ist leicht zu erstellen und ebenso leicht zu verstehen (Bild 13-22).

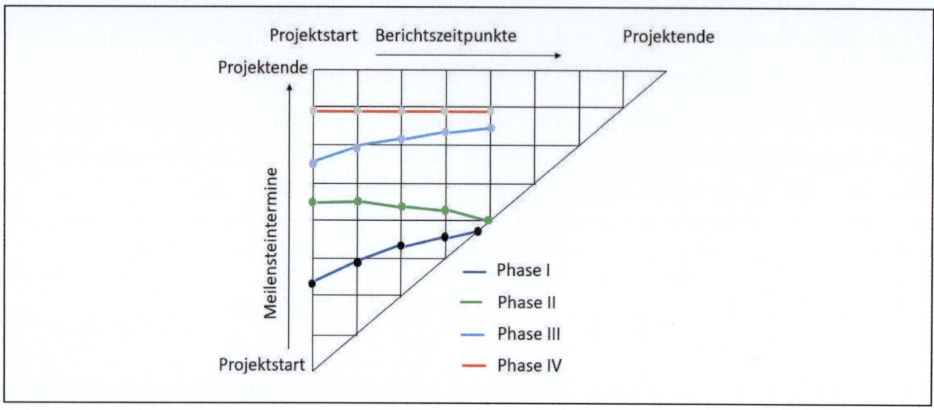

Bild 13-22. Beispiel einer Meilenstein-Trend-Analyse

Die Meilensteintermine werden auf der Ordinate aufgetragen, die den Projektzeitraum darstellt. Auf der Abszisse wird ebenfalls der Projektzeitraum aufgetragen und die Termine markiert, an denen eine Analyse durchgeführt wird. Mit jeder Analyse werden die Meilensteintermine vermerkt. Die Termine eines Meilensteins werden miteinander durch eine Linie verbunden. Der Trend dieser Linie hat folgende Aussage:

- steigend: ineffizienter als geplant
- fallend: effizienter als geplant
- waagerecht: wie geplant.

🗁 1-17-13-04_MTA.mpp

Als Beispiel wird ein einfaches Projekt betrachtet (Bild 13-23).

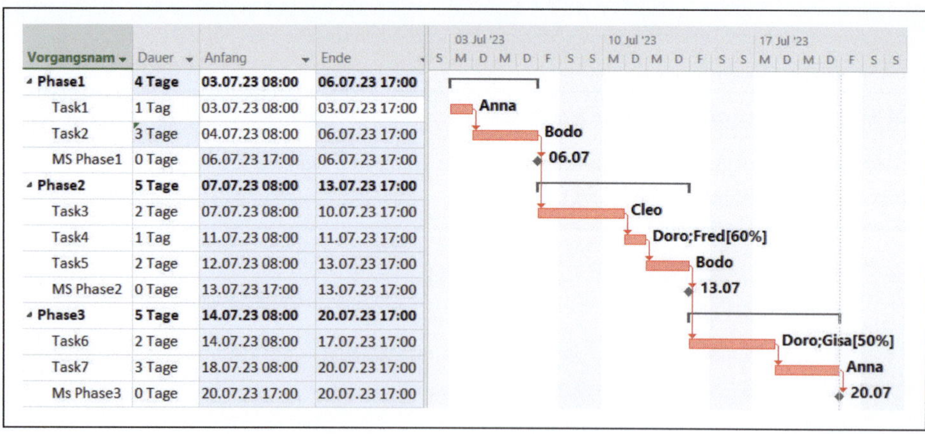

Vorgangsnam	Dauer	Anfang	Ende
Phase1	**4 Tage**	**03.07.23 08:00**	**06.07.23 17:00**
Task1	1 Tag	03.07.23 08:00	03.07.23 17:00
Task2	3 Tage	04.07.23 08:00	06.07.23 17:00
MS Phase1	0 Tage	06.07.23 17:00	06.07.23 17:00
Phase2	**5 Tage**	**07.07.23 08:00**	**13.07.23 17:00**
Task3	2 Tage	07.07.23 08:00	10.07.23 17:00
Task4	1 Tag	11.07.23 08:00	11.07.23 17:00
Task5	2 Tage	12.07.23 08:00	13.07.23 17:00
MS Phase2	0 Tage	13.07.23 17:00	13.07.23 17:00
Phase3	**5 Tage**	**14.07.23 08:00**	**20.07.23 17:00**
Task6	2 Tage	14.07.23 08:00	17.07.23 17:00
Task7	3 Tage	18.07.23 08:00	20.07.23 17:00
Ms Phase3	0 Tage	20.07.23 17:00	20.07.23 17:00

Bild 13-23. Projektplanung zum Start

Für die Meilenstein-Trend-Analyse wird nun eine Excel-Datei erstellt, die die Meilensteintermine zu fortschreitenden Analyseterminen speichert.

Codeliste 13-1. Die Prozedur erstellt eine Excel-Datei für eine MTA

```
Sub CreateMTA()
   Dim proAct  As Project
   Dim exlApp  As Object
   Dim exlBook As Object
   Dim exlPro  As Object
   Dim exlMTA  As Object
   Dim dStart  As Date
   Dim dEnde   As Date

   Set proAct = ActiveProject
   dStart = Format(proAct.CreationDate, "DD.MM.YYYY")
   dEnde = Format(proAct.ProjectFinish, "DD.MM.YYYY")
   Set exlApp = CreateObject("Excel.Application")
   Set exlBook = exlApp.Workbooks.Add
   exlApp.Visible = True
   Set exlPro = exlBook.Worksheets(1)
   With exlPro
      .Name = "Project"
      .Cells(1, 1) = "Start:"
      .Cells(1, 2) = dStart
      .Cells(2, 1) = "Ende:"
      .Cells(2, 2) = dEnde
   End With
   Set exlPro = Nothing
   Set exlMTA = exlBook.Worksheets.Add
   exlMTA.Name = "MTA"
   Set exlMTA = Nothing

   exlBook.SaveAs FileName:="C:\Temp\MTA"
   exlBook.Close
   Set exlBook = Nothing
   Set exlApp = Nothing
   Set proAct = Nothing
End Sub
```

Die Prozedur nutzt die späte Bindung, sodass ein Verweis zur Excel-Bibliothek nicht erforderlich ist.

Zum Projektablauf werden jeden zweiten Tag die Meilensteintermine aufgezeichnet. Dabei entstehen zu diesen Terminen folgende Veränderungen bei den Vorgängen.

Tabelle 13-2. Analysetermine und die Veränderung der Dauer in den Vorgängen

Analysetermin	Veränderung der Dauer	Analysetermin	Veränderung der Dauer
03.07.2023	Keine	05.07.2023	Keine
07.07.2023	Task3 (3 > 2), Task6 (2 > 5)	09.07.2023	Task4 (1 > 3), Task6 (5 > 6)
11.07.2023	Task5 (2 > 1)	13.07.2023	Task6 (6 > 5)

15.07.2023	Task7 (3 > 4)	17.07.2023	Keine
19.07.2023	Keine	21.07.2023	Task7 (4 > 5)
23.07.2023	Keine	25.07.2023	Keine
27.07.2023	Keine		

Mit jedem Aufruf der folgenden Prozedur wird der Analysetermin eingegeben und die Projektdaten übernommen. Zu allen Meilensteinen wird der Termin eingetragen, solange der Analysetermin kleiner oder gleich dem Meilensteintermin ist. Zu jeder Auswertung wird die MTA-Excel-Datei geöffnet und wieder geschlossen.

Codeliste 13-2. Die Prozedur speichert die aktuellen Meilensteintermine

```
Sub ReadMS()
   Dim proAct  As Project
   Dim proTask As Task
   Dim exlApp  As Object
   Dim exlBook As Object
   Dim exlMTA  As Object
   Dim iRow    As Integer
   Dim iCol    As Integer
   Dim dDat    As Date
   Dim dEnd    As Date

   dDat = InputBox("Analysedatum eingeben:", _
      "Meilenstein-Trend-Analyse")
   Set proAct = ActiveProject
   Set exlApp = CreateObject("Excel.Application")
   Set exlBook = exlApp.Workbooks.Open(FileName:="C:\Temp\MTA.xlsx")
   exlApp.Visible = True
   Set exlMTA = exlBook.Worksheets("MTA")
   exlMTA.Activate
'suche freie Spalte
   iCol = 2
   Do While exlMTA.Cells(1, iCol) <> ""
      iCol = iCol + 1
   Loop
   exlMTA.Cells(1, iCol) = dDat
'finde Meilensteine
   iRow = 2
   For Each proTask In proAct.Tasks
      If proTask.Milestone Then
         dEnd = Format(proTask.Finish, "DD.MM.YYYY")
         If dEnd >= dDat Then
            If iCol = 2 Then
               exlMTA.Cells(iRow, 1) = proTask.Name
               exlMTA.Cells(iRow, 2) = dEnd
               iRow = iRow + 1
            Else
               exlMTA.Cells(iRow, iCol) = dEnd
               If iRow = 2 Then
                  exlMTA.Cells(1, iCol) = dDat
               End If
```

```
            iRow = iRow + 1
         End If
      Else
         iRow = iRow + 1
      End If
   End If
Next
'sichern und schließen
exlBook.Save
exlBook.Close
Set exlMTA = Nothing
Set exlBook = Nothing
Set proAct = Nothing
End Sub
```

Sind alle Analysetermine ausgeführt und das Projekt beendet, dann enthält die Datei alle Daten für eine letzte Analyse (Bild 13-24).

	A	B	C	D	E	F	G
1		03.07.2023	05.07.2023	07.07.2023	09.07.2023	11.07.2023	13.07.2023
2	MS Phase1	05.07.2023	05.07.2023				
3	MS Phase2	13.07.2023	13.07.2023	12.07.2023	14.07.2023	13.07.2023	13.07.2023
4	Ms Phase3	20.07.2023	20.07.2023	24.07.2023	27.07.2023	26.07.2023	25.07.2023

H	I	J	K	L	M	N
15.07.2023	17.07.2023	19.07.2023	21.07.2023	23.07.2023	25.07.2023	27.07.2023
26.07.2023	26.07.2023	26.07.2023	27.07.2023	27.07.2023	27.07.2023	27.07.2023

Bild 13-24. Daten in der MTA-Excel-Datei (getrennt dargestellt)

Mit der folgenden Prozedur wird aus den Daten ein MTA-Diagramm erstellt.

Codeliste 13-3. Die Prozedur erstellt aus den MTA-Daten ein Diagramm

```
Sub DiagrammMTA()
   Dim proAct  As Project
   Dim proTask As Task
   Dim exlApp  As Excel.Application
   Dim exlBook As Excel.Workbook
   Dim exlMTA  As Excel.Worksheet
   Dim exlRng  As Excel.Range
   Dim exlLine As Excel.Range
   Dim exlCht  As Excel.Chart
   Dim exlSht  As Excel.Shape
   Dim iRow    As Integer
   Dim iCol    As Integer
   Dim dDat    As Date
   Dim dEnd    As Date
   Dim exlObj  As Excel.Series

   Set proAct = ActiveProject
   Set exlApp = CreateObject("Excel.Application")
   Set exlBook = exlApp.Workbooks.Open(FileName:="C:\Temp\MTA.xlsx")
```

```
    exlApp.Visible = True
    Set exlMTA = exlBook.Worksheets("MTA")
    On Error Resume Next
    exlMTA.ChartObjects(1).Delete
    On Error GoTo 0
    iRow = exlMTA.UsedRange.Rows.Count
    iCol = exlMTA.UsedRange.Columns.Count
    Set exlRng = exlMTA.Range(exlMTA.Cells(1, 1), _
       exlMTA.Cells(iRow, iCol))
    Set exlLine = exlMTA.Range(exlMTA.Cells(1, 2), _
       exlMTA.Cells(1, iCol))
    exlRng.Select
    Set exlSht = exlMTA.Shapes.AddChart2(332, xlLineMarkers)
    Set exlCht = exlSht.Chart
    With exlCht
       .ChartArea.Width = 400
       .ChartArea.Height = 300
       .ChartTitle.Select
       .ChartTitle.Text = "MTA"
       .Axes(xlCategory).TickLabelPosition = xlHigh
       .Axes(xlValue).MinimumScale = CLng(exlMTA.Cells(1, 2))
       With .PlotArea.Format.Fill
          .Visible = msoTrue
          .ForeColor.ObjectThemeColor = msoThemeColorBackground1
          .ForeColor.Brightness = -0.0500000007
       End With
    End With
    Set exlObj = exlCht.SeriesCollection.NewSeries
    exlObj.Values = exlLine
    Set exlMTA = Nothing
    Set exlBook = Nothing
    Set proAct = Nothing
End Sub
```

Ein Diagramm kann zu jedem Analysetermin erstellt werden, sodass schon zum Projektanfang Trends erkennbar sind (Bild 13-25).

Aus der MTA zum Beispiel lassen sich folgende Erkenntnisse gewinnen.

Die Termine zur MS Phase1 verlaufen waagerecht und sind damit im Plan. Die Termine zur MS Phase2 schwanken etwas durch Reduzierung und Verzögerung der Vorgänge. Am Ende wird die Phase wie geplant beendet. Die Termine zur MS Phase3 zeigen am Anfang große Abweichungen und können im Laufe des Projekts nicht mehr korrigiert werden. Dadurch wird das geplante Projektende deutlich überschritten.

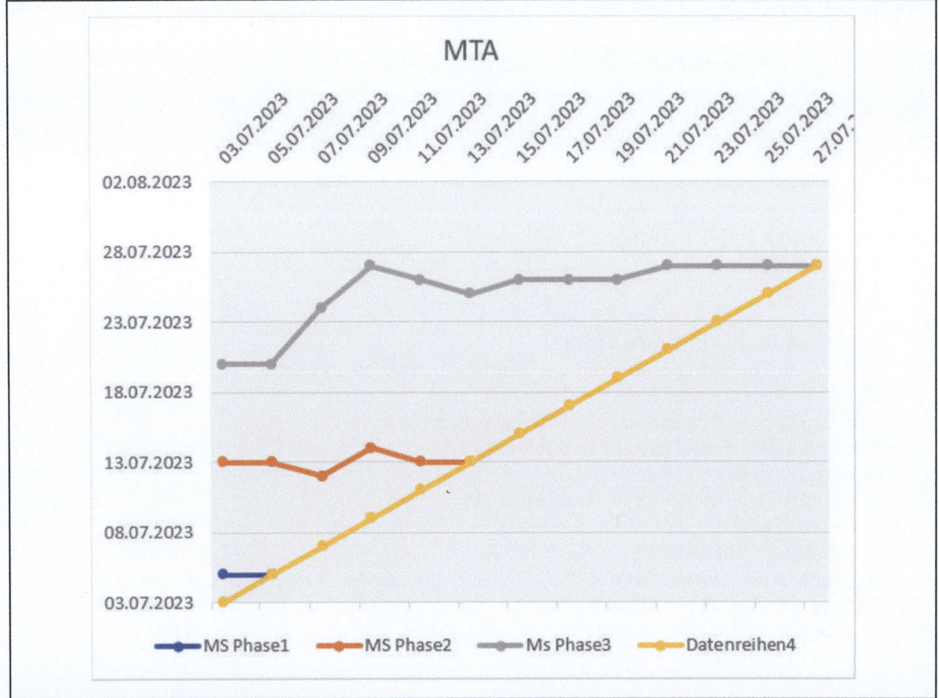

Bild 13-25. Die MTA zum Beispiel

13.3 Kostenkontrolle

13.3.1 Kosten-Trend-Analyse (KTA)

Die KTA gleicht der MTA, doch auf der Ordinate werden die Kosten eingetragen (Bild 13-26).

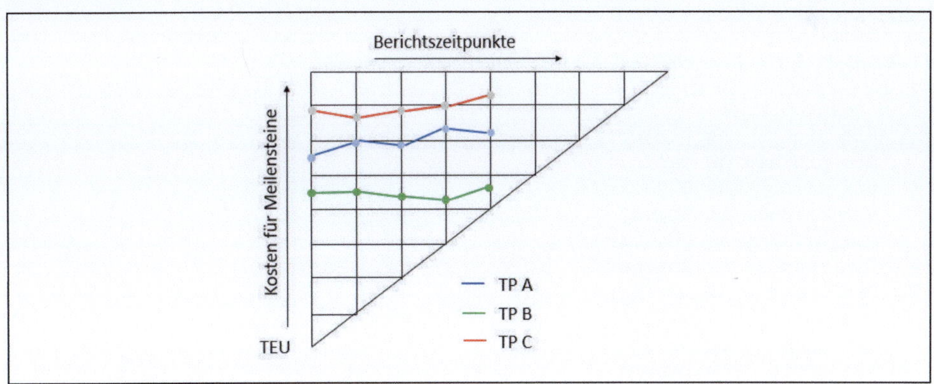

Bild 13-26. Beispiel einer Kosten-Trend-Analyse

Noch einmal wird das gleiche Beispiel verwendet. Zur Kontrolle wird das Feld *Kosten* im Gantt-Diagramm eingeblendet.

🗁 1-17-13-05_KTA.mpp

Codeliste 13-4. Die Prozedur erstellt eine Excel-Datei für eine KTA

```
Sub CreateKTA()
   Dim proAct  As Project
   Dim exlApp  As Object
   Dim exlBook As Object
   Dim exlPro  As Object
   Dim exlMTA  As Object
   Dim dStart  As Date
   Dim dEnde   As Date

   Set proAct = ActiveProject
   dStart = Format(proAct.CreationDate, "DD.MM.YYYY")
   dEnde = Format(proAct.ProjectFinish, "DD.MM.YYYY")
   Set exlApp = CreateObject("Excel.Application")
   Set exlBook = exlApp.Workbooks.Add
   exlApp.Visible = True
   Set exlPro = exlBook.Worksheets(1)
   With exlPro
      .Name = "Project"
      .Cells(1, 1) = "Start:"
      .Cells(1, 2) = dStart
      .Cells(2, 1) = "Ende:"
      .Cells(2, 2) = dEnde
   End With
   Set exlPro = Nothing
   Set exlMTA = exlBook.Worksheets.Add
   exlMTA.Name = "KTA"
   Set exlMTA = Nothing

   exlBook.SaveAs FileName:="C:\Temp\KTA"
   exlBook.Close
   Set exlBook = Nothing
   Set exlApp = Nothing
   Set proAct = Nothing
End Sub
```

Codeliste 13-5. Die Prozedur speichert die aktuellen Kostenwerte

```
Sub ReadKosten()
   Dim proAct  As Project
   Dim proTask As Task
   Dim exlApp  As Object
   Dim exlBook As Object
   Dim exlKTA  As Object
   Dim iRow    As Integer
   Dim iCol    As Integer
   Dim dDat    As Date
   Dim dEnd    As Date
   Dim dCost   As Double

   dDat = InputBox("Analysedatum eingeben:", "Kosten-Trend-Analyse")
   Set proAct = ActiveProject
   Set exlApp = CreateObject("Excel.Application")
```

```
   Set exlBook = exlApp.Workbooks.Open(FileName:="C:\Temp\KTA.xlsx")
   exlApp.Visible = True
   Set exlKTA = exlBook.Worksheets("KTA")
   exlKTA.Activate
'suche freie Spalte
   iCol = 2
   Do While exlKTA.Cells(1, iCol) <> ""
      iCol = iCol + 1
   Loop
   exlKTA.Cells(1, iCol) = dDat
'finde Sammelvorgänge
   iRow = 2
   For Each proTask In proAct.Tasks
      If proTask.Summary Then
         dCost = proTask.Cost
      End If
      If proTask.Milestone Then
         dEnd = Format(proTask.Finish, "DD.MM.YYYY")
         If dEnd >= dDat Then
            If iCol = 2 Then
               exlKTA.Cells(iRow, 1) = proTask.Name
               exlKTA.Cells(iRow, 2) = dCost
               iRow = iRow + 1
            Else
               exlKTA.Cells(iRow, iCol) = dCost
               If iRow = 2 Then
                  exlKTA.Cells(1, iCol) = dDat
               End If
               iRow = iRow + 1
            End If
         Else
            iRow = iRow + 1
         End If
      End If
   Next
'sichern und schließen
   exlBook.Save
   exlBook.Close
   Set exlKTA = Nothing
   Set exlBook = Nothing
   Set proAct = Nothing
End Sub
```

Codeliste 13-6. Die Prozedur erstellt aus den KTA-Daten ein Diagramm

```
Sub DiagrammKTA()
   Dim proAct  As Project
   Dim proTask As Task
   Dim exlApp  As Excel.Application
   Dim exlBook As Excel.Workbook
   Dim exlKTA  As Excel.Worksheet
   Dim exlRng  As Excel.Range
   Dim exlLine As Excel.Range
   Dim exlCht  As Excel.Chart
   Dim exlSht  As Excel.Shape
   Dim iRow    As Integer
```

```
    Dim iCol     As Integer
    Dim dDat     As Date
    Dim dEnd     As Date

    Set proAct = ActiveProject
    Set exlApp = CreateObject("Excel.Application")
    Set exlBook = exlApp.Workbooks.Open(FileName:="C:\Temp\KTA.xlsx")
    exlApp.Visible = True
    Set exlKTA = exlBook.Worksheets("KTA")
    On Error Resume Next
    exlKTA.ChartObjects(1).Delete
    On Error GoTo 0
    iRow = exlKTA.UsedRange.Rows.Count
    iCol = exlKTA.UsedRange.Columns.Count
    Set exlRng = exlKTA.Range(exlKTA.Cells(1, 1), _
       exlKTA.Cells(iRow, iCol))
    Set exlLine = exlKTA.Range(exlKTA.Cells(1, 2), _
       exlKTA.Cells(1, iCol))
    exlRng.Select
    Set exlSht = exlKTA.Shapes.AddChart2(332, xlLineMarkers)
    Set exlCht = exlSht.Chart
    With exlCht
       .ChartArea.Width = 400
       .ChartArea.Height = 300
       .ChartTitle.Select
       .ChartTitle.Text = "KTA"
       .Axes(xlCategory).TickLabelPosition = xlHigh
'      .Axes(xlValue).MinimumScale = CLng(exlKTA.Cells(1, 2))
       With .PlotArea.Format.Fill
          .Visible = msoTrue
          .ForeColor.ObjectThemeColor = msoThemeColorBackground1
          .ForeColor.Brightness = -0.0500000007
       End With
    End With
    Set exlKTA = Nothing
    Set exlBook = Nothing
    Set proAct = Nothing
End Sub
```

Am Ende des Projekts hat die KTA einen ähnlichen Verlauf wie die MTA (Bild 13-27). Das beruht auf der Tatsache, dass sich die Kosten proportional zur Arbeit verhalten.

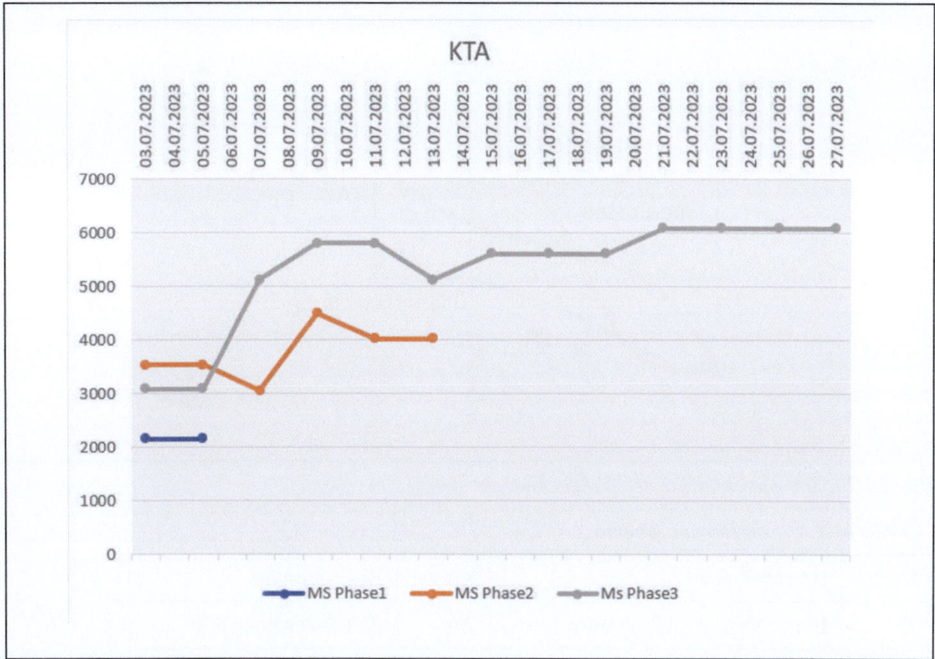

Bild 13-27. Die KTA zum Beispiel

13.3.2 Kosten-Termin-Diagramm (KTD)

Die Ist-Kosten werden zu den Meilensteinterminen eingetragen. Die Lage gibt Aufschluss über die Kosten- und Terminsituation (Bild 13-28). Eine leichte Aufgabe für den Leser!

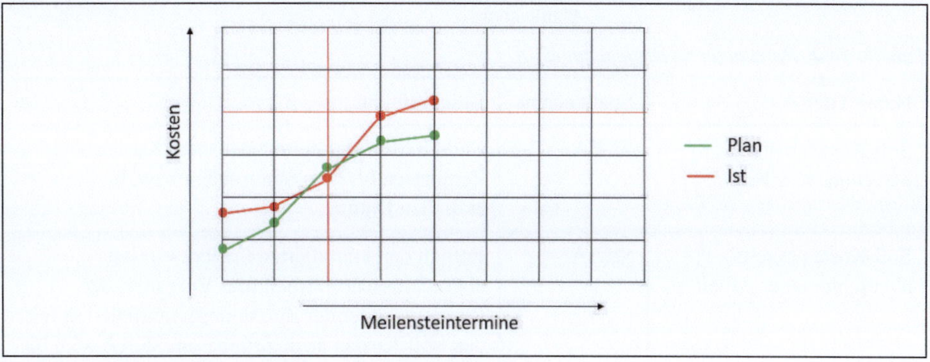

Bild 13-28. Beispiel zum Kosten-Termin-Diagramm

13.3.3 Earned-Value-Analyse (EVA)

Die EVA, auch Arbeitswert-Analyse, ist ein Ersatz für MTA und KTA. Sie liefert eine intuitiv erfassbare Darstellung des Projektstatus. Nach DIN 69903 ist der FW der korrekte deutsche Begriff für EVA (Bild 13-29).

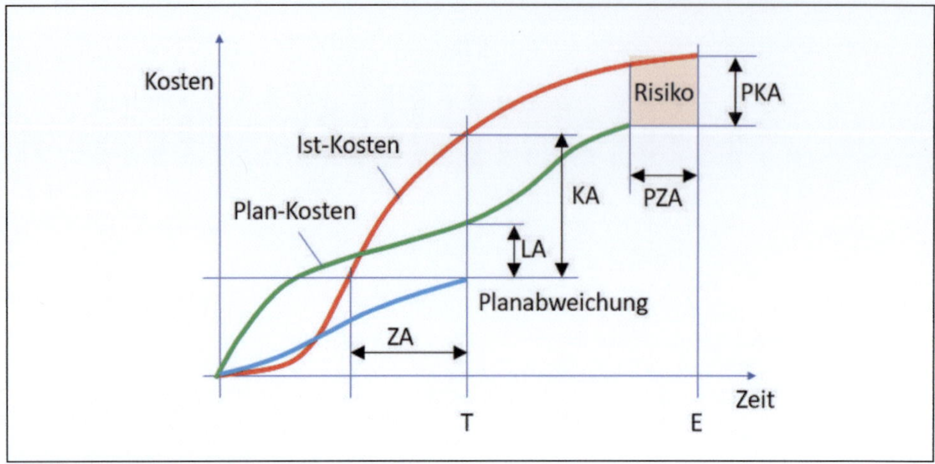

Bild 13-29. Schema einer Earned-Value-Analyse

Tabelle 14-1. Parameter im Schema

Kürzel	Beschreibung	Kürzel	Beschreibung
T	Betrachtung zum Zeitpunkt T	ZA	Zeitabweichung (T)
E	Projektende	KA	Kostenabweichung (T)
PZA	Geschätzte Zeitabweichung (E)	LA	Leistungsabweichung (T)
PKA	Geschätzte Kostenabweichung (E)		

Der Arbeitswert zum Zeitpunkt T bestimmt sich mit der Formel

$$\text{Arbeitswert(T)} = \frac{\text{erledigt budgetierte Kosten}}{\text{Plankosten}} \tag{14.1}$$

Tabelle 14-1. Parameter in Project zur EVA

Name/Titel	Spaltenname	Beschreibung
Soll-Kosten der berechneten Arbeit	SKBA	Enthält die kumulierten geplanten Kosten nach Zeitphasen bis zum Statusdatum bzw. bis zum aktuellen Datum.
Soll-Kosten bereits abgeschlossener Arbeit	SKAA	Enthält den kumulierten Prozentwert der abgeschlossenen Arbeit (des Vorgangs, der Ressource oder der Zuordnung), multipliziert mit den Soll-Kosten nach Zeitphasen. SKAA wird bis zum Statusdatum oder bis zum aktuellen Datum berechnet.
Ist-Kosten bereits abgeschlossener Arbeiten	IKAA	Enthält die für die Arbeit entstandenen Kosten bis zum Statusdatum oder bis zum aktuellen Datum.
Planabweichung	PA	Zeigt die Kostendifferenz zwischen dem aktuellen Stand der Fertigstellung und dem

Name/Titel	Spaltenname	Beschreibung
		Basisplan eines Vorgangs, aller der Ressource zugeordneten Vorgänge oder einer Zuordnung bis zum Statusdatum bzw. dem aktuellen Datum. PA = SKAA – SKBA
Planabweichung %	PAP	Zeigt das Verhältnis zwischen Plananweichung PA und den Sollkosten der berechneten Arbeit SKBA, ausgedrückt als Prozentsatz. PAP = (PA / SKBA) * 100
Kostenabweichung	KA	Zeigt die Abweichung zwischen den geplanten Kosten und den aktuellen Kosten bis zum erreichten Stand der Fertigstellung am Statusdatum oder dem aktuellen Datum. KA = SKAA – IKAA
Kostenabweichung %	KAP	Enthält das Verhältnis der Kostenabweichung KA zu den Sollkosten der bereits abgerechneten Arbeit SKAA, ausgedrückt in Prozent. Dies zeigt die Abweichung zwischen den geplanten Kosten und den aktuellen Kosten bis zum erreichten Stand der Fertigstellung oder dem aktuellen Datum. KAP = [(SKAA – IKAA) / SKAA] * 100
Berechnete Kosten	BK	Enthält die erwarteten Gesamtkosten eines Vorgangs, basierend auf der Leistung bis zum Statusdatum, BK = IKAA + (geplante Kosten X – SKAA) / KLI
Plankosten	PK	Zeigt die gesamten geplanten Kosten für einen Vorgang, eine Ressource, für alle zugeordneten Vorgänge oder für die von einer Ressource in einem Vorgang zu leistende Arbeit. Dies ist gleich dem Inhalt des Feldes Kosten beim Speichern des Basisplans
Abweichung nach Abschluss	ANA	Zeigt die Differenz zwischen PK (Plankosten) oder geplante Kosten und BK (Berechnete Kosten) für einen Vorgang, eine Ressource oder eine Zuordnung zu einem Vorgang. ANA = PK – BK
Kostenleistungsindex	KLI	Ist das Verhältnis der Soll-Kosten bereits abgeschlossener Arbeit SKAA zu den Ist-Kosten der bereits abgeschlossenen Arbeit IKAA bis zum

Name/Titel	Spaltenname	Beschreibung
		Datum des Projektstatus oder dem aktuellen Datum.
Planleistungsindex	PLI	Zeigt das Verhältnis der Sollkosten bereits abgeschlossener Arbeit zu den Sollkosten der berechneten Arbeit. PLI = SKAA / SKBA
Abschlussleistungsindex	ALI	Zeigt das Verhältnis der verbleibenden abzuschließenden zu den noch auszugebenden finanziellen Mittel zum Zeitpunkt des Statusdatums an. ALI = (PK – SKAA) / (PK – IKAA)

Unter Register *Optionen / Erweitert / Ertragswertoptionen für dieses Projekt* kann für ein Projekt einer der elf zur Verfügung stehenden Basispläne zur Berechnung des Ertragswertes gewählt werden. Hier lässt sich auch einstellen, welches Feld für die Fertigstellung in der EVA verwendet werden soll:

- % Abgeschlossen oder
- % Physisch abgeschlossen.

Das vorherige Anwendungsbeispiel wird auch hier zur EVA-Erstellung verwendet.

🗁 1-17-13-06_EVA.mpp

Die folgende Prozedur erstellt zunächst wieder eine Excel-Datei, in der es neben einem Arbeitsblatt für Projektdaten zwei Arbeitsblätter *Plankosten* und *Istkosten* gibt. Später werden mit ihnen die kumulierten Werte und der Fertigstellungswert bestimmt. Und natürlich soll es abschließend ein Diagramm geben.

Codeliste 13-7. Die Prozedur erstellt eine Excel-Datei für die EVA

```
Sub CreateEVA()
   Dim proAct  As Project
   Dim exlApp  As Object
   Dim exlBook As Object
   Dim exlPro  As Object
   Dim exlEVA  As Object
   Dim dStart  As Date
   Dim dEnde   As Date

   Set proAct = ActiveProject
   dStart = Format(proAct.CreationDate, "DD.MM.YYYY")
   dEnde = Format(proAct.ProjectFinish, "DD.MM.YYYY")
   Set exlApp = CreateObject("Excel.Application")
   Set exlBook = exlApp.Workbooks.Add
   exlApp.Visible = True
   Set exlPro = exlBook.Worksheets(1)
   With exlPro
      .Name = "Project"
```

```
        .Cells(1, 1) = "Start:"
        .Cells(1, 2) = dStart
        .Cells(2, 1) = "Ende:"
        .Cells(2, 2) = dEnde
    End With

    Set exlPro = Nothing
    Set exlEVA = exlBook.Worksheets.Add
    exlEVA.Name = "Plankosten"
    Set exlEVA = Nothing
    Set exlEVA = exlBook.Worksheets.Add
    exlEVA.Name = "Istkosten"
    Set exlEVA = Nothing

    exlBook.SaveAs FileName:="C:\Temp\EVA"
    exlBook.Close
    Set exlBook = Nothing
    Set exlApp = Nothing
    Set proAct = Nothing
End Sub
```

Zum Projektablauf werden jeden zweiten Tag die Kosten aufgezeichnet. Dabei entstehen zu diesen Terminen folgende Veränderungen bei den Vorgängen. Hier muss auch das Feld *% Abgeschlossen* berücksichtigt werden.

Tabelle 13-3. Analysetermine und die Veränderung der Dauer in den Vorgängen

Termin	Task1	Task2	Task3	Task4	Task5	Task6	Task7
03.07.2023	0%	0%	0%	0%	0%	0%	0%
05.07.2023	100%	80%	30%	20%	10%		
07.07.2023		100%	3 > 2 60%	40%	30%	2 > 5 10%	
09.07.2023		100%	90%	1 > 3 70%	60%	5 > 6 30%	20%
11.07.2023			100%	100%	2 > 1 80%	40%	
13.07.2023					100%	6 > 5 / 50%	30%
15.07.2023						60%	3 > 4 30%
17.07.2023						70%	40%
19.07.2023						80%	50%
21.07.2023						85%	4 > 5 60%
23.07.2023						90%	70%
25.07.2023						95%	80%

27.07.2023						100%	90%
29.7.2023							95%
31.7.2023							98%
2.8.2023							100%

Mit jedem Aufruf der folgenden Prozedur wird der Analysetermin eingegeben und die Projektdaten erfasst. Die Plan- und Istkosten werden in die jeweiligen Arbeitsblätter eingetragen. Zu jeder Auswertung wird die EVA-Excel-Datei geöffnet und wieder geschlossen.

Codeliste 13-8. Die Prozedur speichert die aktuellen Plan- und Istkosten

```
Sub ReadKosten()
   Dim proAct  As Project
   Dim proTask As Task
   Dim exlApp  As Object
   Dim exlBook As Object
   Dim exlPlan As Object
   Dim exlIst  As Object
   Dim iRow    As Integer
   Dim iCol    As Integer
   Dim dDat    As Date
   Dim dEnd    As Date
   Dim dPlan   As Double
   Dim dIst    As Double

   dDat = InputBox("Analysedatum eingeben:", "Earned-Value-Analyse")
   Set proAct = ActiveProject
   Set exlApp = CreateObject("Excel.Application")
   Set exlBook = exlApp.Workbooks.Open(FileName:="C:\Temp\EVA.xlsx")
   exlApp.Visible = True
   Set exlPlan = exlBook.Worksheets("Plankosten")
   Set exlIst = exlBook.Worksheets("Istkosten")
'suche freie Spalte
   iCol = 2
   Do While exlPlan.Cells(1, iCol) <> ""
      iCol = iCol + 1
   Loop
   exlPlan.Cells(1, iCol) = dDat
   exlIst.Cells(1, iCol) = dDat
'finde Vorgänge
   iRow = 2
   For Each proTask In proAct.Tasks
      If Not proTask.Summary And _
         Not proTask.Milestone Then
         dEnd = Format(proTask.Finish, "DD.MM.YYYY")
         dPlan = CLng(proTask.Cost)
         dIst = CLng(proTask.GetField(pjTaskActualCost))
         If iCol = 2 Then
            exlPlan.Cells(iRow, 1) = proTask.Name
            exlPlan.Cells(iRow, 2) = dPlan
            exlIst.Cells(iRow, 1) = proTask.Name
```

```
            exlIst.Cells(iRow, 2) = dIst
            iRow = iRow + 1
         Else
            exlPlan.Cells(iRow, iCol) = dPlan
            exlIst.Cells(iRow, iCol) = dIst
            If iRow = 2 Then
               exlPlan.Cells(1, iCol) = dDat
               exlIst.Cells(1, iCol) = dDat
            End If
            iRow = iRow + 1
         End If
      End If
   Next
'sichern und schließen
   exlBook.Save
   exlBook.Close
   Set exlPlan = Nothing
   Set exlIst = Nothing
   Set exlBook = Nothing
   Set proAct = Nothing
End Sub
```

Codeliste 13-9. Die Prozedur erstellt ein Liniendiagramm zu den Plankosten

```
Sub DiagrammPlan()
   Dim proAct  As Project
   Dim proTask As Task
   Dim exlApp  As Excel.Application
   Dim exlBook As Excel.Workbook
   Dim exlPlan  As Excel.Worksheet
   Dim exlRng  As Excel.Range
   Dim exlLine As Excel.Range
   Dim exlCht  As Excel.Chart
   Dim exlSht  As Excel.Shape
   Dim iRow    As Integer
   Dim iCol    As Integer
   Dim dDat    As Date
   Dim dEnd    As Date

   Set proAct = ActiveProject
   Set exlApp = CreateObject("Excel.Application")
   Set exlBook = exlApp.Workbooks.Open(FileName:="C:\Temp\EVA.xlsx")
   exlApp.Visible = True
   Set exlPlan = exlBook.Worksheets("Plankosten")
   exlPlan.Activate
   On Error Resume Next
   exlPlan.ChartObjects.Delete
   iRow = exlPlan.UsedRange.Rows.Count
   iCol = exlPlan.UsedRange.Columns.Count
   Set exlRng = exlPlan.Range(exlPlan.Cells(1, 1), _
      exlPlan.Cells(iRow, iCol))
   exlRng.Select
   Set exlSht = exlPlan.Shapes.AddChart2(227, xlLine)
   Set exlCht = exlSht.Chart
   With exlCht
      .ChartArea.Width = 400
```

```
        .ChartArea.Height = 300
        .ChartTitle.Select
        .ChartTitle.Text = "Plankosten"
        .Axes(xlCategory).TickLabelPosition = xlHigh
        With .PlotArea.Format.Fill
            .Visible = msoTrue
            .ForeColor.ObjectThemeColor = msoThemeColorBackground1
            .ForeColor.Brightness = -0.0500000007
        End With
    End With
    Set exlPlan = Nothing
    Set exlBook = Nothing
    Set proAct = Nothing
End Sub
```

Die Plankosten verändern sich mit der Änderung der Vorgangsdauer (Bild 13-30).

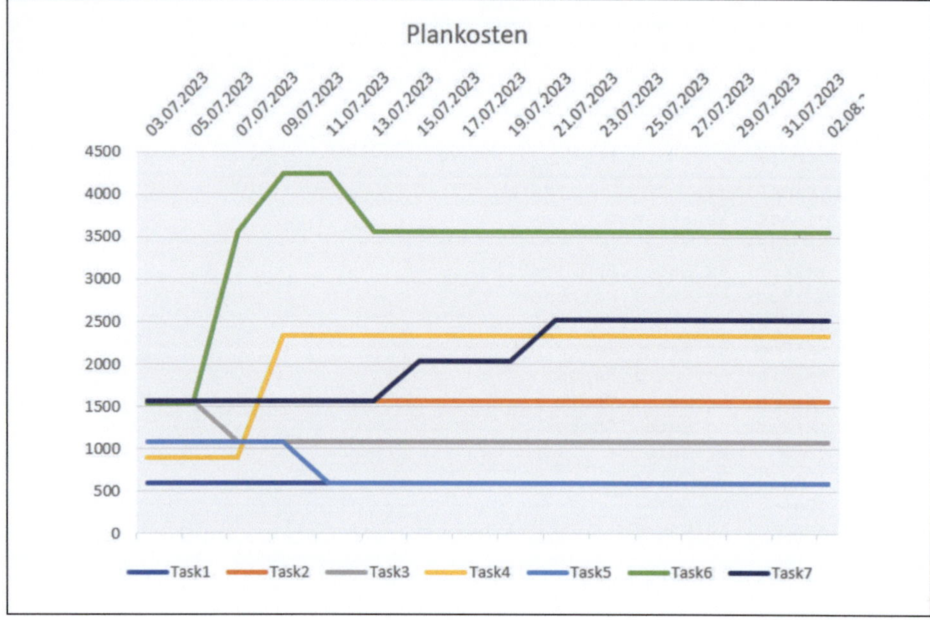

Bild 13-30. Verlauf der Plankosten zum Beispiel

Codeliste 13-10. Die Prozedur erstellt ein Liniendiagramm mit den Istkosten

```
Sub DiagrammIst()
    Dim proAct  As Project
    Dim proTask As Task
    Dim exlApp  As Excel.Application
    Dim exlBook As Excel.Workbook
    Dim exlIst  As Excel.Worksheet
    Dim exlRng  As Excel.Range
    Dim exlLine As Excel.Range
    Dim exlCht  As Excel.Chart
    Dim exlSht  As Excel.Shape
    Dim iRow    As Integer
```

```
    Dim iCol     As Integer
    Dim dDat     As Date
    Dim dEnd     As Date

    Set proAct = ActiveProject
    Set exlApp = CreateObject("Excel.Application")
    Set exlBook = exlApp.Workbooks.Open(FileName:="C:\Temp\EVA.xlsx")
    exlApp.Visible = True
    Set exlIst = exlBook.Worksheets("Istkosten")
    exlIst.Activate
    On Error Resume Next
    exlIst.ChartObjects.Delete
    iRow = exlIst.UsedRange.Rows.Count
    iCol = exlIst.UsedRange.Columns.Count
    Set exlRng = exlIst.Range(exlIst.Cells(1, 1), _
       exlIst.Cells(iRow, iCol))
    exlRng.Select
    Set exlSht = exlIst.Shapes.AddChart2(227, xlLine)
    Set exlCht = exlSht.Chart
    With exlCht
       .ChartArea.Width = 400
       .ChartArea.Height = 300
       .ChartTitle.Select
       .ChartTitle.Text = "Istkosten"
       .Axes(xlCategory).TickLabelPosition = xlHigh
       With .PlotArea.Format.Fill
          .Visible = msoTrue
          .ForeColor.ObjectThemeColor = msoThemeColorBackground1
          .ForeColor.Brightness = -0.0500000007
       End With
    End With
    Set exlIst = Nothing
    Set exlBook = Nothing
    Set proAct = Nothing
End Sub
```

Die Istkosten verändern sich mit fortschreitender Fertigstellung (Bild 13-31).

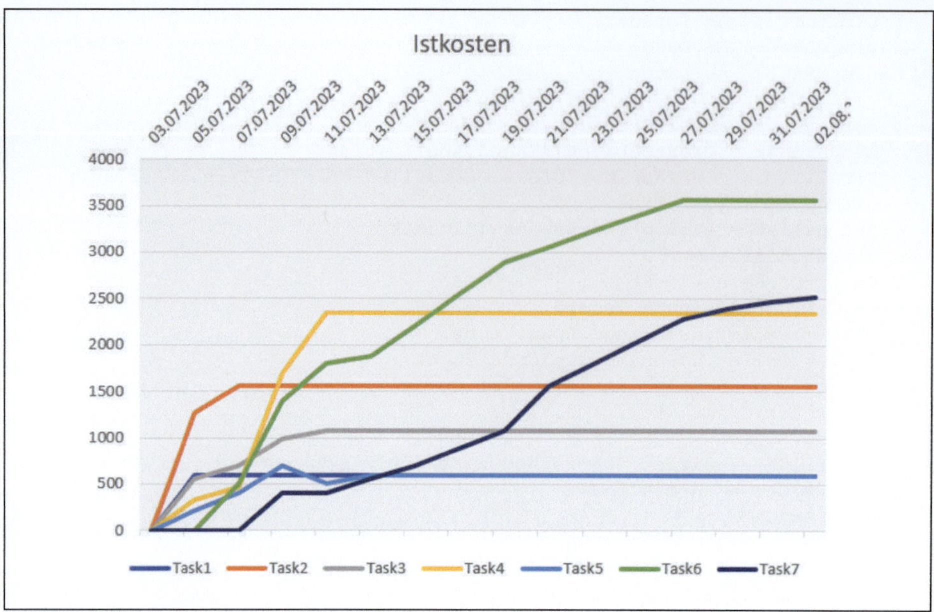

Bild 13-31. Verlauf der Istkosten zum Beispiel

Die folgende Prozedur erstellt zunächst im Arbeitsblatt EVA die kumulierten Werte der Plan- und Istkosten und berechnet zudem den EVA-Wert. Danach wird das EVA-Diagramm erstellt.

Codeliste 13-11. Die Prozedur erstellt das EVA-Diagramm

```
Sub DiagrammEVA()
   Dim proAct  As Project
   Dim proTask As Task
   Dim exlApp  As Excel.Application
   Dim exlBook As Excel.Workbook
   Dim exlPlan As Excel.Worksheet
   Dim exlIst  As Excel.Worksheet
   Dim exlEVA  As Excel.Worksheet
   Dim exlRng  As Excel.Range
   Dim exlLine As Excel.Range
   Dim exlCht  As Excel.Chart
   Dim exlSht  As Excel.Shape
   Dim iRow    As Integer
   Dim iCol    As Integer
   Dim iMaxRow As Integer
   Dim iMaxCol As Integer
   Dim dDat    As Date
   Dim dEnd    As Date
   Dim dSumP   As Double
   Dim dSumI   As Double

   Set proAct = ActiveProject
   Set exlApp = CreateObject("Excel.Application")
   Set exlBook = exlApp.Workbooks.Open(FileName:="C:\Temp\EVA.xlsx")
```

```
    exlApp.Visible = True
    Set exlPlan = exlBook.Worksheets("Plankosten")
    Set exlIst = exlBook.Worksheets("Istkosten")
    Set exlEVA = exlBook.Worksheets("EVA")
    exlEVA.Activate
    exlEVA.Cells.ClearContents
    exlEVA.ChartObjects.Delete

'Zeitleiste übertragen
    iMaxRow = exlPlan.UsedRange.Rows.Count
    iMaxCol = exlPlan.UsedRange.Columns.Count
    For iCol = 1 To iMaxCol
       exlEVA.Cells(1, iCol) = Format(exlPlan.Cells(1, iCol),
"DD.MM.YYYY")
    Next iCol
'kumulierte Werte bestimmen
    exlEVA.Cells(2, 1) = "Plan kum"
    exlEVA.Cells(3, 1) = "Ist kum"
    exlEVA.Cells(4, 1) = "EVA"
    dSumP = 0: dSumI = 0
    For iCol = 2 To iMaxCol
       For iRow = 2 To iMaxRow
          dSumP = dSumP + exlPlan.Cells(iRow, iCol)
          dSumI = dSumI + exlIst.Cells(iRow, iCol)
       Next iRow
       exlEVA.Cells(2, iCol) = dSumP
       exlEVA.Cells(3, iCol) = dSumI
       exlEVA.Cells(4, iCol) = dSumI / dSumP
    Next iCol
'Diagramm
    Set exlRng = exlEVA.Range(exlEVA.Cells(1, 1), exlEVA.Cells(4,
iMaxCol))
    exlRng.Select
    Set exlSht = exlEVA.Shapes.AddChart2(227, xlLine)
    Set exlCht = exlSht.Chart
    With exlCht
       .ChartArea.Width = 400
       .ChartArea.Height = 300
       .ChartTitle.Select
       .ChartTitle.Text = "EVA"
       .Axes(xlCategory).TickLabelPosition = xlHigh
       With .PlotArea.Format.Fill
          .Visible = msoTrue
          .ForeColor.ObjectThemeColor = msoThemeColorBackground1
          .ForeColor.Brightness = -0.0500000007
       End With
'Kombi-Diagramm
       .ChartType = xlColumnClustered
       .FullSeriesCollection(1).ChartType = xlLine
       .FullSeriesCollection(1).AxisGroup = 1
       .FullSeriesCollection(2).ChartType = xlLine
       .FullSeriesCollection(2).AxisGroup = 1
       .FullSeriesCollection(3).ChartType = xlLine
       .FullSeriesCollection(3).AxisGroup = 2
    End With
```

```
    Set exlPlan = Nothing
    Set exlBook = Nothing
    Set proAct = Nothing
End Sub
```

Das EVA-Diagramm wird als Kombidiagramm erstellt, um mit zwei vertikalen Achsen die Kosten und die Anteile darzustellen (Bild 13-32).

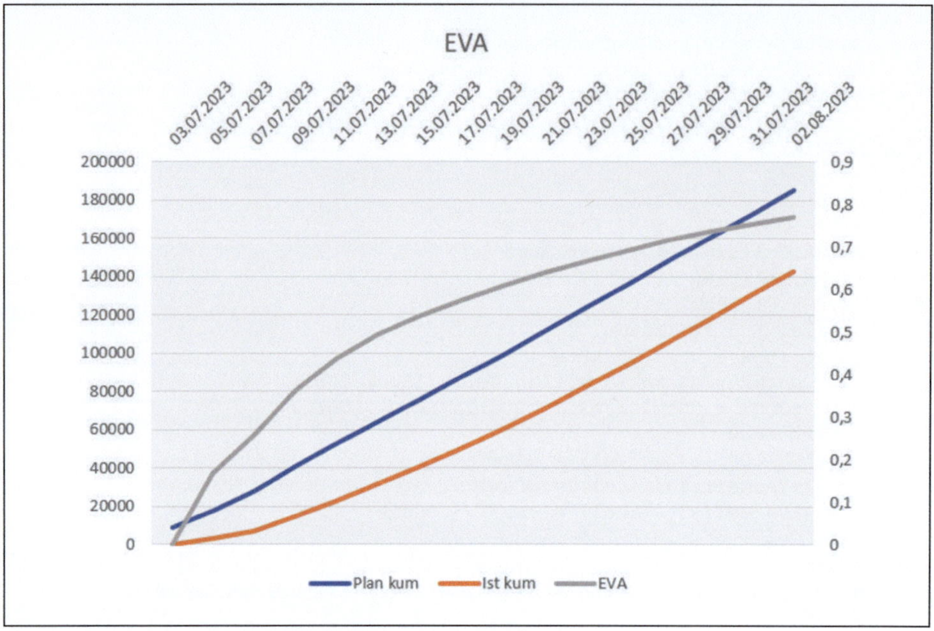

Bild 13-32. Eva-Diagramm als Kombiformat zum Beispiel

Bei diesem Beispiel werden nur die variablen Kosten betrachtet. Eine Übung für den Leser ist es, die festen Kosten mit einzubinden. Ebenso ist die Achsenbeschriftung der Diagramme mit in die Prozeduren aufzunehmen eine gute Übung, dass Gelernte umzusetzen.

Kapitel 14

Projektverwaltung

Projekte sind Sammlungen von Objekten, wie Dokumente, Berichte, Dateien und Cubes, auf die sich über eine Umgebung zugreifen lässt. Mit der Projektabnahme werden auch die Probleme zur Durchführung dokumentiert, aus denen sich Lehren für ähnliche Projekte ergeben.

14.1 Haupt- und Teilprojekte

Große Projekte werden oft nach der Top-Down-Methode geplant und bieten damit eine Hierarchie, die man sich wie eine Sammlung konsolidierter Teilprojekte vorstellen kann. Project erlaubt das Einbindem von Projekten in einem Projekt, ganz im Sinne einer Top-Down-Hierarchie. In einem Projekt eingefügte Projekte werden als Teil- oder Unterprojekte bezeichnet (Bild 14-1). Das oberste Projekt der Hierarchie wird als Hauptprojekt bezeichnet.

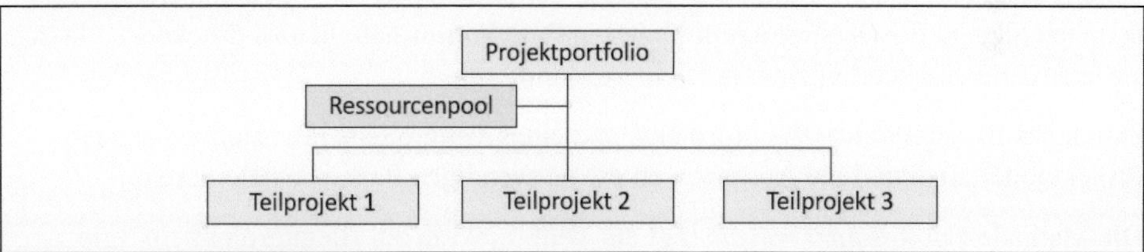

Bild 14-1. Multiprojektmanagement

🗁 1-17-14-01_Projekt1.mpp
🗁 1-17-14-02_Projekt2.mpp
🗁 1-17-14-03_Projekt3.mpp

Nach dem Einfügen eines Teilprojekts unter Register *Projekt / Einfügen / Unterobjekt* zeigt ein Symbol in der Indikatorspalte, dass es Teil des Hauptprojekts ist (Bild 14-2).

H. Nahrstedt, *Project + VBA für Manager*,
https://doi.org/10.1007/978-3-658-43837-1_14

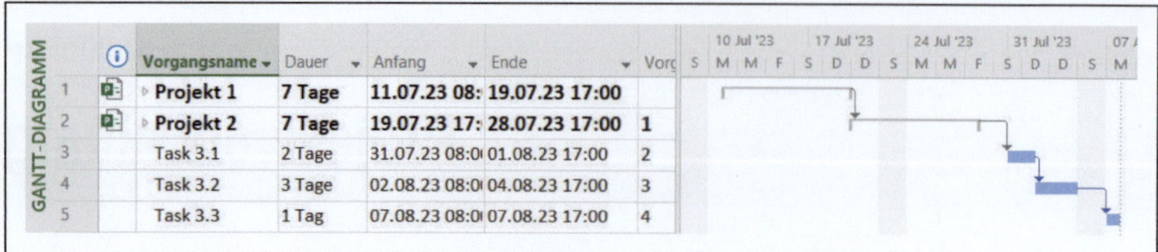

	ⓘ	Vorgangsname	Dauer	Anfang	Ende	Vorg
1		▹ **Projekt 1**	**7 Tage**	**11.07.23 08:**	**19.07.23 17:00**	
2		▹ **Projekt 2**	**7 Tage**	**19.07.23 17:**	**28.07.23 17:00**	**1**
3		Task 3.1	2 Tage	31.07.23 08:0	01.08.23 17:00	2
4		Task 3.2	3 Tage	02.08.23 08:0	04.08.23 17:00	3
5		Task 3.3	1 Tag	07.08.23 08:0	07.08.23 17:00	4

Bild 14-2. Unterprojekte in der Vorgangstabelle

Im Hauptprojekt werden Unterprojekte als Sammelaufgaben angezeigt, die sich einfach in die Gliederung einordnen. Mit einem Klick auf das ◢ Symbol vor dem Unterprojektnamen werden die Vorgänge des Unterprojekts eingeblendet (Bild 14-3).

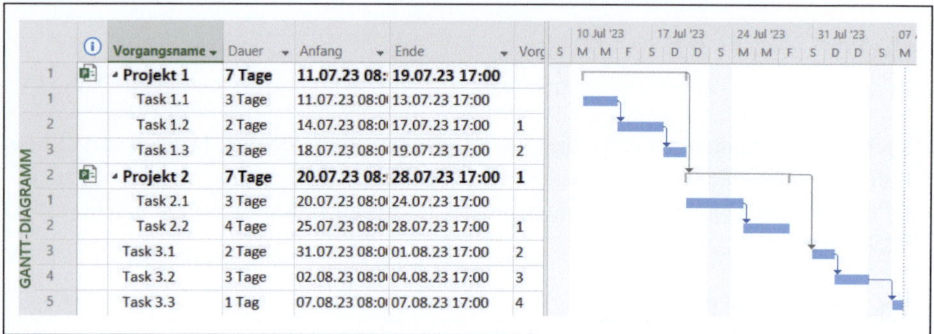

	ⓘ	Vorgangsname	Dauer	Anfang	Ende	Vorg
1		◢ **Projekt 1**	**7 Tage**	**11.07.23 08:**	**19.07.23 17:00**	
1		Task 1.1	3 Tage	11.07.23 08:0	13.07.23 17:00	
2		Task 1.2	2 Tage	14.07.23 08:0	17.07.23 17:00	1
3		Task 1.3	2 Tage	18.07.23 08:0	19.07.23 17:00	2
2		◢ **Projekt 2**	**7 Tage**	**20.07.23 08:**	**28.07.23 17:00**	**1**
1		Task 2.1	3 Tage	20.07.23 08:0	24.07.23 17:00	
2		Task 2.2	4 Tage	25.07.23 08:0	28.07.23 17:00	1
3		Task 3.1	2 Tage	31.07.23 08:0	01.08.23 17:00	2
4		Task 3.2	3 Tage	02.08.23 08:0	04.08.23 17:00	3
5		Task 3.3	1 Tag	07.08.23 08:0	07.08.23 17:00	4

Bild 14-3. Anzeige der Vorgänge eines Unterprojekts

Wird ein Unterprojekt in das Hauptprojekt eingefügt, dann werden die beiden Projekte verknüpft und alle Informationen aus dem Teilprojekt werden im Hauptprojekt angezeigt.

Wird ein Unterprojekt aus dem Hauptprojekt heraus aktualisiert, dann wird auch das Unterprojekt aktualisiert. Sollen nur Dateien kombiniert werden, um einen Bericht zu erstellen oder eine Ansicht mit kombinierten Projektinformationen zu drucken, so lassen sie sich vorübergehend in einer Ansicht konsolidieren.

Durch das Erstellen eines Hauptprojekts und eines Teilprojekts lässt sich ein großes Projekt unterteilen und die Aufgaben an die notwendigen Personen delegieren.

Die Methode *ConsolidateProjects* fügt ein Teilprojekt in ein Hauptprojekt ein. Ihre Syntax lautet

```
ConsolidateProjects (Filenames, NewWindow, AttachToSources,
PoolResources, HideSubtasks, OpenPool, UserID, Password)
```

Tabelle 14-1. Die optionalen Parameter der ConsolidateProjects-Methode

Parameter	Datentyp	Beschreibung
Filenames	String	Dateinamen der zusammenzuführenden Projekte.
NewWindow	Boolean	*True*, wenn Projekte (zusammengeführt) in ein neues Projekt eingefügt werden. *False*, wenn Projekte in das aktive Projekt an der Einfügemarke eingefügt werden. Standardwert ist *False*.
AttachToSources	Boolean	*True*, wenn Änderungen in dem zusammengeführten Projekt sich auch auf die Source-Projekte auswirken. Standardwert ist *True*.
PoolRessourcen	Variant	PoolResources wird in Project ignoriert. Es wird beibehalten, sodass vorhandene Makros, die dieses Argument verwenden, keine Fehler verursachen.
HideSubtasks	Boolean	*True* blendet die Teilvorgänge der mit *Filenames* angegebenen Projekte aus. Standardwert ist *True*.
OpenPool	Long	Eine *pj*PoolOpen-Konstante. Standardwert ist pjPromptPool.
UserID	Variant	Benutzer-ID beim Zugriff auf ein Projekt in einer Datenbank. Sonst wird *UserID* ignoriert.
Password	String	Kennwort, das beim Öffnen kennwortgeschützter Projektdateien verwendet werden soll. Wenn Password falsch oder nicht angegeben wird und für eine Datei ein Kennwort erforderlich ist, wird der Benutzer zum Eingeben des Kennworts aufgefordert.

Tabelle 14-2. Die pjPoolOpen-Konstanten

Konstante	Wert	Beschreibung
pjDoNotOpenPool	4	Pool nicht öffnen.
pjPoolAndSharers	3	Öffnen des Pools und der mitbenutzenden Projekte.
pjPoolReadOnly	1	Pool schreibgeschützt öffnen.
pjPoolReadWrite	2	Öffnen des Pools mit Lese-/Schreibzugriff.
pjPromptPool	0	Öffnen des Pools mit Eingabeaufforderung für den Benutzer.

Die folgende Prozedur erstellt in einem neuen Projekt das oben aufgeführte Beispiel mit zwei Teilprojekten Projekt1 und Projekt2 im Verzeichnis C:\Temp. Zusätzlich erhält das Hauptprojekt noch drei weitere Vorgänge. Anschließend werden die Vorgänger zu den Vorgängen eingetragen.

Codeliste 14-1. Die Prozedur erstellt ein Hauptprojekt mit Unterprojekten

```
Sub CreateMainProject()
   Dim iRow As Integer
'Unterprojekt 1
   SelectTaskField Row:=1, Column:="Name", Rowrelative:=False
   ConsolidateProjects Filenames:="C:\Temp\Projekt 1.mpp", _
      NewWindow:=False, HideSubtasks:=True
   SetTaskField Field:="Name", Value:="Projekt 1", TaskID:=1
'Unterprojekt 2
   SelectTaskField Row:=2, Column:="Name", Rowrelative:=False
   ConsolidateProjects Filenames:="C:\Temp\Projekt 2.mpp", _
      NewWindow:=False, HideSubtasks:=True
   SetTaskField Field:="Name", Value:="Projekt 2", TaskID:=2
'Vorgänge im Hauptprojekt
   For iRow = 3 To 5
      SelectTaskField Row:=iRow, Column:="Name", Rowrelative:=False
      SetTaskField Field:="Name", Value:="Task3." & _
      Right(Str(iRow - 2), 1), TaskID:=iRow
      SetTaskField Field:="Dauer", Value:=iRow - 1, TaskID:=iRow
   Next iRow
'Vorgänger
   For iRow = 2 To 5
      SelectTaskField Row:=iRow, Column:="Vorgänger",
Rowrelative:=False
      SetTaskField Field:="Vorgänger", Value:=iRow - 1, TaskID:=iRow
   Next iRow
End Sub
```

Enthält ein Projekt viele Vorgänge, so kann die Aufteilung in Teilprojekte die Projektverwaltung vereinfachen. Das Hauptprojekt zeigt die Teilprojekte dann nur in einem Roll-Up. Für Interessierte kann ein Teilprojekt auch detailliert angezeigt werden. Eine einzelne Datei ist zwar die schnellere Alternative, doch die Möglichkeit, sich auf einen Teil des Projekts zu konzentrieren, hat auch Vorteile.

Arbeitet ein Projektleiter möglicherweise an mehreren Projekten gleichzeitig, unabhängig davon, ob die Projekte in Beziehung zueinanderstehen oder nicht, so kann er sie als Teilprojekte zusammenfassen. Aus Teilprojekten, die im Hauptprojekt stehen, lässt sich ein Gesamtbericht generieren. Bei Teilproblemen, die in Beziehung stehen, lassen sich ihre Auswirkungen untereinander besser beurteilen.

Teilprojekte können in einer Hierarchie eingebunden werden, die aus mehreren Ebenen besteht. Dabei können auch Prioritäten und Zuständigkeiten der Teammitglieder, sowie Zuordnungen zwischen Vorgängen Berücksichtigung finden.

Jedes Teilprojekt enthält einen kritischen Pfad. Durch das Konsolidieren mehrerer Teilprojekte in einem Hauptprojekt wird es einfacher, die kritischen Pfade im Hauptprojekt zu sehen, während die kritischen Pfade für jedes Teilprojekt beibehalten werden.

Alle Formatierungen, die auf Sammelvorgänge oder Gantt-Balken in einem Teilprojekt angewendet werden, werden im Hauptprojekt nicht angezeigt.

Formatierungsinformationen werden in jeder Datei eines Teilprojekts gespeichert und müssen separat auf das Hauptprojekt angewendet werden.

14.2 Gemeinsame Ressourcennutzung

Sollen im Hauptprojekt und in den Teilprojekten die gleichen Ressourcen genutzt werden, dann empfiehlt sich ein gemeinsamer Ressourcenpool. Unter Register *Ressource / Zuweisungen / Ressourcenpool* wird eine gemeinsame Ressourcennutzung festgelegt (Bild 14-4).

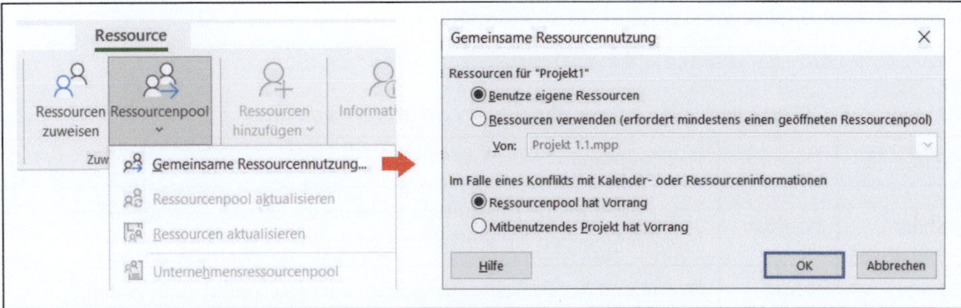

Bild 14-4. Bestimmung einer gemeinsamen Ressourcennutzung

Bringt keines der Unterprojekte Ressourcen mit, dann ist nur die Option *Benutze eigene Ressourcen* möglich. Es lässt sich auch in einer leeren Projektdatei eine Ressourcentabelle erstellen und speichern. Für eine Zuordnung müssen dann die Ressourcendatei und die Gesamtdatei geöffnet sein. Mit geöffneter Ressourcendatei ist dann auch die Auswahl Ressourcen verwenden möglich.

Sollen Projekte verknüpft werden, die über gleichnamige Ressourcen verfügen, dann werden Ressourcennamen doppelt erstellt, und das könnte verwirrend sein. Um dies zu verhindern, wird im Dialogfeld *Projekt einfügen* das Feld *Mit Projekt verknüpfen* deaktiviert. Auf diese Weise wird sichergestellt, dass die Ressourceninformationen im Hauptprojekt (z. B. Kostensätze, Ressourcenkalender) über die Ressourceninformationen des Unterprojekts berücksichtigt werden. Beim Aktualisieren eines nicht verknüpften Unterprojekts aus dem Hauptprojekt wird diese Änderung in der ursprünglichen Unterprojektdatei nicht wiedergegeben.

Wurde ein Vorgang im Teilprojekt in ein Hauptprojekt eingefügt und soll die Vorgangsliste neu angeordnet werden, so lässt sich das eingefügte Projekt in der Vorgangsliste nach oben oder unten verschieben.

- Ansicht *Gantt-Diagramm* wählen.
- Die *ID-Nummer* des Sammelvorgangs auswählen, die das eingefügte Projekt darstellt, das verschoben werden soll.
- Im Kontextmenü *Ausschneiden* wählen, um das eingefügte Projekt zu entfernen.
- Die *ID-Nummer* des Vorgangs auswählen, unter der das Projekt in der Vorgangsliste angezeigt werden soll.

- Auf *Einfügen* klicken, um das Projekt oberhalb der ausgewählten Zeile einzufügen.

Durch Ausschneiden und Hinzufügen des Vorgangs ändert sich dessen eindeutige ID (anders als die Vorgangsnummer, die sich in der Spalte ganz links in der Eintragstabelle befindet), wenn er an einer anderen Stelle wieder in die Aufgabenliste zurückgeführt wird. Soll der Vorgang verschoben werden, ohne die eindeutige ID zu ändern, kann er an die neue Position in der Aufgabenliste gezogen werden.

Die Methode *ResourceSharing* steuert die gemeinsame Nutzung von Ressourcen für lokale Ressourcen und Projekte. Ihre Syntax lautet

```
ResourceSharing (Share, Name, Pool)
```

Tabelle 14-3. Die optionalen Parameter der ResourceSharing-Methode

Parameter	Datentyp	Beschreibung
Share	Boolean	*True*, wenn lokale Ressourcen gemeinsam genutzt werden. Wenn *Name* angegeben ist, wird *Share* ignoriert.
Name	String	Dateiname des Projekts, das den lokalen Ressourcenpool enthält.
Pool	Boolean	*True*, wenn Ressourcen im lokalen Pool Vorrang vor Ressourcen im Projekt haben.

Die Methode *ResourceSharingPoolAction* führt eine angegebene Aktion für einen lokalen Ressourcenpool aus. Ihre Syntax lautet

```
ResourceSharingPoolAction (Action, FileName, ReadOnly)
```

Tabelle 14-4. Die Parameter der ResourceSharingPoolAction-Methode

Parameter	Anwendung	Datentyp	Beschreibung
Action	Erforderlich	Long	Die Maßnahmen, die für den Ressourcenpool ausgeführt werden sollen. Eine pjPoolAction-Konstante.
FileName	Optional	String	Dateiname des Ressourcenpools, für den die Aktion ausgeführt werden soll.
ReadOnly	Optional	Boolean	*True*, wenn die durch FileName angegebenen Dateien schreibgeschützt geöffnet werden.

Tabelle 14-5. Die pjPoolAction-Konstanten

Konstante	Wert	Beschreibung
pjOpenAllSharers	4	Öffnet alle mitbenutzenden Projekte in ein zusammengeführtes Projekt.
pjOpenSharer	3	Öffnet die angegebene mitbenutzende Datei.

Konstante	Wert	Beschreibung
pjPoolTakesPrecedence	1	Bewirkt, dass der Ressourcenpool Vorrang gegenüber den mitbenutzenden Projekten hat.
pjSharersTakePrecedence	2	Bewirkt, dass die mitbenutzenden Projekte Vorrang gegenüber dem Ressourcenpool haben.
pjUnlinkSharer	5	Hebt die Verknüpfung des mitbenutzenden Projekts mit dem Ressourcenpool auf.

Die Methode ResourceSharingPoolRefresh aktualisiert den lokalen Ressourcenpool für eine gemeinsame Nutzung. Ihre Syntax lautet

```
ResourceSharingPoolRefresh
```

Die Methode *ResourceSharingPoolUpdate* synchronisiert die Informationen des mitbenutzten Projekts mit den Informationen des lokalen Ressourcenpoolprojekts. Ihre Syntax lautet

```
ResourceSharingPoolUpdate (allSharers)
```

Tabelle 14-6. Der optionale Parameter der ResourceSharingPoolUpdate-Methode

Parameter	Datentyp	Beschreibung
allSharers	Boolean	*True*, wenn die Informationen aller Teilprojekte am Pool aktualisiert werden. *False*, wenn nur die Informationen von Teilprojekten am aktiven Projekt im Pool aktualisiert werden. Wenn AllSharers nicht angegeben wird und nur ein Teilprojekt geöffnet ist, werden diese Informationen im Pool aktualisiert. Andernfalls wird der Benutzer aufgefordert anzugeben, ob alle offenen Teilprojekte oder nur das aktive Projekt im Pool aktualisiert werden soll.

14.3 Zwei Projekte vergleichen

🗁 1-17-14-04_Projekt1.mpp
🗁 1-17-14-05_Vergleichsbericht.mpp

Mit dieser Methode lassen sich zwei Projekte miteinander in einem detaillierten Bericht vergleichen. Zum Beispiel zwischen der aktuellen Version und einer früheren oder späteren Version desselben Projekts. Unter Register *Bericht / Projekt / Projekte vergleichen* öffnet sich eine Eingabemaske zum Vergleich (Bild 14-5).

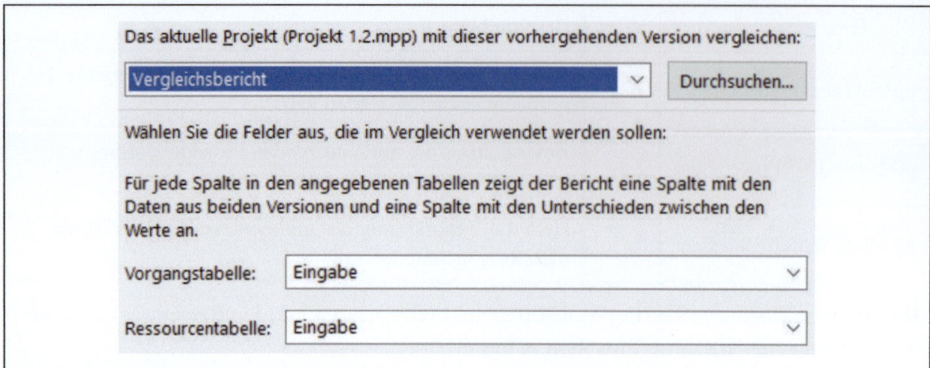

Bild 14-5. Eingaben zum Vergleich

Mit Bestätigung der Eingaben erstellt Project einen Bericht (Bild 14-6).

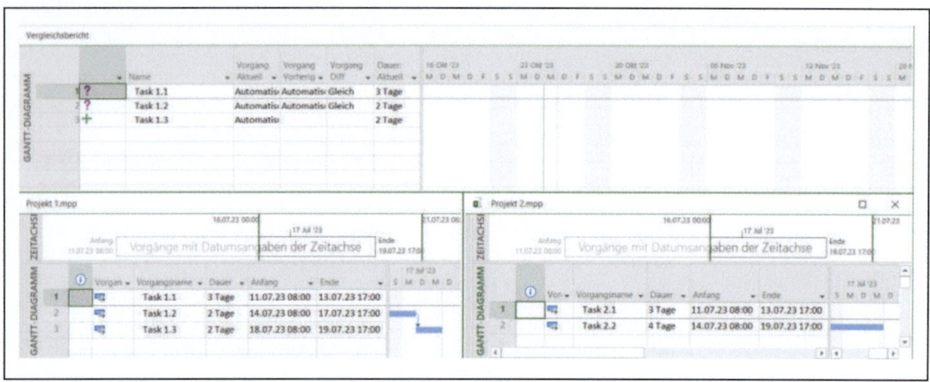

Bild 14-6. Vergleichsbericht

Im oberen Bereich wird das aktuelle Projekt mit Vermerken versehen, die auf Änderungen zwischen den beiden Projekten hinweisen. Im unteren Bereich werden beide Projekte gegenübergestellt.

Die Methode *CreateComparisonReport* erstellt einen Vergleichsbericht zwischen zwei Versionen eines Projekts. Ihre Syntax lautet

```
CreateComparisonReport (FileName, TaskTable, ResourceTable, Items,
Columns, ShowLegend)
```

Tabelle 14-7. Die optionalen Parameter der CreateComparisonReport-Methode

Parameter	Datentyp	Beschreibung
FileName	String	Vollständiger Pfad und Name der zu vergleichenden Projektdatei.
TaskTable	String	Name der Tabelle in der Vorgangsansicht für den Vergleich.

Parameter	Datentyp	Beschreibung
ResourceTable	String	Name der Tabelle in der Ressourcenansicht für den Vergleich.
Items	pjCompare VersionItems	Gibt den Typ der zu vergleichenden Elemente an.
Columns	pjCompare VersionColumns	Gibt an, ob nur Spaltendaten, nur Spaltenunterschiede oder sowohl Unterschiede als auch Daten angezeigt werden sollen.
ShowLegend	Variant	*True*, wird die Legende im Vergleichsbericht mit angezeigt werden soll.

Die folgenden Konstanten geben vor, wie beim Vergleich die Elemente verglichen werden sollen.

Tabelle 14-8. Die pjCompareVersionsItems-Konstanten

Konstante	Wert	Beschreibung
pjCompareVersionItemsAllDifferences	0	Alle Unterschiede anzeigen
pjCompareVersionItemsAllItems	6	Alle Elemente anzeigen
pjCompareVersionItemsChangedItems	1	Nur geänderte Elemente anzeigen
pjCompareVersionItemsCommonItems	3	Gemeinsame Elemente anzeigen
pjCompareVersionItemsUnchangedItems	2	Unveränderte Elemente anzeigen
pjCompareVersionItemsUniqueItemsOfVersion1	4	Eindeutige Elemente in der ersten Version anzeigen
pjCompareVersionItemsUniqueItemsOfVersion2	5	Eindeutige Elemente in der zweiten Version anzeigen

Die folgenden Konstanten geben vor, wie die Ansichten von Projektversionen verglichen werden sollen.

Tabelle 14-9. Die pjCompareVersionColumns-Konstanten

Konstante	Wert	Beschreibung
pjCompareVersionColumnsDataAndDifferences	0	Spaltenunterschiede und Spaltendaten anzeigen
pjCompareVersionColumnsDataOnly	1	Nur Spaltendaten anzeigen
pjCompareVersionColumnsDifferencesOnly	2	Nur Spaltenunterschiede anzeigen

Codeliste 14-2. Die Prozedur erstellt einen Vergleichsbericht und speichert ihn

```
Sub ComparisonReport()
   CreateComparisonReport _
      FileName:="C:\Temp\Projekt2.mpp", _
      TaskTable:="Eingabe", ResourceTable:="Eingabe"
   ActiveProject.SaveAs "C:\Temp\Projekt1_Compared.mpp"
End Sub
```

14.4 Die Globaldatei

Project lädt beim Programmstart standardmäßig im Hintergrund die sogenannte Globaldatei Global.MPT (Bild 14-7).

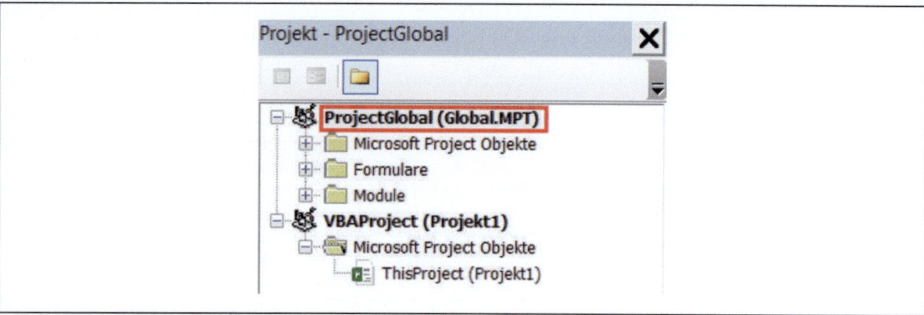

Bild 14-7. Die Global-Datei in der Entwicklungsumgebung

Die Globaldatei verwaltet individuelle Programmeinstellungen sowie benutzerdefinierte Anpassungen. Spezielle Projektinformationen (z. B. im Projekt angelegte Vorgänge und Ressourcen) werden jedoch nicht hinterlegt. Sie verwaltet ebenfalls Formulare und Module, auf die jedes aktuelle Projekt Zugriff hat. Elemente in Project können aus dem aktuellen Projekt in die Globaldatei übertragen werden. Umgekehrt lassen sich Elemente aus der Globaldatei in das aktuelle Projekt kopieren. Unter Register *Datei / Informationen* wird ein Organisator angeboten (Bild 14-8).

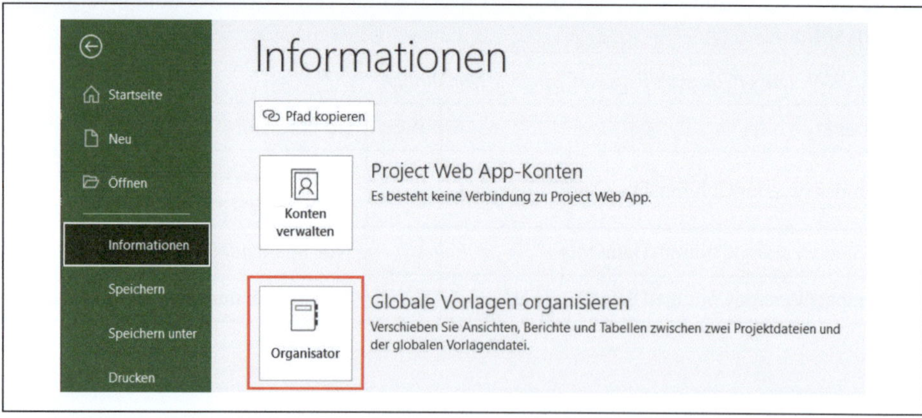

Bild 14-8. Aufruf des Organisators

Mit dem Aufruf öffnet sich das Dialogfenster des Organisators (Bild 14-9).

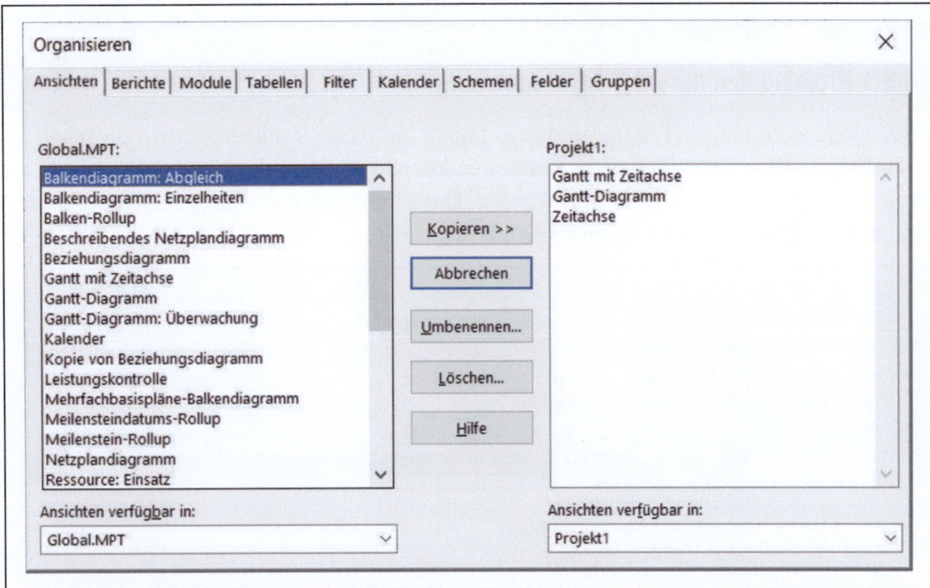

Bild 14-9. Das Dialogfenster des Organisators

Zu den verwalteten Objekten existiert jeweils ein Register, sodass die Auswahllisten entsprechend angepasst werden. Mit der Schaltfläche *Kopieren* werden ausgewählte Elemente aus der Globaldatei in das aktuelle Projekt kopiert. Die Schaltflächen *Umbenennen* und *Löschen* dienen der Verwaltung.

Die Speicherung von Formularen und Modulen und damit auch deren Dateien, will gut überlegt sein. Prozeduren, die immer wieder in verschiedenen Projekten verwendet werden, gehören sicherlich in die Globaldatei und können darin auch aufgerufen werden. Formulare und Module, die nur für ein Projekt entwickelt werden, sollten auch nur in der Projektdatei bleiben. Bei der Erstellung von Makros muss darauf geachtet werden, welche Angabe im Feld *Speichern in* eingetragen ist (Bild 14-10).

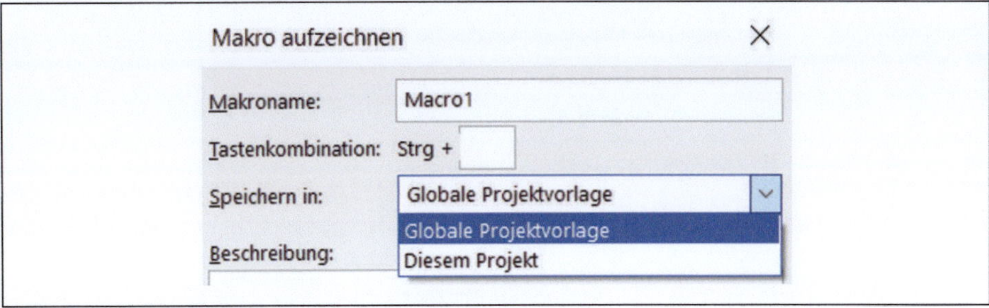

Bild 14-10. Angabe zum Speicherort bei Start eines Makros

14.5 Projektdaten exportieren

🗁 1-17-14-06_Export.mpp

14.5.1 Projektdaten als PDF-Datei speichern

Sollen Personen, die das Programm Project nicht auf ihrem Rechner haben, den Inhalt einer Projektdatei lesen, aber nicht bearbeiten können, so kann das entsprechende Projekt im PDF-Format gespeichert werden. Dazu muss beim Vorgang *Speichern unter* als Dateityp PDF gewählt werden (Bild 14-11).

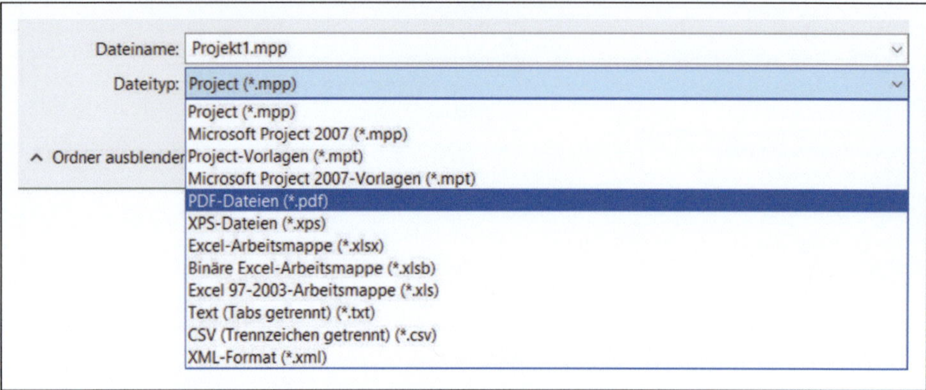

Bild 14-11. Auswahl des Dateityps zur Speicherung der Projektdatei

Darstellung und Umfang wird vor der Erstellung in einer Eingabemaske abgefragt (Bild 14-12). Danach wird die aktuelle Ansicht als PDF-Datei an dem vorgegebenen Speicherort abgelegt.

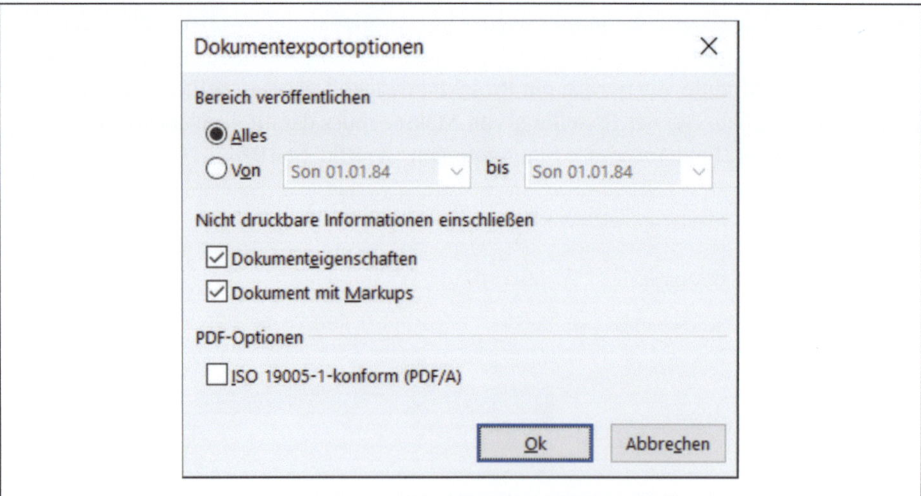

Bild 14-12. Exportoptionen

Der gleiche Vorgang startet auch unter Register *Datei / Exportieren / PDF/XPS-Dokument erstellen* mit dem Dateiexplorer.

Die Methode *DocumentExport* exportiert das aktive Projekt als Dokument im PDF- oder XPS-Format. Ihre Syntax lautet

```
DocumentExport (FileName, FileType, IncludeDocumentProperties,
IncludeDocumentMarkup, ArchiveFormat, FromDate, ToDate)
```

Tabelle 14-10. Die optionalen Parameter der DocumentExport-Methode

Parameter	Datentyp	Beschreibung
FileName	String	Gibt den Dateinamen des exportierten Dokuments an. Standardwert ist der Name des aktiven Projekts als PDF-Datei.
FileType	pjDocExportType	Gibt an, ob das Projekt als PDF- oder XPS-Dokument exportiert wird. Der Standardwert ist ***pj*PDF**, sonst *pjXPS*.
IncludeDocumentProperties	Variant	*True*, wenn die letzte Seite des exportierten Dokuments einige Dokumenteigenschaften enthält. Standardwert ist *True*.
IncludeDocumentMarkup	Variant	*True*, wenn die letzte Seite des exportierten Dokuments eine Legende der Symbole in der Ansicht enthält. Standardwert ist *True*.
ArchiveFormat	Variant	*True*, wenn in ein PDF-Dokument im ISO 19500-1-kompatibel (PDF/A) Format exportiert wird. Standardwert ist *False*.
FromDate	Variant	Das Startdatum des zu veröffentlichenden Datumsbereichs. Der Standardwert ist der Projektanfangstermin.
ToDate	Variant	Das Enddatum des zu veröffentlichenden Datumsbereichs. Der Standardwert ist der Projektendtermin.

Codeliste 14-3. Die Prozedur exportiert das aktuelle Projekt als PDF-Datei

```
Sub ExportToPDF()
   DocumentExport FileName:="C:\Temp\Projekt1.pdf"
End Sub
```

14.5.2 Projektdaten in Excelmappe exportieren

Wie vorher für eine PDF-Datei beschrieben, wird durch die Auswahl des Dateityps Excel Arbeitsmappe (*. XLSX) ein Exportassistent gestartet (Bild 14-13). Er führt in Schritten durch den Exportvorgang.

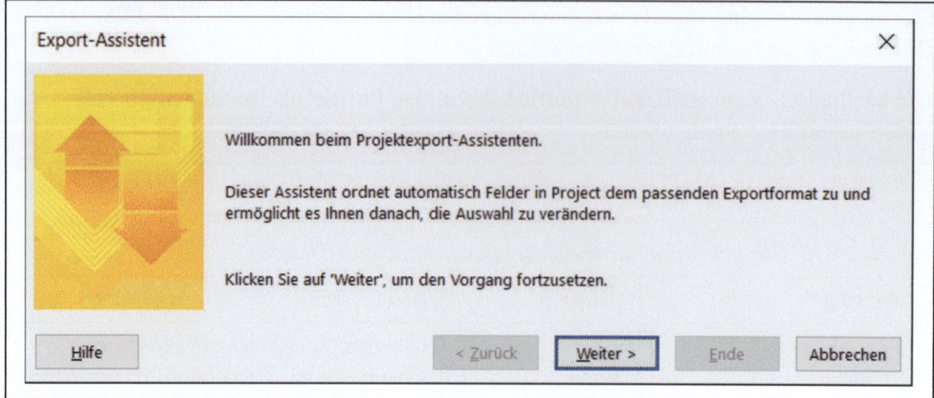

Bild 14-13. Start des Exportassistenten

Im nächsten Schritt wird abgefragt, in welchem Format die zu exportierenden Daten vorliegen (Bild 14-14).

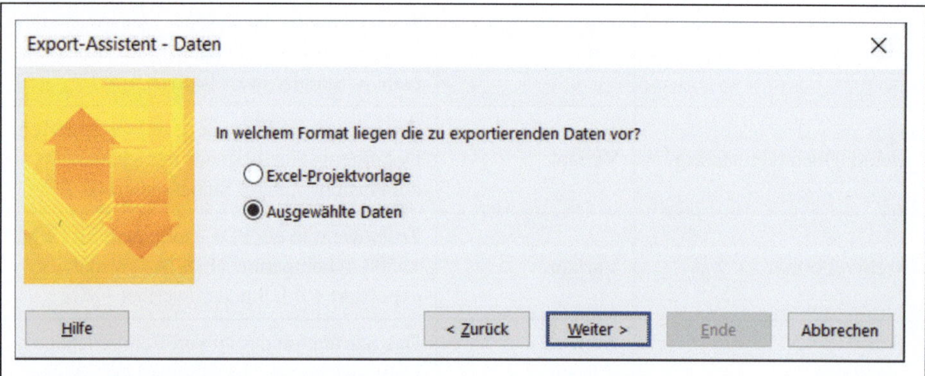

Bild 14-14. Formatabfrage zu den Daten

Wurden schon einmal diese Daten übertragen und liegt dazu bereits ein Schema vor, dann kann dies ausgewählt werden. Ansonsten legt Project ein neues Schema für zukünftige Exporte an (Bild 14-15).

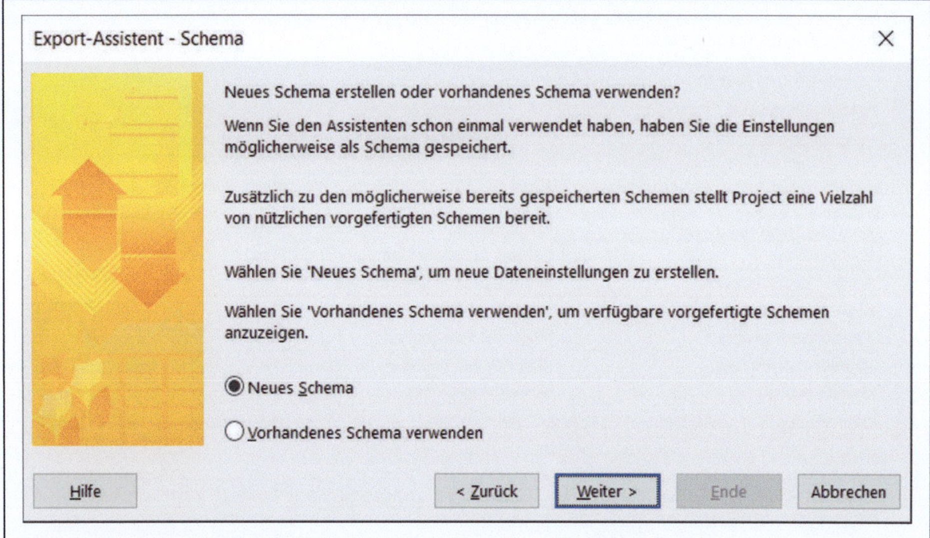

Bild 14-15. Schemabestimmung

Im nächsten Schritt wird der Umfang der Daten bestimmt, ob Vorgänge, Ressourcen und/oder Zuordnungen. Außerdem können die Optionen gewählt werden, die Überschriften mit übertragen und Zuordnungszeilen miteinschließen (Bild 14-16).

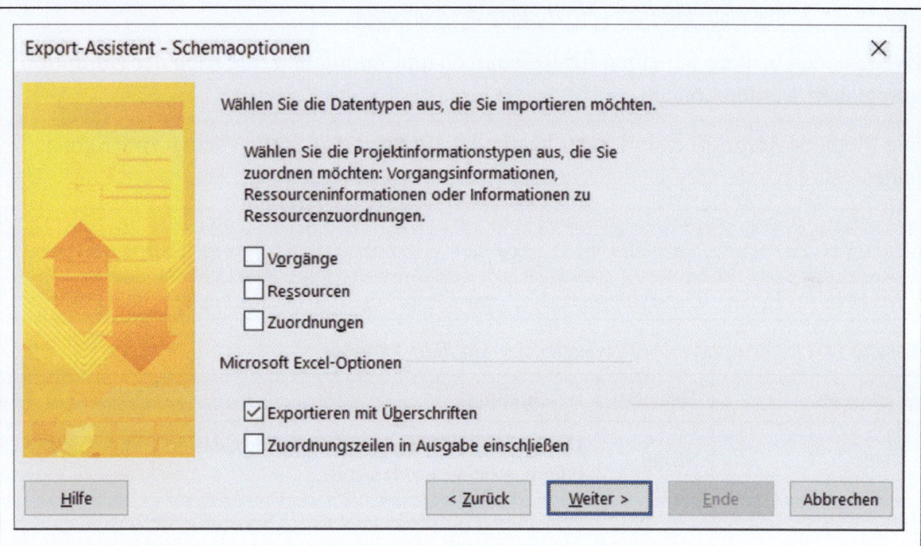

Bild 14-16. Umfang der Datenübertragung bestimmen

Abschließend, wenn ausgewählt, wird in einem Dialogfenster das Schema der Übertragung bestimmt. Mit der Schaltfläche *Alle hinzufügen*, werden die Felder von Project und Excel eingeblendet (Bild 14-17).

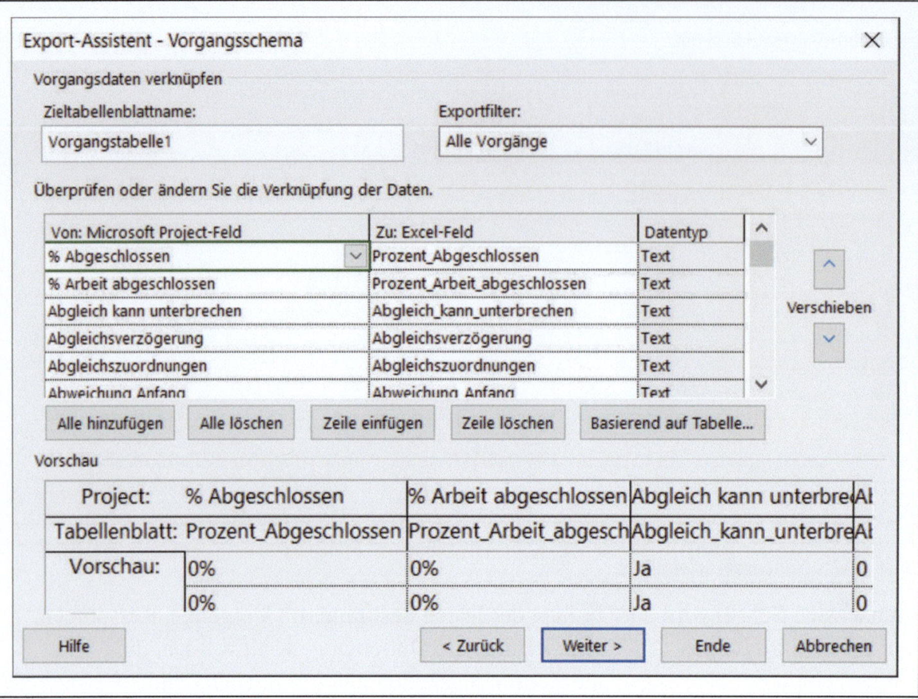

Bild 14-17. Schemadefinition zur Übertragung der Vorgänge

Es folgenden weitere Schemen für Ressourcen und Zuordnung, die nach der Definition gespeichert werden können.

Die Methode *MapEdit* erstellt oder bearbeitet ein Import-/Exportschema. Ihre Syntax lautet

```
MapEdit (Name, Create, OverwriteExisting, NewName, DataCategory,
CategoryEnabled, TableName, FieldName, ExternalFieldName, ExportFilter,
ImportMethod, MergeKey, HeaderRow, AssignmentData, TextDelimiter,
TextFileOrigin, UseHtmlTemplate, TemplateFile, IncludeImage, ImageFile)
```

Tabelle 14-11. Die optionalen Parameter der MapEdit-Methode

Parameter	Datentyp	Beschreibung
Name	String	Der Name des Schemas (Zuordnung), das erstellt, kopiert oder bearbeitet werden soll.
Create	Boolean	*True*, wenn für Project ein neues Schema erstellt werden soll. Wenn *NewName* nicht angegeben ist, erhält das neue Schema den mit *Name* angegebenen Namen. Andernfalls ist die neue Zuordnung eine Kopie des mit *Name* angegebenen Schemas und erhält den mit *NewName* angegebenen Namen. Standardwert ist *False*.

Parameter	Datentyp	Beschreibung
OverwriteExisting	Boolean	*True*, wenn eine vorhandene Zuordnung mit einer neuen überschrieben werden soll. Der Standardwert ist *False*.
Newname	String	Ein neuer Name für das vorhandene Schema (*Create* ist *False*) oder der Name für das neue Schema, das aus dem vorhandenen Schema kopiert wurde (Erstellen ist *True*). Wenn *NewName* nicht angegeben ist und *Create* den Wert *False* hat, behält das mit *Name* angegebene Schema seinen aktuellen Namen. Der Standardwert ist eine leere Zeichenfolge ("").
DataCategory	Long	Die Kategorie der Daten, die von anderen Parametern geändert werden. Erforderlich, wenn eines der Argumente *CategoryEnabled*, *TableName*, *FieldName*, *ExternalFieldName*, *ExportFilter* oder *MergeKey* ist. Kann eine der folgenden *pjDataCategories*-Konstanten sein: *pjMapTasks*, *pjMapResources* oder wird festgelegt.
CategoryEnabled	Boolean	*True*, wenn das Schema importiert oder die Daten mit der in *DataCategory* angegebene Kategorie exportiert werden. Wenn *Create* den Wert *True* und *NewName* nicht angegeben ist, wird *CategoryEnabled* auf *True* festgelegt.
TableName	String	Der Name der externen Tabelle oder des Arbeitsblatts, das dem Schema für importierte Daten oder exportierte Daten entspricht. Der Typ der Tabelle wird durch den Wert von *DataCategory* bestimmt. Wenn *Create* den Wert *True* und *NewName* nicht angegeben ist, ist *TableName* erforderlich.
FieldName	String	Name eines Felds, das dem Schema hinzugefügt wird. Das Feld wird mit dem mit *ExternalFieldName* angegebenen externen Feld verknüpft. Der Typ des Felds wird durch *DataCategory* bestimmt. Wenn *Create* den Wert *True* und *NewName* nicht angegeben ist, ist *FieldName* erforderlich.
ExternalFieldName	String	Der Name des externen Felds, das dem Schema hinzugefügt werden soll. Das externe Feld wird mit dem mit *FieldName* angegebenen Feld verknüpft. Wenn *ExternalFieldName* nicht angegeben ist, wird der mit *FieldName* angegebene Name auch für *ExternalFieldName* verwendet.
ExportFilter	String	Name des Filters beim Exportieren von Daten. Der Typ des Filters wird durch den Wert von *DataCategory* bestimmt.
ImportMethod	Long	Die Methode, die beim Importieren von Daten verwendet wird. Kann eine *pjImportMethods*-Konstanten sein. Standardwert ist *pjImportNew*.
MergeKey	String	Der Name des Project-Felds, als Schlüssel beim Zusammenführen von importierten Daten. Das Feld muss

Parameter	Datentyp	Beschreibung
		vorhanden und die Zuordnung bereits hinzugefügt sein. Der Typ des Felds wird durch den Wert von *DataCategory* bestimmt. Wenn *ImportMethod* den Wert *pjImportMerge* hat, ist *MergeKey* erforderlich.
HeaderRow	Boolean	*True*, wenn eine Spaltenkopfzeile in der externen Datei während des Exports erstellt werden soll, oder in der externen Datei während des Imports vorhanden ist. Beim Erstellen einer headerlosen Zuordnung (*HeaderRow* ist *False*), die zum Importieren der gleichen Daten verwendet wird wie beim Export, ist *ExternalFieldName* erforderlich und muss ein sequenziell nummerierter Wert für jedes exportierte Feld sein, beginnend mit 1, um seine Spaltenposition in der exportierten Datei anzugeben. Der Standardwert ist *True*.
AssignmentData	Boolean	*True*, wenn Zuordnungszeilen in exportierten Ressourcen und Vorgängen enthalten sein sollen. *True*, wenn zugewiesene Ressourcen in einer Vorgangstabelle unter jedem Vorgang und zugewiesene Vorgänge in einer Ressourcentabelle unter jeder Ressource angezeigt werden sollen. Wenn Daten exportiert werden, während *AssignmentData* den Wert *True* hat, können nicht von Project importiert werden. Der Standardwert ist *False*.
TextDelimiter	String	Das als Feldtrennzeichen verwendete Zeichen für den Import von Daten aus einer Textdatei. Der Standardwert ist ein Tabulatorzeichen.
TextFileOrigin	Long	Der Zeichensatz, mit dem eine Textdatei erstellt wurde. Kann eine der *pjTextFileOrigin*-Konstanten sein: *pjTextOriginWin*, *pjTextOriginDOS*, *pjTextOriginUnicode* oder *pjTextOriginMac*.
UseHtmlTemplate	Boolean	*True*, wenn der Export in einer HTML-Datei erfolgt, basierend auf einer HTML-Vorlage.
TemplateFile	String	Die verwendete HTML-Vorlagendatei beim Export nach einer HTML-Datei. Wenn *UseHtmlTemplate True* ist, die mit *Name* angegebene Zuordnung nicht den Namen einer HTML-Vorlagendatei enthält, ist *TemplateFile* erforderlich.
IncludeImage	Boolean	*True*, wenn ein Verweis auf eine Bilddatei beim Export nach HTML eingeschlossen werden sollen. Standardwert ist *False*.
ImageFile	String	Der Name einer Bilddatei, die beim Export nach HTML eingeschlossen wird.

Die folgende Prozedur überträgt Felder aus dem Gantt-Diagramm in eine Excel-Datei.

Codeliste 14-4. Die Prozedur erstellt eine Excel-Datei

```
Sub ExportToExcel()
   MapEdit Name:="Schema X", Create:=True, _
      OverwriteExisting:=True, DataCategory:=0, _
      CategoryEnabled:=True, TableName:="Vorgangstabelle", _
      FieldName:="Name", ExternalFieldName:="Vorgangsname", _
      ExportFilter:="Alle Vorgänge", ImportMethod:=0, _
      HeaderRow:=True, AssignmentData:=False, _
      TextDelimiter:=Chr$(9), TextFileOrigin:=0, _
      UseHtmlTemplate:=False, IncludeImage:=False
   MapEdit Name:="Schema X", DataCategory:=0, _
      FieldName:="Name", ExternalFieldName:="Vorgangsname"
   MapEdit Name:="Schema X", DataCategory:=0, _
      FieldName:="Anfang", ExternalFieldName:="Anfangsdatum"
   MapEdit Name:="Schema X", DataCategory:=0, _
      FieldName:="Ende", ExternalFieldName:="Enddatum"
   MapEdit Name:="Schema X", DataCategory:=0, _
      FieldName:="Ressourcennamen", _
      ExternalFieldName:="Ressourcennamen"
   FileSaveAs Name:="C:\Temp\Projekt1.xlsx", _
      FormatID:="MSProject.ACE", map:="Schema X"
End Sub
```

Die folgende Prozedur erstellt ein einfaches Schema, mit dem die Informationen des standardmäßigen Balkendiagramms exportiert und importiert werden können.

Codeliste 14-5. Die Prozedur erstellt ein Schema für Im- und Export

```
Sub MakeSchema()
   MapEdit Name:="Felder in der Gantt-Diagrammansicht", _
      Create:=True, _
      OverwriteExisting:=True, _
      DataCategory:=pjMapTasks, _
      CategoryEnabled:=True, _
      TableName:="Vorgang Tabelle", _
      FieldName:="ID", ExternalFieldName:="ID"
   MapEdit Name:="Felder in der Gantt-Diagrammansicht", _
      DataCategory:=pjMapTasks, _
      FieldName:="Name", _
      ExternalFieldName:="Tasks"
   MapEdit Name:="Felder in der Gantt-Diagrammansicht", _
      DataCategory:=pjMapTasks, _
      FieldName:="Dauer"
   MapEdit Name:="Felder in der Gantt-Diagrammansicht", _
      DataCategory:=pjMapTasks, _
      FieldName:="Anfang", _
      ExternalFieldName:="Start_Date"
   MapEdit Name:="Felder in der Gantt-Diagrammansicht", _
      DataCategory:=pjMapTasks, _
      FieldName:="Ende", _
      ExternalFieldName:="Finish_Date"
   MapEdit Name:="Felder in der Gantt-Diagrammansicht", _
      DataCategory:=pjMapTasks, _
      FieldName:="Vorgänger"
   MapEdit Name:="Felder in der Gantt-Diagrammansicht", _
```

```
        DataCategory:=pjMapTasks, _
        FieldName:="Ressourcennamen", _
        ExternalFieldName:="Resources"
End Sub
```

Der Export-Assistent schlägt bei der Auswahl eines Schemas auch das erstellte Schema vor (Bild 14-18).

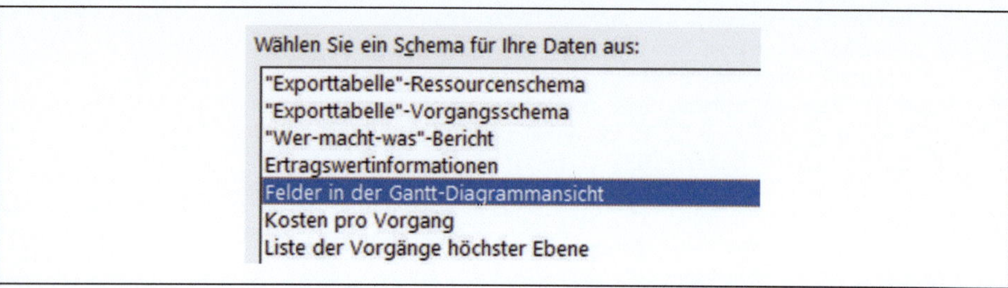

Bild 14-18. Auswahl des erstellten Schemas

Project + VBA

[1] Aichele, C.; Schönberger, M.: IT-Projektmanagement, Springer Vieweg 2014

[2] Alam, D.; Gühl, U.: Projektmanagement für die Praxis, Springer Vieweg, 2. A., 2020

[3] Balzert, H.; Ebert, C.: Lehrbuch der Softwaretechnik, Springer Vieweg, 2024

[4] Brandstäter, J.: Agile IT-Projekte erfolgreich gestalten, Springer Vieweg, 2013

[5] Dechange, A.: Projektmanagement - Schnell erfasst, Springer Gabler, 2020

[6] Fiedler, R.: Controlling von Projekten, Springer Vieweg, 8. A., 2019

[7] Geirhos, M.: IT-Projektmanagement, Galileo Computing, 2015

[8] Holert, R.: Microsoft Project 2019, holertcom, 2020

[9] Jakoby, W.: Projektmanagement für Ingenieure, Springer Vieweg, 4. A., 2018

[10] Kraus, G.; Westermann, R.: Projektmanagement mit System, Springer Gabler, 5. A., 2019

[11] Lewis, C.:Microsoft Project Step by Step, Microsoft Press, 2022

[12] Litke, H.; Kunow, I.; Schulz-Wimmer, H.: Projektmanagement, Haufe, 5. A., 2022

[13] Madauss, B.: Projektmanagement, Springer Vieweg, 8. A., 2020

[14] Mangold, P.: IT-Projektmanagement kompakt, Speltrum, 3. A., 2009

[15] Meyer, H.; Reher, H.: Projektmanagement, Springer, 2022

[16] Nahrstedt H.: Excel + VBA für Ingenieure, Springer Vieweg, 7. A., 2023

[17] Nahrstedt H.: Vorlesungsskript Projektmanagement, 2016

[18] Nahrstedt H.: Vorlesungsskript Veranstaltungsmanagement, 2018

[19] Nahrstedt, H.: Die Welt der VBA-Objekte, Springer Vieweg, 2. A., 2022

H. Nahrstedt, *Project + VBA für Manager*,
https://doi.org/10.1007/978-3-658-43837-1

[20] Nahrstedt, H.: Excel + VBA für Controller, Springer Vieweg, 2. A., 2023

[21] Nahrstedt, H.: Excel + VBA in der Stochastik, Springer Vieweg, 2. A., 2023

[22] Oberösch, K.: Tipps und Tricks zu Microsoft Project 2019, Direct Publishing

[23] Oberösch, K.:Microsoft Project 2019, Direct Publishing, 2019

[24] Pelpe, S.: Crashkurs Projektmanagement, Haufe, 9. A., 2022

[25] Preußig, J.: Agiles Projektmanagement, Haufe, 2015

[26] Shirodkar, S.: Learning Microsoft Project 2019, Packt Publishing, 2020

[27] Stover, T.: Microsoft Project Fundamentals, Sybex, 2022

[28] Timinger, H.: Modernes Projektmanagement in der Praxis, Wiley, 2021

[29] Timinger, H.: Schnellkurs Projektmanagement, Wiley, 2015

[30] Weinhold, S.: Das Große Projektmanement-Handbuch, Sichtbar, 2022

Project + VBA

Bezeichnung [Kapitel] Seite

H. Nahrstedt, *Project + VBA für Manager*,
https://doi.org/10.1007/978-3-658-43837-1

O

P

R

S

T

U

V

W

Z

MIX
Papier aus verantwortungsvollen Quellen
Paper from responsible sources
FSC® C105338

If you have any concerns about our products,
you can contact us on
ProductSafety@springernature.com

In case Publisher is established outside the EU,
the EU authorized representative is:
Springer Nature Customer Service Center GmbH
Europaplatz 3, 69115 Heidelberg, Germany

Printed by Libri Plureos GmbH
in Hamburg, Germany